軍隊指揮

ドイツ国防軍戦闘教範

Truppenführung

ドイツ国防軍陸軍統帥部／陸軍総司令部【編纂】
旧日本陸軍／陸軍大学校【訳】
大木毅【監修・解説】

作品社

監修者序

両大戦間期に、ドイツ国防軍は、陸軍教範『軍隊指揮』を、一九二一年から一九二三年に編纂公布し、さらに一九三三年から一九三四年に新版を出した。そこには、この間のドイツ用兵思想の変遷が如実に示されている。また、さらに重要なこととして、第二次世界大戦におけるドイツ陸軍の作戦・戦術は、この優れた教範にもとづいて、策定されていたのであった（編纂経緯と内容的特徴については、解説「勝利の要諦・退勢の脊柱――ドイツ国防軍の指揮原則」を参照）。

すなわち、ドイツ軍事史、あるいは用兵思想史を知るためには、不可欠の史料といえる。

当然のことながら、日本陸軍も『軍隊指揮』に注目し、一九二二年から一九四四年にかけて、翻訳出版している。本書は、この旧陸軍（陸軍大学校）による翻訳を再刊せんとするものである。当初、ドイツ語原版からの新訳も検討されたが、この訳書は、それ自体が日本陸軍のドイツ兵学理解を示す歴史的な文書であるとの判断から、これを復刻することとした。ただし、旧字旧かなの原文をそのまま翻刻するのは、現代の読者の利便を妨げることに考慮し、新字新かなへの変更をはじめとする、読みやすさを得るための処理をほどこしてある（「凡例」参照）。
なお、『軍隊指揮』の訳書原本を揃えるに当たっては、靖國神社偕行文庫のご協力を得、編集には作品社の福田隆雄氏のお手を煩わせた。記して感謝申し上げたい。けれども、本書に存在するやもしれぬ誤記等については、復刻に当たった解説者が責任を負うものである。

二〇一八年七月一日

大木 毅

軍隊指揮――ドイツ国防軍戦闘教範＊目次

＊

＊

軍隊指揮 第一篇 429

＊

凡例

一、本文は、原則として、カタカナ表記をひらがなに、また、旧字旧かなを新字新かなに直している。また、字によっては、現代文で慣用される文字にしたものもある。句読点、濁点、送りがな等も補った。

二、今日となっては読みにくくなっている漢字は、適宜ひらがなに開いた。たとえば、「夙に」→「つとに」、「雖も」→「いえども」など。

三、各条の第二段落以降は一字下げとした。

四、適宜、ルビを付した。

五、【】内は解説者（大木）の補註。〔〕、（）内は、原文書、もしくは訳者の補註である。

六、〇、太字等、本文中の強調は、とくに註記がない限り、原文による。

七、原本の訳註は、活字の級数を落とすかたちで示されている箇所もあるが、本翻刻書では、それ以外のものもすべて級数を下げて表わした。

八、あきらかな誤記誤植は、とくに断らずに修正してある。

九、今日の人権意識に鑑みれば、問題のある表現も存在するが、歴史的文書であることを考慮して、ママとした。

一〇、原文の数字表記は、たとえば「十」、もしくは「一〇」と不統一である。これは統一した。ただし、漢字表記の不統一（たとえば「開放」と「解放」）は、ママとした。

一一、「編制」、「編成」、「編組」については、以下の定義に従い、使い分けた。「軍令に規定された軍の永続性を有する組織を編制といい、平時における国軍の組織を規定したものを『平時編制』、戦時における国軍の組織を定めたものを戦時編制という」。「ある目的のため所定の編制をとらせること、あるいは編制にもとづくことなく臨時に定めるところにより部隊などを編合組成することを編成という。たとえば『第〇連隊の編成成る』とか『臨時派遣隊編成』など」。「また作戦（または戦闘実施）の必要に基き、建制上の部隊を適宜に編合組成するのを編組と呼んだ。たとえば前衛の編組、支隊の編組など」（すべて、秦郁彦編『日本陸海軍総合事典』東京大学出版会、一九九一年、七三一頁より引用）。

一二、日本陸軍にあっては、戦闘序列内にある下部組織を「隷下《れいか》」にあるとし、それ以外の指揮下にあるものを「麾下《きか》」とした。本書でも、この使い分けがなされている。

一三、本書に頻出する「軍隊」の原語は、Truppe、またはTruppen（複数）であって、今日の日本語では、「部隊」のほうが近い。しかしながら、原訳文を尊重し、「軍隊」のママとした。

千九百二十一年九月発布
独国連合兵種の指揮および戦闘

緒言

本書は陸軍航空部の翻訳せるものを当校兵学教官数名により、急遽《きゅうきょ》校正したるものなり。

大正十一年六月

陸軍大学校研究部

ここに各兵種に適用すべき教令「連合兵種の指揮および戦闘」を発布す。

本教令は、現時の大陸軍国軍の兵力、兵器および装備を基礎とせるものにして、ただに平和条約により編成せられたるドイツ十万人の軍【一九一九年に締結されたヴェルサイユ条約により、ヴァイマール共和国期のドイツ陸軍は、保有兵力を十万人に制限されていた】のみを基礎とせるものにあらず。

吾人《ごじん》にして、ただ吾人より没収せられたる兵器（飛行機、重砲、戦車等）に関し、記憶を失わざらんか、たとえこれらの兵器を有せざるも、なおかつ新式装備を有する敵に対し、戦闘を遂行するの方法・手段を発見するを得べし。けだし、これらの欠陥を以て攻撃を避くるを許さず、一層大なる運動性、一層優良なる教育、地形利用の巧妙、頻次《ひんじ》の夜間利用は、以て一部の補足となすに足らん。軍隊は、とくに偽装により、たくみに敵飛行機の目視を避くることに習熟せざるべからず。演習にあたりては、しばしば、一方の軍は最新式の兵器を有せず、他方の軍にはこれを具《そな》えしむるを可とす。

各兵種、なかんずく歩砲兵の共同動作に関しては、すでに最小部隊の連合においても決定的の価値を置くを要す。

本教令は、指揮官および軍隊をして、戦役の実験より得たる統一的教育を実施し、かつ各兵種の性能を知悉《ちしつ》せしむるに便ならしむべきものとす。
本書に欠くるところの章および附録は、成るに従い発布す。

千九百二十一年九月一日、ベルリンにおいて

国防省、陸軍部長
「フォン、ゼークト」

独国連合兵種の指揮および戦闘

第一章　指揮およびその手段

第一節　戦闘序列および軍隊区分

第一　戦闘序列は、陣中における軍の整正なる命令および経理関係を律するものとす。戦闘序列は最高統帥【今日でいう「最高司令官」】により令せられ、また同統帥によりてのみ変更せられ得るものとす。

第二　大陸軍国の野戦軍は数個の軍より成り、その若干は、これを軍集団に編合するを得。

軍は、数個の軍団、もしくは独立師団ならびに軍直属部隊（戦車隊、飛行隊、砲兵隊、工兵隊、通信隊、自動車隊、車輌隊、兵站部隊等）より編成せらる。

軍団は、二個、もしくは二個以上の師団および軍団直属部隊（戦車隊、飛行隊、砲兵隊、工兵隊、通信隊、自動車隊、車輌隊等）より成る。

軍騎兵は最高統帥に直属するか、もしくは軍集団に属し、稀に軍に属することあり。多数の騎兵師団を、さらに一高級騎兵指揮官の下に一騎兵集団として編合することあり。

空中における戦闘指導のため、強大なる航空戦闘部隊（戦闘、爆撃、駆逐飛行隊）を、さらに大なる兵団に編合するを要す。

最高統帥に直属する総軍予備は、数軍団、もしくは数師団ならびに、軍砲兵、飛行隊、迫撃砲隊【ここでいう迫撃砲は、Minenwerfer で、本書四三二頁の訳註にあるごとく、日本陸軍の軽歩兵砲に近い】、戦車隊、工兵隊、および特種部隊より成り、所要に応じ、軍集団、または軍に配属せらる。

師団および騎兵師団は、戦闘単位にして、独力戦闘任務を増援するに必要なるすべての資材と手段を具うるものとす。しかれども、しばしば、これに若干部隊を増援するを必要とする場合あるべし。この場合にありては、配属せらるべき部隊は、これを師団長に隷属せしむるを最適当とす。

第三　軍隊区分は、一定の作戦のため、および戦術上の目的（前衛、本隊、側衛、戦闘団等）のため、採るべき軍隊の一時的編合にして、戦闘序列による建制は勉めて、これを分割せざるを可とす（註　「戦闘団」の原語は「戦闘群」なれども、わが国の戦闘群とは異なり、師団の右翼隊、左翼隊のごときものなるごとく察せらるるを以て、これを戦闘団と訳することとせり）。

第二節　指揮

第四　指揮官はこれを上級、中級および下級指揮官に区分す。

上級指揮官は軍団および騎兵集団以上、中級指揮官は師団および騎兵師団、下級指揮官はそれ以下のすべての団隊を指揮するものとす。

軍隊指揮官とは、独立せる混成部隊の指揮官をいう。

第五　指揮官は部下軍隊衆望帰嚮《ききょう》【親しみを抱くこと】の中心たらざるべからず。鞏固《きょうこ》なる意志、高邁《こうまい》なる性格は、知識、能力とともに、指揮官のため必要なる要素なり。指揮官の戦術的用途に資するため、あらゆる場合に適応すべき規定を設《もう》くるは適当ならず。けだし、かくのごとき規定は、かえって戦争の多種多様に反して、一方に偏せしむるに至るべければなり。ゆえに、明確なる原則を以て、指揮官の指針たらしむるを要す。指揮官は、これにより、敵前、ことに戦闘たけなわなるときにおいてもなお、能《よ》く適切に自己の任務を解決し得べし。

指揮官の性格中、もっとも崇高なるものを責任観念となす。各級指揮官は常に、懈怠《けたい》無為は方法の選択を誤るよりも、はるかに重大なる害を生ずることを自覚し、かつ、これを部下に銘肝《めいかん》【肝に銘じる】せしむるを要す。

各級指揮官は、常に部下軍隊と親炙《しんしゃ》すること、とくに緊要《きんよう》なり。これにより、その要求および能力を、常に親しく適当に観察するを得べし。軍隊にして、その指揮官が部下の利益を念とし、部下の喜憂を分かつことを知らんか、軍隊は喜んで勝利のために全力を尽くし、失敗の苦を忍ぶに至らん。失敗に遭遇して、はじめて指揮官以下最後の一兵に至るまで、その軍隊の真価を発露するものとす。

第六　指揮の基礎を成すものを任務ならびに情況とす。

第七　およそ任務は、達成すべき目的を示すものにして、指揮官のけっして閑却すべからざるものなり。

第八　情況は、敵に関し、精細《せいさい》なる観察を下し得るごとく明瞭なること、きわめて稀にして、戦争にあたりては不明なるを通常とす。しかれども、注意周到にして、かつ熟練せる指揮官は、些細《ささい》なる点より重要なる憑拠《ひょうきょ》【根拠】を得ることしばしばなり。これを正当に判定し、かつ断乎《だんこ》として、これを利用するの能力は成功の基礎を成すものとす。

第九　決心は、任務および情況より生ず。もし受けたる任務にして、すでに行動の基礎たるに足らざるか、あるいは機に合わせざるときは、決心は、これらの関係を顧慮して行われざるべからず。

指揮官にして、もし、その任務を遂行せざるか、もしくは、これを変更せんとせば、これに対し、全責任を負うべきものとす。この際、指揮官は常に大局を逸せざるを要す。

決心は常に完備せるものなるを要し、牢乎《ろうこ》【確固としていること】不動の意志によって、これを遂行せざるべからず。

ひとたび定めたる決心は、重大なる理由あるにあらざれば、みだりにこれを変更すべからず。しかれども、戦局の変易《へんえき》【変化】ある場合に際しては、固執、かえって過誤に陥るの因をなすことあり。いかなる時期において、あらたに決心をなすべきやは、指揮官の技倆《ぎりょう》に存す。

第十　独《ひと》り攻撃によりてのみ、敵に対し主導の地位を占むるを得べく、指揮官および軍隊の優越は、攻撃において、もっともよくその真価を発揮す。敵の一翼、もしくは両翼に対する包囲、または、その背後に向かってする攻撃は、とくに有効にして、これによって克《よ》く敵を殲滅《せんめつ》するを得べし。

攻撃のための部署は、ことごとく最大の決定的堅確性を備え、指揮官の勝利に対する意志は一兵卒に至るまで徹底しあらざるべからず。

決勝点に対して、常に主力を指向するを要す。これがため、軍隊は当初よりこの目的に副《そ》うごとく区分すべきものとす。しかるときは、いずれの攻撃にありても、その重点を具有し、命令において、とくにこれを明示するを要す。

第十一　戦勝の成果は、追撃によりて、これを収穫し得るものにして、これによりて戦闘間不可能なり

戦闘間、予期せざる方面において奏功するに至らば、指揮官は決然これを利用すべきものとす。

し敵の殲滅に努力すべきものとす。追撃のため、なすべき処置は、なお使用し得る軍隊を決勝方面に使用するごとく、機を失せず、これを部署するを要す。敵の側背に対する行動は、とくに努力の目標たるものとす。軍隊の疲労を理由とし、全部、もしくは一部たりとも、追撃をゆるがせにすることは断じて不可なり。敵をしてまた停止し得ざらしめんがためには、遅滞なく、あらゆる人馬飛行機をも投入するを要す。けだし、最大の勇気を以て追撃に臨まんか、以て嗣後《しご》【以後】の新会戦における、あらたなる犠牲を節するを得べければなり。

第十二　防御はただ、きわめて優勢なる敵に対し、他の地区における攻撃、または、将来行わんとする攻撃を容易ならしめんとするときにおいてのみ、行うべきものとす。防御にありては、最後の一人に至るまで抵抗し、かつ犠牲となるべきことを軍隊に要求せざるべからず。防者は、他の方面において行われある、わが攻撃部隊との戦術的協同動作を害せざる限り、なるべく地形を利用するを要す。

　地形を鞏固にすることは、防者の力を増大し、以て数字上の優勢なる敵に対して平衡を得るに足るものとす。

　しかれども、防者は当初、敵の企図に関しては、攻者に比し、はるかに不明なり。ゆえに、適時、対抗処置をなし得んがため、あらゆる手段を以てする捜索および監視、ならびに強大なる予備の控置を必要とす。

　軍隊は戦闘目的に適するごとく配置せらるるを要す。この際、敵を欺騙し、適当に各地区の守備兵力を按配《あんばい》し、かつ各種予備をして最大運動性を有せしむることは、最大抵抗力を発揮し、かつ、敵の攻撃部隊を壊滅に陥らしむるための重要なる手段とす。わが兵力、たとえ劣勢なる場合といえど、防者は攻撃的に戦闘を終了し、これによりて敵を決定的に撃破することに努むるを要す。

第十三　持久戦は、敵を欺騙し、これを抑留し、かつ時間の余裕を得ざるべからず。持久戦を、攻撃、あるいは防御のいずれにより行うべきかは、情況による。この際、指揮官の任とするところは、とくに真面目《しんめんもく》の戦闘を遅延せしむるにあり。広大なる戦闘正面においては、往々、その大部において持久戦を行うを要することあるべし。また、持久戦においては、地形を鞏固ならしむること必要なり。

第十四　退却、または戦闘指導変更のため行う戦闘中止に関する決心は、ただ戦勝に対する可能性まったく消滅せるか、もしくは他方面における戦闘がいっそう有利なる条件のもとに、さらに行わるべきときにおいてのみ、指揮官、これを採用すべきものとす。而《しか》して、適時、あきらかにこれを判断することは、指揮官のもっとも重大なる責務の一つなり。戦場より退却するは、ただ非常に困難なる場合においてのみ、正当なるものとす。いずれの場合にありても、速やかに敵と離脱すること緊要なり。この際、上級指揮官の努むべきは、軍隊の運動を目的に応ずるごとく指導することにして、下級指揮官の任務は、あらゆる手段を講じ、部下軍隊の秩序を維持するにあり。

第十五　決戦のため、使用し得べき全兵力を集結するは、指揮官の特殊の技能に属す。わが兵力の劣勢は、往々、大なる機動力を以て、これを補わざるべからず。この際、軍隊の行軍力、鉄道、自動車および各種車輛の使用ならびに、運動秘匿のため、夜間の利用はとくに大なる価値あるものとす。指揮官はしばしば、不足と思わるる兵力を以て甘んぜざるべからざることあるべし。かくのごとき場合にありては、いっそう非決戦方面において、多くの兵力を節約することを要す。

数縦隊を以て前進する際、砲声に向かい前進し、また隣接部隊との連繫に腐心するは、原則として必ずしも至当なるものにあらず。むしろ、与えられたる前進目標および戦闘任務を固守することによって、いっそう大なる成果を収め得べきや否やを査較《さかく》【調査比較】せざるべからず。

第十六　戦闘のため、展開せる軍隊の正面幅は、戦闘目的、依託物【敵が前進できなかったり、防御に好適で、軍の翼を支え得る地形・人工物】の存否および地形に関す。両翼を依託せる場合には、正面幅はおのずから制限せらるべく、単に一方のみを依託し、もしくは独立して戦闘する軍隊にありては、その正面幅は、わが軍の企図、敵の正面幅および行動に関す。正面幅はまた、攻撃および防御により差異あり。良好なる地形、なかんずく工事を以て堅固にせるものにありては、比較的広き正面を取り得べく、また群を以て戦闘することしばしばなり。過大なる正面を以てするときは突破の危険を生じ、過小なる正面にありては包囲、もしくは迂回せらるるの危険あり。しかれども、大なる正面は、しばしば大なる成果をともなうことあり。要するに、指揮官は慧敏《けいびん》【判断力にすぐれ、機敏であること】以て、これが適当なる程度を発見せざるべからず。

各隊は、主として戦闘目的によって、これが区分をなす。決戦のためには、縦長なる区分および予備隊の準備配置を必要とす。

第十七　指揮官は、そのいまだ使用せざる兵力、すなわち予備隊の使用によって、戦闘の進捗に主なる影響を与え得るものなり。すなわち、これを以て、兵力の重点をその欲する地点に移し、もしくは抛棄《ほうき》すべからざる部分を支援すべき手段を有す。予備隊の運動性は、自動車の使用により、これを増進することを得。

予備隊の兵力、位置、使用に関しては、周到なる熟慮を必要とす。戦闘に加入せる軍隊を、予備隊のために過弱となすがごときは、往々、成功を断念するに等しく、かつ戦敗の危険をともなうものとす。ときとして、若干の下級指揮官は、まったく予備を取らざるを可とすることあり。

予備隊は、混成部隊（註　諸兵種混成の意なるべし）より成り、すべての独立戦闘任務に適するを要す。建制の分割は希望するところにあらず。

予備隊の位置は、企図および地形に関し、敵の包囲、もしくは、わが側方警戒のため、適時これを使用し得ること確実ならざるべからず。翼における後方部隊は、多くは外側に配置（梯次）するを可とす。この梯隊の兵力に従い、距離および間隔に大小を生ず。

予備隊を遠く後方に配置することは、これを愛惜するに可なるも、近くこれを招致しあらば、その使用を迅速ならしむるを得。予備隊使用の時機を予知すること、あきらかなるに従い、もしくは、その時機近きに従い、指揮官はますます戦線に近く、これを推進すべきものとす。

予備隊を使用せば、指揮官はすでに戦闘の経過に関与すべき、もっとも重要な手段を失うといえど、いやしくもこれにより戦勝を得べき望みあるときは、毫《ごう》も【少しも】これが使用に躊躇すべからず。ただ、下級指揮官より援助を要求せられたるため、過早にこれを使用するの弊《へい》に陥ることなきを要す。

予備隊を使用したる場合には、ただちに要度少なき方面より兵力を抽出して、あらたにこれを編成するに努むるを要す。

第三節　通報および報告、情況図

第十八　敵に関して得たる通報および報告は、状況判断および決心の遂行に、もっとも重要なる基礎を成すものとす。いかなる通報、または最良の報告といえど、所望の地点に時期に遅れて到着するときは、その目的を失うものなり。ゆえに、迅速かつ確実なる方法伝達法を講ずるを要す。
諜報勤務の結果および敵国新聞紙の報道は、往々、敵に関する情報の端緒を得るものなり。しかれども、いっそう確実なる敵情は、空中および地上の捜索によって、これを得るものとす。この種の捜索は、敵の発見および不断の監視より成立す。

多くの場合、諸方面の認識を総合して、以て正確なる判断に導くことを得るものなり。また、一見重要ならざる些細の事項といえど、他より得たる情報と相まって価値を生ずることあり。

第十九　各指揮官は、その行動範囲内において、昼夜にわたり、絶えず敵状を捜索すべき義務を有す。而して、一たび得たる敵との触接は、再びこれを失うを許さず。情報は、ただちに直上指揮官【直属上官】、部下および比隣《ひりん》【近隣】部隊に伝達するを要す。

第二十　直接の敵情視察を補うため、敵の電話および無線電信の共聴、住民の供述および郵便電信局における親書、新聞、書類、現字紙《げんじし》【印字テープ】の押収ならびに飛行機、気球、自動車、伝書鳩および伝令犬の鹵獲を行うときは、これにより、重要なる開示を得ることあり。

第二十一　俘虜《ふりょ》【捕虜】の供述ならびに、死者、もしくは俘虜の携帯せるか、または占領せる部落、陣地、車輛、戦車、飛行機および気球内において獲たる書類等は、とくに重要なるものとす。

俘虜および書類は、軍隊において簡単なる尋問および点検ののち、速やかに軍隊指揮官のもとに送致し、けっして長く軍隊に留置すべからず。俘虜に対する、巧妙にして急速なる各個尋問は大なる価値を有す。敵の部隊号、その隣接部隊、編組、指揮官の名、敵軍隊最近の宿営地、行軍および鉄道輸送、敵軍隊の状態、志気および任務を確知《かくち》することは、指揮官のため重要なることとす。

即時俘虜を尋問し能《あた》わざる場合にありても、少なくも部隊の名称および番号ならびにその記号を確知するを要す。

第二十二　各高等司令部には、捜索の結果およびその他の情報を取り扱い、かつ敵間諜の取り締まり勤務を講ずるため、一将校を任命するを可とす。

第二十三　報告の起草にあたりては、報告者自らが視《み》たることと、他人の目視、または語れることと、単に推定せることとを区別するを要す。情報の出所は、これを示し、推定には理由を附するを要す。

第二十四　数、時間および場所は、精確にこれを示すを要す。

某所には敵を認めざりしを知ることもまた、指揮官のため最大の価値あり。また、すでに得たる情報を確証し、あるいはその一定の時間において、情況に変化なかりしを知ることもまた大なる価値あるものとす。

地形に関する説明は常に、報告中にこれを加うるを要す。歩砲兵相互間の通報においてもまた、この説明を忘却すべからず。

第二十五　報告は量を尚《たっと》ばず、むしろ情況をあきらかにし、かつ指揮官の決心になし得る限り確乎《かっこ》たる憑拠を与うるを主眼とせざるべからず。ゆえに、敵に関して、一事件を視察するに従い、即時報告すべきや、あるいは、その全豹《ぜんぴょう》【ものごと全般のようす】を報告すべきやを、ごとに考慮するを要す。無益なる報告は、いたずらに指揮官の動作を困難ならしめ、通信機関の負担を大にし、かつ他の情報伝達を妨ぐるものなり。敵との最初の接触は、常にこれを報告するを要す。捜索の結果、わが軍の成果、もしくは、敵の成果を誇張せる報告は常に有害にして、往々、不幸を招来するに反し、明瞭にして先入《せんにゅう》【思い込み】に捉われざる報告は、起草者の性格および戦術的能力を証するものとす。

高所よりの観察、または空中写真により、報告の補足および確証を得ることは、常に特別の価値を有す。

第二十六　戦闘は、敵に関し、もっとも確実なる開示を与う。ゆえに、指揮官相互間および指揮官と軍隊とのあいだの良好なる連絡は、すでにこの理由よりするも戦闘間において必要なり。

第二十七　戦闘間は、絶えず反復情況を報告するを要す。ことに、戦闘の中止間、または薄暮を利用するを可とす。戦闘終了せば、戦闘の結果およびわが軍隊ならびに敵軍隊の状態に関し、結末報告を提出すべきものとす。

第二十八　緊急の場合にありては、直上指揮官に報告するほか、直接軍隊指揮官に報告することを要す。敵のため、脅威を受くる軍隊には、じかに直接これを通報すべし。情報を得たる地点は、いずれの報告にも、これを記入するを要す。

第二十九　受領せる通報および報告は、ことごとく、これを正当に査覈《さかく》【調査分析】せざるべからず。ややもすれば、報告中より自己の希望せる事項のみを適読【つまみ読む】するの傾向あり。また、直接戦場より到来する報告には、往々、誇大に失するものあり。

第三十　各司令部においては、適任の将校をして情況図を作成せしめ、かつ経過を逐《お》いて、絶えずこれを補修せしむるを要す。

　該図は、指揮官をして、各種事件の経過に関する連続的考察を可能ならしめ、かつ必要なる時間において取るべき決心を、著しく容易ならしむるものなり。また、比隣部隊の情況をも、これに記入するを要す。

第四節　状況判断、決心

第三十一　自己の情況を観察するためには、まず任務の要求せる行動、部下各隊の位置ならびに目的達成のため、じかに使用し、またはなお招致し得べき兵力を確知するを要す。この際、隣接部隊の情況ならびに隣接部隊より胸算《きょうさん》【見積もること】し得べき援助もまた、これを考察せざるべからず。また、既往における部隊の能力ならびに状態を顧慮することは、もとより必要なりといえど、情況切迫するに至らば、これに拘束せられざるを要す。この際、軍隊輸送のため、鉄道ならびに自動車縦列の利用に関し、十分の考慮を要す。

第三十二　敵情判断は先入主となるべからず。すでに得たる情報を基礎として、敵の処置はいかなる程度にわが任務の実行に対抗し得べきやを考察するを要す。敵の執るべき決心は常に不明なりといえど、敵にとり正常なる戦術上の行動を前提とせば、大なる過誤に陥ることなかるべし。

　敵に関し、主として考察すべき諸件を掲ぐれば、左のごとし。

　　到達せる地点、または線。
　　兵力およびその区分に関する憑拠の有無。
　　運動を継続すべき方向。
　　敵として執り得べき処置。
　　敵方における鉄道および道路網の情況。

　その他、敵将ならびにその軍隊の特性は、敵の行動に関する判断の資料たり得るものとす。

第三十三　地形に関する知悉および、その至当なる判断は、わが執るべき処置に対し、重大なる影響を与うるものなり。

第三十四　決心は、諸般の情況を正当に考察して得たる結果ならざるべからずといえど、なお将来到達すべき多くの情報を期待するは、通常意志鞏固なる指揮官のなすべきことにあらずして、容易に重大なる過失に陥るものとす。

第五節　命令

第三十五　決心は、命令によりて実現せらるるものにして、命令は指揮官の意志および下級指揮官の任務を簡明確切《かくせつ》に表示し、みだりに下級指揮官の独断的実行を拘束すべからず。

第三十六　命令は、いたずらに形式に拘泥《こうでい》することなく、受令者をして発令者の意図を明瞭に了解せしむるを以て主眼となすべし。この際、発令者は一時身を受令者の位置に置き、この命令にもとづき、自ら、いかに行動するや、なお誤解の生ずべき点なきやを確かめ、なお該命令の徹底するまでに要すべき時間もまた、これを査覈するを要す。

命令には『なるべく』『情況により』『敵に応じて』『某地に触接すべし』『試むべし』および、これに類似する言辞は、これを避くるを要す。けだし、これらの言辞は、処置を不徹底ならしむるの虞《おそれ》あればなり。また、『切に』『絶対的に』『全然』『果敢に』等、誇張の言辞は爾後《じご》慣るるに従って、感覚を鈍らすものなるを以て、避くるを要す。

命令には、通常、憶測をなし、または将来を希望すべからず。また、命じたる理由は、絶対にこれを示さざるものとす。

第三十七　命令は、その実行に至るまでに、情況の変遷測りがたきときは、ことに細事《さいじ》にかかわらざるを要す。とくに、大なる作戦状態において、数日にわたる事項をあらかじめ命ずる場合にありて、然《しか》りとす。かかるときは、単に全般の企図、達成すべき目的および実行の準縄《じゅんじょう》【手本、決まり】となるべき事項を示すこと多く、かくのごとき場合においては、命令の代わりに訓令を下すものとす。

第三十八　命令を下達するにあたり、連隊長は通常、また上級および中級指揮官は常に筆記して、これを附与す。処置単簡《たんかん》【簡単】なるか、任務短きときは口達、または他の通信機関によりて下達するを得べしといえど、同時にこれを筆記しおくこと必要なり。

その他の下級指揮官は、口達し能わざるか、または、他の技術的命令伝達不能なるか、あるいは、敵に共聴せらるるの顧慮あるときにおいてのみ、筆記して下すものとす。

重要なる場合においては、受領証ならびに内容の複送を必要なりとす。

無線電信使用の場合にありては、原則として暗号命令を、また、電話にありては共聴の恐れあるときのみ、これを用うるものとす。

第三十九　上級指揮官の命令に、さらに必要なる事項を附加して、これを部下に下達するごときは、多くは適当ならず。各司令部は、おのずから必要の事件のみを示すを可とす。ことに、運動戦において、然りとす。

第四十　作戦命令は、軍隊の戦争的行動を規整《きせい》するものにして、各団隊の称号を冠し（軍命令、軍団命令、師団命令、連隊命令等）、あるいは、軍隊区分によりて成りたる部隊の名称を冠す（前衛命令、前哨命令等）。

第四十一　作戦命令の組織は、おおむね左の列次に従うものとす。

敵軍および隣接部隊の情況。ただし、受令者のために価値あるものに限る。
指揮官の目的。

捜索。
軍隊区分により成立する各部隊の任務。
指揮官の位置。
命令には、その下達せる部隊号ならびに下達の方法を記入するものとす。

軍隊区分を直接命令詞のかたわらに記する場合、戦術上の編合内における軍隊は、左の順序にこれを記するものとす。

歩兵、特殊機関銃隊、自転車隊、迫撃砲隊、戦車隊、飛行隊、気球隊、騎兵、砲兵（観測班、高射砲隊および軽弾薬縦列を含む）、工兵（架橋縦列および照明隊を含む）、通信部隊、衛生隊、自動車隊、車輌隊。

行軍序列を規定せられたるときは、これに従うものとす。しかるときは、軍隊区分（前衛、本隊、後衛等）に『同行軍序列』と附記《ふき》するものとす。

退却行にありても、各隊は行軍序列に従い、行進方向より称呼するを原則とす。

第四十二　作戦命令はしばしば、まず予備命令を下達す。たとえば、目的、捜索の部署、出発の時期ならびに地点、第一次の行進目標、または宿営区域、警戒部隊、警戒線等に関すること、これなり。下級指揮官は、これによりて、その執るべき処置をあらかじめ準備し得るものとす。予備命令は、軍隊の愛惜に貢献すべきものなるを以て、不必要の警報および過早の準備は、これを避けざるべからず。

第四十三　情況切迫するにあたりては、往々、一部、もしくは全部に各別命令を下すを必要とす。しかれども、各別命令は、すべての部隊をして全般の情況をあきらかに会得せしめ得ざるの害あるを以て、本命令においてもまた、他兵種、とくに歩砲兵の動作および任務に関する最要《さいよう》の事項を具備せしむること肝要《かんよう》なり。しからざれば、各兵種の協力は、得て、これを望むべからざればなり【とうてい、これを望むべくもないからだ】。各別命令を下したる場合においては、通常、これに続いて合同の作戦命令を与うるものとす。

第四十四　戦闘命令は形式に拘泥すべからず。而して、なし得る限り、合同命令の形式を採るを可とす。部隊を称呼するにあたりては、行軍序列に従い、また、すでに分進、もしくは展開せる部隊にありては、右翼よりするものとす。

第四十五　一部、もしくは全部に与うべき作戦に関する特別命令においては、捜索および偵察、空中防御ならびに司令部・軍隊間に関する細部の事項を規定するものとす。なお、その他、先進輜重《しちょう》、大行李《こうり》の運動、弾薬の補給、給養、人馬の衛生ならびに自動車運行に関する技術的処置（運行材料、機材の補給、自動車を有する各部隊のための工場勤務）を規定す。単簡なる小部隊においては、これらの部署は、作戦命令中にこれを記載するものとす。

輜重に関する特別命令は、その行動に関する細部の件、たとえば縦隊区分、各梯隊および梯隊以外の縦列の任務および空縦列の補充等を規定すべきものとす。この命令は、通常、ただ当該部隊にのみ、配《はい》与《よ》するものとす。また、これら後方部隊には、機密保持の必要上、通常、作戦命令を下達せざるを以て、作戦命令中、これら部隊に必要なる事項は、これを特別命令中に記入するものとす。

第四十六　日々命令（軍団、師団等の日々命令）は、内務、請願および人事等を規定す。

司令部命令は、大なる司令部における内務を規定するものとす。

第六節　命令および報告の伝達

第四十七　命令の伝達は、隷属の系統を追うて、これを行うものとす。急を要する場合においてのみ、隷属の系統によらず、直接、軍隊、または司令部等に命令を下すことあり。この際、省かれたる中間司令部等には、同時にこれを通報するを要す。

第四十八　命令および報告の伝達には、主として使用し得べき技術的補助通信法を利用するものとす。主要通信機関たる電話は、将校相互間にこれを使用するときは、迅速に伝達をなし得るものとす。

技術的補助通信を欠如するか、または、これを使用し得ざる場合にありては、伝令、または逓伝哨【命令や報告の伝達哨で、その間の伝令は、徒歩、騎馬、自転車によって行われる】を用うるを必要とす。もし、技術的通信にして確実を期しがたき場合にありてもまた、伝令、または逓伝哨を使用するに躊躇すべからず。

第四十九　重要なる命令、報告、通報は、情況を知悉せる将校をして、これを伝達せしむべし。この将校はしばしば、自動車、または飛行機を使用することあり。

第五十　その他の場合においては、伝騎、自転車兵、自動・自転車兵および徒歩伝令を以て、筆記せる命令および通報を伝達せしむ。ただし、これを差遣《さけん》するに際しては、戦線の兵員を減ぜざるに顧慮し、適度にこれを制限するを要す。猛烈なる敵火の下にありては、徒歩伝令として、とくに勇敢にして信頼すべき者を選定すべし。伝令犬および伝書鳩もまた、命令および通報の伝達に利用すべきものとす。

第五十一　小部隊における各命令伝達者は、その命令の内容を、また伝騎等にありては、機密の保持に支障なき限り、報告の内容を指示せらるるものとす。

敵、あるいは、敵意を有する人民と接触する虞あるに至らば、将校の差遣にあたり、これに所要の伝騎護衛兵を附し、または、他の掩護手段を講ず。また、かくのごとき場合にありては、伝騎は単独にて差遣すべからず。命令および報告を伝達するに当たり、数通を製し、相異なれる道路を取らしめ。各種の送達法を利用し、路上装甲自動車を附し、または使用すること、往々必要なりとす。

第五十二　発信者は、とくに注意して経路を選定し、これを指示するものとす。地名は、綴り方および発音に従って記載すべし。伝騎は、途中上官に遇《あ》うといえど、その歩度を変ずることなく、自ら伝騎と呼び、報告受領者の宛名を呼ぶべし。伝騎が、部隊のかたわらを通過するに当たりては、部隊はこれに通路を譲るものとす。各将校は、伝騎に対し、道路を指示する義務を有するものとす。連隊長以上の指揮官および、捜索、または警戒部隊の指揮官は、伝騎の携帯する報告を披見《ひけん》するの権を有す。しかるときは、通信紙上に、その旨を記入するものとす。

第五十三　情報の伝達を簡単にし、かつ報告路を短縮せしむるため、各司令部はしばしば、情報の頻繁なる方面に対し、端末報告所を推進す。この報告所は、司令部および軍隊相互間の命令および報告を逓《てい》送《そう》するものとす。その位置は発見容易にして、なるべく敵火の損害を避け、かつ確実に各情報を逓送し得んがため、その隷属する司令部と確実に連絡しあるを要す。而して、その位置は、適時軍隊に告知するものとす。

特別なる情況においては、たとえば、軍騎兵の正面前等にありては、その遠く前方に報告収集所を設くるを有利とすることあり。その目的は、端末報告所と等しく、捜索隊および騎兵師団間の情報伝達を単簡にし、捜索機関の報告路を短縮せしむるにあり。到達したる報告は、これを蒐集《しゅうしゅう》、精査、総合し、もし、これを必要とせば、原文のまま、これを送達せるものとす。報告収集所は、なし得れば、技術的通信（無線および有線電信、飛行機、自動車等）により、情報を逓送するを要す。報告収集所の位置は、充分にその掩護に注意し、その長には、とくに指揮官の企図を知悉せる将校を選定す。

飛行機よりする報告投下地点は、行軍、駐軍、戦闘間たるを問わず、なるべく指揮官の近傍にこれを設け、著明《ちょめい》なる布片を以て示し、かつ、通信機関を設備するものとす。

第七節　司令部間の連繋

第五十四　適切なる統帥の基礎は、良好に施設せられ、かつ確実に活動する連絡勤務にあり。この勤務は、一定の任務を遂行せんがため、各部分の統一的動作、なかんずく戦闘間における諸兵種の協同動作を可能ならしむるものなり。連絡勤務の施設、なかんずく敵火に対する、これが掩護の方法は根本的に考慮を要すべきものとす。

第五十五　各司令部は、休止、運動ならびに戦闘とも、その直下の指揮官に向かい、技術的連絡法を設置し、かつ、絶えずこれを保持するを要す。例外として、臨時に下級部隊より上級者に向かい施設し、あるいは、この両種の連絡法を混用することを得。

下級者もまた、すべての手段を尽くして、自ら直上指揮官に向かいて連絡し、かつ、これが維持に努むるを要し、いたずらにその新設、あるいは回復を待つがごときは過失なりとす。

隣接部隊相互間における技術的連絡は、間断なく変化する運動戦にありては、互いに共通せる直属上官を経て、達成せらるるを最迅速なりとす。しかれども、隣接部隊相互間に直接連絡をなさんとするときは、右方部隊に向かいてするを原則とす。
陣地戦においては、絶えず隣接部隊と連絡すること肝要にして、左方部隊より逐次右方に連絡するものとす。
第五十六 隣接部隊とのあいだに連絡あるがため、けっして、おのおの他に依頼し、自己の遂行力を薄弱ならしむるがごときことあるべからず。各部隊、各自己の正面に向かい、決意前進せば、ここにはじめて、相互の協同動作と連繫とは、もっとも良好に達成せらるるものとす。
第五十七 歩砲兵連繫の如何《いかん》は、実に戦闘の運命を左右するの価値を有し、これが不良なるの結果は、全戦闘動作を危険ならしむるに至る。これを以て、歩兵と密に連繫し、かつ、絶えずこれを維持するは、主として砲兵の義務にして、姉妹兵種に近く位置し、自ら情況を視察し、ならびに迅速なる動作、なかんずく歩兵の希望および要求を充足すべき独断行動は、この義務達成のための要件なり。しかれども、歩兵もまた、あらゆる方法、たとえば、最前方における戦闘団、もしくは歩兵飛行機よりする照明弾の発射等によりて、両兵種間の連絡を促進し、砲兵の観測を補助し、かつ自己の希望を通報するを要す。
第五十八 師団通信隊の佐官（註 通信隊長なるべし）は、その地域内における通信網の構築を統一するため、準縄を指示す。而して、この将校は、絶えず情況ならびに指揮官の企図につき、指示を受け、以て適時必要なる連絡を構成し得ざるべからず。
部隊通信将校は、師団通信隊佐官と密接に連携しつつ、その所属部隊長の指示に従って、自己部隊の連絡勤務を指導す。
第五十九 各司令部の戦闘位置および宿舎は、昼夜ともに発見を容易ならしむるごとく、とくに標識すべし。電話通信所、報告書ならびに、これに至るべき通路もまた然り。しかれども、両者とも、その標識に当たりては、敵の空中視察に対し、遮蔽することに注意するを要す。連隊以上の司令部には、特別なる司令部旗を規定せられあるものとす。

第六十　電話は、もっとも重要なる技術的連絡法にして、通信網の基礎を形成す。従って、その回線網の構成如何には、最大の価値を置くを要す。

運動戦にありては、指揮官は、単簡なる通信網を以て満足せざるべからずといえど、陣地戦にありては、すべての方法を以て、これが完全を期し、各司令部より諸方向に向かい、少なくも二重通話を行い得るを原則とせざるべからず。而して、敵に通話を窃取《せっしゅ》せられざるため、最前線より三キロ以内にある電話線は、ことごとく誘導電流を生ぜざる複線とすること必要なり。

至急電報および現字電信（Fernschreiber）【テレタイプ】は、通常、高等司令部（大本営、軍集団、軍および軍団司令部）においてのみ使用せらるるものとす。

無線電信は、電話をもっとも有効に補助するものにして、主として遠距離の通信連絡に適当す。しかれども、近距離においても、その通信設備時間の短小なると、敵火の影響を被ること少なきとの特性よりして、また緊要なる任務に服するものとす。無線電信においては、文章を簡潔にすること必要なり。また、緊要なる決心および部署を、無線電信によりて伝達するは禁ずるところとす。けだし、暗号といえど、また早晩敵に解釈せらるべきものなるを以てなり。

飛行機は、遠距離を連絡するため、卓越する機関なるを以て、上級司令部相互間の連絡に適当す。また、近距離捜索および戦闘捜索の範囲内においても、指揮官と軍隊とのあいだにおける、確実なる通信手段たり。しかれども、濃霧はその使用を不可能ならしめ、夜暗はその活動を制限す。

その他、通信網をなるべく欠陥なく構成せんがため、気球、無線電話、地中無線電信、回光通信【発光通信】、発火信号、音響信号、視号通信【手旗や発光信号機による通信】、通信弾、伝書鳩、伝令犬、逓伝哨、伝騎および連絡将校等を使用するものとす。

なかんずく、伝書鳩および伝令犬は、他の通信手段を許さざる場合、最前線において使用せらる。夜暗および濃霧は、伝書鳩の使用を不可能ならしむ。

敵に察知せらるるの虞あるときは、通信に暗号を用うべきや、隠語を用うべきや、はたまた、いかなる通信手段は、これが使用を断念せざるべからずやは、常にこれを吟味するの要あるものとす。

第八節　指揮官の位置

第六十一　上級指揮官の位置選定のため、第一の要件は、迅速かつ持続して連絡を保持するの可能なるにありて、上級指揮官は、技術的連絡法に絶対的の確実性を胸算することあるべからず。

過度に遠く後方に位置することは、各種通信機関の完成せるにかかわらず、命令および報告路を延長せしむるものにして、命令および情報の不着をきたし、あるいは伝達の遅延を生ぜしむ。

また、上級指揮官の遠く後方に位置するは、その軍隊に及ぼす人格的感化を困難ならしむの不利あり。けだし、この人格的感化は最大の価値を有し、軍隊は休憩時、その幸福に関する上級指揮官個人の配慮により、意を強うしつつあるを以て、決戦のまさに近づかんとする瞬時においてもまた、彼の威容に接して、以て鼓舞せられんことを要望すべければなり。

また、上級指揮官およびその司令部、過度に後方に位置するときは、地形の特性を知悉するを不可能ならしむるものなり。

上級指揮官の位置は常に、発見容易ならざるべからず。また、数多き司令部内各部の執務上より見れば、その位置の安静、すなわち、その程度の固定性を必要とす。この固定性は、迅速に推移すべき運動戦においても、快速なる輸送機関によりて、これを維持するを得べし。けだし、軍隊より数日行程を離隔するも、これを利用して、短小時間に軍隊に追及し得べければなり。

第六十二　師団長は、常に部下軍隊の中心に位置せざるべからず。前進に際しては、遠く前方に位置し、数縦隊となりて行軍するにあたりては、その主力縦隊に位置す。

敵と衝突するに際しては、自ら視察するを最良とす。

無益に敵の注意を惹くを避くるため、司令部を分離して前進せしむることは必要なり。要すれば、一部を予約せる地点に残置《ざんち》す。

戦闘実行のため、師団長は、その戦闘位置に至る。この位置は、なるべく遠く前方を可とするも、後方および側方に向かってする通信連絡を、敵の最有効射撃より避け得るを要す。戦場を展望し得るは希望するところなるも、しからざる場合には、近傍、あるいは遠隔せる戦場を展望し得る地点に、司令部の観察将校を前遣《ぜんけん》す。師団砲兵指揮官は、その位置を師団司令部の附近に選定することに努むるを要す。

戦闘位置は、司令部を厳格に区分し、かつ直接行動に関与せざるすべての人員を後方に控置して、以て冷静に戦闘指導の業務を執り、枝葉の事項によりて、これを妨害せられざるごとく顧慮するを要す。

しばしば司令部の位置を移動するは、これを避くべく、ただ新位置に対する連絡設備を完成したるとき、はじめて、これが移動を実施し得べし。しからざれば、指揮官は緊急の決心をなさざるべからざる時機にあたり、あたかも命令および報告を受領し得ざることあるべし。司令部の位置を移動したるときは、旧位置に到着する命令および報告を追送することに顧慮するを要す。

第六十三　下級指揮官に至りては、精神上の見地より軍隊に近く位置すべきも、なお現地の通視《つうし》、敵情の観察ならびに直上司令部および軍隊と良好なる連絡を維持し得るを必須の要件とす。その他、下級指揮官は、戦闘の進捗にともない、絶えず軍隊にその人格的感化を及ぼし得るを程度として、その位置を変換す。また、その位置をしばしば、予備隊の附近に選定することあるものとす。

同一区域内において戦闘する歩、砲兵指揮官の位置、同所にあるか、あるいは近接しあるときは、歩、砲兵の協同動作を容易ならしむゆえに、常に、かくのごとくするに努むべしといえど、その部下軍隊に指揮官の直接感化を与うることは、第一に顧慮すべき要件なりとす。

第六十四　追撃にあたりては、各級指揮官、遠く前方に位置するを必要とす。指揮官は、その前線に現出することにより、軍隊を激励して、その能力を極度に向上せしむるを得べく、また、その獲得したる成果を確保し、かつ、果敢に戦勝を完成するため、必要なる活力を軍隊に与うるを得べし。

第六十五　退却にあたりては、ただ軍隊指揮官のみ、その下したる退却命令の徹底せるを確認したる後、砲兵指揮官と共に、あらたに抵抗すべき地点に向かうものとす。各下級指揮官は、退却間、その軍隊のもとにあるを要す。

第九節　指揮官の幕僚

第六十六　至当なる司令部の編成ならびに各幕僚の天稟《てんりん》、知識および能力に適応する任務の分課は、重要なる価値を有す。

とくに参謀長は、指揮官および軍隊の絶対的信任を保有せざるべからず。

第二章　航空隊および軍騎兵

第一節　航空隊

第六十七　航空隊は、航空偵察部隊および航空戦闘部隊より成るものとす。

第六十八　軍司令部、軍団司令部、師団ならびに、一時、軍集団および最高統帥に配属せられたる偵察飛行隊は、遠距離、近距離および戦闘捜索を実行し、行軍間および戦場において、歩、砲兵を援助し（歩兵および砲兵飛行機【直協機や観測機】）ならびに通信連絡を確保するの任務を有す。偵察飛行隊は単機にて、もしくは二ないし三機の編隊において使用す（飛行機捜索に関しては第三章参照）。

第六十九　戦闘飛行隊【攻撃機、直協機部隊】、爆撃飛行隊および駆逐飛行隊【戦闘機隊】を以て、航空戦闘部隊を構成す。該部隊は、偵察飛行隊に反し、編隊を以て使用するを原則とし、上級司令部に配属するを通常とす。軍、または軍集団に配属する大隊の数は、戦況により変化す。

第七十　各種航空部隊の単位は大隊とす。偵察飛行大隊の砲兵飛行中隊【砲兵観測機中隊】は、戦術上砲兵指揮官に配属するを通則とするも、航空戦闘部隊の大隊編成を分割するは正当ならざるものとす。

第七十一　航空戦闘部隊は、指揮官の掌握する強力なる戦闘部隊にして、その使用は厳然たる命令によって規正すべきものとす。

有力なる編合に集結せる航空戦闘部隊を、機を失せず、国境に接して準備を完了せしむるときは、指揮官は、すでに集中間、各種の企図によりて、著しく敵の処置を妨害し得るものとす。作戦期間における指揮官の任務は、もっとも重要なる方面の空中捜索を確実ならしめ、また決戦のため、優勢なる航空戦闘部隊を地上における決勝点の上空に集結して、他兵種と密接に協力せしむるにあり。これがためには、その全兵力を集結するを要す。直接決戦に参与せざる兵団は、多くの場合、航空戦闘部隊の協力を断念せざるべからず。

第七十二　戦闘飛行隊は、機関銃および爆弾を以て地上目標を攻撃するを任とす。集団せる飛行機にして、行軍、戦闘、あるいは宿営中の軍隊の上空に低く現出するときは、彼我《ひが》両軍に対する精神上ならびに物質上の効果は多大なるものとす。しかれども、この飛行隊は、橋梁等のごとき堅牢なる目標を爆破するの能力なし。

第七十三　前進および追撃に際しては、敵行軍縦隊の本隊に対し、戦闘飛行隊を使用すべし。もし敵を隘路《あいろ》通過中に攻撃し得るときは、その効果はいっそう大なり。密集隊形にて行進、または休止中の軍隊、とくに騎兵は、空中よりする急襲に対し、損害を受くること大なるものとす。飛行場、掩護下にあらざる露営地および下車中の軍隊に対し、不意にこれを攻撃するときは、常に大なる成果をもたらし得べし。自軍の退却にあたりては、もっとも危険なる行進方向を取れる敵の行軍縦隊の行進を遅滞せしむべきものとす。

第七十四　戦闘飛行隊は、会戦間において、そのもっとも重要なる任務を発見すべきがゆえに、この時機に至るまで、その活動力を保持しおくを要す。

歩兵の防御地帯においては、通常、ただ敵が、その防御線を明瞭に目視し得べき地物（小森林、村端等）に依託しあるときにおいてのみ、有利なる目標を呈するものとす。かくのごとき場合、戦闘飛行隊は、歩兵の突撃と同時に、攻撃の重点にして、かつ敵の抵抗を迅速に破砕するを要する地点に使用するを要す。防御にあたり、攻撃歩兵の準備配置を認知し得ば、控置せる戦闘飛行隊の断然たる使用により、敵の攻撃を萎靡《いび》遅滞せしめ、もしくは全然これを圧倒し得るものとす。しかれども、多くの場合、戦闘飛行隊の目標は、いっそう後方に存し、たとえば、敵の予備隊、砲兵陣地、支撐点《しとうてん》【近戦防御の拠点】、補給機関等とす。防御においては、戦闘飛行隊を、動揺する歩兵戦闘の渦中に投ずるに比し、これを反撃のため控置するを有利とすることあり。

決戦方面における統一的使用および確然たる任務の附与により、戦闘飛行隊の戦力分散を予防するを要す。

第七十五　爆撃飛行隊は、戦闘飛行隊を補足するものなり。その飛行機は、搭載力大なるを以て爆弾攻撃を有効ならしめ、また飛行距離大なるを以て、遠く敵線後方の目標に対する使用を可能ならしむ。而して、該隊は、多くの場合、砲兵射程外にある目標に対し、および破壊の任務に使用せらる。該飛行機は、敵航空戦闘部隊の防御に適さざるを以て、その使用は通常夜間に限定せらるるものとす。

指揮官は、爆撃飛行隊を統一して、かつ計画的に使用すべきものにして、多数目標の攻撃による効力の分散を避くべし。

第七十六　前進運動間において、爆弾攻撃は、主として敵の卸下《しゃが》【荷下ろし】停車場および宿営地に指向するものとす。衝突直前における爆撃飛行隊の最重要なる攻撃目標は、敵の飛行場および司令部の宿舎なるべし。

会戦および追撃間においては、鉄道による敵軍隊の移動、その他各種鉄道輸送の妨害を以て、爆撃航空隊の主要任務とす。ゆえに、なかんずく認知し得たる敵の乗車停車場に対して、該隊を使用すべし。自軍の退却にあたりては、敵が、弾薬、糧秣および器材を集積せざるべからざる端末停車場に、爆弾攻撃を指向するをもっとも適当とす。

陣地戦にありてもまた、爆撃飛行隊は重要なる任務を負担す。計画的に実施せる爆弾攻撃は、著しく自軍の攻撃を容易ならしめ、あるいは、敵の攻撃準備を遅滞せしめ得べし。

第七十七　自軍の空中捜索を確実にし、敵の空中捜索を妨害し、かつ敵の空中攻撃に対し、わが軍隊、諸設備および住民を掩護せんがため、最初より制空戦を発生す。而して、これが実施を成功せしめんがためには、多数の駆逐飛行隊を集結するを要す。

制空戦は、これを攻勢的に指導するを要す。これがため、自軍の前方に敵を求めて、これを攻撃し、敵をして守勢に立つのやむを得ざるに至らしめ、多数敵機の撃破によりて、敵の勢力および企図心を破砕するを要す。

守勢的の掩蔽《えんぺい》、もしくは一地区の遮断は、空中戦闘の特性より不可能に属す。たとい、われにして、はなはだしく優勢なる場合においても、永続的に敵機の行動を停止せしむるは不可能にして、単に敵機を萎縮せしめ、かつ一時的にその行動を制限せざるにすぎざるものとす。ゆえに、空中捜索を困難ならしむべき地上各種の処置は、常にこれを必要とす。

第七十八　集中間および開戦の当初、駆逐飛行隊の戦闘によりて、わが空中捜索に道を開くべきものとす。しかれども、個々に飛行する遠距離捜索飛行隊は、通常、駆逐飛行隊の援助を要せず。駆逐飛行隊の戦闘区域はむしろ、指揮官にとりて、なし得る限り詳細なる捜索を必要とする方面に決定するを要す。而して、該隊の行動は、偵察飛行隊と時を同じゅうするごとく、これを律すべきものとす。自軍の空中捜索を掩護するも、なお駆逐飛行隊に余力あるときは、これを敵の捜索防止を要する方面に使用すべし。

第七十九　開戦間、駆逐飛行隊のまず攻撃すべき最要の目標は、敵の砲兵飛行機および繋留気球なり。而して、該隊は、敵砲兵陣地上空まで突進を反復し、以て敵戦線の後方にて試射を誘導しつつある飛行機を殲滅するに努むべし。しばしば気球攻撃を反復するときは、たといこれを殲滅し得ざるも、能く敵の観測を困難ならしむるものとす。

決勝的攻撃を行う方面においては、強大なる駆逐飛行隊の波状的使用によりて、敵の空中勢力を圧倒すべし。攻撃の進捗中にありてもまた、戦場を監視し、かつ敵の戦闘飛行機に対して、わが歩、砲兵を警戒するを要す。防御においては、敵歩兵攻撃の開始に至るまで主力を控置し、以て歩兵攻撃の開始後に予期する敵機の集団的現出に対し、迅速に同等の兵力を対抗せしめざるべからず。

第二節　軍騎兵

第八十　騎兵の重大なる作戦的および戦術的価値は、捜索勤務のほか、神速に強大なる火力を、敵の痛《つう》痒《よう》を感ずる地点に使用し得るにあり。而して、この性能は、その大なる運動性ならびに各種火器および弾薬を以てする、豊富なる装備より来たるものとす（騎兵の捜索動作に関しては、第三章参照）。

第八十一　火器の効力は、大部隊の乗馬戦を除外するに至りたるといえど、小部隊においては、有利なる機会、たとえば、敗走する歩兵に対し、あるいは敵騎と不意に衝突する場合においてなお、これを行い得るものとす。

第八十二　軍騎兵は、最高統帥、あるいは軍集団、稀に軍司令部に隷属す。軍団司令部、あるいは師団に、これを配属せるは、歩兵と密接に連繋して、純然たる戦術的任務に服するがごとき例外の場合においてのみ、問題となり得るものとす。

第八十三　敵の軍騎兵を撃退し、かつ、その捜索を妨害して、以てわが軍の企図を攻勢的に掩蔽することは、常に作戦的遠距離捜索と相連繋して離るべからざるものなり。

軍騎兵を以てする守勢的掩蔽は、とくに有利なる地形（河川等）の利用によりて、単に一時的にこれを行い得るにすぎず。

第八十四　国境防衛において、軍騎兵はただ、他兵種の到着するまで、広正面にわたりて使用せらるるにすぎざるものとす。而して、該騎兵は、他兵種到着せば、なるべく速やかにその作戦的行動の出発点に集結し、以て該行動をして一刻も遅延することなからしむるを要す。

第八十五　敵の国境防御を突破すべきや否やは、上級指揮官、これを決定す。

軍騎兵の前進が、敵の防御せる地障、あるいは、築城によりて、防止せらるるときは、これが突破のため、大なる戦闘力を有する他の一兵団を使用し、軍騎兵をして、その直後に続行せしむるか、もしくは、該騎兵に、必要なる歩、砲兵等を配属するを要す。

かくのごとき障碍《しょうがい》突破等の任務により、その本来の任務達成に先立ちて、軍騎兵の兵力を減殺するは常に望ましきことにあらず。

第八十六　運動戦の開始とともに、作戦的遠距離捜索および敵軍騎兵の撃破ならびに敵翼の包囲は、軍騎兵のもっとも重要なる任務なりとす。

敵翼の包囲とは、敵の翼側および背後に対する各種の企図にして、距離の遠近に応じ、敵翼の拘束および抑留、敵増援隊の前進および輸送の妨害、鉄道線路およびその交差点に対する各種の企図（破壊）、敵連絡線の妨害、超越運動【敵を追い越す移動】による敵退却の阻止（戦略追撃）等、これに属す。

第八十七　大騎兵団を以て、敵後方連絡線に対して行う遠大なる企図は、騎兵に対し、しばしば、その能力発揮のため、とくに有利なる機会を呈するものとす。これが成功の条件は、運動軽捷《けいしょう》なる補助部隊（自転車隊、自動車に搭載せる歩兵ならびに砲兵）の十分なる配属および豊富なる弾薬準備ならびに運動の妨《ぼう》碍《がい》たるべき各種輜重の残置等なり。而して、敢為《かんい》なる前進および現地の利用（車輛および糧秣の徴発）においてのみ、目的を貫徹し得るものとす。

運動性劣れる部隊の同行に配慮するは、騎兵指揮官の義務とす。

第八十八　これら作戦的活動のほか、軍騎兵は一部において、軍と近き連繫を要すべき他の諸任務に服す。すなわち、敵軍先頭の阻止、自軍の翼側掩護、分離して戦闘中なる両軍間の連絡、翼側における戦術的戦闘参加、両翼を依託するとき、決戦以外の広大なる正面の警戒、築城間の閉塞および戦術的追撃ならびに自軍退却の掩護等、これなり。

第八十九　軍騎兵は、上級指揮官より、その作戦的行動に対し、必要なる行動の自由を与えられたるときにおいてのみ、全般の作戦に対し、大なる効果をもたらし得べし。遠く先遣せられたる軍騎兵は、後方より命令を以て、これを指揮せるを得ず。軍騎兵もまた、けっして、かくのごとき命令を期待すべからず。

第九十　騎兵的に活動すべき機会、すでに経過したるのち、たとえば、彼我両軍の先頭部隊すでに触接するに至りたるのち、なお軍騎兵を依然正面に使用するは過失なり。かくのごとき場合には、多くは任務を結了《けつりょう》せるものなるを以て、戦術上切迫せる必要なき限り、軍の翼側に移し、あるいは、機動的予備隊として、戦線の後方に後退せしむべし。

第九十一　数個の騎兵師団を以て、一騎兵集団に編合したるときは、騎兵集団長は通常、訓令の形式によって、その部署をなし、実施の方法を各騎兵師団に一任す。しかれども、捜索目標、地区の境界および行進路に関しては、多くは、やや詳細なる規整を必要とす。

第九十二　騎兵的任務は多岐多端《たたん》にして、情況の変化もまた頻次にして、かつ迅速なるを常とするを以て、各級騎兵指揮官には特殊の性格を要す。敏活なる騎行、活気および肉体的緊張力、自信力、鋭敏かつ熟練なる観察眼、作戦および戦術的理解力、迅速なる判断、鞏固なる意志および、これを簡明なる命令を以て発表し得る才能等、すなわちこれなり。かくて、はじめて騎兵指揮官は冷静に好機を捉え、以て勇敢に断乎として部下軍隊を使用するを得べし。而して、運動の迅速によりて機先を制せんがため、戦闘のための分進および包囲攻撃の形成は、なるべく乗馬にて行うものとす。

第九十三　下級指揮官に対しては、絶えず情況と指揮官の企図とを告知すべし。

第九十四　戦闘力および貴重なる馬力の保持に対しては、最大の価値を置くべきものなるを以て、捜索および警戒に任ずる部隊の数および兵力は、当該騎兵部隊の兵力に適応するを要す。過度なる馬匹の疲労困憊《こんぱい》を避くべく、休憩、給水および飼与《しよ》のための休止は、適時、これを行うべきものとす。暴露せる運動、もしくは、敵火の有効射程内における停止によりて生ずべき無益の損害ならびに不要なる迂路は、これを避くべく、決戦の瞬時において最大能力を要求し得んがためには、勉めて精力の節約を図るを要す。

第九十五　敵の空中攻撃に対する顧慮上、騎兵大兵団の開豁地《かいかっち》における昼間前進は、しばしば不可能なることあるを以て、縦隊は夜行軍を以て運動し、もしくは、昼間においては、これを小群に分割するを要す。また、常に敵機襲来の危険ある場合においては、大なる騎兵集団の集合および準備配置は、これを禁止せざるべからず。

第九十六　行軍のための集合は、車輛を道路上に置きて、各行軍団ごとに行うを適当とす。この際および休憩の際は、敵にもっとも近い部隊および翼にある部隊は、特別の命令なきも警戒を担任す。

第九十七　騎兵師団は、道路の状態これを許さば、通常、数縦隊（なるべく旅団ごとに）となりて行軍す。しかれども、各縦隊間の間隔は、相互の協力が終始確保せられある程度なるを要す。

第九十八　迅速に劣勢なる敵の抵抗を破砕し得んがため、前衛には、有力にして運動性に富める射撃部隊、すなわち、自転車隊、重機関銃および砲兵、その他、通常、工兵、路上装甲自動車、通信隊および無線電信隊を配属すべきものとす。また、前進は通常、地区ごとの躍進による。

第九十九　歩兵はしばしば、前衛と本隊の中間を行進し、もしくは、一ないし数騎兵中隊をこれに配属して先行せしめ、残余の騎兵師団をして、行軍間、これに追及せしむべし。この際、歩兵をして、過早かつ単独に戦闘を開始するのやむなきに至らざらしめんがため、詳密なる部署を必要とす。また、行進路の選定は重要なり。行李の運搬には、自動車縦列および徴発車輛を使用すべきものとす。

第百　後衛には、有力なる砲兵および重機関銃隊を配属するを適当とす。軽機関銃および若干の火砲を有する小部隊を並行路上に行進せしめ、以て好機あるごとに追躡《ついじょう》する【あとを追う】敵を側方より火力を以て急襲せしむるを要す。各地障ごとに、敵になるべく長時間の停止を余儀なくせしむるを可とす。

第百一　単独、もしくは、軍の翼にありて戦闘する軍騎兵が、敵を攻撃するにあたりては、その効果は、もっとも多く運動性の利用に関係す。而して、該隊は多くの場合、相互間の協力可能なる限り、最初より数団に分離して戦闘すべきものとす。この際、敵の正面は単に微弱なる兵力を以て攻撃し、主力を以て敵の側面および背後に向かって行動すべく、神速と奇襲とは、偉大なる効果を奏すべし。各団の兵力、これに歩、砲兵を配属すべきや否やは、その団の任務の軽重に従って変化す。射撃の重点は決勝地点に集中すべきものとす。

第百二 防御（とくに敵情なお不明のときにおける）にありてもまた、広正面上に団ごとの戦闘を行わしむるを通則とす。かくするときは、同時に敵を欺騙するを得。而して、この場合においても、各団相互の側防による火力の援助および、小なりといえど、攻者の側面を攻撃すべき機動的予備隊の控置は、その価値大なり。一連不断の薄弱なる正面は、兵力の分散に陥り、不適用なるものとす。たとい防御においても、軍騎兵は機動の能力を保持するを要す。

第百三 軍騎兵は、すこぶる優勢なる敵に対してもなお攻防両種の戦法を以て、持久戦を行うべき特性を有し、広正面にわたりて敵を欺騙し得べし。その大なる運動性は、攻撃にありては、常に反復して他の地点より敵の側面を攻撃するを得しめ、防御においては、遠く前方に派遣せる部隊を以て敵を過早に展開せしめ、また、優勢なる敵の主攻撃に対し、なお適時、しかもしばしば側方に離脱することを可能ならしむ。而して、持久戦は、とくにしばしば団ごとに実施せらるるものとす。

第百四 広正面にわたるこの種戦闘のほか、軍騎兵はまた、狭小なる地域において、各兵種より成る敵に対し、縦長区分《じゅうちょう》【戦闘正面を狭くし、縦深を取った部署・配置】を以てする攻防戦闘を実行するの能力を有せざるべからず。この際、その正面幅は、少数なる銃数に適応するを要し、要すれば、歩兵、自転車兵、軽、重砲兵、戦車、通信隊、航空戦闘部隊等を配属す。

第百五　勝戦後における騎兵の主要任務は追撃にあり。この際、使用し得べき全兵力を挙げて、これを遂行すべきものとす。

第百六　各独立騎兵部隊の指揮官は、終始敵に肉迫し、これに各種各様の損害を加うべき義務を有す。

第百七　往々、騎兵師団を集結して戦術的追撃に使用することなく、むしろ、若干の旅団および連隊に砲兵を配属して、これに一定の任務と目標を与うるを適当とすることあり。

第百八　敵を超越する【追い越す】追撃は、とくに有効なり。騎兵は、数個の並行路を取りて敵の縦隊を超越し、絶えず側方より攻撃を反復し、火力を以て敵を急襲し、これを退路より圧迫し、敵に先んじて退路上の隘路を占領し、橋梁を破壊し、輜重および縦隊を混乱せしむる等の動作を企図するを要す。路上装甲自動車を使用するときは、往々有利なる結果を得ることあり。

　敵を超越せんとする追撃は、休止することなく、軍隊の愛惜に顧慮せず、たとい馬匹疲労するも、昼夜を通して、これを遂行するを要す。

第百九　不利なる戦闘を交えたるときは、騎兵は、他兵種の退却を容易ならしむべき任務を有す。この際、遺憾なく運動性を利用して、往々追撃する敵の側面を攻撃するを必要とす。その他の場合にありては、天然の地障を利用して、広正面の後衛陣地を占領し、以て追躡する敵をして展開のやむなきに至らしむるを要す。全般の情況、これを許せば、他の陣地において、あらたなる抵抗をなすため、適時、敵の攻撃を回避すべきものとす。

第百十　橋梁の破壊、道路の阻絶《そぜつ》、電信の切断等によりて、敵の前進を遅滞せしむるを要す。

第百十一　宿営中の騎兵は一般に、一連の前哨配備によって警戒することなし。むしろ、前方および側方に若干の部隊（時宜により、自転車兵および機関銃を配属して）を派遣して、該部隊は遠く斥候を出して、最前の村落および敵方に通ずる道路を警戒す。阻絶を応用し、かつ、対空防御を設備すべし。個々の村落に過多の兵力を集結するは、敵の空中攻撃の顧慮上、これを避くべきものとす。後方の村落においてもまた、常に敵の急襲に対し、局部的警戒処置を取らざるべからず。

第百十二　宿営においては、各兵種を混合すべし。敵近きに従い、ますます配宿《はいしゅく》を狭小にし、かつ、敵の攻撃に対する防御準備をますます広範ならしむるを要す。

第百十三　敵の夜襲にあたりては、各村落ごとに、これを防御す。これがため、詳細なる部署を必要とす。

第百十四　敵の直接近傍においてのみ、警戒勤務を歩兵の原則に準じて行うを要す。この際、徒歩前哨騎兵中隊若干を使用し、馬匹は宿営部隊のもとに残置するを可とす。

第百十五　騎兵は、宿営のため、後方に後退するを得。しかるときは、敵襲にあたり、通常、この地障を保持すべきものとす。ただし、その翌日、戦闘を以て再び敵より奪取せざるべからざるがごとき土地を拋棄せざるを条件とす。この第二の場合においては、その地障の前方を警戒するを要す。

第百十六　騎兵を遠距離かつ長時間にわたりて、手馬《てうま》【ある騎手が、ずっと乗りつづけている馬】より分離するは、単に陣地戦において両翼を依託するときにおいてのみ、許し得べきものとす。

第三章　捜索および警戒

第一節　捜索の通則

第百十七　遠距離捜索は、遠大なる目標に対して行う捜索にして、上級指揮官のため、決心の基礎を与うるものなり。なかんずく、敵の輸送および集中状態、鉄道運行、街道上の行動、飛行場、野戦および永久築城の構築、敵の前進方向、敵の到着地点、敵軍の翼および後方梯隊を確かむるを要す。

遠距離捜索は、航空隊および騎兵の任ずるところなり。而して、この両者は、一切《いっさい》の任務を挙げて担任し得べきものにあらずして、各その能力に適応するごとく、その任務を限定すべきものなり。

軍騎兵および航空隊は、遠距離捜索の共同担任者として、たがいに長短相補うべきものなり。すなわち、敵軍内部の観察は、騎兵によりては、ただ稀有の場合においてのみ可能なるを以て、多くは航空隊の担任するところなり。しかれども、村落、森林の守備のごとき細部の事項を確認し、あるいは地形偵察を行うがごときは、独《ひと》り騎兵の地上捜索の等しく解決し得るところなり。なお、何らかの影響のため、空中偵察不可能なるか、または、妨碍を受くる場合においても、騎兵は捜索の結果を挙ぐるを得べし。前記両捜索法のうち、その一を以て、他の一に代え得るものにあらず。しかれども、両者は彼此《ひし》【あれこれで】長短相補い得るもの、否、相補わざるべからざるものにして、しばしば空中捜索の結果によって、はじめて騎兵捜索の活動方向の基礎を得ることあり。

第百十八　近距離捜索は、主として戦術的目的に資するものにして、指揮官に部下軍隊の戦術的用法の基礎を与え、かつ、遠距離捜索に比し、いっそう細部にわたるものとす。すなわち、某時刻に敵縦隊先頭の到達せる地点、各縦隊の兵力、敵陣地の延長、陣地構築の細部、鉄道の卸下状態を確かむるがごとき、これなり。

第百十九　戦闘捜索により、敵の戦術的部署を監視すべし。敵の戦線上およびその後方における動作の観察、敵の翼、砲兵の配備、予備隊の位置および運動、増援隊の戦線加入等を確かむるは、戦闘捜索の範囲に属す。自軍の側面における戦闘捜索は、とくに重要なり。

各兵種とも、戦闘捜索に参与するものとす。

第百二十　遠距離および近距離捜索は、敵に近接せるに従い、その区別判然せざるに至り、近距離および戦闘捜索もまた、彼我両軍衝突の直前においては、その区別判然せず。かくて、これら捜索法は、戦況に応じて自然に一より他に推移すべきものとす。

第百二十一　各種の捜索にあたり、これに用ゆる兵力は、努めて、これを節約するを緊要とす。飛行機および斥候の派遣数多きに比して、捜索の成果は必ずしも良好ならず。むしろ、捜索に任ずる者に対し、日々情況およびわが企図を明示し、かつ明確なる任務を与え、以て彼らをして指揮官の主として知らんと欲するところを了解せしむるを肝要とす。

第百二十二　各種捜索機関を一指揮官のもとに統一して、適切に使用するは、これら各基幹の協同動作のためならびに指揮官をして所要の情況を明確ならしむるため、緊要なりとす。

第二節　航空隊による捜索

第百二十三　飛行機は、長遠《ちょうえん》なる距離を迅速に飛行し、かつ、敵のわが地上捜索に対し閉鎖せる地区を瞰視《かんし》する【見下ろす】能力を有し、なお偵察者自ら直接指揮官より速やかに任務を受領し、あるいは、直接報告を呈し得るを以て、捜索上、もっとも重要なる機関なり。しかれども、飛行機が何者をも発見せずと報告する場合においても、必ずしも敵兵存在せざるものと断定する能わざるものとす。

飛行機は、とくに敵国内に侵入して、作戦的遠距離捜索を行うに適す。

第百二十四　空中捜索は、各級司令部に配属する偵察飛行隊によりて実施せらる。該隊はまた、歩兵飛行機、砲兵飛行機および連絡の任務にも服し、これを偵察用および砲兵用各一中隊に区分す。各航空部隊ごとに、その任務および捜索区域を限定するは、不必要なる兵力の消耗を予防するものとす。

第百二十五　もっとも遠く敵地に侵入して行う偵察および鉄道線、河川、陣地等の延長物の統一的監視は、最高統帥部、あるいは軍集団に属する偵察飛行隊の任とす。各軍司令部は、所属飛行機の全活動行程を利用して、軍の全正面および依託せざる側面の作戦的捜索を行う。軍内において、軍団司令部は、その正面前約六十キロの深さにわたり、戦術的捜索を担任す。近距離捜索および戦闘捜索は、各師団の任務なり。これらの捜索は、行軍中にありては、師団の前進目標の前方約一日行程にわたり、また戦闘間にありては、自己の戦場を包括して行わるべし。その他、最高統帥部、軍集団および軍司令部が、その監視飛行機により、随意に附近戦線の全情況を観察するは、もとより自由なるものとす。

第百二十六　軍隊指揮官は、飛行大隊長、あるいは飛行中隊長に任務を与え、飛行中隊長は飛行機乗員を決定し、これに所要の指示を与うるの責任を有す。而して、たとえ戦闘倥偬《こうそう》【あわただしいさま】のときといえど、これがため、所要の時間を与えざるべからず。

第百二十七　戦争状態の宣言と同時に、敵の鉄道線に対し、飛行機捜索を指向すべし。卸下台の増設、停車場附近における倉庫の設置、輪転材料【鉄道用語で、機関車、貨車、コンテナ車、コンテナの総称】の集中等は、敵軍集中認知のため、第一の憑拠を与うるものなり。集中輸送の開始と同時に、全鉄道網は昼夜を通して監視すべし。敵の利用する鉄道、毎日運行する列車数、列車組織および速度ならびに卸下停車場、軍隊宿営地、敵飛行場の偵知は、指揮官をして能く短時間内に敵軍集中の状態を脳裏に描かしめ得るものなり。空中写真により、日々の変化を撮影するは、この際、その価値大にして、同時に航空戦闘部隊の行う攻撃のため、基礎を与うるものとす。

第百二十八　空中捜索において、敵と触接を求め得たるときは、ついで諸道路の偵察、敵の宿営する住民地《ママ》および飛行場の監視により、敵の前進方向およびその兵力分配を偵察するを主眼とす。鉄道、もしくは行軍による敵の側方移動を偵知するは、重大なる価値あるものなり。構築中の敵の野戦築城工事は、なるべく速やかに写真撮影により、これを確かめ、爾後なお写真によりて工事進捗の状態を監視するを要す。橋梁の破壊、渡河の準備、鉄道網および後方倉庫の構築、飛行場の設備等は、敵の企図判断のため、さらに憑拠を与うるものなり。

第百二十九　会戦間において、攻撃、防御の如何を問わず、終始戦場を監視するは、空中捜索のもっとも重要なる任務なり。

とくに砲兵には目標偵察および射弾観測のため、なるべく多数の航空兵力を配属し、以て彼我両軍の戦闘動作を絶えず監視し得しめざるべからず。この任務は、偵察飛行隊の砲兵飛行中隊の担任するところにして、同隊は適時砲兵指揮官に配属せらるるを要す。もっとも活発に射撃しある敵砲兵、あらたに現出せる敵砲兵、わが射撃を蒙《こうむ》らざる有利なる目標等に関する偵察報告は、砲兵射撃命令のため、重要なる基礎を与うるものなり。

ついで、指揮官は、絶えず敵線後方の状態、すなわち、予備隊の現出、兵力の移動、戦車および自動貨車【トラック】の集合、戦線への増加輸送および戦線よりの撤退輸送、卸下等に関する状況を知悉するを要す。これがため、指揮官は、特別なる監視飛行機の派遣により、独立して全戦線にわたる全局の情況を知るに努む。その他、彼我歩兵の前進運動を確知するため、特別の歩兵飛行機を使用し、友軍諸隊は、各種の手段（布片、新聞紙、火光、手招等）により、自己の位置を該飛行機に認識せしめざるべからず。また、歩兵飛行機は、友軍攻撃の頓挫、いまだ動揺せざる敵の支撐点、高等司令部の戦闘位置、敵の逆襲および突入、撃退、準備配置にある攻撃部隊等につき、報告すべし。

第百三十　各種捜索任務の実行は、空中戦闘の情況により、著しく左右せらるるものなり。遠距離捜索は、多くの場合、個々独立して飛翔する飛行機により行わる。この飛行機は大高度を利用し、かつ、一切の空中戦闘を回避すべきものとす。もし、右の手段を用い能わざるときは、これに代ゆるに、熟練する二ないし三機の偵察飛行機より成る編隊を以てす。かくのごとき編隊は、弱勢なる敵の駆逐飛行機に対し、その任務を達成するに十分の戦闘力を有するものなり。長時間、同一地域に活動すべき砲兵飛行機は、敵機に対する掩護上、しばしば二、三の偵察飛行機を同伴するを要す。もし強大なる敵機の活躍するにあたり、一定の時間と地域とにおいて捜索を強行する必要あるときは、偵察飛行機と同時に駆逐飛行隊を同一方面に使用すべし。単座飛行機は、偵察機の直接同伴には不適当なるものとす。

第百三十一　空中捜索の結果は、もっとも迅速なる手段により、指揮官および軍隊に伝達し、以て空中捜索の迅速なる行動の利益を収めざるべからず。なかんずく、戦闘に関する諸報告において然り。けだし、該報告がただちに武器効力の発揮に応用せらるるときにおいてのみ、通常、はじめて価値あるものなればなり。これがため、飛行機と砲兵との密接なる協同動作を必要とす。もっとも重要なる事項は、じかに電話を以て指揮官に報告し、その他偵察の結果は明瞭簡潔、しかも遺漏なくこれを総合し、筆記してこれを報告するを要す。写真偵察の主要点は、写真の完成に先立ち、これを指揮官に報告すべし。往々、偵察者自ら、親しく指揮官に偵察事項を報告するを有利とすることあり。

第三節　軍騎兵による遠距離捜索

第百三十二　作戦的遠距離捜索は、軍騎兵の主要なる任務なり。もっとも有効に該捜索を実行するため、必須の先決条件は、全捜索地域内における戦術的優勢にあり。ゆえに、努めて敵の騎兵と戦闘するを原則とす。下は斥候に至るまで、各騎兵部隊は、任務と情況の許す限り、敵の騎兵を攻撃すべし。攻撃的捜索は、同時に自軍掩蔽の目的にそい、かつ警戒勤務を容易ならしむるものなり。

第百三十三　敵の騎兵を戦場より撃退したるのちといえど、また戦闘は、爾後の捜索のため、最良の手段なり。敵本軍の戦闘附近に突進して、敵情を観察し得んがため、敵の先遣部隊を撃退し、または、これを突破するを要す。

第百三十四　一騎兵師団に配当すべき捜索地域の正面幅は、概して通常四十ないし五十キロを超過すべからず。その縦長は、捜索目標によりて決定するものとす。

第百三十五　捜索機関は通常、斥候、捜索隊および騎兵師団主力に区分せられ、捜索地域内を前進す。大なる部隊は、小部隊の支援となり、かつ甚大なる戦闘力によりて、小部隊の前進を容易ならしむ。ゆえに、各捜索機関の数および兵力は、常に、これを派遣する部隊の兵力に適応せざるべからず。しからざるときは、捜索は後拒力を欠如するものとす。

第百三十六　地上における遠距離捜索の担任者は捜索隊なり。その兵力は、打破すべき敵の抵抗力に応じ、一中隊ないし一連隊の間に変化す。

捜索隊には、所要に応じ、自転車隊、自動車に積載せる歩兵および重機関銃、弾薬車を附したる若干門の火砲、もしくは砲兵数中隊、自動車砲、路上装甲自動車および軽無線電信班等を配属す。ときとして、重機関銃および火砲の配属によって、はじめて、わが進路を拓《ひら》き、かつ、敵をして、わが兵力を誤認せしむるを得べし。

第百三十七　捜索隊の捜索地域は、道路網に適応するごとく、これを指定す。該地域の幅は、敵に関する情報、地形および任務とともに、該隊の兵力を決定すべき要素なり。自転車隊、機関銃および火砲を配属したる騎兵二個中隊より成る一隊の捜索地域は、十五ないし二十キロメートルを著しく超過し得ざるべし。

ときとして、まったく捜索地域の区分を廃し、もしくは、一捜索隊の区域を、単に一側方に限定することあり。

捜索隊と騎兵師団との距離の最大限は、情況によりて決定す。ときとして、数日行程に及ぶことあり。

第百三十八　捜索隊には、捜索地域内において取るべき大体の前進路および、日々その斥候を以て到達すべき線を指示す。捜索隊の行程、過大に失するは戒むべきことにして、該隊のため、もっとも困難なる活動は、敵と衝突後において、はじめて生起するものなり。

第百三十九　捜索隊は、夜間警急《けいきゅう》準備を整えあるべし。宿営地の変換は、自己の安全を増進するものなり。

第百四十　捜索隊は、前方に小部隊を区分し、これによって捜索を行う。なかんずく、最前線にありて、敵と触接すべきものは、すなわち斥候とす。

捜索隊長は、全部の斥候を確実に手裡《しゅり》に掌握せざるべからず。斥候に対しては近距離目標を与え、その任務を狭く限定し、かつ、その前進を地区ごとに計画的に規整すべし。かくのごとくして、はじめて斥候活動の成果を保証し得るものとす。

第百四十一　すこぶる遠距離の目標に対する斥候、すなわち遠距離斥候の派遣は、例外の場合に限定するを要す。該斥候は、確実なる支援を欠き、その報告はしばしば、捜索隊、もしくは騎兵師団に到達せず、また、敵の占領地内にありては、確実に連絡を維持し得ざるものとす。

第百四十二　斥候の兵力は、情況および任務によりて定まるものにして、敵の斥候を駆逐し、かつ数次の報告を送達し得るに足るを要す。

第百四十三　斥候長は、重要の程度に応じ、騎術巧みにして決断力に富み、かつ戦術上の眼識および地形の観察力を有する将校、下士および兵卒を以て、これに充《あ》つべし。斥候長の人物は、斥候の成果を保証するものなり。

第百四十四　斥候は、なし得る限り道路を利用し、展望点を求めて、逐次躍進す。敵と触接するや、道路を捨てて、側方より敵情を視察するに努むべし。これがため、往々徒歩となり、かつ部下兵卒の一部を残置することあり。

第百四十五　斥候は夜間、適当なる潜伏所を求むといえど、敵との触接は、確実にこれを維持するを要す。また、敵の急襲に対し、適時これに応じ得るごとく、警戒部署を整えざるべからず。夜行軍を行い、かつ、しばしば居所を変換するときは安全の度を高むるものとす。

第百四十六　斥候に任務を課するにあたりては、地上捜索の特性を顧慮するを要す。一例を挙ぐれば、斥候は、単に敵兵某地を占領しあるや否や、あるいは、なお敵陣地の幅員《ふくいん》および敵兵力推定の憑拠等を偵察し得るにすぎずして、詳細なる兵力およびその配置等は、これを偵知し得ざるべし。敵縦隊の先頭は、これを報告し得べきも、敵縦隊間の捜索は困難なり。ただ、開放せる側面においてのみ、敵軍内部の状態を深く視察すること可能なるべし。

第百四十七　斥候の捜索隊に向かってする報告は、ほとんどもっぱら一ないし数騎の伝騎によるを要し、技術的通信法（有線、あるいは回光機）を応用し得るは、捜索のための前進運動停止し、むしろ警戒の性質を帯び来たれる場合に限るものとす。

第百四十八　捜索隊と騎兵師団とのあいだには、常に技術的通信材料による連絡を設置するに努むべし。これがため、もっとも適当なるは無線電信にして、これに次ぐものは有線電話、電信なり。もし、これらの通信材料に欠くるときは、騎兵師団より推進したる端末報告所、中間報告所、あるいは逓伝哨を以て、連絡を行うものとす。

第百四十九　騎兵師団は、数個の捜索隊に共通するごとく、若干の報告収集所を先遣することあり。師団が当初定めたる方向以外に転進するときは、ただちに報告収集所を設置すること、必要欠くべからざるところとす。

第百五十　騎兵師団より後方への連絡は、もっぱら技術的通信法によるものにして、まず無線電信を主とし、その他、有線電信、電話、自動車および飛行機等を用ゆ。

第百五十一　騎兵師団には、軽偵察飛行大隊一個を配属するを要す。該隊には、敵の輸送および集中等の偵察のごとき、遠大なる捜索任務を与うべからず。かくのごとき任務は、上級指揮官の使用する偵察飛行大隊によって実施せらるべきものなり。騎兵師団の軽偵察飛行大隊は、該師団の任務達成を容易ならしめ、かつ、その捜索地域内において、いっそう深き視察を可能ならしむべきものとす。

第百五十二　騎兵師団には、常に路上装甲自動車を配属するに努むべし。該隊は、独立的捜索任務を以て派遣せられ、もしくは、一、二捜索隊の支援として、一時これに配属せられ、あるいは、騎兵師団の戦闘に参与す。その他また、捜索隊と騎兵師団との連絡に使用せらる。

第百五十三　敵との触接、ますます密なるに従い、捜索隊は漸次《ぜんじ》その意義を失うものとす。騎兵師団の正面前において、活動の余地なきに至り、また、開放せる側面においても、もはや活動する能わざるときは、捜索隊は、すなわち騎兵師団に収容せられ、その従来担任したる任務は、旅団および連隊の近距離捜索によりて解決せらるるものとす。

第四節　隊属騎兵による捜索

第百五十四　隊属騎兵の主要任務は近距離捜索にして、この捜索は、その前方に軍騎兵あるも、これを廃するを得ず。軍騎兵前面にあらざるときは、隊属騎兵に遠距離捜索をも担任せしむることあり、この際、隊属騎兵は捜索隊の要領に準じて、これを実施す。

第百五十五　軍隊指揮官は、捜索の任務を授くるも、その実施方法は騎兵指揮官の定むるところにして、斥候の派遣は通常騎兵指揮官の部署による。もし軍隊指揮官自ら斥候を派遣したるときは、これに授けたる任務を騎兵指揮官に通報すべく、他兵種の行うべき近距離捜索に関してもまた然り。けだし、これによりて、無用に同一捜索目的に対し、兵力を重複使用することを避け得べければなり。

騎兵指揮官は、詳細なる指示を受けあらざるか、または情況不測の変化に莅《のぞ》みたるときは、軍隊指揮官の意図にもとづきて、独断捜索を部署するを要す。

第百五十六　各騎兵指揮官は、一度敵と触接せば、昼夜を問わず、これを確保するの責を有す。

第百五十七　隊属騎兵の兵力は寡少なるを以て、斥候の派遣はとくに節約せざるを得ず。隊属騎兵には一程《ママ》度の戦闘力を保持せしむるを要するがゆえに、運動容易なる歩兵および自転車隊、自動貨車に搭載せる重機関銃若干小隊、火砲ならびに路上装甲自動車を以て、これを支援せしむるを必要とすることあり。とくに隊属騎兵をして、近距離捜索のほか、戦術的任務、たとえば、渡河点の保持、地障の阻絶等に任ぜしむるか、あるいは遠距離捜索をも担任せしむるごとき場合には、原則として支援隊を附すべきものとす。

第百五十八　近距離捜索に関する命令は、しばしば馬上において、しかも矛盾せる種々の情報を顧慮しつつ、下達せざるべからず。しかれども、この命令は、指揮官の知らんと欲する全部を捜索し得んがため、適度に詳細かつ明瞭なるを要す。

第百五十九　軍隊指揮官は、近距離捜索の実施には時間を要し、かつ、これのみを以てしては、敵襲に対し、軍隊を掩護し得ざることを会得しあらざるべからず。ゆえに、各部隊は、近距離捜索とともに近距離警戒を必要とす。

第百六十　捜索および近距離警戒の両任務を、同一斥候波によりて達成し得るは、まったく例外の場合とす。けだし、捜索機関は敵に達するまで前進し、かつ移動的なるを要するに反し、警戒機関は常に自軍と一定の関係を保持するを要すればなり。ゆえに、近距離捜索斥候と近距離警戒斥候とは、厳に、これを区別するを要す。

師団内における近距離警戒は、各兵種、これに従事するも、隊属騎兵はそのもっとも重要なる方向、たとえば、行軍間には前方、戦闘間には開放せる側方等の警戒を担任す。

第百六十一　迅速に諸報告を得んがためには、斥候の諸報告を、あらかじめ定めある地点に送達せしむるを利とすることあり。

第百六十二　近距離捜索と地形偵察とは、常に離るべからざるものにして、敵情偵察とともに、道路、橋梁の状態、土地通過の難易および良好なる展望点に着眼するを要す。

第五節　騎兵の戦闘捜索

第百六十三　騎兵による戦闘捜索は、軍隊指揮官、これを命ずることあるも、各級騎兵指揮官は、たとい別命なきも、自ら戦闘捜索を遂行するの責を有す。而して、各騎兵隊は、その戦闘地域内の戦闘捜索に任ずるものにして、依託なき部隊は、この他なお開放せる側面をも担任するを原則とす。

第百六十四　戦闘捜索の要は、戦闘の前後および戦闘間を通じ、絶えず敵情を監視するにあり。而して、この捜索は同時に警戒の用をなすものにして、戦闘斥候の任ずるところなり。

第百六十五　戦闘捜索は、なし得る限り乗馬して行うべきも、敵火の圏内に入り、やむを得ざるに至らば、徒歩して行うものとす。

第百六十六　正面前における戦闘捜索は、ただ火戦の開始時まで、これを行い得るにすぎずといえど、側面にありては適時危険を発見し、かつ、これを指揮官に知らしむるまで継続すべきものとす。

各戦闘斥候は、その認知せる事項を、もっとも迅速に、所属の如何を問わず、その近傍にある各隊に通報するの責あるものとす。

第六節　他兵種を以てする捜索

第百六十七　航空隊および騎兵とともに、すべての他兵種もまた、十分捜索に参与すべきものにして、その活動の結果は、攻撃および防御に要する情報を、はじめて能く完全ならしめ得るものとす。

航空隊および騎兵の配属少なきに従い、他兵種は斥候により、または速やかに展望点を占領して、敵情をあきらかにすること、ますます必要なりとす。

歩兵の自転車隊は、その運動性と速度とにより、とくに捜索任務に適当するものにして、騎兵の捜索を補足し、あるいは、これに代用し得るものとす。

敵火の効力、または地形の状態、騎兵の行動を制限する場合においては、歩兵斥候による捜索の価値を増大す。

歩兵は、捜索幕によりて、その攻撃を準備するものにして、この捜索幕の構成には、補助兵種（軽、重機関銃、迫撃砲、歩兵砲）もまた、これに参与す。この正面捜索を実行するためには、戦闘もまた、これを忌避すべきものにあらざるを以て、捜索部隊にはとくにしばしば軽機関銃を配属するを可とすべし。

構築せられたる陣地、隘路、堅固なる地障、河川等に近接するにあたりては、技術的偵察（障碍物、支撐点、近接路、架橋点）を必要とするものにして、この偵察は往々ただ夜間においてのみ、これを企図し得べし。しかれども、偵察者をしてなお、天光により地形を認識せしむるため、適時、これを派遣するを要す。この種偵察は、主として工兵および歩兵の任ずるところとす。

砲兵にありては、敵情および自己の観測所ならびに射撃陣地の偵察を以て、指揮官のなすべき主要事項とす。同一目的のため、通常、将校の指揮する斥候（砲兵将校斥候）をもまた、これを使用す。ときとして、この斥候を、騎兵とともに先遣するを可とすることあり。その他、目標捜索のため、観測所、繋留気球、火光測定班、音響測定班ならびに測量班を使用す。方向聴取機もまた、良好なる結果をもたらし得ることあり。

繋留気球は、近距離および戦闘捜索のため、とくに有効なるものとす。観測者と軍隊指揮官および砲兵（射撃中の中隊に至るまで）との電話連絡は、直接相互に意思を疎通し得しめ、この偵察法の大なる利点とす。

通信隊は、計画的に敵の地上および空中の通信を監察す。これにより、上級指揮官は、敵の兵力配置に関し、信憑《しんぴょう》すべき情報を得べし。

第百六十八　捜索は、砲兵を有する、いっそう強大なる部隊の攻撃によりてのみ、その目的を達し得ること、しばしばなり。

第七節　行軍警戒

第百六十九　行軍中の軍隊は、捜索によるほか、その行軍部署によりて警戒す。

第百七十　行軍中の軍隊は、直接警戒のため、隊属騎兵を使用す。これがため、隊属騎兵を先遣しある場合にも、前衛司令官には騎兵の小部隊を配属するを要す。この部隊中より、歩兵尖兵の前方に出すべき騎兵尖兵を編成し、残余は直接の近距離捜索に使用す。とくに側方捜索に充つるため、本隊指揮官にもまた若干騎を配属するを要す。

軍隊指揮官は爾後、斥候、または特別なる警戒隊を差遣し、あるいは、行軍縦隊より分進すべき本隊の一部に配属する等の特別目的のため、常に隊属騎兵の一小部を控置するを要す。

指揮官、もし隊属騎兵を前衛司令官に配属せば、該司令官は、軍隊指揮官の意図に従い、捜索ならびに警戒のため、所要の命令を与うるものとす。

第百七十一　比較的大なる騎兵を配属せられたるときは、捜索ならびに警戒のほか、なお特別なる任務を課するを得べし。すなわち、行軍路上の要点、鉄道の交差点および術工物【人工物】の一時的占領、軍隊の通過すべき、やや大なる森林の捜索、隘路および地障の阻絶または保有等、これなり。この場合においては、砲兵、馬車、または自動貨車に搭載せる歩工兵、機関銃随伴小隊若干、自動貨車に搭載せる機関銃小隊若干および自転車隊を配属するを必要とすることあり。

第百七十二　前衛は常に行軍を渋滞なからしめ、微弱なる敵の抵抗を排除し、本隊を敵の急襲に対し掩護し、かつ、優勢なる敵と衝突するに当たりては、本隊をして、戦闘展開のため、必要なる時間と地域とを得しめるを要す。

敵と衝突を予期し得るに至らば、軍隊指揮官は、適時戦闘指揮の統一を図り、かつ、戦場の地形を視察するため、通常前衛のもとに騎行するものとす。

第百七十三　前衛の兵力編組は、全隊の兵力、情況、目的ならびに地形によりて、これを定むるも、常に兵力分割の原則に従い、必要の最小限に止むるを要す。歩兵の兵力は通常、全歩兵の三分の一ないし六分の一とし、通常これに、自転車隊、迫撃砲、軽砲兵、軽弾薬縦列ならびに工兵を配属す。なお、軽戦車、路上装甲自動車、段列を有する重砲兵、とくに射程大なる平射砲【放物線を描いて砲弾を発射する曲射砲に対し、弾道が低伸する直射砲のこと】、通信隊および衛生隊の一部を配属するを有利とすることあり。また、河川を渡過《とか》すべき場合には、架橋縦列、もしくは、その一部を配属するを緊要とす。

前衛に路上装甲自動車を配属するは、迅速に某地区に到達し、かつ、これを確保する必要あるごとき場合には、とくに有利なるものとす。

第百七十四　前衛の区分は通常、前衛司令官、これを命ず。

前衛司令官は通常、一前兵を支分《しぶん》す。敵との衝突にあたり、前衛本隊が整然と展開を実施し得るを度《のり》とし、前衛本隊の前方を行進す。ときとして、若干門の砲兵を前兵に属するを有利とすることあり。

前兵の前方、四、五百メートルに、通常尖兵中隊を出し、尖兵中隊はさらに一将校の指揮する、一、二小銃分隊、または軽機関銃分隊を歩兵尖兵とし、路上装甲自動車とともに先行せしむ。前衛はまた、自らその側方を警戒するを要す。

第百七十五　本隊と前衛との距離は、一には本隊が前衛の戦闘により、ただちにその渦中に進入するの虞なく、かつ、指揮官の決心の自由を保持すると、一には、前衛が適時本隊より支援せられ得ることを顧慮して決定す。ゆえに、小なる前衛にありては、距離を短縮するを必要とす。情況により、もしくは、はなはだしき隠蔽地においてもまた、距離を短縮するを必要とすることあり。

第百七十六　本隊もまた、その側方を警戒するを要す。とくに隠蔽地および敵の近傍において然りとす。これがため、本隊指揮官は、歩兵部隊、自転車隊、あるいは路上装甲自動車をして、側方道路を前進しつつ本隊を警戒せしむるため、必要なる命令を下すものとす。この際、歩兵は多少先行せしむるを必要とす。けだし、警戒隊は通常、主力縦隊に比し、長遠にして、かつ不良の道路を前進し、また、村落、森林等の捜索のため、前進を渋滞せしめらるること多ければなり。路上装甲自動車には、とくに良好なる道路を与うるを要す。

特別の場合においては、側衛を、前衛または本隊より支分す。

側衛の兵力編組は、危険の度および地形によりて定むるも、捜索を十分にし、かつ連絡を迅速ならしむるの必要上、騎兵および路上装甲自動車を配属するを要す。側衛は、前衛に準じて、これを区分す。而して、本隊と併進し、あるいは、適当なる陣地を占領し、本隊をして、その附近を通過せしめたるのち、再びこれに追及す。

前進行変じて側敵行【側面の敵に当たる】となる場合には、前衛を側衛とし、本隊より、あらたに前衛を設くるを有利とすることあり。

第百七十七　情況不明の場合、地障を通過するにあたりては、往々本隊より、機関銃随伴小隊若干および砲兵を先遣し、前衛が該地域の前端に進出するまで警戒せしむるを有利とすることあり。

市街、大村落、大森林を通過する行軍にありてもまた、同様の重機関銃および砲兵を以てする掩護を必要とすることあり。

敵と衝突する顧慮ある場合には、右の処置をなすを原則とす。およそ行軍する歩兵をして、何らの掩護なく敵砲火に暴露せしむるは、指揮官の一過失とす。

第百七十八 後衛は、退却する軍隊を、脅威および攻撃に対し掩護すべきものとす。この際、後衛は、本隊の援助を胸算するを得ず。ゆえに、この顧慮を以て、その兵力、編組および本隊との距離を決定すべきものとす。

広正面にわたる敵より離脱せるのち、後衛は通常、各異なる歩兵団隊の部隊より集成せざるべからずといえど、建制はなるべく速やかに、これを回復するを要す。

後衛には通常、有力なる軽砲兵を配属し、かつ、常に捜索のため、騎兵を配属するを要す。また、特別の機関銃随伴小隊を配属して、これを機関銃隊に編合し、ならびに自転車隊および路上装甲自動車を配属するを有利とす。工兵を配属しべきや、また、その兵力をいくばくにすべきやは、そのときの破壊任務を顧慮して決定すべきものとす。

軍隊交戦中なるとき、後衛は、本隊をして整然たる退却をなさしめんがため、情況によりては、おのずから戦闘するを要し、ときとしてはまた、これがため、本隊の犠牲とならざるべからず。

後衛は、一地区より他の地区に向かい、躍進的に退却す。

敵情、戦闘展開のままの行進を要せざるに至れば、後衛は行軍縦隊に移るものとす。

行軍にあたり、後衛は、本隊、後兵および後衛騎兵に区分す。後衛の捜索機関は、敵と触接を保持す。後衛尖兵中隊および後衛歩兵尖兵のほか、後衛騎兵尖兵を要するや否やは、一に情況による。

第百七十九 対空防御隊は、前進、退却および側敵行において、全行軍縦隊にわたりて、対空防御に任ず。該隊は、なるべく側方の道路を、陣地より陣地に躍進的に行動し、いやしくも敵航空機の脅威を受くるあいだは、これを行軍縦隊中に編入するを得ず。

その他、敵航空機に対する警戒手段は、長大なる行軍縦隊を小部隊に区分し、あるいは本道を避け、または夜行軍を行うにあり。また、わが駆逐飛行隊をして、敵航空機を攻撃せしむべし。

第八節　前哨

第百八十　休止の軍隊は、前哨によりて警戒す。その任務は、敵情を捜索し、軍隊を敵の奇襲に対して掩護し、これに戦闘準備の時間を与え、かつ、敵に対し、わが情況を掩蔽するにあり。

第百八十一　情況は千変万化なるを以て、前哨勤務に対しても、ただ一般の着眼ならびに原則を指示し得るにすぎず。ただし、この着眼および原則は、けっして、これを模型視【モデルとみる】すべきものにあらず。

軍隊を愛惜するため、絶対必要以外の兵力を前哨勤務に充当すべからず。また、前哨の種類および兵力は、情況ならびに地形に関す。

第百八十二　敵に遠き場合には、宿営する村落の直接警戒を以て足れりとす。

いっそう確実の警戒は、若干部隊を一般宿営地域の前方に派遣し、これをして、単に局地的警戒を行わしむるか、もしくは、なお小なる部隊を、いっそう前方に宿営して、警戒せしむるの方法によるものとす。この際、その一部を容易に阻絶し、もしくは、防御すべき地障線まで前遣するを得ば、とくに利あり。

宿営地の適当なる分置により達せらるる、この警戒法より、進んで整然たる前哨配置法に至る間には、諸種の変化あるものとす。

敵に近き場合には、地形ならびに情況に応じ、縦長に区分せられたる前哨を配置す。この際にありても、形式に捉わるることなきを要す。

もし戦場準備を要するごとく、敵と触接するに至らば、前哨の配置および区分もまた、ただ戦闘の顧慮を基準とす。この場合、併列せる各隊は、これに指定せられたる線において警戒するものとす。

戦闘は、ただ夜暗のために中止し、翌朝さらにこれを継続せんとする場合には、各部隊は戦闘陣地に露営す。前線に使用せられたる歩兵部隊の警戒は、通常、その一部より成り、この部隊には、なし得る限り敵に近く歩哨および斥候を推進するものとす（戦闘前哨）。

陣地戦において、戦闘前哨は、敵との距離に従って区分せられ、潜伏斥候は障碍物を監視す。

第百八十三　いかなる場合においても、敵に通ずる道路を監視すること、もっとも緊要なりといえど、前方を展望し、あるいは敵のわが情況を視察するに便なるごとき地点もまた、これを占領するを要す。依託物なきか、または掩護を受けざる外側は、翼を後退するか、または、とくに警戒部隊を配置して、十分に警戒するを要す。

敵戦車の奇襲を予想する場合には、これに対する処置をなしおくを要す（障碍物の後方に陣地の選定、砲兵の配置、道路の阻絶、戦車に対する陥穽《かんせい》等）。

第百八十四　休止に移らんとするや、指揮官は、前衛、もしくは後衛に、警戒に関する指示を与う。その指示は、捜索に関する任務、警戒区域および、大部隊にありては、前衛、もしくは後衛本隊の位置、また小部隊にありては、前哨予備の位置を示し、かつ敵の攻撃に際し、前衛は戦闘によりて時間の余裕を得つつ、本隊の位置に退却すべきや、あるいは、いずれの陣地において本隊の戦闘加入を待つべきやを規定するものとす。また、通常、前方警戒線を指示するものとす。

第百八十五　前衛、または後衛司令官は、前哨司令官および前哨に任ずべき部隊を指示す。戦備の度、正面幅および地形により、前哨を数区に分かち、各区に前哨司令官を置くを要することあり。緊要なる道路および地点は、前哨区の境界となすべからず。

第百八十六　前哨の兵力および編組は、敵の遠近および行動、わが兵力、地形および爾後の企図に応じて、これを定む。

　前哨には通常、砲兵を配属すべきものとす。とくに敵の攻撃を予期するときにおいて然り。この際、砲兵は、自己の戦闘加入、とくに夜間射撃を準備するを要す。騎兵は、昼間における警戒ならびに前方の捜索に任ず。敵に近きときは、その主力は日没とともに後退すべきものとす。

　戦闘後の前哨は、なるべく新鋭の部隊を以て、これに任ずべし。これに反し、行軍後、別命なきときは、前衛ならびに後衛は本隊を掩護し、前哨を配置するの任務を有す。この際、大部隊にありては、これを前（後）衛本隊および前哨に区分す。

第百八十七　前衛司令官は、軍隊指揮官の指示に従い、前哨は、いずれの地点において、隣接部隊と協同して、主なる抵抗をなすべきやを命令すべし。

　前哨の任務、単に時間の余裕を得んがために戦闘すべき場合にありては、前哨は、この任務を達成したるのち、歩々《ほほ》【一歩ずつ、しだいに】前衛司令官より命じられたる地点に後退すべし。

第百八十八　前哨司令官は、なし得る限り速やかに所要の命令を下すべし。この際、もっとも急を要すべき処置、なかんずく、監視地点、拠点および主要道路の占領、砲兵の使用（監視、阻塞射撃【弾幕を張り、敵の前進を封じること】等）、工事ならびに阻絶の設置等を速やかに実行せしむるを主とする。前哨司令官は、与えられたる指示に従い、最前警戒線、主抵抗陣地における軍隊の配置、戦備の度、宿営の種類、航空機に対する防御法ならびに前哨予備の警戒法を命令す。

有力なる騎兵を前哨中隊に配属するは、これを避くべし。捜索に関し、軍隊指揮官、もしくは前衛司令官より、直接騎兵指揮官に命令せられざる場合には、前哨司令官は捜索を部署すべきものとす。騎兵少数なるときは、単にこれを捜索にのみ使用すべきものにして、ただ例外の場合にのみ、警戒のため、騎哨配置に使用することあり。

現地偵察ののち、前哨司令官は第一の命令を補足すべし。同官は、前哨各部の配備に関し責任を有し、連絡法および隣接地区との連繋を規定す。敵と触接するに至らば、ガス防衛に関する特別の処置を要することあり。この際、ガス覆面【ガスマスク】使用の準備を整えて、携帯せしむるものとす。なお、道路の阻絶、敵戦車およびその他の自動車に対する陥穽の設置に関し、指示するを要す。

絶えず前哨勤務を監視せんがため、前哨司令官は、報告のもっとも容易に到着すべき地点に位置す。その位置は発見しやすく、喇叭手《らっぱしゅ》、自転車手、伝令および伝騎は常に近傍に置き、前（後）衛本隊、もしくは、本隊、前哨予備、前哨中隊および配属砲兵に至る電話線は、速やかにこれを架設するを要す。

第百八十九　前哨は、前哨予備（通常、行進路の附近に位置す）の前方において、前哨中隊、小哨および歩哨に区分するを得べし。

第百九十　前哨各部の位置は遮蔽して、これを占領すべく、空中偵察に対する遮蔽もまた必要なり。

前哨各部内の確実なる通信連絡は、速やかにこれを施設すべきものとす。

第百九十一　前哨各部隊長はなるべく速やかに、直上指揮官に、要図を以てその配備を、また筆記して捜索ならびに警戒に関する処置を報告すべし。また、速やかに隣接部隊と連絡し、かつ、絶えずこれを保持すべく、軍隊の休息ならびに着装に関し、命令するを要す。

第百九十二　最良の警戒は、不断の近距離捜索および監視にあり。これがため、後方に存在する良好なる展望点もまた、これを利用すべきものとす。すべて捜索ならびに視察事項の主なるものは、速やかに直上指揮官および隣接部隊へ報告、通報すべし。

第百九十三　前哨の交代は、敵に発見せられざるごとく、これを行うを要す。必要事項は、ことごとく新指揮官に申し送るべく、新指揮官は、完全にこれを会得したるのち、はじめて下番【前任】者の退却を許すものとす。

第百九十四　各密集部隊は、自ら銃前哨を以て警戒す。その数は、必要に従い、異なるものとす。この歩哨は、小哨およびその他の歩哨のごとく、敬礼を行わざるものとす。

第百九十五　いかなる攻撃に対しても、前哨は、常に完全なる戦備を整えあるを要す。また、後方にある部隊を掩護せんがためには、いかなる犠牲をも辞すべからず。

前哨中隊

第百九十六　前哨中隊は、警戒の主なる担任者なり。その数ならびに配置は、一に情況による。

前哨中隊長は速やかに地形を偵察し、捜索および警戒の処置を定む。而して、昼間および夜間における敵の攻撃に対して執るべき処置を考定し、戦備の度（掩蔽下の宿営、空中捜索に対する防護、天幕および燎《りょう》火《か》【かがり火】の使用、ガス防衛等）を指示し、かつ工事および道路の阻絶を部署す。機関銃、軽迫撃砲ならびに配属せられたる火砲は、主として敵の進路に対して、道路を占領せしむるものとす。

前哨中隊には、その中隊固有の番号を附す（前哨第三中隊）。

小哨

第百九十七　前哨中隊を警戒せんがため、通常、小哨を前遣す。その兵力は、任務、配置点の重要度ならびに敵との距離によりて、これを定むべきものにして、一小隊より一分隊のあいだに変化す。

小哨は、歩哨の後拒を形成し、重要なる地点（橋梁、隘路、敵方にある村端および林縁、道路の交差点）附近において、なるべく広闊《こうかつ》なる射界を有するごとく占位し、空中捜索その他、敵の視察に対し遮蔽しあるを要す。往々、重機関銃を小哨に配属するを適当とすることあり。また特別の場合には、軽迫撃砲および火砲を以て、その戦闘力を増加す。重要なる小哨は、将校、これを指揮す。

小哨は、下士哨、複哨および斥候によりて警戒す。昼間、開豁地においては、少数の歩哨を良好なる展望地点に配置するを以て、足れりとすることあり。これに反し、夜間は、通常、濃密なる歩哨線を必要とす。しかれども、いかなる場合においても、連続せる歩哨線を設くるに比し、敵に通ずる道路および重要な地点を占領し、その中間地区には斥候を以て監視するを有利とすること多し。小哨より交代する複哨は、通常、五百メートル以上の距離に配置せざるを要す。しかれども、下士哨にありては、いっそう大なる距離に、これを配置するを得べし。

小哨長は、常にその位置をあきらかにし、歩哨線の巡察中は代理者を定む。夜間は、小哨の位置にあるべし。

小哨は、その前哨中隊内において、右より番号を附す。

各小哨の歩哨は、下士哨、複哨を通して、右より一連番号を附す。

歩哨

第百九十八　歩哨は常に二人とす（複哨）。重要なる地点（街道、瞰制《かんせい》【周囲を見下ろせること】高地）および小哨より遠く離隔しある地点には、歩哨の交代ならびに支援として、分隊の残余を直接その近傍にあらしむるを可とす（下士哨）。重要なる歩哨には軽機関銃を配属すべし。

歩哨は、良好なる展望をなし得るとともに、自ら敵眼に対し遮蔽しあるを要す。これがため、仮装を施すことあり。樹木、家屋、寺院の塔、堆藁《たいこう》【積みワラ】のごとき高所にある歩哨は、視察（火光）ならびに音響聴取に有利なり。歩哨には望遠鏡を携帯せしむべし。敵の近傍において日没に至れば、奇襲を避けんがため、歩哨の位置を変換するを適当とす。一歩哨の二人は協同して、監視し、相互に容易に了解し得るごとく、互いに近接しあるべし。

歩哨は、細部において、いかに動作すべきや、居座《きょざ》、あるいは、伏臥《ふくが》すべきや等は、これを命令するものとす。通常、掩壕を掘開して、その内に入り、とくに命令なきときは喫煙するを得といえど、いかなる事項も、その監視を妨害せざるを主とするを要す。

歩哨、敵に関し注意すべき事項を発見せば、その一人は速やかに小哨長に報告すべし。敵の攻撃を発見せば、数発の急射撃を以て警報すべし。通過する斥候には、その観察せる事項を通告す。

歩哨が、その容貌を知れる者には、歩哨線の通過を許す。しからざる者は審問し、疑わしき場合には、小哨長、または小哨長より規定せられたる他の哨所に同行せしむ乗馬者、自転車手および自動車は、呼号に応じ、停止すべし。自転車および自動車は、歩哨線通過に際し、適時、自発的にその速力を減ずるを要す。なんびとといえど、歩哨の命令に従わざる者は、これを射殺すべし。

暗夜、歩哨に近づく者あるときは、歩哨は銃を構え、「止まれ」「誰か」と呼ぶべし。もし、呼ぶこと三次に至るも、停止せざるときは、これを射殺すべし。

僅少の従者を伴い、その軍使たることを表示し来たる敵将校および投降者は、これを敵として遇すべからず。これらの者は、まず武器を投ぜしめ、軍使は目を覆い、何ら言語を交わすことなく、小哨を経て、中隊に送致すべし。

すべての歩哨は、一の特別守則を授けらる。これに含有すべき事項、つぎのごとし。

敵情および地形、とくに監視すべき地区（展望し得る道路、隘路、橋梁等にして、敵の近接に際し、通過せざるべからざるもの）、前方に派遣せるわが部隊の位置、歩哨の番号、敵の攻撃に際し取るべき動作、隣歩哨の位置および番号、歩哨の一人を以て隣歩哨との連絡を保つべきや、小哨、中隊の位置および、これに通ずる最捷路《さいしょうろ》【はやみち】、その他必要の指示。

歩哨には、なるべく前地の地名を明示せる要図を付与す。

下士哨内の交代は、下士哨長これを規定し、複哨の交代は、小哨長これを規定す。歩哨交代掛《かかり》は、上番【後任】歩哨が一般守則を知るや、下番歩哨が特別守則を確実に申し送りたるや、また上番歩哨がこれを理解したるやを確認するを要す。

歩兵斥候

第百九十九 近距離捜索は、騎兵が前方にあると否とにかかわらず、歩兵斥候により、これを実施すべきものとす。

敵に対し、派遣すべき斥候の数および兵力、これに機関銃の配属ならびにガス防衛準備に関する指示は、一に情況ならびに、その任務によりて異なる。とくに長の選定を必要とす。この長もまた、自ら、もっとも適当なる部下を選定するを可とす。

重要なる捜索任務には、将校、もしくは選抜せられたる下士、これに任ず。斥候幕を前遣し、以て各斥候相互に警戒し、敵の捕獲を予防するを適当とすることあり。

詭計《きけい》、敏捷、迅速なる観察、果断、企図心および勇敢は、各斥候に必須の性質なり。斥候はまた、地形の状態に関して報告し、要すれば教導となり得んがため、地形を熟知するを要す。

帰還の時刻および取るべき道路は、大略、これを規定するを要す。これ、適時、爾後の斥候を派遣して、捜索を中絶せざらんがためなり。

夜間は、警戒を確実ならしめんがため、歩哨線の前方、適当の地点に小部隊を進むるを適当とすることあり。この部隊は、交代の時刻、もしくは所命の時刻まで、その位置に止むべきものとす。

歩哨線の通過に際し、斥候は、最寄りの歩哨に自己の任務を、また帰還の際は、その観察の結果を通告するを要す。

歩哨線内部の斥候は、歩哨の配置せられざる中間地域の監視、各歩哨間の連絡および隣接部隊との連絡に任ず。その数および兵力は、各歩哨間の地域の大きさ、地形および敵との距離によりて異なるものとす。

第九節　掩蔽

第二百　空中および地上の敵に対する掩蔽は、前方および側方に対し、ともに必要なることあり。而して、この目的は、攻勢的、もしくは守勢的手段によりて、これを達成するを得べく、主として飛行隊および騎兵の任ずるところなりといえど、その他の各捜索および警戒部隊もまた、これを補助するを要す。

第二百一　飛行隊の主なる任務は、わが掩蔽正面の後方における敵の空中捜索を妨碍するにあり。該隊は、空中における潑剌《はつらつ》たる活動および突進によりて、地上の攻勢的掩蔽を支援すべしといえど、反対に、地上における守勢的掩蔽および敵機の不活発なる行動に際しては、わが航空兵力の劣勢に鑑み、消極的動作に出づるを緊要とす。強大なる敵の空中捜索に対しては、空中における集団的攻撃および対空防御隊の使用によりて、これに対抗するを要す。

第二百二　地上における攻勢的掩蔽の目的は、敵の騎兵に対する勝利によりて、もっとも有効にこれを達成し得るものなり。わが縦隊の行進せざる道路に対する敵の捜索動作は、有力なる部隊の派遣によりて、これを排除するを要す。この部隊には、しばしば、火砲、重機関銃および路上装甲自動車を配属すべきものとす。

守勢的掩蔽は、ただ一定の地点においてのみ通過し得べき地障に依託して、これを行うこと、もっとも有利にして、通過点および街道を阻絶し、かつ防御すべきものとす。この際、機関銃はとくに価値あり。必要の場合には、各防御群に砲兵（たとい、一、二門にても）および迫撃砲を配属す。

比較的大なる部隊は、敵の突破を予想せらるべき、もっとも重要なる地点の近傍に、これを配置するを要す。

守勢的掩蔽にありてもまた、活発なる捜索動作を緊要とす。敵の通信連絡を妨碍せんがため、自転車兵および機関銃を附したる捜索隊を前遣するものとす。

第二百三　空中捜索に対して遮蔽せんがため、いずれの掩蔽法にありても、昼間は街道および村落を空虚にし、夜間は火光を避くること必要なり。

第四章　行軍

第一節　行軍部署

第二百四　運動戦は、諸決心の迅速なる実行と、戦闘のため、潑剌たる軍隊とを要求するものなり。ゆえに、行軍の部署は、この両者の要求に適合せざるべからず。指揮官は、軍隊に要求すべき行軍行程と、行軍において軍隊愛惜のため、顧慮し得る程度とを決定す。而して、前者の要求過大なるときは、単に軍隊の戦闘力のみならず、軍隊の精神的結合を薄弱ならしむ。鉄道、自動貨車縦列その他の諸車輛を、軍隊、または行李の輸送に利用することあり。

情況によりて偵察せらるべき道路網の状態は、軍隊に行軍路を配当するため、基礎たるものにして、地図は常に必ずしも完全なる憑拠を与うるものにあらず。

数縦隊を以てする行軍は、軍隊を愛惜し、かつ、その戦闘準備を良好ならしむるものとす。何となれば、長大なる縦隊の編成および、これを以てする行軍ならびに、その開進には、多大の時間と労力とを要すればなり。しかれども、軍隊、敵に近接するにあたり、これを合して一縦隊となすときは、指揮官をして、その掌握を容易ならしむる利あり。

　大兵団にありては、師団は一道路上に合して行軍するを要すること多し。

第二百五　大兵団において、敵に関する顧慮なく、数日の行軍を予想するときは、該期間に対し、行軍一覧表を作製すべきものとす。この計画には、行軍路の配当、日々の到達目標および宿営区域を定むるのほか、あらかじめ軍団および師団司令部の宿営地を決定して、適時通信網を完備し得しむるを要す。しかるときは、諸運動は確固たる組織を維持し得るものなり。

第二節　行軍の実施

第二百六　行軍に関するすべての部署は、敵に触接する顧慮の有無に関すること、もっとも大なり。敵に触接する顧慮を有せざるときは、軍隊を愛惜せざるべからず（旅次行軍）。この場合においては、小部隊、または兵種ごとに行軍し、大行李は所属隊に合して行動す。

　敵と衝突する虞あるときは（戦備行軍）、戦闘準備に対する顧慮を主とせざるべからず。これがため、軍隊は、これを諸兵種混成の戦術的編合に組織し、かつ警戒法を設くるを要す。防毒覆面【ガスマスク】の携行法に関して区処するを必要とすることあり。大行李は集結して、軍隊の後方に跟随《こんずい》【間を空けずに付いていくこと】せしむるものとす。

第二百七　軍隊はすべて、行軍縦隊を以て行進す。騎兵は二伍縦隊【二列縦隊】、自転車隊は二伍、あるいは一伍縦隊を以て行進す。道路の景況、とくに良好なるときは、幅広き行軍隊形を取り、以て縦長を短縮するを得べし。

自動車によるべき部隊の行動は、とくに規整するを要す。これらの部隊は、長時間歩兵の行進速度を保持し能わざるを以て、これを行軍縦隊中に編入するは、ただ短時間に限り、これを行い得べきのみゆえに、これらの部隊には、特別の街道を配当するか、または躍進的に跟随せしむるものとす。しかれども、敵に接近するに従い、ますます確実にこれを手裏に掌握するを要す。

戦車は長時間の行軍に適せず。約十二キロメートル以上の前進に当たりては、鉄道、自動貨車および牽引車等の特別輸送機関を必要とす。

航空部隊の飛行場を日々変換することもまた、これを避けざるべからず。飛行機は数日行程の大距離を躍進せしむるものとす。

第二百八　もっとも厳粛なる行軍軍紀は緊要にして、これにより軍隊の行軍力を保持せしむ。行軍の単位部隊たる歩、騎、砲兵中隊長、もしくは縦列長は、行軍間、一定の位置に固着することなく、部下を監視するにもっとも便利なる位置に騎行し、また、これら単位部隊の後尾には一名の将校を行進せしむ。兵卒は任意に服装を緩裕《かんゆう》ならしむるを得ざるも、襟を開くがごとき必要なる事項は、適時これを命令すべし。

『途歩』の号令下れば、兵卒は、談話し、唱歌し、喫煙し、銃は各兵卒の便宜に従い、右、あるいは左肩に担い、または負革《ふかく》を以て担うことを得。敬礼は、とくに命令ある場合のほか、行うことなし。上官、縦隊の側方を通過するときは、兵卒は自由にこれに注目す。ただし、この際、あらかじめ上官より規定せられあるときは、自由なる銃の保持法を規整す。

第二百九　縦隊は斉一に、道路上もっとも行進に便なる部分を選みて行進す。諸兵連合の部隊にありては、歩兵の行進にもっとも容易なる一側を行進すべし。

ときとして、道路の両側に分かれて行進することあり。車輛は斉一に、その行進に便なる一側を行進す。車輛少なき部隊は、路傍の並木を利用し、同時に、これによりて敵の空中視察を免るるを得べし。

いずれの場合においても、道路の一側は、乗馬者、自転車および自動車の通過に対して、開放しあるを要す。縦隊の側方を通過して先行する軍隊に対しては、行進交叉を避けんがため、縦隊のいずれの方側を通過すべきやを命令すべきものとす。道路狭きとき、要すれば、縦隊を厳に一側に収縮せしめ、所要の余幅を作るべし。自動車および自動自転車【オートバイ】が、無要かつ過度に大なる速度を以て縦隊の側方を通過するは、たまたま軍隊に対する顧慮なきことを表明するものにして、これを禁止すべきものとす。

行軍長径を増大せざらんがため、各伍および車輛は、厳に距離を保つことに注意すべし。

前後の梯隊間に位置すべき連絡者（連絡困難なる情況にありては、乗馬将校、または自動車に搭乗せる将校をこれに充つ）は、各隊をして、その前方に行進する軍隊と確実に連絡を保持せしむることに配慮す。とくに本隊の先頭は、いかなる場合にありても、前衛の後尾と連絡を失することあるべからず。

数縦隊となりて行軍するに当たり、飛行機は、指揮官をして速やかに各縦隊の到着地点および、これに生じたる特別の事件をあきらかにするを得しむるものなり。これがため、展望容易なる地において、各縦隊の先頭は、飛行機の要求に応じ、布板を以て、その位置を表示するを要す。縦隊間の連絡に、有線電信、電話を使用せんとせば、多大の労力を要するを以て、これを用うること稀にして、むしろ無線電信を以て足れりとすべし。ただし、わが行軍を敵に秘匿せざるべからざる時機においては、これを使用せざるを要す。

縦隊中より一部を抽出するときは、その後方に跟随する部隊の指揮官には、その進路を誤らざらしめんがため、同時に適当の命令を与うるを要す。

第二百十　前進運動を整正円滑ならしめんがため、最緊要なるは斉一の行進速度にして、行進の縦隊を予防すべき最良の手段なり。

駄馬を有する軍隊の行進速度は、他部隊に比し、やや小なり。その行程大なるときは、行進速度を大ならしむるを得ず。しからずんば、駄馬は速やかに過労するに至るべければなり。

道路不良なるとき、または降雪時においては、時々先頭部隊を交代し、また強風のときはしばしば風側の列伍を交代するを要す。

第二百十一　行軍間、縦隊長径の伸縮を緩和せんがため、各部隊間に距離を存ぜしむ。この距離は、歩、騎、工兵中隊後に十歩、歩、工兵大隊、自転車中隊、機関銃隊、迫撃砲中隊、砲兵中隊および車輛縦列後に十五歩、歩兵連隊、砲兵大隊後に四十歩、師団後に百二十歩とす。

この際、乗馬将校、予備馬等は、縦隊の長径中に計上し、この距離中に含まざるものとす。

この距離を延伸することは、これを避くるを要す。ゆえに、距離延伸せるときは、漸次これを回復すべし。

第二百十二　出発に際し、指揮官は、各隊、所命の行軍序列に入れるや否やを点検すべし。行軍開始後、若干時にして小休止を行い、服装、武装および馬装を整え、かつ用便をなさしむ。爾後、行程の大小、天候および地形に応じ、若干の休止を行うものとす。休止、ことに大行軍における大休止等は、なし得る限り、すでに行軍命令において軍隊に告知し、以て先遣将校をして、これを準備せしめ、軍隊をして十分にこれを利用し得しむるを要す。大休止の地点は常に、水を得るに便なるを要す。縦隊は行軍長径を短縮し、行進路に沿いたる村落において、各団ごとに休憩するを、もっとも便とす。団ごとの休止は、これに移るに先立ち、各部隊の行程に多大の差異を生ぜざらしむるの利益を併有す。航空機に対する掩蔽の顧慮にもとづき、軍隊は、その採るべき集合隊形を規定するものとす。

第二百十三　酷暑に際しては、特別の予防手段を必要とす。もっとも有効なるは、頻繁に、かつ整然と飲水せしむるにあり。茶、もしくはコーヒーの携行は有利なり。各部隊間の距離を増大し、かつ日中酷暑時における行軍を中止するもまた適当なることあり。

冱寒【極寒】の季節にありては、豊富なる給養によりて、人馬の抵抗力を増大せしむるを要す。種類の如何を問わず、酒の飲用は、いずれの行軍においても、これを禁止すべきものにして、その有害作用に関し、とくに指示するを要す。

第二百十四　徒歩部隊の背嚢を車送するときは、その行軍力を増大すること大なり。しかれども、これによりて、自動貨車、あるいは車輛の増加はなはだしきを以て、ただ例外の場合においてのみ、これを行うものとす。これに反し、各部隊の車輛を以て、とくに疲労したる兵卒の背嚢、もしくは疲労兵自身の輸送に利用するを得べし。

第二百十五　強行軍は常に、著しく爾後の活動力を阻碍すといえど、全力を尽くして、切迫せる決戦に赴くを要する場合においては、これを行うを必要とすることあり。かくのごとき場合においては、行軍の間隔時をもっとも必要の程度に制限するを要す。とくに、行軍目的の指示、休止の挿入および、良好にして、かつ頻繁なる給養および軍隊に対する最善の愛護等は、一時行軍力を増進せしむるに有効なる手段とす。

第二百十六　敵機の空中捜索に対して遮蔽し、かつ、敵を奇襲せんがため、作戦地域において、しばしば夜行軍を行うを要することあり。しかれども、夜行軍は、軍隊の労力を要求すること多大なるを以て、長時日にわたり、これを行い難し。

夜間、航空機近接せば、その落下傘附光弾に対し遮蔽せんがため、道路の中央を空け、または、一時行進を停止して伏臥すべし。

夜間においては、道路の偵察ならびに乗馬伝令、自転車兵および連絡兵等による各行軍部隊間の連絡は、とくに周到に計画するを要す。時刻により、しばしば短時間の休止を行うを有利とす。回数少なき長時間の休止は、軍隊を睡眠に陥らしむるの不利あり。

後続部隊、伝令および大行李のため、道標を立つるを可とす。

第二百十七　軍橋の通過に際しては、橋梁勤務に服する工兵将校の指示を遵守すべし。

歩兵は縦隊橋を、行軍縦隊のまま、歩調をとることなく行進し、騎兵は下馬し、一伍もしくは二伍縦隊を以て通過す。二伍縦隊の際は、騎手は外側を行進し、通過後はなお通過中の馬をして擾乱《じょうらん》せしめざらんがため、常歩を以て行進するを要す。

繋駕《けいが》車輌を有する部隊は、縦隊橋を一車縦隊にて通過すべし。御者は、馬上、または御者台にありて、中心を保持すべし。砲手および【馬の】口取りは、馬の両側を行進し、もしくは制転機を握りたるまま行進す。自動車砲兵、戦車、自動貨車およびその他の重車輌は、ただ大なる距離を取り、緩徐《かんじょ》なる歩度を以て通過するを得。情況によりては、これら重車輌に重縦隊橋を通過せしむべし。

橋梁の直前直後において、けっして停止すべからず。橋梁の両端末は、後続部隊のため、常に開放すべし。

鉄道橋の通過は、乗馬および車輌に対し、砂利を布き、または板を張る等、通常、時間を要する特別の準備を必要とす。現用中の線路にありては、あらかじめ軍事鉄道官憲の同意を得るを要す。

第二百十八　橋梁なき河川を渡過するに際し、車輛を有する部隊は渡船を使用す。舟上において、馬匹は頭を上流に向け、不安静の馬は中央に置くか、または最初これを残置すべし。車輛は制転機および車止めを装して、固定す。上陸点は速やかに開放すべし。

歩兵、騎兵は、通常、鉄舟によりて渡河す。馬は舟側を遊《あす》がしめ、舟上にて、これを彼岸に導く。歩兵は、乗船前、その装具を卸下すべきや、残置すべきや、または、これを携帯すべきやは、指揮官、これを決す。しかれども、この際、装具の残置に伴う不利を考慮するを要す。これ、その前送は、渡河に際し、とくに困難なるものなればなり。

装具を携帯するときは、鉄舟の側壁に背を向け、装具を持ちたるまま、低く跪座《きざ》すべし。

第三節　行軍命令

第二百十九　軍隊は、行軍命令によりて集合せられ、また円滑なる出発を保障し、かつ敵襲の影響を妨碍し得るごとく編組せらる。

第二百二十　行軍前、軍隊は適時、予備命令によりて、行軍の予告を受く。この命令において、指揮官は成し得れば、同時に、出発時刻、最近の目標および予定の行軍行程を予告するものとす。しかるときは、各隊は、これに対する準備をなすを得べし。

第二百二十一　行軍路がいまだ確実にわが領有に帰せずして、敵もしくは住民が、破壊もしくは阻絶等を通過点に実施して、わが前進を遅滞せんとするがごとき場合には、出発前、行進路を偵察するを要す。

前哨、もし、すでに道路の情況を偵察し得ざりし場合には、騎兵、飛行機、もしくは乗馬将校、自動車、または路上装甲自動車に搭乗せる将校を先遣して、偵察を行わしむ。この偵察の結果により、特別の処置を必要とすることあり。たとえば、前衛に、工兵、または特別の器具を有する道路構築隊および労役隊、あるいは架橋縦列等を配属し、もしくは行軍間の休憩時を、予想する作業時に一致せしむるがごとき、これなり。

第二百二十二　行軍路の長さ、および行軍に要する時間を精密に算定するは、行軍命令上、作為の基礎となるものなり。この際、各隊の宿営地より出発し、および新宿営地に至るため、取るべき岐路の長さを顧慮すべきものとす。

大部隊は、兵站地および丘阜地《きゅうふち》における長距離行軍に際し、有利なる状態のもとに、短時間の休憩を合して、一キロメートルを行くに平均十五分時を要す。

乗馬隊および自動車隊の行軍速度は著しく迅速なり。独行する歩兵の小部隊もまた、とくに短距離にありては、いっそう大なる速度を以て行軍し得べし。

良好なる道路においては、夜間といえど、昼間と同様の行軍速度を発揮し得べしといえど、不良なる道路および真の暗夜にありては、速度著しく減少す。

起伏はなはだしき丘阜地および山地においてもまた、夜間の場合と同様なり。

出発時刻は、情況、天候、季節および行軍行程に関係す。未明に旧宿営地を出発するは、夜暗に入りて新宿営地に到着するに比して、その労少なし。乗馬隊は、通常の状態において、宿営地出発前約二時間に準備をはじめ、行軍後においても、休憩につくこと、徒歩部隊の主力に比して遅し。また、過急なる朝飼は、馬の行軍力を減殺するものとす。

行軍のための集合法は、部隊の兵力、宿営地の広狭および戦術上の顧慮によって、これを定む。行軍縦隊の編成は、前哨の掩護下にこれを行う。而して、前哨は、早くも前衛、もしくは後衛の一部、その線を通過し終わりたるのち、行軍縦隊中に編入せらるるものとす。

各部隊は行進方向に集合するを本則とす。

出発前、一地点に大部隊を集合する法は、敵の空中捜索に対する顧慮および、その他の理由により、これを適当とすること稀なり。

同一地点より、数多《あまた》の部隊を出発せしむるを要するときは、いずれの部隊も長時間の停止を要せざるごとく、各部隊の該地に到着すべき時刻を規整するを要す。

不必要の迂路は、これを禁ず。また、集合のため、けっして過早に出発すべからず。

多くの場合、軍隊の宿営状態に適応し、かつ敵の空中捜索に対して遮蔽し得べき行軍路附近における数箇《すうこ》の地点に、各部隊を集合せしめ、以て各団ごとに逐次行軍縦隊を編成せしむるの法を採用すべきものとす。

高射砲隊は各団に配属すべし。

第二百二十三　行軍序列に関しては、なるべく建制を保持しつつ、戦闘に際し予想する軍隊使用の順序に適応して、ただちにこれを掌握し、かつ、速やかに展開し得るごとく、軍隊の序列を決定するを要す。正当なる行軍序列の決定は、戦勝の第一歩たるものとす。

警戒隊（前衛等）の行軍序列は、通常、その指揮官自ら、これを定む。しかれども、命令の配賦《はいふ》を簡単ならしめんがため、軍隊指揮官これを命ずることあり。

軍隊指揮官は、本隊の行軍序列を定め、かつ一名の本隊指揮官を任命す。各行軍団の指揮官は、その部隊、行軍縦隊に入るや、これを本隊指揮官に報告し、かくのごとくして、各指揮官および各部隊は戦闘序列の命令系統に復帰するものとす。

本隊指揮官は、本隊の各部隊が適時序列内に入れるや、また、行軍間の連繫確実なるや否やを監視す。また、前衛（後衛）ならびに、これを設けたるときは、側衛との不断の連絡に注意し、側方警戒および対空防御に関し、所要の部署をなすものとす。戦闘のため、軍隊指揮官より、分進、または展開を命ぜらるるに至らば、別命なきも、本隊指揮官たるその権限は消滅するものとす。

第二百二十四　前進行において、本隊の先頭には、通常、歩兵の一部隊、工兵および通信隊を行進せしむ。

砲兵の主力は、警戒これを許し、また戦闘に際するその予想使用順序これを要求する限り、なるべく前方に行進せしむ。歩兵砲隊および、その他歩兵に配属せらるることあるべき砲兵は、その所属歩兵隊とともに行進す。長き砲兵の縦隊間には、側方および空中に対して危険を感ずるとき、または隠蔽地において、歩兵部隊を挿入することあり。砲兵の後方には、歩兵の残余、つぎに衛生隊、軽弾縦列および砲兵段列、その他師団所属の部隊、これに続行す。

架橋縦列を前衛に配属せざるときは、本隊の後尾に行進せしむ。軍団直属の架橋縦列は必要に従い、本隊の後尾、大行李、もしくは輜重とともに行進す。

行軍間、通信線の架設作業に従事する通信隊の一部には、行軍縦隊中、もしくは、その側方において、運動の自由を有せしむるを要す。

退却行軍に際し、行軍序列は、前進の際と反対に定むべきものとす。

第二百二十五　前進と同時に通信網の推進を要す。これがため、通信隊佐官および各隊通信将校は、適時その部署をなすこと必要なり。電話網は、すでに行軍の開始前、情況これを許す限り、前方に延線しおくべきものとす。

行軍縦隊内の架線は、通常、前衛と本隊とのあいだにおいて、数個の架設班を以て、各一部の架線を担任せしめ、のち交互に躍進せしむるごとく実施せらる。この際、規整の交代に努むべく、また架設各地区の端末に電話通信所を設置すべきものとす。これら諸件は、行軍命令において軍隊に告知せられ、これによりて、前進間、または側方より来たる命令、通報、報告をして、行軍路上を速やかに到着し得しむるものなり。電線にして不用に帰したるときは、これが撤収を部署するを要す。常に後方指揮官と無線通信を確保せんとせば、二個の通信所を使用し、一方の行進間、常に他方をして受信せしむるを要す。

退却行軍に際しても、これに準ずる処置を講ずるものとす。

第二百二十六　小行李は、大隊ごとに所属隊に随行し、歩兵砲隊の小行李は所属歩兵隊に続行す。警戒隊の最先頭部隊の小行李は、警戒隊主力と行動をともにせしむ。

大行李は、全師団のものを合し、通常、独立して行進す。而して、前進に際し、その各部は、通常、全部隊の出発後、はじめて各団ごとに集合し、しかるのち大行李の集合場に至らしむ。多くの場合、糧秣車輌は、あらかじめ指定せられたる距離を以て、本隊の後尾、もしくは、先進輜重に続行し、その荷物車輌は、いっそう大なる距離に跟随す。

情況不明なるとき、および軍隊、戦闘を開始したるときは、大行李はただ一定の地点まで前進し、該地において後命を待たしむるを適当とすることあり。

大行李は、退却に際しては、これを先行せしめ、側敵行にありては、敵に反する方側を行進せしむ。

前方に行動する軍騎兵の大行李に対する部署については、とくに考慮を要す。すなわち、その運動間および停止位置において、後続する大部隊の行動を妨碍せざるを要す。

大行李の行軍序列は、その所属部隊のものに等しからしむるを原則とす。ただし、軍隊指揮官の大行李は先頭にあらしむるものとす。

第二百二十七　大部隊においては、給養上の顧慮より、一、二の糧食縦列を、戦闘部隊の行軍縦隊中に挿入するを適当とすることあり。戦闘を予期するに至れば、弾薬補充および野戦病院の需要に関する顧慮を主とすべきを以て、弾薬縦列、野戦病院ならびに、配属せらるることあるべき工兵縦列および糧食縦列を以て先進輜重を編成す。この輜重は、前進にありては、大行李糧秣車輛の後方、もしくは戦闘部隊の後尾に近く進出せしむるを得べく、退却にありては、本隊の直接前方を行進す。

第五章　宿営および露営

第一節　通則

第二百二十八　軍隊をして、なるべく良好なる宿営をなさしむるに配慮するは、各級指揮官の義務にして、軍隊の戦闘力は、これによりて保持せらるべし。およそ軍隊は、その上官より与えられたる配慮に対し、特別の感謝を感ずるものなり。

宿営を、舎営、村落露営および露営の三種に分かつ。舎営は常に、これを行うを欲するものなり。たとい不完全なる方法により、狭縮なる地域に舎営するも、なお露営に比し、良好なる休養をなし得るものなり。ゆえに、舎営力は極度まで、これを利用すべきものにして、ただ村落の欠乏および戦術上の顧慮、とくに敵の近傍においてのみ露営をなすべきものとす。軍隊の一部、配当せられたる部落に宿営し得るも、他の一部は地域不足のため露営するを要するときは、村落露営を行う。

軍隊指揮官は、いかなる場合においても、航空機に対する防御法の大要を規定するを要す。

航空機の攻撃ならびに偵察に対し、もっとも良好なる掩護法は、地形に適合し、所在の遮蔽物を利用し、ならびに適時掩蔽下に入るにあり（対空警急哨）。

砲車、車輛および自動車輛は規整に配列すべからず。これ、空中捜索に確実なる憑拠を与うるものなればなり。もし、樹下、籬下《りか》【「垣根のそば」の意。低い位置にあること】等に隠蔽して、配列し得ざるときは、周到にこれを偽装せざるべからず。

第二百二十九　旅次行軍にありては、すでに行軍命令において、行軍後の宿営地を命令し、これにより設営者を先遣し、諸準備をなさしむるを要す。

第二百三十　戦備行軍にありてもまた、軍隊指揮官は、なるべく速やかに宿営ならびに警戒に関する命令を下し、宿営のため、軍隊を後退せしむるがごときことなきを要す。この際、歩兵大隊、砲兵大隊等の宿営地に至るまで、これを命令するを可とす。これ、命令の下達を容易にし、軍隊指揮官をして、宿営地熟知の結果、速やかに翌日に関する命令を下し得しむればなり。村落の宿営力の差により、必要となれる自己の隊内における平均は、各下級指揮官に一任せられあるも、その結果は直上の指揮官に報告するものとす。

第二百三十一　いったん宿営に就きたるのちの変更は、これを避くるを要す。これ、軍隊の休憩を妨碍し、かつ指揮官の権威を失墜すればなり。情況不明なるに際しては、宿営命令の発布まで、まず行進路附近に休憩し、野戦庖厨車《ほうちゅうしゃ》より給養するか、または炊爨《すいさん》せしむるを有利とす。

第二節　舎営および村落露営

第二百三十二　敵に触接する虞なきときは、とくに、軍隊の便利、宿泊および給養の便否を顧慮すること緊要なり。宿営区域の広狭は、主として、現在村落の大小および数、これと行軍路との関係、縦隊の長径、経過せし行程ならびに将来の行程、出発時刻等によりて、これを決定す。もっとも単簡にして便利なるは、通常、宿営区域を縦隊の長径とほぼ同一ならしむるにあり。

軍隊の配宿は、行軍序列によるか、もしくは、爾後の行軍のため予定せる軍隊区分により、これを定むるものにして、各兵種混合して宿営するときは、家屋および厩舎を、もっとも能く利用し得べし。また、対空防御隊は、宿営区域内に分置せらるるものとす。

特別の顧慮を要せざるときは、もっとも行進路に近き村落に、もっとも多くの兵力を宿営せしむるを要す。

大行李は、各隊に合せしむるを得べし。

航空隊の宿営は、適当なる着陸場の存在を標準として、これを決定すべきものとす。

第二百三十三　敵に近きときは、戦術上の顧慮を主とすゆえに、宿営は密集して行い、最前線の部落には機関銃および砲兵中隊を有する強大なる歩兵部隊を配置し、砲兵はけっして孤立せしめず、航空部隊中駆逐飛行隊はなるべく前方に、戦闘飛行隊はその後方に、偵察隊はその司令部の附近に、また爆撃隊はなおその後方に位置せしむるを得。輜重は、敵よりもっとも遠く後方に位置せしめ、脅威を受くる情況においては、大行李の荷物車輌は、各隊の宿営地に分進せしむるを許さず。

司令部および本部の位置は、良好なる交通および通信連絡を有する部落に選《えら》むを要す。しかれども、顕著なる地点は、とくに敵飛行機の爆撃を受け、従って指揮を阻碍せられやすき虞あるに注意せざるべからず。

第二百三十四　行軍序列に従い、編合せられたる宿営団には、一指揮官を任命す。該指揮官は、指示せられたる宿営地内に軍隊を配宿し、かつ、その配置を軍隊指揮官に報告するものとす。その他の場合にありては、軍隊は、戦闘序列により成立せる編合を以て、宿営するものとす。

情況、これを許せば、舎営はあらかじめ、これを準備し、かつ、なるべく地方官憲の協力を受くべし。行軍中、はじめて配宿を命令せられしときにおいてもまた、設営者を先遣するを可とす。これ、突然舎営するに比し、休憩に転ずること迅速を以てなり。

軍隊を迅速に舎営せしむるため、とくに敵地においては、しばしば省略せる手段を講ずること緊要にして、各部隊には村落の某地区を配当し、また、司令部（本部）および小部隊には、某街道および数家屋を配当す。而して、この配宿は、先遣将校をして、これを行わしめ、大舎営地にありては、宿営命令により指定せられたる舎営司令官自らこれを行う。この際、舎営司令官は、各部隊より諸営将校を同行す。配宿に際しては、戦術上の関係を考慮すべきものにして、乗馬部隊は通常、敵の反対側に宿営せしむべきものとす。

常に地方官衙《かんが》に連絡し、もしくは、住民に質して、伝染病の有無を調査し、流行病のありし家屋および厩舎は、これを使用することなく、適宜これを標示すべし。

第二百三十五　各舎営地の高級先任者は、別命なくも舎営司令官とす。しかれども、連隊長以上の将校は、他の将校を以て、舎営司令官に任命するの権を有す。

該司令官は、戦備を監視し、所要の警戒処置を講じ、かつ、対空防御に関する指示を与う。また、内務の実施および所要の電話線の設置に関し、配慮するものとす。

戦闘により占領せる村落にありては、ただちに舎営司令官に所要の兵力を配属し、以て敵敗残兵の捜索、武器の押収、警戒および貯蔵品の確保を行わしむべきものとす。

第二百三十六 大村落にありては、舎営司令官の補助として、舎営日直将校を置く。この将校は、各衛兵の長官にして、舎営司令官の指示に従い、その勤務の細部を規定す。舎営日直将校のほか、所要に応じ、舎営勤務の軍医一名および巡察将校若干名を任命す。また、各隊の部隊日直将校、もしくは下士を、舎営日直将校に配属す。この将校、下士は、その所属部隊の秩序を維持し、舎営司令官の規定したる各処置の実施を監督す。

第二百三十七 舎営地の警戒および舎営地住民の外部との交通阻止のため、外衛兵を必要とすることあり。外衛兵は、村落の出口、通路の阻絶および、村縁、もしくは村落外の重要地点を占領し、以て休止の軍隊に対する敵襲を警戒す。必要に際しては、機関銃、軽迫撃砲、もしくは火砲を配属す。

第二百三十八 舎営地内の警察勤務は、内衛兵、これを担任し、その兵力は哨所の数により決定すべしといえど、この数は絶対に必要なる程度に、これを制限するを要す。各隊の内務に関する衛兵は、舎営衛兵に関係なし。また、小部隊にありては、外衛兵をして、内衛兵の勤務を兼ねしむることあり。

鉄道および、その附属設備は、陸軍鉄道官憲の要求によりて、これを警戒するものとす。停車場の秩序保持は、陸軍鉄道官憲、その責に任ずるものにして、同官憲の要求により、停車場衛兵、これを配属することあり。

第二百三十九 舎営地の各衛兵および各部隊の内務衛兵には、前哨勤務の規定を準用すといえど、内部の各歩哨は敬礼を行うものとす。

各衛兵には、喇叭手一名を配属するを要す。

第二百四十　舎営司令官および同日直将校の宿舎ならびに舎営司令官用電話通信所は、本道路上に置き、かつ、これを標示するを要す。該通信所には、回線図、舎営地内各司令部（本部）ならびに部隊の符号を掲ぐ。各到着部隊は、ただちに右通信所と連絡し、かつ、舎営司令官のもとに報告するを要す。

　各司令部および本部の事務所は、昼間は旗、夜間は掩覆《えんぷく》せる燈火を以て標示す。各隊の宿舎および医務室は、これを標示すといえど、部隊の名称ならびに番号は、敵間諜に対する顧慮上、これを表記せざるものとす。敵機の爆弾に対し、掩護し得べき地下室の位置は、これを標示するを要す。

第二百四十一　狭縮なる舎営にありては、秩序、とくに暗夜において、これを維持するため、舎営司令官の特別なる処置を必要とすることあり。すなわち、有力なる内衛兵を配置し、早く飲食店を閉鎖し、火酒【度数の高い蒸留酒】の販売を禁止し、速やかに就寝せしめ、適時に井泉《せいせん》を発見して、これを分配し、車輛の通行を規整するがごとき、これなり。

第二百四十二　厳格なる街路軍紀、秩序および清潔の保持ならびに必要なる衛生法の実施を督励し、厠の設備に注意すべし。各井水を検査し、および、その飲料に適するや否やを標示し、疑わしき井泉は、十分煮沸後使用すべきを附記すること緊要なり。かくのごとき場合にありては、飲料として、軽き茶を支給するを可とす。

　長期にわたる駐留舎営にありては、軍隊の衛生ならびに利便に関する設備は、これを拡張するを要す。この際、舎営司令官、軍医、獣医、および主計の才能ならびに努力の余地は広大にして、軍隊の感謝に値するものとす。

第二百四十三　住民の態度疑わしきときは、特別なる警戒処置を必要とす。たとえば、人質の拘留、各家屋の開放、住民の自動車交通の禁止、軍用以外の電話通信の阻絶、住民に対する刑罰等、これなり。強大なる内衛兵、頻繁なる巡察、完全なる警急準備により、奇襲を予防するを要す。

平穏なる住民に対する不注意の行為は、ただに益なきのみならず、むしろ、わが軍の利益を害することあり、ゆえに、彼らに対しては常に、わが動作の抑制を緊要とす。家屋および私有財産の破壊ならびに残存せる貯蔵品を荒敗《こうはい》【荒し、こわすこと】に帰せしむることは、これを処罰し、かつ、各種の方法を以て、これを抑圧するを要す。掠奪に近き各行為に対しては、遅疑することなく、峻厳なる刑罰を以て、これに臨むべし。

第二百四十四　敵の近傍においては、警急準備を必要とす。ゆえに、各人は、もっとも速やかに出動し得るごとく武器装具を整備し、また、地区ごとにする舎営地の逐次防御を準備すべし。

馬匹に対する顧慮は、特別の処置を要求す。すなわち、庭園、または厩舎内に包囲せらるるを避けんがため、これを外方に向けて、相互に繋留し、囲墻《いしょう》【周囲にめぐらせた垣根】に通路を設け、もしくは、これを破壊するを要す。兵卒は、被服、装具を着けたるまま、馬側に休息し、将校はその部隊の傍らにありて、その邸前には歩哨を配置す。また、夜間、馬匹に勒《くつわ》を銜《くく》まし、鞍を装し、もしくは輓具《ばんぐ》を附し、厩舎外にて、中庭、広場、あるいは村落の外部にあらしむるを要することあり。危殆《きたい》なる情況にありては、各車輌に繋駕しおくを要す。

第二百四十五　迅速なる警急集合のためには、『警報』号音を吹奏す。この号音は、高級先任将校、もしくは舎営司令官、これを命ずるものとす。しかれども、突然敵の現出するにあたりては、各将校および同勤務者は、警報をなすべき権を有す。而して、『警報』、『飛行機警報』および『ガス警報』以外の号音は、これを吹奏するを禁ず。また、『警報』および『飛行機警報』は、宿営地内の各喇叭手および鼓手によりて伝奏せらるべしといえど、『ガス警報』の号音は、ただ可能なる場合においてのみ、これを伝奏すべし。従って、ガス警報に対しては、音響による警報手段を準備するを要す。

夜間の警報号音は、休止の軍隊に不安と混乱とを惹起しやすしゆえに、号音を吹奏せしめんとする者は、警報を行うに他の手段（たとえば、電話による等）なきや否やを熟慮するを要す。また、軍隊は号音なくして、迅速に集合するの準備を整え、随時これを実施し得るを要す（静粛警報）。

第二百四十六 軍隊指揮官は戦闘準備を命じ、かつ警報にあたり、各村落に宿営する軍隊を集合掌握せんと欲せば、警急大集合場を命令す。暗夜のためには、街路を警急大集合場に定むべきものとす。

舎営司令官は、各部隊に対し、一の警急集合場ならびに、これに至る道路を規定す。

警急集合場は、各隊速やかに集合し、かつ、その予定せる占領地点に至るため、相互に妨碍せざるごとく選定すべきものとす。

村落内部の道路は、なるべく、その使用を避くべしといえど、やむを得ざる場合においては、道路の一側を開放して使用すべし。砲兵隊、機関銃隊、車輌および自動車隊の警急集合場は、砲（銃）（車）廠附近を可とす。

『警報』に際し、各隊はおのおの、その警急集合場に集合し、もしくは、指示せられたる地点を占領す。乗馬隊および行李の行動は、舎営命令中にこれを規定しおくを要す。ガスおよび飛行機警報に際する行動もまた然り。諸衛兵は、各隊司令官より与えられたる命令に従って行動す。敵兵、奇襲的に舎営地内に侵入せば、各人各個に防戦し、集合せる部隊は逆襲に転ず。

第二百四十七 軍隊、配当せられたる村落に、全部舎営し能わざるときは、残余は、広場上の家屋近傍、庭園、中庭、もしくは村落の外部に露営す（村落露営）。

家屋内に宿営せる部隊に対しては、概して舎営勤務の規定を適用し、その他に対しては、露営勤務の規定を適用す。

第三節　露営

第二百四十八　敵の空中捜索に対する顧慮上、露営は、小群に分かれ、不規則に配置するを要す。而して、その細部の配置を決すべき要素は、地物の状態、給養ならびに水、木材および各兵種特別必需品の供給等とし、砲兵の遮蔽に関しては、とくに顧慮を要す。

偽露営および偽工事は、敵機の捜索を誤らしめ、その攻撃を回避するを得しむるものにして、また、敵砲兵の射撃および敵機の攻撃に対する措置（たとえば、仮装せる掩壕の設置等）は必要なり。

第二百四十九　森林内部の露営（闊葉樹林《かつようじゅりん》は落葉せざるあいだのみ）は、とくに有利なりといえど、火災に対する処置をなすを要す。その他、巧妙なる地形の適応、適当なる地面の利用および同色の仮装等を緊要とす。透視せらるべき土地にありては、雑叢《ざっそう》、堤防、凹道、庭園、唐草畑および黍畑《きびばたけ》に依託して、広く分散し、火砲および車輛は不規則に配置し、かつ、現在せる陰影を利用すべし。良好なる連絡を保持するは必要にして、道路の新設に際しては、遮蔽せる露営地に通ずる縦隊路により、露営地を敵機に暴露するがごときことなきに注意すべし。車輛は常に、遮蔽するか、または認識困難なるごとく地上に分散し、かつ仮装を設くべし。

第二百五十　休宿地は、地面乾燥し、なし得れば、風および天候に対し、遮蔽せられあるを要す。森林は、これがためにもまた、通常、有利なる状態を呈すといえど、草地はほとんど常に不適当なり。沼沢地および死水地の近傍は、蚊害のため、適当ならず。情況によりては衛生上の危険を有す。

第二百五十一　露営地に到着せる各隊は、猶予することなく、その設備に着手すべし。爾後の移動は、軍隊の給養を妨ぐゆえに、やむを得ざる原因あるにあらざれば、これを移動せざるを可とす。高等司令部は、執務の関係上、なるべく村落、もしくは家屋内に宿営す。

第二百五十二　各露営地においては、別命なくも、高級先任の将校は露営司令官とす。露営司令官は軍隊に先行して、露営地を選定し、かつ発見しやすき地点に自己の位置を決定す。その他、露営司令官の勤務は、舎営司令官の勤務に準ず。これがため、露営司令官は、なるべく速やかに軍隊をして休憩に転ぜしめ、また、これに風雨の障碍（藁《わら》および木材等の調達）を与えんがため、使用すべき全補助材料を迅速かつ秩序的に使用せしむることに関し、とくに責任を負うものとす。燎火を許すべきや否やは、一に情況によるも、多くは、これを許し得ざるべし。

露営司令官を補助するため、舎営勤務におけるがごとく、露営日直将校、露営勤務の軍医、巡察将校、部隊日直将校、下士を命ずるものとす。

衛生上の処置は、露営地にありては、とくに注意して監視するを要す。糧食および屠獣の残滓等は壕内に投棄し、露営の撤去前、約一メートルの高さに堆土すべし。廁圊《しせい》【トイレ】に関してもまた、これに準ず。夏季、廁圊は、使用ごとに薄層の土を散布し、以て蠅を防ぐものとす。

第二百五十三　露営は、舎営と同一原則に従い、警戒すべし。而して、休宿地は通常、同時に警急集合場たるものとす。

小部隊に分割して露営せるときは、警急集合のため、詳細なる指示を与うるを要す。

第二百五十四　戦況、これを許せば、露営司令官の定めたる時刻において、軍楽を奏し、また帰営号音を吹奏せしむ。

各部隊は点呼を行い、かつ、夜間祈禱をなしたるのち、静粛に休止す。

号音に関しては、舎営につき指示せるところに準ず。

第六章　遭遇戦および攻撃動作

戦闘の開始

第二百五十五　運動戦にありては、情況の不確実および不明なるを通常とし、空中捜索を欠く場合にありては、敵に触接し、はじめて敵情を詳知《しょうち》し得るものなるを以て、遭遇戦は、多くは行軍縦隊の縦深より発展するものとす。

第二百五十六　最初、最前の警戒部隊間に発生する戦闘の経過は、本戦の経過に重大なる関係を及ぼすを以て、前方にある指揮官は特別の責任を有す。ゆえに、爾後、時間を要する捜索によって、はじめて決心をなすがごときは許すべからざるところにして、むしろ往々不確実なる情況において命令を下さざるべからずといえど、この場合、敵もまた戦闘準備を完了しあらざるを予想し得るものとす。

　行軍縦隊、不意に敵の射撃を蒙るも、ただちに前進運動を中止するを許さず、むしろ、これを動機として、軍隊を推進すべきものとす。

第二百五十七　堅確なる決心は常に必要とす。一般企図および全般の情況の知悉、展望および地形は、これに要する基礎を与うべきものとす。
軍隊指揮官は、その位置をなし得る限り前方に選定し、これによって自ら戦闘を指導し得べし。

第二百五十八　戦闘の開始にあたり、敵に対し、戦闘準備において先制を獲得する者は利益を有す。ゆえに、最初より敵に対して主動の位置を占め、かつ、わが動作の自由を確保するに努むるを要す。而して、これを達成すべき手段は、決戦を求めんとする地点に速やかに本隊を指向し、かつ適時分進を行うにあり。

第二百五十九　部隊の並列配置により、翼次展開を生ず。これにより、各部隊は自己の縦長を以て戦闘し、かつ他部隊との混淆《こんこう》を避くるを得べし。

第二百六十　正面および側面に対し、騎兵および前衛の広大なる捜索および警戒幕により、地上よりする敵の視察を困難ならしめ、また、わが飛行機および迅速なる対空防御の準備により、敵の空中偵察を妨碍するを要す。

第二百六十一　他面において、敵もまた、しばしば砲兵を附したる微弱なる前進部隊を広正面に配置して、以て、その処置に対するわが視察を困難ならしむることに努力すべし。ゆえに、わが最前の警戒部隊によりて、迅速にこれらの前進部隊を駆逐し、以て、わが前進を遅緩せしめ、あるいは無用の運動を余儀なくせらるることを防止するを必要とす。
敵の処置および企図は、通常、戦闘により、はじめてこれをあきらかに知り得るものとす。これ、戦闘は、敵をして、その兵力を暴露するの余儀なきに至らしむるものなればなり。砲兵および軽迫撃砲を前方の警戒部隊に配属するときは、敵砲兵を射撃開始に誘致し、かつ、予期せざる敵の抵抗を打破し得べし。

第二百六十二　前衛は、とくに本隊に戦闘展開の時間と地域とを、また主力砲兵に観測のため、有利なる条件を確保するの任務を有す。なし得る限り速やかに前衛砲兵の一部を広大なる地域に展開し、これによって、敵をして時間を要すべき迂路を取らしめ、かつ慎重なる態度に出づるのやむなきに至らしむるを可とすること、しばしばなり。この処置は、敵、もし戦闘準備において先制を占むるの虞ある場合においては、とくに有利なりとす。前衛砲兵、爾後の任務は、前衛歩兵を支援し、以て、これをして迅速果敢に前方および側方にある要地、すなわち瞰制の利を有する高地、砲兵のため、有利の観測所、村落、または森林等を占領し得しむるにあり。

第二百六十三　前衛は、まもなく本隊の援助を受くべきがゆえに、その兵力を以て決戦を遂行する場合よりも、多くは、いっそう広き正面を取るものとす。敵もまた最初、わが前衛の兵力に関してはあきらかなるを得ざるべく、いわんや、前衛砲兵を群ごとに使用するときは、著しく敵を欺騙し得るにおいてをや。

第二百六十四　敵、もし戦闘準備において、われに先んずること確実なるを認知せば、慎重なる動作に出づること緊要なり。すなわち、はじめより敵の包囲を蒙ること、および絶えず劣勢なる兵力を以て優勢なる敵と戦闘することを避けんがため、指揮官は十分なる兵力を招致し、かつ、その砲兵の使用に要する時間を得るまで、真面目の戦闘を避くべきものとす。

これに加え、前衛をして損害多き戦闘を避けしめ、かつ、わが展開時間を短縮せんがため、前衛の一部を後退せしむるを有利とすることあり。

第二百六十五　本隊砲兵は、まず成形しつつある戦闘正面に対し、必要なる後援を与うるを要す。その遠距離に達する偉大なる打撃力は、敵にその意志を強制すべき最有効なる第一の手段を軍隊指揮官に提供するものとす。

砲兵の任務は、敵の抵抗を破砕し、その姉妹兵種たる歩兵に前進の途を開き、かつ、これと協同して戦闘を獲得するにあり。実に砲兵の全行動は、これを根本義とし、あらゆる個々の任務は、この目的に従属すべきものとす。

砲兵は、速やかに歩兵を援助すべきを基礎として、その偵察および展開の速度を定むるを要す。

他面において、歩兵は砲兵能力の限界を考慮するを要す。而して、その砲兵に対する要求は、砲兵の本性およびその威力の可能性に適応すべきものたるべく、これを減縮すべきものなるべからず。砲兵に対する顧慮なく行動する歩兵は、最大の損害を蒙るものとす。

師団砲兵指揮官は戦場の地形を判断し、なるべく速やかに砲兵の使用に関する大体の意見を師団長に具申するを要す。この際、第一に着眼すべきは、歩兵との協同動作および敵の空中偵察を困難ならしむるにあり。地形上、展望不十分なるか、あるいは砲兵を広正面に配置せざるべからざるときは、師団砲兵指揮官の統一指揮を以て確実に歩兵を援助し得るや否や、疑わしきがゆえに、速やかに歩兵部隊に近戦砲兵の一部を配属するに至るものとす。

第二百六十六　師団長は、一般の情況、地形の実査および師団砲兵指揮官の意見具申にもとづき、本隊の使用および戦闘動作の重点を置くべき方面を決定するものとす。

指揮官の企図にもとづく分進は、行軍縦隊より転進すべき本隊の各部隊に対し、速やかに「とりあえず」の行進目標を指示することによって、行わるるものとす。

情況なお十分にあきらかならざるときは、本隊の一部を一時控置することを得べし。

師団砲兵指揮官に与うる第一の命令はまず、単に一般の企図および砲兵の戦闘任務を概括的に包含し得るのみにして、攻撃目標に関する詳細なる指示は、爾後の戦闘接触により、得たる情況にもとづきて、与えられるべきものとす。このときに至るまで、往々砲兵の一部を予備として控置せざるべからざることあり、また、遅くも、この時機において、なるべく多数の偵察飛行機を砲兵に配属するを要す。

師団砲兵指揮官の任務は、なるべく速やかに偵察および観測の処置をなし、適時その砲兵を展開し、砲兵の内部および歩兵との通信連絡を規定し、かつ弾薬補充を開始するにあり。砲兵を狭小なる地域に蝟集《いしゅう》【密集】し、あるいは、広大なる一線陣地に配置するを許さず。むしろ、地形に適応して分置し、縦長に区分し、かつ空中偵察に対し掩護せしむるを要す。

第二百六十七　全般の情況および企図に適応するごとく、統一して本隊を展開するに努力すべし。戦闘の遂行は、通常、砲兵の速度および処置を顧慮して定めらるべきものとす。過早にして、かつ不統一なる前進は、歩兵の無益の損害を蒙らしめ、失敗に陥らしむ。しかれども、逐次到着する本隊の一部（歩兵および砲兵）に攻撃目標を示して、躊躇することなく、これを戦闘に参加せしめ、以て前衛の獲たる利益を確保し、あるいは、これを利用せざるべからざることあり。

第二百六十八　工兵隊長は、その部下軍隊および必要なる偵察に関し、命令を受く。通信隊長は、情況、司令部の位置および企図に関して指示を受け、かつ通信機関の使用に関し、命令を受く。

衛生中隊、先進輜重ならびに大行李は、最初、所命の点を越ゆべからず。また、主包帯所および軽傷者集合所の位置を偵察するを要す。

第二百六十九　軍隊指揮官の戦闘位置、もしくは、少なくも、これに属すべき電話回線は、なし得る限り速やかに、これを決定し、以て猶予することなく、所要の通信網の構成を開始し得ざるべからず。また、飛行機の報告筒投下位置として、指揮官の戦闘位置を標識すること緊要なり。

第二百七十　分進間といえど、なお捜索を続行するを要す。あらたに飛行機および騎兵の捜索を行い、ならびに砲兵観測班（砲兵飛行機および気球を含む）を使用するほか、敵に向かって接近する各部隊は、軽機関銃を有する将校斥候に捜索および掩護に関する一定の任務を与えて、これを前遣すべきものとす。しかれども、これらの斥候は、一般の捜索任務、もしくは他兵種の捜索任務を同時に解決せんとすべからず。むしろ、同地域において偵察に従事する他兵種の捜索機関と連絡を取り、かつ、これと偵察の結果を交換するを要す。

かくのごとくして、行軍捜索は戦闘捜索に推移するものにして、戦闘捜索は敵の兵力および区分ならびにその配備の弱点を確知するを主とす。各捜索者、とくに砲兵の観測機関ならびに鋏形式眼鏡《きょうけいしきがんきょう》【砲隊鏡。いわゆるカニ眼鏡】を有する各司令部および本部は、絶えず戦場を監視するを要す。その他、外翼にありては、飛行機および騎兵を以て戦闘捜索を行い、上述捜索事項のほか、敵翼、敵線の後方における運動およびその砲兵の配置を確知するものとす。

戦闘の経過中といえど、各兵種は戦闘捜索を実行し、要すれば、さらにあらたなる捜索を行うを要す。けだし、かくのごとくして、はじめて各兵種の適切なる利用を保障し得るものなればなり。

第二百七十一　なかんずく、敵を包囲し得るや、また、何れの方面にこれを行い得るやを確定すること緊要なり。果敢なる正面攻撃に連繫して行う包囲は、もっとも確実に、その成功を保障するものとす。

第二百七十二　わが前進、もしくは輸送の方向にして、すでに敵の側面および背後に導かれあらんか、包囲は、もっとも単簡に完成するものとす。

分進に際し、もしくは控置せる予備隊を以て、はじめて包囲を開始せんとするときは、その実施は、さらに困難なり。

前線にある部隊の移動によりて包囲を行うは、ただ、地形とくに有利なるか、あるいは夜間においてのみ可能なるものとす。

予備隊を決戦に使用するため、適時、自動車縦列を準備するは価値あることなり。

第二百七十三　敵の両翼に対し、同時に包囲を行うは、もっとも有効なるも、多くは著しき兵力の優勢を前提とす。いかなる場合にありても、包囲は、けっして兵力の分散に陥るを許さず。

第二百七十四　あらゆる戦闘の変化に応じ、および決定的成果を獲得せんがため、包囲に用うる兵力は、なし得る限り強大なるを要し、従って正面は、比較的小なる兵力を以て攻撃せらるるものとす。ゆえに、いかに正面に用うる兵力を節約し、また、いかに大なる兵力を包囲に使用し得るやを至当に判断するは指揮の要訣とす。

第二百七十五　包囲もし不可能なるときは正面攻撃を懼《おそ》るべからず。而して、これが実施は、とくに十分なる歩砲兵の協同動作を必要とす。指揮官は、戦闘正面および縦長区分の適当なる部署によりて、有利の地点（地形上、または敵の弱点）に絶対優勢を獲得し、おそらくはまた、少なくも局部的包囲を保障し得べし。正面攻撃成功せば、敵線突入となり、爾後、攻撃方向に突進を続行し、敵の予備隊を撃退することにより、その成果は突破に向上せらるるものとす。この際、常に逆襲を予期しあらざるべからず。

突破につぎ、その両側に連繫する敵線を包囲し、深くこれを席巻せざるべからず。かくのごとくして、はじめて突破を勝利に導くを得べし。しかれども、攻撃部隊は、なし得る限り遠く突貫し、敵線の席巻は、この目的のため、近く続行する予備隊にこれを委任するを要す。これ、攻撃部隊の方向変換は、敵をして新正面の構成を可能ならしめ、かつ、わが前進運動を頓挫するに至らしむべきを以てなり。

第二百七十六　偵察の結果、敵すでに陣地に進入し、防御に決せられるがごとく判断せらるるにあたりては、攻者は敵陣地および攻撃にともなう各種利益を計画的に偵察し、これにもとづきて、その攻撃を律するを要す。

敵の本陣地を偵察し、かつ展開のため必要なる地歩を獲得せんがため、敵の前進部隊を撃退せざるべからず。強大なる斥候は、爾後における接敵の可能性を偵察し、かつ、大規模の築城、障碍物の有無および、その位置を偵察す。而して、これら斥候をして、有線、もしくは無線通信を以て、絶えず後方との連絡を維持せしめんがため、これに通信班を配属するを要す。

すべて、前線および、とくに砲兵の認知したる事項は、なし得る限り速やかに、これを指揮官に報告すべきものにして、これらの報告は、往々攻撃方向の選定上、決定的の価値を有することあり。

敵の準備、なお著しく進捗しあらざるときは、敵にあらたに兵力を招致し、かつ、その陣地を鞏固にするの時間を与えざらんがため、即時攻撃に着手し得べきや否やを考慮するを要す。要すれば、敵に接近するため、夜暗を利用すべきものとす。

攻撃の実行（註　本節は、一般に攻撃の実行法を記述したるものにして、単に遭遇戦のみに関するものにあらず）

第二百七十七　指揮官、もし迅速なる行動の利を失わざらんがため、前進および分進により、ただちに攻撃に移るに決心せば、到着中の部隊に、各個、もしくは合同の攻撃命令を与え、かつ展開区域および攻撃目標（戦闘地域）を指示す。

小なる部隊にありて、例外【的】に戦闘地域を定めざるときは、攻撃方向は、明瞭なる中央線、もしくは一翼の方向線を以て、これを敵線の内部に至るまで確定すべきものとす。

攻撃は、躁急《そうきゅう》に【短気に急いで】開始すべからず。大部隊にありて、および防御のため展開する敵に対する攻撃に際しては、ほとんど毎《つね》に攻撃命令および攻撃展開に先立ち、準備配置（註　わが国の攻撃準備位置と異なり、おおむね『開進』もしくは『開進地』に類似する意義を有す）に就くべきものとす。

第二百七十八　準備配置に就かんがため、各指揮官は先行して、前進路および準備配置の位置を偵察す。この位置は、敵火の効力およびその視察、とくに空中よりの視察を避け得るを要す。地形の掩護なき限り、過度に軍隊を集団し、もしくは同一の隊形を取るを避くべし。

概して、散開せる地形において、歩兵は、敵より遠距離において、強大なる縦長区分を以て準備配置に就くを要す。わが砲兵により、敵の砲兵を牽束《けんそく》【牽制拘束】し得るがごとき例外の場合においてもまた同一の処置を必要とす。

第二百七十九　準備配置にありては、毫《ごう》も各部隊を斉頭面《せいとうめん》【整列線】に位置せしむるを要せず。地形の利により、敵陣地に近く到達せる部隊は、比較的後方にある部隊の敞開《しょうかい》【開け放たれた】地通過を容易ならしむるを得。要すれば、準備配置の前方にありて、観測および爾後の攻撃展開のため、必要なる地点は、迅速なる決心によりて、これを占領すべし。

第二百八十　不明かつ困難なる情況、とくに隠蔽地および暗夜にありては、準備配置に至る前進の統一を計らんがため、地区ごとに躍進するを可とすることあり。而して、この場合の部署は、地区ごとの躍進によりて、なるべく時間を徒費せざるに顧慮するを要す。

第二百八十一　師団長より、前衛の編組を解かれたるとき、前衛砲兵は師団砲兵指揮官の隷下に復帰し、もしくは近戦砲兵として、当該歩兵隊長の隷下にとどまるものとす。

第二百八十二　ついで、砲兵主力の統一使用は、歩兵の緩徐にして、かつ計画的なる準備配置および展開に適応するごとく行わるるものとす。この際、砲兵の第一任務は、準備配置に向かう歩兵の前進、該位置および、これよりする展開を掩護するにあり。

過度にその実施を束縛せざるごとく、軍隊指揮官より砲兵に与うる確然たる戦闘任務は、爾後の経過における成功の基礎条件たるものとす。戦闘間における歩砲兵の動作は、時機および場所の如何を問わず、分離すべからざるものにして、絶えず両者の強調を維持せしむるは指揮官の責任なり。

師団砲兵を最初より近戦および遠戦砲兵に区分し得るや否やは、その兵力戦況ならびに地形に関す。近戦砲兵は、歩兵の区分に適応するごとく、区分するを適当とするも、攻撃前の準備配置において、すでにこれを歩兵指揮官に配属するは例外とす。ただし、地形、通視に便ならざるか、もしくは正面過広なるか、あるいは砲兵の兵力上より見て、師団砲兵指揮官の統一指揮下において、適時歩兵を支援すること困難なる場合にありては、敢えて、これを分属するに躊躇すべからず。

しかれども、歩兵は、いずれの場合においても歩兵砲を必要とす。該砲兵は最初、通常、歩兵連隊長の令下にあり、ついで連隊長は通常、小隊、または砲車ごとに、これを第一線各大隊に配属し、大隊長はさらに一定目的のため、これを歩兵中隊に分属するを得。歩兵砲の任務は、戦闘の当初より、爾余《じょ》【そのほか】の歩兵用重兵器と協力して、局部的抵抗の破砕を援助し、かつ、敵の各個機関銃、機関銃群、迫撃砲および火砲を制圧するにあり。これら任務の達成には、個々の火砲を以て、しばしば陣地（往々暴露陣地）を変換し、敵砲兵火を蒙るに先だち、速やかにその任務を解決するを最良とす。この見地および弾薬補充の困難なるがため、歩兵砲は長く火戦を持続するに適せず。むしろ、その任務を解決せるのち、再び速やかに、敵の注意を惹かざるごとく隠匿するを要す。

歩兵砲以外に、なお近戦砲兵を配属せられたるときは、通常、その砲兵隊長の統一指揮下に、歩兵砲より大なる範囲において、わが歩兵に煩累《はんるい》を与うる目標を制圧す。この際、火力の集中は、その効力を増大するものとす。この砲兵もまた、戦闘の経過中、歩兵砲のごとく一部の分割を必要とすることあり。

歩兵に配属せられたる近戦砲兵は、常に師団砲兵指揮官と連絡を保持し、以て該指揮官をして、師団命令に応じて、砲兵効力を他の目標に集中し得べからしむるを要す。

第二百八十三　遠戦砲兵は、敵砲兵の動作を制圧し、かつ、妨碍射撃を以て、遠距離における敵の運動および他の有利なる目標を射撃するものとす。

第二百八十四　砲兵は、これに課せられたる諸任務を同一陣地より解決するに努めざるべからず。陣地変換は効力を中絶するものにして、この目的は、観測所の前進によって、すでにこれを達成し得る場合少なからず。しかれども、敵に接近せる陣地、もしくは敵を側射し得る陣地ありて、いっそう大、かつ迅速なる効果を予期し得る場合には、陣地変換を決行するに躊躇すべからず。而して、陣地変換は通常、梯次に、これを実施すべきものとす。

決勝点に対する砲兵火の集中は、陣地選定のためにする最初の偵察にあたり、すでにこれを顧慮すべき最要の条件なりとす。また、依託せる翼を掩護せんがためには、遠距離平射砲を協力せしむるを要す。

砲兵は、その前方にある歩兵により、掩護せらるるものなり。特別の掩護は多く、ただ依託せざる側面においてのみ必要にして、所要の警戒措置は師団砲兵指揮官の行うべきところとす。しかれども、奇襲に対する掩護は、砲兵自己の注意にあり。ゆえに、各中隊および各砲兵群は、自衛の方法を準備しあるを要す。

第二百八十五　指揮官は、準備配置に就きたるのち、攻撃命令を下す。

歩兵各部隊に対し、展開区域および攻撃目標を指示することにより、広さを異にする戦闘地域を生ず。その狭小なる場合にありては、指揮官は、決勝地点における縦長区分を強大にし、以て戦闘企図を遂行すること最単簡なり。また、戦闘開始前における各部隊の運動を規整するため、基準部隊を定むるを適当とす（連繋）。

第二百八十六　展開区域に関しては、諸兵種を使用するに便なる地形において攻撃のため、歩兵三連隊および十分の砲兵を有する師団に対し、大約《たいやく》【おおよそ】三ないし四キロメートルの正面を与うるを標準とするを得べく、また団ごとに配置し、かつ、その間隔を通算するときは、いっそう大なる正面となることあるべし。しかれども、正面過広なるときは、ただに戦闘指揮を至難ならしむるのみならず、とくに決勝地点において、縦長による戦線の培養を困難ならしむ。各下級部隊に指定すべき展開区域の広さに関しては、一定の標準を与え難し。両翼を依託せる大隊の正面は、通常、四百ないし八百メートル間に変化す。任務、兵力、地形および当該団隊、もしくは隣接団隊の戦闘地域よりする砲兵援助の程度は、常に展開区域の幅員に決定的の影響を及ぼすものとす。

兵力の配当に際しては、決勝地点における兵力は、けっして十二分なる能わざるものなることを、常に顧慮するを要す。しかれども、大なる損害の補充後においても、なお少なからざる兵力の剰余を生ずるがごとき過大の兵力を攻撃地区に充溢せしむべからず。

第二百八十七　軍隊は、展開区域内においては、偵察せる近接路を運動し、斥候を前遣す。要すれば、死角を利用せんがため、標識を設けて方向を指示す。地形、敵眼に遮蔽するときは、通常、行軍縦隊を利用し、遮蔽物なき地形においては、縦横方向に不規則に区分したる疎開の群を構成し、しばしば隊形を変換して、以て地形に適応せしむべく、これに反して、長大にして、かつ濃密なる散兵線は、これを避くべきものとす。

各部隊は、展開完了後、その戦闘地域内にありて攻撃すべき地区に正対し、かつ、なるべく、これに近く位置すべきものにして、この際、横方向および縦長の区分を大ならしむることを必要とす。

包囲に任ずる部隊と正面攻撃部隊との内翼は、攻撃間において、互いに混淆せざるがごとく、側方に間隔を存して、包囲部隊を配置するを要す。

第二百八十八　歩兵攻撃の実行は、十分に正面捜索を行いたるのち、歩兵軽兵器（小銃、軽機関銃、自動拳銃および擲弾器）の推進によりて成立す。ゆえに、攻撃地区を監視し得るごとく、速やかに、師団砲兵、重機関銃および迫撃砲を陣地に進入せしめて、この動作を援助すべきものとす。これがため、各指揮官は、なし得る限り前方に急行するを要す。

歩兵砲は、必要の場合、速やかに陣地に進入し得るごとく、近くこれを招致しおくべきものとす。通視困難なる地形、あるいは小群戦闘の紛戦においては、重機関銃の一銃、もしくは一小隊を前線の歩兵中隊長に配属するを適当とすること多し。この配属は、遅くも企図する突入前ならびに爾後の攻撃実行のため、必要なりとす。

射撃は、効力少なき遠距離にて、いたずらに弾薬を消費し、または時間を空費せざらんがため、なし得る限り遅く開始するを要す。射撃開始の限界は、地形、敵火の効力ならびに軍隊の精粗によりて定まるべきものとす。

散兵は、不規則なる距離、間隔および多少の縦深を以て、その分隊長周囲の土地に巣拠《そうきょ》して、遺憾なく円匙《えんぴ》【シャベル】を使用すべきものとす。爾後、歩兵の前進は、分隊、数人、または各個の躍進、あるいは匍匐《ほふく》前進によりて、これを行う。躍進する分隊は、絶対に射撃の支援を欠くを得ず。また、分隊は、援助射撃を受くるにあたりては、ただちに、これを利用して躍進せざるべからず。その分隊、突入するあいだ、隣接分隊、重機関銃、迫撃砲、要すれば、火砲は、敵の抵抗巣を制圧す。この際、下級指揮官の独断は、とくに緊要なりとす。

わが歩兵、敵歩兵火の有効圏に近接するや、砲兵の主力（遠戦砲兵を含む）は、その射撃を敵の歩兵に指向す。

概して、砲兵射撃は、多少持続する疾風射【集中射撃】の方法により、行わるべきものとす。歩兵が突撃距離に近迫するあいだ、砲兵は、軍隊指揮官の命ぜる決勝地点において、なお戦闘力ある敵の歩兵を震駭せしめんがため、ついに、その火力を最高度の集中的効力に高上《こうじょう》せしめ、この間、敵砲兵はこれを制圧するにとどむるものとす。砲兵飛行機および砲兵連絡班は、迅速に砲火を戦闘の焦点に導くごとく、努力するを要す。歩兵重兵器の主なる射撃もまた、この点に向かうべきものとす。

砲兵は、突入地点に対する射撃により、歩兵に攻撃成功の確信を与う。敵、もし十分に震駭せしめられたるしるしあるときは、突撃に移るものとす。

突撃の動機が最前線の部隊より生ずるや、あるいは軍隊指揮官、これを命令すべきやは、一に情況による。もし、前線の部隊にして決勝の機熟せりとの印象を得ば、突撃を敢行するに躊躇すべからず。ただし、この際、砲兵の射程延伸を確実ならしむるを要す。

敵、もし縦長の防御を行うに際しては、その支撐点の抵抗力は、通常、あらかじめ行いたる準備射撃によって、逐次、これを破砕しあるを要すべし。この際、突撃は、連続する各個戦闘および敵の抵抗地帯を通過する蚕食《さんしょく》戦闘の状を呈す。この経過中においてもまた、砲兵は、もっとも有効に協力するを要し、とくに歩兵に配属せられたる砲兵（歩兵砲および近戦砲兵）において然りとす。

戦闘群は、互いに相支援しつつ前進し、各種兵器の射撃により、巣（註　支点）および支撐点を陥落せしむ。この際、もっとも前方に進出したる戦闘群は、包囲射撃によりて、その隣接群を援助す。

側面および背後は、後続する部隊によりて、これを掩護するを要す。各後方部隊および予備隊は、速やかにわが損害を補充せんがため、迅速に戦闘地帯を通過して、続行すべきものとす。

敵の逆襲は、これを予期せざるべからず。これが防御のためには、同じく機関銃分隊および散兵分隊相互の支援、機宜に投ぜる砲兵および歩兵用重兵器の射撃ならびに迅速なる予備隊の招致を必要とす。

第二百八十九　砲兵は常に、各種の手段を尽くして、最前歩兵線との目視連絡により、歩兵の突撃開始を観察するに努むるを要す。目視連絡不可能なるか、または突撃時機が、命令、もしくは協定によりて規整しあらざるときは、歩兵の突撃意志は記号により、前方より砲兵に通報せらるるものとす。当初における個々の火光信号に続いて、各所に多数の火光信号起こるべく、これらの全印象は砲兵をして、その火力を最高度に発揚し、かつ射程を延伸せしむるの動機となるものとす。この動作は、ときとして移動弾幕射撃の形式を取ることあり。この最大緊張の戦闘時機において、精確なる両兵種相互の協同動作は、決定的の価値を有す。移動弾幕射撃に際し、歩兵は損害を恐るることなく、近く友軍砲兵火の直後に前進せざるべからず。この時期に至るや、監視飛行機および歩兵飛行機を使用するを要す。とくに、これら飛行機は、無線電信および視号通信により、戦場の上空において前線歩兵と砲兵との連絡を確保するに適するものなり。

第二百九十　突撃時機の近迫を認知するや、なお後方にある各予備隊を前方に招致するを要す。砲兵の一部は、命令により、あるいは自己の状況認識にもとづきて、陣地変換を準備し、以て、ただちに急進し得るを要す。この命令は、なお停止する一部の敵を殲滅し、逆襲を妨碍し、かつ猛烈なる追撃射撃によりて、戦果の拡張を容易ならしむ。なお、使用し得べき戦闘飛行隊の全部は、同時、地上戦闘に参加すべきものとす。

第二百九十一　敵の全正面における動揺は、まずもって勝利の近づける兆候なり。敵、もし、さらに停止し、あるいは後方陣地を占領して、わが圧迫を停止せしむるに成功せば、さらに攻撃を行うを要す。続いて前進し来たり、かつ戦闘に加入したる予備隊は、攻撃運動の頓挫するを防止し、反撃（註　逆襲との差異については、第三百六十三および第三百六十四参照）を撃退し、かつ各部隊の猛烈なる前進を、さらに鼓舞するを要す。なかんずく予備隊は、成果を収めたる地点に使用し、全力を尽くして、ただちにこの成果を拡張するを要す。これがため、本来の攻撃重点に変更を来たすも、これに顧慮するを要せざるものとす。不要となり、もしくは分散したる部隊は、これを集結し、再び確実に掌握すべきものにして、該部隊は爾後、後方より攻撃に続行す。最初、占領せる陣地内には、微弱なる警戒部隊を残置することあり。かくのごとく、深く遂行せられたる攻撃によって、敵の最後の抵抗もまた、ついに破砕せられ、ここに戦場外の追撃に対する途を開放するに至るものとす。

第二百九十二　攻撃、順調に進捗するも、爾後、これが続行のため、十分の兵力を有せざるときは、少なくも獲得せる地区を保持するを要す。散兵は、縦長区分を大にして、確実に現在地に占拠し、掩壕を掘開し、支撑点を設備し、以て前進再興のため、増加隊の来着を待つ。ただちに、新部署にもとづきて行わるる砲兵射撃は、歩兵に必要なる掩護を与う。この部署は、ただに敵歩兵攻撃の防止のみならず、本情況において、とくにわが歩兵に苦痛を与うる敵砲兵火の制圧を主とせざるべからず。

夜暗のため、突撃に至らずして、戦闘の中止したる場合においてもまた、砲兵は等しく、すでに獲得したる地区を掩護す。この場合、砲兵および迫撃砲を以て、敵の防護火幕（註　第三百八十七および第三百八十八参照）に対する射撃は、日没前にこれを実施するを要す。

第二百九十三　敵との正面格闘における遭遇戦が決戦をもたらさざりしときは、いかにして夜間における兵力の転用により、他の地点における攻撃に、あらたなる成算を開拓し得べきかを考慮すること必要なり。

第七章　追撃

第二百九十四　勝者は、広正面を以て敵を追撃し、常にその翼に溢出《いっしゅつ》して、これを超越し、以て、その退路を遮断するに努力す。

第二百九十五　上級指揮官は、通常、飛行機、または軍隊の報告、あるいはわが軍隊の順調なる前進および敵の抵抗力の衰退、もしくは往々隣接部隊の通報により、敵の退却企図を察知し得べし。しかるときは、ただちにこれを下級指揮官に通報して、その戦勝意志を極度に激励し、かつ、現存する予備隊の移動および新予備隊の編成によりて、追撃の圧力を所望の方向に導くを要す。

当面の敵兵退却するや、下級指揮官は命令を待たず、また、軍隊の疲労を顧慮することなく、躊躇せず敗敵の追撃に移り、大胆かつ独断、ことを処するを要す。このことたるや、敵にしてなお、ただ一意勝者の圧迫より免れんと努むる場合においては、とくに至当なるものとす。果敢なる追撃の遂行を中止せざらんがためには、部隊の整頓、弾薬および糧秣の補充のごときは、往々前進運動中において、はじめて行わるることあり。また、あらたに到着せる部隊は、ただちに追撃に使用するを要す。

航空戦闘部隊の全部は、その空中における戦闘任務の如何を顧みることなく、敵の主力を攻撃す。この際、機関銃射撃および爆弾投下によりて、敵の潰乱を増大せしめ、かつ後方の街道上および停車場における交通を擾乱せしむ。

また、偵察飛行大隊は、敵の退却路を偵察するため、その全兵力を使用すべきものとす。

第二百九十六　戦勝を利用すべき最要の手段は、至当に砲兵を使用するにあり。砲兵は、速力と遠距離に達する火力とを併有するを以て、とくに追撃に適す。ゆえに砲兵は、果敢なる行動によって勝利を完成すべく、使用し得る火砲を挙げて、有効距離に進出活動せしめざるべからず。反撃のため、前進する敵の戦車は、砲兵の主力により、迅速にこれを除去するを要す。砲兵の一部、とくに長射程砲は、退却中の敵に対し、射弾を観測しつつ（なし得れば、気球の観測を利用し）、十分有効に射撃し得る限り、依然その陣地にとどまり、他の一部は歩兵と協同して、正面より敵に圧迫し、また、他の一部は迂回する縦隊に合一す。この迂回追撃のためには、騎兵その他運動軽捷なる部隊とともに騎砲兵および自動車砲兵を持ちうるを、とくに適当なりとす。

正面に戦闘する砲兵は、遠隔する敵の部分に潰乱を波及せんがため、往々、主として、この部分を射撃するを有利とす。長射程砲は、敵の退却路および乗車停車場等を射撃し、以て、ここにその特性に適応する戦場を発見すべし。

陣地変換は往々、これを命令し得ざることあり。故に、下級指揮官は、自己の決心にもとづきて行動するを要す。前線の歩兵とともに、敵に追躡《ついしょう》する砲兵観測斥候は、無線通信機関により、所属砲兵隊と連絡を維持すべし。

追撃の実行をして効果あらしむべき要件は、豊富なる弾薬補充にあり。ゆえに、各級指揮官は適時、これを部署するを要す。これがため、自動車縦列を使用するを得ば有利なり。

第二百九十七　迂回追撃に任ぜざる歩兵は、敵に触接し、射撃および猛烈なる圧迫により、敵の戦敗を完全なる潰乱に陥らしむべきものとす。敵、もし、わが有効射程外に脱せば、さらに、これに圧迫し、白兵を以て攻撃するに全力を尽くすを要す。

配属せられたる近戦砲兵、歩兵砲および迫撃砲は、歩兵ともっとも緊密に連繫して前進し、かつ最前線散兵群の直後において、しばしば暴露して放列を布置す。機関銃は前線に使用す。これがため、とくに随伴機関銃小隊を適当とす。その他、自動車を以てする歩兵の輸送ならびに自動車機関銃小隊を、遺憾なく利用し、また自動車隊および路上装甲自動車のため、しばしば有効なる用途を発見することあり。

通信連絡は、歩兵の最前部隊まで、これを推進するを要す。下級指揮官は、しばしば無線電話によって情況を師団に報告すべく、従って、師団は絶えずこれを受信し得るを要す。

敵の後衛をして、われを有利なる追撃方向より転向せしめ、あるいは、わが有力なる部隊を繫留せしむることあるべからず。勝者は、敵の後衛の間隔を突破、または迂回し、以て、なし得る限り速やかに敵の本隊に近迫するを要す。

第二百九十八　追撃戦における前進の限度は、ただ上級指揮官の命令によりてのみ定めらるべきものにして、たとい地障に遭遇することありとも、追撃は、断じてこれを中止すべきものにあらず。

第八章　戦闘中止、退却

第二百九十九　熟慮の結果、戦闘もし毫も決定的成果を収め得べき見込みなく、かつ、部隊の損傷、戦闘の目的にそわざるを認知せば、指揮官は自己の責任を以て戦闘を中止す。

退却の時期は、わが軍の情況、目的および地形により決す。

ほとんど常に日没を待つを至当とするを以て、困難なる情況にありてもまた、薄暮に至るまで現状を維持すること緊要なり。

第三百　戦闘の中止は、部分的成功を収めたるのちにおいて、もっとも容易にこれを実施し得。而して、その企図を秘匿すること十分なるに従い、その実施、いよいよ容易なるに反し、戦闘進捗の度大なるに従い、ますます困難なるものとす。

第三百一　歩兵はまず、その縦長を大にして、靭軟《じんなん》に【強く、しなやかに】その位置を保持す。この際、全砲兵、機関銃、迫撃砲および戦闘飛行機を以て、極力これを支援し、各部隊はかろうじて歩々の撤退を行う。而して、敵の突破は、逆襲を以てこれを防止し、なし得れば側射により、しからずんば白兵攻撃によりて、圧迫を蒙れる隣接部隊を援助すべきものとす。

第三百二 上級指揮官は、この間退却の準備をなす。すなわち、図上において新陣地を選定し、その守備隊および地区の区分を規定し、各部隊に退却路を指示し、適時、行李および輜重をして、その新配置に向かい発進せしめ、新陣地および、これに通ずる道路を偵察し、要すれば、工兵部隊をして橋梁を架設せしめ、かつ、その撤去および破壊を準備せしむ。而して、負傷者の後送を迅速に実施せんがためには、なし得る限り速やかに命令を与う。また退却路の開放を区処するため、ただちに有為なる若干の将校を先遣す。

第三百三 諸連絡を準備せしむるため、通信部隊を前遣すべし。ついで、日暮れとともに、主力は敵から離脱し、まず広正面を以て、あらゆる道路を利用し、縦深の区分を以て正面と直角に後退し、しかるのち、各部隊は漸次、その指定せられたる各別の退却路上に移りて、行軍縦隊を編成す。この際、新陣地の位置、遠く後方に存在するときは、予備隊に多数の砲兵を配属し、なし得る限り退却線の側方において、収容陣地を占領せしむるを可とす。この部隊は爾後、最後の後衛として、新陣地に向かい、続行す。

なお前方に残留する部隊の退却は、本隊の退却安全となり、必要の距離を獲たる時機においてす。この際、路上装甲自動車は、貴重なる任務を担当し得るものとす。

最後の後兵は、それぞれに全正面にわたり、敵より離脱せざるべからず。残留する、勇敢なる斥候（多数の弾薬、火光信号、機関銃、路上装甲自動車および若干の火砲を配属す）は、詭計により、なお要すれば戦闘を以て、退却を秘匿し、極端の抵抗をなすにあたりては、火砲の損失をも考慮すべきにあらず。また、在来の戦闘陣地における通信、とくに無線電信を以てする欺騙は、大なる部隊においては、しばしば利用せらるべきものとす。

敵の追撃飛行機に対する掩護に注意すべきものとす。

敵の溢出的追撃に対しては、側衛を以て、これを妨碍するを要す。

第三百四　軍隊指揮官は、退却の実施確実なるを見るや、所要の処置をなさんがため、あらたに抵抗すべき地区に先行す。

下級指揮官は、退却に際し、部隊とともに行動す。

第三百五　爾後の退却経過において、指揮官の努力すべきは、なし得る限り、その部隊と敵との距離を増大し、以て、あらたに行動の自由を獲得するにあり。

行軍行程の増大、早期の出発、夜行軍および空中よりする攻撃に対する広範の処置は、通常緊要なりとす。

現存する鉄道を利用し得るは、ただ適時、所要の準備をなせる場合に限る。また、敵の鉄道利用は、わが飛行機の攻撃時、とくに、その卸下停車場に対する攻撃によりて、これを困難ならしむるを要す。

第三百六　敵との離脱に成功せば、戦闘序列に適応すべき一の後衛を編成す。その任務は、敵の脅威および攻撃に対し、退却する本隊を掩護するにあり。而して、この後衛は、射程大なる砲兵および機関銃火により、著しく歩兵を使用することなく、敵をして展開のやむなきに至らしめ、すでにわが目的を達成せば、敵眼を避けて退却するの方法により、往々、すでに必要なる時間の余裕を求め得るものなり。この際、ガス弾および煙弾を有せば、これを有効に使用し得べし。また、乗馬隊および自転車隊は、最後まで、その位置にとどまり、甚大なる運動性を利用して、最初に運動に就ける歩兵に追及し得。その他、歩兵の一部隊といえど、自動車隊の配属により、その運動性を増大し得る場合には、乗馬隊とともに、最後まで敵前にとどまり得るものとす。

第三百七　敵の激しき圧迫に際しては、たとい多大の損傷を出すの危険あるも、なお頑強なる抵抗を必要とす。しかのみならず、後衛は、退却する本隊をして敵と離隔せしめんがためには、戦車を加えて、あらたに攻撃を行うことも回避すべからず。而して、軽挙に追撃し来たる敵兵に対する攻撃は、志気上の影響より見るも、常に適当なりとす。

第三百八　航空戦闘部隊の断乎たる使用は、敵の戦勝意志を動揺せしむるがため、とくに有効なり。

第三百九　後衛は、まず地区ごとに退却す。追撃する敵兵を遅滞せしめんがため、道路、橋梁および残存する通信設備を使用に堪えざらしめ、鉄道を遮断するを要す。鉄道の破壊および敵無線電信の妨碍は、上級指揮官の命令ある場合に限る。

第三百十　後衛司令官は、絶えず本隊指揮官と連絡を保持せんがため、なお現存する電話線を使用す。無線電信の連絡は、敵の聴察勤務に対して、情況に関する何らの憑拠を与えざらんがため、もっとも必要の程度に、これを制限すべきものとす。また、後衛司令官が、本隊との距離を決定するに際しては、行進の遅延および所要の休憩時間を顧慮すべし。

敵情、すでに戦闘展開の隊形を以て行進するの必要なきに至らば、後衛もまた行軍縦隊に移るものとす。

第九章　陣地攻撃

第一節　運動戦における攻撃

第三百十一　野戦築城により、工事を施せる地区において守勢に立てる敵は、多方面において強大なる兵力を使用せんがため、その陣地には、ただ劣勢なる兵力を使用せんとするものなるを判断せざるべからず。

この際、攻者は敵陣地を迂回し得るや、あるいは、これを攻撃せざるべからずやを考慮するを要す。陣地を迂回するには、しばしば夜暗を利用すべきものとす。

第三百十二　野戦陣地の強度は、短時間に設備せるか、あるいは、あらゆる材料を以て、数日にわたり構築したるかに従いて、種々に変化す。

第三百十三　従って、攻撃の方法にも種々の差異を生ず。接敵はしばしば、ただ夜暗の掩護によりてのみ行わるべし。而して、防者は一時、その動作の自由を放棄しあるものなれば、攻者はその準備を根本的に行い得るものとす。

第三百十四　偵察は、すでに前進間において力を致すべきものにして、各兵科の将校をして、これを行わしむるを要す。この際、偵察の実施を統一するは、その成果を迅速かつ有効ならしめ得るものとす。敵の前進陣地、本陣地の状態および延長ならびに、なし得れば、なお敵兵力の配置をも確認するを要す。

飛行機および繋留気球は、価値ある結果をもたらすものにして、機に遅るることなく敵陣地の上方および前方に現出せば、なお作業中にある敵を発見し、その工事の状態および種類を写真に撮影し、または視察し得べし。砲、工兵将校もまた、飛行機および気球より偵察するを要す。

敵の地上無線通信および飛行機無線通信、ならびに聴察所を推進して行う電話通信を、計画的に監査するは、敵の区分および兵力を知るため、貴重なる関鍵《かんけん》【かんぬきのこと。転じて、要点】となることあり。

乗馬斥候を以てする捜索は、正面前においては、いくばくもなく実行不可能となると同時に、翼側における乗馬捜索および正面前における徒歩捜索は、いよいよ、その価値を増大し来たるものとす。

通信器材の熟考せる使用、とくに隣接部隊との確実なる横方向連絡の設備は、機に遅るることなく処置しおくを要す。

第三百十五　確実なる敵情は、敵の前進部隊を駆逐したるのち、はじめて、これを知ることを得べし。ゆえに、これを速やかに実行するを要す。この際、攻撃部隊は、敵の前進陣地前において集団すべからず。ゆえに、歩兵は絶対必要の兵力のみを使用し、残余は敵の前進部隊の側方を通過すべく、けっして、敵のため、その前進方向を変換せしめらるることあるべからず。これに反し、有力なる砲兵を参加せしむること必要なり。

第三百十六　攻者は、同時に敵陣地内部の展望ならびにわが砲兵の観測所および展開に要する土地を占領す。

この際、わが歩兵の主力はなお、いまだ敵砲火の最有効射程に入るべからず。ただし、これを分進せしむるを可とす。

第三百十七　これら、当初の処置を実行したるのち、敵本陣地、攻者の近接路、攻撃地区および砲兵陣地を、観測所ならびに測点とともに偵察す。これがため、用うべき時間は、過少ならざるを要す。これ、確実なる報告にもとづき、適切なる処置を講じ得んがためにして、いったん動作に就きたるのちの変更は、時間を費やし、かつ、その実施往々困難なるものなればなり。

砲兵火の支援の下に、有力なる歩、工兵部隊に機関銃を配属して突進せしめ、これにより、敵をして、その陣地を暴露するのやむなきに至らしむるを緊要とすることあり。

空中捜索は、ますます詳細に細部の情況を明確ならしむ。その主なる手段は、空中写真の撮影なりといえど、この写真の価値を完全ならしめんがためには、地上偵察によりて、これを補足するを要す。而して、価値ある空中写真をあまねく軍隊に分配するときは、軍隊の偵察を著しく容易ならしむるものとす。

飛行機、繋留気球および砲兵測定班によりて、適時、かつ計画的に目標を偵察するは、砲兵のため、とくに緊要なり。この偵察は、しばしば砲兵の使用および射撃の指揮に対する基礎を与うるものなり。

端末報告所を設け、かつ聴察所を推進するを要す。

第三百十八　情況判明ののち、指揮官は、敵陣地を包囲により奪取し得るや否やを決定するを要す。包囲は、常に努むべきものなりといえど、その開始前、敵の正面を攻撃し、以て、その兵力移動を妨碍せざるべからず。

敵、もし両翼を依託するか、あるいは、その他の原因により、包囲を行うこと能わざるときは、正面攻撃を遂行せざるべからず。この攻撃はまず敵線突入となり、ついで、その成果の拡張によりて突破となるものなり。この際、指揮官の主として努むべきは、敵正面の弱点を看破し、ここに攻撃の重点を置くこと、これなり。全正面に兵力を平等に配賦《はいふ》するは、多くは不適当にして、歩兵は一、もしくは数突入地点に集結使用し、この間、他の正面には、僅少なる兵力を配当するか、または若干の地区には全然攻撃を行わざるものとす。この着意は、砲兵の配置においてもまた顧慮すべきものとす。側射の機会は、遺憾なくこれを利用すべく、優勢なる火力の集中と砲兵の密集配置とを混同せざるを要す。

突入点は過狭の正面に選定すべからず。しからざれば、突入せる部隊は敵砲兵の集中火に対し、はなはだしく暴露するに至るべし。

第三百十九　前方にある歩兵の掩護の下に、攻撃砲兵は陣地に進入す。この際、射撃準備を整えある敵砲兵に対し、とくに慎重に動作するを要す。この砲兵の縦横両方向における兵力区分は、地形および観測の状態に適応せざるべからず。而して、観測、射撃指揮、射撃開始および敵の空中、地上の観測に対する掩護等の諸準備は、過度にこれを急ぐべからず。砲兵には、これらのため、必要なる時間を与うるを要す。

工事を施したる野戦陣地に対する攻撃に際し、歩兵に、歩兵砲のほか、最初より近戦砲兵を配属するは、砲兵射撃準備の統一上、通常有利と認め難し。すでに砲兵の展開に際し、遠戦および近戦砲兵を区分するを適当とするや否やは、わが砲兵の兵力ならびに敵情に関するものとす。

第三百二十　砲兵は、同時に射撃を開始するに努むべしといえど、常に、これを実行するものにあらず。一部の砲兵は、他の砲兵の掩護の下に、はじめてその陣地に進入すること、しばしば、これあり。また、若干の砲兵中隊を控置し、以て、当初発見し得ざりし敵砲兵に対し、急襲的に使用するを可とすることあり。砲兵に配置せられたる飛行機ならびに気球は、試射の観測および効力射【弾着観測ののち、諸元を修正、目標に対し効果を得るために行う射撃】の監視に利用すべく、他のあらゆる観測機関（地上観測、測定班）もまた同様、十分にこれを活用するを要す。而して、通信網の注意周到なる設置は、実にこれが根本条件たるものとす。

砲兵の任務は、敵の抵抗を打破し、以て歩兵の進路を開拓するにあり。これがため、まず敵砲兵を萎靡せしめ、以て友軍歩兵をして、敵砲兵の有効地帯を通過し得しむ。ついで、防御砲兵を制圧しつつ、遠戦砲兵の一部は、近戦砲兵および歩兵の重火器と協力し、その火力を、地形および指揮官の目的に従いて、敵陣地のもっとも緊要なる部分に集中す。ガス弾は、砲兵に対して使用するほか、村落、森林等のごとき緊要なる支撐点に対し使用すべきものとす。

しかれども、防者は、攻撃歩兵の接近するまでは、その陣地に全然守兵を配置せざるか、あるいは、単に微弱なる守兵を置くにすぎざることあるべく、従って、敵の防御設備に対する射撃は、その守兵を認識せる場合においてのみ正当なるを顧慮するを要す。砲兵の射撃効力は、わが歩兵が同時に敵に向かって前進肉迫し、これによって、防者をして、その陣地を占領し、その軍隊を現すのやむなきに至らしめたる場合において、もっとも成果多きものとす。ゆえに指揮官は、歩兵の漸進的展開と砲兵の与うる掩護とを調和一致せしむること肝要なり。

歩兵攻撃の進捗に伴い、砲兵は近戦の任務に就くべき兵力を増加し、かつ漸次困難となるべき戦闘において、ますます歩兵に対する援助を強大ならしめんがため、近戦砲兵の一部を歩兵指揮官の隷下に属せしむべく、また、これら近戦砲兵大隊、もしくは中隊は、その独断的動作により、両兵種の協力をますます密接ならしむるを要す。

第三百二十一　ただ、十分なる砲兵の援助を有する場合においてのみ、歩兵は、その戦闘地域内を、昼間すでに敵陣地に接近し、日没前に決戦を求むることを得るものとす。

第三百二十二　もし攻撃を一昼間において遂行し得ざるときは、さらに夜暗を利用し、以て歩兵を近く敵に前進せしむるを要す。

歩兵は、停止せざるべからざるに至りし地点において、縦深に区分せる隊勢には塹壕を掘開《くっかい》し、爾後、逐次ここかしこに躍進して、あらたに塹壕を掘開す。この近接作業間、機関銃、迫撃砲および火砲は、有力なる援助を与うるを要す。情況、これを要すれば、突撃距離に肉迫するため、数昼夜を費やさざるべからず。

第三百二十三　敵の全正面に対する活動により、敵をして、なし得る限り長く、攻者の企図、突撃の時機および突入地点を察知し得ざらしむるを要す。

陣地の内部および後方における防者の交通、とくに決戦のため、防者の予備隊の招致は、妨碍射撃によりて、遠く後方地帯に至るまで、これを困難ならしむべきものとす。特別なる監視飛行機の協力は、周密なる準備をなせる場合において、如上《じょじょう》の効果を著しく増大するものとす。

第三百二十四　突撃の時機は、多くの場合、軍隊指揮官により、統一的に命令せらる。而して、払暁にこれを行うことしばしばなり。突撃に際しては常に、猛烈なる砲兵および迫撃砲の準備射撃を行う。歩兵の突撃は、この準備射撃に直接連繫し、以て、その効果を完全に利用すべきものとす。

敵歩兵が常則に従い、縦深配備にあるときは、突撃は、多くの場合、部分的動作に分離するに至るものとす。この際、防者に打ち勝つの手段は、縦深配置によりて絶えず決勝地点の戦闘を培養し、かつ敵中を通過して前進する部隊の側面掩護に対し、顧慮するに存す。しかるときは、防者の逆襲および反撃は、常に、攻者の監視せる砲兵、戦闘部隊および予備隊に衝突せざるべからざるに至るものとす。

第三百二十五　攻撃歩兵の爾後の任務は、一意従来の方向に突進し、まず敵砲兵を奪取するまで前進を続行するにあり。近く続行する予備隊もまた、深く敵中に突入す。この際、過早に側方に方向を変換するは、その決戦的衝力を薄弱ならしめ、その成果を減少するものとす。

失敗に備えんがため、占領せる陣地には、警備の守兵を配置し、かつ防御の設備を行う。

追撃は、なし得る限り速やかに、これを開始すべきものとす。

第三百二十六　野戦陣地に対する正面攻撃にして、何ら決勝をもたらさざるときは、夜間における兵力の移動により、多方面における攻撃に、あらたなる成算を開拓し得ざるや否やを考慮するを要す。

第二節　陣地戦における攻撃

第三百二十七　長時日持続せる陣地戦のあとにおいては、攻撃は通常、十分なる熟慮とあらゆる野戦築城の材料とを以て設備せられ、しかも、これを包囲し得ざる防御組織に衝突す。

この際、敵を奇襲することは、運動戦におけるものより、その価値、いっそう大なり。しかも、準備せる陣地にある敵はまた、常にその対抗処置を講じあるべきを以て、わが企図を秘匿し、および敵を欺騙するため、特別の処置を必要とす。しかれども、攻撃の場所および時期は、必ずしも常にこれを秘匿し得るものにあらざるを以て、攻撃法の変更により、防者をして常に新任務の前に立たしむるを要す。

第三百二十八　前進する攻者の主力は、敵のため、最苦痛を感ずべき地点に衝突し、すでにその与えられたる方向によりて、敵の広正面を動揺せしめざるべからず。これがためには、地障少なき開豁地をもっとも有利とす。けだし、かくのごとき地形は、突破成功後、運動戦における、あらゆる利益を利用しやすく、従って、敵をして連繫しある新防御正面を速やかに形成することを困難ならしむるを以てなり。

第三百二十九　攻撃正面の選定にあたりては、作戦上の考慮のほか、なお企図する突破の場所および位置に関する戦術上の関係もまた、これを顧慮すべきものとす。この際もまた、地形は、すべての攻撃材料の十分なる活用のため、最大の意義を有するものとす。なかんずく、攻者は迅速に制高を有する高地帯を占領し、かつ、ますます深く敵陣地の内部に突進し、この間、後続する予備隊を以て、敵の側方に向かい、席巻すること、はなはだ重要なり。

第三百三十　陣地戦において、戦車は、攻撃兵器として大なる価値を有するを以て、攻撃点の選定ならびに攻撃の遂行に際し、これが適切なる使用に最大の注意を払うものとす。

前進する戦車をして、その発動機の噪音《そうおん》のため、過早に敵にその所在を暴露せしめざらんがため、特別なる処置を必要とす（戦闘による喧噪、戦車の近傍における砲兵の射撃等）。

第三百三十一　一地点に指向せられたる攻撃は、必ず他地区の協力を必要となす。その任務は、自己の攻撃（たとい、その目標は限定せられ、かつ、僅少なる材料を用い得るにすぎざる場合においても）によるか、または、その他の処置（陽動、無線電信による欺騙）によりて、敵の兵力を主攻撃方面より牽制し、かつ、これを抑留するに存す。

第三百三十二　攻撃の準備が計画的にして、しかも周密なるに従い、その成功の見込み、ますます大なるものとす。

攻撃の企図および時期は、軍隊に対しても、なるべく長く、これを秘密に附しおくべきものとす。

攻撃会戦に対する準備

第三百三十三　歩兵三連隊より成る一師団の戦闘地域は、通常二キロ半より広からざるを要す。攻撃材料、なかんずく、技術部隊、車輛縦列、自動車縦列、弾薬、給養品、各種の武器、器材等の需要ならびに、これを招致するに要する時間は、通常莫大にして、精密にこれを計算せざるべからず。とくに、敵の防御施設に対する突撃準備射撃のため、はなはだ強大なる砲兵および迫撃砲ならびに多数の重、軽戦車隊を配属するを要す。

第三百三十四　その他、左の諸項に関する徹底的の準備を必要とす。

戦闘指揮所および通信網の設置、あらたに戦線に加入したる各師団は、各固有の通信網を有せざるべからず。

通信連絡の周到なる規整ならびに遮断。

宿営ならびに給水。

予備隊および戦車の遮蔽せる準備配置。

増加砲兵のため、なるべく前方に位置し、かつ測定せられたる多数砲兵陣地の設備、前進路の偵察、新軍隊区分の決定、殲滅射撃【陣地自体（地下構築物含む）の破壊を目的とする射撃】の目標および地域の決定、観測所および測定材料の決定、砲兵通信網の補足。

戦闘哨戒線まで前進する砲兵のため、陣地の偵察および測定、修理工場の設置。

わが航空部隊の宿営および使用法ならびに対空防御。

各攻撃部隊に要する、莫大なる弾薬および糧秣の集積。ただし、弾薬庫、諸廠、糧秣倉庫等は、空中捜索に対し、その変化の状態を秘匿し得るときにおいてのみ、これを拡張し、または新設することを得。

野戦鉄道および軽便鉄道を含む全鉄道の能力の試験ならびに、要すれば、その能力の増大。

十分なる道路網の構成、各師団には一条の主前進路を必要とす。戦線より来たる者は、副道路、または路外を後退す。

傷者に対する処置、あらたに到着する師団に対する主包帯所用および野戦病院用宿舎ならびに軍衛生機関用宿舎、患者自動車数の増加、病院列車の準備、病院に現在する患者の整理、患者集合所の増加および拡大、衛生材料の増加。

第三百三十五　その他、攻撃奏功の際、全追送をいかに形成すべきかを考慮するを要す。弾痕地帯、塹壕および水流の通過のため、資材を準備したる多数の工兵中隊および道路構築中隊を必要とす。将来、敵の施したる諸設備を利用し、なかんずく道路および鉄道を、わが道路および鉄道網に接続するの準備を講じおくを要す。

第三百三十六　準備間、毫《ごう》も敵の注意を喚起することあるべからず。これがため、戦闘間諸動作の変更を戒め、通信もまた従来の範囲に従ってこれを行い、毫もこれを変更すべからず。これら諸準備の慎重なる実行は、とくに精励なる将校によりて監督せしむるを要す。

敵の空中捜索に対して、最大の注意を加えざるべからず。必要なる作業および運動は、多くは夜間においてこれを行い、かつ、敵を欺騙するごとく実施せざるべからず。攻撃の企図を暴露するがごとき、一切の処置ならびに、あらゆる軍隊の集結運動は、敵の飛行機に対して、これを秘匿するを要す。わが飛行機は、毎日、わが陣地ならびに後方地区を写真に撮影し、以て監視に資せざるべからず。飛行機および気球は、友軍の攻撃諸準備中、特異のものありて、ために敵の空中偵察に憑拠を与うるがごときことあるを認めたるときは、即時これを上級指揮官に報告す。気球は、夜間においてもまた、開進地区における露営火ならびに家屋内および街路上の燈火を観察す。

輸送を夜間に変更し、これによりて鉄道の運行を掩蔽するは、ただ端末地域において、これを実行し得るにすぎず。

第三百三十七　敵および友軍に対し、あらゆる掩蔽手段を採るあいだにおいてもなお、敵情の偵察、その全縦深にわたる攻撃地域および隣接地区の偵察は、計画的にこれを続行するを要す。通信機関による偵察とともに、地上および空中偵察の機関は、注意してこれを使用するを要し、俘虜を得るの目的を以てする小企図もまた必要なることあり。

とくに確かむるを要する事項、つぎのごとし。

敵歩兵陣地の情況。とくに主戦闘線、支撐点、障碍物、司令所および敵歩兵の運動、砲兵陣地、観測所、弾薬庫および弾薬廠、敵砲兵の移動。

鉄道の設備、通信網、司令部の位置、道路作業、飛行場、気球、宿営地、とくに司令部の宿営地、野営地、諸廠、前進路等。この際、従来の観察を補足し、かつ、敵の擬設備を顧慮すること必要なり。

これらすべての偵察事項は、地図ならびに砲兵射撃図に記入し、攻撃経過中においても、絶えず、これを補足すべきものとす。而して、得たる諸情報を、空中写真より得たるものとともに、適時、攻撃部隊に交付するは、その価値すこぶる大なり。

第三百三十八　機を失せず、攻撃に任ずべき師団より、高級参謀、砲兵指揮官、飛行隊長、工兵隊長、通信隊、対空防御隊および電話隊将校ならびに車輌隊長および自動車隊長を招致すべきものとす。

第三百三十九　攻撃師団の開進は、根本的に準備するを要す。前進、宿営、および攻撃師団が、陣地師団（註　対陣間の平静時において、第一陣地の守備に任ずる師団なるべし）より、その地区内の命令権を継承する時機は、厳密にこれを決定すべきものとす。

第三百四十　砲兵の開進に関しては、とくに深甚の注意を必要とす。すなわち、敵の不意に乗ぜんがため、迅速にこれを実行すべしといえど、これがため、進入および爾後の効力の確実を害せざるを要す。

堅固に工事を施せる敵に対し、歩兵の攻撃力は、砲兵がその進路を開拓すること遠きに従い、ますます長く、これを保持し得るものとす。ゆえに砲兵は、なるべく前方に開進せしむべきものにして、かくのごとくせば、多くの場合、最初より敵砲兵の大部を捕捉し得べし。ただし、敵陣地突入に際し、敵砲兵を奪取するは、歩兵攻撃の第一任務なりとす。

加入すべき増加砲兵の兵力大なるときは、すでに固有の砲兵開進に先立ち、陣地師団の砲兵に数中隊を増加しおくを適当とす。しかれども、増加砲兵の主力は、攻撃の前夜に至り、はじめて陣地に進入するものとす。

攻撃のため、とくに試射を行うときは、ただちに企図を暴露するの虞あるを以て、これを行うべからず。

第三百四十一　空中勢力の激増および飛行場の増設は、敵に、わが攻撃企図を暴露するの虞あるを以て、攻撃に使用すべき航空隊は、なるべく遅く、これを攻撃正面に移動せざるべからず。ゆえに、これら部隊には、あらかじめ地形に関する所要の知識を付与せんがため、特別の処置を講ずるを必要とす（飛行機搭乗者の分遣、戦線の後方における教育廠等）。気球もまた、これを敵に示すべからず。制空権の獲得は、攻撃の開始まで、これを断念するを要す。

第三百四十二　突撃発起陣地は、なし得る限り、攻撃の前夜に至り、はじめてこれを占領するを可とす。

攻撃

第三百四十三　砲兵および迫撃砲の射撃は、攻撃開始にあたり、各攻撃兵団ごとに、これを統一指揮するを要す。攻撃に任ずべき師団の多数が、攻撃の前夜、はじめて発起陣地に進入して、射撃指揮を継承する場合にありては、完全なる射撃準備は必ずしも常にこれを期待し得ざるべし。

第三百四十四　砲兵は通常、まずその火力を、敵の砲兵、歩兵陣地の特別設備および遠距離目標に指向す。その目的は、敵砲兵の射撃動作を萎靡せしめ、敵の最要なる防御設備を破壊し、司令部の行動および後方道路上の交通を阻碍するにあり。砲撃時間の長短は、一に情況による。ガス弾は、射撃陣地、野営地および目視し難き一定の地域、たとえば、推定する予備隊の集合場に対し、あるいは攻撃部隊の通過せざる地帯における障碍物を掩覆するため、または敵の連絡応援を制止するため、もしくは側面掩護および墻壁《しょうへき》【垣根や壁】としてガス幕を構成せんがため、これを使用するものとす。

　ついで、敵の歩兵陣地に対し射撃を指向す。この際同時に、認知し得る主抵抗設備に対し、最強力なる破壊射撃【目標の破壊を目的とする射撃】を集中するものとす。迫撃砲は、砲兵の準備射撃に参加す。飛行機および気球を以て、集中火の効力および、あらたに現出する目標を監視するごとく規定するを要す。射撃は、敵の守兵をして、その陣地に就かしめんがため、および、わが前進の時機を予察し得ざらしめんがため、不規則なる間断を設けて、これを行う。敵の歩兵陣地に対する射撃間、敵の砲兵は、これを制圧するを要す。

遠距離射撃を以て、街道、近接路、鉄道および卸下停車場における敵の交通を妨碍すべきものとす。戦闘の各期における火力の分配は、あらかじめ準備せる砲兵および迫撃砲射撃図によりて、これを指示するを要す。

歩兵攻撃の開始に際しては、通常、使用し得る砲兵を挙げて、その火力を移動弾幕射撃となし、密に、わが歩兵の前方に進ましむ。その時間の規整にあたりては、時計によりて、精密にこれを行い、かつ、歩兵はただ緩徐に前進し得るものにして、とくに運動困難なる地形において、ますますしかるべきものなることに顧慮するを要す。

砲兵の準備射撃を、一つの模型的ならしむることは、これを戒めざるべからず。この射撃はむしろ、時々の情況に適応せしむべきものにして、かつ敵の意表外に出づるを要す。これがため、とくに交互にガス弾および爆裂弾を以てする射撃、あるいはガス襲撃、またはガス発生器を以てする攻撃に連携する砲兵戦闘等の諸法あり。

第三百四十五　歩兵突入の隊形は、損害を避けんがため、線を以てせず、むしろ、縦長に区分せる疎散なる群、もしくは、常に地形に適合する各種の隊形を以てす。この際、多数の機関銃、迫撃砲および歩兵砲のごとき大なる火力を速やかに躍進すること、とくに緊要なり。密集隊形の使用は、遠く後方においてのみ可能とす。敵の戦闘壕および交通壕は、特別の清掃隊をして、清掃せしむるを要す。奪取せる支撐点の改編および戦場掃除に任ずる部隊ならびに諸材料および戦闘器材の前送に従事する労役隊（註　わが輸卒隊のごとく、もっぱら労役に服する部隊なり）は、突撃部隊に続行す。

第三百四十六　突撃の直前、煙を以て、全攻撃地区、もしくはその一部を掩覆することは、敵火の効力を分散し、観測を妨げ、かつ、少なくも敵の目視に対し、わが軍隊を遮蔽す。しかれども、如上の処置たるや、同時にわが指揮および攻撃の斉一を困難ならしむるものにして、とくに風の状態に顧慮するを要す。敵を欺騙する目的および側面掩護のためには、常に煙弾を利用するを可とす。

第三百四十七　戦車は、常に歩兵と密接なる連繫を保ちて戦闘するものにして、その準備配置は能く敵の空中監視に遮蔽すべきものとす。戦車は、あらかじめ周到なる地形偵察を行いたるのち、不意かつ統一的に戦闘に加入せしむるを要し、永続的の成果を収めんがためには、その多数を使用して、縦長に区分し、かつ予備を控置すること必要なり。

軽戦車は小隊ごとに攻撃歩兵に分属し、重戦車は縦長かつ堅固に構築せる防御設備および側防施設に対し、これを使用す。重戦車は軽戦車に先行し、掘開せられたる土地において、軽戦車のため、道路を開拓す。軽、重戦車が、その他予備隊の位置に控置せられ、爾後、主として突撃歩兵に対する砲兵の援助が、距離延伸のため、その効力十分ならざるに至れるとき、予備隊とともに戦闘に参与せしむ。而して、戦車の前進は、なし得る限り、煙によりて、これを遮蔽するを要す。

特別なる戦闘目的のため、上級指揮官は、戦車の予備を控置することあり。

第三百四十八　弾幕射撃終止の際に至るまで、一攻撃兵団を通じて射撃の指揮を統一したる場合においては、弾幕射撃の終止するに先立ち、適時、師団砲兵、増加砲兵の一部（観測班とも）および迫撃砲を師団の使用に供するを要す。しかるときは、師団は、これを突撃歩兵の後方に急進せしめ、以て近戦砲兵および迫撃砲隊を十分に歩兵部隊に分属す。また、所要の材料を携行せる工兵小隊を、弾痕地帯および塹壕地帯の通過設備に対して、使用し得るの準備あるを要す。

爾後における攻撃の進捗に際しては、遠く後方に梯置せる敵砲兵、もしくは、あらたに現出せる砲兵を制圧せざるべからず。ゆえに砲兵は、その前進に際し、空中観測との連絡を断たざるを要す。重および最重平射砲兵は、空中観測および測定班を利用して、その現陣地より、最大射程に至るあいだの地域に、その効力を発揮すべく、移動測定班は、師団においてこれを使用すべし。

師団に配属せられたる砲兵および迫撃砲隊は、上級指揮官の予備となり（軍団砲兵および軍砲兵等）、速やかに前進を準備し、以て決戦方面における攻撃の続行に使用し得らるるを要す。しかれども、迅速に十分なる弾薬の補充を受け得ざる砲兵は、何ら価値なきものなり。

各種通信手段、とくに後方に対し、数重の電線連絡を備えたる端末報告所を設置して、前方戦闘線と確実に連絡を保持するに注意するを要す。

第三百四十九　敵、もし従来の配備において決戦を企図することなく、後方の陣地に避くるか、もしくは遊動的戦場防御【必ずしも、第一線防御に固執せず、状況によっては、第二線、第三線に退き、敵が前進してきたところに逆襲を加え、これを押し返す戦法。後出の「遊動防御」も同じ。本書一六八頁第四百九ならびに第四百十参照】のため、縦長配置を増加せるのしるしあるときは、攻撃はまず地帯ごとに進捗せしむるを要す。この際、上級指揮官は、毎回歩兵の達すべき目標を指示し、かつ、各師団にその戦闘地域内において、迅速かつ梯次に砲兵を前進せしむることを委任す。また、上級指揮官は、砲兵の全部、もしくは一部を、攻撃続行のため、師団に止まらしむべきなりや否やを決定す。敵の反撃は、常にこれを顧慮すべきものとす。

第三百五十　砲兵の準備射撃を行わざるか、もしくは、至短時間の準備射撃ののち、攻撃を行うは例外なり。かくのごとき攻撃は、単に敵の不意に乗じ得たるか、あるいは、すでに震駭せる敵に対し、成功を期し得るにすぎず。この際、準備射撃の省略、もしくは不十分なるの欠陥は、多数戦車の使用により て、これを補足するを要す。

第三百五十一　戦闘飛行隊をして、地上戦闘に参加せしめんがためには、空中における完全なる運動の自由を前提とす。

わが駆逐飛行隊、故意にその行動を控制したるため、攻撃開始に至るまで、空中権敵手に帰しある場合においては、攻撃の開始とともに、わが駆逐飛行隊は、不意かつ集団せる攻撃を会戦の焦点上空に行い、以て、ここに敵の制空権を打破するを要す。

戦闘飛行機は、駆逐飛行隊の掩護の下に、敵線の最要点に対し、絶えず攻撃を反復するものとす。この攻撃を、わが歩兵の突撃と同時、もしくは、その直後に実施するときは、その効果、とくに大なり。爾後の経過においては、戦闘飛行機のみならず、その他の飛行隊もまた、戦場に通じ、かつ軍隊および車輌を以て充満せる街道および交通路を以て、主攻撃目標となす。ついで、まもなく、わが攻撃歩兵が著しき抵抗に際会し、かつ、わが砲兵火の援助を欠ける部分を求めて、これにその攻撃目標を移すものとす。

爆撃は、昼夜を問わず、敵の後方地帯に損害を与うることを得。

第三節　永久築城に対する攻撃

第三百五十二　すでに平時より防御を準備せる地点および築城線は、主として、装甲、堅固なる「ベトン」構築物および、いっそう堅固なる障碍物の広範なる利用ならびに装甲砲兵の存在によって堅固なる野戦陣地と、これを区別す。

これらの堅固なる地点および線は、野戦に慣用する手段によりては、これを攻略し得ざるを通常とすといえど、旧式なるか、あるいは、構築不完全なる防備に対しては、一般野戦の攻撃手段を以て足れりとす。

攻者は通常、まず敵の前進部隊を撃退するを以て満足し、かつ、要塞、もしくは築城線をして、野戦軍の運動に影響を及ぼし得ざらしむるごとく、その外部行動を妨碍す。要塞に対し、完全の封鎖を必要とするや、もしくは、某正面のみを萎靡せしむるを以て足れりとするやは、情況によるものとす。

新式築城に対する攻撃の実施に関しては、上級指揮官の詳細なる命令を待つを要し、この命令は同時に、特別なる攻撃材料の配属を指定す。

わが使用し得べき、もっとも強力なる攻撃材料と強大なる兵力を、敵の堅固なる設備と僅少なる兵力に対し、固定するの必要ありや否やは、常にこれを査察するを要す。

第三百五十三　永久築城に対する攻撃法には種々あり。すべからく、時の情況に応じ、適当なる手段を選定するを要す。

もっとも迅速に目的を達成し得るは、まったく砲兵の準備射撃を断念せる奇襲なりとす。奇襲につぐものを強襲となす。強襲においては、強大なる砲兵集団の奇襲的使用の下に、ただちに歩兵攻撃を以て、猛烈果敢に敵に逼迫し、精神上の大打撃により、敵をして短時間にその陣地を放棄するのやむを得ざるに至らしむ。

単に砲兵のみを以てする攻撃は、すなわち砲撃にして、多くは、小要塞、もしくは多数の住民ある都市を包める要塞に対し、その目的を達成することを得。

所要の砲兵材料を有せざる場合には、情況により、要塞占領の手段として包囲を実施せざるべからず。しかるときは、その陥落は、飢餓を以て敵に強うるものとす。

計画的攻撃は、最大の時間および兵力を要するを以て、他の攻撃法により成功の望みなきときにおいてのみ、問題となり得るものとす。

第十章　防御

第一節　通則

第三百五十四　単に占領せる陣地を固守し、敵の攻撃を撃退するに止まらず、進んで敵に決定的打撃を与えんとする防御においては、攻撃動作を併せ行うを要す。

陣地は、敵をして、これを攻撃せざるを得ざらしめ、もし敵にして迂回を試むるときは、防者はこれによりて企図せる時間の余裕を得、あるいは攻撃動作のため有利なる条件を得る場合においてのみ、その価値を有するものとす。

迅速なる兵力移動をなし得るごとく、常に準備しあるを要す。

各部隊は迅速に、縦深を以てする群ごとの防御をなし得べき状態にあるを要す。運動戦において、とくに然りとす。

各陣地は、ただちに工事により、これを鞏固ならしむるを要す。偽工事および夜間における陣地の変更は、しばしば利あり。

第二節　運動戦における防御

第三百五十五　設備せる野戦陣地とは、野戦的材料を以て構築せる抵抗地帯をいう。この陣地には、一連の線を形成すること稀にして、通常、互いに相交錯せる散兵坑、単一兵種（機関銃部隊、小銃分隊、迫撃砲、火砲）の小巣、あるいは、諸兵種のための大支撑点より成る一つの築城組織なり。ただし、これらの工事は、不規則かつ縦長に配置せらるべきものとす。

陣地の縦深は、守備兵力、配当せられたる地区の幅員、戦闘目的および地形により、定まるものとす。

迷彩（偽装）は、すこぶる重要にして、工事開始前、すでにこれを施設するを要す。

第三百五十六　陣地の防御に任ずる軍隊は、陣地内において頑強なる戦闘を行い得るごとく、これを設備し、かつ、最後の一人に至るまで、これを固守するを要す。

第三百五十七　陣地の最前端は、通常、主戦闘線を形成するものにして、防者の有する全兵器の強大なる火力により、攻者は遅くもこの線の前方において撃破せらるべく、敵の陣地内に侵入するにあたりては、この線を奪回するを要し、また、戦闘の終わりにおいては、再びわが軍隊の手中にあるを要す。主戦闘線の位置は、主として砲兵観測所の位置に関するものにして、これより十分前方に推進しあるを要す。また、この線は地形に適合せしめ、しばしば高地稜線の後方に選定し、あるいは、住民地、森林を横断し、以て、なし得る限り敵の認識を避くべきものにして、けっして、その主戦闘線なることを敵に察知せしめざるを要す。また、敵の戦車に対する防御に努むべきものとす（河川、沼沢地、断崖）。

陣地の設備は、敵の地上および空中偵察による認識を困難ならしめざるべからず。この認識を避けんがため、敵火を分散せしめんがため、しばしば支撐点よりも散兵坑および巣を有利とし、かつ、主戦闘線に兵力を集団せしむべからず。各防御設備は、互いに側防するを要し、とくに機関銃において然りとす。

砲兵は、常に主戦闘線の状態を正確に知悉しあるを要す。これ、その射撃を、これに適応せしめんがためなり。

時間不足のため、多数の遮蔽せる巣および支撐点を構築すること不可能なるときは、まず陣地の最重要なる部分に、これを構築するを要す。

多くの場合、縦長に区分せる戦闘前哨を陣地前に配置するを可とす。この前哨は、敵に対し、わが主戦闘線の位置を不明ならしむるとともに、多くは遮蔽しある主戦闘線より視察し得ざる敵の攻撃地帯に対し、所要の展望をなし得るものとす。戦闘前哨を、敵斥候の企図に対して掩護し、かつ、敵をして、わが抵抗の配置を知り得ざらしめんがため、しばしば前哨の位置を変更するを可とす。

前哨が、敵の攻撃前、主力のもとに退却すべきや、あるいは頑強なる抵抗をなすべきやは、全般の情況によるものにして、そのいずれの動作に出づべきやは、前哨陣地の占領にあたり、あらかじめ、これを命令するを要す。ただし、戦闘の経過中、この動作の変更を適当とすることあり。

戦闘の成果は、常に、主戦闘線の争奪において、これを求むべきものにして、敵の攻撃を撃退せば、再び戦闘前哨を前遣すべきものとす。

軍隊指揮官は、各地区における前哨の動作を統一するを要す。

前哨は、自ら出撃によりて、絶えず敵情をあきらかにするを要す。しかれども、敵に至るあいだの前地の領有に関し、敵と争うことあるべからず。

陣地砲兵は、前哨を指示し得るを要す。

第三百五十八 すべての部分において有利なる陣地の存することは稀なり。陣地の広袤《こうぼう》【幅と長さ】大なるときにおいて、とくに然りとす。ゆえに、適当なる兵力区分、自己の地区内および隣接地区とのあいだにおける側防手段の遺憾なき利用、敵方より発見困難なる巣および支撑点の設備、掩蔽部および小部隊を以て占領する多数の偽工事、仮装および完成を以て、陣地の欠を補うを要す。最前線の守備隊はもちろん、なるべく多くの後方に在る守備隊もまた、直接、あるいは間接射撃を以て、すでに遠距離および中距離より防御戦闘に参与し得るを要す。これがため、重機関銃を高所に配置するに努むべきものとす。

陣地に対する主なる要求は、砲兵のため、防護確実にして、かつ遠距離に達する地上観測、歩兵のため、十分なる射撃効力ならびに主要なる陣地各部との良好にして、かつ掩蔽せられたる連絡なりとす。防御設備の構築と同時に障碍物を設置し、かつ前地の諸地点に至る距離を測定し、以て距離に関する準拠たらしむるを要す。要すれば、縦隊路および地障の通過点を構築し、また敵の射撃を容易ならしむべき、顕著なる目標物体を除去するものとす。

敵の重要なる行進路および、その攻撃準備地域に関しては、十分明瞭にこれを偵知するを要す。戦車に対して、とくに然りとす。而して、これらの道路および地域は、確実に遠くわが火力を以て掃射し得ざるべからず。

陣地付近に通ずる敵の鉄道線路および予想するその卸下停車場は、絶えずこれを監視するを要す。もし、この鉄道にして、わが長射程砲の効力圏外にある場合には、飛行機を以て、その交通、とくに卸下停車場における諸行動を妨碍すべきものとす。

巣および支撐点守備兵は、敵火の情況上、これを有利と認むるときはしばしば、その工事の前方、あるいは側方において防御し、しかのみならず、これがため、まったく陣地を離れたる土地を選定することあり。ただし、かくのごとき動作は、小隊長以上の指揮官の命令によって実施すべきものとす。要するに、最小の守備兵といえどもまた、警報および敵の攻撃に際して、なすべき動作を明確に知悉しあるを要す。


第三百五十九　その他、陣地の前方に一時前進陣地を占領するを適当とすることあり。その目的は、前地における要点の過早に敵手に帰するを妨げ、なし得る限り敵をしてその展開方向を誤らしめ、かつ、敵のわが陣地に対する接近を困難ならしむるにあり。

前進陣地の防御は、多数の機関銃を有する微弱なる歩兵、もしくは、徒歩せる騎兵および重、軽砲を以て行うべきものにして、これら砲兵は、広正面かつ認識困難なる陣地において射撃を行い、以て敵を欺騙すべきものとす。

適時、前進陣地を撤退するに顧慮しあるを要す。しからずんば、敵は近く前進部隊に追躡して、本陣地に接近するの危険あり。前進陣地は、本陣地より単に砲兵を以て援助せらるるにすぎざるものとす。

第三百六十　良好なる地上観測所の選定は、本陣地における砲兵使用のため、射撃陣地の選定に比し、いっそう重要なる価値を有す。これがため、わが前線の後方より、遠く敵線の後方に至るまで、なるべく広く歩兵の戦闘地区を展望し得ることに努むるを要す。予想する敵の砲兵陣地附近の地区を通視し得んことは、切に希望するところなるも、かくのごときは稀に期待し得るにすぎず。もし敵方の斜面を、後方の制高地点、あるいは側方より展望し得るときは、近距離における観測は、もっとも良好に保障せらるべしといえど、しからずんば、観測を確実ならしめんがため、主戦闘線の一部を前方に推進するを要す。

砲兵陣地は、前進観測所よりする観測、すでに不可能なる場合においてもなお、その多数は、後方地域における観測所の援助を以て、その火力を攻撃し来たる敵に対して指向し得るごとく、友軍機関銃の掩護下に配置せられ、かつ縦長に区分せらるるを要す。この縦長配置は、敵の火力を分散せしめ、かつ情況困難なる場合においても、砲兵の大部をして、突撃防止の瞬間に至るまで戦闘力を保持せしめ得るの利ありとす。

また、若干の砲車、あるいは、小隊を特殊の突撃防止砲兵として、最前線附近に埋設配置するを適当とすることとあり。この砲兵は、最後の瞬間に至るまで隠匿し、突撃し来たる敵兵および、とくにその戦車に対し、奇襲的に直接射撃を行うべきものにして、砲兵の兵力十分なるときは、近戦砲兵中よりこれを取り、歩兵砲隊は通常移動的に保持せらるるものとす。

第三百六十一　指揮官は、陣地を若干の地区に分かち、一定の部隊をして、これが構築および守備に任ぜしむ。

地区の広狭は地形に関す。すなわち、防御容易なる地形にありては、比較的これを大にし得べく、その守備兵力は小なるを得るも、弾薬は豊富ならしむるを要す。これに反し、射界狭小かつ砲兵の防御力不十分にして、敵の隠蔽接近容易なるにあたりては、地区を狭小にして、強大なる兵力を以てこれを占領するを要す。

第三百六十二　指揮官は、築城の適切なる設置および巧妙なる軍隊の配備により、正面に使用する兵力を最小限に止め、以て、予備として残存すべき兵力をなるべく強大ならしむべし。予備隊には、砲兵および戦車を配属するを要す。

第三百六十三　各地区内において要する縦長区分は、とくに、わが各兵器の火力を以て、敵の突撃部隊をすでに陣地前方において破砕し得るを基礎として、これを決定すべきものとす。これ、十分なる突撃防止を保障するの必要あるを以てなり。

陣地内に侵入せる敵の部隊を、すでに側防火により、あるいは巣および支撑点守兵の逆襲を以て撃退し得ざりしときは、陣地に近く控置しある地区予備隊を以て、ただちにこれに対し、有力なる逆襲を行い、以て、これを陣地外に撃退すべし。予備隊の使用に際しては、兵力の分割を戒むべし。

第三百六十四　軍隊指揮官の予備隊は、敵の主攻撃方向および地形に適応し、準備せる反撃を実施するに最適当なる地点に位置せしむべし。この際、迅速なる兵力移動のため、鉄道および自動車縦列を使用し得ることとあり。

一翼を依託せる場合には、予備隊は委託せる翼の後方に位置せしむべし。

敵の側面を攻撃する企図を以て、予備隊を梯次せる場合においては、敵の主力が正面攻撃に繋留せられたると認めたる時機において、この予備隊に反撃を命ずるものとす。

第三百六十五　砲兵は、情況および、わが企図上もはや陣地秘匿の必要なく、しかも有利なる目標を認知するや否や、軍隊指揮官の命令により、射撃を開始するものとす。妨碍射撃、殲滅射撃および破壊射撃は、敵の前進、攻撃準備配置および補給業務を困難ならしめ、かつ攻撃設備を破砕するものとす。

なかんずく敵砲兵の展開に対しては、測定班および空中観察を遺憾なく利用して、猛烈かつ周到なる射撃を指向すること必要なり。その他、砲兵の大部は、敵歩兵が攻撃準備配置に就き、前進を開始するに至るまで、敵の砲兵と対戦す。敵歩兵の該運動を認むるや、砲兵の大部は、敵歩兵に対して射撃を指向し、残余を以て、依然敵砲兵を射撃す。この時機に至れば、わが歩兵もまた、その重火器を以て、敵歩兵に対して射撃を開始し、軽機関銃は近距離防御の主兵器にして、散兵もまた最活発にこの防御に参与す。

防御群の配置を変更することにより、敵をして、常に新任務の前に立たしむるを要す。

指揮官は機を逸せず、損害によって生じたる広き空隙を発見し、予備隊の使用によりて、これを補塡するを要す。

第三百六十六　陣地を出でて反撃に移転し得るは、敵の突撃を撃退し、かつ十分に火器の威力を利用したるか、もしくは、わが陣地前において、わが火力のため圧倒せられたる敵を駆逐するを必要とする場合において、はじめてこれを実行し得べきものにして、大なる成果を期待し得べし。これに反し、過早の反撃は重大なる反動をともない、かつ陣地を喪失するに至らしむることあるべし。

第三百六十七　敵の夜間攻撃に対しては、すべての兵器を以てする夜間射撃のため、すでに昼間において必要なる諸準備を整うるを要す。

頻繁なる斥候の派遣および聴察哨により、また通報哨の前遣および前地の照明により、適時敵の近接を発見して、すべての奇襲を予防するを要す。

わが歩兵、敵の攻撃を受けたるとき、砲兵は常に、夜間といえどもまた確実にこれを支援し得るを要す。

敵の夜間攻撃に際し、地区予備隊は、白兵を以て陣地内に侵入せる敵を撃退するため、別命なくも前進すべく、また軍隊指揮官の予備隊は前進準備を整うるものとす。

第三節　陣地戦における防御

第三百六十八　運動戦、または陣地戦、勝敗の決を見るに至らずして終了したるときは、やや長き作戦の休止を生ず。この間の防御陣地を永続陣地（Dauerstellung）と称す。

この陣地は、ただに防御に適するのみならず、後日における攻撃のため、有利なる出撃陣地を形成するごとく選定するを要す。これがため、目標を限局したる攻撃を行い、もしくは、正面の後退により、以て、本条件を充足せしむるを必要とすることあり。

第三百六十九　陣地は通常、まず設備せる野戦陣地の形式に準じて構築せらる。陣地戦は、その経過長きにわたり、かつ強大なる戦闘材料を使用するを以て、戦闘前哨、主戦闘線および陣地自体の配備を確定すること、とくに緊要なり。突撃防止は、多数の鞏固なる障碍物（あるいは電流を通す）の設置ならびに観測所、機関銃座、迫撃砲座および射光機【探照灯】座の構築によりて、これを保障すべきものとす。絶えず陣地を鞏固ならしめ、なかんずく、漸次、多数支撐点の増築、掩護確実なる通信連絡、最前線附近に単独火砲の埋設配置ならびに繋駕砲車および小隊の準備によりて、靭強《じんきょう》なる抵抗（敵の戦車に対してもまた）を可能ならしめ、かつ、いったん喪失せる部分の奪還を確実ならしむるを要す。

すべての工事を、敵眼、なかんずく、その空中観察に対して隠匿するは、もっとも緊要なり。なかんずく留意すべきは、各指揮官の戦闘位置、掩蔽部、観測所、機関銃巣、迫撃砲座、砲兵陣地および弾薬庫等なりとす。

第三百七十　まず、第一陣地を構築することに努むるものとす。

各種の巣および支撐点間、予備隊および掩蔽部間の交通のため、陣地構築の後期において交通壕を設備するを要す。その経始【ものごとを開始する、はじまる。あるいは、はじまりから終わりまで】は、敵の空中捜索および砲兵観測に対し、わが軍隊の配備を暴露することなきを必要とし、従って、不規則に、かつ偽工事を以て交錯せしめ、なお迂路を取るを忌むべからず。これがため、わが飛行機よりする空中写真の補助により、その適切なる構築を監督するを要す。

かくのごとくして、陣地は前後に重畳《ちょうじょう》し、かつ不規則に交錯する壕の状態を呈し、後方地区よりの近接路、これに接続するものとす。

この際、各壕は、敵の突撃防止にあたり、各その前方の壕を支援し得るごとく経始するに努むべきものとす。これがため、各壕間の平均距離は、これを二百メートルとし、地形および敵砲火の縦長効力を顧慮して、適宜これを伸縮すべし。

交通壕および接近路には、防御ならびに側方射撃の設備を施し、なお他の位置より、その壕内を縦射し得るを要す。

第三百七十一　歩兵および砲兵のため、観測所を構築することは、とくに重要にして、なるべく主戦闘線の後方一定の距離に置き、かつ軍隊および指揮官の位置とのあいだに回光通信連絡を有するを要す。

第三百七十二　掩蔽部は、守備兵および予備隊をして、突撃時期に至るまで、なるべく戦闘力を保持せしむべきものにして、不規則に巣および支撐点内ならびにその後方、または側方に設置せらる。深き掩蔽部は、守兵の迅速なる進出を妨ぐるを以て、通常、陣地の最前部にはこれを構築せず。むしろ、もっとも簡単なる小掩蔽部を以て満足せざるべからず。もし、時間および情況、これを許すときは、「ベトン」および鉄製掩蔽部を設けて、これに代わらしむ。また、掩蔽部の数および大きさは、後方に至るに従い、これを増大するものとす。

第三百七十三　指揮官の位置（司令部）は、なるべく堅固に構築し、かつ軍隊の指揮を確実になし得るごとく、その位置を選定するを要す。とくに、展望良好かつ予備隊の近傍にあるを可とし、敵に発見せられやすき地点を避くべし。また、良好なる通信連絡（とくに、有線、無線の電気通信および回光通信）を有するを必要とす。

第三百七十四　砲兵陣地は、設備せる野戦陣地の防御の場合と同一要領に従って、これを選定配置すべきものとす。陣地返還および増加砲兵の戦闘加入のため、あらかじめ準備を行い、とくに指揮官の位置および観測所、あるいは中央観測所を設備し、通信連絡の方法を講じおくこと、もっとも緊要なり。

砲兵測定班に対する設備は、もっとも注意を払いて、全正面上にこれを開始すべきものとす。

写景図、空中写真図および砲兵図の調製は、機に遅るることなく、これを開始すべきものとす。

第三百七十五　弾薬の格納、障碍物の構築、通信の伝達および軍隊の保健には、最大の注意を必要とす。

後方連絡を改善し、絶えずその機能を保持し、かつ給水法を規整すべきものとす。

第三百七十六　第一陣地の完成とともに後方陣地の構築を開始するを要す。この陣地は、主として遊動的戦場防御の用をなすものにして、後方の某陣地、もしくは、その一部の占領は、ただ上級指揮官に限り、これを命じ得るものとす。

第三百七十七　第一陣地と後方陣地との距離および後方陣地相互間の距離は、敵が前方の陣地突破後、その直後にある陣地攻撃のため、あらたにその砲兵の開進を必要とするごとく決定すべきものとす。ゆえに、各陣地間の距離は最小限五キロとし、地形によりては例外の場合を生ず。

第三百七十八　斜交陣地は、陣地正面中、とくに危険なる部分にこれを設け、敵の突入を即時閂止《さんし》する【封止する】の必要に際し、その特性を発揮するものとす。

第三百七十九　第一陣地の構築は、通常、当該地区の戦闘部隊自らこれを行い、後方陣地および斜交陣地の構築は、労役隊を以て、これを行うものとす。

陣地の占領および敵の攻撃に対する準備

第三百八十　歩兵は、これを並列して配置し、小部隊においてもまた、その縦長区分を大にす。多数の機関銃、迫撃砲、擲弾器等の利用は、兵員を節約することを得べし。

閑散なる時期において、歩兵の一部は、戦線の後方における村落および野営地において休憩せしむべしといえど、情況の急迫に際し、確実に適時これを前進せしめ得るを要し、また、敵の大攻撃をいまだ確認せざるも、いやしくもそのしるしあらば、これら後方部隊に前進を命令すべきものとす。この場合においては、地区内全歩兵の遺憾なき戦闘準備を主とし、軍隊愛惜の顧慮は第二位に下らしむるを要す。戦術的使用のため、歩兵の召致に、鉄道、もしくは自動車縦列の使用を準備すべきものとす。

指揮官は、毒ガスを以て掩覆せられたる地域、もしくは、その掩覆を予期すべき地域における軍隊の諸運動および諸動作は、これをガスなき地域に比すれば、著しく大なる時間と兵力とを消費すべきを胸算するを要す。従って、予備隊の前進および軍隊使用の時間的規整は、これが影響を受くるものとす。

第三百八十一　歩兵の各級指揮官は、その担任地区を部下軍隊に配当し、かつ予備隊の区分によって、事変の経過に対する必要の指導をなし得べし。戦闘部隊、準備部隊および予備隊に区分するの方法は、能くその目的に合す。

交代は過度に頻繁なるべからず。交代は通常、下番指揮官、これを指導し、かつ、その終了に至るまでの指揮を取るものとす。

第三百八十二　各人は、いずれの地点を固守すべきやを知悉するを要す。これに反し、小部隊の攻撃的動作は、その成功せざる場合においてもなおかつ自己の守地を喪失するの恐れなきときにおいてのみ適当なるものとす。

各級指揮官は、その命令したる部署をもっぱら監視すべき義務を有し、またしばしば現地において、戦闘間における各部隊の協力確実なるや否やを点検するを要す。

歩兵および砲兵の下級指揮官は、相互の陣地および観測所を熟知し、その細部の協力を規整すべし。これら指揮官は、部下軍隊との確実なる連絡を害せざる限り、近く相接して宿営すべきものとす。

歩兵大隊の戦闘地域に使用せられたる一砲兵部隊の各指揮官を、歩兵大隊長とともに宿営せしむること能わざるがごとき例外の場合においては、歩兵大隊長のもとに砲兵連絡班を置くものとす。

第三百八十三　歩兵各級指揮官は、絶えず近距離捜索を継続すべき責任を有す。この捜索は、敵軍の情況とともに、わが軍隊の情況もまたこれを明確ならしめ、かつ、その結果を迅速に後方に伝達することに関し、配慮しあるを要す。

高等指揮官は、敵軍通信の監査ならびに歩兵飛行機および監視飛行機の使用により、近距離捜索を援助す。

第三百八十四　陣地戦に移るや、砲兵もまた、その命令関係の更新および縦長配置の増大を必要とす。これによって、砲兵はいっそう、その効力発揮を良好ならしめ、かつ防御におけるその抵抗力を強むることを得るのみならず、その戦闘能力は著しく長きにわたり保持せらるべし。

砲兵は師団に隷属す。しかれども、軍団司令部は、何時にても砲兵予備を取り、かつ特別任務を有する大口径重砲兵および平射長射程砲の指揮を取ることを得。

第三百八十五　師団長は、師団砲兵指揮官に砲兵の戦闘任務を附与す。師団砲兵指揮官は砲兵戦闘を指揮し、歩兵砲を除き、師団に隷属する全砲兵を使用す。これら砲兵は群に区分せられ、群はさらにこれを小群に区分するを得べし。

歩兵の各地区に対し、一定の近戦砲兵群、もしくは、その小群を指定し、絶えず歩兵と連絡を保持し、即時第一着に該歩兵を援助し得るの準備にあらしむるを可とす。正面広大にして、かつ通視を許さざる地区においては、歩兵砲のほか、近戦砲兵の一部を歩兵指揮官に配属することなきにあらざるも、陣地戦においては例外の処置に属す。

敵の砲兵および遠距離目標を射撃せんがため、通常遠戦砲兵群を編成すといえど、砲兵力の微弱なる場合には、これを編成せざることを得。

師団砲兵指揮官は、師団より配属せられたる通信部隊を以て、令下《ママ》砲兵群との連絡、砲兵群相互の連絡および砲兵的特別連絡（測定網）を設備せしむ。

第三百八十六　師団砲兵指揮官は、師団長の指示にもとづき、砲兵戦闘計画を定む。また、自ら情況を予察して、砲兵の攻撃的用法および歩兵の直接援助を画策し、砲兵群に戦闘任務を配置して、かつ、その実行を監督す。また、砲兵と他兵種との協同動作を規定し、かつ隣接地区砲兵と相互の援助を協定す。同官はまた、砲兵弾薬の使用および補充に関し、その責に任ずるものとす。

第三百八十七　とくに留意すべきは、いかなる戦況においても、なるべく速やかに有効なる火力の掩護（註　防護火幕）を歩兵に与うるにあり。

主として前項の任務を有する砲兵を、過度に主戦闘線に近接せしむるは、その目的に適合せざるべし。これ、これら重要の砲兵をして、過早に敵の圧倒するところとならしむべきを以てなり。その他砲兵の配置に関しては、拘束的の規定を設け難し。これ、主として地形に関係するものなればなり。

第三百八十八 敵の攻撃を防止せんがためには、砲兵をして、遅くも歩兵、もしくは監視飛行機（火光信号、無線電信等）の要求に応じ、速やかにその殲滅射撃をなし得るごとく準備せしむるを要す。この射撃は、迅速なる発射速度を以て奇襲的に開始し、まもなく緩射に移る。その目標は、敵の塹壕、掩蔽部、近接路等の上方および、その前方に、また、敵の後方地区中、攻撃歩兵および戦車の集合、もしくは前進を認知し、もしくは予想したる地区に選むものとす。全正面に施行する殲滅射撃は、ただ稀に有効かつ必要となることあり。けだし、かくのごときは、いたずらに不必要なる火力の分散を来すを以てなり。

監視飛行機を適時適切に使用するときは、能く敵の歩兵攻撃をその準備配置において発見し、砲兵火を以て、これを捕捉制圧し、その突撃開始に先立ち、これを殲滅するに与って、おおいに力あるものとす。

砲兵および迫撃砲による火力掩護は、夜間においては特別の照明信号によりて、これを実施するを得。この信号は、上級指揮官これを規定し、敵をして模倣し得ざらしめんがため、時々これを変更す。最前線より与えられたる該信号は、中間哨を介して、砲兵に伝達せらるるを要す。歩兵火および機関銃火熾烈なるにあたり、前方への連絡に故障あるときは、砲兵の独断を以て、当該地区に火力掩護を実施するを要す。

濃霧に際しては、要求伝達のため、特別の措置（音響信号）を必要とす。

殲滅射撃の施行にかかわらず、敵もし塹壕を捨てて突撃前進をなすに成功せば、砲兵火は阻塞射撃に移り、わが歩兵の直前まで、これを後退すべきものとす。この際、射弾散布のため、若干の近着弾は、これを免るるを得ず。この射撃は自発的にこれを施行し、かつ、常に地域および時間を以て、これを限定すべきものとす。
阻塞および殲滅射撃の情況観測のため、気球はとくに適当なりとす。
歩兵は、いかなる場合においても、殲滅および阻塞射撃のみにより、敵の突撃を撃退し得ることを期待すべからず。これらの射撃は、ただ有効に歩兵を援助し得るにすぎず、ゆえに歩兵は常に、その固有の重、軽兵器を以て、敵の攻撃を撃退するの準備あるを要す。

第三百八十九　切迫せる時機においては、殲滅および阻塞射撃の効力を増大するため、さらに他の砲兵をこれに参加せしむるを得。これらの砲兵は、その火力を通常正面攻撃を以て、火力掩護に任ずる砲兵に重畳せしめ、爾後再び旧目標の射撃に移るものとす。

第三百九十　その他、迫撃砲の全部もまた、これを殲滅射撃および阻塞射撃の増援に使用するを原則とし、協同動作の規整は師団砲兵指揮官の任とす。

第三百九十一　火力掩護に要せざる砲兵は、その他の砲兵任務を担当す。その目的は、絶えず敵兵、なかんずく、その砲兵に損害を与うるにあり。
敵の砲兵は、大、中口径ならびに、なお軽砲兵（遠戦砲兵）を以てする破壊射撃により、もっとも有効にこれと対戦し得べし。これら砲兵の有力なる一部は、火力掩護に任ずる砲兵の前方に陣地を占め、かつ、時々その陣地を変換すべきものとす。これにより、敵の戦闘力を減殺し、かつ歩兵の戦闘を容易ならしむるを得べし。射撃は、敵の観測所、弾薬庫、材料および砲手に対して、これを指向す。その効果は、良好なる観測、注意周到なる射撃指揮ならびに、なし得る限り急襲的の射撃を行うことによって増大す（飛行機、気球、測定班、地上観測）。敵砲兵の制圧は、敵の攻撃準備時機における遠戦砲兵の重要なる任務にして、敵の射撃開始後においても、これを等閑に附することなきを要す。時機に投ぜる毒ガス攻撃は、その効力大なることあり。

敵の全塹壕を破壊することは実行不可能なりといえど、敵の砲兵とともに、その重要構築物、たとえば、埋設配置せられたる迫撃砲、機関銃、塹壕砲、掩蔽部隊を破壊すべきものとす。

第三百九十二 妨碍射撃は、静穏なる陣地戦においては、絶えずこれを実施し、また、敵の攻撃を防止するため、広範囲にわたり、これを準備すべきものとす。この射撃においては、敵の各種交通、司令部、宿営地、諸廠、停車場等を目標とし、各種砲、とくに長射程砲を以て、これを行うを得。而して、わが射撃、いよいよ遠く敵の後方地区に達するに従い、敵の苦痛はますます大なるものにして、また急襲的に絶えず時と場所とを変更して、この射撃を実施するときは、敵に著しき損害を与うるを得べし。夜間における妨碍射撃は、特別の効果、とくに精神的の効果を収め得るものとす。ガス射撃もまた、しばしば大なる成果をもたらすものとす。

第三百九十三 敵砲兵に対する戦闘および妨碍射撃実施のためには、若干中隊を移動的に保持し、かつ、しばしば陣地を変換して、これを行うを原則とし、これら中隊は、これによりて生ずる不便を排除するを要す。夜間においては、これら砲兵中隊は往々、小隊、または砲車ごとに、前線歩兵に近く前進し、あらかじめ工事を施すことなく、単に距離を測定しある陣地より射撃し、かつ、射撃を終われば、即時再びその位置を変換す。

第三百九十四 敵の戦車に対しては、全陣地砲兵は機関銃および迫撃砲と協力し、迅速かつ根本的の成果を期待して、これを撃破すべきものとす。すなわち、すでに戦車の待機位置および出発位置において、これを偵知し、かつ殲滅するに努むべく、その前進を推定し得たるときは、主要なる前進路、街道および凹地に対し、妨碍射撃を実施するを要す。

敵の戦車、すでに攻撃を開始したるときは、まず敵砲兵の制圧、もしくは妨碍射撃のため、前方に位置しある砲兵諸中隊、新目標に対して射撃を開始し、ついで火力掩護に任ずる砲兵、これに参加す。前進し来たる戦車に対しては、埋設せる近戦砲兵を用い、近距離よりする直接射撃を以てこれを撃破すべく、最後に突破し来たる戦車に対しては、陣地内にある各砲兵を以て、至短時間にこれを破砕するを要す。

外くの場合【ほかの場合】、戦車撃破のため、特別の予備を区分するを可とす。この移動予備は、軽迫撃砲、機関銃（S－M－K弾【Spitzgeschoss mit Kern の略。硬芯徹甲弾】およびT弾【臭化水素を用いた毒ガス弾。T弾の名称は、発明者ハンス・タッペン Hans Tappen 博士の姓の頭文字から取ったもの】を有す）および、とくに野砲より成りて、繋駕し、あるいは自動車に積載し、要するに臨み、敵の戦車に向かい、前進す。この際、速やかにこれを使用せんがためには、良好なる通信連絡を必要とす。

第三百九十五　歩兵砲中隊のほか、若干の繋駕せる砲兵小隊を歩兵に配属するは希望するところなり。これら小隊は、歩兵砲中隊と同じく、突破し来たる敵に対し、わが歩兵を支援し、かつ、とくに逆襲に随伴するを任とす。これがためには、迅速なる戦闘加入を確実ならしめるを要し、また、砲兵の負担すべき爾余の戦闘任務に参与せしめざるものとす。

第三百九十六　上級指揮官は、陣地戦において、敵が攻撃を準備し、もしくは、これを実行する地区に使用せんがため、砲兵予備を控置す。

第三百九十七　後方陣地における後拒砲兵は、後退に際し、第一の収容を確実ならしめ、かつ、当該陣地において、あるいは、これを要することあるべき、あらたなる砲兵開進の骨幹を成形するため、常に利益あり。しかれども、この目的に供するため、陣地砲兵の一部を後退せしむべからず。

第三百九十八　間断なく注意周到なる捜索を行い、これによりて適時、敵の攻撃企図を発見するに努むるを要す。敵の広範なる準備により、その大攻撃の切迫せるを判断し得たるとき、上級指揮官は、その選定せる陣地において、この攻撃に対抗すべきや、あるいは、他のいっそう有利なる陣地に退避すべきやを決定するを要す。

第三百九十九　指揮官、止まりて敵の攻撃に対抗せんと欲せば、防御正面はただちに大戦闘のためにこれを設備すべきものとす。

つぎに掲ぐる諸準備は、とくに重要なる事項にして、陣地戦の閑散期において、すでにこれを準備計画し、いまや、ただちに実行せらるべきものなり。

軍隊、弾薬、給養、装備および各種器材に対する所要量の算討《さんとう》【計算】および整備。

司令所の増設、増加兵団の使用に要する新師団および連隊の境界を、あらかじめ決定し得るは稀なり。

観測所および増加砲兵陣地の増加。

後方連絡の完成、軍隊の大輸送および増大せる補給のため、現鉄道幹線網の補足、野戦および軽便鉄道網の完成。

敵の空中攻撃および地方住民の陰謀に対する後方連絡の掩護。

飛行場、飛行機通信網および対空防御の設備および補足。

気球昇騰場《しょうとうじょう》の偵察および設置。

通信連絡機関の増設。

宿営および給水の設備。
建築材料および予備作業力の準備。
弾薬庫および工兵廠の充実、予備器材の調達、修理工場の設備、気球用ガス廠の設置。
給養倉庫および衛生設備の補足。
備附地図の増加。
住民の立退《たちのき》。

第四百　敵陣地および、その後方地区に対して行う、注意周到なる空中写真の監視は、標準写真との比較により、敵の企図に対する最確実の憑拠を得るものなり。
空中における敵の計画的抵抗により、もはや規則的かつ間隙なく、この偵察動作を実行し得ざるに至るや、ただちにまず、おおいに駆逐飛行隊を増大するを要す。しかるときは、同隊の攻撃により、わが偵察飛行機に自由なる進路を開き、かつ、とくに敵の砲兵飛行機および戦闘飛行機を当初より制圧するを得べし。連続して集団的爆撃を、少数の目標、たとえば敵の卸下地点、飛行場、弾薬庫、倉庫等に向かい行うときは、おおいに敵の攻撃準備を遅滞し、かつ、これを妨碍するを得べし。戦闘飛行機は、夜間においてもまた、敵の近接路および宿営地に対し、これを使用すべきものとす。
第四百一　通信隊の偵察動作は緊要なり。その結果によりて、指揮官をして、敵の主攻撃方向を認知し得しむ。この偵察動作を容易ならしめんがため、友軍の聴察勤務を妨碍すべき各種通信は、時間によりて、これを制限するを必要とす。
第四百二　第一陣地に挿入を予定せる師団は、適時これを使用し、また、さしあたりその必要なき師団は予備（協力師団）として、戦線の後方に位置す。

その他、砲兵を増加し、あらゆる手段を尽くして抵抗力を増大すべく、また命令関係を明瞭に規整するものとす。かくて、完全なる戦闘準備を以て、敵の攻撃を迎うるを要す。

第四百三　戦闘前哨はその移動性を増大し、以て敵の偵察を困難ならしむ。

防御の実行

第四百四　防御にありては常に、敵の奇襲的攻撃を受くることあるべきを胸算するを要す。而して、敵のかくのごとき攻撃ありたる場合において、第一線師団は、はるかに優勢なる敵に対してもまた、第一陣地の配当せられたる地区を保持す。すなわち、敵の攻撃を破砕し、その攻撃力を萎靡せしめ、以て、上級指揮官に、予備を招致し、かつ、その他の対策を実行するの時間を得しむるものとす。正面防御堅確なるときは、防御の完全なる成果を収むるを得べし。

第四百五　敵が直後に攻撃すべきを、なお適時認知したるときは、砲兵および迫撃砲の主力は、敵の突撃発起陣地および準備配置地区に対する戦闘を開始し、これによって、まさに行われんとする敵の歩兵攻撃を、すでにその発進前、集団火力を以て破砕するに成功し得べし。

敵砲兵に対する戦闘ならびに敵の進路、宿営地および後方連絡に対する射撃は、なし得る限り早く、これを開始すべし。また、計画的なる大規模のガス弾射撃により、敵の準備を頓挫せしむるを得べし。

会戦間においては、砲兵の縦長配備により、遊動防御を容易ならしむべきものとす。これ、敵の突入に際し、ただ前方にある砲兵のみは、歩兵とともに犠牲に供せらるるを免れずといえど、その後方にある砲兵により、敵の進撃は撃破せらるべきを以てなり。絶えず歩兵の情況を顧慮して、縦長区分を更改するに着眼するを要す。

第四百六　歩兵は、その有する各種兵器の射撃を以て、陣地を防御す。射撃により、および、情況有利なれば迅速なる逆襲によりて、各支撐点相互に支援するは、きわめて重要なる価値を有す。また、反復実施する砲兵および迫撃砲の殲滅射撃および阻塞射撃を以て、敵の後方攻撃波を阻止するを要す。

後方部隊は逆襲の準備を整え、敵兵、陣地内に侵入するや、ただちにこれを決行す。

命令によりて、陣地の若干地点を放棄したる場合においては、攻勢移転および前記地点の奪還は常に確実となるを要す。

第四百七　逆襲を以て、速やかに敵を陣地より駆逐するを得ざるときは、計画的に反撃を実施すべきものとす。

反撃、とくに大部隊を以てするものは、周密なる準備を必要とす。準備配置、時刻、目標、戦闘地域、砲兵および迫撃砲による準備ならびに飛行機および戦車の協力を統一的に命令するを要し、躁急《そうきゅう》は、多くは失敗の因をなす。しかれども、反対に、不必要なる遅疑遷延は、敵をして、獲たる成果を拡大せしめ、かつ、その占領せる地区の固守を容易ならしむるの不利あり。

反撃は、陣地に侵入せる敵の翼側に指向すべきこと、しばしばなり。

第四百八　予備にある協力師団は、適時戦線に前進せしむるを要す。

協力師団は常に建制を保持して、これを使用するに努むべし。ただ、この師団の数、十分ならざるときに限り、脅威を受けたる戦線の数地点を支援せんがため、これが分割使用を正当とす。しかるときは、この分遣部隊は戦線師団長の隷下に入るものとす。

自動車縦列、もしくは鉄道列車を絶えず準備しおくこと、少なくも徒歩部隊のために必要なり。

第四百九　協力師団を欠く場合における戦闘は、全防御地区を突破せられざるごとく、また、敵の攻撃力を縦長の戦闘ならびに各種陣地の支援によりて消磨せしむるごとく、指導すべきものとす。この種の行動には、上級指揮官のとくに巧妙なる指揮を必要とす。すなわち、上級指揮官は、絶えず形式および動作を変換し、かつ、隣接部隊と相互の連絡および協同動作を保持しつつ、某地点においては、優勢なる敵に対して適時かつ察知せらるることなく退避し、また、他の地点においては、頑強なる抵抗を試むるものとす（遊動防御）。

第四百十　現存する兵力は、第一陣地争奪の戦闘を保障するに足るべしといえど、もし上級指揮官、その軍隊に対する信頼より、わが攻撃的成果を以て防御戦闘を終結せんとするときにおいてもまた、遊動防御の利益を利用するを得べし。

敵の攻撃を拒止したるのち、敵兵すでに震駭し、かつ、わが軍の戦闘力なお十分なるときは、これについで、わが攻撃を実施すべきや否やを、毎《つね》に考慮すべきものなるべし。

第四百十一　防者、頑強なる抵抗を試み、かつ、あらゆる戦闘材料を使用したるにかかわらず、優勢なる敵のため、漸次土地を喪失し、準備せざる地域に圧迫せらるるときは、遊動防御を以てする抵抗を継続すべし。これがため、あらかじめ新陣地を選定しおくを緊要とす。この場合における戦闘動作は、陣地戦における強力なる材料の支援を受くるほか、野戦における戦闘動作に近似す。而して、工事はただちに、これを開始すべきものとす。

第四百十二　戦闘長期にわたるときは、前線における師団を交代するに努むべし。これがためには、完全なる師団を以てするを原則とす。しかれども、交代のため、完全なる師団を欠くときは、例外として、最大の損害を受けたる諸連隊を、非攻撃正面の連隊を以て交代せしむることを得。歩兵および砲兵を同時に交代せしむるときは、多くは著しく戦闘動作を妨碍するものとす。しかれども、砲兵を長くその所属する師団より分離することもまた、はなはだ不利なるを以て、これを避くるを要す。

前線の戦闘に従事したる戦車隊、工兵隊、通信隊、無線電信隊、飛行隊は、適時、これを交代せしむべきものとす。

第四節　永久築城の防御

第四百十三　永久築城の防者は、その兵力いやしくもこれを許す限り、攻撃的動作によりて、強大なる敵をこれに牽制し、以て、近傍にある野戦軍を支援すべきものとす。防者は、これによりて、もっとも有効に、攻者をして、要塞、もしくは築城線に対し、注意を払うのやむなきに至らしむ。

野戦軍の作戦区域外における築城もまた、等しく敵軍の強大なる兵力をこれに繋留するの任務を有す。而して、この目的は通常、その守兵中の遊動部隊の攻勢企図により達成せらるるものにして、該部隊は築城固有の地域を越えて遠く差遣せらるることとすら、これありといえど、しかも敵のため、築城以外の方向に圧迫せられざるに顧慮するを要す。かくのごとくして、敵もし築城に対し作戦するに至らば、築城はもっとも靭強に防御せらるべきものにして、この際、単純なる村落の領有すらも価値を有することあり。また、わが兵力を節約し、しかも、なし得る限り強大なる敵を拘束すること、常にもっとも緊要なりとす。

防者は、要塞前の地形防御に便なるか、あるいは、選定したる陣地が要塞より有利なる方法、ことに砲兵により援助せられ得るがごとく、築城地域に近く位置するときは、築城前の陣地において、長く、かつ頑強なる抵抗をなすべし。しかれども、この場合においてもまた、その退路は開放せられ、また、要塞の防御は確保せられあるに顧慮すべきものとす。

防者は常に、与えられた兵力、ことに多くは寡少なる兵力を以て、戦闘を終始するを以て任務とす。実に、要塞はただ、かくのごとくにして、はじめてその目的を達成するというべし。

戦闘動作の細部に至りては、一般防御におけるものに同じ。

第十一章　特種戦

第一節　持久戦

第四百十四　軍隊指揮官、広正面を以て持久戦をなさんと欲せば、その兵力使用の方法を、この企図に適応せしむるを要す。しかれども、軍隊に対しては、特種の戦闘目的を告知すべきものにあらず。これ、軍隊は、攻撃にありては常に断乎たる決心を以てこれを実行し、防御にありては全力を尽くして指示せられたる陣地を保持するを要すればなり。

有力なる飛行隊の展開ならびに十分なる気球の使用は、敵をして、わが企図を誤認せしむるに与りて、おおいに力あり。また、工事は、十分にこれを応用すべきものとす。

第四百十五　移動性に富める有力なる砲兵の展開により、敵を遠距離に支え、もっとも有効に決戦を遅延せしめ得べし。而して、早期の射撃開始に、攻撃にありては敵の注意を拘束し、防御においては、敵をして展開するのやむなきに至らしむべし。これがためには、大なる弾薬の使用を是認すべきものとす。

第四百十六　歩兵の使用は、これを節約し、かつ強大なる予備隊を控置すべきものとす。予備隊は、戦闘の目的、変化するに至り、はじめてこれを近く招致すべし。

第四百十七　陽戦は、敵を欺騙して、その処置を誤らしむるを目的とし、多くは後方部隊の支援を欠くものとす。この戦闘は、敵にとり、情況および地形上真面目なる戦闘の公算大なる場合においてのみ有効なりとす。

上空より俯瞰せられやすき地形にありては、敵の空中捜索に対し、たとい特種の処置をなすも、長時間にわたり敵を欺騙するは至難なるべし。

第二節　村落および森林戦

第四百十八　村落は天然の支撐点にして、ただに地上の通視に対し遮護を与え、かつ上空よりの視察を困難ならしむるのみならず、その鞏固なる建造物より成るものにありては、小銃、軽砲、中口径および軽迫撃砲火に対する掩護を与うるものとす。而して、村落は大なるに従いて、その価値を増加すといえど、これを戦闘の焦点たらしむるを避くるを要す。けだし村落は、大なる兵力といえどまた速やかに消耗せしめ、しかも、往々決戦に対し、何らの影響を与うることなきを以てなり。

第四百十九　攻者は、敵に近接するに当たり、ただ稀に、その部隊をして村落を通過せしめ得るにすぎず。これ、村落は、ほとんど常に敵砲火の下にあるを以てなり。村落の攻撃に際してもまた、攻者は、その主力をして、敵の占領せる村落の側方を前進せしむるを適当とす。攻者は、火力を以て敵を制圧しつつ、側方、もしくは背後より、これを奪取するを企図すべく、これに使用すべき特別の兵力は、攻撃開始前すでにこれを決定し、路上装甲自動車および戦車をこれに配属するを利とす。而して、攻者の主力は依然従来の方向を取りて、前進を継続すべきものとす。

第四百二十　わが歩兵、すでに村端より至近の距離に前進するに至れば、砲兵はその射程を延伸し、同時に歩兵は村落内に侵入し、白兵、手榴弾、迫撃砲および火炎放射器を以て、村落の後端に達するまで進路を開拓す。

　頑強なる敵に対し、攻者は往々、ただ歩々前進し得るにすぎざるべし。この際、家屋および農廈《のうか》【大きな農家】に対する突撃を可能ならしめんがためには、砲兵および迫撃砲を以て、これを射撃すべきものとす。村落占領後は、一部分といえど、これを未探索のまま放置すべからず。また、軍隊の前線に麇《きん》集《しゅう》する【群がる】を避くべく、かつ反動を予防せんがため、強大なる予備隊を採るを要す。

第四百二十一　防者は通常、村落を陣地内に包含せしむべしといえど、強大なる兵力を以て、これを占領するは、ただ情況および家屋の構造有利なるときに限るものとす。これ、村落は、敵砲兵の猛射を受くるを以てなり。

第四百二十二　主戦闘線は通常、村端と一致せしむることなく、むしろ、その前方に設くるか、もしくは村落内を横断せしむべきものとす。工事は、とくに必要にして、障碍物および阻絶、なかんずく戦車に対するものは、敵の村端に向かってする緊迫を困難ならしめ、かつ、村落内部における歩々の防御を確実ならしむ。突出せる家屋、庭園および生籬《いけがき》は、これを村端、主なる街路および障碍物の側防および縦射に利用すべく、また、ガス攻撃に対する予防法を講ずべきものとす。

第四百二十三　防者にして、もし防御の重点を村落内に置かざるべからざるときは、敵のため、両側より包囲遮断せらるるの危険あり。ゆえに、この場合には、有力なる予備隊を村落の外方に遮蔽して配置し、村落の側方より突進し来たる敵に対して、これを使用す。村落の守兵は、白兵を以て、村落内に侵入し来たる敵を撃退すべく、もし、これに奏功せざるときは、さらに各家屋および各地障を頑強に防御すべし。この際における戦闘の主催者は、実に下級指揮官なりとす。

第四百二十四　森林は、空中よりする視察に対し遮蔽を与うるも、闊葉樹林は冬季空中より通視せらるること多し。大森林、とくに樹幹高く、かつ樹梢および下樹密なるものに対する火器の効力はおおいに減殺せらる。しかれども、森林は、ガス攻撃に対する危険、とくに大なるものとす。森林内を通過して行う攻撃は至難の任務なるに反し、防者は、優勢なる敵に対し、能く頑強に抵抗するの可能性を有す。

大森林内における連絡の保持は、特殊の困難に遭遇するものにして、道路は方位の判定を容易ならしめ、密林内にありては往々これによりてのみ、軍隊の運動を可能ならしむ。兵力の分散は、これを避くべく、指揮官は確実にその部隊を掌握するを要す。森林内にありては、敵火の効力減殺せらるるを以て、この動作は敢えて困難ならざるものとす。

第四百二十五　小森林に対し、攻者は、包囲的前進およびガス攻撃によりて、これを占領すべし。しかるときは、直接森林に対する攻撃に比し、迅速かつ確実に、その目的を達成し得べし。森林内よりする側防火は、わが砲火によりて、これを妨碍すべし。

攻者もし、直接森林に対して前進するを要するときは、その突出せる部分を、あらかじめ砲兵および迫撃砲によりて制圧したるのち、主として、これに向かって攻撃すべし。

林内進入後は、ただちに秩序を回復し、かつ、あらたに軍隊を部署すべし。爾後の前進に当たりては、前方に若干の散兵群および軽機関銃群を進め、ついで、地区ごとに濃密なる散兵線、さらに、その後方に密集せる援隊を続行せしめ、その翼は梯次に配置せる予備隊および機関銃隊を以て、これを掩護す。

火炎放射器はとくに有効なり。これ、その濛々《もうもう》たる密煙は長らく林内に淹留《えんりゅう》【長く同じところに留まること】して、敵を麻痺《まひ》せしむればなり。迫撃砲、歩兵砲および歩兵指揮官の隷下にある近戦砲兵の一部は、歩兵を支援すといえど、師団砲兵は多くの場合、長時ののち、まったく情況の判明するに至り、はじめて歩兵に援助を与え得るものとす。

縦深大ならざる森林にありては、森林の後端に至るまで、一挙に突進するものとす。

第四百二十六　林縁は、敵砲兵のため、とくに良好なる目標となるを以て、防者は林縁を避くるを可とす。従って、陣地は、外部に対し射撃し得るを度として、林内に選み、あるいは、斜に森林を通過し、もしくは、林縁の前方にこれを設く。通常、連繫を保持する一主戦闘線を防御するを適当とし、しかのみならず、密林にして通視困難なる場合においては、これを必要なりとす。また、火線の巧妙なる選定により、敵をして、わが陣地の認識を困難ならしむべく、その他、林道の交差点、もしくは樹上に軽機関銃を有する前進哨を配置するを有利とすることあり。

曲射砲および迫撃砲は、森林内においても、僅少なる準備を以て、ほとんど至るところ射撃し得べく、平射砲は林空の後縁附近および森林外において、これを使用すべきものとす。

攻者にして、ついに森林内に侵入するに成功せば、防者は、突進、とくに攻者の翼に向かう突進により、これを林外に撃退すべし。

十分に、機関銃、軽迫撃砲および火砲の側射を利用すべく、鹿砦《ろくさい》および計画的に設備せる障碍物は、森林内における攻者の拡張を妨碍し、火炎放射器および機関銃巣（樹木上のものもまた）は、各種の方法を以て、敵の前進を困難ならしむ。

村落戦と等しく、森林戦は、各下級指揮官および各兵卒の異常なる独断を要求す。数上の優勢も、至近距離の戦闘における各自の勇敢なる行動に対しては、ついに一籌《いっちゅう》を輸《ゆ》せざる【「一籌を輸する」は、一段劣るの意】べからざるものとす。

第三節　夜暗および濃霧における戦闘

第四百二十七　夜間攻撃は、敵を奇襲せんがため、または、飛行機および戦車の劣勢に際し、これを切要とすることあり。その他、有利なる戦闘発起陣地の獲得、会戦において獲たる成果の拡張、追撃および退却秘匿のため、これを利用し得べし。

夜間攻撃は、これにともなう諸困難を怖るることなく、ただ一意機先を制し、かつ、開始せる一戦闘行為を、遅疑することなく、あらゆる手段を尽くして、終局まで遂行するに努力せんとする、断乎たる指揮の標徴《ひょうちょう》たること、しばしば、これあり。昼夜を通して精細なる偵察を行い、軍隊をして、あらかじめ地形に慣れしむることは、通常、必要欠くべからざる事項とす。

第四百二十八　夜間の攻撃を命ずる指揮官は、戦況および、わが軍隊の状態に応じて、攻撃時刻および攻撃目標を定め、かつ、なし得る限り新鋭の部隊をこれに充当すべきものとす。

第四百二十九　夜間の攻撃は往々、夜暗に入るとともに、ただちにこれを開始するを要す。しかるときは、敵の企図を齟齬《そご》せしめ、著しく、その砲兵的防御を阻碍し、かつ、その指揮官をして、困難なる決心の前に立たしむるを得べし。

しかれども、初夜における攻撃は、ただちにその成果を利用すること困難なるを以て、遠大なる目標を有する大規模の攻撃企図は、はじめて払暁とともに、これを開始し得べし。この場合にありては、夜暗は、単に攻撃準備のためにのみ利用せらるるものとす。しかれども、すでに初夜における小夜襲を以て、翌早朝における主攻撃を準備し、あるいは、敵をして、わが攻撃方向および時期を誤認せしむる等のことは、もとより毫も妨げなきものとす。

第四百三十　野戦の困難は、兵力の大なるに従って、ますます増加す。しかれども、夜間、勝敗の決を与うるものは兵数にあらずして、軍隊の内的価値にあるを以て、夜戦に使用する兵力を節約し得るものとす。とくに小企図において然りとす。ときとして、小部隊を以てするもなお、能く決定的成果をもたらし得べしといえど、しかも一般に使用兵力は、附与せられたる任務の軽重に適応せしむるを要す。

第四百三十一　歩兵は、夜間において、もっとも単簡なる隊形を採るを必要とす。小部隊は通常、一縦隊となりて、敵前至近の距離まで前進す。ついで、濃密なる散兵線、もしくは密集横隊を形成し、これに近く援隊および予備隊を続行せしむるの隊勢を整えたるのち、情況に応じ、砲兵および迫撃砲の準備射撃を行い、もしくは、これを行うことなく、白兵を揮《ふる》って敵陣に突入す。

　大部隊にありては、若干の突撃縦隊に区分す。而して、前進路、準備配置の位置および攻撃目標の適確なる指示ならびに前進、準備配置および突撃の時間的規整によりて、戦闘動作の統一を確保すべきものとす。各縦隊間の連絡に配慮し、攻撃奏功後、敵陣地内における集結を確保するを要し、また、諸運動のためには、与うるに十分の時間を以てすること必要なり。

第四百三十二　砲兵および迫撃砲は、夜間においてもまた、歩兵の攻撃を準備するを得べし。而して、多くは短時間の射撃を行うを以て足れりとし、ついで反復して、射程を延伸す。その他の場合において、歩兵は、たとい砲兵の援助なきも独力攻撃を実施し、成功を奇襲に求めざるべからず。いずれの場合にありても、砲兵は、現出すべき敵砲兵および迫撃砲ならびに敵の前進路に対し、機を失せず射撃を開始し得るの準備にあるを要す。

天明とともに予期すべき敵戦闘飛行機の攻撃に対しては、必要なる防御手段を講じおくを要す。


第四百三十三　成功の最要条件は、敵を奇襲するにあり。薄暮なお敵に認知せらるるの諸運動は、わが企図を暴露することあり。あらかじめ、他の地点において陽動を行い、以て敵を欺騙し得るや否やは、これを考慮するを要す。実に、この種の陽動は、かえって敵の注意を喚起することあればなり。わが部隊に対してもまた、攻撃の直前まで秘密の保持を緊要とす。諸偵察は、目立たざる方法を以て実行し、前進する部隊による各種騒音は、これを避くるを要す。

攻撃方向は、現地における認識しやすき特徴によりて、これを確定し、かつ信頼すべき嚮導を準備するを適当とす。射光機を以て目立たざるごとく、部隊の前方における方向標定点を照らすを利とすることあり。

地上および飛行機よりする敵の照明を受くるに際しては、ただちに諸運動を停止し、伏臥して遮蔽すべし。行進を遅滞せしむべき障碍物は、機に先立ちて、これを除去すべく、また、あらかじめ時計を一致せしむること緊要なり。

夜暗は、飛行機よりする捜索の成果を減少し、また、その地上戦闘に対する協力を、とくに有利なる目標に限定するといえど、大目標に対し、低空よりする爆撃を有利ならしむ。

第四百三十四　攻撃奏功後における動作および不成功の場合における集合地点については、精確なる指示を与うべきものとす。

第四百三十五　防者、夜間敵の攻撃を予期するときは、通常、その配置を一層密集せしむべし。
防御は、各人の冷静と思慮とを要求し、秩序および集結を保持すること、とくに肝要にして、また予備隊の使用は情況の判明するまで、これを保留すべきものとす。前地を照明するときは、能く奇襲を予防し得べし。

第四百三十六　濃霧の戦闘動作に及ぼす影響は、清明なる夜間におけるものと同様なり。ゆえに、濃霧時の動作に関する原則もまた、夜戦におけるものと異なることなしといえど、霧は霽《は》れ、もしくは垂るるものなることを常に胸算しおくを要す。従って、一度決心せば、迅速にこれを断行すること肝要なり。

濃霧は、飛行機の使用および気球よりする観測を不可能ならしむるものなり。

第四節　隘路および渡河点附近の戦闘

第四百三十七　隘路は、とくに運動の障碍たるものにして、その攻者を妨碍するの度は、防者に比し、著しく大といえど、攻勢に転ぜんとする防者もまた妨碍を受くるものとす。

隘路を越えて行う退却運動は、とくに困難にして、適時退却を開始すること、厳密に隘路の通過を指揮すること、および隘路後方に先遣したる軍隊をして、収容に任ぜしむること必要なり。

追撃する軍隊は、迅速に、かつ多くは側方より急進すると同時に、後方より隘路を阻絶し、以て、退却中の敵を殲滅するに努むべし。

第四百三十八　両軍互いに隘路を通過すべき企図を以て、一隘路に向かい対進するときは、対手よりも迅速に行動するものに有利なり。すなわち、この際、早く出発すること、機関銃および砲兵を有する行動軽快なる部隊を隘路前に先遣することならびに隘路前岸の地区を速やかにわが砲兵の火制下に置くこと緊要なり。

第四百三十九　数多の隘路を同時に開かんがためには、広正面の前進を有利とす。けだし、かくのごとくするときは、通過に際し困難に逢着《ほうちゃく》したる縦隊は、すでに進出したる他の縦隊によりて援助せられ得べければなり。しかれども、隣接縦隊おのずから困難に陥り、わが援助を期待しつつあるにあらざるやは、けっしてこれを知り得ざるを以て、各縦隊は、各当該方面において時間を空費せざるごとく行動するを要す。

第四百四十　隘路の後方において待機的行動を取るは、さしあたり、これを通過することなく、ただ、これを防御せんとするときにおいてのみ適当なり。しかれども、この際にありてもまた、捜索は、隘路を越えて、その前方地区に及ぶべきものとす。

この種の行動は、敵兵、確実に隘路を越えて前進し来たるべきを予期し得るときにおいてのみ、問題となり得るものにして、この場合においては有利なる攻撃の可能性を生じ、敵に多大の損害を与え、かつ、その退却に尾して、同時に隘路の開通を企図し得ることとなり。

第四百四十一　軍隊、一隘路の後方、もしくは、その内部に停止するを要するときは、一部隊を隘路の前方に推進し、これによりて、その進出を確実ならしむるを原則とす。ただし、爾後、全然前進の企図なき場合にありては、この限りにあらず。

隘路の防御に際しては、単に斜面のみならず、同時に谷底をも占領すべきものとす。

第四百四十二　某隘路の実際的特性は、図上においてこれを精確に判定し難きこと、しばしば、これあり。ゆえに、常に機を失せず、これを偵察せざるべからず。而して、その結果は、戦闘指揮に大なる影響を及ぼすことあり。

第四百四十三　河川は、攻者のためには障碍を呈し、防者のためには、その陣地を自然に鞏固ならしむるのみならず、両者に、敵の意表に出づる兵力移動の可能性を与うるものなり。

第四百四十四　攻者は、速やかに地上および空中の偵察によりて、敵岸の地区を観察し、もっとも有利なる渡河法を確定し、かつ橋梁もし残存せば、これを占領し、また渡河材料を招致調達して、以て、敵の意表に出づる渡河実施を確実ならしむるべき万般の措置を講ずるを要す。また、敵の先進部隊は、これを彼岸に駆逐すべく、陽動および副渡河は、ほとんど常にこれを必要とす。

隘路通過および渡河は、爆撃、戦闘および歩兵飛行機に対し、高射砲および機関銃を以て、これを掩護すべきものとす。

第四百四十五　渡河点は通常、これを河川のわが方に湾曲せる箇所に選定す。これによりて、わが火力を集中し得るのみならず、第一に渡河せる部隊に対し、翼の依託を与うるを以てなり。渡河点に向かってする行進は、これを秘匿すること必要にして、要すれば、夜間を利用すべし。最初に渡河せる部隊は橋頭陣地を占め、以て、爾余の部隊の渡河、架橋および本隊の渡河を可能ならしむ。

数個の渡河点を選定するに際しては、一地点における成功を他の地点に波及せしめ得るごとく、相互にこれを接近せしむるとともに、他面において、防者をして兵力分離のやむなきに至らしむるごとく、これを離隔せしむるに顧慮すべきものとす。

第四百四十六　敵前における渡河は、優勢なる掩護部隊、とくに強大なる機関銃および砲兵を我岸に展開し、これが援助の下においてのみ強行し得られるべく、渡河点に向かって有効に動作し得べき敵の砲兵はこれを撲滅し、また河川を防御する歩兵はこれを圧倒するを要す。

わが渡河の場所および時期に関し、敵を欺騙し得べき方法は、すべてこれを実行すべきものとす。

先頭歩兵部隊の渡河成功後、該部隊が爾後の前進に必要なる十分の兵力を得るに至るまでは、絶えず砲兵によりて、わが岸上よりこれを援助するを必要とす。該部隊は深く敵の配備中に直進突入すべく、これに反し、隣接縦隊を援助せんがため、河川に沿いて旋回せんか、かえって敵のため、自己の側面を攻撃せられ、かつ、その架橋点を敵に暴露するに至るべし。砲兵は、ただちにこれに続行せしむるを要す。

第四百四十七　防者は、河川の障碍により敵に与えられたる天然の困難を、さらに技術的に増加せしめ、かつ、脅威を受くる諸要点に陣地を設備し、以て防御の抵抗力を増大すべし。

先遣部隊、または、少なくも有力なる将校斥候を河川の前岸に派遣し、以て、敵の偵察者の近接、とくに有利なる渡河点に向かってするその近接を妨碍し、また、絶えず捜索を実行して、適時、敵の処置を認知するに努むべし。夜間にありては、射光機を以て、河川を照明すべきものとす。

第四百四十八　歩兵は、歩哨を以てわが岸を占領し、予想する渡河点附近には、歩哨に対する特別の後拒（註 支援部隊）を必要とす。

砲兵の一部は、その後方において、平射長射程砲火を以て、敵の前進路を掃射し、かつ危険なる地点を集中火の下に指示し得るごとく、陣地を占領す。もし河川に沿うて縦方向に掃射するを得ば、有利となす。

主力は当初、これをさらに後方に配置し、敵の渡河を認知せば、ただちに攻撃に前進し、運動軽捷なる部隊はことごとく、これに配属すべく、また自動車縦列、あるいは、情況により鉄道列車を使用し、以て、その迅速なる移動を確実ならしむるを要す。捜索および連絡勤務は、速やかに敵の主渡河方面を確認するに努むべし。

情況の不明は、反撃の遅延を来たしやすく、かつ、敵をして堅固なる橋頭陣地に占拠するに至らしむ。

しかれども、一面において、敵に欺騙せらるるの危険を避けんと欲せば、指揮官はすべからく慎重なるを要す。いずれの場合においても兵力の分散は有害なり。

渡河中の敵に対し、戦闘飛行機を使用せば、常に大なる効果をもたらし得べく、武装せる河用汽船もまた有利なることあり。

第五節　山地戦

第四百四十九　山地の地形に完熟し、かつ適当に装備せられたる軍隊は、山地戦における各種の困難および労苦をもまた、能くこれを凌駕し得べく、指揮官は、この種戦闘の特性に通暁《つうぎょう》しあるを要す。地域および時間の算定に当たりては、平地におけるとは、おのずから別個の基準を以てすべきものとす。

第四百五十　高連山地において、攻者の運動は鞍部に通ずる道路に限定せられ、とくに道路の集合点附近は戦闘の焦点となるものなり。攻者にして、広正面を以て前進するときは、防者をして兵力を分散せざるを得ざらしむるのみならず、長らくわが主攻撃点を敵に秘匿し得べし。しかれども、防者は峠を遮断すべきを以て、攻者は通常峠の周囲にありて、これを制する諸高地を占領するを要し、かつ、これがため、往々、大迂回を要することあり。而して、かくのごとき迂回のためには、常に必ずしも利用すべき道路の便あるにあらず。かつ、多くの時間と非常の努力とを要求すといえど、その中に大成功の萌芽を胚胎《はいたい》することあり。

第四百五十一　横方向における連絡路の欠乏は、ほとんど常に、相互の援助ならびに予備隊の移動を困難ならしむ。従って、攻者の山地通過に関する最初の部署は、その価値大なるものとす。各隘路において戦闘する部隊は、毫もその独立性を拘束せらるることなく、かえって当初より、その任務を遂行するに適当なる兵力編組を有せしむるを要す。而して、これら部隊は、その予備隊を近く後方に保持せざるべからず。道路網適当なるときは、自動車縦列は、兵力区分の変更および予備隊の移動を可能ならしむるを得べく、特別の場合、主として山地の外縁においては鉄道を利用し得ることあり。

有線電信の設備は困難なるを以て、無線通信材料の増加使用により、その欠を補うべし。

第四百五十二　地形上通視の困難、しばしば生ずる濃霧および吹雪等は、戦闘指導上、奇襲の実施を有利ならしめ、小なる部隊といえど、決意動作せば、これによりて、最良の防御処置もなおかつその価値を失うに至るべき利益を有す。死角は十分にこれを利用すべし。

各攻撃前、常に精細に地形を偵察すること肝要なり。

第四百五十三　攻撃に際しては、山地部隊は、これを通過困難なる地点、高地嶺頂部《れいちょうぶ》、急傾地および突《とっ》兀《こつ》たる断絶地に使用し、これに反して、その他の部隊は、道路上、もしくは、その近傍を前進せしめ、前衛には常に砲兵を配属すべし。

攻者は十分、側射、とくに瞰制高地よりする側射を利用すべし。迫撃砲は、とくに死角の掃射に適す。

第四百五十四　山砲は、困難なる地形において、道路外にありてもなお、歩兵に跟随し得べしといえど、繫駕および自動車砲兵の使用は、道路上および、その近傍に限定せらる榴弾砲は、その弾道湾曲せるを以て、山地において、とくに利用すべき火砲たり。臼砲もまた、その弾道の著しく湾曲せるがため、鞍部および谷底を通ずる道路付近の戦闘にありては、おおいに価値ある兵器なりとす。これに反し、加農【カノン砲】は、ただ制限せられたる範囲内に使用せらるるにすぎず。

砲兵の射撃開始準備、陣地変換および弾薬の補充は、平地におけるよりも著しく大なる時間を要し、とくに道路より遠隔せる地にありて戦闘する山砲において然りとす。

第四百五十五　防者は、とくに鞍部に通ずる諸道路を遮断し、これを制すべき諸高地を占領し、かつ敵の迂回に対して、自ら掩護す。兵力移動の困難なるがため、使用し得べき兵力を最初より適当に区分し、配置すること、とくに緊要にして、なし得れば自動車縦列および鉄道を利用すべし。

敵、もし一方面において山地を突破前進するに成功せば、すべての側方連絡を利用して、これを掩護するを要す。

第四百五十六　鞍部は爆撃の好目標たり。ゆえに、高射砲および機関銃を配置して、これを掩護するを要す。

第四百五十七　天候の関係が山地戦に著大の影響を与うること、平地戦の比にあらず。宿営地の狭乏《きょうぼう》せるがため、天候不良ならんか、軍隊の実力は著しく損傷せらるべく、大降雪はすべての運動を困難ならしめ、また沍寒《ごかん》は攻防両者の忍耐を要求すること、はなはだ大なり。而して、山地においては、天候しばしば急変するを以て、一度決心せば、ただちにこれを実行すべく、しからずんば、その実行の可能性は著しく危殆に陥ることあるべし。これを以て、常に機を失せず、天候の変化に関し、測候所および住民に照問《しょうもん》すること必要なり。

第四百五十八　山地における補給は困難なり。これ、鉄道および道路網疎にして、かつ、その輸送能力僅少なるを通常とすればなり。野戦鉄道および軽便鉄道敷設の困難は、索道【ロープウェイ、リフトなどのこと】の架設によるも、ただ最小部分を除去し得るにすぎざるものとす。

第四百五十九　中連山地は通常、歩兵の運動に困難ならずといえど、砲兵および輜重の続行には、なお多大の時間を要することあり。ゆえに、歩兵はこれを胸算するを要す。

第四百六十　山地の通過に成功せば、速やかに前方に突進し、地域と行動の自由とを獲得すること、もっとも緊要なり。

第六節　地中戦

第四百六十一　地中戦は、陣地および永久築城附近における長期戦闘に限り生起するものにして、この場合においてもまた例外を形成す。ただ、戦略、もしくは戦術上、きわめて重要なる地点の占領、絶対に必要にして、しかも地上における戦闘手段を以てしては、その目的を達成し難き場合においてのみ、地中戦の開始を正当と認め得べし。而して、この種戦闘は常に、兵力、材料および時間を漸進的に消耗するものなるに顧慮するを要す。

第四百六十二　適当に技術的材料を使用せば、地質および水脈の関係は、地中攻撃の実施を妨碍すること、きわめて稀有なりとす。

薬室【坑道中、地上の敵陣地を爆破するため、火薬を設置した箇所】の爆破に継続して、ただちにわが部隊の突撃を決行するを要す。

第四百六十三　防者は、その陣地の経始線を変更することによりて、敵の地中攻撃をまぬがれ得ること、しばしば、これあるべし。しかれども、もし、その不可能なるに際しては、地中防御は、攻者を地上および地中において撃退圧迫し、かつ穿貫《せんかん》困難なる漏斗孔帯を作るを企図すべきものとす。

放棄したる坑道は、敵の圧迫に際しては、後尾の部隊、これを爆破すべし。

第四百六十四　上級指揮官、熟考ののち、地中戦を行うに決せば、計画的に行動網を定めて、なるべく深く、かつ速やかに、これが構築に着手し、不要の副作業を避けて、一意決勝地点に到達するごとく努力するを要す。

地中戦は一指揮官の指導するところにして、多くは工兵大隊長これに任じ、該大隊長は、師団長より所要の指示を受くるものとす。而して、しばしば迅速なる決断を必要とすることあるを以て、通信手段によりて良好なる連絡を確保するは、緊要欠くべからざることとす。

地中戦においては、薬室爆破ののち、対手に先立ち、最前方の各坑路頭を再び推進せしめ得るもの、能く優勢を獲得す。

作業力、材料、器具ならびに爆薬等は、作業を迅速に進捗せしむるため、豊富にこれを供給すべきものとす。

第四百六十五　わが部隊をして不安ならしめんがためにも、敵兵地中戦を企図しあるや否や、また、いずれの地点においてこれを行うかを認識すること、緊要なり。これがためには、地中聴察勤務ならびに塹壕よりする監視および偵察者による地上捜索を行う。敵が隠匿せる地点に堆積し、あるいは搬致する土壌の種類および数量により、往々、敵の地中戦作業に関して判断し得ることあり。また、気球および高所にある観測所より、戦線後方の凹地、または凹道が土壌を以て充満せるや否や、また、これらの地区に土壌運搬のため特別なる壕の設置あるや否やを確知すべし。而して、反復空中撮影を行うときは、これによりて、敵情に関し最終の断定を得るものとす。

第四百六十六　使用し得べき坑道中隊は、多くは他部隊の兵員（坑夫、機械工等）を以て、これを増加するを要す。なかんずく、歩兵隊より出せる補助兵員は、掘開せる土壌を搬去し、唧筒《しょくとう》【ポンプ】および換気装置の運転ならびに聴察勤務に従事す。聴察勤務間は、壕内において、各種の打撃掘開および踏固《とうこ》

【踏み固めること】等を中止せしむるを要す。

その他、指揮官は、戦術上の処置（たとえば、敵の坑道発起点に対する夜間企図、あるいは、これが破壊のため行う砲兵および迫撃砲の射撃）をなし、かつ、彼我両軍の爆破に対する危害予防に配慮するものとす。

【大正十一年（一九二二年）、財団法人偕行社より刊行】

千九百二十三年六月発布

独国連合兵種の指揮および戦闘（続編）

緒　言

本書は、翻訳後、当校兵学教官の校正を経たるものとす。

大正十五年三月

陸軍大学校

予は、ここに連合兵種の指揮および戦闘に関する教令第十二ないし第十八章を制定す。千九百二十一年以後に発布せられたる諸教令により生ずべき第一章ないし第十一章の補遺訂正は、他日発布すべし。それまでの期間は、最近に制定発布せられたる教令に準拠すべし。

千九百二十三年六月二十日

於ベルリン

国防省、統帥部長

「フォン、ゼークト」

独国連合兵種の指揮および戦闘（続編）

第十二章　飛行機、気球、対空防御

第一節　飛行機

第四百六十七　飛行機を適切に使用せんがためには、まず各種飛行機の性能を知ることを必要とす。もし、その使用法にして、その性能に応ぜざらんか、多くは成果を得ざるのみならず、かえって、これが損失を招くものとす。

第四百六十八　偵察大隊の飛行機は、各種の偵察および監視任務（砲兵に対しても同様）および通信ならびに交通勤務に適す。而して、該機は武装しあるを以て、敵の偵察機を撃退するを得。駆逐機は単機にて空中戦闘を交ゆるに適せず。歩兵用偵察機は、偵察機の変形にして、低空飛行をなさしむるを以て最要部を装甲しあり。

第四百六十九　戦闘大隊の重戦闘機は、歩兵機とほぼ同様に装甲し、強力なる機関銃射撃を行い、また低空より爆弾を投下し得。軽戦闘機は、とくに軽快にして転換性に富み、かつ速力大なるも装甲しあらず。ゆえに、地上に対空防御の設備なきを予期するときに限り、低空より機関銃攻撃を行う。

第四百七十　爆撃機は、その重量重きがため、地上および空中における飛行機防御の準備を有する敵より攻撃せられやすし。ゆえに、昼間用爆撃機は、如上の敵火を避けんとせば、大なる上昇力と速力を用するを以て、積載力は適宜制限するを要す。これに反し、夜間用爆撃機は、敵の対空防御困難なる時期に行動するものなるを以て、いっそう目標上空に低下し、かつ多量の爆弾を投下することを得。しかれども、機体の大にして、速力および上昇力小なるを以て、昼間の飛行に用うるを得ず。

第四百七十一　駆逐中隊は、二人乗り、もしくは一人乗り駆逐機を以て編成す。一人乗りは機体小にして軽く、従って速力および転換性大なるを以て空中制圧戦の担任者たり。二人乗りも、一人乗りとほぼ同様の特性を有す。その長所は、一人乗りに比し、機関銃手により、その背後を掩護せらるる点に存す。両者の構造は、軽戦闘機に類似しあるを以て、要すれば、これと類似の任務に就くことあり。

第四百七十二　空中における飛行機の行動に関しては、何ら一般的法則なし。要は、任務および装備により決すべきものとす。

偵察機は通常、編隊にて行動す。編隊にて敵に迫るときは、志気上の威力を増大するものとす。隊長は記号を以て攻撃を命ず。各機は、各自その目標を選定し、これを殲滅するか、もしは【もしくは】弾薬を射耗し尽くすまで、攻撃を続行するものとす。攻撃終了せば、ただちに指揮官のもとに集合することと肝要なり。飛行大隊の各中隊は、横に並列して同時に使用するか、あるいは縦方向に近く重畳して使用するものとす。戦闘機も、敵の空中勢力と戦闘を求むべきものにあらず。

夜間用爆撃隊は、目標が、各機各個の爆弾投下により、なるべく夜の大部にわたり攻撃せらるることく行動し、夜間用駆逐機の攻撃に対しては、機関銃を以て、これに対抗するものとす。昼間用爆撃隊は密集し、かつ上下方向に梯隊となり、以て、なるべく多数の機関銃を敵の駆逐機に集中するを得しむべきものとす。而して、この際、敵の高射砲の射撃のため、編隊を解離するを許さず。これ、単独飛行機は敵の駆逐機の好餌となるを以てなり。

駆逐機は、上下ならびに側方における梯次の隊形により、自ら掩護す。敵機に対する決然たる襲撃ならびに至近距離（五十メートル）よりする射撃によりて、はじめて成功を確実ならしむるものとす。大隊長ならびに中隊長は、各機をなるべく同時に敵に対向せしめ、かつ、太陽、風、雲の関係により、敵を不利の位置に立たしむるごとく、部下飛行機を誘導するを以て指揮の妙諦《みょうてい》とす。大隊の区分、攻撃方向は、一つに如上の趣旨にもとづき選定すべきものとす。攻撃目標ならびに攻撃機会は、大隊長、もしくは中隊長、これを定む。攻撃の記号あれば、各機はただ先を争って敵に肉迫すべきものとす。かくのごとくして、空中戦は各機各個の戦闘となるものとす。

多種の飛行機を誘導するに際しては、二人乗り駆逐機、一人乗りに比し有利なりとす。

第四百七十三　地上において、遠く前方に派遣せられたる飛行将校（対空防御将校）は、空中戦闘の結果を絶えず飛行隊に知らしむべきものとす。すなわち、自己の視察、友軍部隊および飛行機の通報等を総合し、彼我の飛行機の情況を調査し、これが通報は主として無線電信によりて行うものとす。

第四百七十四　各種の経験ならびに技術の発達は、飛行に対する天候の影響をして、ますます低減せしむるに至れり。しかれども、任務を授くるに際してはなお、天候、明暗および太陽の位置等に関し、十分考慮するを要するものとす。

強風は毫も飛行の障碍たらずといえど、飛行機の速度に大なる影響を及ぼすものなり。突風は、操縦者をして、はなはだしく疲労せしむ。低き密雲は、高空より行う遠距離偵察を妨碍す。雷雨は一時飛行を不可能ならしむ。降雨は一般に飛行を制限し、戦闘機の攻撃ならびに短時間の偵察のみを許す。月光微弱にして雲多き夜は、目標を照準して行う爆弾投下を不可能ならしむ。飛行場上空の霧は、各種飛行を不能ならしむ。酷暑は、発動機を衰損《すいそん》せしむるを以て、飛行を早期に中止せしむることあり。

太陽の位置は、駆逐機に対し、とくに重要なる関係を有す。すなわち、駆逐機は太陽を背にして敵を急襲するごとく努むるを要す。ゆえに、任務を課するに際し、飛行機をして常に太陽の位置を有利に利用せしむるごとく顧慮するを要す。偵察飛行、とくに砲兵機の飛行に際しては、太陽位置不利なるときは、その任務達成に大なる障碍を来すものとす。

写真は、夏期にありても、早朝および夕刻は撮影不可能なり。

暗黒は、方向の保持を困難ならしむといえど、低空飛行による爆弾投下および機関銃攻撃のためには有利なり。照明用落下傘は目標の認識を容易ならしむといえど、これにより目視し得たるものを、地図と比較対照することはなお難し。夜間飛行のためには、とくに良好なる離陸および着陸場を必要とす。

第四百七十五 飛行高度は、雲の位置、通視の良否、地上防御設備および任務により、異なるものとす。遠距離捜索は、長時間敵に暴露せざるべからざるを以て、天候の許す限り高空を飛行するを要す。該捜索の主要なる目標は、敵の鉄道線路および停車場の列車往復、行軍縦隊、自動車縦列、集積所、諸材料廠等の構築の変化、飛行場、塵埃《じんあい》の飛揚等にして、これらは高空より肉眼を以てしても、ほとんど看過することとなし。しかれども、道路ならびに村落における軍隊在否の詳細に至りては、肉眼を以ては、ほとんど認識し得ず。写真に拠るときは、最上の高度より、停車場内の鉄道車輛の情況、輸送および行軍縦隊組織、村落内にある車輛の数、飛行場にある飛行機数および種類を、詳細に数量を以て表すことを得。

近距離捜索においては、各高度より、写真を以て良好なる偵察結果を挙ぐることを得。而して、小行軍縦隊、集積所、砲兵陣地、陣地の守兵等を、肉眼を以て視察するためには、しばしば二千メートル、もしくは、それ以下に低下することあり。

砲兵機は通常、二千ないし三千メートルより偵察を行う。歩兵機は、細部（たとえば服装）を視察せんがためには、数百メートルまで低下するを要す。しかれども、飛行速度の迅速は、低下するに従い、ますます視察を困難ならしむるものとす。

戦闘機もまた機関銃射撃をなし、あるいは、彼我両軍を識別し得んがために、低空を飛行せざるべからず。

駆逐機に対し、高度の増加は空中戦闘力の増加を意味するものになるを以て、常に上に位置することを努むるものとす。しかれども、主なる攻撃目標は敵の偵察機および戦闘機なるを以て、これが攻撃のため、低空を飛行することもまた辞せざるものとす。この場合においては、なるべく、さらに上方向に梯隊を設け、以て、敵駆逐機の攻撃に対して、上方より掩護すべきものとす。

第四百七十六　戦機熟するに従い、飛行機乗員の耐久力および器材の活動能力に、高度の要求を課するものなり。ゆえに、平穏時においては、機の使用を受惜《じゅせき》する【惜しむ】こと必要なり。同一乗組員に対し、数時間にわたる偵察飛行を一日一回以上行わしむることは不可能なり。戦闘機は、情況やむをえざるときに限り、短時間の飛行を二回までなすことを得。飛行者を数時間準備姿勢に待たしむるは、神経を疲労し、攻撃精神を消磨《しょうま》せしむるものなり。爆撃機は、普通の夜間飛行にありては、一夜に二回まで実施せしむることを得。駆逐機は、中間時間に十分なる休憩を与うるときは、短時間の飛行を一日、二ないし三回まで実施せしむることを得。而して、毎飛行における機体および人員の避くべからざる損耗は、二回以後の攻撃の威力を減殺するものとす。

第四百七十七　飛行機は出発前、幾多の準備を必要とす。ゆえに指揮官は、出発時刻、または攻撃時期を、なるべく速やかに航空隊に下達するを要す。情況緊張せる場合においては、各飛行隊長は、乗員指定後数分時にして機を出発せしめ得るごとく、所要の技術的準備（飛行機の整備、発動機ならびに機関銃の機能調査）を完了しおくことに関し、その責に任ずるものとす。飛行機、とくに、歩兵機、駆逐機、戦闘機が、地上に戦闘中の友軍に対し、速やかにその所望の援助を与うるときは、その信頼を厚くするものなり。

第四百七十八　命令をなるべく速やかに伝達するは、飛行隊の活動力に大なる関係を有するものなり。而して、各飛行隊もまた、ただちに命令を受け得るごとく、常に準備しあるを要す。これがため、司令部の附近に飛行場を有することは、運動戦にありて、とくに必要なり。しかれども、飛行場に適する地形なき地方においては、飛行隊を有する各司令部は、自己の位置を選定するに当たり、着陸可能に顧《マ》慮を払《マ》うこと必要なり。而して、飛行場を所望の地点に推進し得ざるときは、応急策として中間着陸場を設置し、大隊、もしは中隊をして、飛行準備を整えしむるものとす。中間着陸場においては、燃料および弾薬の補充を準備し、小修理、写真現像の設備をなすべきものとす。また、場合により、単独の飛行機を、さらに、その前方戦闘着陸場に派出し、以て、急を要する諸任務に対し、歩兵、または砲兵飛行機をして機を逸せざらしめ、あるいは、直接の報告を容易ならしむることあり。しかれども、これらの中間ならびに戦闘両着陸場を使用するときは、飛行隊の活動力を減殺するものとす。両着陸場にある各飛行機は、晩に飛行場に帰還するものとす。

第四百七十九　飛行中の飛行機と陸上との通信は、偵察を中絶することなく実施せしむるを要す。これがためには、無線電信を以て唯一の通信法とす。敵飛行機は、迅速なる速度を以て、その位置を変換しあるを以て、これが制圧は、敵飛行機の出現を無線電信により報ぜらるる場合において、はじめて可能なり。

砲兵射撃に飛行機の報告を利用するには、飛行機と砲兵隊長ないし各中隊長に至るまで、確実なる無線電信の連絡あるにあらざれば不可能なり。

偵察戦闘機を適時適所に使用するには、右のほか、さらに司令部と飛行場（中間着陸場）とのあいだに直通電話の連絡あるを要す。この設備は、司令部、これを命ぜざるべからず。

報告は、偵察者親しく口頭を以て行うか、または電話を以て行うものとす。戦闘中には、多くの場合、まず簡略なる報告を投下するを可とす。

第四百八十　写真は、空中偵察に欠くべからざるものとす。速度ならびに高度の関係上、肉眼に映せざる地形の小変異といえど、写真によりて、これを認識することを得。しかれども、写真偵察は、その結果が指揮官ならびに部隊に達するまでに多数の時間を要するの不利あり。

写真偵察は、写真の精到《せいとう》なる研究ならびに他の各種写真、地図、各隊の報告、捕虜の言等と比較して、はじめて完全なる効力を収むるものとす。

第四百八十一　多くの場合において、まず某地域に関し、高級指揮官をして、敵地の情況、進路、工事、村落の配宿、飛行隊の配備等につき、一般的観察をなし、これが変化を認識して、敵の処置を監視し得べきごとき連続せる写真を得ることを必要とすべし。この統一的大地域撮影のためには、自動的写真器（連続写真器）を要す。而して、その後、一定目標に対する各個の写真を以て、連続写真の欠を補うものとす。

第四百八十二　迅速に進展する作戦にあたりては、写真偵察の結果は、多くの場合、時機を失するものとす。しかれども、敵とひとたび相対峙するに至り、決戦遅延するや、写真器を時機を逸せず砲兵射撃目標の偵察に利用すべし。而して、その結果を迅速に各隊に交付すること、とくに緊要なり。写真偵察のもっとも効果あるは陣地戦にして、この場合においては、視察は写真に比し劣るものとす。写真は、歩兵に対しては地形の細部、陣地の構成を解明し、砲兵に対しては目標を現示し、射撃の効果を確定す。また、写真は、偵察ならびに攻撃計画の基礎を与え、かつ、敵の後方地域を監視するに適す。

第四百八十三　飛行場の移動および中間着陸場、戦闘着陸場は、あらかじめ飛行精通者をして偵察せしむるを要す。火煙による風向の指示、もしは着陸上の表示は、着陸を円滑ならしむるため必要なり。不適当なる着陸場を利用するときは、飛行大隊をして短時間内に戦闘力を失わしむるものとす。

着陸場（中間着陸場）の設置には、しばしば特殊の作業部隊の配与を要することあり。

飛行機の飛行場移転は通常、空路によるものとす。天幕および器材は、大隊の自動貨車により輸送するものとす。飛行場の開設、撤収は、運動戦にありては数時間を要し、陣地戦にありては、さらに多くの時間を要す。汽車にて輸送されたる機体の組立を完了するには、約二十四時間を要す。

第四百八十四　飛行機は、各種の技術的施設を要するを以て、これが補充用として、燃料、機体各部の予備品、写真諸材料、機関銃弾薬、爆弾、天幕等の追送を整然と実行すること、きわめて緊要なり。燃料、機体予備品は、追送の困難なる場合においても、優先的に輸送せられざるべからず。機材は軍材料廠より補充せらるべきものとす。軍材料廠は時宜により、前方に中間廠を設く。

燃料の追送に関しては、第十七章を参照すべし。

第二節　気球

第四百八十五　気球の戦術単位は、気球一個を有する気球小隊とす。小隊は偵察大隊の一部を成す。特別任務のために、気球を砲兵隊の砲一門にまで分割配属することあり。また、某砲兵隊を指定して、これと協同せしむることあり。

第四百八十六　昇騰場は、敵の地上偵察を、なお、なし得れば空中偵察をも避け得る地にして、通常、敵の有効なる曳火射程外にあるを要す。

気球のため、もっとも危険なる敵は駆逐機とす。ゆえに気球は、対空防御法により、直接に掩護せらるるを要す。気球による偵察は、友軍が盛んに駆逐機を使用せる時期を利用するを要す。飛行機をして、気球に対する特別掩護に使用するは、空中戦闘の特性に反するものとす。

第一線よりいくばくの距離に昇騰場を設くべきかは、主として、戦況、通視の如何によるものとす。通視困難なるときは、第一線に近接せざるべからず。

敵方の情況を偵察し得べき程度は、気球の高度、目標に至る距離、地形、天候によりて、決定するものなり。太陽の位置による陰影の関係および敵方における特別なる地形は、気球を所属部隊の戦闘地帯外に使用するのやむなきに至らしむることあり。

第四百八十七　運動戦において、地上、空中ともに、戦闘有利に発展し、とくに、わが砲兵優勢にして、攻撃良好に進捗しつつあるときは、気球が、第一線歩兵を去る二ないし三キロまで前進することあり。これに反し、防御戦においては、少なくも八キロ後方において昇騰するを可とす。

気球の移動性は、これが制圧を困難ならしむるものとす。

陣地戦にありては、通信線架設に際し、これが横断を顧慮し、気球運動の自由を損なわざるごとく、あらかじめ注意するを要す。

昇騰場選定に際しては、弾薬廠の附近を避くるを要す。

第四百八十八　情況により、持久正面における気球偵察を犠牲にし、決戦正面になるべく多くの気球を活動せしむるを肝要とすることあり。これにより、気球は、偵察区域を縮小するか、もしは、一般的の戦術用と砲兵用とを分離するを得るものとす。

第四百八十九　気球の偵察は、他の偵察に比し、偵察者が終始高空において同一地位にあり、かつ、地上と絶えず電話通信をなし得るの利益を有す。ゆえに、気球はとくに、戦術上の偵察、射弾の観測および連絡勤務に適す。これに反し、目標を垂直方向より視察することは不可能なるため、偵察の精度を減ずるの不利を有す。

夜間、気球を使用するは、晴夜にして、つぎのごとき場合に限る。
一、敵砲火の景況および強度に関し、一般的印象を得んがため。
二、戦線よりの回光通信に対し、受信所として使用せんとするとき。
三、高き測定所（Messestelle）として利用せんとするとき。
四、わが軍後方地域における火光の遮蔽の監視。
気球偵察は、午前十時ごろまでの日出時および夕刻を、もっとも適当とす。展望距離は、四季、天候、太陽の位置、各地方の一般的状態により、異なるものとす。春秋は夏冬より視界比較的良好なるを常とす。展望の景況はしばしば迅速に変化するを以て、良視界を有する日および時は、有効に気球により利用せらるるを要す。

気球は、中距離においては通常、道路上における縦隊を、稀には路外におけるものも展望し得、散兵群および各個の兵卒は、とくに良好なる視界および観測の情況においてのみ、視察することを得。壕内における部隊の行動は、全然認識し得ざるも、弾痕地内のものは稀に認識し得。

断絶地および山地においては、気球との距離、高度、地皺《ちしゅう》、谷、樹木等により、通視を異にす。距離小にして高度大なるに従い、展望し得ざる地域、ますます減少す。

第四百九十　偵察ならびに射撃任務を、気球、飛行機および測定班に適当に分担せしめ、以て、これら偵察手段の某一手段を過早に消費し、他の某手段を不十分に利用するごときことあるべからず。気球は通常、上方より垂直に偵察するを要せざる目標に対し、使用せらるるものとす。

第四百九十一　気球の用途ならびに戦術的効能は、偵察者個人の技能に関係すること大なり。軍隊をして、気球の偵察に信頼を置かしめんがためには、軍隊と密接なる協同動作を必要とす。而して、指揮官よりの極限的任務と軍隊よりの指示とによりて、気球偵察者の動作を一定方向に導き得るときは、ますます、その能力を発揮せしめ得るものとす。

射撃中の砲兵を偵察するに際しては、気球偵察者は測定班と協力し、また砲兵観測所と連絡するを要す。

突風強く吊籠の急揺《きゅうよう》するときは、長時間服務すること困難なり。敵機の活動旺盛なる戦線にありては、偵察者、常に気球より落下すべき準備をなしあるを要し、昼間はときとして数回落下せざるべからざることあり。而して、搭乗者の鞏固なる神経は、独り長時にわたり、これらの困難に堪え得べし。

第四百九十二　気球と砲兵隊長、射撃中の砲兵中隊、気球観測を利用するその他の各機関および、これら相互間の確実なる通信連絡は、偵察の結果を適時に利用し、かつ観測射撃を有効に実施せしむる唯一の条件なり。

気球小隊は、運動戦においては通信線を自ら架設するものにして、これと砲兵隊との連接は、砲兵隊長これを規定す。

陣地戦にありては、気球小隊は、通信隊により援助を受くるものにして、その必要なる特別通信線は、あらかじめ通信網中に計画しおくものとす。

回光通信器の有効なる利用、なかんずく砲兵隊の連絡は、時間を要する電話線架設を往々節約することを得。

気球は、歩兵隊よりの回光通信を受信し、また回光燈を以て、了解、または返信の信号をなすことを得。しかれども、吊籠に装着せる信号筒、または、これと類似の器具により返信するをいっそう有利なりとす。而して、もっとも確実なる通信連絡は、地上の回光通信所を経由する方法のみとす。

陣地戦における大規模の戦闘の際は、とくに無線通信所を配属するを可とす。

第四百九十三　気球より撮影せし写真は、指揮官および部隊に、全般の地形および、その状態に関する一般的観察を与うるに、もっとも適当なるものとす。

戦況ならびに通視の関係、これを許せば、気球より敵陣地を撮影するを要す。また、後方地域における地形を「パノラマ」的に撮影するもまた、ときとして有利なることあり。これ、敵前進の場合において、敵の気球偵察に対する自軍掩蔽の景況とするに足るべきを以てなり。

気球小隊の写真班は、晴天の際、気球上の撮影をなさざるときは、地上の観測所よりせる地域および四周写真の製作に任ずるを可とす。

第四百九十四　敵の砲撃を受くる場合には、気球は、その移動性を利用し、敵火を避くるを要す。その、もっとも有効の防御法は、射撃中の敵砲兵を速やかに発見し、わが砲兵をして、これを撲滅せしむるにあり。

敵飛行機の襲撃を防御するため、各気球に対空防御兵器を分属するを要す。このほか、対空防御隊は気球掩護の命令を受くるものとす。

第三節　対空防御

第四百九十五　各隊は、別命なくも、敵の空中脅威に対し防御手段を講ずべきものとす。而して、該防御手段は、敵飛行機の攻撃に対しては、地上よりこれを撃退するとともに、飛行機偵察に対する遮蔽（偽装）により成立するものとす。しかれども『飛行機防御隊』は、遮蔽法に拠らんよりは、むしろ戦闘を以て敵機を撃退するを肝要とす。

飛行機の制圧

第四百九十六　敵機の急襲に対し、わが部隊を掩護し、かつ敵飛行機の撃破を容易ならしむるため、対空監視勤務を実施す。本監視勤務は、主として飛行機防御隊の任ずべきものにして、これがため、特別に錬成せられたる兵員、特製の観測および聴音機を有す。右のほか、各部隊は、各自対空監視哨により敵機の奇襲を予防す。

広範囲の対空監視は通常、運河、河川、鉄道、直線道路等、著明の線に沿い、行わるべき予想的飛行進路を利用す。飛行機は急速に近接し来たるを以て、これが脅威を受くる部隊への警報また、勉めて迅速ならざるべからず。これがため、飛行機防御隊は、技術的方法、すなわち無線電信を以て通報し、陣地戦にありては特殊の電話網を使用するものとす。各隊の対空監視は通常、喚声、角笛、革笛、小笛等の簡単なる方法、または回光通信、電話等を利用するものとす。飛行機に対し、戦闘を実施する以前には、情況急なる場合においても一応、敵機なるや否やを確認するを要す。わが飛行機は高貴《ママ》の紋章を附し、至近距離より認識し得るものとす。訓練せる監視兵は、遠距離にありても機種を判別し得るものとす。

敵機に関する完全なる報告は、左の諸件を含むを要す。

監視所の位置。

望視（聴音）時刻。

飛行機の種類、数、国籍、飛行の方向ならびに高度。

第四百九十七　飛行機に対しては、特殊の兵器、すなわち、高射砲、高射機関銃、照空燈を以て戦闘し、各隊は、低空を飛行する飛行機に対し、自己の機関銃を使用す。

第四百九十八　小口径高射砲は、その迅速なる発射速度と曳光弾の精神的効果により、とくに敵の低空飛行および夜間攻撃に対抗するに適す。中口径高射砲中、繫駕式のものはその構造低きを以て前方地帯に使用し、自動車高射砲はその運動性大なるを以て、とくに運動戦に適す。
大口径高射砲は、迅速に道路以外を行動するを得ず。また、遮蔽困難なり。而して、弾丸の偉大なる威力および大なる射程は、発射速度の小を補うに足るものとす。
鉄道高射砲は、鉄道線路上に行動を制限せられあるも、大口径たるを得、大距離を迅速に行動し得るの利益あり。

第四百九十九 高射機関銃は、飛行機防御のためには、最大限千五百メートルまで射撃することを得。射撃速度の大および曳光弾の精神的効果は、その長所なり。普通、一陣地に二銃を配置するを有利とす。

第五百 照空燈は、暗夜、わが高射砲をして敵機を発見せしめ、照準、射撃を可能ならしむるものなり。また、敵機を眩惑し、方向を誤らしめ、これにより爆弾投下を不正ならしむ。

第五百一 師団内飛行機防御隊の使用は、師団の命令にもとづき、高射砲隊長これを規定す。同隊長は、師団砲兵隊長に隷属し、同官より、師団長の企図、とくに敵機に対し掩護すべき地区に関し、絶えず指示を受くるものとす。同隊長はまた対空監視任務をも担任す。

第五百二 飛行機防御隊長は、弾薬の招致および分配に関し、砲兵隊司令部の弾薬補充係将校と連絡するを要す。
同隊長は、敵の空中企図の方法および、これに用いらるべき敵の兵力、その行動ならびに自己の隊の弾薬使用の景況を、絶えず砲兵隊長に報告するものとす。
なお、同隊長は、隷下各隊の機材補充ならびに一般受容品に関し、配慮するものとす。

第五百三 高射砲隊長は、その任務に妨げなき限り、砲兵隊長のもとにあるものとす。もし、部下部隊に赴かんとするときは、必ず一将校を連絡のため砲兵隊長のもとに残置すべきものとす。

第五百四　飛行機は、広大なる地域を瞬時に飛行するを以て、陣地戦にありては、軍内における全般対飛行機制圧を統一的に処理するを必要とす。軍司令部は、一名の高射砲隊長をして、これに当たらしむるものとす。

第五百五　第四百九十六ないし五百四に掲げたる計画的対空防御以外に、各隊はさらに各自所要の補助防御法を講ずるものとす。

第五百六　独立せる各軍隊指揮官は、鉄道輸送、行軍、宿営および戦闘間対空監視者を派出し、なるべく高所に占位せしめ、部隊より離隔し、耳目により敵機を監視せしむるを要す。

第五百七　歩兵隊にありては、大隊の第一ないし第三重機関銃小隊の第三機関銃分隊、猟兵大隊の重機関銃小隊の高射機関銃分隊、歩兵および猟兵中隊の軽機関銃一分隊宛をして、対空防御を担任せしむ。この際においても、機関銃は一陣地に二銃宛を配置するを有利とす。

第五百八　行軍中は、多くの場合、全縦隊を飛行機防御兵器により掩護すること不可能なり。ゆえに、とくに空中攻撃および捜索に対し、掩護を要すべき地区（たとえば、隘路附近開豁地を通過するに際し）において、飛行機防御兵器を陣地に就かしむるを可とす。而して、この場合には躍進的にこの種陣地に先行し、師団主力の通過を待って、なるべく併行路を経て追及するものとす。行軍縦隊中に編入するは、稀に適当とするものなり。

第五百九　行進停止せば（長時間の停止、宿営、戦闘）、飛行機防御隊は、軍隊指揮官の指示により、配備に就くものとす。而して、いずれの地域を空中偵察および攻撃に対し掩護すべきやは、一に戦術的情況によるものとす。たとえば、砲兵陣地の主力、歩兵部隊の攻撃準備陣地、包囲縦隊、または予備隊の進路、鉄道交叉点、卸下停車場、弾薬廠等のごとし。重要の度薄き地域は、往々、対空防御を省略せざるべからざることあり。

第五百十　遭遇戦、または運動戦における攻撃にありては、第一線の師団地区には、少なくも高射砲一隊以上を配置するものとす。而して、これらの一は、攻撃奏功後、突入部隊に随伴前進するものとす。

攻撃奏功後、対空防御の及ぶべき線は、あらかじめ指示しおくものとす。

小口径高射砲および高射機関銃の一部は、敵戦闘機に対する掩護のため、しばしば第一線部隊に配属せらるるものとす。

陣地変換は、師団の攻撃進捗にともない、多くは命令を待たず行うものとす。諸中隊は、高射砲隊長、または、その掩護を担任する部隊より、友軍および敵の情況に関し、絶えず通報を受くべきものとす。

第五百十一　大部隊（軍、または軍団）にありては、数個の対空防御隊を縦横両方向に配置し、これを統一指揮下に置くものとす。右は、数日にわたる戦闘において、卸下停車場、隘路、宿営地等に対する対空監視および夜間対空防御の実施を要する際において、とくに必要なり。

右の原則は、陣地攻撃においても、はたまた陣地戦においても、運動戦とおおむね同様なりとす。

対空監視勤務は、敵機をして、昼夜を問わず、対空防御に任ずる一切の部隊、各飛行隊ならびに、爆弾投下に対し掩護せらるべき部隊等に対し、何らの通報なく友軍上空を飛行せしめざるごとく監視するを以て任務とす。

陣地攻撃に際し、飛行場防御隊は、多くは縦深に配備せられ、かつ、予備を控置するものとす。突入する部隊に一定の部隊を随伴せしむるため、先頭の軽砲中隊の前方、もしは、これとともに、あるいは後方にこれを前進せしむべきかを命令すべきものとす。

陣地戦における防御にありては、飛行機防御隊は隣隊と連繫し、市松型に二線の虚隙《きょげき》なき防御線を形成するごとく配備すべし。重要なる施設、たとえば、弾薬庫、停車場、最重砲兵等には、通常、小口径高射砲、または高射機関銃と協力して、特殊の掩護法を講ずるものとす。高級司令部は、夜間、いずれの地点を高射砲および照空燈と協力して掩護すべきやに関し、決定を与うるものとす。

予備隊、縦列等の進出路は、夜間においても、小口径高射砲、または高射機関銃をして、探照燈と連絡して、掩護せしむるを要す。

前方の戦闘地域に配置せられたる防空機関は、しばしば不十分なる遮蔽のため（三百六十度の方向角を有するにあたり）、容易に敵より圧倒せらるるものとす。ゆえに、予備陣地を設備するを要す。

対空防御に従事する各隊は、通常不眠不休勤務に服するを以て、規則正しき交代に関し、顧慮するを要す。

偽装

第五百十二　敵機の偵察に対し、遮蔽（偽装）せんとせば、その偵察者の行う垂直および斜方向よりする視察ならびに写真撮影に対し、手段を講ずるを要す。飛行機より認識しやすきもの、つぎのごとし。

火光（たとえば、金属に対する日光の反射、砲口火、遮光せざる停車場、点燈せる市街、水面の反射光線、火災）、自然地の光景の変化（たとえば、陣地、規則的に配列せる車廠、また銃列、等間隔を有する放列、車轍《しゃてつ》、踏固せられたる歩径《ほけい》、廠舎）、判然たる色彩の対照（鮮明なる地表面上の汽車の白煙、塵煙、暗黒集合体〔たとえば、鮮明なる道路の中央を行軍する部隊〕、新掘開地、明瞭なる陰影）等なり。

しかれども、これらの物体といえど、その運動は、敵機自ら迅速に運動しあるを以て判別し難きも、塵埃の飛揚（自動車）により判断し得ること、しばしばあり。

第五百十三　軍隊は、なにがし程度までは、敵機の偵察より免るるを得るものなり。ゆえに軍隊は、なるべく敵機に発見せられやすき動作を避け、地形に適合し、自然の遮蔽物を利用し、また飛行機偵察の困難なる時機を利用し、あるいは技術的遮断法、または特種の戦術的処置を講じ、なお偽工事等により敵機を偽騙するを要す。

敵機の攻撃に対し掩護するため、軍隊は、とくに周到なる注意を以て、あらゆる偽装手段を講ずること必要なり。もし、天然、あるいは人工の偽装物なき場合には、敵の威力を分散するがため、大部隊ならびに車輛縦列を分割し、不規則に大なる地域に分配するものとす。狼狽は、敵の空中攻撃を受くる軍隊のため、はなはだ危険なり。

わが軍の企図、彼我両軍飛行機の兵力、能力および空中偵察状態は、指揮官および部隊をして、いかなる程度まで敵機に対し戦術的に顧慮せしむべきやの憑拠を与うるものとす。而して、敵を奇襲せんとする攻撃計画ならびに戦闘行為に際しては、あらゆる偽装法を使用するを要す。

第五百十四　鉄道輸送による大軍の集中は、規則的の輸送状態を呈せざるごとく、漸次に軍隊を招致し得る場合においてのみ、敵の空中偵察を免るるを得。しかれども、これを実施し得る場合、きわめて稀なり。夜間を利用するも、その効果少なし。これ、敵機もまた夜間に活動し得ればなり。これに反し、巧妙なる部署と軍隊の練達せる動作とを以てせば、下車の発見を困難ならしめ得るものなり（すなわち、乗下車を多数停車場に分散し、軍隊、車輛および空材料を迅速に卸下停車場より退去せしめ、また、乗車場附近に軍隊その他を蝟集せしむることなく、行軍に際しては小部隊に区分する等、これなり）。

第五百十五　葉を有する街路樹の樹陰は、空中偵察に対する行軍縦隊最良の遮蔽物なり。行軍部隊がこれを利用するには、適時道路の中央を開放し、敵機の近接に及んで、はじめてこれを開放するがごときことをなすを要す。地形偵察および地形判断の際は、偽装の能否にも考究せざるべからず。情況、これを許し、もしはこれを要せば、たとい迂路といえど、敵機に遮蔽せる地区を通過するを可とす。また、集合場および休憩地は、なるべく森林、または村落内に選定するを要す。行軍は、ときとして小群に別《わか》ち、多数の道路を利用せしめ、以て敵機の偵察を困難ならしめ、空中攻撃の効果を現在し得ることあり。

夜行軍に関しては、第二百十六を参照すべし。

第五百十六　戦場においては、単独兵は低空よりかろうじて認識し得るにすぎざるも、暴露せる密集部隊ならびに車輛縦列は、遠方の上空よりも容易に認識し得るものなり。これらは、いやしくも上空に対し掩蔽し得る手段は、ことごとくこれを利用するを要す。樹陰、草叢、生籬、墻壁その他、土地表面の注意周到なる利用は、ときにより良好なる偽装たり得るものなり。

一指揮官のもとに、各大隊の小行李を全部引率せしむるときにも、多くの車輛を一地にまとめざるごとく注意すべし。白馬は、部隊の発見を容易ならしむるものなり。

敵機は、射撃中の砲兵を、その火光により発見す。而して、敵機はすでに遠方よりこれを認むるを以て、敵機近接するに至り、射撃を中止するは、概して目的を達せざるものとす。しかれども、右は、主として戦術上の情況による。砲兵陣地にして、地図と対照しやすき地点、たとえば、十字路、小森林等に接して位置するを避くるときは、敵機の偵察を困難ならしむるを得。陣地に通ずる路外轍痕《てっこん》は、遮蔽陣地を容易に発見せしめ得るものなるを以て、他の車轍（陣地戦にありては上面の地均《じならし》をなし）を以て、これを消し、敵機の発見を困難ならしむるを要す。某一陣地に長期間駐留するときは、峻厳なる交通規定を設け、以て、頻繁なる交通のため、砲兵陣地、もしは観測所等に通ずる踏固小径現出を防遏《ぼうあつ》【防ぎ止める】すべし。

第五百十七　工事のため、陰影、または地色に変化を現出せしむるときは、容易に敵機より発見せらるるものなり。ゆえに、堆土はなるべく低くし、斜面と地表面との接際部の傾斜角を平鈍ならしめ、以て、敵より発見せられやすき陰影を現出せしめざるごとくするを要す。掘土は、これを撒布し、樹葉、草、糾草《きゅうそう》【よりあわせた草】等を以て被い、附近の土色と同一にすべし。散兵壕、砲兵掩体、障碍物を敵眼に遮蔽せんとせば、工事開始前、土工区域に技術的手段（樹枝、地色と同色の天幕、偽装網）により被蔽《ひへい》しおくを要す。

構築材料、装具、叉銃《さじゅう》等もまた同様、空中視察に対し、遮蔽するを要す。開豁地において技術的偽装手段を施したるときは、必ず形象および色彩が周囲と同様なるや否やを仔細に検査すべし。

第五百十八　宿営地においては、車輛は邸園内に入れ、また、家屋の陰影側に密接して置くべきものとす。ただし、太陽の移動にともなう陰影の偏倚《へんい》に顧慮するを要す。道路の交叉点にある広場は開放し、また、部落に倚托《きたく》する【沿っていく】規則正しき車輛の行進を避くるを要す。また夜間には、敵の偵察圏内における宿営地の燈火を掩う。露営火は、敵爆撃機の好目標たるを以て、避くるを要す。

第五百十九　軍司令官は、後方地域における対空防御手段の使用、対空監視の施設および飛行機通信勤務を統一規定するものとす。各級指揮官は、右規定の有無に関せず、おのおの、その職域に応じ、敵の空中偵察を困難ならしむるため、一切の手段を尽くすことについて全責任を有す。敵の戦闘機は、はるか後方地域に向かって、その大航続力を利用することあるを以て、諸般の兵站施設は敵機の攻撃に暴露しあり。注意周到なる敵は、後方地域の監視により、わが作戦企図認識のため、信憑すべき根拠を得るものなり。

諸兵站施設は、その周囲の光景に適合せしめざるべからず。諸施設を、既設建築物、または道路等に接して配置せば、敵の注意を牽《ひ》くこと僅少なり。これがために、自然に起こる縦長分散は、敵空中攻撃の威力を減殺するため必要なり。行軍、卸下積載時、戦場、休憩地、宿営地等における車輛の群集は、敵の戦闘機、または爆撃機の攻撃を誘致するものなり。

第五百二十 鉄道交叉点および終末点は、敵爆撃機の攻撃を受けやすし。補給列車は、なるべく各停車場に分置し、所要に応じ、卸下停車場に招致するを可とす。弾薬列車は列車交通線より離隔し、諸所に分置するを要す。

弾薬数は、大停車場、飛行場その他、敵の爆撃目標となりやすき地点に接近し、設置すべからず。

第五百二十一 弾薬ならびに糧秣受領の際は特別の注意を要す。弾薬庫、糧秣倉庫ならびに分配所は、敵眼を牽くことなく、かつ、受領のために来る諸車輛を、附近に敵の空中偵察に対し掩蔽して置き得るごとく選定するを要す。進入および退出は、単に僅少の縦列のみ同時に受領所に至り、かつ、無為に附近に蝟集せしめざるごとく規定するを要す。また、縦列の集団は、なるべく長く小群に分散しありて、敵眼を避け、車輛をして各個に集積所に来たらしむるを要す。分配所を長時日使用するときは、路外に注目を牽くべき轍痕を構成せざるごとく注意すべし。新道は、なるべく構築せざるを可とす。分配時刻は、ときどき変更するを要す。

第五百二十二 パン焼縦列は、その竈《かまど》を自然の遮蔽外において規則正しく配列するときは、容易に敵機の発見するところとなるを以て、在来の建築物に接し、かつ不規則に配置するを要す。

第五百二十三 開設せざる衛生諸隊は、飛行機より、その衛生機関なることを認め能わざるを以て、その動作は、前記諸隊のため、示したるものに準拠すべし。

第十三章　戦車、路上装甲自動車、装甲自動車、装甲列車

第一節　戦車

第五百二十四　戦車は装甲と武装とを施し、多くは無限軌帯を装し、主として道路以外の地上を自由に行動し得るものなり。

戦車自身の運動は、現今の技術の程度においては、わずかに戦場内に制限せらる。長距離の行軍には、無限軌帯は不適当なるを以て、他に特別の輸送法を講ずるものとす。

戦車一時間の行進速度は、道路上および有利の地形においては八ないし十二キロ、困難なる地形にありては一ないし六キロ、夜間は一ないし二キロ、一回の最大行程は十五ないし二十キロとす。

第五百二十五　戦車に、軽、重の二種類あり。

重戦車は、数個の機関銃、もしは軽砲を装備し、乗員将校一、兵卒七ないし十六名のものは、重量二十トン以上を有し、小隊、中隊、大隊および連隊に編成す。

戦闘単位は、四戦車（二戦車より成る小隊二個）を有する一中隊とし、大隊は三中隊および一段列、連隊は三大隊および一補給隊に分かる。

軽戦車は、重機関銃、もしは小口径砲を装備し、その重量六ないし十トン、乗員将校、もしは下士一、兵一とす。

軽戦車は、小隊、中隊、大隊および連隊に編成し、小隊を戦闘単位とし、通常五戦車より成る。通常、そのうちの三車は砲を、二車は機関銃を装す。中隊は三小隊、一指揮車、一無線電信車、補給および戦車補充機関たる一段列より成る。大隊は三中隊より、連隊は数大隊および一補給車団より成る。

運搬車に積載せる軽戦車を卸下して、出発準備を完了せしむるには約五分を要す。

第五百二十六　戦車は、その構造低きを以て、友軍の超過射撃【味方の頭越しの射撃】に適せず。有効射程は、運行中は車体動揺のため二百メートルにして、最大射程は六百メートルとす。ゆえに、戦車は単に近戦兵器にして、砲兵のごとく遠距離の目標に対し間接射撃をなすことを得ず。

第五百二十七　各独立戦車隊は、故障戦車の牽引、引き上げ、および損傷戦車の修理の設備ならびに堅道上長途行軍のため、輸送隊を有す。

第五百二十八　伝書鳩および無線電信機を装置せる特殊戦車は、単に通信連絡に任じ、また、他の特殊戦車は戦場における弾薬補充に任ず。

第五百二十九　防水の設備を有する橋梁用戦車は、深水中を横断するを得。同戦車は水中に停止し、橋梁となり、他の戦車を通過せしむることを得。

第五百三十　戦車の主なる長所、つぎのごとし。

一　小地域に対し、熾盛《しせい》なる火力を集中し得。
二　いかなる地形にも使用し得。ただし、沼、急斜面を有する深さ二メートルないし三メートル以上の河および壕、密林、急傾斜地、大口径砲の弾痕および広地域の弾痕地域は、この限りにあらず。
三　障碍物たる壕、散兵壕、急斜面、樹幹、阻絶物等を通過し得。
四　鉄条網に対し、破壊力を有すること。
五　各距離における小銃弾（鋼核心を有する尖弾またしかり）、軽榴弾破片に対し、乗員を守護す。

第五百三十一　戦車の戦闘力は、種類、大きさ、発動機力、装甲ならびに機関銃、砲、火炎放射器、爆破手段を以てする武装の如何により、異なるものとす。

戦車の利用は、つぎの諸件により制限せらる。

一　敵に大なる目標を呈す。使用法の巧妙、地形利用の適切ならびに運動性により、この不利を補うを要す。
二　運行中の射撃は効果少なし（第五百二十六参照）。
三　戦車よりの展望困難なるを以て、指揮および連絡ははなはだ困難なり。

第五百三十二　戦車は、使用せらるべき軍正面直後までは、汽車輸送により、また戦線までの行軍は、軽戦車のためには特別自動貨車に積載するものとす。軽戦車一大隊を輸送するに要する自動貨車は百三十ないし百五十台とす。

第五百三十三　重戦車は、特別の鉄道車輛により戦場に輸送せざるべからざるを以て、一般に運動戦において戦場に使用するを得ず。これに反し、軽戦車は、運動戦においても適時戦闘の焦点に使用し、他兵種に有効なる支援を与うるを得。

第五百三十四　戦車は攻撃用兵器なり。戦車は、主として陣地戦における攻撃および、これに連続する突破戦に使用せらる。戦車は敵を擾乱し、その抵抗力を打破し、障碍物を破壊し、以て、攻撃中のわが歩兵に戦捷の途を開くものとす。

戦車、敵の不意に現出するを得。かつ、志気阻喪せる歩兵に対し、不意に出現し得るに従い、その効果、ますます大なるものとす。

第五百三十五　高級指揮官は、決戦を求むる地区に戦車を使用するものとす。戦車は、急襲的に、集団的に、広正面において同時的に使用し、かつ、豊富なる予備を控置して、縦長の配備を取るを要す。

戦車の使用計画においては、地形を十分に攻究すること肝要なり。

戦闘開始に当たり、戦闘の重点をいずれにすべきや、また、戦車を何処《いずこ》に使用せば、最効果あるやを決し得ざるときは、高級指揮官は、これをまず予備として控置するものとす。

狭隘なる正面に戦車を挿入し、または、少数戦車を戦闘に加入せしむるときは、敵のあらゆる防御手段による火力を集中せらるるものとす。ゆえに、戦車をかくのごとく使用するは、友軍を援助せずして、かえって、その危険を惹起するものなり。ゆえに、個々の戦車を使用するは不利なり。

戦車は損害を被りやすきを以て、これが掩護および支援のため、とくに区分せる砲兵を必要とす。

戦場の一部に多数の戦車存在するときは、同方面に攻撃の企図あることを判断し得べきものなり。ゆえに、戦車の所在を発見することは、飛行機の重要なる任務なると同時に、敵の偵察を妨得することは、戦車の有効なる使用および急襲の達成に、きわめて必要なりとす。もし、駆逐機、または対空防御法により、敵の空中偵察を完全に防圧し得ざるときは、戦車は、接敵前進間および準備位置占領間、周到なる注意を以て偽装法（第十二章参照）を利用するを要す。この際、周囲の状態に適合せしめ、または自然的掩蔽物（樹陰、部落、草叢等）を利用するは、むしろ技工的偽装より効果ありとす。

第五百三十六　戦車を使用する場合には、第一線師団には、少なくも三中隊編制の軽戦車大隊一を配属するを可とす。しかるときは、重要地区に戦車の集団を挿入し得べく、最前線各連隊は戦車を有するを得べし。

重戦車隊は、第三百四十七により使用するものとす。

第五百三十七　運動戦における前進に際して、一部の軽戦車隊を自動車に積載し、最前線歩兵隊の直後に続行せしめ、以て、時機を失せず使用し得しむるものとす。これがため、多数の自動貨車を要し、かつ、これを行軍縦隊中に編入すること困難なるを顧慮せざるべからず。かかる場合には、戦車の主力は通常、躍進的に師団に跟随するものとす。

第五百三十八　敵と接触を得るに至り、戦闘指揮に関する基礎的決心確立せば、使用のため、戦車団は単位の建制を破らざるごとく、歩兵の単位に配属せらるるものとす。この際、戦車隊指揮官は、軍隊指揮官に、いかにして戦車を招致すべきや、また、いかに分配すべきや、何を偵察すべきや、また出発陣地を何処に選定すべきや等に関し、意見を具申するものとす。而して、出発陣地のためには、攻撃目標に近き遮蔽物に着眼すること必要なり。

第五百三十九　戦況、急を要するときは、歩兵隊は戦車隊を待つことなく、まず独力攻撃を開始するものとす。而して、戦車はその大速力を利用し、これに追及し、第一線歩兵部隊を通過して、戦闘のため、突進するものとす。

第五百四十　陣地攻撃に際しては、戦車の使用を敵の意表に出でしめんがため、敵に発見せらるることなく、また損害を被ることなく、卸下停車場より、まず集合場に、つぎに待機陣地、つぎに突撃出発陣地に招致するものとす。これがため、夜間、または通視困難なる天候を利用し、情況によりては、煙幕を利用するものとす。戦車の陣地は偽装を施し、その軌条痕を抹消するを要す。

第五百四十一　使用に先だち、周密なる偵察を必要とす。右偵察は、進路、待機および出発陣地の位置、行進の難易、展開の能否、攻撃地区内の敵砲兵の偵察に対する掩蔽ならびに攻撃目標に及ぼすべきものとす。陣地戦において、戦車使用前、攻撃地区を撮影するときは、敵の対戦車防御処置を認知し得べきものとす（地雷布設所、戦車陥穽等）。

第五百四十二　進路は、敵の空中偵察および地上観測に対し遮蔽し、待機陣地は、第一線に近く、かつ敵の偵察に対し遮蔽しあるを要す。出発陣地は、待機陣地より、容易かつ遮蔽して到達し得るを要す。

出発陣地には通常、突撃の前夜、進入するものにして、敵眼に遮蔽し、かつ攻撃目標に対向し、なるべく近く最前線歩兵隊の後方にあるを要す。

第五百四十三　出発陣地進入の命令には、援助隊（工兵および歩兵の配属）、偽装、煙幕ならびに、戦車爆音消滅のために行う砲兵射撃等に関し、考慮するものとす。飛行機推進器の騒音もまた、戦車の爆音を消滅するに利用し得るものなり。

第五百四十四　攻撃命令は、攻撃時期、攻撃目標、戦車の掩護法、歩砲兵との協同動作、突破奏功後の動作、攻撃目標到着後のこと、ならびに予備の動作等を規正するものとす。

攻撃目標は、現地につき精確に指示し、また、攻撃前進は地区ごとに行うを例とす。

第五百四十五　前進中のわが戦車に対する最良の掩護手段は、ガス攻撃および敵歩兵砲の制圧を以てする敵砲兵威力の遮断、煙幕を以てする敵観測所の掩覆、十分なる対空防御および対空監視の準備ならびに歩兵用重兵器の適当なる使用に存す。

第五百四十六　戦車と協同して攻撃するわが歩兵の動作は、戦車の出発陣地より敵までの距離により異なるものとす。歩兵は、戦車の突撃に際し、これが直後に続進し、戦車の威力を即時利用するを原則とす。しかれども、歩兵は、戦車に対する敵砲兵の効力を同時に受けざる程度に離隔しあるを要す。出発陣地、敵に近接しあるときは、戦車は歩兵と同時に出発し、なるべく早く歩兵の前方に出づることを努むべきものとす。

大なる開豁地を経て攻撃するときは、戦車はなるべく、わが歩兵の第一突撃波の前方に前進し、以て敵の小銃ならびに機関銃火を自己に指向せしめ、これを制圧し、直後を続行する歩兵の前進を容易ならしむるを要す。

第五百四十七　歩兵用重火器は、わが戦車の攻撃地区側方に、あらたに現出する敵の防御手段、火巣および拠点を射撃すべし。

突破奏功直後、戦車および、わが歩兵は、ほぼ同線にあるごとく努力するを要す。

戦車、もし駐止し、あるいは退却する場合においても、これがため、歩兵の前方前進の気勢の鈍るがごときことあるべからず。

第五百四十八　敵陣地内に深く攻撃を進むる場合においては、戦車は数線の波を形成し、突入するを可とす。かくのごとき場合に、わが砲兵、その最大射程に達し、陣地変換を要するに至り、ために歩兵がその隊属補助兵器の威力に頼らざるべからざるごとき情況にありては、十分なる戦車準備を有すること、とくに緊要なりとす。

某日の戦闘後、新鋭なる戦車隊の現出は、すでに得たる成功を著しく増大するものなり。縦長区分および、強大なる戦車予備は、敵の逆襲に対する最良の掩護手段なり。

第五百四十九 わが歩兵、すでに攻撃目標に到着し、これが占領に就くや、戦車は掩蔽後に集合すべきものとす。敵の逆襲を防止するため、この際、戦車を砲塔的に使用するは誤りなりと知るべし。

第五百五十 戦車隊、一度任務を達成するや、敵の妨害を受くることなく、技術的検査ならびに動力、弾薬の補充をなし、以て、爾後の戦闘準備をなすため、ただちに後退せしむるものとす。これがためには多少の時間を要す。而して、戦車隊の指揮官は、速やかに新任務に就き得るため、すべての準備を完了しあることに関しては、その責に任ぜざるべからず。また、爾後の戦闘加入のため、軍隊指揮官と絶えず連絡しあるを要す。

第五百五十一 防御にありては、戦車を純然たる防衛に使用するは、けだし過失たるべし。これに反し、逆襲、または攻勢移転に際し、しばしば戦車を使用するの機会を有すべし（第三百六十二参照）。

指揮官は、右の場合において、前進路ならびに出発陣地を早く偵察しおき、以て、これが戦闘加入を準備するの責任を有す。

第五百五十二 歩兵と戦車とは、終始互いに密接なる連絡を保持しあるを要す。これがため、歩兵指揮官と指揮車および通信車とは、絶えず目視を以て連絡し、また、簡単なる旗号、発光および回光記号、通信車による無線電信および伝書鳩の通信、その他、自動二輪車、電話および伝令等を利用す。

第五百五十三 敵戦車を防御するには、慎重なる計画と指導とを要す。

防御計画に際しては、まず詳細なる地形の研究を必要とす。而して、地形、もしは地上物が戦車の運動を困難ならしむべき場合にありては、簡単なる防御手段を講ずれば足れりとす（第五百三十参照）。

戦車に対する防御手段は、地形上、敵戦車の行動容易なる地区に集中すべし。而して、戦車自身は、その有効なる手段に属するものとす。

第五百五十四　技術的阻絶および戦車陥穽（壕、地雷、阻絶）の構築は多大の時間を要し、しかも、わが有効火により、これを掩護し得るときに限り、効果あるものとす。これらの方法は通常、陣地戦においてのみ利用し得るものにして、その一部、たとえば地雷のごときは、敵火のため、爆破せられやすし。

第五百五十五　戦車の防衛には、むしろ各隊自ら行うところの厳重なる配備を以て、いっそう緊要にして、かつ効果ある手段なりとす。

地上および空中よりする敵地の周到なる偵察、戦車の爆音の聴取、捕虜の言等は、敵戦車の所在に関する根拠を与うるものとす。

第五百五十六　戦車を射撃するに適する歩兵用兵器、「タンク」銃【対戦車銃】および平射迫撃砲を、予想する敵の攻撃地区に隠蔽配備し、機関銃と連繫し、陣地内部に縦長的に、かつ市松形に配備せられたる抵抗群として、総括せらるるを要す。而して、過早にわが配備を暴露せざるため、これらは、なし得れば、単に戦車防御の目的にのみ射撃するものとす。

第五百五十七　繋駕砲ならびに自動車砲は、敵戦車突進し来たらば、近距離の直接射を以て射貫せんがため、適当なる地点に準備するものとす。良好なる通信連絡は、前記火砲をして、機を失せず使用せしめ得るものとす。

その他、全防御砲兵は、その全中隊を以て、従来の目標より戦車に射撃を転向すべきや、または、一部を以て、これに目標を変換すべきやに関し、考慮するを要す。

第五百五十八　戦車の出現は、敵の攻撃近きにある確証なり。ゆえに、戦車を発見せば、全砲兵は、ただちに予想する敵の突撃出発陣地ならびに準備地域に対し、極力殲滅的射撃を指向すべし（第三百九十四参照）。

第五百五十九　敵、攻撃を開始するや、わが歩兵は小銃ならびに機関銃を以て、まず戦車とともに前進する敵歩兵を射撃し、「タンク」銃、迫撃砲は戦車を射撃すべし。戦車、至近距離に迫るや、歩兵は沈着し、精確なる射撃をその展望孔に指向し、また、集束せる爆弾を無限軌条の直前、もしは防楯に投擲《とうてき》すべし。集束爆弾の投擲は、煙幕により操作容易なり。同様に、火炎放射器を戦車の開孔に使用するも効果あり。

地形を利用し、適当に分散配備せられたる、わが歩兵に対しては、戦車は好目標たるものなり。これに反し、一所に蝟集するときは、損害を被ること多きものとす。

第二節　路上装甲自動車

第五百六十　路上装甲自動車は、装甲武装せる特殊自動車にして、路上、もしは、とくに地面堅硬なる路外を進行し得るものなり。また、退行に際しては、転回することなく逆行するを得。同車に装備せる機関銃および小口径砲は、活目標に対し、四囲に大なる火力を及ぼすを得。また、その装甲は、小銃火ならびに軽榴弾の破片に対し、乗員を保護す。乗員は、長以下三ないし六名とす。

第五百六十一　運行中の射撃は、車体の動揺はなはだしく、かつ射界制限せられあるを以て、一般に、至近距離にあらざれば有効射撃をなすを得ず。しかれども、装甲自動車は、敵火中において常に車行するを要す。けだし、停止するときは、ただちに敵火の好餌となるを以てなり。

なお、車体の高きと、ときとして運行のため、はなはだしき塵煙飛揚するため、遠方より敵に認識せらるるの欠点を有す。

第五百六十二　路上装甲自動車最良の掩護は、その大速度なり。短時間の車行にありては、平坦なる道路を一時間六十五キロまで疾走し得。行軍速度は、一時間平均十五ないし二十キロとす。

第五百六十三　路上装甲自動車は、二ないし四車を以て小隊を編成し、小隊は大隊に編成し、大隊には補給用自動貨車の段列を配属す。

単独の路上装甲自動車を使用するは特別の場合に限る。

第五百六十四　後方と連絡のため、無線電信機を有する通信自動車あり。近距離上の連絡は、視号、または発光信号を以てす。

通信自動車は装甲しあるも、武装を施さず。同車は、命令伝達に任ずるほか、火急の場合には補給および傷者の輸送に利用せらる。

第五百六十五　路上装甲自動車は長時間の火戦に適せず。同車は、主として運動戦の兵器なり。騎兵は、自転車兵、自動二輪車兵、自動車に搭乗せる歩砲兵と協同し、奇襲的に現出するを得ば、好果を収むるを得。敵の側面および背面、ことに然りとす。

第五百六十六　路上装甲自動車は行軍間、騎兵集団（第百三十六、第百五十二参照）、捜索隊（第百五十七参照）、前衛（第九十八参照）、後衛（第百七十八参照）、掩蔽（第二百二参照）ならびに、分離して行軍する部隊間の連絡（第五十一参照）に使用せらる。

また、先兵の前方を短距離の躍進を以て前進し、村落、隘路、通過時における敵の奇襲および前進の遅滞を防遏するを得。

そのほか、他隊と協力して要点を速やかに占領するに、とくに適す（第百七十三ないし第百七十六参照）。

第五百六十七　路上装甲自動車は、戦闘間には、地形上俄然《がぜん》敵の側面および背後に現出し得る場合に、翼に使用するにあらざれば、通常、効果を期待するを得ず。

第五百六十八　追撃に際し、迅速なる運動性を有する他兵種の予備隊と協同し、間断なく敵を圧迫することにより、とくに有効に活動するを得。而して、速度迅速なるを以て、とくに退却する敵の側方に溢出し、かつ背後に行動するに適す（第百八、第二百九十七参照）。

第五百六十九　退却に際しては、敵の追撃を拒止す。その大なる速度は、敵との迅速なる離脱ならびに他の陣地（なし得る限り、敵の進路の側方における陣地）における新抵抗を容易ならしむ。

第五百七十　路上装甲自動車の防御には、「タンク」銃、鋼心尖弾を以てする機関銃、軽迫撃砲（平射を用う）および軽砲、これに適す。路上の阻絶は構築容易にして、その効果大なり。しかれども、わが有効火力を以て、これを掩護するを要す。

第三節　装甲自動車

第五百七十一　装甲自動車は武装しあらず、かつ逆行し得ず。同車は、軍隊の安全なる輸送、とくに内乱時に適するのみ。

第四節　装甲列車

第五百七十二　装甲列車は、迅速に運行し得る一種の武器にして、大なる戦闘力を有し、敵に対し精神上偉大なる効力を及ぼす。価値劣弱なる敵に対し、ことに然りとす。しかれども、軌道の破壊容易なると、機関車が敵火のため行動不能となりやすきを以て、その用途、きわめて狭し。長時間の火戦ならびに砲兵を有する敵との戦闘に適せず。急襲的使用は成功をもたらすものなり。装甲列車の使用に際しては、軽量にして運動性大なる装甲自動車と比較し、任務達成上、いずれが確実なるやに関し攻究するを要す。

第五百七十三　装甲列車は、機関車、戦闘車、防護車（器材）、乗用車、給養車より成る。

機関車および戦闘車の重要部分は装甲を以て、小銃弾および榴弾の破片に対し掩護す。

戦闘車は、機関銃、迫撃砲および火砲を装備し、戦闘員を収容す。乗用車および給養車（工作および貯蔵室）は装甲しあらず。

列車の前端および後端には司令室ありて、ともに機関車および戦闘車と、自働電話機、通話管、装甲発光器、電気信号器および通路を以て連絡す。

その他、命令伝達、射撃指揮および外部との通信のため、各種無線電信その他の通信設備を有す。

第五百七十四　装甲列車は、指揮官の統一指揮を容易ならしむるため、勉めて長径を短縮す。戦闘に適応する列車の編成の一例、左図【次頁上図参照】のごとし。

乗用および給養車は、敵と戦闘接触を予期せば、後方に残置す。二列車以上を同時に使用し得るときは、遠戦近戦用列車に区分して使用し得るの利あり。この際、両種列車の統一指揮は、周到なる考慮を

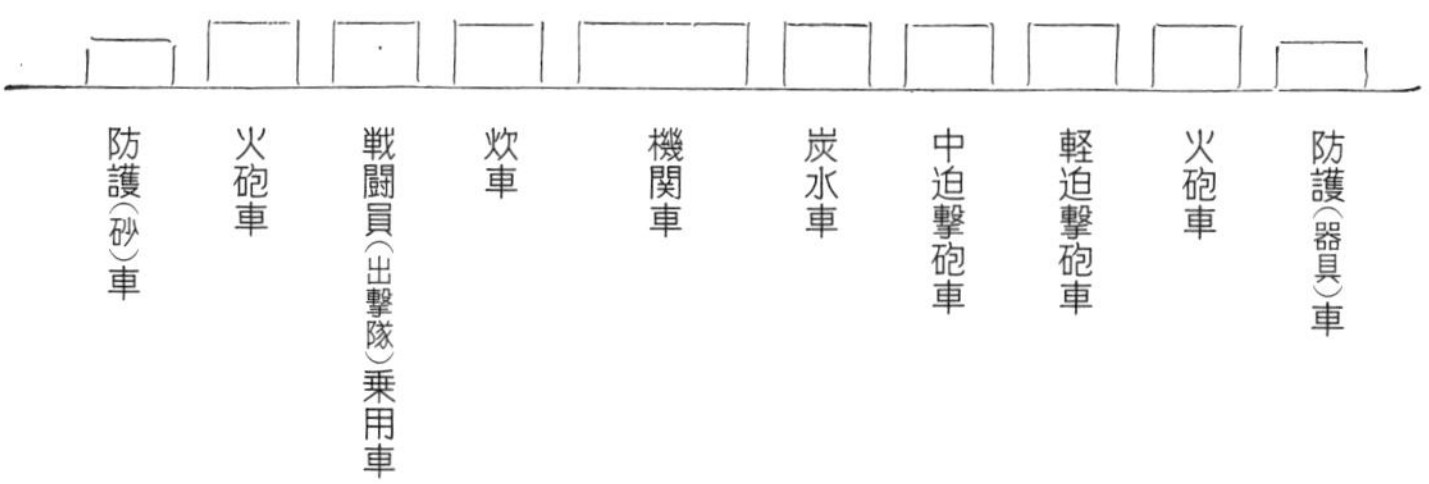

以て規正するを要す。

第五百七十五　装甲列車の乗員は、戦闘員、技術員（列車運行諸員）および鉄道作業隊より成る。戦闘員は、銃砲手および出撃予備隊より成り、その兵力、通常一中隊なるも、一定の戦闘目的のためには、機関銃を有する歩兵一大隊までの兵力を、要すれば特別列車を連結して搭載することあり。

装甲列車なき場合には、火砲を据え付けたる列車を使用す。該列車は抵抗力小なるを以て、使用上顧慮を要す。

第五百七十六　装甲列車を編成する停車場は、炭水補給のため、十分の設備あるを要す。大停車場は、運行技術上の顧慮および敵機に対する顧慮より、かえって不適当にして、むしろ線路の集合点附近にある小停車場を適当とす。而して、敵機の捜索を偽騙せんがため、列車を分割して、数条の線路上に分置するを要す。しかれども、これがため、出発準備に時間を要するものなることを顧慮すべし。

装甲列車の出発準備に要する時間は、一時、もしは常時準備せる場合には半時間、爾他の場合にありては通常三時間とす。その速度は、一時間二十ないし三十キロなるも、要すれば、運行の安全なる限界まで速力を高むるを得、中等の起伏地にありては、百キロを運転し得る水、三百キロを運転し得る石炭を携行し、機関車は千五百キロ*（運行約半日間）運転後、手入れを行うを要す（註　*の数字は、単に標準のため掲げたるものとす）。

第五百七十七　装甲列車は、一時、もしは永続的に、高級司令部に隷属し、同司令部より一定任務に対し、各隊に配属せられたるものとす。その配属は、しばしば変更するを要す。しからざれば、敵の注意を牽き、敵は軌道を破壊する等の方法により、運行を不能ならしむるを以てなり。

関係司令部は、鉄道官憲と協力して、列車運行上の監督を規正す。

第五百七十八 装甲列車を以てする某企図を達成せんとせば、明確なる任務、全般の情況の指示ならびに準備の厳秘を条件とす。而して、線路沿線の地形を詳知するは、とくに重要にして、これがため、飛行機を使用して沿線の偵察をなさしむるは、その価値大なるものとす。

第五百七十九 装甲列車を使用する場合、つぎのごとし。

一　鉄道輸送の警戒。
二　軍隊の下車掩護。
三　敵の下車妨害。
四　鉄道の技術的捜索および沿線の威力偵察、また往々、遮断および破壊任務を附帯す。
五　重要線路ならびに線路の集合点の占領に協力す。
六　線路、術工物、停車場および復旧工事の警戒。
七　依託せる翼に対する翼掩護に協力す。
八　防御ならびに国境掩護においては、支援、なかんずく、その正面の薄弱なる場合、または予備隊の兵力少なき場合、追送後送の警戒。
九　追撃。
十　退却。

残置せられたる警戒部隊の後送。
乗車停車場の警戒。
敵手に委《まか》すべき鉄道線路および術工物の破壊。
十一　後方地域。
動乱地方の鎮圧。

第五百八十　装甲列車は、その側方に前進せる友軍軍隊、もしくは、直後より続行する軍隊と協力して行動し得るときは、大なる効果を獲得するを得。

第五百八十一　道路乏しき広大なる地域において、かつ、劣勢なる敵に対する場合においては、企図心に富む指揮官の率ゆる装甲列車は、作戦が長大なる鉄道線路に沿いて指導せらるる間、大なる活動を発揮し得るものなり。かくのごとき状態にありては、いわゆる鉄道戦の形式を採るものにして、この際、軍隊は混成の群となり、これに応じ編成せられたる列車に搭乗し、装甲列車掩護の下に作戦す。

第五百八十二　背後の掩護のためには、とくに敵地内に進入せる場合において、なし得れば二個の列車を併用するものとす。而して、前後に重畳して、互いに支援し、あるいは複線上を併行して、梯隊に運行す。両列車は、汽笛、発光信号、無線電信により連絡す。

また、機関銃を有する斥候を、予備機関車、自走車、軌上自動車に搭乗せしめ、連絡に任じ、なお、ときとして軽破損に対する修理器材をも携行せしむるを有利とすることあり。発動機自走車を利用するときは、その乗員には、迅速にこれを転換するに足るべき人員を必要とす。

第五百八十三　敵地内に作戦する際は、背後警戒をとくに緊要とす。なお、後方に対する通信連絡にも配慮するを要す。これがため、普通の通信手段（とくに無線電信機）および自走車、軌上自動車、特別の機関車を使用するを得。これらは、報告通報を伝送するほか、要すれば、増援を送り、また鹵獲品の後送に使用するものとす。

第五百八十四　夜間ならびに森林地域、もしくは展望不良なる地域においては、装甲列車を使用せざるものとす。

第五百八十五　術工物、または停車場を通過せんとするときは、あらかじめ斥候を以て、周密に捜索しおくを要す。偵察のため、駐止し、または、復旧、破壊作業をなすときは、監視者を前遣し、列車自らは機関車の火力を準備し、以て、敵の奇襲的近距離攻撃（手榴弾）に対し、警戒するを要す。敵の狂暴なる列車、もしくは機関手なき機関車の驀進《ばくしん》に対しては、爆弾、急造阻絶（軌条の撤去、制輪靴と砂の撤布とを併用する等）を、敵方に通ずる線路上に敷設するものとす。空連結車を防突に利用することあり。

第五百八十六　常に弾薬節約に関し、注意すべし。すでに、任務を受くるや、装甲列車は少量の弾薬を携行するにすぎざることを考慮するを要す。必要やむを得ざる場合、弾薬の前送は、特別の列車を以て実行すべきものとす。

第五百八十七　装甲列車長は、電話ならびに電信線を、いくばくの程度まで切断すべきや、また、線路は近くわが軍の目的のために使用し得る目途ありや否やに関し、指示を受くべきものとす。

第五百八十八　局地的抵抗に際しては、搭乗歩兵をして包囲的に前進せしめ、列車よりは、機関銃、迫撃砲および火砲を不意に猛烈に使用し、なるべく敵を側射し、これを支援するものとす。攻撃進捗するか、もしくは、わが火力の優勢を認めたるときは、放胆なる前進により、列車の精神的威力を利用すべきものとす。

敵の抵抗強烈なるか、または砲火優勢なる場合において、列車を長くこれと抗戦せしむるは適当ならず。敵の有効なる砲火に対しては、ただちに煙幕を作り、その掩護により退却するものとす。

第五百八十九　敵の装甲列車との交戦に当たりては、その機関車を破滅するを以て、最良の目的とす。まず、わが列車より射撃をなし、歩兵は敵を包囲し、その退路を遮断するごとく使用するに努め、ついで熾烈なる火力準備ののち、列車に向かい攻撃に転ず。この際、わが機関銃は、敵の砲手を制圧するものとす。

もし、わが列車、敵の攻撃を避けんとせば、煙幕を作り、貨車を敵方に衝き送るか、あるいは、阻絶物（爆弾、車軸等）を放擲せるものとす。

第五百九十　装甲列車は運行中、敵機に対し掩護するため、常に機関銃をして発射準備を整えしむるを要す。

敵の爆撃機に対し、わが列車は繊長《せんちょう》なる【細く長い】形状を呈するを以て、好目標たらずといえど、戦闘機よりする機関銃火に対しては、はなはだしく危険を感ず。ゆえに、列車は千メートル以内の距離にある敵機に対し、計画的に射撃を準備し、以て前記危害を防御せざるべからず。

第五百九十一　装甲列車を有せざる軍隊といえど、装甲列車を防御し得ざるべからず。敵装甲列車の来襲を予期するときは、情況これを許せば、線路を遮断するか、このこと不可能なれば、戦車防御に準ずる手段を講ずべし。

隠蔽せる阻絶により、列車を脱線せしむべし。また、発見容易なる阻絶は、列車をして、わが試射を行える地域内に停止せしめ得るものとす。

敵の近接を速やかに報告し、かつ、これに応じて、時を逸せず奇襲し得る限り、砲兵および迫撃砲の協力の下にこれを行うの準備を常に整えあるを要す。これを行うに、とくに適するところは、森林、通過困難なる地点、屈曲部、隧道、起伏地、すなわち一般に徐行地区とす。

第五百九十二　わが兵力十分なるときは、装甲列車に対する防御は攻撃的に行い、かつ、急襲的方法によるを最良とす。すなわち、まず列車の運行を停止したるのち、これを制圧するの手段を講ずるか、あるいは、四周より同時に急襲し、以て、敵の威力を発揮するの暇《いとま》なからしむるものとす。

前項第一の場合においては、まず遠近両戦闘手段を以て、ことごとく、まず機関車に向け、機関銃は機関車の司令位置を射撃す。要すれば、列車乗員を制圧す。迅速に背後に迂回し、軌道を爆破する法により、逆行を不可能ならしむ。もし急襲法を利用するときは、各車輛に対し、同時に射撃を指向し、ついで攻撃するものとす。

右戦闘間、敵の後続列車、または後続部隊の増援を妨害するを要す。これがため、後方地域における軌条の爆破（遮断）のほか、警戒隊を前方に派遣し、地雷、阻絶を設置し、あるいは、敵増援隊を奇襲するごとく部隊を配置するものとす。

第五百九十三　戦闘機は、とくに装甲列車の襲撃に適す。列車の前進間に、自己の火砲の射撃のため、その運行を止むるに至らしめ、列車退却するときは、これを追撃するものとす。

第十四章　ガス戦

第五百九十四　軍用ガスは有毒および刺激的作用をなし、ガス防御の手段を欠ける敵に対してはもちろん、その防御手段の不十分なる敵をして、戦闘を不能ならしむ。完全なる毒ガス防具を有する敵といえど、覆面を使用するのやむなきに至らしめ、その運動を害し、武器の使用を困難ならしむ。天然、または人工の掩蔽物の内部、または後方に位置し、多少わが火器の効力を免るる敵に対しても、軍用ガスはその効力を発揮す。

その他、敵をして、某地区を利用せしめざるため、もしは、これが利用を困難ならしむるため、毒ガスを以て該地区に染布《せんぷ》しおくことあり。

毒ガスは、多くは敵の行動を妨げ、もしは、これを不安ならしむるにすぎず。

敵をして、しばしば高度の対ガス準備をなさしめ、あるいは、長時継続的に防毒覆面を使用せしむるときは、敵を疲労せしめ、その戦闘力を減却せしむるものとす。

毒ガスは、その種類により効力継続時間に差異あり。攻者は、自己の敷布せるガス地帯に前進するにあたり、停止するの要なきごときガスを使用するに止むべし。

防者は、数日、もしは数時間にわたり、敵の戦闘力を妨害し、または困難ならしむるごときガスを使用するを得。


第五百九十五 ガス戦には諸種の方式あり。

ガス放射は、ガス容器より放射するガス雲を、風の力により、敵方向、もしは敵中に撒布するものとす。

ガス擲射およびガス射撃は、爆弾その他の投擲物体、または砲弾内に毒ガス原料を装塡して、投擲、もしは発射するものなり。而して、これらにして、目標およびその附近に着発するや、ガス原料はガス霧となり、四散するものとす。また、航空船、もしは飛行機より、ガス弾を投下することあり。


第五百九十六 攻撃の際のガス放射は、ガスを敵の最前線に対し、大なる濃度において、しかも広大なる正面にわたり、放射するものとす。しかれども、この方法は、風および天候の影響を受くること大なるの不利あり。

風は、ガスの搬送者なるを以て、敵方に向かわざるべからず。一秒四メートル以上の強風はガスを希薄にし、一秒一メートル以下のものは効用不確実にして、友軍に危害を及ぼすことあり。突風はガスを上空に飛散せしめ、その効力を減殺す。無風はガスの使用を不可能ならしむ。

薄霧および寒冷なる地表面は、ガス効力を発揮するに適す。

強雨は、ガスをして、過早に地中に浸透せしむ。

放射用ガス容器の使用は、一連の線をなせる最前方陣地にのみ可能なるものにして、多大の時間を要し、かつ、敵に秘匿すること困難なり。従って、その附近の陣地を煩わすことはなはだし。ガス放射の際、発生する騒音は、注意の周到なる敵に対し、ガス急襲を困難ならしむ。

ガス放射は、準備の広範なると、かつ、風および天候の影響を受くること大なるを以て、陣地戦においても稀に利用せらる。

第五百九十七　ガス擲射器は、固定的に居着《すえつ》くるものにして、あらかじめ準備を用するを以て、単に陣地戦においてのみ利用す。而して、その放射は、敵眼に遮蔽すること困難なり。効力は三千メートルに達し、火砲、迫撃砲の効力に優る。ガス擲射弾の集団発射は、瞬時にガスを瀰《び》漫《まん》せしめ、敵をして、しばしばガス軍紀【毒ガスに対する対処規範】を維持するを得ざらしむるものとす。

第五百九十八　ガス発射は、ガス放射に比し、風および天候の影響を受くること少なきも、大気の状態は効力を左右し、従って、利用可能性に大なる影響を及ぼすものなり。

三メートル以上の風は、ガス発射の目的、単に地表面を侵染せしめんとする場合のほかは、ほとんど発射を無効ならしむ。無風、もしは、われに向かう微弱の風に際しても、目標十分にわが戦線より遠隔し、かつ、ガス種類の選定適当なるときは、なお効果を発揮し得るものなり。

ガス発射は、陣地戦の状態に特有なる準備を要せざるを以て、運動戦においても利用するを得。急襲は、ガスの使用を有効ならしむるものにして、ガス発射砲によれば、容易にこれを達成するを得べし。砲兵の大射程および砲火の転向能力は、ガス発射の価値を高むるものとす。広大なる地表面に有効にガスを散布せんとせば、多量の弾薬を使用せざるべからず。

第五百九十九　飛行機より行うガス弾投下の方法を以てしては、広大なる地域にわたり、有効なるガス濃度を得ること不可能なり。ガス爆弾の落達は、個々分散せる砲弾の効力のごとく、わずかに敵を不安に陥らしめ、一時、覆面の使用を余儀なくせしむるにすぎず。

第六百　毒ガスの用法は、ガスの特性および戦闘目的に適応せしめざるべからず。
運動戦と陣地戦とを問わず、行軍中の軍隊、準備陣地、予備隊、道路上、隘路、村落に対するガス襲撃は、敵をその運動中および戦闘準備中に妨害し、宿営地において不安ならしむ。而して、射撃の効力は、場所、時およびガスの種類をしばしば変更することにより増大す。敵の抵抗巣、砲兵中隊群、観測所、司令所等に対するガス攻撃は、その機能を萎靡し、情況有利なるときは、まったくその活力を奪うものとす。

第六百一　かくのごとく、ガス攻撃は諸般の目的に用いらるるを以て、その大部は、上級および中級指揮官の掌中に保留せらるるものとす。
ガス手段は、攻撃にありては、戦闘の初期、陣地内にある敵に特別なる衝動を与え、もしは停滞せる攻撃を再び振興する場合に用いて、とくに有利なり。

第六百二　ガス放射とガス発射とを結合するは、一般に有利ならず。ガス発射、放射、二者いずれにも、ほぼ有利なる天候は適時生起するものにあらず。
遅疑遷延は、多くの場合、急襲の利を失うに至らしむゆえに、両手段に適するガス天候を待つごときは、通常、情況の許さざるところなり。

第六百三　ガス放射攻撃は、わが突破地区が敵の近戦兵器により側射せられざるごとく、広正面にわたり施行せらるる場合においてのみ、効果を発揮し得るものなり。
放射攻撃に際しては、わが歩兵は、ガス種類に鑑み、かつ、自己がガスの被害を受けざる程度に、ガス雲に離隔して前進するものとす。

第六百四　ガス擲射は、敵陣地中、とくに緊急なる部分に集中するものとす。

第六百五　敵の最前陣地に対する毒ガス攻撃後、引き続き、無害の煙霧射撃に転ずるときは、攻撃部隊の急襲的進出を容易ならしむるのみならず、この方法は、なお覆面のため行動の自由を失える敵に対し、われわれは覆面を用いざる自由の姿勢において戦闘し得るの利益あり。

第六百六　長時間有効なる刺激剤を地上に鬱積するガスは、攻撃の場合使用すべからず。

けだし、攻者自ら土地の侵染により、重大なる危険に陥るを以てなり。この種のガスは、一定地区における攻者前進を防遏し、もしは、これに著大なる損傷を与えんがため、防者としては有効なる手段とす。

第六百七　軍隊は常に敵のガス攻撃を予期し、戦闘ガスに対し有効なるガス防御器具を装備し、かつ、これが用法に習熟しあらざるべからず。また軍隊は、戦闘行為をガス防御器具の妨害の下に演練するを要す。

ガス攻撃より生ずる危険の大部は急襲なり。ゆえに軍隊は、ガス防御準備、天候風向の観測および警戒により、これに対抗すること必要なり。

第六百八　ガス防御準備とは、防御手段を最高度に完備するをいい、敵のガス攻撃を予期せる場合に命令せらる。而して、戦線の気象観測勤務および軍隊の警戒勤務は、これが準備を与うるものとす。

第六百九　戦線の気象観測とは、ガス戦の適否および効果に関する気象の関係を観測するものなり。ガス放射を実施し得べきや、また、効果を得べきやに関して、風（第五百九十六）のほか、温度、太陽の光度、ガス沈滞度を観測するものとす。

ガス擲射および発射は、風の影響を受くること比較的少なきも、前記諸元には関係を有す。霧は、ガス雲の発見およびガス撒布範囲の判定を困難ならしむるの利あり。

陣地戦にありては、戦線気象観測の結果を（ガス攻撃のため、天候報知）、時間を定め、軍隊に通報するを要す。軍隊もまた、自ら風向および風速を判定するに熟達するを要す。波状地にありては、元来の風向のほかに、特種の地面、風にも注意すべし。

第六百十　各隊は警戒を厳にして、敵のガス攻撃を予防するを要す。敵と触接し、ことに敵の攻撃を予期するときは、陣地戦においてはガス攻撃の能否を、また、すべての戦況において、常にガス射撃の能否を探求しおくを要す。敵の動作に関しては、とくに注意監視しあるを要す。

敵の砲兵陣地に対する射撃は、その弾薬を爆発せしむることあるを以て、敵のガス攻撃準備を暴露せしむるに重大なる意義を有するものとす。而して、もしガス雲発生するか、ガス警報を聞ける場合には、敵、すでにガス弾を準備せりと判定し得。

第六百十一　敵がガス擲弾機を設置する見込みある場所には、とくに注意し、また、地上偵察のほか、飛行機をして、この部を偵察せしむるを要す。これ、飛行機上よりする撮影により、容易に擲弾機を発見し得るを以てなり。

第六百十二　陣地戦にありては、特別なるガス監視隊を配当するを要す。

第六百十三　ガス攻撃の兆候、つぎのごとし。

「シュウシュウ」と発する音、ガス雲の近接（ガス放射）。

三キロ以内の敵陣地内に起こりたる爆音（ガス擲射）。

鈍き音響を以て炸裂する弾丸、薬品または刺激性の臭気（ガス発射）。

第六百十四　敵のガス効力を認知するや、ただちに警報を発するものとす。これがため、警報手段を常に準備しあるを要す。

警報器としては、汽笛、鐘等、口を用いざる器具のみを使用するものとす。

ガス防御には、即時ガス防御具を使用す。軍隊は、これと同時に敵の攻撃を予期し、戦闘準備を整うるものとす。ガス攻撃終了せば、命令により、防毒覆面を脱するものとす。

ガス攻撃を受けたる際、軍隊の動作に現わるるところのガス戦闘軍紀は即、すべてのガス防御を有効ならしむる条件なり。

第十五章　通信

第一節　各種通信法

第六百十六　最良の電信機たる迅速電信機（一時間約七千字）は、結構【構造】の広大敏感なるにより、軍司令部より後方の高級司令部と本国との通信連絡に使用す。本通信は、特別の設備を有する附属電信機によりてのみ受信し得るものなり。

現字電信機【テレプリンター】は、印刷文字のまま、迅速（一時間約一千字）に送信し、かつ、受信機にして送信を直接書き取らしむることを得（現字電信）。本機は、野戦において、軍団司令部以上の上級司令部に使用す。而して、特別なる設備にあらざれば、これを聴取し得ず。これが取扱には、特別の修業者を要す。

打信電信機は、簡単かつ建設容易にして、とくに教育を受けたる兵員が「モールス」符号を聴音し、受信するものとす。現字電信機による通信に代用し、師団司令部以上の通信に使用す。本通信は、簡単なる野戦的装置により聴取することを得。

第六百十七　指揮のため、もっとも重要なる軍用通信法は電話なり。電話は相互に通話し得るも、架設に時間および労力を要す。一架設班は、架設法、天候、道路の景況により異なるも、平均一キロの単線を四十分にて架設し得るものとす。

一架設班を以て裸線複線一キロを架設するに、既存の支柱を利用せば、十六ないし二十四時間を要す。野外においては、軍隊の行動と同時に電話線を架設し得るも、高級司令部の宿営通信網構成は、一日ないし数日を要するものとす。

二十語を通話するに約二分、二十語を伝達するには約八分を要す。電話線は、外部の障碍（敵弾、風雪、寒気、雷）を受けやすし。また単線にありては、とくに敵より聴取せられやすし。ゆえに、峻厳なる電話軍紀を設定し、陣地戦にありては、絶縁し、かつ周到なる監視下の複線となし、以て、聴取せらるるを防遏せざるべからず。

第六百十八　無線電信所に、つぎの別あり。

固定無線通信所（衛戍《えいじゅ》地、もしは要塞内に設くる通信距離大なるもの）。

部隊通信所〔（大、中、小に別つ）車輌に搭載するもの（重、中、軽）と駄載し得るもの（小通信所）〕とありて、各種通信距離を有し、軍隊および司令部に用う。

方向探知機（空中、または地上の通信所の位置を探知するもの）。

無線電信は、遠距離において有線電信の設備なきとき、または妨害せられたるときに、欠くを得ざるものなり。戦闘中の軍隊のためには、電文簡単なる場合に限り使用し得るものとす。

無線電信は、敵より聴取せらるるものなるを以て、暗号を用うるを原則とす。戦闘中、敵情報告をなす場合等には、例外として普通語を使用するを得。

無線通信は、空中電気（とくに雷）の障碍を受けやすく、山地は通信距離を短縮す。

無線電話は、現在の進歩の程度にありては、軍用として制限せる用途に使用し得るにすぎず。

第六百十九　地線通信機は、主として陣地戦において、単に戦線にのみ有線電話の欠を補う場合に使用せらる。その通信距離は、地形により異なるも、平均二キロとす。その取扱は無線電信と同様なり。

地線通信所は、隣接する単線電話通信所と相互に妨害す。これが救済手段は、通話時の制限、もしは複線架設の法によるべし。同様に、隣接する無線通信所は、地線通信所の受信を妨害す。

地線通信は、敵より聴取せらるるを以て、無線電信と同様の防遏手段を採るを要す。

第六百二十　回光通信機は、電線連絡不通となるか、不可能なるか、もしは、遠距離のため、労益相償わざる場合において、戦闘中の軍隊のため、有用の通信手段なり。

気球との回光連絡は、困難なる情況において、通信連絡を可能ならしむ。

霧、水蒸気、太陽の光輝は、回光通信を不可能ならしむ。通信所は敵眼に遮蔽しあるを要す。

赤色遮蔽筒 Q-Blende は、敵眼に対し、直接照映することなし。しかれども、単簡なる通信にのみ、戦術上の目的を達し得るにすぎず。

通常の通視状態にありては、中回光通信機は四キロまで、大回光通信機は八キロ、赤色遮蔽筒を利用せば（望遠鏡視察）十八キロに通視し得。

百字（約二十語）の回光通信は、良好なる天候および通視状態において、熟練せし通信手を以て約十分を要す。

第六百二十一　発光記号は、あらかじめ協定せる通信事項を通信するものにして、多くは認知の記号として用う。記号は、広地域にわたる直属部隊のものを統一しおくを要す。また、発光拳銃を以て光弾および信号弾を、信号擲射機、またはその他の擲射具を以て信号榴弾を発射し、その他、最前歩兵群を表示するため、発光記号を用うることあり。これらは、軽電話機車、もしは、他の戦闘車（小行李車）に積載携行せらるるものとす。

右諸記号の認識は、地形、背景、照光等に関係するものにして、いずれの地点より信号せられしものなるやを判定すること困難なり。従って、敵の記号と混同し、または、敵のために偽騙せらるることあり。

第六百二十二　視記号（布片、旗、板、腕信号、竿、信号旗等）は、協定事項を通信するものにして、他の通信連絡なきとき、もしは破壊せられたるときに利用し、また、とくに飛行機および気球との通信に用う（飛行機用布片）。

第六百二十三　音響信号は、警報、たとえば、敵機の襲来、ガス攻撃の場合等に使用す。わが陸軍は、主として聴音機、信号笛を、また、補助として、とくにガス警報にあたり、鐘、「ゴング」、軌条等を応用す。

第六百二十四　陣地戦においては、榴弾投擲砲より通信弾を、軽迫撃砲より軽通信弾を発射し、以て、筆記報告、命令、要図を送達す。これがため、各司令所付近には受弾区域を設定するを要す。送達距離は、通信弾は一キロ以内、軽通信弾は一・三キロ以内とす。

第六百二十五　伝書鳩は、報告、要図等を、放鳩点より鳩舎まで伝送するものなり。この際、鳩は、その土地を熟知しあるを要す（すなわち、飛び慣らす必要あるなり）。この性能を附与するため、三日間を要す。鳩通信は、猛烈なる射撃中においては、ときとして、唯一の通信法たるを得べし。同通信は地形に左右せられず、また、ほとんどガスの影響を受くることなし。しかれども、薄明、暗夜および不良なる天候の際は飛翔せず。降雪は、その土着の特性を減ず。

鳩を放鳩点まで輸送するには、時間を消費するものにして、かつ、特種の規定を設けざるべからず。

移動鳩舎は、その土着性を附与するため、各所に少なくも三日間滞在するを要す。新地に馴致《じゅんち》せしめ、鳩舎に飛び入らしむるためには、多くの場合、若干、羽の消耗を覚悟せざるべからず。而して、鳩の性能を発揮せしむるためには、専門の飼育および使用法を要す。

鳩は、一キロを約一分にて飛翔し得。

第六百二十六　伝令犬は、報告、要図、命令を、強烈なる敵火中にありても、確実に目的地に伝達し、伝令兵の使用を節約するものなり。飼育者、巧妙にして、かつ愛撫心を以て教育して、はじめて誠実に労役に服するものなり。而して、間断なく教育を行うときは、その伝達、ますます確実迅速となるものなり。伝達距離は平均二キロとす。

第六百二十七　音響探知器は、敵および友軍の通話を聴取し、また、敵の対壕作業【敵が味方陣地に接近するため、塹壕を掘り進める作業】を探知するに使用す。

第六百二十八　高級および中級司令部の筆記命令は、道路の状態良好なるときは、自動車、もしは自動二輪車を以て、もっとも迅速に伝送するを得。これらの機関は、彼我直接意見の交換のため、一名の将校を搭乗せしむることを得。

第六百二十九　情況困難なるため、技術的通信連絡断絶するときは、自転車、伝騎、または伝令は、通信伝達の唯一の担当者たることとあり。遠距離にありては、以上三者の逓伝法を用う。

第六百三十　歩兵飛行機は、中級司令部と第一線部隊とを連絡し、砲兵飛行機は観測の結果を砲兵隊長に報道して、射撃指揮に貢献す。

両種機ともに、通信手段として、無線電信機、もしは、発光、視号、回光通信、通信筒の投下、もしは機関銃間歇《かんけつ》的射撃を利用す。

地上より飛行機に対する連絡は、視号（飛行機布片）、発光および回光通信により、また、稀に無線電信による。

気球は、一定の地域に対し、約束の信号、たとえば、時刻、命令（射撃開始、攻撃前進）の表示をなす。これがため、布片、旗、または、発光および回光通信機を用う。

第一線部隊は、発光、もしは回光通信機により、気球と連絡す。

気球との連絡は、良好なる通視を要し、かつ、隠蔽地、もしは波状地ならざるを要す。

第二節　通信隊および各種通信法の用法

第六百三十一　軍司令部以下にありては、上級司令部は、隷属する下級司令部に向かい、連絡するを原則とす。しかれども、下級司令部もまた、右の原則にかかわらず、諸種の手段を尽くして、上級司令部に対し、連絡の促進に勉めざるべからず。

第六百三十二　同等の各司令部は常に、右方へ対し連絡を採り、かつ、確実にこれを保持するを要す。しかれども、これがため、左方に対し、ただちに連繋を求むべき義務を免ぜらるるものにあらず。いかなる場合においても、隣接部隊より連絡すべきゆえを以て、自ら連絡を怠るごときことあるを許さず。

第六百三十三　砲兵は、協同すべき歩兵に対し、連絡を設け、確実に維持するものとす。しかれども、歩兵もまた、砲兵の連絡を受けざるか、あるいは、連絡断絶せる場合には、砲兵に対し、連絡を求むるの義務あるものとす。

歩兵重兵器隊の他の歩兵指揮官に対する連絡も、右に準ずるものとす。

第六百三十四　各司令部は、その命令圏内における連絡に関し、注意を払うべきものとす。

第六百三十五　上級ならびに中級各司令部は、通信掛《かかり》佐官（軍および軍団司令部）および通信隊長（師団司令部）をして、また、各隊長は各隊通信班長をして、各通信勤務を処理せしむ。

第六百三十六　各級指揮官は、前記通信掛佐官、通信隊長および通信班長に、なるべく速やかに、かつ間断なく、情況および企図を示すものとす。しかれども、通信隊長および通信勤務の長も、指揮官をして情況企図を指示せしめ得るごとく、自ら注意するの義務あるものとす。

第六百三十七　通信手段をして確実に作業せしめんとせば、各級指揮官により、各種通信機関を適切なるところに用い、その利用法を適切にすること、および各通信勤務者の技能の卓越なることを必要とす。

第六百三十八　通信連絡に関する命令は、通常、筆記命令に先だち、口頭を以て、通信隊長および通信班に指示せらるるものとす。

第六百三十九　情況の変化にともない、必ず通信網の変更および新設の必要を生ずるものとす。ゆえに、各級指揮官は、あらたに部隊の使用区分をなし、もしは、これが区分を変更するに際し、必ず通信班の予備を準備するを要す。

第六百四十　通信班の交代、または推進に際して、通信を中断せざるごとく区処するを要す。

第六百四十一　高級指揮官のための通信連絡は、主として、電信、電話および無線電信によるものとす。自動車、飛行機は、各司令部間、個人の接触に使用するを得。

中級各指揮官のためには、右のほか、伝書鳩を使用し、下級指揮官は、電話、無線電信、伝書鳩、回光通信、伝令犬、発光信号、視号、音響信号、通信弾を使用す。

第六百四十二　高級、中級各指揮官の通信連絡設備ならびに実施は、通信諸隊これを担任し、大本営、軍集団、軍および軍団司令部の通信は、通信大隊を使用す。同大隊は、主として電話にして、一部は無線電信隊なり。師団通信隊は、電話、無線電信および回光通信機を有する通信中隊より成る。

第六百四十三　高級各司令部の通信網は、現在せる常設電信、電話網に連接す。大本営、軍集団、軍司令部は、通信部の意見にもとづき、おのおの、その範囲内に通信線を分配し、各司令部相互間ならびに、前方は軍団司令部まで、後方は本国まで、捷路により連絡せらるるごとく架設を規定す。

第六百四十四　各高級司令部は、相互ならびに下級司令部と、絶えず無線通信の連絡を保つを要す。

軍団司令部以上の各司令部は、これがため、多くは無線電信所二個を使用するものとす。

第六百四十五　わが作戦を敵に秘匿せんとせば、関係兵団は無線通信を中止するものとす。この中止の開始、終了ならびに例外（たとえば、騎兵師団等に対し）は、高級司令部これを定む。捜索隊は、すでに敵に発見せられたりと思惟する通信所に対し、通信するものとす。

第六百四十六　高級司令部の受信所においては、彼我の無線通信を監視し、また隣接軍の通信を聴取す。

第六百四十七　軍団司令部は、軍の電話通信網に連接し、戦闘および前進中においても、絶えず軍司令部より受信し得るを要す。

第六百四十八　師団および軍団司令部間の有線通信は、前進間、しばしば断絶することあり。ゆえに、あらかじめ無線電信を以て、絶えず連絡し、あるいは、無線中止中にありても通信準備をなしおき、軍団の主なる前進路に沿い、直通の電話線を架設しおくを要す。また師団は、休止に移る際、あるいは長時間の行軍駐止に際し、軍団司令部の命により、設置すべき報告頭【連絡線の端末】に宛て、連絡するものとす。

第六百四十九　行軍中の宿営地の選定に際しては、有線通信を迅速に架設し得るごとく、意を用うるを要す。しからざれば、通信班をして、無益に固定せしめ、あるいは、過早に疲労せしむ。

第六百五十　敵と戦闘中か、あるいは、これと触接するにあたり、高級および中級司令部間には、中絶せざる電話連絡を保障せられざるべからず。而して、右電話連絡の補助としては、無線通信その他の通信手段を用うるものとす。師団相互間および師団内における横方向の連絡（有線および回光）は、各指揮官の戦術的協同動作をなすに、とくに緊要なるものなり。

第六百五十一　各指揮官は、部下各隊の通信架設ならびに、これが保持に対し、援助を与うるを原則とす。これがためには、各直上指揮官は部下各隊の後方連絡に対する顧慮を軽減するを必要とし、高級の指揮官は使用し得べき通信材料および部隊を前進、または戦闘間、なるべく前方に推進せしむるものとす。

迅速に多数の通信連絡を要す場合、たとえば、前哨勤務および渡河等に際しては、戦闘部隊は、とくに通信部隊を援助すべし。

第六百五十二　行軍間、各師団は、分進せる各縦隊間を、有線通信以外の法を以て、確実に連絡するを要す（自動車、伝令、無線電信、回光通信）。

第六百五十三　戦闘間、各師団内において、すべての協同動作すべき命令機関、観測機関は、重要程度、連絡実施の難易に応じ、有線、もしは有線以外の通信方法により、相互に連絡するを緊要とす。

第六百五十四　師団通信隊の任務は、歩兵指揮官および砲兵指揮官を経由し、師団司令部と歩砲兵各連隊とを連絡し、また、隣接師団と確実に連絡し、かつ、これら連絡を保持するにあり。

右任務達成のため、各本部および連隊に配属する通信中隊の部分は、師団通信隊長の隷下に止まるものとす。

第六百五十五　各隊の通信部隊は、第六百三十一ないし第六百三十三により、その担任区域内の通信連絡を実施す。とくに師団通信隊長ならびに通信中隊長は、師団通信隊と各隊の通信部隊との協力に関し、指導すべき任務を有す。

第六百五十六　長時間の駐止に際しては、各指揮官は、無線通信所を受信の姿勢にあらしむるを要す。

師団内における無線電信の使用は、戦闘間は相互に妨害するを以て、制限せらるるものとす。しかれども、緊要なる場合においては、左記各所に一送信機の開設を許す。

一　師団司令部。

二　砲兵指揮官。

三　歩兵指揮官。

四　歩砲兵各連隊本部。

五　戦闘の重点にある各歩兵大隊、遠隔して派遣せられある一警戒部隊および重要なる一砲兵観測所。

第六百五十七　師団無線電信受信所は、軍団司令部、部下の各指揮官ならびに部隊および隣接師団よりの通信を受信し得るものとす。なお、師団内の無線電信紀律を監督するため、師団内の全通信を聴取し、なお歩砲兵用飛行機の通信をも受信するを要す。以上の諸通信を受信するほか、なお余裕あらば、敵の通信をも聴取するものとす。

多方面よりの通信を同時に受信せざるべからざる場合には、各方面に対し、各一個の受信所を特設するものとす。

歩兵受信所は歩兵用飛行機の、砲兵受信所は単に砲兵用飛行機の通信を受信するものとす。

第六百五十八　戦闘の推移迅速なる攻撃、追撃ならびに退却に際しては、有線電信は十分に架設し得ざるを以て、師団の幹線に沿うて開設する通信頭を以て満足せざるべからず。而して、この際、通信連絡は一般に有線通信以外の通信に帰するものとす。

第六百五十九　防御にありては、稠密なる通信網の計画的設定を必要とす。而して、通信網の構成は、戦況、架設に使用し得る時間、作業力および使用し得べき器材により、異なるものとす。各休止期間相互ならびに隣接部隊との連絡は、数重の電話連絡により、これを補うに有線通信以外の手段（回光通信、無線電信、伝令犬）を以てし（ことに敵火を受くる地域において然り）、以て、その連絡を確実ならしめざるべからず。

前方に派遣せられある警戒部隊および観測所に通ずる通信連絡は、これを確保せざるべからず。

第六百六十　陣地戦においては、敵火の威力熾烈なるを以て、各種の通信法を応用し、かつ適当なる遮蔽法（地中線、特設回光通信所）を利用して、通信設備を保護するを要す。

第六百六十一　守備稀薄なる地域に通信網を設定せんとせば、防御戦闘（増加部隊の派遣、後方陣地）の要度を顧慮するを要す。

第六百六十二　わが火力を最高度に発揚せしめんとせば、戦闘部隊は、自隊内を密接に連絡する特別通信網を有するを必要とす（歩兵、砲兵、迫撃砲、高射砲、飛行機、気球、火光および音響測定班等の通信網）。

第六百六十三　警報の伝達は、適当なる通信法により、確実ならしむるを要す（飛行機警報には、特設の有線、または無線通信法による遠距離通信その他号笛、ガス警報には号音手を以て操作する音響信号）、霧の際は照明弾信号哨および警報逓伝哨による。

第六百六十四　とくに陣地戦にありては、敵は絶えず、わが電話および無線通信を偵察《こうさつ》【窺い、推察すること】しあるを以て、通信連絡を秘匿するため、峻厳なる規定を設くるを必要とする。すなわち、最前線より三キロ以内の危険区域においては、電話通信を制限、あるいは禁止し、あるいは隠語を使用せしめ、電話線は複線となし、常にこれを監視し、通信に関しては統一せる規定を設け、また、無線電信の通信は特別なる監視所を設け、厳格なる無線紀律の維持を監視するを要す。

第六百六十五　わが聴取能力を発揮するため、傾聴および測定機関を増設するを要す。

通信の秘密保持を厳守するにかかわらず、なお敵はその各種偵察機関を利用して、わが軍の情況および配備を探知するものなり。ゆえに通信連絡の計画的遮断は、作戦の準備に属し、高級司令部、これを担任す。

第十六章　鉄道、水路、自動車、車輌

第一節　各種輸送法の特性および目的

第六百六十六　鉄道は、兵員、材料の多数を、遠隔の地に迅速かつ確実に輸送し得るものなり。鉄道を使用する場合、つぎのごとし。

一　作戦準備ならびに実施に際し、軍隊を移動し、または集合する場合（作戦的軍隊輸送）。
二　予備隊を迅速に移動する場合（戦術的軍隊輸送）。
三　補給（調達、追送、後送、輸送）。
四　編成的処置（編成輸送）。
五　国民ならびに軍事経済（経済および戦時経済上の輸送）。

輸送はなはだしく、右諸任務の一方に偏するときは、通常、他方の輸送能力を制限するものなるを以て、彼此の輸送の程度については周到に考慮するを要す。

第六百六十七　船舶輸送は、その輸送量厖大なるも、速力遅く、かつ天候により、到着期日を決定し得ざる特性を有す。同輸送は、鉄道輸送を補足して、軍の補給、国民および戦時必需品の輸送に適し、とくに到着期限の制限を受けざる大量の物資を輸送するを得。船舶を軍隊輸送に用うるは、鉄道なき場合、もしは、これあるも利用し得ざる場合、または沿岸輸送の場合に限るものとす。陸地水流上の軍隊輸送は、例外の場合に用いられ、かつ小輸送に限る。

第六百六十八　鉄道および水路輸送は相関連する一体を成形す。その効果は、調和連繫動作と各部の技術的能力の如何によるものとす。ゆえに、鉄道および水路の利用は、一個の統一せる指揮下にあるを要し、軍隊指揮官をして、この機関の職掌内に干渉せしめざるごとくせざるべからず。

第六百六十九　自動車は、軍隊ならびに材料を迅速かつ確実に輸送するものなり。しかれども、輸送距離遠大ならず、かつ積載量小なり。また、一般に道路堅固ならざるべからず。ゆえに自動車は、戦闘行為にあたりては、軍隊の集合、移動に、その他、軍の補給および戦時経済業務に使用せらる。

第六百七十　繫駕車輛は、各種の軍需品を確実に輸送し得るも、速力遅く、かつ積載量、輸送距離、ともに小なり。しかれども、道路の制限を受くること少なく、路外および悪路、弾痕地を経、軍隊に跟随し得る利益あり。

第六百七十一　自動車および繫駕車輛は、鉄道終点および船舶港と軍隊との連絡輸送に使用せらる。

第二節　鉄道

第六百七十二　指揮官は、軍用の目的に鉄道を利用せんとする要求を提出し、鉄道管理部は、これが実施に任ず。

第六百七十三　統帥部は鉄道使用を統括す。これがため、統帥部は、連絡将校を司令部（輸送将校を）および鉄道管理局（陸軍線区委員を）に派遣す。

第六百七十四　輸送将校は、司令部、管理局および軍隊の鉄道使用に関するすべての諮問に応じ、その要求事項に関し、線区委員と協定するものとす。

第六百七十五　線区委員は、陸軍委員として将校一名、および技術官として国有鉄道管理局の管理一名より成る。而して、一ないし数個の鉄道管理局を包括する所管内において、軍隊の要求事項を鉄道管理部に移牒《いちょう》【管轄の異なる役所に文書で通知すること】、協議し、これが実施を監督す。

第六百七十六　停車場司令官は、陸軍線区委員に隷属す。同官は、その所管停車場設備および鉄道線の範囲内における軍事ならびに軍事警察事項を処理し、軍隊の乗下車ならびに宿営に関し、援助を与え、また輸送指揮官と管理局代表者間を調停し、鉄道吏員の勤務内に干渉するに対し、吏員を守護す。

また、鉄道警察上の諸要求を実施するに際し、鉄道管理局の代表者を援助するものとす。しかれども、運転上に干渉し、または鉄道業務に立ち入り、命令するがごときことあるべからず。

停車場司令官、または、その代理者は、業務執行中は左上腕に所属線区委員の認証しある黄色布帯を附するものとす。

第六百七十七　広軌鉄道（軌間一・四三五メートル）は、交通の首脳にして、とくに作戦輸送および補給上の要求を実施するの能力を有し、特別の技員にあらざれば敷設するを得ず。

第六百七十八 狭軌鉄道とは、左記のものを総称す。

一 機関車牽引式の軌間一・〇〇メートルおよび〇・八メートル、または〇・七五メートルを有する小鉄道。

二 機関車牽引式の軌間〇・六〇メートルの軍用軽便鉄道。

三 牛馬、または手押し動力による軌間〇・六メートル以下の車輛鉄道。

狭軌鉄道は、曲半径小なると登攀力大なるため、広軌鉄道に比し、各種の地形に適合し得。基礎および路盤工事の作業軽易なるを以て、敷設、撤収、ともに迅速なり。ゆえに、敵火のため、広軌鉄道の利用困難なる場所に用いて、とくに適当なりとす。

蒸気機関車の代わりに「ベンジン」式を使用するときは、煤煙出でざるを以て、運行に関する敵の認識を困難ならしむることを得。

狭軌鉄道は一般に、軍隊、とくに大部隊の輸送に適せず。その能力は、広軌鉄道に比し、はるかに劣るものとす。

軍用軽便鉄道は、地形により、単独運転にありては、一日四百八十 - 八百トンを、二重運転（五百メートルの距離を間して、同時に二列車を運転せしむる）にありては、七百二十 - 千二百トンを輸送し得。

小鉄道の輸送力は、軌間の大小により異なるものとす。

車輛鉄道は通常、一車ごとに牽引するものにして、一車一トン半、双合車【機関車を背中合わせに連結し、推進力を増加したもの】三トンを輸送し得。

小鉄道は、特種技術兵、これを敷設し得るのみ。軍用軽便および車輛鉄道は、工兵（ただし、車輛鉄道は工兵の指導により他兵種）、これを敷設することを得。

第六百七十九　架空索道【ロープウェイ】は補給に使用せらるるも、一般に利用効程僅少なり。しかれども、山地においては、ときとして欠くを得ざることあり。特種兵にあらざれば敷設し得ず。

第六百八十　電気鉄道は、とくに主要線上においては、わずかにこれを見るにすぎず。

水力を利用するときは（水力電気）、炭経済に何らの影響を与えず。その燃焼物（火力）を使用するときにありても、比較的価値僅少なる炭を用い、または不良炭、すなわち泥炭、木炭を利用し得るを以て、燃料の供給簡易なり。

電気機関車は、蒸気機関車より能力大にして、とくに困難なる地形において、いっそう大なる行動半径を有す。けだし、給水、燃炭の必要なく、廃物を発生せざればなり。その他、運転準備容易にして、機関車要員および時間を節約し得るのみならず、蒸気機関車のごとく煤煙を呈せざるを以て、敵機より認識せらるることなし。

しかれども、電力運転は、機械破損しやすく、電気運転、一、二の区間に限定せられあるときは、全般の統一的運行を害すべく、また、蒸気機関車数少なきときは、蒸気運転に変更することもまた困難なり。

第六百八十一　軌道用自動貨車は、道路上の運行のほか、車輪、もしは外輪を換装せば、軌道上にも運行し得。軌道上を運行せしむる場合には、他の鉄道列車とともに運行計画に編成せられ、運転上、鉄道列車と同一の取扱を受くるものとす。

第六百八十二　広軌鉄道の軍事輸送力は、一日に運転し得る列車数により異なるものとす（たとえば、一日二十四列車なるがごとし）。二列車間の時間間隔を列車間隔と称す。

同一区間の輸送能力は同一ならずして、運行を律すべき諸種の影響により異なる。機関車の多数、牽引力の大、交代制、夜間勤務、作業員、諸設備の増加は、輸送能力を増大し得。

第六百八十三　軍事輸送能力を増大せんとせば、一部、もしは全部の普通貨物列車の運転を停止し、ならびに普通乗客列車を制限するの法を取るべきも、これらの処置は、軍事上の目的のほか、経済上の情況これを律するものとす。

第六百八十四　鉄道に対する要求は、常に輸送能力と一致せざるべからず。積載量を超過する輸送は復旧困難にして、しかも、輸送能力をはなはだしく減少する運転障碍を、長期かつ大なる地域にわたり構成するものなり。ゆえに、過度の使用は、一時、もしは例外の場合に限り、行うものとす。輸送実施のため、すでに発せられたる諸命令は、多くの場合、他の輸送を妨害するにあらざれば、変更する能わざるものとす。

第六百八十五　軍隊輸送は、特別に計画し、綿密に準備し、最新に作業せられ、而して、常に厳密に監督するを要す。これ、主として輸送将校ならびに線区委員の任務なり。

輸送実施は、鉄道の情況如何に関す。

第六百八十六　高級司令部の輸送および補給担任者は、すべからく輸送将校と密接に協同し、前者は絶えず、もしは適時、後者に指揮官の企図を通報し、以て、輸送将校をして、あらかじめ計画するを得しめ、かつ、準備に要する時間を節約せしむるを要す。

第六百八十七　一定の時間間隔を有する多数軍用列車を計画的に輸送するものを、『運行輸送』として表示す。

単独、もしは不定時間を以て、軍隊等を輸送するものを『各個輸送』と称す。

第六百八十八　鉄道関係諸勤務部、相互の理解を迅速ならしめんがため、運行輸送にありてはしばしば、各個輸送にありては例外に、特種の標号を使用するものとす。

第六百八十九　軍隊輸送は準備時間を要し、下令後、ただちに行動を開始し得べきものにあらず。準備期間とは、空車輛の招致、所要のごとく編成せられたる車輛の準備、機関車および勤務員の移送、交代制、夜間勤務の設定、給養および輸送に関する特別の処置をなすに要する時間をいう。

第六百九十　空車輛、機関車および勤務員にして、輸送部隊の宿営地域、もしは、その附近にあるときは、下令後十二時間以内に第一回輸送の搭載を開始し得るものとす。

もし、輸送部隊の兵力を収容し得る列車、現存するか、または、あらかじめ準備しあり、かつ機関車ならびに勤務員の適時到着を区処せられあるときは、おおむね四ないし六時間に短縮し得るものとす。

予報なき大部隊の輸送には、輸送開始まで二ないし四日を要す。

第六百九十一　輸送将校ならびに線区委員にして、同一区域内に輸送部隊宿営し、その兵力を知るときは、あらかじめ輸送準備をなし得るものとす。宿営地の情況、軍隊区分、輸送兵力、情況図、輸送に際し注意すべき戦術上の要求、最初輸送すべき兵力を詳知するときは、部署を適当ならしむ。

第六百九十二　切迫せる情況において、軍隊輸送を予期するや、空車輛を部隊宿営地に収集し、要すれば準備列車を編成し、輸送せしむべき部隊の輸送能力に応じ、車輛を編成するを適当なりとす。もし輸送兵力を予想し得ざるときは、単位部隊列車（たとえば、歩兵、騎兵、砲兵、縦列等の列車、すなわち、歩兵一大隊、騎兵一中隊、砲兵一中隊、一縦列等の平均人員に応ずる列車）を組み立ておくものとす。

単位部隊列車は、輸送部隊いまだ決定せざる場合においても、軍隊の迅速なる派遣に対する準備に効果あるものとす。しかれども、全部を搭載し得ること稀にして、過剰部隊を、後刻さらに輸送せざるべからざるがごとき不利あり。

待機列車は不経済にして、一般交通の車輌を奪い、軌道を煩わすものとす。ゆえに、切迫せる情況緩和せば、ただちにこれを解散するものとす。

第六百九十三　情況、とくに急迫し、計画的に所要の列車を編成し得ざるときは、所在の捕捉し得べき輪転材料を利用して、輸送を実施すべし。建制を破るがごときは、この際、犠牲とせざるべからず。

客車は、多くの場合、馬匹車、車輌車より、迅速に収集するを得。ゆえに、機関銃、迫撃砲および若干の野戦炊具を有する徒歩部隊を、まず輸送するものとす。而して、馬匹および車輌は、後刻輸送するか、または行軍せしむるものとす。

第六百九十四　近距離の輸送にありては徒歩行軍、情況によりては自動貨車縦列を使用する。徒歩行軍が迅速に目的地に達せしめざるやを、常に考慮するを要す。徒歩部隊を列車にて輸送し、すべての乗馬部隊を行軍に依らしむるの方法は、しばしば問題を適当に解決するものなり。

第六百九十五　輸送計画は指揮官の企図を表示す。ゆえに、すべての勤務機関は、輸送計画に関し、必要なる関係者以外に知らしむべからず。電文命令、筆記および電話通信の隠語の保管を確実にするのみならず、とくに緊要なるは、業務関係者はすべて信頼し得べきものなることならびに沈黙とす。

第六百九十六　各司令部は、輸送将校および線区委員と協定し、最初の乗車時期および爾後の順序を命令す。この際、戦況は万事を律するものなり。

先発者は通常、自動車、もしは普通列車により先行せしむるものにして、これがため、運行輸送の第一列車を使用するがごときは例外とす。

工兵を運行輸送の先頭に置き、卸下地における所要の援助に当たらしむるは希望すべきことなり。また、機関銃、高射砲、照空燈、各種捜索機関（飛行機を含む）、通信部隊の一部、パン焼具、要すれば、個々の輸送縦列は適時卸下地に到着せしむるを要す。

給養小隊、地区司令官、管理部附属中隊および倉庫中隊（Wirtschafts Park Kompanien）〔註　陸上輸送隊のごときもの〕を、兵団の運行輸送中に編入するを有利とす。

輸送は、なるべく建制を破らざるを要すといえど、特別の情況においては、輸送当初、徒歩、乗馬部隊を同一列車にて混合輸送し、以て、相互の掩護をなさしむるを有利とすることあり、兵団指揮官の位置は、熟考して決せざるべからず。而して、主として戦略戦術上の要求により、決すべきものとす。

残置せられたる、いわゆる『後送人員』は、最終列車にて輸送すべきものとす。

第六百九十七　軍隊の宿営地ならびに停車場、乗車場、線路および進路の諸景況により、乗車場を選定す。

下車停車場は、右の乗車場について記せるもののほか、主として下車すべき地域における戦術上の情況により定む。

乗下車両停車場は、輸送将校、線区委員ならびに軍隊間の協定により、決定せらるべきものとす。

運行輸送のため、乗下車地域内にある各停車場は、不用車輛を適時撤去するを要す。「プラットホーム」もまた整理するを要す。

情況上、乗下車設備不適当なる停車場を使用せざるべからざるときは、補助斜坂その他の手段を設備すべきものにして、あらかじめ、材料および作業手を準備しおくときは、その構築を迅速ならしむるを得。

第六百九十八　輸送間の警戒必要なり。これがため、装甲車、その他掩蓋《えんがい》応急掩護車を以て、運行輸送の先頭に立たしめ、沿線ならびに下車地点を警戒す。而して、各輸送列車もまた、直接警戒するところなかるべからず。

第六百九十九　鉄道線路および停車場は、敵の爆撃および偵察機の好目標なり。ゆえに、努めて運行を秘匿するほか、鉄道の対空防御法を講ずること必要なり。該防御は、運転用の諸設備にして、これを破損杜絶せらるれば他に十分なる迂回線なく、輸送の実施を危険ならしむるごときもののために、とくに重要なりとす。しかれども、この狭長なる線路を破壊するには、低空より攻撃するにあらざれば奏功せざるを以て、機関銃を装備せば、比較的容易に敵機を防御し得べし。

停車場には地下室を設くるを有利とす。

乗下車停車場に十分なる対空防御の設備なきときは、同地に輸送せられたる軍隊、これを設置し、あるいは、高射砲、機関銃、照空燈を以て、これを補備《ほび》するものとす。

運行中は、列車上における射撃準備を完了せる機関銃を以て、敵機を警戒するものとす。

その他、停車場、線路、列車を暗黒にし、停車場、橋梁を霧を以て覆う等のごとき偽装手段を講ずるものとす。速力を急劇《きゅうげき》に緩め、また、瞬時停車するときは、ときとして、低く列車上を飛行しつつある敵機の攻撃に対し、掩護し得るものとす。

輸送運行を夜間のみによらんとせば、輸送の迅速を犠牲とせざるべからず。ゆえに、夜間輸送は、鉄道の状態有利にして、周到かつ早期に準備し得。なお十分なる時間の余裕ある場合に、例外として実施せらるべきものとす。しかれども、敵の飛行機は、夜間も鉄道交通に対する偵察を中絶することなく、とくに爆撃飛行機は、その活動の重心を、むしろ夜間に置くものなることを顧慮すべし。

あらゆる手段を尽くし、わが乗下車停車場を、敵機に対し秘匿すること肝要なり。

停車場を出発し、または、これに到着する部隊は、なるべく小部隊ごとに一団となりて行動し、以て停車場附近に大部隊を出現せざるごとく区処すべし。乗車前、軍隊は、飛行機に対し遮蔽下にあるを要し(車輛は樹下、家屋の陰影側、馬匹は不規則に散在せしむ)、ただちに搭載すべき車輛のみ、隠蔽下より出すものとす。下車の際は、速やかに「プラットホーム」を解放し、車輛馬匹は上空よりする視察に対し、ただちに遮蔽すべし。

第七百　敵地内へ輸送するにあたり、または、敵機の攻撃を受くる顧慮ある場合においては、指揮官は途中の停滞を顧慮し、輸送継続時間を過度に窮屈に見積もるべからず。

破壊せられたる術工物、運輸設備および線路を修理するには、多くの時日を要す。また、あらたに運転を開始する線路にありては、逐次、その輸送効程を増大し得るにすぎず、修理ならびに運転実施は、該鉄道の通過する全地域を警戒したるのち、行うものとす。

第七百一　輸送線路は、乗下車両停車場を連ぬる、最短にして、しかも輸送能力を有する線路なるを要す。しかれども、諸種の情況は、この要求を著しく偏せしむるものなり。

第七百二　一兵団の輸送にあたりては、戦術的見地にもとづき『鉄道輸送序列』を定む。

同一輸送路により、二個以上の兵団を輸送するにあたり、これらを順次に輸送すべきや、あるいは混合して輸送すべきやは、通常、戦況により定むるものとす。

第七百三　一日の運行列車数は、戦術上の要求、軍隊の搭載準備、線路、ことに能力小なる区間の運行能力、乗降場の敷【設】および設備、搭載のため、および輸送終了後における空車の回送および撤去の遅速により、異なるものとす。

第七百四　軍隊は輸送間、通常、その野戦炊具により給養せらる。これがため、一定の距離を間し、なるべく通例の食事時間において、少なくも三十分間の給養停車を見積もるものとす。各隊は、全輸送間に必要なる給養材料、すなわち、パン、燕麦《えんばく》、乾草、その他一切の炊事および食事分配用具（たとえば、薪材《しんざい》、「グリセリン」、灰燼《かいじん》による燃焼防止剤用砂、冬季は炊事兵用防寒衣、食器）を携行するものとす。

野戦炊具を有せざる軍隊の給養は、移動炊事車（炊事設備ある鉄道車輛）による給養、あるいは、平時の給養地における停車場給養、または、部隊自らする給養による。

移動炊事車は、輸送列車中に編入することなく、適当なる停車場に準備するものとす。

停車場給養にありては、陸軍経理部部員、線区委員と協議の上、一定停車場において、地方商人に依託するか、または、軍隊の炊事班を招致して、食事を準備するものとす。

部隊自らする給養による輸送にありては、発車地より食料を携行するか、または、途中において、これを調弁《ちょうべん》【戦地で食料を調達すること】するものとす。

移動炊事車による給養停車場給養および部隊自らする給養のいずれたるを問わず、各隊は、パンおよび燕麦、乾草の全所要量を携行するものとす。

第七百五　空車は、停車場を開放するため、まず輸送路を経て、下車地域より退去せしむ。而して、爾後におけるこれが使用は、すこぶる緊要なるを以て、これに関しては能く将来を洞察して、十分考慮するを要す。空車を留むべき位置は、高級指揮官の爾後の作戦継続に関する企図によりて決定せらる。高級指揮官は、これがため、適時輸送機関に自己の企図を通報しおくを要す。

第七百六　輸送には、通常、乗車地線区委員より輸送番号を附す。この番号は、輸送の略号にして、多数の輸送を同一列車にて行い、相異なれる停車場において同一列車に搭載し、または、これより卸下し、あるいは、列車を分割すべき輸送にありては、その各輸送に別々の番号を附するものとす。

第七百七　各輸送列車に一名の輸送指揮官を置く。同官は、搭載、卸下および運行に関する軍事上の規定をなし、かつ、警戒、戦闘準備、内務および鉄道側と軍隊との適切なる協力に関し、責任を負う。

第七百八　線区委員は、輸送指揮官に、発射時刻、輸送路、給養のための停車等および到着時刻を通報するものとす。もし、出発前、全輸送間における諸件のすべてを確定し得ざるときは、線区委員は、輸送指揮官をして、輸送途中、停車場司令官、駅長、もしは列車長より前記の通報を受領し得しむるごとく処置するものとす。

時間十分なるときは、右諸項を輸送券に記載し、これを輸送部隊に交付するものとす。

第七百九　大部隊の乗下車のためには、輸送部隊より、有為なる将校を全輸送間乗下車停車場に派遣し、停車場司令官を補佐せしむるを適当とす。

第七百十　停車場以外、もしは乗降場設備不完全なる停車場に下車せんとするときは、命令により、あらかじめ所要の卸下材料を携行するものとす。

第七百十一　運行の正確は、計画的輸送実施の必須の条件なり。これがため、軍隊は一切鉄道の運転に干渉するを避け、輸送に関し、受けたる諸命令および鉄道勤務員の定むる業務関係の規定を確実に遵守し、運行中は動作を整正にし、また、停車場にありては、鉄道官憲の勤務を容易ならしむるごとく行動すること必要なり。

第七百十二　搭載、運行中および卸下に関する動作は、附録第五に示す。

第七百十三　線路の故障は運転を制限し、あるいは、これを停止せしむるものなり。その故障の程度により、これを遮断および破壊の二種に別つ。
第七百十四　遮断とは、三日間以内の運行を中絶せしむる程度の故障をいう。
有効期間、単に短時間（二十四時間以内）にすぎざる遮断は、各将校必要に応じ、これを実施することを得。
数日にわたる遮断は、中級ならびに高級指揮官、これを定む。ただし、情況急を要し、師団長の認可を受くる暇なきときは、連隊長以下の下級指揮官は、例外として独断実施することを得。この場合においては、ただちに、遮断の時刻、場所および実施の方法を、上級指揮官に報告するものとす。
第七百十五　破壊とは、爾後の目的に適するごとく、長時日にわたり交通を遮断するをいい、最高統帥これを命ずるものとす。
第七百十六　遮断および破壊に関する規定は、自国の鉄道に対しても、敵国のものに対すると同様の効力を有す。
第七百十七　現在における遮断および破壊の利益が、将来、軍事上および経済上に悪影響を及ぼすことなきやについては、常に考査しおくこと必要なり。
第七百十八　破壊箇所選定のためには、軌道、術工物、路線の運転能力および迂回の能否、なお電気鉄道にありては発電所等に関する精到なる智識を必要とす。ゆえに、これが選定は、なし得れば、鉄道官衙と協定するか、もしは、少なくも鉄道専門家を参与せしめて、これを行うを可とす。
遮断箇所の選定も、同様、周到なる考慮を要すべきものにして、専門家の参与は常に希望すべきこととす。
第七百十九　わが作戦地域内の破壊および遮断は、なるべく鉄道官衙に依頼すべきものにして、これ破壊作業を適切ならしめ、かつ、将来の復旧工事を軽易迅速ならしむるため、最確実なる保証たり。これがため、軍隊、とくに工兵隊をして鉄道官衙を援助せしむるを必要とすることあり。

第七百二十　わが手において、運転中なる線路を破壊、もしは遮断せんとせば、適時、関係鉄道官衙に予報し、以て、人員ならびに輪転材料を安全地帯に移動するの余裕あらしむるを要す。

第七百二十一　敵の作戦地域内における破壊および遮断は、主として、騎兵、または、特別なる工兵隊をして、これを企てしむ。

また、飛行機をして、敵の鉄道運行を有効に妨害し得ることあり。

第七百二十二　鉄道連絡の妨害に関する命令には、左記各項を含有せしむべきものとす。

一　破壊すべきや、または遮断すべきや。

二　いくばくの期間、交通を妨害すべきや、また、将来わが軍にて使用せんがため、迅速に修理し得んことを顧慮すべきや。

三　破壊、もしは遮断を企図する術工物を明示し、作業実施の場所、時日および方法を指示す。もし、破壊、もしは遮断すべき術工物を明示し得ざるときは、受令者において独断実施し得るごとく、着眼点を示す。

四　同時に、電信、電話線をも破壊すべきや否や。

第七百二十三　破壊、もしは遮断せられたる線路の修理は、主として、鉄道官衙をして実行せしめ、また、例外の場合において、作業簡単なるときは工兵隊をして実行せしむるものとす。

鉄道の修理には、運転に関する正当なる智識を必要とす。けだし、運転を迅速に回復するため、絶対に必要なる点のみを先に修理するを要すればなり。而して、この作業と同時に、停車場内において、運転上必要なる線路を修理すること必要なり。

第三節　水路

第七百二十四　陸地内水路および近海における船舶の航行は、鉄道運行と、著しくその趣を異にするものなり。

船舶輸送は、速度緩慢なるため、時日を要すること大なり。水閘《すいこう》【水位差のある水域を船が航行できるようにする設備】ある場合において、いっそう然りとす。陸地内の航路における夜間航行は、単に例外の場合においてのみ可能なり。ゆえに、迅速を要する輸送のためには、船舶輸送は、鉄道なき地方においてのみ、はじめて問題となるものなり。

天候の影響は、船舶交通を遅緩せしめ、あるいは、これを停止せしむることあり。ゆえに、精確なる目的地到着は、単に例外の場合においてのみ胸算することを得。

船舶は、各船その速力を異にするを以て、運行表の利用困難なり。また、各船の搭載量に大なる差異あるがゆえに、統一したる所要輸送材料表を作成すること不可能なり。

しかれども、船舶は搭載容積大なるを以て、大量貨物の輸送および浮遊倉庫的使用に有利にして、また、平静にして振動少なきを以て、患者輸送に適す。

第七百二十五　船舶輸送力は、運行諸施設（水路および積換設備）の建設状態および船腹の多少により、異なるものとす。

第七百二十六　船舶の運航は私人企業者の手中に存するものなり。

第七百二十七　航路を軍のために統一的に使用することについては、最高統帥、これを統括す。

各司令部および軍隊は、船舶輸送をなさんとするときは、これを輸送将校に、もし、その設えなきときは、線区陸軍委員に請求す。同将校、もしは委員は、当事者と協議して、これを処理す。

第七百二十八　陸地内航路にも、陸軍船舶輸送機関を設置するを要することあり。

第七百二十九　一般交通に従事しある船舶を、軍用のため、艤装するには多くの時日を要す。ゆえに、船舶輸送請求は早期に提出するを要す。

第七百三十　近海航路における軍隊輸送は、海上輸送令に拠るものとす。同令は、一般に鉄道におけると同様の原則に従えるものなり。遺憾なく船腹を利用せんとせば、建制を破らざるべからざることあり。しかれども、人馬および車輛の組合《くみあわせ》を分離することなきを要す。

第七百三十一　乗船上陸のため、適当なる船着場を利用すること肝要なり。一般の海岸における乗船上陸には、特別の準備と多大の時日とを要す。

第七百三十二　鉄道の遮断および修理に関する規定は、可航水路に対しても準用せらる。水流の状態を左右すべき遮断および破壊は、その影響広く他に波及し、かつ、復旧のため、大なる作業を要するものなることを考慮せざるべからず。

遮断および破壊点の選定に際しては、なし得る限り、所在の水路建設部、もしは陸軍船舶輸送機関と協定するを要す。技術者を参与せしむることは絶対に必要なり。

第七百三十三　遮断および破壊のため、とくに適当なる個所は、起重機、水門、給水設備、堤防および運河橋（運河をして、橋梁のごとく、他の物体上を越えしむる設備）とす。

可航水路の遮断に関する企図は、なし得る限り、あらかじめ適時に第七百三十二所掲機関の了解を得べきものとす。

第七百三十四　可航水路は、遮断および復旧作業は通常、当該地方水路建設部、あるいは陸軍船舶輸送機関の担任にして、稀に工兵をして、これに任ぜしむることあり。

第四節　自動車

第七百三十五　輓近《ばんきん》【最近】、各種自動車の迅速なる発達、軍の準備、機動および補給に対する自動車の重要なる価値ならびに自動車勤務の多様なることは、自動車隊の技術的能力と耐久性とを、おおいに必要とするに至れり。

自動車を有する自動車隊以外の部隊もまた、自動車に関して十分なる理解を有し、かつ、その技術的要件を知得しあるを要す。

すべて指揮上、自動車に対する要求は、その運転および原料の情況、技術的状態に適応するを要す。指揮官は、諸種の情況における自動車ならびに自動列車利用の原則を理解しあらざるべからず。

自動車の、馬車等に比し利益とするところは、行進能力の大なること、速力、積載力および牽引力の大なること、宿営の容易なること、および教育良好なる場合には要員の数僅少なる点にあり。

自動二輪車は通常、路面堅硬なる道路上に使用するものなり。

四輪自動車、とくに歯輪《しりん》【歯車】を装する牽引車および軌帯を有する自動車は、不良なる道路上に運行し、また原野を横断し得るを以て、馬車に比し、数倍の効果あり。

車輪および軌帯併装の自動車は、道路と路外とを問わず、運行するを得。

自動車は、馬匹、鉄道、自転車、郵便、電信等の他の手段を以てするも、目的達成上、これに及ばざるときにおいてのみ、使用すべきものとす。

空自動車の運転は制限するを要す。

運行に際しては、貴重なる材料を愛護するを要す。不良なる道路上を長く運転するときは、輪帯《りんたい》【タイヤ】および車輛を損すゆえに、近き悪路よりも良好なる迂路を採るを可とす。

自動車を使用するに先だち、道路橋梁および渡船の搭載力を調査するを要す。

第七百三十六　自動車は、戦車、路上装甲自動車（第十三章参照）、自動車砲中隊等のごとき戦闘部隊に移動性を附与するため、使用せらる。また自動車は、左の目的のため、使用せらる。

通信伝達。

司令部の移動。

軍隊輸送（附録第三参照）。

補給（第十七章参照）。

患者後送（第十七章参照）。

第七百三十七　最高統帥部は、各軍に対する自動車隊の配属、所要の交代、人員、器材、動力原料の補充および修繕を総轄す。

軍および軍団司令部は、自動車関係事項の専任者を置く。自動車縦列は、自動車隊の大隊長、これを統轄す。

特別の場合にありては、同大隊長を、顧問者として師団司令部に招致することあり。

自動車隊長は、各司令部の指示にもとづき、自動車縦列の運転、休養および修繕日次に関し、意見を具申するものとす（第十七章参照）。また、器材および動力原料の補充ならびに自己の命令圏内において実施し得ざる修理に関しては、上級司令部にある自動車顧問を通じて、これを請求するものとす。

第七百三十八　自動車として野戦に使用するもの、つぎのごとし。

戦車、路上装甲自動車。

自動二輪車。

乗用自動車、小型自動車。

自動貨車（荷物、野戦炊具、照明機関、動力原料等の運搬に用うる附随車を有す）。

乗合自動車。

自動機関車。

軌帯附牽引車。

工場および器材自動車、患者用自動車（第十七章参照）、その他、砲兵用および通信隊用特殊自動車。

第七百三十九　戦車および路上装甲自動車に関しては、第十三章を参照すべし。

第七百四十　自動二輪車は、平均速力一時間三十五キロ、最大速力六十五ないし七十キロにして、自動二輪車小隊に編成せらる。

自動二輪車小隊の主要任務は、連絡および通信勤務とす（第五十および第六百二十八参照）。

自動二輪車小隊を戦闘に使用するは例外の場合とす。而して、その場合には、路上装甲自動車とともに、騎兵団および前衛、後衛、側衛等の捜索部隊の増援に充て、また、掩蔽勤務および敵に先んじて要点（隘路）の占領を要する場合においても、有効に使用せらる。

自動二輪車は、その速力甚大にして行動範囲広大なるも、道路上に拘束せられ、従って視察を妨害せらるること多きを以て、捜索上有利と認め難し。

側車附自動二輪車は、司令部相互に直接意見の交換をなすため、使用するに適す。

常続的状態の際には、自動二輪車急使を設くるを可とす。

第七百四十一　常用自動車の軍事上の用途、左のごとし。

一　偵察および縦列勤務用小型自動車。無蓋《むがい》の二ないし六人乗り、平均速力一時間三十五キロ、最大速力同六十ないし七十キロ。
二　高級司令部用乗用自動車。無蓋、または有蓋《ゆうがい》、六人乗り、速力一時間平均三十五キロ、最大速力同七十ないし百キロ。

乗用自動車は、高級および中級の司令部をして、司令部の移動、司令部相互間の頻繁なる直接の意見交換および部下軍隊の密接なる指揮を可能ならしむ。

乗用自動車は、とくに命令、通報、報告の伝達に利用す（第四十九、五十、五十三および第六百二十八参照）。

第七百四十二　自動貨車は、一トン半ないし五トン積みにして、平均速力一時間十二ないし二十キロ（附随車あるときは、同九ないし十キロ）、最大速力同三十キロとす。

附随車は、重自動貨車にのみ附し得るものにして、速力および転向性を減じ、かつ道路良好なる場合に限らるるものとす。

自動貨車は自動車縦列に編合せらる。而して、縦列は、総積載量六十トンのものと、同三十トンのものとに分かたる（第十七章参照）。

自動車縦列は、軍隊の移動、各般の追送に使用せられ、また、臨機、傷者輸送に任ず。

第七百四十三　軍隊輸送に乗合自動車を用うることを得。その搭載量は十八ないし二十五名とす。

第七百四十四　牽引自動車は、自動車砲中隊および工場自動車小隊中に編入せらる。同車は四輪車にして、十トンまで貨物を牽引するほか、自ら一トン半を積載し、道路上はもちろん、ほとんどいかなる地形においても使用することを得。而して、車輛と地面との摩擦を増大するため、歯輪を装着する。百メートルの吊索《ちょうさく》を有する牽引力大なる滑車を備え、以て、同距離より貨物を引き寄することを得。速力は、二ないし二〇キロ、最大速力は三六キロなり。

第七百四十五　工場および器材車は、普通の修理をなすの能力を有す。

第七百四十六　自動車を以てする軍隊輸送は、つぎの場合に行うを得。

交代。

鉄道輸送の補足。

騎兵団、または隊属騎兵隊に、歩兵的火力を増加するとき（第八十七、百三十六、百五十七、百七十一参照）。

危殆なる方面に適時予備隊を招致する場合（第二百七十二、三百六十四、三百九十四、四百八、四百五十一、四百五十五参照）。

要地、高地、河川（第四百四十八参照）、隘路等を、敵に先んじて占領せんとする場合。

超越的追撃（第二百九十七参照）および、これに類似の任務。

第七百四十七　軍隊の自動車輸送を行うに際しては、まず所要数の自動車縦列を使用し得べきや、また、多数縦列を軍隊輸送に使用するため、追送に著しき影響を及ぼすことなきやを顧慮せざるべからず。

第七百四十八　指揮官は、自動車により輸送せらるる軍隊は、単に少数の馬匹および車輛を携行し得るにすぎざるを以て、目的地到着後における運動性を減殺せられ、従って、これが使用に制限を受くることを顧慮せざるべからず。

第七百四十九　大部隊の自動車輸送は、道路網の景況により決定的影響を受く。一道路上における輸送部隊の最大限は、歩兵一連隊、野砲兵三中隊より成る混成支隊を標準とす。

大規模の自動車運行は、一律に十分なる路幅（約八メートル）を有する人工道においてのみ可能にして、しからざる場合には撞着停頓を来たすの虞あり。

あらかじめ、道路橋梁および村落の状態ならびに傾斜の景況を偵察し、かつ、天候をも顧慮するを要す。また、自動車輸送をなさんとする道路は、なるべく、同時に他隊をして利用せしめざるを要す。もし、やむを得ざる場合には、道路の堅硬なる部を、自動車隊のため、解放せしむるものとす。

第七百五十　軍隊輸送に任ずべき自動車縦列は、時間の余裕ある場合には、あらかじめ輸送部隊の宿営地に集合せしめおくを可とす。情況、急を要するときは、まず自動車を、輸送団ごとに搭載地（宿営地）附近の進入地に集合せしめ、被輸送部隊長、これを同所より搭載地点に誘導するものとす。

自動車縦列の進入路は、行進交叉、または逆行を（とくに、夜間、部落内および狭隘なる路上において）行わざるごとく配当するを要す。往々、環状の経路を取って進入するを可とすることあり。

第七百五十一　馬匹縦隊および行李、もし自動車縦列の運動開始前までに、全部出発し得ざるときは、自動車出発終了まで宿営地内に待たしむるものとす。而して、自動車縦列後方より、これらを超過せんとするときは、これらは道路を解放するを要す。この目的のため、休憩を行うか、あるいは超過時間中、行李および馬匹縦隊を側路に入らしむるは有利なる方法なり。

馬匹縦隊は、通常、所属団隊の自動車縦列と同一進路を行進せしむべきものとす。これ、敵と予期せざる衝突をなせる場合、この馬を使用するを得しめ、かつ、命令伝達を簡易ならしめんがためなり。

第七百五十二　行軍序列は、通常徒歩行軍において用うるものに準ず。平均行進速度は、一時間十ないし十二キロとす。

自動車縦列（三十トン）の行軍長径は、平均四十メートルの車間距離を有する場合において、おおむね五百メートルにして、六十トン縦列は一キロなり。また、各縦列間の距離は二キロとす。

第七百五十三　情況不明の際は、騎兵、路上装甲自動車および自転車を以て、あらかじめ捜索を行い、また行軍警戒隊の支分を必要とす。

自動車行軍縦列の警戒は、その長径、速度および視察能力の僅少、車輛の音響等のため困難なり。とくに、警戒に任ずる自動車は、未知の地形において、堅硬なる道路上に拘束せらるるにおいて、然りとす。

ゆえに、警戒のためには、車行中の自動車縦列に対する命令通報報告の伝達を確実にするとともに、能く将来を洞察して処置するを要す。

時刻を定めて、地区ごとに躍進的に前進するは、捜索隊、警戒隊の報告および命令伝達を容易ならしむるものとす。

第七百五十四 過早に敵と遭遇し、指揮官がこれに応戦せんと欲するときは、軍隊を適時下車せしめ、空車輌は側方に退避せしむるか、あるいは、後退せしむるを要す。優勢なる敵と遭遇し、これを避けんとするときは、馬匹縦隊を招致し得るや否やに注意するを要す。

第七百五十五 自動車行軍の成功のため、必要なるは、敵より過早に発見せられず、従って、空中より妨害せられざることなりとす。これがため、夜暗における自動車の集合、軍隊の乗車、ことに夜行軍を避け難きこと多し。乗下車ならびに行軍のため、対空防御および艤装に関し、周到に処理するを要す。

第七百五十六 出発後、最初の十キロを行進せしのち、および爾後三十キロごとに休憩を行うものとす。長時間の休憩および目的地到着の際は、軍隊を速やかに下車せしめ、側方に整頓せしむるを可とす。

第七百五十七 空自動車の残置に関しては、とくに命令を与うべきものとす。而して、その一部は、しばしば馬匹縦隊の到着するまで、戦闘部隊に随伴せしむるものとす。軍隊は、少なくも自己の兵器、装具および糧秣を携行するに足るべき自動車を保有するを要す。

第七百五十八 自動車縦列の運行、行軍および宿営に関しては、第十七章を参照すべし。

第七百五十九 狭宿営の際は、一般警戒勤務に準じ、警戒するものとす。暴露せる燈火、発煙、自動車燈の点滅、実および空「ガソリン」鑵ならびに「ガソリン」浸潤せる掃除用布を堆積することを厳禁す。

例外の場合において、「ガソリン」を爆破防止用格納庫に格納し得ざるときは、これを隔離し、かつ監視下に置くものとす。

格納庫は、壕を以て閉塞し、壕の容積は「ガソリン」の量に応ぜしむるものとす。格納庫には、裸燈、点火せる煙草等を携帯して出入するを禁ずる旨掲示し、「ガソリン」の取扱は昼間行い、夜間にありては、電燈、あるいは安全燈を使用し、監視、警戒的処置を採り行うべきものとす。

第五節　車輛

第七百六十　馬車は、自動車と併用せられ、軍隊の移動および補給上、きわめて緊要なるものなり。今や、軍用に発動機の利用、絶えず増大しつつあるも、路外用自動車の数、十分なるに至らざる限りは、軍隊はなお馬車を欠くを得ず。而して、第一線に近づくに従い、ますます多く馬車の利用を必要とするものとす。

第七百六十一　自動車編制の砲兵、通信諸隊および自動車隊に属するものを除き、火砲、機関銃、迫撃砲、戦闘用諸車輛、大小行李等は、ことごとく繋駕車輛を利用す。同車輛は、とくに補給勤務に欠くべからざるものとす。これ、最前線の縦列のごとき、しばしば野戦道路を利用し、または路外弾痕地を車行し、以て、軍隊に弾薬糧食を補給せざるべからざるを以てなり。また、地方にして堅硬なる道路なきか、自動車に余力なきか、あるいは戦闘の影響上、自動車の使用不可能なる場合には、馬車によるのほかなきものとす。

かくのごとく、馬車は、軍の戦闘力維持上、欠くべからざるものなるを以て、各級指揮官は絶えず、その輓馬の能力保持に注意し、十分の配慮をなすの義務あるものとす。

第七百六十二　戦時においては、ときとして輓馬に対し、平時良好なる飼育状態にある場合においてなお極度なりと認むべき努力と欠乏とを要求せざるべからざることあり。従って、馬匹の損耗は、これを忍ばざるべからずといえど、取扱の不当、飼養の不足、怠慢、または徒労等の原因により、廃馬たらしむるがごときは、許すべからざることとなりとす。

第七百六十三　馬匹の労役および作業を正当に配当し、勤勉なる馬匹をして、怠慢なる馬匹のため、過労せざらしむるは、とくに緊要なりとす。

行進中においても、なし得れば、御者を下馬せしむるものとす。

長き坂路にありては、御者を下車せしめ、車側にありて歩行せしむるを利とす。

第七百六十四　行軍間は、傷病者以外のものは、車輛、とくに積載車輛上に座乗せしむべからず。周到なる取扱、適時適当なる飼与および水与は、馬匹の労役能力を維持するものなり。馬匹には、しばしば水与をなすを要す。夏季において、ことに然り。飲水後、行軍を継続するときは、冷水といえど、害を与えざるものとす。

第七百六十五　獣医官、現場にあらざること多きを以て、御者ならびに上官は、傷病馬に対し、応急手当をなし得るを要す。

第七百六十六　蹄の保護および装蹄に関する注意は、とくに必要なり。これがため、休憩ごとに蹄鉄を検査し、弛緩せる蹄鉄は、これを緊装すべし。突出し、または弛緩せる釘は擦傷を誘起しやすし。厩舎、または露営地内における尖鋭物は、これを除去すべし。

第七百六十七　馬具の不適合は馬匹を徒労せしめ、能力を減退す。行軍の休憩間においては、能く馬具の位置を検査すべし。

革具の取扱は、保存上に多大の影響を有す。堅硬なる革具は脆弱にして、擦傷を起こしやすし。ゆえに、柔軟にこれを保持するを要す。

第七百六十八　車輛もまた、周到に取扱い、掃除、塗油を怠るべからず。しからざれば、車輛の転行重く、従って、輓馬の疲労を大ならしめ、かつ、車輛の損廃を速やかならしむ。

第七百六十九　大本営は、車輛隊を各軍に配属し、その交代、人馬材料（車輛隊専用および普通器材）の補充を処理す。

軍および軍団司令部は、車輛隊の事項の専任者を置く。車輛隊は、車輛大隊長の隷下にあり。同大隊長は、特別の場合には、師団司令部の顧問として招致せらるることあり。

第七百七十　車輛大隊長は、司令部の指示にもとづき、車輛縦列の行動および休憩日に関し、意見を具申するものとす（第十七章参照）。

車輛大隊本部は、その他、同隊将校、下士、兵卒の補充に関する件、師団の一般軍用器材および車輛隊の兵器器材に関する事項を取り扱う。而して、兵器器材については、とくに、これが維持、能力検査および補充を掌り、また、器材取扱法に関する軍隊教育ならびに工場設置に関し、処理するものとす。

第七百七十一　補給縦列は、車輛縦列、駄馬縦列、馬廠より成るその他車輛隊に、パン焼縦列および屠獣班を属す。

第七百七十二　車輛縦列は、所要に応じ、弾薬、糧食および、その他各種軍需品の輸送に任ずるものにして、通常、軽輓馬一駢《いちべん》【馬を二頭並べた状態】を以てする駕御《がぎょ》式車輛より成る（これを標準縦列とす）。

一車（九十五年式野戦車輛）の積載量は、七百五十キログラムにして、従って、その一縦列（九十五年式野戦車輛四十台）は三十トンを積載し得。

戦地の情況によりては、右標準縦列のほか、さらに軽車輛縦列を必要とす。山地において、とくに然り。また、要塞戦においては、重車輛縦列の編成を要することあり。

十六年修正五年式小野戦車輛より成るところの軽車輛縦列は、小馬匹を以て輓曳《ばんえい》す。最大積載量は、一車千キログラム、従って、一縦列四十トンなり。

騎兵師団には、乗御式《じょうぎょしき》四馬曳《ばえい》標準縦列を附す。同縦列の積載量は、二馬曳のものと同じく、三十トンとす。

普通の実車輛縦列の平均行軍速度は、一時間五キロ、一日の行程二十五ないし三十キロとす。特別の情況においては、この行程を多少増加し得るものとす。

空縦列は、速歩常歩を混用し、平均一キロに約八分を要す。

軽および重車輛縦列の行程は、前記のものに比し、やや劣るものとす。

第七百七十三　牛車を使役する地方、または、馬匹の徴発困難なる地方においては、牛を輓曳に利用す。輓牛は速力遅きも、重量物の輸送に適す。

牛車を馬車縦列に編入すべからざるとともに、牛車縦列を馬車縦列と同時に行軍せしむるは不可なり。これ、両者が行軍速度を異にするを以てなり。山地における急峻なる斜坂においては、馬匹は長距離にわたり火砲を輓曳すること能わざるを以て、山地牛を使用し、これを陣地に運搬す。牛車は、とくに短距離の反復往還輸送に有利なり。

能く訓練せられたる牛車、一日の行軍行程は二十ないし二十五キロにして、良好なる情況において、翌日休憩せしむるときは、一日三十キロを行進し得べし。牛は元来、その疲労の状を表わさず、斃《たお》るるまで輓曳を続行するものなるを以て、前記以上に行程を増大するは有利ならず。

よく使役し、その慣習に適応して飼与し（反芻《はんすう》）、かつ、しばしば水与するときは、牛は、その労役を忠実に遂行するものなり。

第七百七十四　駄馬縦列の使用に関しては、第八百二十九を参照すべし。

駄馬一頭は、五十ないし八十キログラムを運搬し得べく、駄馬一縦列は、馬匹の能力および地形の難易により異なるも、五トン以内を運搬し得。その行進速度は、道路の景況および勾配の如何により、一キロに対し十二ないし十五分と算定し、なお攀登《はんとう》に際しては、三百メートル、降下にありては五百メートルの標高差に対し、各一時間を加算するものとす。

駄馬隊の一日に攀登し得べき高さは、準備の程度、駄馬の能力、傾斜の度および道路景況によりて異なるも、標高差約千メートルを以て適度とす。

駄馬隊は、適当なる道路に乏しきか、もしは傾斜急峻なるため、車輛を使用し得ざるか、あるいは、車輛を以てしては多大の労力と時間とを要する場合においても、なお前進し得るものとす。

かくのごとく、駄馬隊の運動性は、ほとんど地形の影響を受けざるも、速度の迅速は得て【えてして】望むべからずゆえに、これを他隊とともに長途の行軍をなさしむる場合には、十分なる顧慮を必要とす。これがため、駄馬編制の部隊は先発せしむるを可とすることあるも、しかるときは隊間距離大となるを以て、連絡に注意すること必要なり。休憩に際しては、若干遅着すべき駄馬編制部隊あるを顧慮するを要す。

装蹄、馬装、駄載に関しては、出発前、十分検査するを要す。装具の圧迫は、駄獣をして、少なくも長時日使用に堪えざるに至らしむるものとす。

休憩の際、各級指揮官は、ときどき荷物を駄馬より卸下することに注意すべし。

第七百七十五　馬廠は、師団内の馬匹の需用に応ずるものとす（第八百三十、九百七十-九百七十四参照）。
馬廠行軍能力は車輛縦列に同じ。

第七百七十六　パン焼縦列は、他の方法による食糧の調達不可能なる場合、軍隊のため、パンを調製するものとす。

連続製造せば、一釜二十四時間に十二塊（一塊各八十個、一個一・五キログラム）を焼くことを得。すなわち、九百六十個、もしは一食分七百五十グラムのパン千九百二食分を製造す。ゆえに、移動式『パン焼釜』十個を有する一縦列は、毎日一万九千食のパンを製造することを得。同縦列は、軍隊とのあいだにおける規則的パンの輸送および適時の原料補充を保証し得る間は、作業を継続し得るものとす。すべて、位置の変換は製造能力を減殺す。

既設地点より撤収するのは、一時間半ないし二時間、新位置における開設着手より第一回の竈入《そうにゅう》まで三時間半を要す。この所要時間は、平均時間にして、パン焼人、熟練せる場合を基礎とす。ゆえに、毎日移動する場合、すなわち、一日行程を平均二十キロ、行軍所要時間四-五時間とし、これと前開設地における撤収時間および新位置における開設時間との和を、二十四時間より控除すべし。故に、一パン焼竈一日の焼高は七塊にして、行軍日における一縦列の製造力は一万一千食分となる。

遠距離を躍進的に随行せしむる場合には、開設を早くし、製造力を大ならしむるため、自動車を使用するを適当とす。パン焼縦列中、絶対に必要なる部分のため、三トン積自動貨車十台より成る自動車縦列を要す。この際、直接必要ならざる荷物車等の馬車梯隊は、なるべく迅速に追及せしむるを要す。自動車梯隊の行軍速度は、釜を毀損せざるため、一時間八キロを超えざるものとす。繋駕パン焼縦列の一日の行軍行程は二十五キロとす。

第七百七十七　屠獣班は、師団の屠獣を掌る。詳細に関しては、第九百十を参照すべし。

第七百七十八　第一線砲兵陣地、もしは、さらにその前方に対する弾薬その他近戦用器材の輸送にあたり、原野および道路を漏斗孔地帯化し、しばしば縦列の人馬材料に大なる損害を与うる熾烈なる砲火、ガス戦ならびに敵の飛行機大集団の攻撃は、補給縦列の任務遂行を著しく困難ならしむ。かつ、その行動は主として、夜暗、もしは、少なくも払暁に行わざるを以て、もっとも峻厳なる軍紀を必要とす。各種の手段を尽くして軍紀を維持するは、各級指揮官の最大の責任なりとす。

第十七章　戦闘部隊の追送および補給

第一節　通則

第七百七十九　補給、とくに追送は、作戦に重大なる影響を与うるものなり。而して、これが中絶は、情況の有利なる進展を危殆ならしむることあり。ゆえに、追送問題のために作戦の自由を掣肘《せいちゅう》せず、また、追送の困難によりて軍事行動を停滞せしめざるごとく、作戦計画の策定において、補給および追送に顧慮すべきは、あたかも鉄道におけるがごとし。

戦闘部隊の補給は、これに関し、責任を有するすべての諸機関が、あらかじめ軍隊の需用を考慮し、適時に請求し、かつ、その他すべて補給に関する、適切なる処置を適時準備することによりて、はじめて保証せらるるものとす。その際、これら責任の地位にあるものは、追送を要求してより、その軍隊に到着するまでの輸送ならびに必要なる諸施設に、いくばくの時日を要すべきやを顧慮せざるべからず。部隊の兵力に適応せる数の追送諸機関は、企図せる使用地に適時準備するを要す。

補給および追送は、作戦と相関連すべきものなるを以て、はなはだ困難なり。迅速にして変化に富む作戦の経過は、追送勤務をして、その厖大《ぼうだい》なる組織を掲げて、追随すこぶる困難なる情況に適合せしむることを強要すること多し。すべて後方連絡線の変更は困難なるものにして、綿密かつ強圧的なる干渉を必要とす。

第七百八十　戦闘部隊の作戦上の自由は、その需用品を作戦地域および鹵獲品中に求め得ること多く、追送を軽減し、従って、後方連絡線に拘束せらるること少なきに従い、いよいよ大なるものとす。ゆえに、指揮官は、戦地において得べき物資および鹵獲品を、まず軍隊のために利用するの義務を有す。ただし、その程度に至りては、これを全戦争指導のため、完全に利用し得るごとく考慮するを要す。

大体より見れば、多くは、単に給養品、とくに肉および蒭秣《すうまつ》【まぐさ】は、現地物資および鹵獲品に仰ぐことを得るも、乗馬、輓馬、車輛、兵器、弾薬、被服、建築材料、器具、衛生および獣医材料は、この方法により補充し得ること稀なり。

各補給地点における需用は、情況によりて、おおいに趣を異にす。給養品の需用は継続的なるに反し、弾薬、衛生必需品、もしは建築材料の需用は、長期間僅少にて足ることあるも、しばしば急激に莫大なる数量を要することあり。

ゆえに、追送の確実を欠く大部隊は、わずかに短期間戦闘能力を保持するにすぎず。また、状況に応じ、全然追送手段を異にするを要す。補給、追送および還送の組織は、戦場の特性、作戦の種類、軍隊および補給縦列の兵力ならびに鉄道の情況により、決定するものとす。軍正面より遠く前方にある騎兵部隊は、もっぱら現地給養によらざるべからず。而してまた、確実なる後方連絡線を欠くといえど、長く作戦能力を保有せざるべからず。

第七百八十一　補給および追送は、広範多岐なるを以て、司令部にある特種の人員を、これを統一的に指導し、組織せしめざるべからず。

上級、中級司令部にありては、補給および追送に任ずる将校および官吏等の行う業務を、すべて一将校の下に統一す。該将校を、軍司令部においては軍補給部長（Oberquartiermeister）、軍団および師団司令部においては軍団および師団補給部長（Quartiermeister）と称す。もし統轄を必要とする場合には、一人にて補給および全般の追送を指導し、かつ、指示を与えざるべからず。また、共同して使用し得べき村落、地区および輸送材料は、一人の手により、情況および緊急の度に応じ、これを分配し、十分に利用するを要す。軍、軍団および師団補給部長は、当該参謀長に隷す。

軍、軍団および師団補給部長は、あたかも作戦業務に従事する参謀と同様、迅速精密に情況および企図を知悉せざるべからず。軍補給部長の起案すべき、すべての重要なる命令は、軍命令として発令せらる。而して、その実施の細部は、軍、軍団および師団補給部長の独断処理に委せらるるものとす。

軍補給部の編制は、本国との確実なる連絡中断せる場合、一個の支部（Nachschubstab）を残し得る程度に大ならざるべからず。

軍補給部長および補給業務主任者は、軍司令部に位置せざるべからず。軍補給部長および追送勤務従事者には、情況により、電話使用の優先権を与うべきものとす。

第七百八十二　多数師団の狭小地域に集団する場合、軍団に編合して一道路上を行軍する場合、もしは指定前進地域の側方転移に際しては、補給および追送を確実に軍団の手中に把握するの必要なることあり。この際、行軍路を分配し、各種編合部隊のこれが利用を規定するを得ば、さらに、その意義を大ならしむるものとす。その他の場合においては、各編合部隊に共通する規定は別とし、各師団に追送および補給の自由を与うべきものとす。

第七百八十三　司令部は、補給各機関に対し、いやしくも本部ならびに部隊の知るを要する事項、もしは、主として部隊の実施すべき事項（第四十五参照）は、『作戦命令にもとづく特別命令』としてこれを示し、また、追送勤務に関する他の諸命令は、『追送機関に対する特別命令』として命令するものとす。

その他の、単に後方部隊内部の勤務に該当する命令は、各分担者より、これを発す。補給および追送に関する重要なる申請、請求、意見具申、報告、通報は、軍、軍団および師団補給部長を経由すべきものとす。

継続的の請求、とくに給養に関しては、本部および司令部の各担任者、直接協議するを要す。これらの担任者は、軍、軍団および師団補給部長に、自己の職務の範囲に属する事項につき、絶えず報告するを要す。たとい、補給および追送勤務は、一手にて厳に掌握し、かつ指導すべきものなりといえど、指揮官の意図外に超越せざる限り、各分課勤務者の職域内における独断の範囲および他部との協同動作を狭縮すべきものにあらず。各員は、とくに督促を受くることなく、適時、自己の職域内における必要なる処置を講じ、適切なる命令の起案を準備するを要す。而して、司令部および軍隊指揮官と絶えず連絡を保持し、自己に必要なる事項に通暁しあらざるべからず。たとえば、軍隊指揮官、もしは、その責にある補助官の不在、または、事故ある場合には、追送および補給業務に任ずる者（経理部長等）、自ら所要の処置をなし、ただちにこれを軍隊指揮官に通告すべきものとす。

第七百八十四　その他の本部にありても、追送事務に従事する将校を定め、その任務に従い、給養掛、弾薬掛、器具掛等と称す。而して、その分課は一定の形式によることなく、むしろ情況を顧慮して定むるを必要とす。この機関中には、建設材料の追送に関する特定の一将校を置くを要す。山地、または道路不良なる地方は、道路および宿営設備のため、建築材料の追送に任ずる選任の一将校を必要とし、また鹵獲品の多量なるときは、これが利用、または輸送のために、一将校を必要とすることあり。軍隊指揮官は、追送勤務のため、絶対に必要なる兵力以上を使用するを禁止す。

鉄道追送

第七百八十五　戦地において得られざる補給品は、追送によりて得るものとす。而して、追送は、主として鉄道輸送による。追送品は、まず生産者（工場、農場等）より、陸軍軍需局、弾薬廠、補給局等に輸送せられ、同所において、追送輸送は一定の形式により組織せらる。たとえば、弾薬の口径による単位を定め（第八百五十四参照）、給養品を混合、穀粉および燕麦の追送単位に分類する（第九百八参照）等、これなり。この分類は、追送担任者をして、定量による計算を可能ならしめ、点検を容易にし、かつ、集積品に移動性を保有せしむるを得。

第七百八十六　大量輸送をなし得るものは、鉄道を最とし、水路、これに次ぐ。しかれども、水路は輸送速度緩慢なるを以て、運動戦にありては比較的価値少なし。また、追送品を、鉄道より水路へ、また水路より再び鉄道へ積換を必要とするときは、多大の時間と労力とを費やすものとす。

追送品は、内地にある弾薬集積場、給養品倉庫、軍需局等より、軍に輸送せらるる追送品を受くべき軍隊、または編合部隊が運動性に富むため、発送者に、その滞在地の不明なることあり。また、軍隊の編組を秘せらるることあり。

ゆえに、追送品は、まず一般鉄道交通線によりて、軍の後方にある運転業務上の適当なる停車場に向かって、輸送せらるるものとす。爾後における追送、輸送処理のため、最高統帥部は、鉄道管理機関と協議の上、補給品継送部を設置す。該部は、当該停車場を管轄する線区委員に隷す。而して、同部の陸軍補助員は、常に軍司令部輸送掛将校を通じて、卸下停車場および軍隊の滞在地を熟知しあるものとす。

第七百八十七　追送品は、たとえば『補給品継送部宛砲兵連隊行』なるときは、個々の貨物にありては、貨物発送部の仲介により、また、一車以上、もしは、全一列車を要するものにありては、線区委員に請求して、輸送するものとす。

完全なる一定単位を成すところの追送列車、たとえば、弾薬列車、野戦病院列車および家畜列車、その他、補充兵および賜暇《しか》軍人輸送（これらの給養、要すれば、宿営に対する特別の準備は中間停車場においてす）は、多くは補給品輸送部において積み換うることなく輸送せらる。能力ある鉄道上における追送列車は、積荷四百五十トンまでを輸送す。軍司令部輸送掛将校は、後方より輸送せらるべき物品に関し、予報を受く。同将校は、鉄道輸送の輻輳《ふくそう》【物が一点に集中し、混乱するさま】を予想する場合には、これを緩和し、軍の希望に応ずるごとく列車を招致す。該希望は、鉄道の運行能力に適応すべき緊急需要表によりて確定するものとす。

第七百八十八　物資を軍の近傍に準備せんがため、これを補給品継送部に集積するを要する場合には、適当なる隣接停車場を補助として、なるべく各補給品ごとに区分し、追送品集積停車場を設備するものとす。ゆえに、補給品継送部のため、停車場を選択するに当たりては、この点に関し顧慮するを要す。

第七百八十九　補給品継送部は、鉄道追送線により、追送品を軍隊に継送す。これがため、情況により、一定の協定運行表にもとづきて輸送するものとす。この鉄道追送線は、最初より、鉄道網の十分なる発達と輸送能力とにおいて、軍の企図する作戦方向に適合しあるを要す。この鉄道追送線を、のちに至り側方に移すことは、多大の時間を要するを以て、これを避けざるべからず。鉄道網疎散にして、かつ輸送能力少なき場合においては、作戦計画の策定に当たり、少なくも一軍に対し一条の有力なる鉄道線を附することを顧慮せざるべからず。一軍が、鉄道終点より、いくばく距離を隔て、自ら給養し、補給し得べきやは、軍の有する追送機関、ことに自動車縦列の数に関するものとす。鉄道の輸送能力が、補給を要すべき軍隊に対し、追送の要求を充たし得べきや否やを調査するを要す。

第七百九十　鉄道網の情況によりては、某分送停車場において、師団の卸下停車場に向かってする各線路上の追送品輸送区分を指定することあり。該停車場においては、軍隊輸送官衙の補助員執務しあるを要す。これら補助員は、絶えず軍隊の配置に通暁しあるものとす（第七百八十六参照）。

第七百九十一　軍司令部の輸送掛将校は通常、補給部長の提議により、また、特別の場合にありては師団の提議により、線区委員と協定して、追送品に対する卸下停車場を確定す。弾薬、糧秣および運転原料の各卸下停車場は、なるべく分離すべきものとす。師団は予報を受け、かつ、到着を予期する追送品の来着前に、これが卸下および搬送の準備をなすため、補給品継送部と連絡して、絶えず卸下停車場に関し知悉しあるを要す。卸下停車場は、軍の前進間、情況の許す限り、なるべく軍隊に近く、これを推進するを要す。しかれども、復旧線においては、追送品をただちに復旧したる線路の前端まで輸送せざるを可とす。停車場の完成および運転のため、操車および卸下に必要なる入替作業の可能となるまで、時間を与うるを要す。未完成線を酷使するときは、解決困難なる閉塞状態を惹起し、追送に障碍を来たすものとす。卸下停車場には、師団のため、積換所、もしは貨物取扱所を設置することあり（第七百九十五参照）。停車場、積卸場、鉄道管理部の上屋および積卸のための通路は、交通のため開放し、これを倉庫、または、積荷場として使用するを許さず。飛行機の脅威を受けざるため、停車場付近における貨物の堆積を避くべし。従って、各師団に、各一個の専用卸下停車場を指定するを可とす。

かくのごとくして、停車場および線路の閉塞を予防し、円滑なる交通を図るものとす。線路開放のためにはまた、正確にして迅速なる卸下を必要とす。而して、これがためには、適時十分なる作業部隊を準備せざるべからず（第七百九十九参照）。多数師団、もしは、全軍のために、一卸下停車場を使用すべき場合には、軍団司令部、もしは軍司令部において、自ら鉄道より縦列、もしは倉庫への積換に関し規定す。

第七百九十二　積載せる車輛および列車の留置は、線区委員の諒解を得て、軍司令部これを行うものとす。車輛は交通に使用するものにして、単にこれを移動倉庫として使用するは、特別の場合に限る。

第七百九十三　軍事的要求大なる停車場には、停車場司令官、軍隊と鉄道側との仲介に任じ、その職域内において、厳格なる紀律の維持を図る。停車場司令部所在地における鉄道管理部ならびに患者輸送班の患者集合所は、同司令官の軍事警察上の規定に限り、これに従うものとす。停車場司令官は、線区委員に隷す。

終末停車場より軍隊までの追送

第七百九十四　運動戦においては、貯蔵品は、ただ一時、廠および倉庫に収容せらるるにすぎず。

卸下停車場において卸下せる物資は、追送縦列、歩兵、砲兵および工兵各系縦列および行李によりて、軍隊に送らるるか、または、移動物資として、追送縦列によりて追送す。規定計画に係る鉄道運行の終末点に近く、物資を廠（弾薬、衛生および獣医材料）、または倉庫（糧秣、野戦器材倉庫）および「タンク」廠に集積することあり。常に、これら諸施設まで帰還するの要なからしむるためと、現地物資ならびに鹵獲品中より、ただちに使用し得べき軍需の蒐集《しゅうしゅう》不可能なるの顧慮上、各司令部にもまた、野戦糧秣倉庫および野戦弾薬廠を設置するを適当とすることあり。

将来を洞察する計画的補給は、単に大量の貯蔵品を軍隊の後方近く集積するを以て、足れりとするものにあらず。かくのごとくせば、かえって追送網の変通性とその能力とを害し、これをして円滑に情況の変化に応じ得ざらしむるに至るものとす。ただ、補給業務に必要なる諸施設が縦長に配置せられ、かつ、この組織により作業せらるるときに限り、補給法は、作戦の手段、重点および方向の変化に応じ得るものとす。

第七百九十五　軍、軍団および師団は、固有の追送縦列を使用す。而して、軍および軍団は、とくに大規模の自動車縦列を、師団は主としてやや小なる車輛縦列を用う。軍司令部は、両縦列の行動を調和せしむるを要す。この調和は、積換と背進とを少なからしめ、空車行進の多きを避くることによりて、能くその目的を達するものなり。

追送品は、積換所において、軍および軍団の縦列より、師団の縦列に積み換えられること、しばしばあり。通常、後方にある縦列は、戦線まで直行するものとす。これ、その積載区分は、軍隊の需要に適応することは稀なればなり。ただ、軍の前方にある大なる騎兵集団の補給にありては、後方の縦列は分配所まで前進することあり。

補給縦列より軽縦列および行李の車輛への積換にありても、一車の積換品を、ただちに一車に積み換えうるは、ただ特別の場合に限るものとす。

けだし、縦列および行李は、おのおの諸種相異なれる原則および着眼にもとづき、積載せらるるの要あればなり。従って、交付すべき縦列はまず、その内容を種類に応じて分類し、集積するを要すること、しばしばあり。従って、短期間の分配所、成立するものとす。

これによりて、つぎの区分を生ず。

積換所（上級部隊の追送縦列より各師団縦列への積換）および分配所（各師団縦列より軍団軽縦列および行李への追送品の交付）。

師団縦列および軍隊が鉄道列車より補充せらるるあいだは、追送品卸下停車場（第七百九十一参照）、積換および分配所は一致するものとす。

作戦地域の特別なる情況は、全追送業務のため、現地慣用の輸送材料を利用するの必要なることあり（運河、河川、小馬、輓獣）。

山地戦において、積換場と分配場との中間に、車輛を通すべからざる個所あるときは、同地に積換所を設け、同所において追送品を駄馬縦列に積み換うるものとす。

第七百九十六　追送機関の使用および追送設備の縦長における所要の梯次配置は、運動戦にありては、左の基礎によるものとす。ただし、幾多の例外あるを免れず。

鉄道および水路交通の終点附近における倉庫および廠の、戦線より離隔すべき距離は、通常、自動車縦列がその所在地より積換所まで一日行程にして到達し得ること、および敵の反撃を受くるに際し、軍需品を後送し、または、これを湮滅《いんめつ》せんがため、少なくも四十八時間の余裕を得るを以て基準とす。従って、戦線よりの距離は、五十ないし最大限百二十キロとなる。

野戦糧秣倉庫および野戦弾薬廠は、通常、車輛縦列が同所より一日行程にて分配所へ到達し得、かつ、局地的反撃を受くるに際し、遠距離火砲のため、損害を被らざる距離にあるを要す。従って、戦線よりの距離は二十ないし四十キロとす。

分配所は概して、敵の砲火を免れ、かつ、車輛の一時的輻輳により、戦闘中の軍隊に妨害を与えざる程度に、正面より離隔すること必要なり。しかれども、行李車輛は、軍隊が前進する場合にありても、一日行程以内にて、これに追及し得ざるべからず。この原則にもとづく距離、左のごとし。

イ、敵と触接せざるとき　　警戒部隊を除く軍隊の全行動地域内。

ロ、敵と触接するとき　　正面に至る距離十－三十キロ。

右の立脚点より、各種移動追送機関の通常活動すべき範囲定まるものとす。すなわち、補給縦列は、敵火外に行動すべきものとす。しかれども、命令、もしは任務の達成のため、他に方法なきときは、敵火もこれを避くべからず。

軽縦列は、敵の近距離戦闘用火器の効力範囲外に行動すべきものとす。ただし、急迫の場合は、需要地（砲兵陣地）まで前進すべきものとす。

行李は、いやしくも行動し得る限り、すべての地点に至る。夜暗においても、最前線の歩兵の直後まで前進すべきものとす。

第七百九十七　すべての追送の施設は、移動性を有するものと固定のものとを問わず、著しく空中攻撃に暴露す。而して、空中攻撃成功の場合、爆撃を受けたる縦列は、敵火に慣れたる軍隊に比し、恐怖に捕らわれやすく、かつ、再びこれを集結すること困難なるを以て、大なる障碍を惹起するものとす。しかのみならず、倉庫および廠は、可燃焼物体を以て充実せらるるがゆえに、その影響、さらに大なるものとす。

従って、敵の空中攻撃に対する不断の注意は、追送施設にある人々の特別なる義務なりとす。第十二章には、これに対する必要なる処置として、原則および重要事項を掲ぐ（狭地域における多数車輌および大量貯蔵品の集積法、隠匿、対空防御、対空監視勤務、避難法、倉庫および廠における消防に関する処置）。ただし、希望すべき物資材料の分置に関しては、縦列および貯蔵品の監視、管理および輸送の可能なる限界に注意するを要す。命令による集結のためには、たとえば、車輌のごとき、必ずしも一地に集団せしめおくを要せず。

後方地域および後方部隊

第七百九十八　軍作戦地域の後方にある地域の警備および管理のためには、統帥部に従属する特別の官衙を編成せらる。該官衙は、縦深に配置せる軍の諸施設の宿営および現地物資の蒐集に任ずるも、戦闘地域内の軍隊に対する補給および追送は、その担任外とす。この事項は、いずれの場合にありても、軍補給部長および、その追送部の担任とす（第七百八十一参照）。

この主要任務のほか、軍補給部長は、作戦地域後方の秩序維持に任ず。該警戒任務のため、軍（軍補給部長）および後方地域の諸官衙は、重要なる地点（倉庫および貯蔵品）および鉄道の監視警戒に要する、移動し得べき特別なる部隊を置く。

第七百九十九　管理任務遂行のため、軍司令部および後方部隊には、特別なる作業隊、給養隊および警察隊を隷属せしむ。これら諸部隊は、必要に応じ、弾薬廠（弾薬中隊）、積換所および分配所、糧秣集積所、病馬廠（給養中隊）、建築任務（建築大隊）、輸送の任務（縦列）、蒐集勤務（蒐集中隊）、警察および治安勤務（野戦憲兵および兵站司令部）に充当す。この諸部隊を継続的に分属するは適当ならず。かえって軍司令部において、その手裡《しゅり》に掌握しおき、師団の要求に応じて、これに分属するを可とす。しからざれば、一方において十分に利用せられざると同時に、多方面にありては、緊要なる作業力に不足を来たすことあるものとす。追送部隊には、常に予備を設けおくを可とす。後方勤務にありては、予期せざる多数の集積所を要すること多きを以て、この部隊不要なるときは、該勤務に使用すべきものとす。後方部隊は、戦闘部隊をして、作戦地域到着の当初より、一切の作業（鉄道追送品の卸下廠および集積所の勤務）を負担せしめざるごとくするを要す。ゆえに、その一部、ことに給養中隊、廠中隊、患者輸送部、病院列車、軽症患者列車は、物資の一定量とともに、戦闘部隊と同時に作戦地域に到着するを要す。しからざれば、追送機関と軍隊との触接を遅延せしめ、軍隊をして、一時、作業勤務の担任により、その戦闘力を減却するに至らしむることあり。軍補給部長は、この後方部隊の使用前、作戦の進行に関する企図を知るを要す。しからざれば、誤まれるか、または、時機を失したる戦術的、もしは戦略的予備の使用と同様、後方部隊もまた、正当の地点に到着するため、時間を徒費し、また、種々の障碍を惹起するものなり。一度採用したる後方部隊の使用の変更は、多大の時間を徒費し、かつ困難なるものとす。けだし、この部隊は追送勤務の練習を要し、かつ戦術的予備のごとく移動性を有せざるものなればなり。

第八百　兵站司令部、後方部隊および野戦憲兵の援助により、軍隊の直後および後方地域には、所要に応じ、数線に交互に重畳して、離隊者集合所を設くるを要す。その任務は、所属部隊を求むるものを集め、宿営せしめ、給養し、かつ至当なる道路に就かしむるにあり（詳細は附録七にあり）。

第八百一　戦闘力を維持せんがため、戦闘部隊はなるべく速やかに、俘虜の監視を後方部隊に委任するを要す。俘虜はなるべく速やかに、作戦地域および後方地域外に後送すべし。護衛下における整然たる俘虜の後送は、宿営および給養（兵站司令官）に関する適時の準備により、保証せらるるものとす。
俘虜は、軍司令部が、輸送掛将校の提議により決定せる、適当なる後方停車場より、内地の某目的地に向かい、輸送せらる。この輸送が、たとえば、鉄道の他の負担のために遅延することあらば、後方地域において適当なる収容所に、臨時俘虜の宿営に関し準備しあるを要す。

第二節　行李

第八百二　行李は、戦闘および休憩間、軍隊に必要なるものを所持す。行李は、この必需品輸送機関として用いらるるのみならず、軍隊と軽縦列、縦列分配所および、情況によりては、倉庫と連絡して物資の補給を仰ぐものとす。

第八百三　行李は、戦闘行李、糧秣行李、物品行李より成る。
責任者たる長官は、緊急の場合および自己の認可するときに限り、行李を増加すべきものなることに注意するを要す。これを増加したるときにありても、その認可の原因消失するに至れば、再び復旧すべきものとす。軍隊が独立して作戦せざる場合には、行李の増加が単に数日間に限らるるといえど、そのつど、これを上司に報告すべきものとす。とくに行李の増加により、軍隊の戦闘力を減殺することを防止せざるべからず。各車輛積載量は、規定の限度を超過するを許さず。また、馬曳車と自動車との混用は不可なり。行李縦列の指揮に関しては、第八百四、八百十を参照し、なお第八百三十九以下の趣旨を参酌《さんしゃく》すべし。また、対空防御については、第十二章を見るべし。

戦闘行李（第二百二十六参照）

第八百四　馬匹を用うる運搬車輛より成るところの戦闘行李は、所属長官の命により、とくに定められたる乗馬将校、これを指揮し、自動車編成の戦闘行李は、自動車下士これを指揮す。戦闘行李は、大隊等ごとに一団となりて、軍隊に跟随す。最初に敵と触接すべき警戒隊に属する戦闘行李は、前衛、もしは本隊に属す。これに関しては、そのつど命令すべきものとす。分遣せられたる中隊等は、その戦闘行李を携行す。

第八百五　歩兵にありては、戦闘に際し、中隊の戦闘車両は軽機関銃および弾薬を卸したるのち、弾薬補充のために後方に派遣せられざるときは、まず戦闘行李の位置に至るものとす（第八百七十一参照）。大隊の兵器器材車もまた、これと合一す。この車輛群の指揮は、大隊長の指示により、大隊本部附乗馬下士これを担任するものとす。部隊用衛生材料車および患者用車にして、いまだ衛生勤務のため招致せられざるあいだは、野戦炊事車とともに、大隊本部附第二乗馬下士これを指揮し、第二車輛群とす。塹壕用器具車は、所要に応じ、両車輛群の一に配属す。

大隊長は、この両車輛群を合一することを得。情況上、手馬を軍隊のもとに携行し得ざるときは、これを一車輛群に配属すべきものとす。

連隊長は、連隊本部、迫撃砲および歩兵砲隊の戦闘行李の位置を命ず。隣接大隊の戦闘行李の合一は努むべきことにして、連隊内各大隊行李の集結もまた必要なることあり。中隊、猟兵機関銃中隊および山地迫撃砲中隊にありては、情況これを許すあいだは、駄馬を従う。駄馬を一時止めるのやむなき場合には、これを戦闘行李に合するを適当とすることあり。

第八百六　騎兵にありては、戦闘行李の編合、指揮法および停止位置は多様なり。

騎兵集団における連隊長は、多くの場合、連隊本部および各中隊の戦闘行李を合一し、かつ連隊本部の一下士をその指揮官に指定す。戦闘行李は、連隊、または旅団の後方を行進し、かつ迅速なる展開、もしは開進に際しては、連隊長の命令に従い、某距離を間して、躍進的に連隊に跟随するものとす。

捜索隊および師団騎兵中隊は常に独立して、その戦闘行李の行動を定む。これらの部隊は、行李を自隊になるべく近く位置せしむ。短期の企図にして、大なる運動性を必要とする場合には、各騎兵隊は一時、戦闘行李の全部、もしは一部と分離するのやむなきに至ることあり。かかる場合にありては、戦闘行李を、精密なる命令を以て一指揮官の麾下に置き、隣接大部隊の行李に附属せしむるを可とす。

第八百七　砲兵にありては、戦闘行李は大隊の後尾に従う。中隊が陣地に進入するや、戦闘行李は前車の近傍に至り、同所に留まる。戦闘を予期して前進するに際しては（潜伏陣地より潜伏陣地への躍進的前進）、行李は通常、再び大隊ごとに編合することなく、直接各中隊に跟随す。

第八百八　工兵にありては、近戦用材料車および器具車は（これらを工兵技術的任務に使用するあいだは）、軽機関銃および弾薬卸下後、中隊ごとに戦闘行李の位置に至る。工兵大隊集結しあるときは、大隊の軽電話車もまた、中隊車輛の位置に至る。この車輛群の指揮は、大隊長の命により、大隊本部附一下士これを担任す。野戦炊具は、別命なきときは、大隊本部第二下士の指揮にある部隊、衛生材料車および患者用車とともに、大隊ごとに集団す。ただし、この車輛群は合一せらるることあり。情況上、手馬を部隊のもとに携行し得ざるに至れば、手馬は某車輛群の位置に至る。

第八百九　戦闘場裡に使用せざる通信中隊の器材車は、本部の行李の位置に至る。而して、その連絡は中隊において配慮するものとす。

糧秣行李および物品行李（第二百二十六参照）

第八百十　師団司令部には、糧秣および物品行李を指揮監督するため、乗馬大尉、もしは同中、少尉二、もしは同下士二を、通常、車輌部隊より配属す。乗馬大尉は常に筆記命令を受く。本命令中には、軍隊区分、行軍序列、宿営一覧表等を含むものとす。糧秣および物品行李の指揮官には、自転車手、もしは自動二輪車手を配属す。

第八百十一　旅次行軍に際しては、糧秣および物品行李は所属部隊と同行す。

連隊本部の行李は、この場合、某大隊の行李と、また司令部および野戦経理部の行李は、単独、もしは、その部隊の行李とともに行進す。

第八百十二　戦備行軍にありては、糧秣および物品行李は集団して、軍隊に跟随す。

師団内において集結せる両行李は、通常、分離して行軍す。糧秣行李は通常、本隊、もしは第一輜重梯団（註 先進輜重）の後尾より、一定の距離を保持して続行し（第八百四十参照）、物品行李は、さらに大なる距離を隔てて糧秣行李に跟随す。

情況不明なるときおよび軍隊の戦闘参加に際しては、糧秣および物品行李は予定位置に至り、同地において待命せしむるを可とす。軍隊休憩に移れば、糧秣および物品行李を宿営地に導くことを得。しかれども、情況危険なる場合においては、物品行李は軍隊の宿営地に導くを得ず。かかる情況にありては、糧秣行李招致のための命令において、これが後方への撤退ならびに集合の時機および場所を定むべきものとす。

行李は、退却行に際しては、先に退却せしめ、側敵行にありては、敵より脅威を受けざる側面を行進せしむべきものとす。

正面前にある軍騎兵の糧秣および物品行李に対する命令は、とくに細心の注意を以てなさざるべからず。該行李は、その運動および停止地点のために、後続せる大部隊を妨害せざるを要す。特種の情況にありては、軍騎兵の物品行李を軍正面の後方に置くを必要とすることあり。この場合にありては、行李を、あらかじめ選定したる地域に集結して宿営せしめ、そのまま停止せしめおくを要す。これ、軍騎兵との連絡を保持し、かつ後続兵団を妨害せざらしめんがためなり。軍騎兵の糧秣行李を二部に分かつこと、しばしばあり。すなわち、必需品のみを携行する、なるべく小なる部分を、直接軍隊に続行せしめ、他の大部は現地調弁に従事し、大距離を隔てて軍騎兵に跟随す。

第八百十三　糧秣・物品行李の集合は、十分なる考慮と最新の注意とを以て命令するを要す。行李が軍隊の行動を遅滞せしめ、もしは妨ぐるを許さず。

前進に当たりては、糧秣および物品行李は通常、諸部隊の出発後、はじめて団隊ごとに集合し、のち、その集合地に至るものとす。

自動車編成の部隊にありては、糧秣および物品行李の自動貨車若干は、その部隊の戦闘行李とともに出発す。行李の宿営地および露営地よりの過早の出発は、部隊の給養を妨ぐ。情況上、行李が軍隊よりも早く出発するを要するときは、前夕集合、もしは出発せしむるか、あるいは、少なくも夜間休憩に先だち、車輛に積載を了しおくを可とす。

第八百十四　行李は、なし得れば、前進路へ交わる支路上に集団ごとに位置し、前進の際、正しくその序列に入り、行軍縦隊を作るものとす。しからざる場合には、行李縦隊は本道において編組せらるるものとす。対空掩護の顧慮上、集団的に現存する掩蔽物によらしむること、しばしばあり。

糧秣および物品行李の集合および運動は、作戦命令にもとづく特別命令によりて部署せられ（第四十五参照)、而して、まず縦列の先頭を予定の最前方集合場の後方約一キロに置き、これによりて、各集団および部隊の区域を確定するを可とす。而して、その距離は、余裕を存するごとく測り、以て、逐次到着せる車輛に地域を与え、かつ厳に道路の一側を開放せしめるを要す。

対向し来たる車輛は、環状に車行して転向し得るまで、続いて後方に車行せしむるを、もっとも可なりとす。指揮官は、縦列の編組終了後、はじめて行李を所命の地点に前進せしむ。この場合、距離を規正し、厳に指揮官より命ぜられたる道路の一側を車行するものとす。

指揮官は、軍隊の編組に準じて、縦隊を数団に区分す。糧秣および物品行李は、概して軍隊の行軍序列に従いて行進し、指揮官は先頭にあるものとす。各車輛には、一ないし二名ずつ、荷物管理者を附す。爾余の下士兵卒は、故参【古参】下士の指揮の下に、各大隊ごとに集団し、行李指揮官の指示に従い行進す。個人の行李車輛に乗車するは(たとえば、行軍患者および軽症患者)、行李の属する中隊長等の筆記認可証によりて許可すべきものとす。

行軍開始前、各集団の指揮官は、その集団の任務に関し、教示を与う。而して、残置車輛も単独にて自隊に追及し得しめんがため、行進路および目的地を各隊に告知するものとす。

行軍中、行李指揮官は、ときどき停止し、行軍縦隊をして自己の前面を通過せしめて、監督するを以て足れりとす。集団指揮官は、部下の軍紀について責任を負うべきものとす。

第八百十五 行李の分進に際しては、不秩序および道路の閉塞を絶対に避くるを要す。とくに、後方車輛をして前方の車輛を超越せしむるは、行李指揮官の命令ある場合に限るものとす。指揮官は、縦隊を適当なる位置に誘導するを要す。この位置は、各隊行李をして停滞なく、おのおの、その行進方向に分進し得しむべき位置なるを要す。車輛の招致は各部隊の任務なり。各隊は、自転車手、もしは乗馬兵をして、行李指揮官のもとにおいて車輛を受領せしむ。行李車輛の独断招致は禁ずべきものとす。

第三節　軽縦列

第八百十六　糧秣および物品行李は原則として、縦列より補給せらるるものなるも、戦闘行李の再充実に対しては、中間機関たる軽縦列の介在を要す。けだし、軍隊の戦闘間に要するものは、とくに迅速に、かつ、捷路を経て補充するを要するがゆえにして、とくに、砲弾、迫撃砲弾ならびに接戦、偽装および通信資材において必要なりとす。歩兵弾薬の補充は、その重量軽易なるを以て、前者に比し単簡なり。また、その局地における使用は、はなはだ僅少なるを以て、当初の需要は部隊内部の融通により満足し得べし。

軽縦列は、弾薬補充とともに、その所属部隊の人員および馬匹の補充に用いらる。

第八百十七　軽縦列を分かちて、歩兵、砲兵および工兵軽縦列とす。騎兵は、四馬曳追送縦列を有するを以て、軽縦列を有せず。砲兵軽縦列は六馬曳にして、他はすべて二馬曳とす。

第八百十八　歩兵軽縦列は、歩兵連隊に各一個を有し、歩兵銃、騎兵銃、軽および重機関銃、拳銃、迫撃砲ならびに歩兵砲用弾薬、その他手榴弾、擲射弾、通信および信号材料、有刺鉄線および偽装材料を携行す。

砲兵軽縦列は、各大隊（乗馬および重砲中隊）ごとに一縦列を属せられ、配属大隊（中隊）火砲の口径に応ずる弾薬を携行す。その区分、左のごとし。

車輌大隊の砲兵軽縦列、乗馬大隊（中隊）の砲兵軽縦列。
自動車砲兵大隊の砲兵軽縦列および高射砲大隊の砲兵軽縦列。

工兵軽縦列は、各工兵大隊に各一個を属せられ、急速架橋用材料、爆破および点火材料、小銃弾薬、通信および信号材料、建築材料、塹壕用器材、有刺鉄線および偽装材料を有す。

第八百十九　軽縦列の行軍、戦場への招致および戦場における行動ならびに、その宿営に関し、着意すべき点、左のごとし。

行軍および宿営間における区分は、軍隊指揮官、これを命ず。

軽縦列は、軍隊の展開、ことに予期せざる敵と衝突をなしたる場合の展開を妨げざるごとく、後方に位置するものとす。しかれども、該縦列は機を失せず、弾薬補充のため、部隊の後方に至るを要す。軽縦列は概して、戦闘部隊の後尾にありて行進す（第二百二十四）。しかれども、一個、もしは、すべての歩兵軽縦列を最後尾歩兵連隊の後尾に跟随せしむるか、もしは、各個にその所属連隊の後方を行進せしむるを可とすることあり。

軽縦列の指揮に関しては第八百三十三以下を、また対空防御に関しては第十二章を参照すべし。

第八百二十　戦闘のため、軽縦列を行軍縦隊より招致する時機および方向は、砲兵縦列にありては、軍隊指揮官の認可を経て、砲兵指揮官これを定む。爾余の軽縦列は、軍隊指揮官、これを歩兵連隊および工兵大隊の使用に供す。軽縦列は通常、その所属部隊の戦闘任務確定すれば、これを招致すべきものとす。この前進に当たり、戦場に急ぐ歩兵の行進を妨害するを許さず。

軽縦列の行進を円滑ならしむるためには、行進中、所属部隊との連絡を失わず、かつ、適時疑わしき道路を偵察、知得するを肝要とす。

第八百二十一　軍隊指揮官および砲兵指揮官は、各部隊長が軽縦列を受け取り、かつ、つぎの命令を下すべき場所を指定するものとす。而してのち、部隊長は、戦場における軽縦列の位置を指示す。該地点は、概して前車および戦闘行李の後方に選ばるべし。

第八百二十二　行動、休憩、準備、警戒、偽装等に関しては、軽縦列は、至近の戦闘部隊と同一の原則を適用すべきものとす。

第八百二十三　軽縦列の指揮官は、戦闘車輛および弾薬縦列の補充に関し、自己の属する部隊の長より次回の命令を受く。しばしば、軽縦列の車輛を戦闘部隊の位置まで前進せしむるを有利とすることあり。しかるときは、積換、もしは弾薬車の交換を避け得るものとす。砲兵軽縦列にありては、ことにこの必要あり。

第八百二十四　命令を欠く場合にありては、軽縦列の指揮官は連絡を求め、要すれば、独断を以て戦闘部隊の需要を確かめ、かつ、これを充足するの義務を有す。しかれども、この前方に対する不断の着意のため、無計画なる前進を惹起するを許さず。無計画なる前進は、混乱、車輛の堆積、連絡の中絶および飛行機による損害を生ずるものなり、明確なる命令なくして、車輛より弾薬を卸下しおき、空車を以て、再充実のため帰還することは、とくに戒むべきこととす。情況の変化により、急速なる行動を要するに当たり、卸下せる弾薬を適時に再び積載する能わざるときは、他の場所において、一時弾薬の欠乏を来たすことあり。

第八百二十五　宿営に当たりては、軽縦列は、その属する部隊の地区内に位置せしむるを可とす。しかれども、敵の近傍にありては、不安のため、軍隊と軽縦列を分離するの余儀なきに至ることあり。

第四節　追送縦列

第八百二十六　鉄道、もしは水路によりて行われざる限り、追送は縦列の行うところとす。
追送縦列は、車輌縦列、駄獣縦列および馬廠ならびに自動車縦列より成るものとす。車輌および自動車部隊は、特別なる部隊指揮官の下に編組せらる。能力に関しては、第七百四十二、七百七十二等を参照すべし。
パン焼縦列は第六節、衛生および獣医部隊については第七節および第八節に記述す。

第八百二十七　縦列は、自己の行動の自由を害することなく、軍隊の戦闘準備を確保するを要す。この編合部隊の指揮官は、両要求を規正することに関し、大なる責任観念を必要とし、なお司令部の周到なる区処をも必要とす。
縦列指揮官は、その縦列が規定の時間に指示の地点に到着することに関し、全力を尽くすべきものにして、軍隊に適時、弾薬、糧食および器材を補給するためには、異常の努力、夜行軍、強行軍を避くるを許さず。また、要求せられたる業務を遂行せんがため、厳格なる軍紀のほか、輓獣の能力に関する指揮官の確実なる判断を必要とす。

第八百二十八　車輌縦列は、各種の大道路上に使用するに適す。また、野道を行進し、一時的なれば（要すれば、積載物を軽減して）、原野を横断することを得。

車輛縦列は一般に、縦列が行軍部隊に従いて戦場に赴くか、もしは部隊に編入せられざるべからざる場合の使用に適す。

その能力は一日平均二十五キロとす。ただし、この能力は、必要のばあいにはなお向上を要するものとす。積載せる二馬曳車は通常、常歩行軍をなし、積載せる四馬曳車輛は（騎兵師団に附す）長距離の速歩行軍をも実施するを得。二馬曳車輛においては、速歩行軍は空車の場合においてのみ可能なり。

第八百二十九　駄馬縦列は、山地において使用するに適す。また、平地、とくに漏斗孔地帯においては、道路外にて、戦闘部隊と有利に連絡するを得。行軍歩度は常歩とす。平野においては、その行進速度は概して歩兵より緩慢なり。

第八百三十　馬廠は概して、補給縦列の後尾より行進す。部隊へ馬匹を交付するに際しては、馬廠の全部、もしは一部を前進せしむるものとす。その他に関しては、第九節を参照すべし。

第八百三十一　自動車縦列は、堅硬なる道路および広き距離において使用するに適す。その大なる能力（車輛縦列の三倍）は、大体において、開放せられたる車行し得べき道路において、はじめて発揮せらるるものとす。

情況急なる場合においては、自動車縦列は一日百キロ以上を行進するを要することあり。しかれども、この場合には、自動車の損耗急激に増加し、縦列の能力、これに応じて減少す。行軍速度は、毎時おおむね十三キロを算す。自動車はしばしば（とくに強度の使用に際しては）修繕日を必要とす。

第八百三十二　縦列は、全縦列、もしは半部を集団して使用するを通常とす。しかれども、例外として、自動車縦列は時間節約のため、しばしば運転すべき地域を単独の自動車をして往復せしむることあり。

車輛および自動車縦列は休憩日を要す、しからざれば、これらの能力は異常に迅速に消耗するものとす。

軍隊指揮官は、情況が、縦列より極度の補給を要するや、はたまた所定の目的を達成せば、補給縦列の損耗により爾後作戦の継続を一時中止すべきや、あるいは補給縦列に休日を与えて、その能力保持を測り、作戦遂行の速度をこれと調和せしむべきや等をあきらかにするを要す。

第八百三十三　縦列の使用に際しては（とくに交通頻繁なる場合において）、自動車縦列になるべく良道を専用せしむるを要す。一道路上に車輌および自動車縦列を併せ使用する場合には、時間により、両者の運行を区分するに努むるを要す。道路補修のための専門工夫および材料は、十分に、かつ適時に準備すべし。堅硬なる道路が大破したるのち、はじめてこの準備をなすは不可なり。自動車隊本部および道路建設部隊の密接なる協同作業は利益あるものとす。自動車隊は、もっとも速やかに道路の破損を偵知し、これが回収を切望す。而して、作業隊をもっとも迅速に作業地に、かつ建築材料をも輸送し得るものとす。

例外として、自動車縦列が他部隊の区内を行軍せざるべからざる場合にありては、躍進的にこれを続行するを適当とす。この目的のため、自動車縦列行軍の緩衝距離を設く。その長さは、縦列の長さ、天候、道路の傾斜および情況により、定むるものとす（第二百七参照）。

行軍部隊に自動車縦列を挿入するは、技術的には不利にして、部隊の行軍能力を低下せしむるを以て、これを避くべきものとす（第二百七参照）。

第八百三十四　車輌縦列は、自動車縦列に比し、行軍能力小なるを以て、師団の地域内に使用せらる。その補充のための背進は、通常、半日行程以上に上るべからず。しからずんば、師団への連絡を失うものとす。車輌縦列は概して、軍団および軍の自動車隊により、後方より充実せらるるところの師団の移動倉庫たり。軍司令部もまた、車輌縦列を使用するを要す。その目的は、使用し尽くせる師団の車輌縦列を迅速に補充し、かつ道路網不良なる場合、現地物資を蒐集し得んがためなり。縦列の能力は、鹵獲せる現地の車輛の補充によりて、高上し得るものとす。車輛縦列に個々の補助車輛を配属するよりも、むしろ、これを特別なる補助縦列に編成し、熟練なる監視員を附して使用するを可とす。集結したる縦列は、個々の車輛に比し、統一指揮監督、容易なり。

軍団および軍の自動車縦列は、軍需品の端末停車場および各師団間の長大なる距離を連絡するものとす。車輛縦列は、標準縦列としては負担力三十トンにして、とくに緊急なる遠距離輸送のため、師団に附属する少数の自動車縦列に匹敵す。軍団および軍の自動車縦列は、概して六十トンを積載す。重および軽車輛縦列および駄馬縦列に関しては、第七百七十二および第七百七十四を参照すべし。

第八百三十五　軍隊指揮官、もしは司令部は、多くは縦列を合一して、その手裡に掌握す。また、軍隊指揮官および司令部にあらざれば、いかなる追送品がすべてに共用の緊急品たるかを能く観察し得ず。すべての要求は、軍隊指揮官および司令部に集まるものにして、これらの指揮官が輸送材料を手裡に掌握し、以て、隷下部隊において輸送材料が十分利用せられずして、むなしく散乱するがごときことなく、随時これを交通の焦点に送り得る場合において、はじめて迅速かつ十分に、この要求を充たし得るものとす。各師団等にして、戦闘軽易なるか、もしは追送連絡の有利（卸下停車場に近き等）なるため、輸送材料を要すること少なきときは、その縦列の全部、もしは一部を、その隷下より脱し、これが必要大なるか、もしは、その後方地区、単に車輛縦列のみを用い得る部隊に配属するものとす。

第八百三十六　編合部隊は概して、最前線の前車より軽縦列に至るまでの部隊の弾薬と追送縦列のものを合して、二弾薬追送基数（第八百五十三）を容るべき積載容積を算し、かつ全兵力に対し、一日分の糧秣を有せざるべからず。また、上級司令部は、少なくも配下諸部隊一日分の弾薬糧秣等を輸送し得べき輸送材料を有すべきものとす。これ、単に積載能力のみの問題にあらずして、行軍力をも必要とし、従って、その総能力はトンキロ【貨物の輸送量を表す単位。輸送した貨物のトン数に、輸送距離を乗じたものを各貨物ごとに計算し、その合計を示すもの】により、評価すべきものとす。縦列の使用に関しては、第七百九十五をも参照すべし。

第八百三十七　車輛部隊および自動車部隊の長は、司令部の指揮に従い、各種補給勤務員（弾薬部員、経理部員等）と共同、ことに当たり、この協力にもとづき、補給部長に追送縦列の行動および休憩日に関し具申す。部隊長は常に、縦列の滞在、運動、積載状態および成績の一見明瞭なる一覧表を作製するを要す。自動車隊の指揮官はなお、運転原料および自動車器材の追送ならびに自動車を有する団隊、各部隊および師団司令部における自動車の修理に任ず。車輛部隊長は、普通の軍用器材のことを掌る。縦列の行動は、追送に任ずる部隊に対する特別命令によりて規定せらる（第四十五参照）。たとえば、縦列を第一および第二梯団（第八百四十参照）に区分すること、および単独にて更新すべき部隊の行動、これなり。

註　**第八百三十八**は原本に欠如す。よって、そのままとせり。

第八百三十九　各縦列は、車輛および自動車部隊の長のみより命令を受く。ゆえに、命令が常に徹底し得るごとく、これら部隊長と確実に連絡しあるを要す。もし縦列が前進、退却において、広区域に分割せらるるの場合には、この連絡に関し、とくにあらかじめ考慮するを要す。縦列は、この目的のため、行軍間、順次に電話通信所（兵站司令部）と、伝騎および自動二輪車等を以て連絡し、なお休憩間は、要すれば、つぎの電話通信所に連絡を求むるものとす。

電話の連絡線を欠き、もしは電話不通なる場合には、伝騎、自動車、自動二輪車、もしは逓伝法を以て、これを補う。車輛および自動車隊の長は、行軍間、軍需品の受領および支給間ならびに休憩間、その縦列を監督し、かつ、とくに厳格なる軍紀および不断の行軍準備をはじめとし、指示せられたる行軍路の維持ならびに、定められたる道路取締上の規定の遵守に意を用うべきものとす。なかんずく、多数編合隊の縦列の行進交叉に際し、自己の縦列を正当なる行進路上に保持し、かつ、断絶せられたるその一部が他隊に混淆して、行進路を誤らざるごとく注意すること肝要なり。情況によりては、隊長自ら、その司令部を以て、かくのごとき地点の交通を規定するを要す。

縦列を監督し、かつ一定の任務に対して編合せる多数の縦列（たとえば第一梯団）を指揮せんがため、車輌および自動車隊の長は特定の将校を使用す。

第八百四十　給養に関する顧慮は、大なる編合にありては、糧秣を有する各個の縦列を、戦闘部隊の行軍縦列のもとに従わしむるを適当とすることあり。

戦闘を予期する場合にありては、歩兵および砲兵の弾薬ならびに接戦材料を積載せる縦列を、師団長の命によりて、車輌および自動車部隊の長をして、第一梯団として近く先進せしめ、また、一部を戦場に進ましむることあり。

これらの到着すべき時刻および場所は、配属諸部隊長に通報す。

第一梯団には、需要の予想に応じて、野戦病院、病馬廠および糧秣、とくに携帯糧秣を有する縦列を配属するものとす。第一梯団は、前進に際しては、糧秣行李の直後か、もしは戦闘部隊の後尾まで進むを得。また、退却に際しては、本隊の直前方を行進す（第二百二十七参照）。

第一梯団に配属せられたる縦列ならびに部隊は、それぞれ車輌および自動車部隊ごとに（両者はそれぞれ、まとまりあり）分離して、師団の特別命令によりて定められたる車輌および自動車隊の将校、おのおの一名の指揮の下に行進す。

先進縦列は、なるべく各方面へ発進し、また背進し得るごとく配列すべきものとす。而して、飛行機に対する遮蔽の顧慮上、多くは集団的に現在せる遮蔽物に依頼するを必要とするに至るものとす。

大戦闘の進行間にありては、弾薬および接戦材料を積載せる縦列の指揮官は、先遣せる将校によりて、自己の補給すべき編合隊指揮官との連絡を確実に保持するを要す。縦列の集団は、行軍中、多くは特別指揮官の下に一梯隊に編合せらる。さしあたり必要ならざる野戦病院もまた、この梯隊中に編入せらるるものとす。その他、補給縦列にして、第二、もしは第一梯団の編合以外にありて行進するものあり。すなわち、受領のため、および受領後往復する縦列およびパン焼縦列、これなり。

第八百四十一　縦列の指揮官は常に、道路の情況および空中戦ならびに空中防御の情況に通暁しあるを要す。この目的のため、指揮官と絶えず連絡を保持しあるを要す。

第八百四十二　縦列の行軍に関し、必要なる戦術的部署は、行軍に就く前において、これをなすべきものとす。縦列の長径大なるため、行軍間に、これを指示すること不可能なり。これがため必要なるは、情況および任務の告知、捜索の区分、道路偵察、地上および空中脅威に対する警戒これなり。戦術的指揮の原則は、車輛および自動車隊ともに共通なり。ただ、自動車および車輛部隊の特性によりて、実施上に差異あるのみ。

第八百四十三　司令部および軍隊指揮官は、戦線の後方にある縦列に、側面が暴露せられあるか、もしは依託せられあるかを告知するを要す。

翼が依託されず、側面が開放しあるときは、襲撃のため、任務の遂行を妨げられ、もしは、これを不安ならしむることあるに注意せざるべからず。捜索および警戒によって、奇襲を予防するを要す。

第八百四十四　概して、尖兵および後衛尖兵による捜索にて（騎兵、自動二輪車手、自動車、装甲自動車、徒歩兵）十分なり。通視し得ざる地形にありては、側面警戒のため、騎兵、もしは自動二輪車の派遣を必要とするも、しからざる場合には、車輛上よりする側面および後方の監視を以て足れりとす。

特別監視者は、車輛上にありて空中監視勤務に服す。

遠く前方に捜索および警戒機関を派遣するは目的に適せず。敵はこれを通過せしめたるのち、縦列を急襲すべく、捜索、警戒機関の縦列を離るること大なるに従い、いよいよ大なる効果を期待し得べし。特別なる情況にありては、縦隊の頻繁の停止、近距離の精密捜索および広範囲の捜索を必要とすることあり。不穏なる地方においては、大部落を通過して行進するに当たりては、警戒上特別の処置を講ずるを要す。

第八百四十五　縦列は、長時間にわたる火戦に堪えずといえど、なお、とくにその軽機関銃により、無条件に征服せられざる戦闘力を有す。敵の小なる企図に対しては、果断なる攻撃の決心により、成功を収むることを得るも、多くの場合、指揮官は転進によりて敵より免るるを可とす。常に考慮すべきは、火戦は勝算十分なる場合といえど、人馬器材を損耗し、従って、たとい縦列の任務を不可能にならしめざるまでも、なお、これを困難に陥らしむるものなることとす。

第八百四十六　戦闘は、ただ目的（敵の撃退）を達するまでに止め、ついで時間を徒費することなく、行軍を継続すべきものとす。ただし、前進に努むるのあまり、軽率なる処置と敵に対する注意の欠如のため、あらたに奇襲的射撃を受け、停止するのやむを得ざるに至るごときことあるべからず。

第八百四十七　縦列は、自己の少数の人員に依頼するものなるを以て、とくに兵力を節約するを要す。情況、はなはだ危険なる場合（軍騎兵属するもの）においては、歩兵（少数の小銃手群、または機関銃分隊）、もしは自動二輪車小隊、あるいは装甲自動車小隊を、掩護のため、附するを必要とすることあり。このとき、責任ある指揮官は高級先任者とし、車行技術上については、縦列長これに当たるものとす。

第八百四十八 縦列、ことに自動車交通の頻繁なる道路上において、縦列行動の成功を収むるためには、注意周密なる交通規定を設くるを要す（第八百三十九参照）。

積載および卸下場、停車場、倉庫、積換所、配給所のためにもまた然り。

長大なる路上の交通にありては、これを各編合部隊に分配し、その各部隊は、道路指揮官をして、これを指揮せしむ。道路指揮官は、必要なる野戦警察隊（野戦憲兵、騎兵、自動二輪車）、作業隊（道路建築中隊、建築大隊、工兵、たとえば橋梁のため）および通信器材を指揮するものとす。

同時に両方向に交通せしむべきや、はた単に一方向に交通せしむべきやは、路幅およびその最狭部（たとえば、狭き橋梁）如何に関す。狭き道路、峠および丸太道等の交通は、鉄道の閉塞式と同様の方法によりて処理するを可とす。

道路の交叉点、ことに狭き道路の交叉点においては、大市街の交通頻繁なる場所と同様に整理するものとす。道路指揮官は、各種輸送の緩急を熟知しあるを要す。良好にして周到なる道路の標示は、すこぶる必要なり。とくに、森林、村落および夜間において然りとす。

第八百四十九 行軍にあたり、道路の一側を空しくすることは絶対に必要なり。

車輌相互の距離は、情況により定むべきものとす。急勾配、湿地、塵埃、弾薬の積載、または飛行機脅威は、多くは大距離を必要とし、また飛行機に対しては不規則なる距離を必要とす。もし大道を避くるときは、飛行機の監視を困難ならしむ。しかれども、支道上の自動車隊の行動は、道路の情況有利なるときにおいてのみ可能なり。日陰、ことに樹木の陰は、行軍に際し利用すべきものとす。飛行機の接近する際に、車輌を陰に停むるを有利とすることあり。しかれども、対空掩蔽を過度に顧慮するの結果、一度敵機の現出するや、すべての行動が渋滞を来たし、以て、飛行機現出の目的を達せしむるがごときことなきを要す。掩蔽を求むるよりも、飛行機を征服するを以て、常に重要なるものとす。ただし、飛行機に対する戦闘は、彼が偵察、もしは攻撃のため、下降する場合においてのみ問題となるものなり。機関銃なきときは、騎銃射撃を採用するものとす（第七百九十七参照）。もし迂回し能わざる場合には、敵火の下にある道路は、躍進的に、要すれば、車輛ごとに快速力を以て通過すべし。行進交叉にありては、縦列は互いに注意すべきものとす。

一般に、行軍中、連絡を良好ならしめんがため、補給縦列をしばしば停止せしめ、これを集結し、かつ、特別の休止をなすことなく、続いて行進せしむるを可とす。

車輛縦列は、短き停止のほかは、長き停止、なかんずく、道路の狭くして同時に他部隊が同一道路を利用する場合には、道路の側方に停止するものとす。

第八百五十　荷物積載場および卸下場において、同時に集合する縦列の数は、その地域が運動の自由を許す程度を超ゆべからず。縦列の行動は、最新の注意を以て打算すること必要なり。命令受領および積載品卸下のため、長時間待たしむるは、勤務に対する熱心を減じ、軍紀を害するものとす。積載および卸下には、十分なる作業力を必要とす（給養中隊および倉庫中隊に関しては、第七百九十九参照）。縦列の兵員（御者および自動車運転手）は、緊急の場合のほか、積載卸下に参加せしめず。この間を利用して馬匹および車輛の保護に任ぜしむべきものとす。

第八百五十一　設営のためには、先発者をして、適時に偵察せしむるを要す。

兵員は、車輛に至近の位置に宿営す。縦列は、前哨の規定（第二百三十七－二百三十九参照）によりて、自ら警戒す。ただし、兵員僅少なるを以て、やむを得ず、単簡なる処置を以て満足せざるべからず。休憩中の車輌を飛行機の眼より免れしめんがため、その多数を一定の形式の下に、車廠式に配置するを避くべし。もし車輌を各個に農家、または庭園に収容するときは、縦列は、敵に発見せらるる公算、もっとも少なきものとす。しかれども、円滑急速に行軍に移り得べきこと緊要なり。掩蔽のため、携行せる偽装網を張り、もし、これを有せざるときは、車輌を、藁、もしは樹枝を以て蔽うを要す。開豁地、村道および広場を車輌置場とするを避くべし。車輌列を巧妙に環境に適合せしめ、樹枝を十分に用うれば、生籬と誤認せしむるを得るものとす。

第八百五十二　敵との触接を予期せざるときは、多くは継続的に活動するを常とする縦列を愛護し、馬匹の能力を維持するため、宿営および給養を良好ならしむるを要し、通常、舎営を行うものとす。軍の廠を設置しある地は避くべし。縦列が露営するは、適当なる村落か道路の附近になき場合に限るものとす。

単独車輌および縦列による患者および負傷者の後送に関しては、第九百四十、九百四十一を参照すべし。

第五節　弾薬および接戦用材料

通則

第八百五十三　弾薬補充の特性は、弾薬の消費が常に変化し、かつ、しばしば突飛的に増大する点に存す。作戦行動中および、その停止中、各部隊より数量を明示せる弾薬報告を、順序を経て、最高司令部に向かって、規則的に、かつ、時を誤たず、呈出《ていしゅつ》すること、とくに重要なり。この基礎により、はじめて現存の弾薬を適当に分配し、運搬材料を有効に利用し得るものとす。

弾薬の請求は、もし報告の処置よろしきを得れば、概して、これを必要とせず。この請求は、特種の場合に限るべきものとす。

弾薬基数は、運動戦における各兵種に対する弾薬の一日の平均最高補充量とす。

一部隊のための弾薬基数は、部隊の編組および装備に適応せしむ。弾薬基数は、軍隊指揮のため、弾薬の情況に対し、大体観察をなすを得しむ。

歩兵、迫撃砲および砲兵の弾薬、接戦用材料、爆破および点火材料は、内地の弾薬廠において完成し、多くは口径を統一し、請求に応じ得るごとく準備し、統帥部、これを処理す。準備完成せる一定量を、まず内地において、空中の脅威に対しても有利なる一地に集結するを適当とすることあり(弾薬集積場)。統帥部は、弾薬列車によりて、これを軍に分配す。而して、この弾薬列車は需要に応じ、各種口径のものを以て編合す。軍は、戦況および消費量によりて、麾下団隊(軍団および師団)に対する区分および追送を規定す。弾薬は、鉄道および自動車縦列により輸送す。

第八百五十四　軍は必要に応じ、鉄道終点附近において、貯蔵弾薬を車輛に積み、行動の準備をなすか、もしは厳に格納す。弾薬を準備しある車輛は分離して、隠匿するものとす。作戦の休止間には、軍団、師団をはじめ、各部隊にありても、弾薬を戦線の後方の廠に準備するを可とす。

第八百五十五　弾薬廠は、行動せざる弾薬貯蔵の用をなすものとす。
弾薬廠は、弾薬受領を容易ならしめんがため、口径に従って小群に分かち、空中攻撃に対し掩蔽しおき、かつ、なるべく敵火より免るるを要す。弾薬廠が軌道連絡を有するは希望するところなり。

第八百五十六　弾薬廠司令部は軍に属す。各廠司令部は、廠中隊によりて、各軍司令部の弾薬班のために弾薬を運搬し、貯蔵し、かつ、これを管理するものとす。また、到着する弾薬列車を受領し、廠、積換所および分配所を設け、これを統轄す。而して、弾薬輸送のため、司令部（軍補給部長および補給部長）より指定せられたる縦列に、これを積載せしむ。また、渋滞を避けんがため、これに関する詳細なる規定をなす。

第八百五十七　廠中隊は、弾薬廠、積換所および分配所における指導および作業に任ず。

各中隊は、同兵力の二小隊を有す。これ、一半部を以て、ただちに新設廠に就かしめ得んがためなり。概して、一師団ごとに一個中隊を配当せらるるものとす。そのほか、軍には、多数の廠中隊を有す。特別の防御を欠く場合には、対空監視および対空防御勤務もまた、廠中隊の責任なり。

第八百五十八　軍は各部隊の弾薬消費を監督す。而して、その需要を適時に統帥部に報告し、かつ、使用し得る弾薬および使用し得ざる弾薬および射撃したる弾薬の部分品を、統帥部の使用に供することに関し、配慮するものとす。

第八百五十九　軍司令部（軍補給部長、弾薬班）は、とくに前進に際しては、絶えず軍団司令部と連絡を保持し（自動車に搭乗せる将校）、常に弾薬の情況に関し観察するを要す。軍団司令部より容易に到達し得べき近距離へ前進せしめたる軍の報告蒐集所は、到着せる弾薬報告を、自動車、もしは自動二輪車を以て、迅速に還送するに用いらるること、しばしばあるものとす。

軍司令部（軍補給部長）は、常に軍団司令部に対し、自己の輸送材料を以て、弾薬をどこまで送致するやを通報し、以て、前線部隊の縦列をして、該所において、これと連接せしむるを要す。

第八百六十　大戦闘前においては、縦列の大部は弾薬輸送に任じ、かつ行動の準備にあるものとす。弾薬は、なるべく前方まで、鉄道により輸送す。而して、火戦陣地附近に置くべき弾薬の量は、各陣地における砲兵の任務に適応する以上に大なるを許さず。

第八百六十一　軍および軍団の縦列より師団縦列への積換は、概して弾薬積換場において、これを行う。このとき、縦列相互に時間を徒費せざるを要す。弾薬分配所においては、弾薬は、縦列より師団の軽縦列に積載せらる。その施設においては、弾薬廠（第八百五十五）に与えられたる規定を適用す。該地においては、再び後方弾薬の搬送に任ぜしむる目的を以て、縦列を空車となすため、即刻、該縦列の弾薬を卸下することあり。しかれども、これに関しては注意を要するものあり。すなわち、情況の変化のため、放置せる弾薬を積載するの暇なく、迅速に前進するを要する場合にありては、他の地点における弾薬の欠乏を来たすの危険あり（第八百二十四参照）。

追送の情況、緊張せる場合にありては、軍および軍団の縦列を分配所まで招致することあり（第七百九十五参照）。

第八百六十二　作戦の休止の際、鉄道によりて戦線に送るべき弾薬の分配は、弾薬分配停車場の設置によりて、著しく軽減せらる。すなわち、全弾薬は該所に導かれ、同所において、各種の口径のものを編合せる新列車に分かたる。

第八百六十三　戦線附近および戦線後方におけるすべての弾薬列車および弾薬廠は、注意周密なる偽装と十分なる対空防御を必要とす（第七百九十六および第十二章参照）。

第八百六十四　打殻《うちがら》弾薬および薬莢、延鈑製薬莢覆、空容器（接戦、爆破および点火用材料の分を含む）、使用せざりし装薬、信管帽、高起帯、栓等は、速やかに、良好の状態において、弾薬分配所に後送すべきものとす。これら物品を、他の用途、たとえば建築等に用うるを禁ず。軽縦列および縦列は、弾薬の殻、接戦、爆破および点火用品の空材料を軍隊より受け取り、これを弾薬分配所に交付するの義務を有す。

その後の処置に関しては、第千五を参照すべし。

第八百六十五　各級指揮官は、弾薬および接戦用材料を適当に節約し、かつ、適時これを補充することに意を用うるを要す。

戦闘中の部隊に弾薬および接戦材料を送るためには、凡百の手段を講ずるを要す。これ、当日の戦火は、これが成否に関することあればなり。森林、もしは、これと類似の昼間陣地に近接するを許すものなく、かつ、戦況急を要せざるときは、弾薬運搬のため、しばしば夜暗を利用することあり。放棄せる陣地において、弾薬を失わざることについては、とくに注意するを要す（第八百二十四参照）。

第八百六十六　弾薬および接戦材料の第一の補充は、部隊車輛により、該車輛は縦列より再補充を受く。而して、縦列と部隊間の中間機関は軽縦列なり（第三節参照）。戦闘梯隊における弾薬を有する追送縦列の招致に関しては、第八百四十を参照すべし。

第八百六十七　戦闘間、部隊の戦闘報告のつど、弾薬および接戦材料の補充進行中なりや否やを軍隊指揮官に報告すべきものとす。なお、弾薬の景況に関する特別報告を必要とすることあり。車輛隊および自動車隊の指揮官は、師団長に対し、弾薬追送の経過、予想の故障および、これに対して、すでに処置し、もしは実行せんとする救助手段について、報告するものとす。

第八百六十八　各兵種の爆薬および点火材料の消耗に対しては、工兵軽縦列の爆破材料車より補充す。該車輛は、右のほか、爆薬および点火材料を、工兵廠、もしは鉄道より輸送するに用う。

歩兵

第八百六十九　戦闘開始前、すでに戦闘車に有する実包および接戦材料の一部、もしは全部を各人に交付することあり。しかれども、この負担量の増加は、攻撃歩兵の運動力を減殺することを顧慮すべし。

第八百七十　戦闘間には、実包および接戦材料は、戦線に増加する各増加隊によりて補充す。もし、地形十分に隠蔽せるときは、戦闘車に附属せる手車をも弾薬輸送に用う。単独兵をして、新弾薬および接戦材料を運搬せしむるの要あるときは、いまだ戦闘に参加せざる後方部隊より、この兵を取る特別の場合に限り、実包および接戦材料を持ち来たるための兵卒を戦闘正面より後退せしむることを得。

戦死者および負傷者の弾薬および接戦材料は、これを取りて利用すべきものとす。しかれども、負傷者には若干の実包を与えおくべし（第九百三十四参照）。

弾薬および接戦材料の不足を告ぐるときは、合図、もしは通信機関により、もし、これらに依ること能わざる場合には、戦線よりの伝令によりて、後方に通報す。この場合、附近にある各指揮官は、弾薬および接戦材料を前送せしむべし。

弾薬前送のため、情況により駄馬を用うることあり。また、飛行機により、最前線への実包輸送をなすことあり。

長く同一火線に停止するを予期する場合にありては、相当の弾薬および接戦材料を陣地に集積するものとす。陣地を、他部隊へ交付するに際しては、弾薬等の現在品は、これを交付すべきものとす。陣地を放棄する場合には、貯蔵弾薬はこれを携行す。

第八百七十一　満載せる戦闘車輛は、戦闘間、その指揮官の指示により、なるべく戦闘部隊の後方近く、地上および空中監視に掩蔽して位置すべきも、緊急の場合においては、損害を意とすることなく戦闘部隊に近接するものとす。

戦闘車の実包および接戦材料を消費したるときは、大隊長は、迅速に縦隊の軽縦列より、これを補充するの処置を講ずるものとす。軽縦列は、歩兵弾薬、もしは接戦材料を積載せる縦列より補充す。追送縦列は速やかに、戦闘正面中、もっとも多くの弾薬消費を予期する部分の後方へ招致すべきものとす。

軍隊指揮官は、いまだ戦線に加入せざる部隊の戦闘車によりて、実包および接戦材料の若干を準備するを可とす。ただし、この部隊にも、常に、戦線加入のために十分なる弾薬を所持しあるを要す。

弾薬欠乏するに従い、決戦方面の戦線加入部隊に対し、準備弾薬を分与すること、ますます緊要となるものとす。

機関銃

第八百七十二 歩兵中隊軽機関銃の第一次所要弾薬は戦闘車に、猟兵中隊のものは機関銃駄馬に積載す。而して、爾後の補充弾薬は手車を利用し、中隊の戦闘車により、陣地にある軽機関銃隊に搬致《はんち》するものとす。

砲兵、工兵、追送縦列等の軽機関銃は、第一次所要弾薬を、軽機関銃を載せたる車輌に積載して携行す。

第八百七十三 歩兵大隊の機関銃中隊は、その携行弾薬を機関銃車輌に積載す。猟兵機関銃中隊は、その所要弾薬を弾薬駄馬に積載す。その他の携行弾薬は、中隊の弾薬車に積載す。

第八百七十四 機関銃弾薬は歩兵軽縦列より補充す。

迫撃砲

第八百七十五 迫撃砲にありては、第一次所要弾薬を、小隊の弾薬車より採る（二重前車）。迫撃砲前車の弾薬は、弾薬車の卸下を待ち能わざるか、もしは、その弾薬にて不十分なるときに限り、使用するものとす。

段列車輌は、射撃陣地の供給を担任し、弾薬空車および迫撃砲前車を補充す。弾薬は、なし得る限り、輓曳によりて運搬し、輓曳不可能なるときは、迫撃砲手車に積載し、兵卒を使用して、前方に輸送し、要すれば担送《たんそう》【担架で運ぶ】するものとす。連山地においては、山地用迫撃砲中隊は、その第一次所要弾薬を弾薬駄馬に搭載して携行す。その他の弾薬は、前車および小隊弾薬車および段列に積載す。段列は、その弾薬を歩兵連隊の軽縦列より補充す。

騎兵

第八百七十六　騎兵師団は、歩兵と同じく、弾薬および接戦用材料の第一次所要量を、戦闘車および戦闘行李に積載して携行す。各中隊は、自己の弾薬車および土工具車ならびに接戦材料車を有す。騎兵は、軽縦列を有せざるを以て、歩兵は、騎兵が自己の近傍において戦闘する場合においては、その要求にもとづき、弾薬を補充すべきものとす。

爾後、弾薬は騎兵師団の追送縦列によりて補充せらる。砲兵弾薬の追送については、砲兵軽縦列は、砲兵部隊追送縦列間の中継の任に当たるものとす。

第八百七十七　騎兵師団にして、稀に自己固有の追送縦列を有せざる場合には、徒歩戦ならびに機関銃弾薬に対する大需要の顧慮上、特別なる追送縦列（少なくも、歩兵弾薬および接戦材料用追送縦列各一個）を配属す。

第八百七十八　騎兵中隊の軽機関銃は、その第一次所要弾薬を駄馬（もしは、軽機関銃を車輌に積載するときはこの上に）によりて携行す。爾後の所要は、中隊の弾薬車に積載す。

第八百七十九　騎兵の機関銃隊は、携行弾薬を機関銃隊弾薬車および小銃車にて携行す。その後の補充は、追送縦列これに任ず。

　場合により、騎兵中隊の弾薬車より補充するを必要とすることあり。

工兵、通信および交通諸部隊

第八百八十　歩兵の弾薬および接戦材料補充について示せる規定を準用す。

　戦闘間、弾薬および接戦用材料の補充を要するときは、もっとも近き歩兵の戦闘車、工兵の接戦用材料車、もしは歩兵軽縦列より、戦闘後は、歩兵弾薬、もしは接戦材料を積載せる追送縦列、または工兵軽縦列より補充すべきものとす。

砲兵

第八百八十一　砲兵隊の各級指揮官は、常に弾薬補充について意を用うるを要す。その他、とくに、これに任ずる将校および下士卒は、たとい命令および区処なくとも、射撃陣地に弾薬を整備するごとく努力するを要す。

第八百八十二　弾薬は、第一に中隊段列より、つぎに砲兵軽縦列より補充す。前車は通常、掩護下に後退せらる一部の弾薬、稀に、その全部をまず前車より取ることあり。一部、もしは全部空虚となれる前車は、後退後、ただちに縦列より再び充実すべきものとす。弾薬前車の弾薬は、いかなる場合にもこれを使用す。

第八百八十三　前車および第一弾薬段列ならびに第二弾薬段列は、掩護下、あるいは銃砲火の少なき地を求むべし。これがためには、二ないし三キロの後退を要す。

歩兵砲中隊は、その前車および弾薬段列をなお近く控置するものとす。

これら配置の選定は、飛行機に対する掩蔽、地形。敵火および他部隊に対する顧慮を基準とするものとす。一、二の地点に密集せしむることは、これを避くるを要す。

高級先任の弾薬段列長は、空虚なる前車および弾薬車を、即時充実を促進するを要す。これがためには、絶えず砲兵軽縦列と連絡し、必要なる弾薬を要求すべきものとす。また、砲兵中隊の弾薬の景況を、常に熟知しあるを要す。高級先任の段列長は、自己の決心によるか、砲兵中隊長の要求により、弾薬補充のため、弾薬車を射撃陣地に前進せしむることを努む。而して、該段列長は、これがため、戦闘中にありても、常に段列を砲兵軽縦列より、要すれば追送縦列より充実すべき責任あるものとす。前方に陣地を変換するときは、段列長は、砲兵軽縦列長に、従来の射撃陣地における残置弾薬を通報するものとす。

敵火のため、弾薬を射撃陣地の後方に卸下し、兵員をして、これを火砲位置まで運搬せしむるのやむを得ざることあり。もし、弾薬車輛の轍跟《てっこん》【車輪の跡】により、敵飛行機に砲兵中隊の位置を察知せらるるの虞あるときもまた、かくのごとき手段を採るを可とす。

第八百八十四　山砲兵および自動車砲に対しても、上記の原則は適用せらるるものとす。

第八百八十五　軍隊指揮官は、砲兵指揮官に、戦闘段列および砲兵弾薬を積載せる追送縦列のあらかじめ到着すべき時刻と地点を通報すべきものとす。

第八百八十六　砲兵指揮官は、右通報を部下砲兵隊に伝え、以て、砲兵軽縦列をして、追送縦列より、その弾薬を補充するを得しむ。

戦況により、追送縦列、もしは、その一部を軽縦列の位置まで、あるいは、なお射撃陣地まで前進せしむるを要することあり。

第八百八十七　騎銃、機関銃および拳銃弾薬を、戦闘間補充せざるべからざるときは、至近の歩兵戦闘車、附近の歩兵軽縦列、もしは、最近の歩兵弾薬を積載せる追送縦列より補充するものとす。

その他の場合においては、歩兵および機関銃弾薬補充規定に準拠す。

第八百八十八　接戦、爆破、点火材料の補充は、工兵軽縦列、もしは接戦用材料積載縦列より補充し、危急の場合には、至近にある歩兵の戦闘車輌より補充すべきものとす。

ただし、砲兵は、自己の車輌より、これを補充し得ざるときに限るものとす。

第六節　給養

第八百八十九　野戦勤務の労苦に適応する、規則正しい人馬の給養は、成功の主要条件なり。軍隊に適時豊富なる給養をなすため、あらかじめ処置を講じ、あるいは、策を具申するは、上級および中級官衙にある管理部員の主要任務なりとす。これとともに、一般上官は、常に軍隊に良好なる給養を支給し、要すれば、独断を以て、その責に任ずるの義務あるものとす。給養困難の際にありても、軍隊に、少なくも所要のパンを与うること必要なり。

第八百九十　戦場における給養は、人のためには戦時口糧、馬匹のためには戦時馬糧を用う。日々の口糧はパンおよび食養品より成る。特別なる情況にありては、人馬の口糧を減少するのやむなきことあり。

また、作戦地方の特性によりては、異なれる組織を要することあるものとす。

第八百九十一　野戦給養に必要なる食糧品等は、つぎの方法により取る。

イ、作戦地域の物資によるもの。

ロ、携行せる糧秣によるもの。

ハ、後方および本国よりする追送品によるもの。

第八百九十二　運動戦においては、野戦炊事を以て給養するを通常とす。稀に作戦地域の物資を利用し、宿舎給養により、宿営者（将校および兵卒）は、野戦給養に比して少なからざるときは、概して舎主の供する給養を以て満足せざるべからず。

給養不足する場合にありては、舎営司令官は、不足の分量を補うを要す。重要なる各種給養品目欠乏せるときは、追送品により、宿舎給養一部の補充を必要とすることあり。

宿営者、夜遅く到着するときにおいてもまた、十分なる食糧を準備しあるを要す。とくに現金支払の命令なきときは、給養に関する部隊の認印を押捺せる証明書を、舎主に交付するものとす。

第八百九十三　自己の需要の限界内において、宿営地域内にある貯蔵品を利用すべきものとす。また、同区域内に存在する給養諸設備－パン焼所－屠獣場－は、情況により、軍隊によりて、独断を以て使用することを得。

第八百九十四　ゆえに、作戦地域内における貯蔵品は、まず糧秣車輌の充実によりて、軍隊給養品の補充に用うるものとす。これがため、不必要なる物品は、野戦糧秣倉庫の充実に用うるものとす。調達は、購買、もしは徴発によるものとす。徴発は、軍隊のために、概して敵地において、かつ、自己の需要の補充のため、急を要する場合に限り行うものにして、師団長の命令によるか、要すれば、部隊長、少なくも大隊長以上の命によりてのみ、行うを得るものとす。徴発を行う区域は、とくに文書を以て確定すべし。各場合において、徴発を適時に命じ得ざるときは、徴発の命を発する権能ある上官に、文書を以て、徴発すべき場所、量および給養の方法、徴発の時機、受領証明の方法を報告すべきものとす。

徴発の任に当たる部隊は、将校をして指導せしむべきものとす。特別の情況に限り、例外を許すものとす（将校なき小部隊、もしは斥候）。

徴発は、受領証書と引換に現金を支払うものと、現金を支払わざるものとに区分す（たとえば、軍隊に現金なきとき）。この場合にも受領証券を交付すべきものとす。

この受領証券は明瞭に、責任将校、もしは官吏の階級を有する所命のほか、部隊印を押捺するを要す。地方官憲、もしは有力なる住民をして、協同せしむることを努め、かつ、厳に軍紀を維持するを要す。略奪および、その他の非違は、絶対に防止すべし。

軍隊は、作戦地域、もしは宿営区域内において、しかも、軍司令官、もしは、独立して作戦する軍団長の認可ある場合に限り、自由に購買するを得。ただし、その価格および支払い方法は、軍司令官（軍団長）において定むるものとす。集中地域内の宿営地における購買は、高級官衙の承認を要せず。

第八百九十五 作戦および後方地域における大規模の購買および徴発は、通常、野戦管理部（野戦経理部、野戦給養官憲）において実施す。

管理部官憲は、援助のために、一将校の指揮する移動性を有する護衛隊を司令部に請求するを得。これがためには、後方部隊および経理隊を用うるものとす（第七百九十九参照）。急速を要する場合には、軍隊は、管理部直接の要求に対してもまた、これを援助すべき義務あるものとす。ただし、軍事的情況、これを許す場合に限る。

附せられたる将校の協同は、監督、軍事上の掩護および軍紀の維持に限らるるものにして、本来の徴発、とくに徴発物の分配は、管理部官憲の行うものとす。

第八百九十六　軍隊は、最初の進軍に際し、適切なる助力により作戦地域の所蔵品を利用するために、あらゆる手段を以て援助するを特別の義務と心得べし。

無用の浪費は、いたずらにわが自軍《ママ》に損害を与うるにすぎず、管理部部員を最前線部隊に参加するを要することあり。軍の最前線部隊、とくに正面前および側面における騎兵は、自己の需要にはるかに超過する物資を発見すること、しばしばあるものとす。かかる際には、騎兵は、自己の行動および任務に影響せざる限り、過剰物資を一般のため、利用し得るよう配慮すべきものとす。

大量物資（糧秣倉庫、製粉所等）は、ただちに押収して、これを管理部に通報すべし。軍隊の需要に超過する家畜を発見せしときは、とくに、この通報を必要とす。而して、管理部到着して、物資を受領するまで、要すれば、掩護部隊（たとえば、行軍患者）を残置すべきものとす。食糧品を過早に、かつ無益に浪費することは、あらゆる手段を講じて防止すべし。

第八百九十七　貯蔵品として、軍隊は、少なくも一日分の糧食および馬糧を、その糧秣車に所有し（第八百十－八百十五、糧秣行李参照）、なお三日分の茶および屠獣器材をも、これに積載すべきものとす。有利なる状況にありては、さらに一日分の口糧を、騎兵師団にありては、その他なお約四日間分のコーヒーおよび塩を格納するを努む。その他、騎兵は、三分の一の馬糧（二キログラム）の飼料（穀類）を乗馬に有す。而して、これらの補充については、使用後、ただちに配慮すべし。騎兵は、その乗馬に対して、携帯馬糧を有せざるがゆえに、これが補充はいっそう急速を要す。現地において発見したる燕麦の分配に際しては、まず第一に騎兵を顧慮するを要す。困窮の際は、燕麦を茎のまま給することあり。

第八百九十八　糧秣車は、各部の行う作戦地域の利用に際し、運搬材料として用いらる。該車輌は、追送による給養の第一機関となり、軍隊を追送縦列および野戦糧秣倉庫、分配所と連絡（第七百九十六参照）するものとす。その使用は、各独立軍隊指揮官、これを規定す。

第八百九十九　歩兵、騎兵、砲兵および工兵にありては、集結しある限り、各大隊（連隊）の糧秣車中の一個を酒保車となす。その他の部隊は、これと同行するか、もしは同宿する部隊の酒保車による。酒保の補充用物資は購買により、要すれば、管理官より、軍隊のために糧秣分配所まで運搬す（第九百五参照）。

第九百　糧秣車の空車となれるものは、ただちに再び充実すべきものとす。軍隊は二倍の糧秣車を有す。これ、受領のための後退によりて、軍隊の能率を減殺せざらんがためなり。糧秣行李の半部は積載し、かつ、常に支給の能力を備えて、軍隊に随従す。他の半部は、需要品受領のため、分配所に赴く。このとき、規定通り、あらゆる給養品の日糧を受領することなく、目下欠乏せる品、もしは、従来の経験によりて、ただちに欠乏を来たすべき品のみ受領することに注意すべし。ある種の給養品を受領せざるため、積載容積に余裕を生ずれば、その代わり、他の給養品を数日分受領するを可とす。しかるときは、糧秣行李の行軍を省くことを得。また、役務の交換によりて、輓馬の負担を平等にすることに顧慮するを要す。

第九百一　給養掛将校は、司令官の命によりて、軍隊における給養勤務を監督す。該将校には、所要の補助者を附す。

給養掛将校の任務は、軍隊のための食糧品（第八百九十四参照）および露営需要品の受領、購買ならびに徴発にあり。なお、屠獣および情況によりてはパン焼、軍隊と分配所間の糧秣車の交通、積載および食糧品の分配をも掌るものとす。該将校は、給養勤務の実行に関しては、その軍隊指揮官に対し、責に任じ、かつ、軍が自営する酒保の経営を監督す。

第九百二　経常消費として定まれる貯蔵品のほか、軍隊は衛戍地出発時より、危急の場合における応急品、すなわち携帯給養品として、三日分の携帯口糧（そのうち、騎兵の口糧は、ただ肉および野菜缶詰のみ）および一ないし三日分の携帯馬糧を携行す。

第九百三　携帯口糧は、とくに危急なる場合および他の給養手段なきときに限り、使用するものとす。ゆえに、その使用に対しては、通常、大隊長以上の軍隊指揮官の命令によるも、危急の場合にありては、最小部隊の各指揮官もまた、これを命ずることを得るものとす。使用せし場合には、ただちに順序を経て報告し、使用量はなるべく耐久貯蔵品（たとえば缶詰）によりて補充するものとす。やむを得ざるときは、軽量にして養分に富み、かつ永続性ある食料品もまた、これに適す（燻製肉、耐久ソーセージ、米、穀粉、「チョコレート」）。

兵卒は、なるべく自己の荷物の軽減を希望するものなるがゆえに、携帯口糧を所有しあるや否やを、絶えず検査するを要す。全将校は、凡百の手段を尽くして、携帯口糧を常に保持せしむるよう努力すべし。とくに、大作戦の前には、厳密なる検査を必要とす。各兵卒には、自己生存のために、この携帯糧食がいかに必要なるかを明瞭に会得せしめ、かつ、任意にこれを使用することが厳禁なる旨を、常に肝《かん》銘《めい》【肝に銘じる】せしむるを要す。

第九百四　追送による給養の第二段の機関は、給養品を積載せる追送縦列とす（第八百三十六、八百四十参照）。該縦列は、分配所および糧秣倉庫、もしは後方の積換所によりて、糧秣行李と連絡す。

第九百五　運動戦においては、追送縦列より給養品の支給は、糧秣行李の分配所（多くは、各師団に一個）にて行わるるものとす。その設備および指導は、師団経理部の任務とす。

分配所、位置の選定にあたり顧慮すべき件、つぎのごとし。

発見容易なること（ことに夜間において）。ただし、大道の傍に位置すること。

交付および受領に来たる車輛のため、進入および退出を離隔して実行し得ること。

行進、行進交叉、追越を禁ずること。

もし、車輛にして道路を利用し得ざるとき、とくに天候不良の際は、堅硬なる土地を選ぶこと。

自動貨車のために、一定の進入路を有すること。

敏感なる給養品、とくにパンのためには、天候に対する防護をなすこと。

飛行機に対する掩護。

追送縦列は分配所において、なるべく作業部隊の援助によりて（第七百九十九参照）卸下し、給養品は、種類（少なくも、飼料、パンおよび他の給養品の種別）により、分類して集積するものとす。これがためには、一ないし二時間を要す。各堆積物は、一場所において、多数の車輛が積載するを得。かつ、飛行機攻撃の効果をなるべく減少するを得るごとく、互いに適宜離隔するを要す。

軽量品を、まず卸下し、重量品は最後に卸下す。

一定の運行計画により、ただちに帰還すべきことを督促せざるときは、縦列は分配所附近において休憩するの弊《へい》あり。

縦列の最後の車輛が分配所を去りたるのち、はじめて糧秣行李の車輛を進入せしめ得。該車輛は、追送縦列と反対に、まず重量物品を積載し、以て軽量物品を最後にし、かつ重量物の上に軽量物を積載し得るごとくするものとす。

土地の情況有利にして、かつ進入および退出をよく規定しある場合は、一師団は二 - 三時間内に受領を終わることを得。たとえば、歩兵連隊、砲兵大隊等、団隊ごとに受領せしむるときは、秩序維持を容易にす。

分配後の残余品は、追送縦列が休憩終了後、再び、これを積載するか、もしは後続部隊に支給するものとす。

糧秣貨車よりの受領もまた、これに準じて規定す。

第九百六　追送による給養の第三段の機関は野戦糧秣倉庫なり。該倉庫は、軍、軍団および師団により て設立せられ、経理部の詳細なる指示により、現地の物資および追送品によりて充実せらる。積込のため、糧秣倉庫は、経理中隊、もしは、その一部を使用す。軍隊は通常、長き駐止間のみ、野戦給養部の倉庫より給養品を受領し得るにすぎざるものとす。勤務以外、野戦糧秣倉庫内に入るを禁止す。当事者の指示には絶対に服従すべきものとす。倉庫より物品を勝手に持ち去るものは処罰す。対空中防御および隠匿に関しては、第十二章を参照すべし。

第九百七　糧秣倉庫および分配所における授受の指揮および秩序維持は、管理部の職務とす。給養掛将校、縦列長は、秩序維持に関する要求に対して、管理部部員を援助すべきものとす。情況により、野戦憲兵および監視部隊を招致するを要す。なお、野戦管理部および軍隊は、相互援助するを要す。

管理部員は、給養に関する軍隊の希望をなるべく満たすことに努力するのみならず、最良にして変化に富む食料品を提供することについて、あらゆる手段を講ずるを要す。すべての関係者が常に相協力して業務に従事して、はじめて給養勤務は絶えず円滑に遂行せらるるものとす。

軍隊もまた、これを援助するを要す。これがためには、とくに糧秣車は正確に受領所に到着すること、円滑なる受領に対する配慮（これがためには、軍隊は、梱包材料、とくに、袋、箱等を、常に所有しあること）、不当なる職権干渉を避くること、要すれば、軍事的監督（乗馬下士）ならびに作業部隊および輓馬によりて管理部官憲を援助すること。相方とも規定の墨守を避け、かつ、戦地の状態を顧慮するを要す。而して、支給せられたる給養品に対しては、管理部が地点と時機に応じ、実行し得べき以上のことを、けっして要求すべからず。各給養品の不足は、他の給養品の増額支給により満足するを要す。

第九百八　追送給養品は、内地において購買せられ、これを追送給養品集積所に蒐集せられ、而して追送定量に編合の上、追送品蒐集停車場（第七百八十八参照）における追送給養部の手を経て、なるべく鉄道によりて、軍および野戦糧秣倉庫に輸送せらる（第七百八十八参照）。給養品は百八十トンずつに編合す。その種類を、混合の糧秣定量（基数）、穀粉および燕麦の追送定量（基数）に区分す（第七百八十五参照）。

混合の糧秣定量は概して、大部隊の集中間の最初の鉄道追送にのみ用いらるるものなり。爾後、糧秣追送品の編成は、部隊の要求に応ずべきものとす。而して、この編成は、主として軍隊が現地において獲得する物資を補足するために、何を必要とするやに関し、定まるものとす。

第九百九　パンは、もっとも重要なる食糧品なり。パンは、製造後一日を経れば支給にさしつかえなく、また、一日ないし二日後には積み出すことを得。その耐久力は、諸種の原因によりて影響を受け、異なるものとす。パンを調達するは困難なるものなり。けだし、パンは通常、住民一日分の需要のみを製造するものなるを以てなり。パン焼縦列によるパンの製造には一定の法則あり。その能力を十分に利用せんがためには、これを数日間一地において作業せしめ、ついで三十トン用自動貨車縦列を配属し、なし得る限り、遠く躍進的に前進せしむるを可とす。該縦列はまた、製パン材料および燃料の携行および搬致ならびに完成パンの分配所への送致にも利用するものとす。パン焼縦列の移動に際しては、パン焼人に大なる行軍力を要求せずして、なるべく車輛にて輸送するごとく努むるを要す。しからずんば作業力を減少せしむ。

一個（一・五キログラム）のパン百個を製造せんがためには、約百八キログラムの粉、十二キログラムの塩を要す。糧秣車を以て、パン焼縦列よりパンを受領するは、情況長く変化せざるを予期する場合（戦線の後方に休憩しある場合、戦況の平穏なる場合）においてのみ適当なりとす。

このときに当たりては、その地に設置しある在来のパン焼竈を利用して、パン焼道具を愛惜するを要す。運動中にある軍隊は、他の給養品と同時に、パンを、分配所、または野戦糧秣倉庫において受領す。

第九百十　軍隊に肉を支給するは通常、パンよりも容易なり。屠獣は、なるべく長く現地より取らざるべからず。軍隊は、肉を保存し得る限り、なるべく自ら屠殺す。前進に際しては、屠獣班は、多くは利用する能わず。生肉検査については、第九百五十六を参照すべし。

屠獣班は、パン焼縦列と連繫し、また、常に分配所附近において使用するを可とす。

屠殺は、なるべく使用二十四時間前に行うものとす。

屠殺後まもなき生肉といえど、適宜なる打撃および刻肉とによりて、食用に供するを得。

生肉の冷却前に調理するか、あるいは、調理前に刻肉器を以て刻肉するを得る場合において、ことに然りとす。

重傷を負えるか、もしは屠殺せる馬匹は、給養品として利用するを得。給養品として使用するには、なるべく速やかに屠殺せるを要す。

第九百十一　食料品は、高級指揮官の命によりてのみ、廃棄することを得。これに関する決定は、作戦を大観し得る指揮官の行うべきものとす。退却行動に際しては、けっして物資を敵手に委すべからず。

第七節　衛生勤務

通則

第九百十二　衛生勤務は、衛生、医療、患者および負傷者の宿営、後送ならびに衛生器材の追送を包含す。

第九百十三　患者および負傷者の医療、宿営、後送は、通常、長き準備を要す。本件に関しては、衛生部将校は、あらかじめ意見を具申するか、もしは自ら適当なる処置をなすべきものとす。

第九百十四　軍隊は、衛生勤務に関しては衛生部員と協議し、宿営改善の処置を自ら実施す。たとえば、井戸および、その他の給水ならびに厠の設置および構築、浴場および排水の構設、廃物の除去、死屍の埋葬、獣類腐肉の埋葬等のごとし。以上の目的のため、地質学者を招致するを可とすることあり。

第九百十五　軍医なき部隊はもちろん、至近部隊の軍医に依る、ときとして、永続的の規定を設くることあるものとす。

第九百十六　衛生勤務のすべての施設は、赤十字を以て表示すべきものとす。而して、夜間は燈火を以て、この章票を照すべし。ただし、燈光は飛行機に対し、遮蔽するを要す。衛生設備の発見は、道標によりて容易ならしむべし。この表示上には通常、部隊標識を記載せざるものとす。なお、衛生部隊および病院は、独国国旗および赤十字旗を以て表示すべきものとす。

衛生勤務の諸施設は、毫も戦術上の顧慮なきときは、司令部との諒解の上、屋上、または地上に大なる中立記章を掲げ、飛行機にその発見を容易ならしむることを得。ただし、この標識は夜間照明すべからず。

第九百十七　各将校、衛生部将校および従業員は、自己の職域内の衛生勤務を促進し、軍隊間にこの勤務に対する自覚を喚起せしむるの義務あるものとす。給養、被服、宿営および体育については、不断の注意を必要とす。

人員および部隊の装備

第九百十八　各隊には、専属の衛生部将校下士および兵卒を配属す。

このほか、担架勤務に対しては、各歩兵中隊には六名、各機関銃、迫撃砲および工兵中隊には四名、各砲兵中隊には二名の担架卒を有す。この担架卒は、ただ衛生勤務にのみ用うるものとす。爾余の部隊は、兵卒を以て衛生勤務を補助せしむるため、補助担架卒として養成す。戦闘に当たりては、補助担架卒は、命令により担架勤務に服するものとす。

第九百十九　各戦闘員は、上衣の左前隠【ポケット】に一個の包帯包を所有す。各衛生部下士および担架卒は、衛生嚢《のう》および興奮剤薬瓶、各衛生部将校は外科用器函および手術材料を所有す。包帯包の使用については、しばしば教示するを要す。各戦闘員は、自己を確認するため、認識票を頸《くび》より垂下す。

第九百二十　歩兵および工兵大隊は、九個の担架を有する患者車一輛、部隊衛生車一輛を有し、衛生車上には包帯および医療材料四、もしは、五個の担架および二個の衛生嚢を積載す。

騎兵連隊は、中隊ごとに衛生材料駄馬上に、衛生器材および応急担架を積載す。各連隊は、このほか、包帯材料、薬剤および二個の担架を有する騎兵衛生車一輛を有す。

その他、各部隊の物品行李に患者用毛布ならびに腹帯を所有す。

衛生部隊

第九百二十一　衛生中隊は、二ないし三小隊に分かつことを得。各小隊は支分して、小部隊に配属するを得。中隊は、やむを得ざる場合にのみ分割すべきものとす。けだし、小隊ごとの使用に際しては、その能力を比較的著しく減少するを以てなり。分割し得るごとき編制となしたる主目的は、小隊ごとの各個使用にあらずして、包帯所を小隊ごとに建設するにあり。各小隊には、患者用車三、衛生器材および薬剤を有する衛生車一、天幕を有する荷物車一輛、野戦炊事車一、糧秣車一を有す。

各患者車は、横臥患者四名、座乗患者二名、あるいは横臥患者二名および座乗患者七名、あるいは座乗患者十一名を輸送することを得。

第九百二十二　野戦病院は二小隊に分かつことを得。野戦病院もまた、衛生中隊と同一の理由により、集結使用に努むべきものとす。各小隊は、患者百人を収容し得る器材を有す。

第九百二十三　患者自動車小隊は、患者自動車十二、自動貨車一および小自動車一、自動二輪車一および患者自動車用附属車（連結車）五より成るものとす。

患者自動車は、横臥患者四、もしは横臥患者二および座乗患者四、もしは座乗患者八を収容し、附属車は横臥患者二および座乗患者四を収容す。

行軍間および長期舎営間の勤務

第九百二十四　独立団隊の行軍に際しては、作戦命令附属の特別命令中に、容易に到達し得べき患者集合点を定め、かつ、業務開始および終了の時機を指示するものにして、通常、数時間にわたり業務に従事するものとす。部隊は、残置すべき患者を患者集合所に送る。なお、一個の患者集合点を、翌日の宿営区域内にあらかじめ指定するを可とす。衛生部員と軍隊、もしは、衛生部隊の有する器材と輸送材料とを患者集合点に準備しおくものとす。これらの人員器材は、患者の医療および後送ののち、もしは、患者を後方官衙および衛生機関に引き渡したる上、速やかに所属部隊に合することを努むべし。

軽症患者は、なるべく部隊に留む。治癒長きにわたるべき患者、もしは、その滞留にして部隊の煩累となるべき患者は、患者集合所に後送すべきものとす。長き輸送に堪えざる患者は、最近の野戦病院、もしは地方病院に送り、やむを得ざるときは、地方官憲に引き渡すものとす。

行軍中の患者は、最後の宿営地の患者集合所（ただし、なお開設せられあるか、あるいは、患者の宿営および後送可能のときまで）に送るものとす。

行軍部隊の患者輸送に対しては、その指揮官の許可により、部隊および衛生中隊の患者車を利用す。ただし、敵の近傍にありては、衛生隊は常に使用の準備を整えあるを要す。

前進行軍中においては、患者を迅速に後送せんがため、軍隊に患者自動車を配属するを可とす。流行病発生するときは、街道を離れて、伝染病病院を設置す。

第九百二十五　数日にわたる舎営に際しては、各部隊は舎営患者病舎を、司令部は舎営病院を設置す。

両者とも、なし得る限り、地方病院に接し、設置するものとす。

舎営病院の所要人員は、部隊、もしは衛生隊より出すものとす。

軍隊出発にあたりては、衛生部員は交代して、後続部隊、もしは後方官衙に病院を引き渡すか、もしは解散するものとす。

退却に際しては、同行し能わざる患者に、最小限度の衛生部員（通常下級部員のみ）を、赤十字条約の保護の下に、これを残置するものとす。

第二百三十四、二百三十六、二百四十、二百四十二、二百五十を参照すべし。

運動戦における戦闘間および戦闘後の勤務

第九百二十六　衛生部員は、担架卒および補助担架卒の援助を受け、各種の手段を尽くして、負傷者を火線より後送することに努む。

第九百二十七　部隊は、戦闘中、損害の初期に、自己所有の衛生車、衛生箱等を使用して、隊包帯所を開設す。該位置には、かねて命令せる衛生部将校下士卒を留まらしむるものとす。また、はじめより数個の隊包帯所を合同して開設するを可とすることあり。
隊包帯所は、敵眼に対し（なし得れば、敵火、少なくとも銃火に対し）掩護しあるを要す。しかれども、戦場になるべく近くして、交通便利なるを要す。水のあることは切望するところなり。歩行に堪え得る負傷者をして、容易に隊包帯所の位置を発見し得せしめんがためには、場所の選定にあたり、経験上、その負傷者はまず一度通過せし道路上を後退するものなるを顧慮するを要す。隊包帯所の開設および位置は、部隊に告知すべきものとす。

第九百二十八　戦闘開始の時機切迫するや、担架卒は部隊衛生車等のもとに集合せしむ。担架卒は、その装具を隊包帯所に置き、衛生部将校の指示にもとづき、担架および衛生嚢を携帯して前進す。補助担架卒もまた、担架卒と同様に使用せらる。

隊包帯所開設せらるるや、ただちに師団軍医および衛生中隊に通報すべきものとす。これ、負傷者を受領し、もしは、これを搬致し、かつ前進に当たり、隊包帯所を閉鎖し、以て、その任務を引き継ぎ得んがためなり。

負傷者を迅速に後送することに意を用いるを要す。

隊包帯所開設せられざるか、あるいは、遠隔しあるときは、負傷者は、その場において、衛生嚢により手当せらるるものとす（負傷者の巣）。この場合には、後方へ通報するの義務あるものとす。負傷者には、負傷の種類、輸送の能否および主要なる医学的処置を掲記したる負傷者札を、上衣のボタンに定着すべきものとす。

第九百二十九　衛生中隊は、戦況上、損害多発の近傍において、継続して有効なる活動をなし得る場合において、はじめて開設するものとす。

衛生中隊は包帯所を開設す。包帯所は、隊包帯所の行う治療よりも大なる医療を患者にほどこすものにして、その位置は部隊に告知すべきものとす。包帯所の選定に関しては、隊包帯所における同一の着眼点に従うといえど、さらに、その度を高むるものとす。隊包帯所と包帯所とを合同し、なし得れば、隊包帯所の業務を引き継ぐことは希望するところなり。これ、作業能力を増進し、かつ、各隊の衛生部員および衛生器材を原隊に帰還せしめ得るを以てなり。戦場における負傷者の第一回の一時的収容のためには、負傷者および戦死者の携帯する天幕を用う。衛生中隊の小隊長は、その担架卒および患者車を、損害の場所、もしは、その附近に誘導す（一、もしは数個の停車所）。担架の卸下後、担架卒は分隊長の指揮により、戦場における負傷者救護のため、前進せしむるか、もしは、患者を隊包帯所より後送するために使用するものとす。

負傷者を包帯所より迅速に後送することを、とくに督励するを要す。これ、衛生中隊をして、師団に随従し得せしめんがためなり。

第九百三十　各包帯所をして、行軍に堪え得べき負傷者の診療上の負担を免れしめむる目的を以て、軽傷者収集所を開設せんがため、速やかに部隊および衛生中隊の衛生部員および器材を招致するを要す。その位置は、部隊に告知すべし。該収集所は、部隊および縦列の行進を妨げず、かつ、容易に発見し得るを要す。ゆえに、その選定に当たりても、隊包帯所につき、述べし原則を顧慮すべきものとす（第九百二十七参照）。野戦病院を開設せる場所は、なるべく、これを避くるを要す。治療を受けたる負傷者は、再び原隊に送致するか、または、後方の衛生機関、もしは官衙とともに行軍せしむ。

軽傷者の給養に関しては注意するを要す。

第九百三十一　戦闘を予期するに至れば、野戦病院を適時に招致すべきものとす（第八百四十）。該病院は、包帯所より（例外として、直接戦線より）送られたる負傷者を治療すべきものとす。

いまだ開設せられざる野戦病院の勤務員は、とりあえず、これを招致し、かつ、包帯所、もしは軽傷者収集所にて使用するものとす。

附近にある野戦病院長は、独断を以て、これを命令すべきものとす。野戦病院は、戦闘地域外の村落内、もしは村落に接して開設し、戦況の平穏なる期間には、天幕、「バラック」等を以て、これを拡張し得るものとす。

戦況および場所、これを許せば、包帯所は、野戦病院をして交代せしむるを要す。

第九百三十二　野戦病院、もしは包帯所として用いられたる適当なる設備は、衛生勤務のため、なし得る限り保留しおくものとす。この設備にして、一時、他に使用せらるるときは、その構築しある設備を愛惜すべきものとす。

第九百三十三　軍隊は、負傷者看護を名《めい》として、その戦闘力を減ぜざることに関し、厳に注意するを要す。衛生部下士卒、もしは担架卒（補助担架卒）にあらざる軍人は、その上官の命令ある場合に限り、負傷者の看護に援助を与うるを得るものとす。これがため、兵卒には、なるべく将校の署名ある証明を附与すべし。これらの兵卒は、その命令の実行後は、ただちに戦線に復帰し、かつ、その上官にその旨を届け出づべきものとす。

第九百三十四　行軍に堪え難き軽傷者は、附近にある指揮官に届告《とどけつげ》し、単独にて隊包帯所に赴くものとす。その際、所有弾薬は少数を残し、その他は戦線において交付し、武器を携行す。負傷者各個に隊包帯所より、さらに後方に退却するは、これを許さず。歩行に堪ゆべき軽傷者は、隊包帯所より、一団となりて軽傷者収集所に赴き、爾後、同所より後方に同じ方法にて送致せらるるものとす。武器は各自携帯す。各将校および野戦憲兵は、邂逅《かいこう》する負傷者を、近傍の包帯所に誘導すべきものとす。

第九百三十五　戦闘後は、各部隊の情況の許す限り、附近の戦場を捜索し、負傷者を集め、とくに夜間は負傷者および戦死者に対する賤民《せんみん》の掠奪を防止すべし。各部隊はまた、戦死者を埋葬するを要す。

戦死者は、認識票、貴重品および文書、ことに軍事文書ならびに装具を取り除き、戦場掃除隊長に交付するものとす。

墓地、ことに合葬墓地は、街道に接近し、あるいは、低き草地内、泉および水流に接し、もしは地隙内等に設置するを許さず。また、墓床を地下水中に置くを許さず。

死屍は、少なくとも一メートルの積土を以て蔽い、墓場には土を盛りて小山を作り、埋葬者の墓標を建つるものとす。また、墓地の位置は、簡単なる要図を作りて、記帳しおくを要す。

第九百三十六 野戦病院は、ただちにその所属師団に随従し得るを要す。患者の後送および野戦病院の撤退、迅速に行われざるときは、後続野戦病院をして交代せしむるか、もしは、これを陸軍病院に変更し、以て陸軍病院部をして交代せしむ。その残置すべき衛生器材は、陸軍病院によりて補充せらる。

第九百三十七 退却に際し、負傷者を適時に後送し能わざるときは（後送については、もとより全力を尽くすを要す）、衛生部員および器材中、必要やむを得ざるもののみを残置すべきものとす（第九百二十五参照）。

患者および負傷者の後送

第九百三十八 負傷者および患者は、歩行に堪ゆる者、坐して輸送に堪え得る者、横臥するを要する者、もしは、輸送不可能の者に分類せらる。

隊包帯所より包帯所へ歩行すること不可能なる負傷者の輸送には、通常、部隊および衛生中隊の患者車を用う。

第九百三十九 患者自動車は、まず包帯所より迅速に患者を後送するため、および野戦病院より後方の病院、または停車場へ輸送するために用う。

また、なし得れば、隊包帯所より患者を運搬するために招致することあり。

該自動車は、所要に応じ、師団軍医部より分配し、もしは某任務のため、集団縦列として用うる場合により、患者自動車に対してもまた停留所を設け、これを一般に先知すべきものとす。患者自動車はまた、衛生部員および器材の運搬にも使用せらる。

第九百四十　帰還の途に就くべき空自動車および縦列は、目的地に適時到着するの妨げとならざる限り、衛生部将校の要求に応じて、非伝染病患者および負傷者を運搬するを要す。負傷者等の宿営のため、小迂回のごときは、前目的に反せざる限り、忍ぶべきものとす。ただし、規定の行軍方向より離隔することに関して報告をなし得るか、もしは、毫も一定の行進路を命令せられあらざる場合に限るものとす。負傷者等の運搬、もしは残置に対する責任は、追送車輛、または縦列の指揮官、これを負うものとす。

第九百四十一　正規の輸送手段を以て、病者および負傷者を後送し得ざるか、または、これを期待すべからざるときは、部隊附軍医および衛生中隊および野戦病院長は単独、空車および空縦列ならびに地方車輛の徴発によりて、後送を促進するものとす。

第九百四十二　鉄道および水路上に病者および負傷者の輻輳を予期する場合にありては、軍司令部の患者輸送部は、患者集合所を開設す。該集合所においては、到着する病者および負傷者の宿営給養および医療を担当するものとす。患者は適切に搭載し、大輸送により後送す。これがため、約二百名の横臥患者を収容する野戦病院列車および多数の座乗患者を輸送する軽傷患者列車を用う。万やむを得ざれば、短距離に限り、設備なき空列車を用うることあり。この列車は、横臥患者のために、応急的寝台設備と衛生部員の附添を要す。また、横臥患者のための病院船および座乗患者のための軽傷患者船を集めて、病院船団を編成することあり。病院列車および病院船の目標地は、衛生部長官と軍輸送部と協定するを要す。伝染病患者の輸送は、病毒伝搬の予防のため、特別なる処置を要す。すべての大規模の患者輸送は、その目標地を適時報告するを要す。

負傷者および病者を、患者輸送部の患者集合所の開設なき地より後送すべき場合には、停車場司令官は後送を鞅掌《おうしょう》【つかさどる】するを要す。これがため、軍隊および衛生隊の衛生部員を招致し、これに患者集合所の任務を担任せしむるものとす。後方地域における秩序の維持および患者の保護については、あらゆる手数を尽くし、患者輸送部より必ず、患者用に定められたる列車等により後送するごとく尽力すべきものとす。

患者等が、他列車にて到着せば、至近患者集合所に送致するを要す。

第九百四十三　病者および負傷者は、ただちに内地に送還せらるることは稀なり。ゆえに、後方地区においては、軍司令部の陸軍病院部は、大なる患者宿営所を設備し、重症患者および軽症患者の病院を設置す。作戦地域および後方地域における病者および負傷者の治療は、主として、この病院において行わるるものとす。この設備は、鉄道、もしは自動車縦列によりてのみ移動し得。その開設は、多くは野戦病院に比し、長期間継続するものとす。作戦地域内において治癒したるも、なお保養を要すべき患者および負傷者は、勤務に慣るるため、通常、後方地域に設立せらるる治癒者中隊に委任せらるるものとす。

衛生需要品の追送

第九百四十四　師団および軍団の軍医部長は、衛生器材を有する自動貨車（衛生予備品車）を使用す。

第九百四十五　隊附軍医は通常、受領者を派遣して、衛生器材および薬剤を距離の遠近に応じて、最近の衛生中隊、野戦病院、もしは師団軍医部に要求す。師団軍医部は、衛生予備品車を、通達しおきたる授受地、たとえば糧秣分配所に前遣するを得（第九百五参照）。衛生諸部隊は、請求せる必要品を、軍医部より受領するものとす。師団軍医部は、これら需要品を、衛生材料廠、もしは急を要する場合には、衛生予備品車より受くるものなり。衛生予備品車は、その補充品を衛生材料廠より交付せらるるか、もしは受領に赴くものとす。

前進する空の患者車、または患者用自動車を、衛生器材の輸送のために利用するものとす。

第九百四十六　衛生材料廠は、数個の大部隊のため、後方地域に設置せられ、部隊および病院のための医療および調剤の器材、薬剤および包帯材料ならびに看護および患者宿泊に要する一切の器材を所有す。衛生部用諸車輛は、兵器および器材と同一方法によりて補充せらる（第九百三十八以下参照）。

作戦休止期間の勤務

第九百四十七　衛生勤務の諸処置は、長き宿営に適応するを要す。とくに注意すべきは、所在地における飲料の供給、厠（蠅に対する警戒に努むべし）および悪虫の駆除にあり。浴場もまた設置すべし。要すれば、永久的排水設備をも施すべきものとす（第九百十四参照）。

第九百四十八　なるべく迅速に、道標によりて容易に発見し得べき、堅固なる衛生材料掩蔽部を設置するを要す。ときとしては、大なる掩蔽部を作り、敵火のため、患者の後送困難なるか、もしは、これを妨害せらるる場合に、この中にて衛生隊の専門医が執務し得るごとくするを必要とすることあり。また、要すれば、給養品および水を貯蔵する掩蔽部を準備することあり。

第九百四十九　部隊および衛生中隊の担架卒は、案内標により、精密に陣地および衛生材料掩蔽部の位置に通暁し、夜暗にありても迷うことなきを要す。

一地区にありては、衛生中隊の同一担架卒をなるべく継続して使用すべし。

第九百五十　攻撃および防御戦闘の開始前、適時に、衛生中隊、野戦病院、および患者自動車縦列の増加を提議すべし。開設のための宿営、ことに、野戦病院に対する宿営を準備するを要す。衛生中隊は、業務を開始せる衛生中隊の人員を、若干時間ごとに交代するごとく規定して、使用するものとす。この処置は野戦病院にもまた必要なり。第九百三十一を参照すべし。

第九百五十一 患者の後送は円滑迅速に行うべし。軽便軌道上に患者輸送車を運行すべきものとす。円滑なる患者の後送は、患者自動車の規則正しき往復運行によりて、効果を挙ぐべきものとす。大戦闘における負傷者の後送は、上司の指示に従い、統一せる通信法の設備のもとに準備すべきものとす。各線路上に専用電話網を構築すること肝要なり。

第九百五十二 師団は、衛生予備品車の物品を以て、師団衛生倉庫を設置す。師団は、これによりて、衛生隊および軍隊へ追送を処理す。大戦闘前には準備品の増加を図るべし。その他衛生勤務に関しては、第四十五、二百十三、二百二十七、二百六十八、三百七十五、三百九十九を参照すべし。

損害表

第九百五十三 司令部、各部隊、各団隊（独立の小部隊および独立的に使用せらるる各小部隊）は、各自の損害表を方式に従いて作製す。

各連隊等は、情況もしこれを許せば、日々、その損害表を直接国防省に送付す。師団には、損害に関する数字上の報告を呈出す。その正式の用紙を常に準備するを要す。

中立記章

第九百五十四 衛生諸隊その他の、あらゆる野戦軍衛生部員ならびに部隊担架卒、衛生材料駄馬の御卒《ぎょそつ》、各隊の患者車および衛生車の御卒、患者自動車運転手および助手、部隊附軍医の馬卒および特志看護員等は、中立記章として、「ヂュネーブ」の十字、すなわち、白布に赤十字記号ある腕章を左上腕に附す。

野戦軍の衛生器材材料および特志看護員の器材は、同一の記号を附す。

従軍僧は左上腕部に、十センチ幅の紫色絹布の両側に白縁（幅二・五センチ）と白地に赤十字の記章を附したるものを纏《まと》う。以上のほか、前記の各員は証明書を所有す。

「ヂュネーブ」条約

第九百五十五　「ヂュネーブ」条約の協定事項、左のごとし。

敵の手中に落ちたる負傷者、もしは病者は、本協定の保護を受け、また、相互の同意により、交戦者に交付せらるることあり。

単に衛生勤務のみに従事するもの、および従軍僧は中立とす。

衛生部隊および衛生施設は、その衛兵とともに中立なり。ただし、該衛兵が、敵に損害を与うる目的を以て使用せられざるを条件とす。

これら諸部隊および諸官衙の所属員は、その武器を以て、自己、もしは病者および負傷者を防護するも、依然「ヂュネーブ」条約の保護を受くるものとす。私財を有する中立者、その他衛生中隊および野戦病院の器材は、敵手に落つるや、軍事上の要求これを許せば、傷者を十分手当したるのち、これを各その所属軍に送還すべきものとす。

固定の衛生官衙の建物および器材は、交戦条規の下に置かる。

軍の負傷者および病者を収容保護する住民は、特別なる保護と一定の恩恵を受く。

第八節　獣医勤務

第九百五十六　獣医勤務は、軍馬および駄獣、その他、軍犬、軍用鳩の能力を維持し、かつ、軍用獣を介して伝染病を本国に輸入するを予防す。

本勤務は、獣医衛生、馬匹および、その他の軍用獣の保育、治療、伝染病予防および防遏、装蹄、獣医材料、蹄鉄材料、薬剤等の追送、その他飼料の調査、屠獣および生肉景況の調査、病馬等の後送を包含す。

第九百五十七　多数馬匹を有する各隊には獣医を附す。獣医なき部隊は、隣接部隊の獣医に依頼す。

要すれば、師団獣医部は、獣類を有する各部隊のために獣医部事務を規定す。

第九百五十八　部隊に伝染病を感染せしめざらんがため、各獣は、しばしば（約一週間ないし二週間ごとに）獣医の診断を受けしむべし。購入馬、徴発馬および鹵獲馬は、なし得れば、病馬廠に送り、もし他に手段なければ、馬廠に送るものとす。

これらは、いずれの場合にありても、軍隊ならびに馬廠へ交付前、伝染病輸入の危険上、常に離隔し、獣医の診断を受けしめ、かつ、一定期間これを監視すべきものとす。

購入馬、徴発馬、もしは鹵獲馬は、伝染病の顧慮上、ただちに軍隊に編入すべからず。これを敢行するは、その力を借らざれば、軍隊の使用能力疑わしき場合に限る。ただし、この場合には、他馬と隔離して使用し（特別なる輓馬および砲馬として）、かつ厩舎においても離隔して宿営せしむべし。なし得れば、これらの軍馬は、あらかじめ獣医をして診断せしむべきものとす。

即刻軍馬を部隊に編入することを命令する長官は自ら、その責任を負うものとす。情況、これを許すに至るや、軍馬は、獣医をして、伝染病に感染しあるや否や、その疑いあるや否やを厳密に診断せしむべきものとす（Malleïn 眼検査【ウマ科の感染症である鼻疽《びそ》の検査】、血液検査等）。共同の飲水設備は、なるべくこれを避くべし。各軍馬および輓獣のためには、携行せる飲水桶を利用すべきものとす（飼料袋）。この手段は、伝染病流行地において、伝染病輸入を予防するものにして、一度感染せば、容易に軍隊の行軍力を失わしむるものとす。

第九百五十九　軍隊にありては、通常、きわめて軽症にして行軍能力完全なる馬匹を治療するにすぎず。その他の行軍に堪えざる、しかも伝染病の疑いあるもの、および伝染病に罹《かか》れる馬匹および軍用犬、なかんずく疥癬《かいせん》に罹れる獣類は、病馬廠に送付す。けだし、病獣は部隊に煩累を及ぼすを以てなり。病馬廠は、馬匹引取のため、馬匹輸送車（なし得る限り自動車）を使用す。各種伝染病流行に際しては、病馬および病気の疑いある馬匹を、ただちに隔離して、速やかにその防遏を図るをもっとも必要とす。疥癬に罹れる馬匹を部隊にて治療するは、通常これを禁ず。しかれども、伝染病駆除のため、いくばくの手段を講じ得るやは情況によるものとす。

師団病馬廠において治療を受けたる獣類にして回復したるものは、その復帰をことさらに差し止められざる限りは、再び所属軍隊の使用に供すべきものとす。復帰を差し止むべき場合には、病馬廠に送るべき書類に、その旨を記入するを要す。

第九百六十　各師団は、正規の器材を用いて病馬廠を設置し、なるべく大厩舎を、各部隊が容易に到達し得るため、鉄道の沿線に設くるものとす。

看護人は、その定員にて足らざるときは、管理部隊よりこれを補充す（第七百九十九参照）。病馬廠として建設したる建物は、なるべく後方の病馬廠のために保存すべし。

第九百六十一　師団の病馬廠は、行軍間には師団の特別命令により、これに跟随す。師団は、後続する病馬廠に収容すべき病馬および行軍に堪えざる馬匹のための集合所を定む。

第九百六十二　数日にわたる前進に当たり、二十－二十五キロおよび、それ以上の行程を以て、病馬廠が日々師団に随行することは不適当にして、病獣を十分に治療し能わざるものとす。ゆえに、師団病馬廠をして、戦闘部隊になるべく近く後方に、まず病馬収容所のみを設けしむべし。その職員は、病馬を病馬廠に後送したるのち、新病馬収容所設置のため、躍進的に戦闘部隊に追従す。この場合には、病馬廠は、第二日、もしは第三日ごとに、あるいはなお、いっそう遅く、徒歩行軍、もしは汽車行を以て跟随するを以て足れりとす。

病馬廠残留し、病馬収容所と病馬廠との距離過大となるときは、その中間に、さらに一個の集合所を設くるものとす。

騎兵師団にありては、戦闘後、病馬蒐集斥候を派遣するを可とすることあり（連隊ごとに、おおむね下士一、卒四）。該斥候は、散在せる馬を馬匹収容所に誘導す。

第九百六十三　病馬収容所および病馬廠の位置は、発見を容易ならしむべきものとす。これがためには道標を設くべし。

第九百六十四　師団獣医部は、病馬廠の移動性を保存するを要す。これがため、あらゆる伝染病ならびに類似の馬匹および行軍に堪えざる病馬にして、その快癒四週間以上にわたると認めしものは、軍病馬廠に送る。軍犬にありても、これに準ず。

第九百六十五　大戦闘に当たりては、病馬廠は師団の指示に従い、一獣医の指揮下に病馬収容所を前進せしむ。その位置は各部隊に告知すべし。

獣類の死屍の除去、野戦管理部へ獣皮の発送は、軍獣医部において、所要の区処をなすものとす。

第九百六十六　軍は、車行し得べき一動物血液検査所を設く。該検査所は軍獣医部に属す。獣医部は、検査所を適宜軍病馬廠に属せしめ、その業務の詳細に関し命令を発す。

獣医ならびに蹄鉄材料等の追送

第九百六十七　各部隊は、自己の所要に応じて定められたる定数の蹄鉄工具および各馬に対し一双の蹄鉄（蹄釘およびネジとも）ならびに薬剤および包帯材料を完全に準備せる獣医材料（獣医用行李、獣医用薬剤函等）を携行す。

第九百六十八　各部隊附獣医は、獣医器材、薬剤および包帯材料の追送を、師団獣医部に請求す。師団獣医部は、部隊の請求書および自己の請求書（師団の獣医予備品車の分）を、軍団獣医部を経て、軍獣医部に送達す。軍獣医部は、自己の需要を補充するため、これを獣医廠に指示す。各部隊は、その緊急の場合には、少量を師団獣医部の獣医予備品車より補充することを得。

第九百六十九　獣医廠は、後方地域において、大部隊のために設けらるるものとす。その一部、もしは全部を衛生廠に附属することあり（第九百四十六参照）。

蹄鉄工具および装蹄材料（蹄鉄、蹄釘、ネジ釘等）は、兵器および軍用器材と同要領により補充せらる。

第九節　馬匹、伝令犬および軍用鳩の補充

第九百七十　馬匹の補充は、まず第一に師団の馬廠において、これを行う。この補充の請求は、師団に

向けて行う。
馬匹損害表もまた、刻々師団に提出するものとす。

第九百七十一 部隊に対する馬匹の交付順序に関しては、車輛部隊の大隊長の提議に応じて、師団長これを決定す。師団長は常に馬廠の現在数につき、通暁しあるを要す。馬廠の各馬は、野戦部隊の勤務に使用し得ざるべからず。馬廠長は、馬匹受領のために派遣せられたる班長に、希望の用途に適する若干頭の馬を提示して、馬匹検査を行い、かつ、なし得る限りの説明を与うるを要す。師団は職務上、とくに良好なる調教を必要とするものに対して、優先権を与うることを得。

第九百七十二 師団の馬廠における不足数は、軍団および軍の馬廠より補充す。
軍団および軍の馬廠は、その需要を、購買、徴発、鹵獲馬および軍病馬廠の回復馬、もしは内地よりの追送馬によりて補充す。

第九百七十三 各馬廠長は、所有馬匹の不断の出入に鑑み、伝染病の予防規則を厳守し、その感染を戒むるを要す。また、馬廠長は、予防規則（陸軍獣医規則附録第二）に掲げられたる症状の特長につき、獣医不在のときにありても、疑わしき徴候ある馬匹の入廠を拒絶し得る程度に通暁しあるを要す。軍団および師団の獣医は、しばしば馬廠を点検し、馬匹の健康状態を検査すべし。
各馬廠の馬匹および人員に関する定員は超過するを得。

第九百七十四 一馬廠が過度に増大するときは、師団は馬廠に命じて、軍馬廠に馬匹を提供せしむ。
購買、徴発ならびに鹵獲によって得たる馬匹の編入については、第九百五十八を参照すべし。

第九百七十五 軍用犬については、師団より軍に要求す。軍は、軍犬段列を有す。該段列においては、伝令犬の補充を円滑にし、かつ、伝令犬使用者の教育を行う。段列の犬は、内地より補充するか、もしは、軍自ら作戦地域、または後方地域において徴発す。

第九百七十六　軍用鳩は、師団および軍団司令部の鳩舎が、自己の飼養鳩により補充し能わざるときは、これを軍に請求するものとす。

第十節　動力原料

第九百七十七　内地よりの動力原料は、動力原料列車、「ベンジン」等を容るる油槽車、油、獣脂および輪帯研磨用毛および「カーバイト」等を容るる有蓋貨車、もしは「タンク」船によりて輸送せらる。

動力原料車を以て、鉄道終末停車場、もしは、その附近に鉄道「タンク」所を設置す（供給すべき自動車の数に応じ、数個の機関車および有蓋貨車（人員とも））、麾下団隊に対する動力原料車および鉄道「タンク」所の配当は、軍の責任なり。

作戦休止に当たりては、動力材料は固定式「タンク」場に格納せらる。

第九百七十八　すべての自動車隊は、とくに動力原料携行用自動貨車に、二日分の動力原料、車輪等を携帯するものとす。

第九百七十九　司令部および部隊の、単独自動車の動力原料、車輪等の補充のため、自動貨車に積載せる移動式「タンク」を前進せしむ。しかれども、自動車部隊は、この「タンク」より動力原料を取るを許さず。動力原料の格納および分配交付に関しては、第十六章を参照すべし。

第九百八十　鉄道「タンク」、もしは固定「タンク」と、自動車部隊のもとにある移動式「タンク」および動力原料利用自動貨車との間の中継期間は、動力原料用自動車縦列とす。この自動車縦列は、師団、もしは軍団の区域内にて、自動車部隊長の指定せる分配所に赴く。同所において、自動車部隊の動力原料車および移動式「タンク」は、動力原料等を充満せる槽、新輪帯等を受領し、空槽および不用品は返還するものとす。動力原料用自動車縦列は、空槽および不用品を、鉄道「タンク」における充塡、もしは交換のため、携行帰還す。

第九百八十一　「タンク」の位置は、黒字を以て『自動車用動力原料』と記したる黄色の板、または旗と燈火とによりて明示し、かつ同色の指標および燈火によりて、発見を容易ならしむべし。

第九百八十二　工兵および通信部隊は、その機械動力原料を、最近の「タンク」より取る。航空部隊は、特別の「タンク」段列（動力原料用自動貨車）に、飛行機および自動車用として、約二日分の動力原料を携行す。

この補充は、鉄道「タンク」、固定「タンク」、もしは、分配所より行うものとす。

もし多数の航空部隊を用うるときは、特別の飛行機用「タンク」を設置するか、もしは、飛行機用として、完全なる動力原料列車、もしは「タンク」船を前進せしむるを要することあり。

第十一節　兵器および器材

追送、修繕および蒐集

第九百八十三　兵器および器材は、統帥部において、内地の造兵廠、もしは工場より、通常、野戦兵器廠を経て、軍隊に追送す。修理および蒐集の作業は、この機関に附属せらる。

第九百八十四　軍隊に必要なる器材は、内地において、使用し得るごとく組み立てらる。大修繕は、造兵廠に編合せられある陸軍兵器製作場および一般工場において実施す。同所においては、還送せる鹵獲品をも修理す。

第九百八十五　統帥部は監督官を差遣す。該官は、軍兵器および器材予備品表を徴し、かつ予備品を検査するの権能を有するものとす。統帥部の目的に従い、軍、現在品の必要なる平均をなすことを得。

第九百八十六　軍は、兵器および器材の予備品を、軍隊における損耗の補充として、統帥部より受く。該予備品は野戦兵器廠に保管せられ、常に本国兵器本廠より補充せらる。野戦兵器廠は、本国より輸送し来たる主線路に沿うか、もしは、その近傍に設く。

第九百八十七　野戦兵器廠は軍に隷す。その設備、経営および経済事務に対する専門事項の顧問として、兵站監に、経験に富む技師を属す。廠の大きさおよび設備は、戦況、補給すべき師団数および使用し得べき貯蔵品の多寡《たか》による。該廠には、兵器および経験上しばしば補充を要すべき部品および器材を保管す。

第九百八十八　野戦兵器廠は、砲兵、通信、自動車、飛行機器材の各部より成る。これらはいずれも、本部を有する野戦兵器廠長の麾下に属す。本部は、各部に適当なる地域（工場等）を利用して、宿営を規定す。各部は、狭小なる区域に集合するを要せざるものとす。

器材追送の円滑なる実施は、野戦兵器廠各部長および軍司令部の補給部長の当事者間に、あらゆる技術的問題および追送における事務を円滑ならしむるを必要条件なりとす。

第九百八十九　野戦兵器廠各部は、器材庫、もしは、器材廠、野戦工場および、鹵獲、または発見したる戦用器材の検査所より成る。経済上より、数部に対する工場および検査場を合併するを可とすることあり。各部は、追送、修理および蒐集に関することを規定す。

第九百九十　各部隊は、器材等の補充を師団に請求す。師団はこの請求を、軍団司令部を経て、軍司令部に提出す。急を要する場合にありては、ただちに軍司令部に送る。軍司令部においては、支給の範囲とその緩急の度を判定す。

第九百九十一　軍司令部（補給部長）は、器材を要求に応じ、追送縦列、もしは鉄道によりて、分配所に送る。分配所の位置は、軍隊に告知すべきものとす。急を要する場合および不要なる積換を避くる目的を以て、補充器材をただちに軍隊のもとに直送し、かつ、その大きさに従い、自動貨車、乗用自動車、もしは自動二輪車を以て、輸送することを得。野戦兵器廠長は、各部より補充品を同時に送るごとく、運搬具を利用することに留意すべきものとす。

野戦兵器廠の行う貨物の補充に遅延を来たさざらんがため、兵器廠の各部は、支廠（たとえば、飛行機廠、通信器材、蹄鉄材料）を、卸下停車場、もしは、なおこれより遠く前進せしむるを要することあり。而して、これらは野戦兵器廠の一部とす。

第九百九十二　例外の場合にありては、各部の開設予備品等の移動のため、野戦兵器廠に一時自動車縦列を配属するを必要とすることあり。この縦列を適宜交換することに顧慮するを要す。

第九百九十三　各種の軍需品の請求に際しては、物品は装具規定によりて、正しく列挙し、かつ、要求者（大隊）は、要求品を、供給区分に従い、一覧表を作るを必要とす。一葉の要求書の中に、各種の要求品を記載するを禁ず。かくのごときは、事務の敏速を害し、無益の手数を要し、かつ通覧を困難ならしむ。

とくに例外として、装具全部、もしは、その大部が装具規定にもとづき要求せらるるときに限り、これを許容す。

しかるときは、その請求様式は、たとえば『装具規定にもとづく装具第何ページ第何番より第何番まで』とす。もし、物品を分類する能わざるときは『合同請求』として請求す。

【第九百九十四は原文でも欠】

第九百九十五　武器、器具の特別予備品を貯うるを禁ず。かくのごとき予備品は、軍隊の運動力を害し、濫費《らんぴ》を招き、かつ、器材の大欠乏に際しては、他部隊をして、規定の装具のもっとも必要なる補充を適時に受領し得ざる結果を招来す。

第九百九十六　ガス防毒具に対しては、軍隊は、兵器および器材と同様に取り扱うべし。野戦兵器庫および廠においては、ガス倉庫として専門家を配置して、特別の部を置く。ガス倉庫には、ガス防御に対する臨時試験場を併置することあり。該試験場においては、ガス覆面の簡単なる試験およびガス防御具の小修理を実施す。

化学的検査および大修理は、内地におけるガス防御試験所においてのみ、これを行う。

第九百九十七　大修理のためには、野戦兵器廠において、野戦工場を設置す。

野戦工場の作業能力は、現存の設備、その建設に使用する材料および時間ならびに使用し得べき熟練作業員に関するものとす。

工場において、七十二時間以内に修理し得ざる物品は、野戦兵器廠を経て、内地に送致すべきものとす。

第九百九十八　器材を野戦兵器廠の工場への還送を速やかにし、かつ、これにともないて生ずる、大なる損害欠損を制限せんがため、軍司令部（補給部長）は、情況に従い、野戦兵器廠をして、自動車に積載せる移動工場を軍隊に前進せしむ。

該工場は、武器車輌の小損害を修理し、かつ、これに必要なる予備部品を有す。ただし、該工場は、二十四時間以上の作業を要せざる物品のみを修理するものとす。

第九百九十九　移動工場において修理し能わざる物品は、軍隊により、なるべく速やかに野戦兵器廠の野戦工場に送致すべきものとす。

第一千　器材を移動工場において修理するときは、その補充を請求せざるものとす。野戦兵器廠は、追送状態これを許せば、野戦兵器廠工場に交付したる器材を補充す。

第一千一　小破損の修理のために、軍隊に、修理器具、もしは設備、たとえば修理工場車を備え付く。とくに、火工長、銃工長、無線工長、鞍工長、器材工長は注意して、適時に適切なる修繕を行うことに留意す。軍隊の材料を以て修理を実施し能わざるものは、至近後方工場に送致するものとす。

第一千二　各級指揮官は、部下軍隊が情況困難なる場合にありても、兵器器材を丁寧に取り扱い、これを保護することに関し、その責に任ずるものとす。能力および保存の良否は、一にこれに関す。銃器の効力は、射撃前、射撃時および射撃後の規則通りの取扱、規定の検査、清拭《せいしき》、塗油によりて、維持せらるるものなり。

軍隊は、戦闘中、生ずべき小損害を迅速に発見し、なるべく速やかに、自らこれを除去し得るごとく、教育しおくを要す。

この障碍を除去せざるときは、小損害もただちに大となり、まったく武器の用をなさざるに至る結果を生ずることあり。

教育の良好なる軍隊にありては、手入および取扱の不十分なるために、兵器器材に一の欠点を生ずべきものにあらず。

第一千三　軍隊および、すべて兵器、器材追送の責任ある者は、使用に堪えざるに至れる器材、もしは、特別の設備を持たざれば修理し得ざる器材を、内地還送のため、野戦兵器廠に送るごとく配慮するものとす。金属片といえど、戦争経済上貴重なるものとす。

第一千四　鹵獲、または発見したる剰余戦用機材は、弾薬および給養品等の分配所に交付するか、もしは、戦場を捜索する蒐集中隊に引き渡して運搬せしむ。

第一千五　追送縦列および蒐集中隊は、情況の許す限り、分配所に交付せられたる器材等を、積換所、鉄道終点、もしは鉄道交叉点にある蒐集場に、輸送すべき義務あるものとす（第八百六十四参照）。

補給部長はときどき、この器材等を、至近野戦兵器廠、または兵器庫の検査場へ輸送するごとく規定すべし。

第一千六　野戦兵器廠の検査場は、到着したる器材等を統帥部の命によりて検査す。

一部は、野戦兵器廠における修理後、再び戦線に送り、大部は改作修理および清拭のために定められたる兵器庫、工場、その他、この種の場所に送るものとす。

第一千七　飛行隊は、その器材を野戦兵器廠（第九百八十八参照）、軍航空廠、もしは前遣航空廠（第九百九十一参照）より補充す。飛行機は、その他、内地より鉄道によりて輸送したる飛行機を組み立てて飛行せしめ、以て、飛行隊に空中輸送せらる部隊の破損したる飛行機は、僅少の修理なるときは、陸路航空廠に送致して修繕す。大規模の技術的設備、倉庫および工場を有する航空廠の設置は、長時日と根本的準備を要す。弾薬および動力原料の補充は、他部隊におけると同一原則によりて規定す。

第一千八　軍隊の領域内に不時に着陸したる飛行機は、飛行機救助隊の到着まで、附近の部隊にて保管すべきものとす。とくに、固着しあらざる貴重なる器械（写真器、磁針、兵器、地図等）を、飛行機より持ち去られざるよう、保護するを要す。

第十八章　附録　目次

第十八章　附録

一　戦闘序列

戦闘序列は、つぎの数例によりて表す。而して、右上方に列記せる数字は、歩兵大隊、騎兵中隊、砲兵中隊の全数にして、砲兵中隊の種類につき、疑問を生じ得る場合には、L（軽）、S（重）を区別し、高射砲はFLの添書を以て、あきらかならしむ。

戦闘序列の例

（甲）および（乙）編制装備に制限を受けざる現代国軍の師団および騎兵師団。
（丙）および（丁）独国軍の師団および騎兵師団。

前者は、最大要求に応ずるものにして、後者は最小要求に適応す。従って、両例の中間編制を取り得るものとす。すなわち、図上戦術、兵棋、参謀旅行等においては、各種の編制をなし、以て、多くの研究に資することに努むべきものとす。

(甲) 現代国軍師団の編制

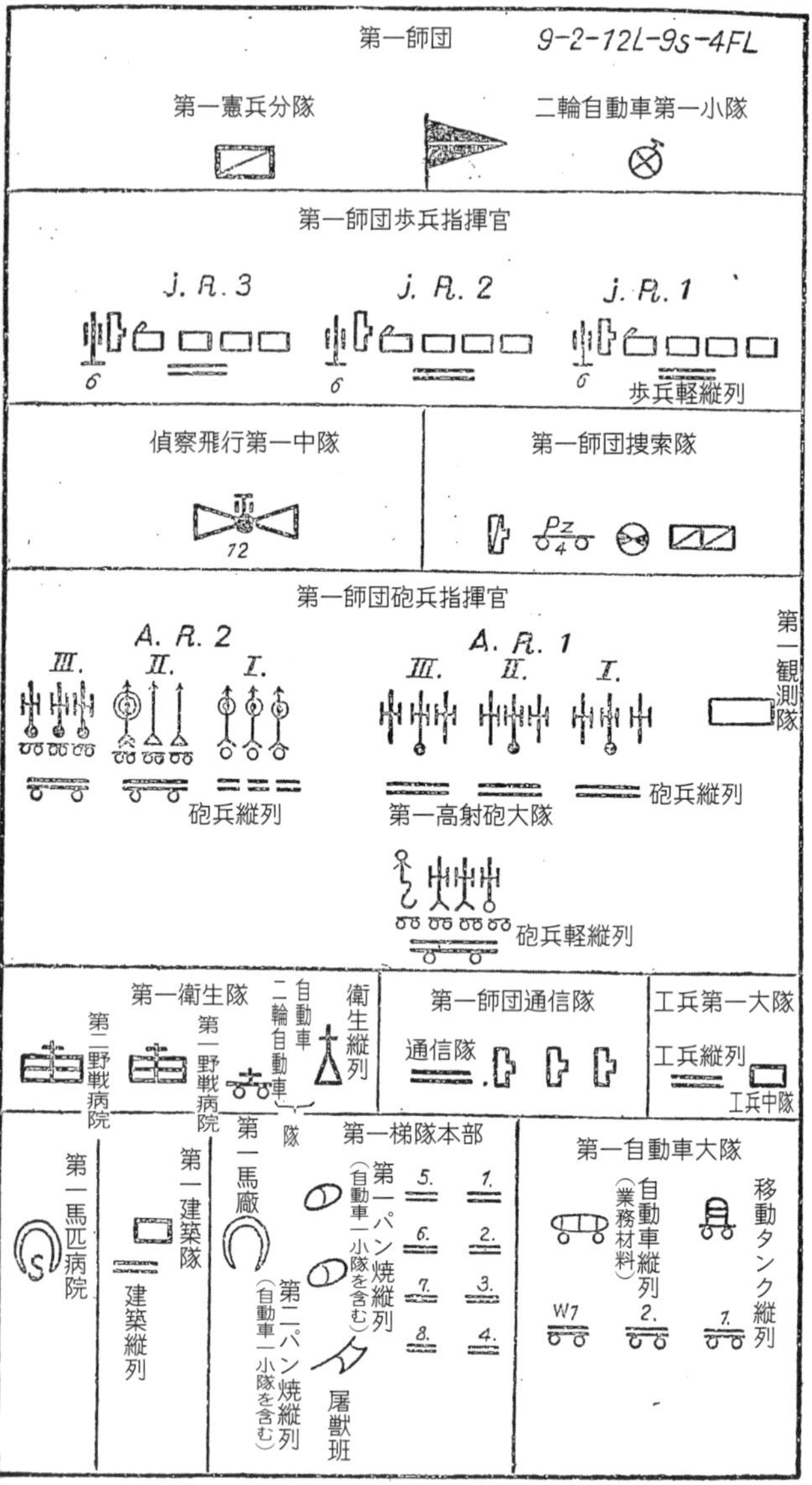

（乙）現代国軍騎兵師団の編制

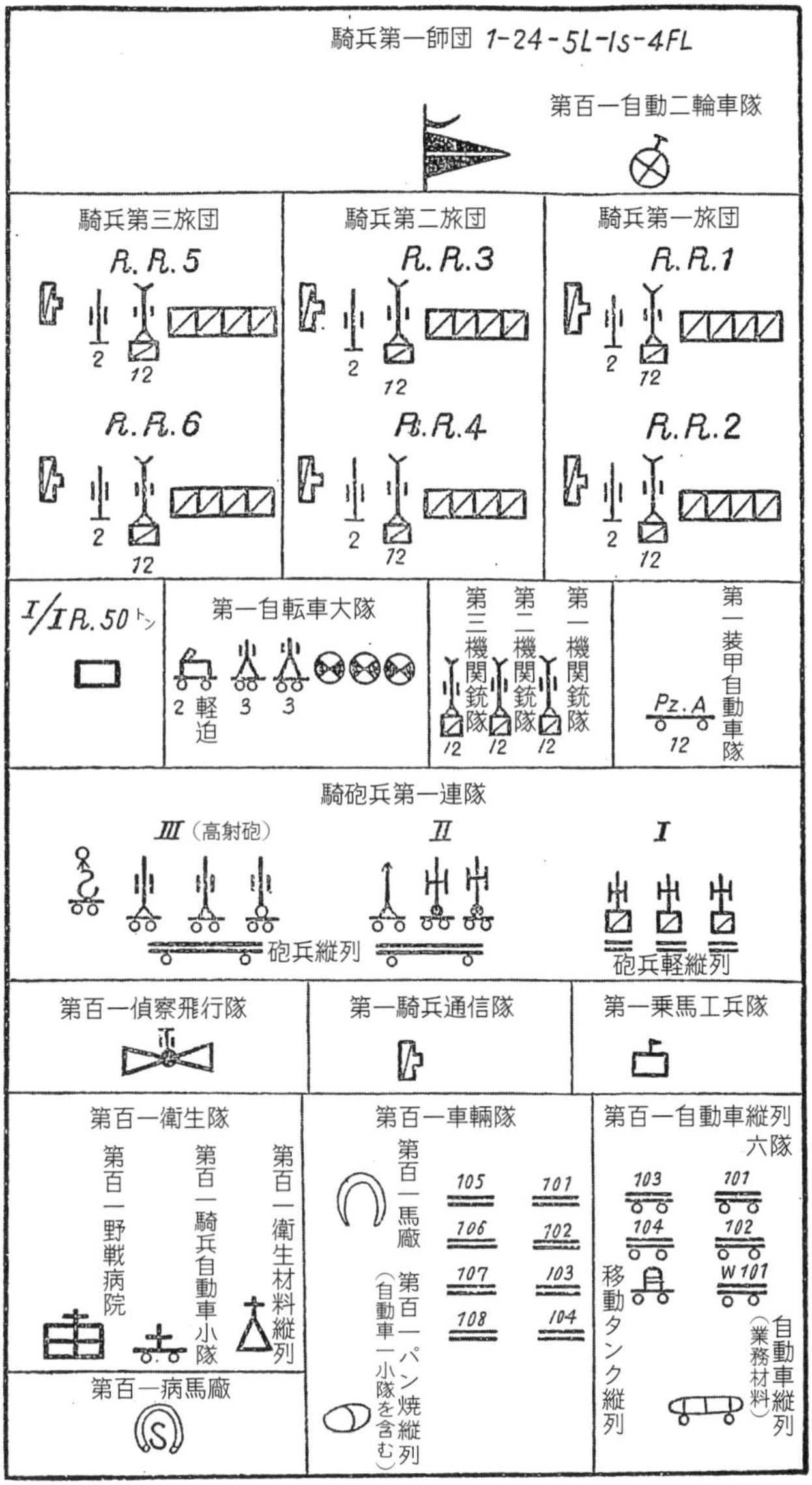

（丙）独国軍師団の編制

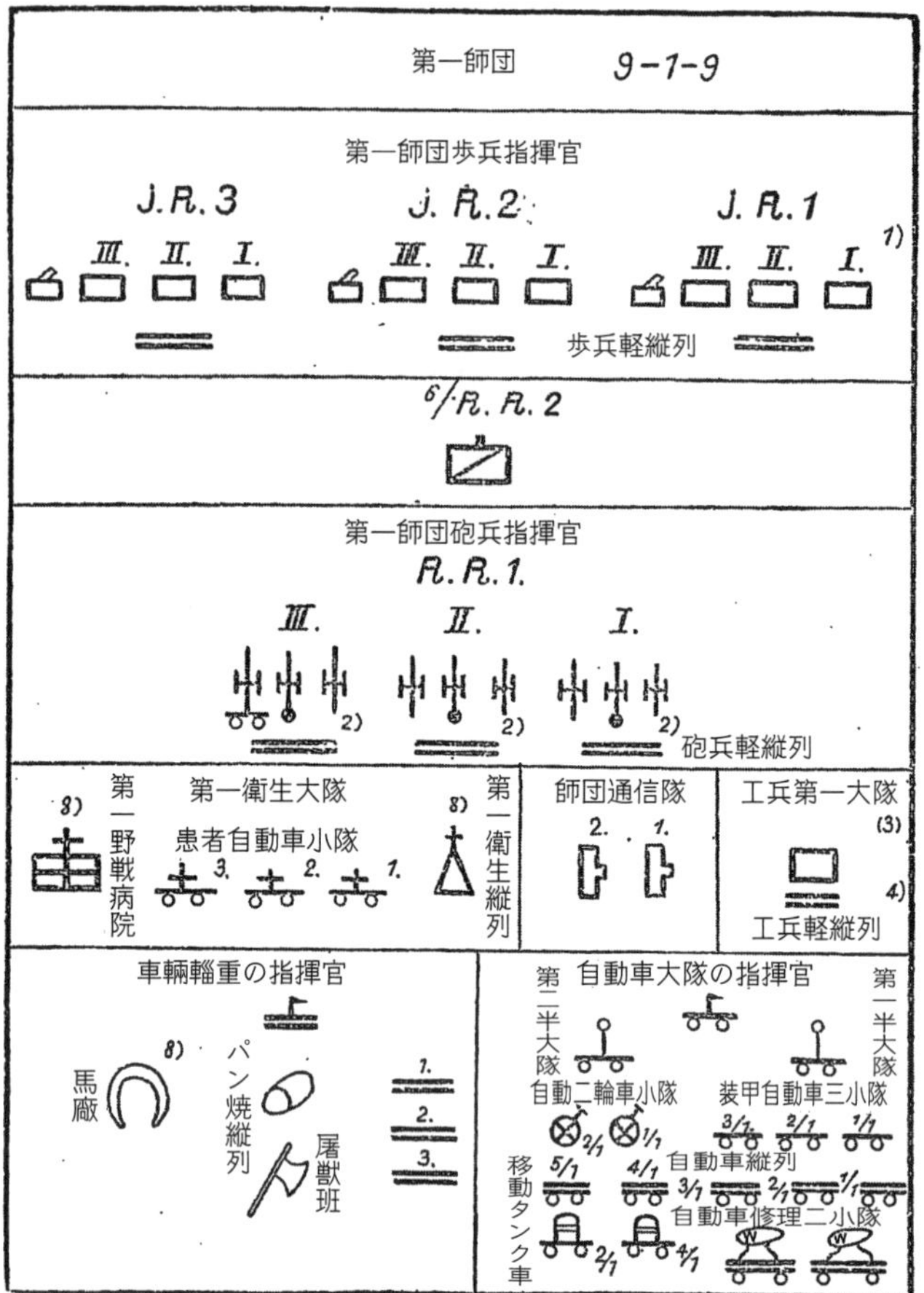

備考

一、歩兵大隊は歩兵三中隊機関銃一中隊よりなる。

二、砲兵軽縦列は必要に応し、なお編成す。その輓馬および車輌は車輌隊より出す。

三、工兵大隊は二中隊と架橋縦列一および照明小隊一よりなる。

四、工兵軽縦列は必要に応し編成し輓馬は車輌隊より出す。

五、騎兵師団は普通師団の車輌および自動車隊の供給を受く（衛生隊、自動車隊また同じ）。

六、各車輌中隊は車輌縦列一を編成す（以下略す）。

七、装甲自動車は兵員を輸送す。

八、馬廠は必要に応して編成す。

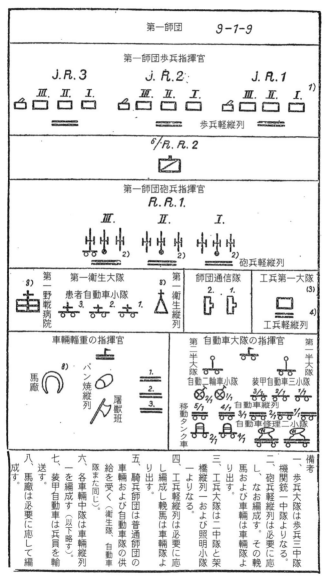

(丁)独国軍騎兵師団の編制

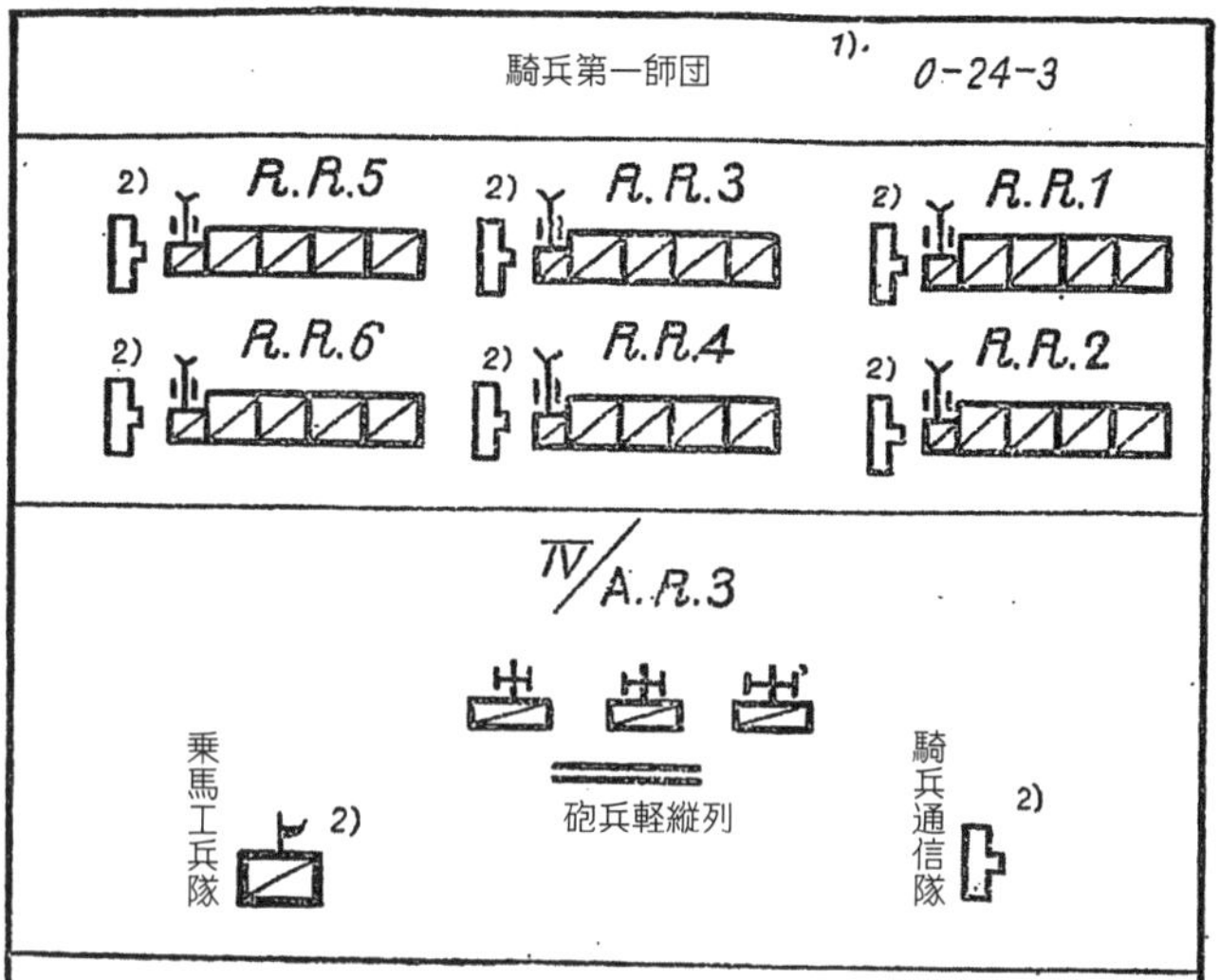

(1)追送にあたり騎兵師団は他師団の車輌縦列および自動車縦列に頼る。

(2)連隊機関銃隊通信隊騎兵通信隊および乗馬工兵隊は必要なる場合命令を以て中隊より割きてこれを編成す。

二　陣地構築

各部隊は自ら、その陣地の構成に任ずるものとす。而して、工兵は、戦術ならびに技術上、とくに困難なる作業に使用せられ、中隊および小隊等、集結して作業に従事し、小隊以下に分割使用するは例外とす。これら作業に関する命令は、工兵大隊に与えらるるものとす。築城は、暴露せる地形を越えて行う近接ならびに攻撃中に占領せる地点の保持を可能ならしむ。攻撃に対する出発陣地を構成し、あるいは、弱勢を以て優勢なる敵に抵抗するを得しめ、以て、他の地点において、優勢なる兵力を攻撃のために使用することを容易ならしむ。とくに、持久戦において、また重要地点の守備を確保するについて、価値大なり。

攻撃において、歩兵の重火器は陣地に進入するや、ただちに射撃位置を改善し、自己火力の発揚、敵火力の減殺のため、工事を行うものとす。また散兵は、敵の反攻烈しくして、停止のやむなきに至るか、あるいは、自己砲兵の射撃を待つべき場合にありては、作業を実施するものとす。

攻撃、逐次進捗して、遺棄せる工事は、後方梯隊のため利用せられ、この後方部隊もまた、その工事を漸次拡張するものとす。

防御に転移するにあたりては、ただちに陣地を補強し、その設備をして、速やかに組織的に整理すること必要なり。

一陣地の主要なる条件は、砲兵のため、広闊なる地上観測をなし得るのみならず、各砲兵中隊を十分縦長に配置し得べく、かつ、陣地の後方および内部において運動自在なること、これなり。これがため、往々、必要なる土地の領有、あるいは、わが最前線の奪還の必要を生ずるものとす。歩兵は、砲兵を掩護すべき任務を有す。ゆえに、歩兵線は、砲兵観測所の前方に出でざるものとす。これらの歩兵線および砲兵観測所を密接して配置することを避け、以て、敵をして、その射撃を分散せしむることに勉むるを要す。機関銃は全陣地の骨幹を形成す。陣地は、敵の地上観測者に対し秘匿せんがため、戦術上、これを許す場合には、後方斜面に置くを可とす。而して、障碍物を有し、かつ機関銃により、翼側よりその陣地直前を十分側射するときは、歩兵は近距離射界を以て十分なりとす。しかれども、この両者を欠くときは、中距離射界を必要とすべし。すでに陣地の構築中に偽装をなすを要す。また、全設備は地形に適応せしめ、突起せる地点、十字路、小森林、森林の隅角《ぐうかく》、叢林《そうりん》、独立家屋等は、これを避くるを要す。各種機関銃巣は、穀類等の繁茂する兵站地上に置くを可とす。防御線は、村端および林端の前方、もしは、その中央を通過せしむ。

地形の偵察は、時間これを許し、かつ実行し得る場合には、敵力よりも、これを行うを適当とす。

火線は、小銃部隊および分隊ごとに深く、かつ広く、機関銃の位置は漸次目的に応ずるごとく改善し、かつ指揮連絡を確保し、必要に応じ、匍匐交通壕を設備す。陣地内部よりする逆襲を準備し、すべての設備は、その成るに従って、まず偽装す。構築材料として、まず偽装具および障碍物の材料を必要とす。第一の障碍物として、蹉跌鉄条網が使用せられ、鉄線柵これに次ぐ。而して、これら障碍物はまず前方より開始し、漸次、全陣地を囲繞《いにょう》し、以て後者をわが有利なる機関銃火に誘導し、これを殲滅するを要す。建築材料準備せらるるや、掩蔽部の構築を開始す。最前線にありては、軽掩蔽部を、敵より遠ざかるに従い、多数かつ比較的良好なる掩蔽部を構築すべしといえど、その形を小にするものとす。これとともに戦闘指揮所を設備す。而して、防御戦闘を妨げざる限り、時間の経過とともに壕を掘深すべし。

かくのごとく、順次陣地を増強し、ついに最強なる材料による陣地構成に変移するものとす。排水は早くより開始し、長く一陣地に止まるときは下敷を置き、かつ壕壁を被覆する処置を必要とす。

監視所は、陣地内に設くることなく、自然地内に構築するのみならず、これを集団せしめ、または発見容易なる地点の近傍に設備すべからず。むしろ、小穴、あるいは掩蔽部の入口、もしは掩蓋破壊口等を選定するを可とす。

単独基礎工事

散兵坑（伏姿、膝姿、立姿、散兵に対する）、各個の機関銃、もしは散兵分隊の巣（また漏斗孔内にも）を設け、電光形および蛇行形の匍匐交通壕を以て連絡し、爾後、情況によりて掘深す。

支柱、木板、厚板、扉板等を用いたる庇護所。

棟木、厚板、扉板を用い、榴霰弾《りゅうさんだん》に対し安全なる掩蔽部。

扉板および「ベトン」製にして、全弾命中に対し安全なる掩蔽部。

迫撃砲にありては、まず砲手に対する掩蔽を、つぎに弾薬を、最後に迫撃砲掩壕を構築す。而して、その間隔を不同ならしめ、すべて規則正しき事項を避くべきものとす。

歩兵砲陣地は、迫撃砲と同様に構築するものとす。車轍の痕は抹消しおくを要す。

機関銃により、能く側防する障碍物は、奇襲を予防し、かつ抵抗力を増大するものなり。天然の障碍物（沼、水、荊棘垣《けいきょくかき》、生籬）は、十分これを利用するのみならず、その障碍力を増加することを勉むべし。これら障碍物は、夜間絶えず監視し、かつ、これを遮蔽して設け、以て、わが陣地を敵に判知せしめざること肝要なり。

蹉跌鉄条網および鉄線柵は、敵の目視を困難ならしめ、かつ構築材料を要すること少なし。鉄線柵は、正面に対し、前後に数条を併張し、または斜行せしめ、もしは電光形に設置す。

装甲車に対しては、幅三メートルの急傾斜壕、もしは、少なくも幅三メートル深さ二メートルの水流、沼、または道路を横切る断絶壕を以て、防衛すべきものとす。とくに危険なるか、もしは、まったく配備せざる地点にありては、地雷を設くることあり。しかるときは、周到なる注意を以て配置するを要す。

もし敵火の下において作業せざる場合においては、偽装より開始し、爾後、偽装の保護下にありて、作業に従事するものとす。最初、最前線の火線、とくに機関銃陣地を構築し、しかるのち、散兵、機関銃手ならびに突撃班の人員に対する庇護所および掩蔽部、戦闘指揮所に及ぼし、最後に障碍物および交通路を構築するものとす。

偽工事および仮装物により、敵を欺騙することを勉むべし。前進陣地、あるいは偽陣地により、敵の認識を困難ならしめ、かつ攻者をして過早に展開せしめ、また、なし得る限り不利なる方向に展開するのやむなきに至らしむるものとす。

所要の時間、作業力および建築材料

作業能率は、部隊の状態、作業持続時間、夜間作業、天候、地質、現存構築材料および同器具ならびに敵火により、差異あり。故に、左に示す数量は、ただ概略のものにすぎず。なお、工具および構築材料の整備および運搬、作業人員の休憩（四時間ないし六時間作業に必要とす）をも顧慮しあらず。

作業能率

（イ）一人一時間に掘開し得る土量。

地質	短時間作業	数時間にわたる作業
軟土	一・〇〇立方メートル	〇・七〇立方メートル
尋常土	〇・七〇立方メートル	〇・四五立方メートル
硬土	〇・四〇立方メートル	〇・二〇立方メートル

（ロ）一人にて左の作業をなし得るものとす（尋常土にて）。

三十分にて伏姿散兵に対する一散兵坑。

四十五分にて膝伏　〃

一時間三十分にて立姿　〃

二時間ないし二時間三十分にて長さ一メートルの立姿散兵壕。

三十分にて長さ一メートルの匍匐交通壕。

二時間三十分にて長さ一メートルの交通壕。

六時間にて、重機関銃を有する三人に対し、榴霰弾に対し安全なる一掩蔽部。

十時間ないし十一時間にて、二人に対する軽易なる扉材製一掩壕。

一時間にて障碍物支柱十本。

四人により

一時間にて百平方メートルの鉄条網障碍物。

四十五人により

三十分にて長さ百メートルの鉄線柵。

五十人ないし八十人により
十時間にて、斧六分の五、鋸《のこぎり》六分の一の割合を以て、一「ヘクタール」の森林伐採。

二十時間にて、繁茂せる樫森林一「ヘクタール」。

四時間にて、長さ一キロ幅三メートルの道路設置（樹木の状態、尋常とす）。

一駢馬《いちべんば》【二頭一組】の車輌は、一時間に道路良好なる場合四キロ、一日に最大二十四キロを曳引す。

その積載量は七百五十キログラムとす（（ニ）参照）。

（八）構築材料の所要量。

障碍物

障碍物		百平方メートル	規定幅の長さ百メートルの鉄線柵
杭	長	ナシ	三十五
	短	三十	七十
細き鉄線(1)二ミリ	㌕	五	〇・五
	㍍	二百	二十
太き鉄線(2)三-五ミリ	㌕	—	百三十四
	㍍	—	八百
有刺鉄線(3)	㌕	—	六百
	㍍	六十	三百
緊鉄		六十	三百

備考
(1)の一巻き＝二百㍍＝五十㌕
(2)の一巻き＝三百㍍＝五十㌕
(3)の一巻き＝二百㍍＝二十五㌕

蔽掩部および掩壕	重機関銃、または三人に対する掩壕（榴散弾の破片に対し安全なる）	監視所（同上）
中径〇・二〇メートル長さ二・五〇メートルの下に置く材	二	二
中径〇・二〇メートル長さ二・五〇メートル－三・〇〇メートルの掩蓋材	〇・一二メートルあるいは〇・一五メートルの角材十五本	九
帯鉄メートル	八	十三
二インチの釘	二十	六十五
屋根厚紙平方メートル	五あるいは木、草、藁、乾草	五
五ミリの普通鉄線	十二	十五
緊鉄	二十	二十
鋏	十四	十四
一メートル平方の厚さ八センチの板	二	二
板平方メートル	なし	〇・五

軽易なる扉板製にして二人のため掩壕に要する構築材料

厚さ〇・〇三－〇・五メートル、幅〇・二四－〇・三〇メートルの板三十五メートル分、すなわち、その内訳は長さ一・二〇メートルのもの十枚、〇・九〇メートルのもの十枚、〇・八〇メートルのもの十枚、一・三〇のもの三枚とす。これに二インチの釘四十六本を要す。
〇・一〇メートル丸太製の構築に際しては
一・二〇メートルの長さの支柱二十四本および一・〇〇メートルおよび〇・八〇メートルの長さのものおのおの二十四本、一・三〇メートルの長さのもの六本、六インチの釘九本を要す。
準備せられたる扉板製の構築に際しては長さ一メートルの枠四個を必要とす。三人に対する一掩壕は六枠を要す。

運搬法＼材料	単位重量キログラム	運搬に要すべきもの 人一名にて	野戦車一輌にて	一‐三トン自動貨車にて	一‐五トン自動貨車にて	十トン鉄道車一輌にて
偽装網	六	四	百	五百	八百	一千六百
網鉄線（巻き）	四十四	〇・五	十五	六十五	百十	二百二十
有刺鉄線（巻き）	二十五	(1)一	二十五	百二十	二百	四百
五ミリの普通鉄線	五十	〇・五	十三	六十	百	二百
二ミリの普通鉄線	五十	〇・五	十三	六十	百	二百
長き障碍物用杭	十六	(2)二	四十	百八十	三百	六百
短き障碍物用杭	二・五	(2)八	二百六十	一千二百	二千	四千

注意　網鉄線一巻き五十メートル、有刺鉄線一巻きは二百メートルにして重量二十五トン、普通鉄線五ミリの一巻きは三百メートルにして重量五十トン。二ミリのものは、一巻き二百メートルにして、重量五十キログラム。

備考　(1)人二名にて一本の棒に二巻きを差し込み運搬するを、もっとも良しとす。(2)細き鉄線にて束ぬ。

運搬法／材料	単位重量トン	人一名にて	野戦車一輌にて	一 - 三トン自動貨車にて	一 - 五トン自動貨車にて	十トン鉄道車一輌にて	注意
掩蓋材料長さ二・五メートル中〇・二〇メートル径	六十三	〇・五	十	五十	八十	百六十	これにては野戦築城教範の図を基礎とす。
破片に対し安全なる三人分の庇護所の材料	九百	〇・〇三三	〇・六六	三・三三	五・五	十一	
同様なる監視所の材料	一千三百二十三	〇・〇二四（四二分一）	〇・五	二・二五	三・七五	七・五	
薄板枠	二十五	一	二十六	百二十	二百	四百	上部一、側面二、底部一、楔《せつ》一 横〇・八〇メートル 縦一・二〇メートル 厚さ〇・〇五メートル
薄板枠	六三	〇・五	十	五十	八十	百六十	横一・二〇メートル 縦一・八〇メートル 厚さ〇・〇八メートル強
同補助的のもの	五十	〇・五	十三	六十	百	二百	横〇・八〇メートル 縦一・二〇メートル 厚さ〇・〇五メートル

前三表の数量は概数を示すものとす。

材料＼運搬法	単位重量キログラム	人一名	野戦車一輛	一－三トン貨物自動車	一－五トン貨物自動車	十トン鉄道車一輛	注意
½ナマコ板	九十八	○・二五	七	三十	五十	百	
小ナマコ板	十七	一	三十五	百七十	二百九十	五百九十	
Cbm【立方㍍】セメント	一千	—	○・七五	三	五	十	
砂利	二千	—	○・三八	一・五	二・五	五	
小石	二千	—	○・三八	一・五	二・五	五	
厚さ○・一○メートル、長さ四・○○メートル、幅○・二五メートルの厚板	五十	○・五	十三	六十	百	二百	
軌鉄 ㍍	四十一	一	十五	七十	百二十	二百四十	「プロシヤ」普通軌鉄八番
長さ四メートル、径○・二五メートルの束柴	六十	○、五	十	五十	八十	百六十	（重量に注意）

三　自動車運行法

（甲）交通規則および車輌規則の抜粋

一　軍用自動車は、自動車交通令および同施行細則ならびに陸軍自動車勤務に関する諸規程を遵守すべきものとす。

二　軍用自動車は、公道上、あるいは、広場において運行せんがためには、当該管区司令部、もしは海軍鎮守府より許可を受け、かつ、その証票を備え付けざるべからず。

三　軍用自動車を運転し得る者は、その車輌級に応ずる陸軍運転手証を所持するを要す。而して、この運転に従事し得る者は、運転業務に服務する軍人軍属、陸軍自動車運転教官、軍用自動車操縦に精通せる者、軍用自動車を有する部隊の将校および技師に限るものとす。

四　軍用自動車運転手は、勤務中、左の証明書を携帯しあるを要す。

イ　軍用自動車運転手証。ロ　車輌証明書。ハ　運転命令。ニ　車輌手簿。

運転手証および車輌証明書は警察の監督機関より、運転手証、車輌証明書、運転命令は陸軍の監督機関より要求ありたるときは、これを示さざるべからず。

五　各運転終了せば、搭乗者の最高級者、あるいは、到達せる勤務所は、運転命令および車輌手簿中に記載しある任務を遂行するごとに署名して、運転手に交付して、これを証明するものとす。

六　運転手は、運行前および運行中、酒精飲料を飲むことを禁ず。

七　法令ならびに警察諸規程を遵守すべきは、自動車運転手の責任とす。

これら諸規則に違反する命令に対しては、命令せる上官は、その全責任を負うものにして、広範囲にわたる民法、刑法により処断せらるることあり。

運転命令、もしは、その要求は、なし得る限り、運行前、乗員に指示しおくものとす。而して、運行間においては、長き命令を運転手に与うることを避くべきものとす。これと雑談することを禁ず。

八　運行前、自動車掛には、道路に監視、詳細に指示するを要す。また、運行中の指図は、適当なる運転を継続し得るごとく、早く下さざるべからず。

九　自動車の規定最大積載量を超過するを許さず。

十　椿事《ちんじ》および傷害に対しては、過誤なきことを証明せられざる限り、自動車所有者として、軍管理部および運転者は、その責を負うべきものとす。椿事および傷害を惹起したるときは、ただちに停止し、要すれば、あらゆる応急処置を講ずるものとす。自動車運転者にして、椿事後、車輌および人員に対する原因調査をなさざるときは、罰せらるるものとす。この際、運転者は、その場所において、椿事後の処置に必要なる証拠の調査（証人の名、同陳述、現場見取図の調製）をなし、運行終了後、その所管庁に事件を報告すべきものとす。

責務および賠償義務の認証は、まず保留すべきものとす。

（乙）自動車の軍隊輸送に関する注意

1　命令関係

一　自動車の軍隊輸送に関する命令は、軍隊指揮官より発せらる。積載すべき部隊および自動車隊への命令は、左の事項を含まざるべからず。

輸送せらるべき部隊の表示および区分（その人員兵力を示す）、使用すべき自動車隊および本部の表示および区分、自動車縦列の出発地、または集合地、積載場所、積載時刻、自動車隊および部隊の進入路、友軍および隣接縦隊の行軍路、休憩時および場所、予期せざる敵と衝突せし場合における処置の指示、目的地、目的地における処置、目的地到着後自動車隊残留所、防空処置および偽装法、馬縦列の処置。

二　なし得る限り、建制部隊を分割することなく、自動車隊に積載するを要す。また、自動車縦列もまた、これを分割して使用することを避くべし。

三　各自動車縦列は、一輸送機関を形成し、輸送指揮官はその先任将校とす。

四　輸送指揮官は、積載、行軍、卸下の間の警戒、偽装および防空、軍紀の維持、積載のため、軍隊の適当なる区分、各自動車の車長の決定、迅速静粛なる積載卸下および自動車縦列長の出せる技術的命令を遵守すべき責任を有す。また、輸送指揮官は行軍序列を定む。

五　自動車縦列長は、自動車運転の技術的実行に関し、責任を有し、積載卸下のため、自動車配置を定め、かつ、積載せる縦列の運転業務を検し、輸送指揮官とともに出発、運行中の各自動車間の距離、運転速度、休憩および運転故障の際の処置を規定するものとす。

2　自動車の準備

六　自動貨車は左のごとく装備す。

（イ）人員輸送のためには、座席として、六枚の固定せる厚板を装す。

（ロ）砲および車輛の積載のためには、長さ三・四〇メートルおよび幅〇・二〇メートルの積載用U字形鉄二個および各縦列のため、車匡結束用鉄線、積載木楔、釘を装す。

（ハ）馬の積載にありては、（ロ）に示せるU字鉄および（イ）に示せる厚板より成る補助斜坂を以てす。

七　右のごとく準備したる三トン自動貨車には、左のごとく積載し得。
座乗せしむるときは二十五人、佇立せしむるときは三十五人（ただ、近距離にて）、器材を搭載するときは、これに相応して減量するものとす。

馬匹は、運行方向に向かい、二頭および二名の口取人。

機関銃は三挺（手車を除き、銃手とともに）。

砲車、あるいは弾薬を充実したる弾薬車一、あるいは、軽迫撃砲二、もしは中迫撃砲一。ただし、ともに前車、砲手および前車弾薬を含むものとす。
三、四日分の糧秣を有する野戦庖厨《ほうちゅう》一、または野戦車輛一。

3　積載

八　積載は、多くの場合、鞏固なる広き道路上に行い、稀に広場において、飛行機偵察に対する掩蔽下に行う。
行軍路および積載場所は、自動車縦列到着まで、部隊ならびに車輛部隊より開放せられあるを要す。まず自動車縦列が積載に必要なる距離、すなわち、各車間の距離、約三車輛長を有する一列縦隊（広場においては間隔三歩）、横隊となりて、各車を行進方向に向けて整列したるのち、部隊は積載場に進入するものとす。

種々の行軍集団および部隊の出発点および積載場は、個々別々に選定し、その位置は、斜面の前方、または斜面中ならしめざるを要す。これ、各部隊の集団混淆を避け、秩序を保持せしめんがためなり。

もし積載所を分置し得ざるときは、集合および積載の時刻により、梯次に行わしむるを司とす。困難なる地形（山地）および、とくに村落内および夜間にありては、前進路および積載場は、周密なる偵察を必要とす。輸送部隊が、広地域に諸兵種混合の数群となりて宿営、かつ良好なる道路網に沿いあるときは、積載および出発を容易ならしむ（第二百三十三参照）。

九　乗車部隊は、先遣委員（将校一、卒一ないし二）を自動車縦列出発地点、あるいは積載場に差遣し、自動車縦列を迎うるものとす。

十　自動車縦列配置後、輸送部隊へ積載に適合するごとく、先遣委員により、もっとも静粛かつ秩序正しく誘導せらる。而して、その部隊は、弾薬器材の運搬に必要なる最小限の馬匹および車輛を携行するものとす。

十一　乗車すべきもの（馬、車輛）は、車長の誘導により、静粛に指定の自動車（一連番号を以て、明瞭に表示せらる）の後方に進み、荷物を却下し、略帽を被り、乗車準備をなす。拳銃以外の銃器は、一般に弾薬を抽出し、天候不良なるときは「マント」を着用す。乗車口の開閉は、自動車掛これを司り、部隊は、輸送指揮官の命令により、乗車下車を実施するものとす。

十二　車輛（砲等）は、緊められたる制動機に確実に纏結《てんけつ》し、かつ楔を挿入しおくものとす。積載せる車輛の発条は、差し込まれたる器具のために作用をなさざるごときことあるべからず。乗車せる兵は、車輛（砲）の不測の滑走により、負傷せざるごとく配置するものとす。満載の際は、後方の側板を以て振動を防止すべし。

自動貨車に繋駕用車輛を懸駕《けんが》するときは、一時間の速度を八キロに減ずるを要すゆえに、多く、急を要する自動車輸送には適当ならず。しかれども、特種の場合に、これを避け得ざるときは、その車輛を、なし得る限り短く、鎖を以て自動貨車に連結すべし。麻製の紐は、摺《す》れ切りやすきを以て不適当なり。

十三　馬は装鞍して、二頭ずつ自動貨車に積載す。積載前、車内に突出せる釘、あるいは鉄片なきやを点検し、斜坂には藁および土を散布すべし。沈静馬を最初に積載し、各馬に対し、口取人一名を配当するものとす。積載後、後部側板を、ただちに閉鎖するを要す。

十四　兵卒は、車長の命令により乗車す。その順序左のごとし。奇数伍、荷物、器具（弾薬、自動車等）、兵器、偶数伍、すべて側板外に物品を突出せしめざるを要す。車蓋は、これを開放しおくものとす。積載間は談話することを禁ず。

十五　部隊の特別目的のため一、二の自動貨車を縦列より分離せしむることを禁ず（たとえば、宿営地より荷物の取戻）。本道外に宿泊せる小部隊は、行軍路上の積載上に、徒歩にて集合せしむるものとす。

十六　輸送指揮官および自動車縦列長は、多くの場合、同一の乗用自動車に乗車するものとす。自動車縦列は、全車輛の積載完了後、はじめて出発するものとす。

4　運転間の動作

十七　運行開始後は、第二百八に規定せる『徒歩』の号令によって与うる自由は、その趣旨を適用するを許す。車長は、乗員の静粛、軍人の態度を監視し、かつ、運行自動車掛の技術的区処を遵守すべき責任を有す。

十八　乗車および下車は、ただ停止間において、かつ輸送指揮官の命令、あるいは指示によりて行う運行間、乗下車し、または運行中の自動車にすがり、あるいは物品を投擲することを禁ず。

十九　途中、一自動車が故障を生じたるときにおいても、全体運行を停止せず、企図の達成を妨げざるを要す。輸送指揮官、自動車縦列長に意見を徴したるのち、故障自動車の貨物を他の車輛に搭載すべきや、あるいは、これを追送すべきやを決定するものとす。

5　卸下

二十　積載に対し、定められたる規定は、卸下にもまた適用せらる。卸下部隊は、ただちに自動車より下車し、卸下物件を、ただちに整備すべきものとす。

後続縦列のため、卸下場より速やかに撤退するを要す。

四　通信法

（甲）歩兵信号表（また歩兵飛行機に対し、用いらる）〔あらゆる徒歩部隊に適用せらる〕

abn 地区	alo 準備完了	afh 連絡を絶つ
avn 連絡しあり	afa 砲兵火要求（続く詳しき目標指示とともに）	
bhg 手投榴弾要求	bim 歩兵弾薬要求	biv 歩兵増援要求
bmm 機関銃弾薬要求	bmv 機関銃増加要求	bug 支援要求
bvp 糧秣要求	bvz 包帯材料要求	egi 友軍歩兵
ebr 突入点閉鎖	fda 敵が攻撃を準備す（敵散兵壕充満）	
fga 敵が攻撃前進を為す	faa 敵の攻撃を撃退せり	fis 敵がわが陣地に突入せり
fle 敵がわが左方に突入せり	fre 敵がわが右方に突入せり	fgz 敵が退却す
fv 射程延伸	fz 射程短縮	fn 射撃中止
fd 敵飛行機	flg 飛行機	gas ガス攻撃

gig 逆襲の実行中	ggü 逆襲成功	gng 逆襲不成功
gff その地点に敵なし	hit 止まれ	inm 行軍縦隊に於ける歩兵
inv 集合中の歩兵	j 然り	kab 準備中の戦車
kan 戦車近接	kmt 来る	lne 線に達す
ll 左	msch 進め	mgn 機関銃巣
mwr 迫撃砲	n 否	nin 新しきことなし（異状なし）
nl 北方	ow 東方	pa 方眼　rr 右
sp 阻止射撃	spn 自己の線へ阻止射撃を近づけよ	
spv 阻止射撃を濃密にせよ	sl 南方	sz 視号通信要求
vf 殲滅射撃（この射撃のため特別表示を約束せられざる限り）		vlv 前線を失う
vgn われらは前進す	wl 西方	wgv われら前進
whl われらこの線を保持す	wso われわれは包囲せらる	

視号通信

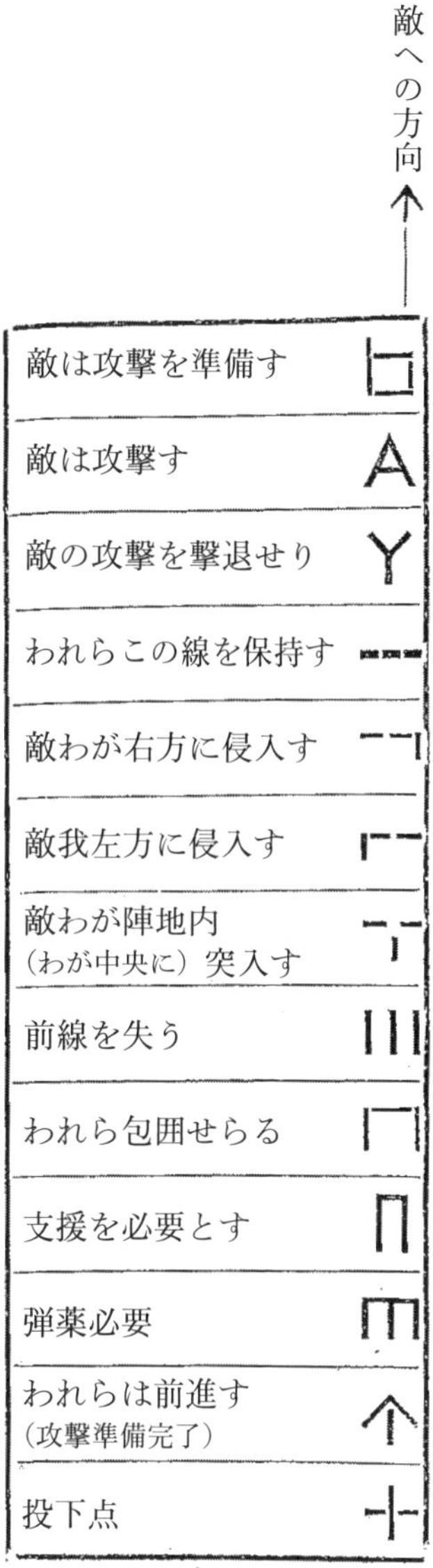

敵への方向
敵は攻撃を準備す
敵は攻撃す
敵の攻撃を撃退せり
われらこの線を保持す
敵わが右方に侵入す
敵我左方に侵入す
敵わが陣地内（わが中央に）突入す
前線を失う
われら包囲せらる
支援を必要とす
弾薬必要
われらは前進す（攻撃準備完了）
投下点

（乙）砲兵信号表（また砲兵飛行機に適用）

（イ）射撃表示

zm 目標中央	その点に向って（側方）	lv 左方に偏す	rv 右方に偏す	dh 後方	do 前方
zl 目標左方		wh はるかに遠し	zh 目標高（よし長さに関す）	iz 目標内	wo はるかに近し
zr 目標右方		tr 命中	br 疑わし	nb 見えず	kh 直後 / ko 直前

（四百メートル以上／五十メートル以内）

（ロ）射撃動作

s 射撃要求	s? 射撃を受けしか	sa 発射
ng 射撃を受けず	la いっそう緩徐に射撃せよ	lb いっそう急に射撃せよ
az 著発信管	bz 曳火信管	gf 順位射撃
gr 一集団	rf 右より一順射	lf 左より一順射
rk 右より指命に撃て	lk 左より指命射	wi 効力射
nz 新目標	z? どの目標なるか	bf 砲兵中隊射撃準備完了
bn 砲兵中隊射撃準備不完了	wb どの砲兵中隊を使用するか	ag 射弾の一般位置
bu 観測不能	fv 射程を延伸	fz 射程を短縮
sp 阻止射撃（この射撃に対し特別表示約束せられざる限り）		vf 殲滅射撃（同上）

（ハ）目標表示

abn 地区（次の詳細なる指示を付加して使用す）	art 砲兵	arf 砲兵発火
arw 砲兵沈黙	bat 砲兵中隊	btn 砲兵中隊巣
maw 諸兵種より成る行軍縦隊	inm 歩兵の行軍縦隊	inv 集合中の歩兵
kwk 自動車縦列	mgn 機関銃巣	mwy 迫撃砲
kab 準備中の戦車	kan 戦車近接	sbg 停車場に多数の列車あり
ebv 列車運行	fba 敵攻撃を準備す（敵散兵壕充満）	fga 敵が攻撃す

（ニ）地形指示

ed 鉄道堤	eü 鉄道踏切	gn 壕
hö 高地	hl 丘阜	hw 凹道
kt 寺の塔	kl 運河	or 住民地
pt 地点	str 街道	stk 十字路
süp 支撐点	wld 森	wdn 風車
rnd 端（村、町、森の）	aug 出口（同上）	

（ホ）一般略語

bkf 戦闘す	ubn 射撃を受けず	dun 蒸汽
wlk 雲	ffa 敵の射弾は……に落下す	ffl 敵飛行機
j 然り	n 否	nl 北方
sl 南方	wl 西方	ow 東方
pa 方眼	sz 視号より通信を乞う	

(丙) モールス信号および綴字板

【字母の読みは、すべてママ】

a	アドルフ	・－
b	ベルタ	－・・・
c	ケーザー	－・－・
d	ダビッド	－・・
e	エミル	・
f	フリードリヒ	・・－・
g	グスタフ	－－・
h	ハインリヒ	・・・・
i	イジドル	・・
j	ヤーコブ	・－－－
k	カール	－・－
l	ルードウヒ	・－・・
m	モーリッツ	－－
n	ナタン	－・
o	オットー	－－－
p	パウラ	・－－・
q	クエッレ	－－・－
r	リチアード	・－・
s	ジーグフリード	・・・
t	テオドル	－
u	ウルスラ	・・－
v	ビクトル	・・・－
w	ウッリ	・－－
x	スサンティッペ	－・・－
y	イップシロン	－・－－
z	ツハリアス	－－・・
ä	アドルフエミル	・－・－
ö	オットエミル	－－－・
ü	ウルスラエミル	・・－－
Ch	ケーザー ハインリッヒ	－－－－

0	－－－－－	－
1	・－－－－	・－
2	・・－－－	・・－
3	・・・－－	・・・－
4	・・・・－	・・・・－
5	・・・・・	・・・・・
6	－・・・・	－・・・・
7	－－・・・	－・・・
8	－－－・・	－・・
9	－－－－・	－・

.	点	・・・・・・
,	コンマ	・－・－・－
?	疑問標	・・－－・・
—	結び線あるいは考えさせる線	－・・・・－
( )	括弧	－・－－・－
/	分離線	－・・－・
	分離標	－・・・－
	錯誤標	・・・・・・・・

視号通信

五　交通

（甲）鉄道

1　軍用列車の説明

一　軍用列車の長さは（イ）全列車長五百メートルまで、（ロ）半列車長さ二百五十五メートルまで。

最大車軸数　全列車長百十軸（五十五車）
　　　　　　半列車長五十六軸（二十八車）｝荷物車とも。

一車の搭載量は、平均、つぎのごとく計算すべし。

『二十四名の将校、あるいは官吏』、『四十名の下士卒』、『三名の厩当番と馬六頭』、『あるいは二名の厩当番と重馬四頭』、『一ないし三車輛』。

一有蓋貨車の搭載量は、車の大きさに従い、十トン、十二・五トン、十五トン、あるいは二十トンなり。

車輛を節約するため、搭載力を極度まで利用すること必要なり。機関車および炭水車を除き、一軍用列車の全重量は六百五十トンにして、半列車の重量は三百二十五トンなり。この重量トンに対し、通常、百五十および三百の利用トンとみなすべし。ただ、補給列車のみは、四百五十トンまで搭載するを得べし。

2　鉄道による部隊輸送の注意、規程

（イ）一般の規定

一　すべて鉄道勤務の行施に関し、干渉するを禁ず。たとい、今までの輸送に関する所定と一致せざることあるも、鉄道吏員の鉄道勤務上の区処および停車場司令官の指示に従わざるべからず。運転業務の故障に当たりては、これを援助するを要せず。この故障の排除は、鉄道掛員の業務たり。

二　輸送指揮官は、輸送間、厳格なる軍紀および秩序を保つの責任を有す。該官は、輸送序列の中央に座乗すべし。その座席は常に、また夜間においても、容易に認識し得るを要す。また、その上腕には、その部隊号の標識を有する白布を附するものとす。

三　輸送指揮官は、その輸送部隊の給養人員および予報人員の変動を知らざるべからず。

四　補充員輸送指揮官は、その補充兵が、いかなる部隊および、いかなる兵団に補充を予定せらるるものなるやの証書を有せざるべからず。

五　混合輸送にありては、先任将校（下士）、全輸送を担任す。該将校（下士）は、輸送部隊の各指揮官より、その人員、目的地、給養を受くべき権限を承知せざるべからず。

六　停車場司令官、あるいは鉄道吏員にして、輸送関係者（被輸送者）に対し、注意矯正を要求するときは、これに応じざるべからず。停車場司令官は、その職権保持のため、停車場の輸送異《マ》犯《マ》者を拘留することを得。

七　鉄道吏員に関する苦情は、停車場司令官に通報するか、あるいは、自己の上官に報告すべし。輸送指揮官は、まず停車場警察官の区処に従わざるべからず。

（ロ）準備

八　各人は、その役目をあきらかに知るを要す。これがため、確実なる区分、詳細なる教示および搭載卸下の練習、必要なり。搭載時刻は、いかなる場合においても、けっして超過すべからず（輸送指揮官は、本件に関し責任を有するものとす）。この時間は、なるべく短縮するを要す。搭載、卸下に、最大能力を発揮し、迅速に終了することに努むべし（最大能力を発揮せしむるがため、競争をなさしむること、適宜の方法なり。脱駕《だつが》【卸下】せる車輛を、徒歩部隊の者をして操作せしむる練習は、とくに必要なり）。

九　あらかじめ、左の事項を規定すべし。

輸送指揮官の代理者の件、日直将校（下士）を置く件、一名の喇叭手を有する衛兵を輸送指揮官の附近に配置する件、下士、有為の上等兵を以て、車長、車室長とする件、将校、下士の指揮の下に、馬、車輛、荷物の搭載班を命ずる件。

十　輸送前、下士兵卒に左記心得を教示すべし。

イ　運行間は静粛にして、無作法の態度あるべからず。また、鉄道員の区処に絶対服従すべし。

ロ　乗車および下車は、輸送指揮官の命令（記号）にのみよる。而して、指揮官より指示せられたる方側においてのみなるべし、これ、危険予防のためなり。

ハ　禁止事項。

運行中、車室を離るること、頭、腕、あるいは脚を、窓、あるいは扉より出すこと、側扉を開くこと、物品の投下、踏台を走り回ること、貨物車の開ける入口に腰掛くること、また「ボギー」車の出入口、緩衝器、制輪席および屋根に座すること、藁、芻秣《すうまつ》【まぐさ】、爆発物を積みたる車内にて、点火、喫煙、裸火の使用、火を附くるため車燈を利用すること。

ニ　飛火およびマッチ箱に注意すべし。

ホ　樹枝等を以て、外側に車を過度に飾ることは危険なり。これ、運転信号の目視を妨げ、電線等を毀損することあればなり。また、標記すべからず。

ヘ　火災、車軸折損、車の脱離、脱線等の非常なる危険のとき、および捕虜の逃走の際には、車掌および線路掛の注意を喚起すべし。制動機を用ゆるか、あるいは《ママ》（旗、布片、防止を打ち振り、夜間においては、扉、あるいは窓より、提燈を輪形に振り回し、音声を以てし、喇叭を用い、短き三声を再三吹奏し、空砲、あるいは実包を以て、再三遠方に向かい発射す〔小銃は、ただわずかに車より外に出し、上の方へ保持すべし〕）等の方法を用い、非常信号をなすべし。

ト　戦時において。

間諜《かんちょう》を戒むるため、談話に注意し、応答を避くべし。

何処より、または、何処へ輸送せらるるかを、はがき、あるいは手紙中に報ずること、宛名、宛所ある郵便物および札を放棄すること、軍隊の移動中は、滞在間、別命なき限り、地方人民と交際することは、これを禁止す。

停車場司令官に郵便物を差し出し、停車場「ポスト」に郵便物を投入することを得。予備糧秣は、定規の給養に欠乏せるとき、運行遅延等の特別の場合に備うるものなり。

（八）積載

十一　搭載設備先遣班（将校一名および各中隊等より、下士一名、卒一ないし二名）。

停車場司令官、あるいは駅長と連絡し、搭載場、搭載開始を、なるべく出発前日までに協定す。停車場への進路、集合上、乗車台を偵察し、あらゆる乗車台を利用することを努むべし。もし、搭載停車場にして、すでに特別なる対空防御を講じあらざる場合には、対空監視者および防空機関銃および火砲の位置を偵察すべし。

列車の受領。

列車の区分。

一列車に収容せらるべき数部隊は、その団結を維持し、輸送番号順に搭載するものとす。白墨を以て、扉に標記すべからず。踏板に書くべし。部隊区分を書くべからず（間諜に対し危険なり）。輸送指揮官、車室の両側の窓の内面に、輸送指揮官と書せる紙片、あるいは厚紙板を附す。

木楔、U字形鉄、釘、応急照明器および、もし卸下用に予定せらるる器具あらば、停車場より受領すべし。

搭載順序を保持し、酒亭を閉鎖し、軍隊は停車場外に待たしむ。

十二　部隊の到着。

停車場外、所定位置にて給養し、飲料を給すべし。群集することは危険なり（敵飛行機のため）。指揮官は乗車台の位置に先行すべし。

十三　包まれざる荷物の搭載。

指導者、一名の将校、あるいは下士に積載掛を附す。

必ず、部隊の乗車に先だち、特別の位置において搭載すべし。

十四　車輛の積載。

指導者、一名の将校、あるいは器材掛下士に搭載掛を附す。

搭載容積の極限まで利用すべし。

車輛は、なるべく繋駕のまま、乗車台上を行かしむ。ただし、同時に搭載すべきことをも顧慮するを要す。脱駕ののち、馬を乗車台より下ろす車輛を車に積みたるのち、轅《ながえ》を脱し、操縦鎖にて車輛に定着せしめ、車を制動し、車輪を各三個の釘付せる木楔を以て移動を防ぎ、針金および索にて貨車に結着す。この針金および索は、軍隊自ら供給するものとす。離脱し得べき車輛の側壁板および車台は貨車上に置く。飛火に対し、乾草、藁を注意すべし。各野戦庖厨には、火を消すための砂を用意すべし。

乗車台および搭載橋の滑走する際、灰、あるいは砂を撒布すべし。

もし必要の場合には、運行中、車輛に監視員を附すべし。ただし、貨車中に監視員は、介在し得べき余地ありて、災害の発生することなき場合に限る。

十五　自動車の搭載。頭端乗車台は、もっとも迅速にして、もっとも確実なり。

自動貨車および自動車は、側方乗車台上を後退せしめつつ、搭載すべし。前軸、後軸に滑車を装し、追加作業し、頭端斜坂にありては、車軸の中央部に搭載す。強く楔を緊め、索を強く張り、手制動機を緊む。

特別重車輛を搭載するには、長き厚板を用う。鉄道車輛の輪靭《りんじん》および板壁の利用は禁止す。

飛火に対する防護のため、車輛の覆いをなし、水を充満せる桶および消火器を貨車内に準備すべし。運転材料、石油等を填実《てんじつ》せる車輛は、機関車よりできるだけ遠くし、客車の近くに積むべからず。その際、機関車の位置変換につき、顧慮するところあるべし。停車中、かくのごとき車輛はとくに注意すべし。

十六　馬匹の搭載。指導者（一名の将校、あるいは馬糧掛）に搭載掛を附す。

一車に重馬四頭、軽馬六頭、小なるものは、大きさに従い、六頭、あるいは八頭搭載す。二頭宛てに厩当番一名を附す。釘の突出の有無を点検し、反対側の扉を閉鎖し、開きたる扉と搭載端を結着し、閉鎖せる扉の前へ前木および提燈を装置す。搭載の際は、努めて静粛にし、叫音《きょうおん》を避け、ただ命令を以て、これを律す。一名のみを以て誘導すべし。

馬は勒《くつわ》を装し、装鞍、装具して、搭載すべし。真直《しんちょく》に誘導し、頭を下げ、静かに、馬に対するかけ言葉をなす。まず、反対側に温和なる馬を導き入れ、二番目の馬は手近の壁に、三番目を真中に、手にあまる馬は後退せしめつつ押し入れ、あるいは、目に鞍下毛布をかけ、たびたび回転し、導き、二人にて飛節《ひせつ》【後脚のはぎとすねのあいだの関節】を押さえ、後方より押す。手荒き援助はなすべからず。前木をかけ、馬を結び、命令により、初めて脱鞍し、装具を脱す。馬具、馬糧は車の中央に置く。前木および遮板は、開きたる扉にかく【掛く】。提灯は車の天井に掛く。喫煙を禁ず。

積載および運行間、常に、少なくも厩当番一名を車内に置くべし。伝染病の疑わしき馬匹は、別の車に収容し、かつ、その車を表示すべし。

十七　人員の乗車。

下士兵卒に対し、三、四等車、あるいは設備せる貨物車、将校に対し、一、二等車を使用し、その収容人員は、鉄道省の車輛規定の定員を以て、最大限とす。乗車前に背嚢《はいのう》を脱す。乗車後、兵器は細心注意し、車内に置くべし。全列車に喇叭手を分配す。

十八　卸下用の器材を携行すべき否やは、線区司令部員、これを決定す。これを搭載するには、細心の注意を加え、なるべく無蓋貨車を用うべし。その受領は、輸送指揮官より、搭載停車場についで確かむべし。

十九　軍用乗車証を出札掛に出すべし。

二十　準備なき乗車。
急速なる輸送に当たり、部隊は、現在の空車および短時間を以て、乗車を完了せざるべからず。偵察はとくに必要なり。この際は、普通のときよりも、搭載容積をいっそう十分に利用すべし。馬匹は、無蓋の側板ある車輌、あるいは有蓋貨車内に、車輌に対し横向きに搭載せらる。しかるときは、蹴踢《しゅうてき》【蹴ること】不可能のごとく、馬を密接せしむべし。

(二) 運行中

二十一　運行表および給養上の時間の余裕が、運行前なお不明なるときは、輸送指揮官は、必要なる指示を、途中にて、停車場司令官、あるいは駅長より受くるものとす。輸送指揮官は、上記の職員との持続的接触により、その処置を容易ならしめ得るものとす。

二十二　輸送指揮官は、命ぜられたる輸送路を、ほしいままに変更し、列車の停止および発進を命ずべからず。

二十三　一般の下車は、十分以上停車する停車場において、停車場司令官、あるいは駅長の承認を経て、行うことを得。上記職員の要求あるときは、他の乗客を遮断するため、歩哨を配置せざるべからず。

二十四　給養停車場の直前の停車の際、食事受領の準備をなすべし。給養停車場にて、ただちに停車場司令官、あるいは駅長と連絡をなすべし。給養のため、輸送部隊を区分し、食事受領および食事中の監督を定むべし。水飼の際、水の運搬には馬匹掛の桶を利用すべし。

二十五　輸送が途中にて停止せる場合は、駅長、停車場司令官、もしは線区司令部要員において、爾後の運行について考えざるべからず。

二十六　緊急なる公務上の報告には、鉄道の電信線および電話線を使用することを得。

二十七　目的地前の最後の停車中、人馬の下車準備を命ずべし。夜間においては、適時睡眠者を呼び起こすべし。

（ホ）下車

二十八　下車停車場に達せば、ただちに将校を以て、下車に関する必要の諸件および出発路の偵察をなさしめ、また、停車場と連絡を取るべし。

二十九　もっとも迅速に下車し、停車場ならびに進入路を開放すべし。鉄道官憲より借用せる器材は、受領伝票と照合し、停車場に返納すべし。臨機発生する事故は、文書を以て、確実に処理すべし。軍用乗車証を提示すべし。

三十　準備せざる下車。

下車停車場の不便を予想せざるべからず。携帯せる器材を下車に応用すべし。停車場外の、設備なき線路の下車は、万やむを得ざる場合に限る。その前の停車場へ引き返す方、多くの場合は得策なり。これに関し、輸送指揮官は列車長と協定すべし。情況によりては、設備なき線路に、人員のみは乗車台を用いずして下車せしめ、残余はその前の停車場に引き返すべし。設備なき線路上における下車においては、輸送指揮官は、適当なる下車点を列車長と協力して調査し、輸送指揮官において、戦術上の情況にもとづき、下車点を決定す。

車体と地形、同高なる地点は適当なり。道路、鉄道と平行し、あるいは横断するがごとき地点また可なり。高き築堤、深き切取、橋梁上、急勾配の地、低下せる電線の存する箇所は不適当なり。重自動車は、補助斜坂により卸下し得れども、長時間を要す。

堅固なる乗車台、あるいは卸下用機材欠乏の際は、車輛および軽砲は、厚板、角材、「レール」、枕木上を、索を附して下ろし、馬は跳び下ろさざるべからず。

（へ）輸送の掩護

三十一　情況要すれば、輸送指揮官は、乗車に際し、また運行中、下車の際および下車後においても、軍隊がただちに戦闘し得るごとく部署を定むべし。

三十二　飛行機に対するため、機関銃を列車に準備し、車中に点燈すべからず。

三十三　運行中、必要の場合には、若干の機関銃を有する衛兵を、列車の先頭、中央および後尾に占位せる無蓋貨車（砂《さ》囊《のう》にて掩護し）、あるいは（扉を開きたる）有蓋貨車に配置すべし。

衛兵と輸送指揮官との連絡は、電話によるを可とす。輸送指揮官の近くに存する衛兵に、喇叭手一、命令受領者一、照明拳銃および同弾薬を置く。

部隊は、速やかに戦闘準備を整うるを要す。これがため、将校を列車に分配し、下士を分隊の中に入れ、若干の突撃部隊を警急姿勢にあらしむ。携行せる砲の中、一ないし二門は、各方向を射撃し得るごとく搭載すべし。駅長、あるいは車掌と協定の上、将校一名を機関車に陪乗せしめ、輸送指揮官と電話にて連絡すべし。

三十四　停車中における掩護。

貨物車の屋根にある機関銃は、この際、掩護に任ずるに便なり。

不期の停車にありては、とくに設備なき路線においては、ただちに、その原因および停車時間を聴取すべし。長時間の停車および隠蔽地にありては、警戒部隊を出し、かつ、その後方への連絡を確実にすべし。

三十五　橋梁、街道の超越点、隧道その他、隠蔽しありて、戦術上不利なる停車場等に対しては、とくに注意すべし。場合により、あらかじめ停車し、突撃隊により情況を偵察すべし。

三十六　列車が途中にて攻撃せらるるときは、ただちに列車より出て攻撃するか、あるいは前後に避くべし。列車に沿い、あるいは列車内にての防御は、多くは甚大なる損害を招くものにして成功せず。

三十七　下車のため、要すれば、まず停車場外に停車し、戦闘力を有する部隊を以て、停車場附近を占領すべし。その掩護により、情況をあきらかにしたるのち、はじめて戦闘準備を整えつつ、停車場に入るべし。

周囲の地点、停車場の施設、下車場を瞰制せる地点を、常に下車開始前に占領すべし。不利なる地形においては、速やかに十分に前地を占領すること肝要なり。いかなる場合といえど、警戒法をなさずして、停車場に進入し、あるいは下車すべからず。

三十八　下車後なお、多数の列車到達すべきときは、卸下後も警戒部隊を停車場に残置せざるべからず。

三十九　切迫せる情況においては、戦闘部隊をして、輜重を残して下車せしめ、この掩護の下に、列車には警戒兵を附して、これを下車に有利なる地点に移すを可とす。

四十　下車中に戦闘を交うるに至らば、多くの場合、ただちに攻撃するを可とす。列車に沿い、あるいは列車内にての防御は、稀に採用せらる。戦闘し得ざるもの（すなわち、馬匹、車輛等）および、もはや下車し得ざるものは、なるべく敵火を避けしむべし。

（乙）水路

1　所要の輸送材料

陸軍輸送用船舶の搭載能力は、大きさ、および構造により異なる。人員のみの輸送に対しては、客船を可とす。その搭載能力は公定せられあるものとす。客船には、人員のほか、多くの場合、なお若干の馬匹を急造設備により、また、若干の軽車輌を甲板上に搭載するの余地を求むるを得べし。人員輸送に対する貨物船の搭載能力は、中間甲板の有無に関す。長航海には、多くは宿泊のための特別設備（釣床、「ハンモック」）を構設するを要す。馬匹および、その他の獣類を輸送するためには、通常、特別設備を要す。長航海にて、ことに然りとす。

天候良好にして、かつ短航海なるときは、多くの場合、若干の獣類を甲板上の応急設備（多くの獣類に対し、馬欄《ばらん》【馬囲い】）中に収容するを可とすべし。その東部は、船の内部に向かわしむべし。甲板、木造ならざるときは、板、または藁にて、これを覆うべし。車輌は一般に甲板に置く。而して、よく緊定すべし。二日以上の航海を、短航海、十日までを普通航海、十日以上を長航海とす。

船舶の異なるに際し、所要輸送材料に対し、一般に適用すべき数量を与え難し。小船にありては、部隊の利用すべき収容室は比較的少なし。しかれども、はなはだ大なる汽船にありてもまた、部隊の利用し得べき室は、全搭載能力に比し、小なるものなり。

いくばくの輸送材料を要すべきやを概算するため、海上輸送において、総登簿トン数約五千を有する汽船の大きさを基礎とすれば、つぎの表を以て、概略の基準となし得べし。

（イ）大部隊の場合（約一師団以上）

師団	一人に対し	短航海	四	総登簿トン	を要す
		普通航海	九		
		長航海	十二		
騎兵師団	一人に対し	短航海	九	総登簿トン	
		普通航海	十一		
		長航海	十四		

備考。師団は、人八に対し、馬約四、車輛一の割合とし、騎兵師団は、約馬六、車輛一の割合として算定せるものとす。

（ロ）小部隊の場合

短航海	一人	二・五	総登簿トン	一頭	七・五	総登簿トン
普通航海	一人	四・〇	〃	一頭	七・五	〃
長航海	一人	五・〇	〃	一頭	七・五	〃

淡水航行輸送の際は、船舶の十分なる搭載能力まで、すなわち、搭載トンまで搭載するを得。

2 搭載に要する時間

登簿トン数五千の中型船の搭載および揚陸のためには、おのおの約十二時間を要す。大型船はそれ以上、小型船はそれ以下なり。

3 速度

（イ）淡水航行

動力種類	人曳き	獣（馬牛）曳き	鎖曳き	巡遊運行［曳航行（汽船）］	電気曳行	自己動力によるもの（蒸気、電気「モーター」）	運河および川の客船および急行貨物船
一時間キロ	一-一・六	一・六-二・五	四	四-五	四-五	四-五	七-十一
休憩を加え一日キロ（実働十一-十二時間）	八-十五	十四-三十	三十-四十	四十-五十	四十-五十	四十-五十	七十-百二十

（ロ）海洋航行

一時間十三キロ以上。

（丙）鉄道、道路、水路の遮断および破壊

爆薬および点火材料の所要量は、遮断、破壊すべき対象物および、その範囲により、異なるものにして、偵察により決定すべきものとす。長時の破壊は、多くの時間および熟練なる作業力を要す。現下の目的に対し、いかなる程度に止めて可なるやを、常に考察すべし。

鉄道

（イ）遮断。

軌鉄【レール】、とくに屈曲せる外側軌鉄の破壊、爆破、あるいは剝脱、転轍器、堤防内の水管、凹道および短橋の爆破、整調器および信号機の破壊。

（ロ）破壊。

大なる橋梁の爆破（全橋桁、橋脚、穹窿《きゅうりゅう》【ドーム】）。

薬室を準備せずして行う橋脚の爆破は、はなはだ時間を要す。

全転轍器、整調器、信号機、排水設備の破壊。

大術工物の破壊においてさえ、多くの場合、ただ、二、三週間、破壊の効果を有するにすぎず。もっとも永続的の破壊は、隧道破壊にともない、山が崩壊する場合なり。

水路

（イ）遮断。

鎖、錨纜《びょうらん》【錨のともづな】、角材、船の沈降による。ただし、監視を必要とす。

（ロ）両水門の爆破は、その上流の水路を乾燥せしむ。
運河水面が周囲より高き場合における堤防の爆破は、その損害程度を永存せしむ。

閉鎖器を閉じ、水の注入を遮断し、水門を通して水を流出せしめば、その上部を乾燥せしむ。

運河交通物の爆破、運河上橋梁爆破、吸水管の爆破。

隧道の長時間にわたる爆破。

道路

（イ）遮断。街路を越え、根のなお存する木を横たえること、車を隘路に集積すること、街道上に塁壕《るいごう》を設くること、敷石の脱剝《だつはく》、壕の破壊、凹道内および堤防上の監視付の阻絶地雷。
（ロ）破壊、叉路、屈曲点、山の滑路に沿い、多数布設せる爆破漏斗、橋の爆破、あるいは焼却、堤の爆破。

爆破は、騎兵、工兵および他兵種の爆破斥候により、実施せらる。往々、相当の兵力を有する掩護隊を附するの必要なることあり。けだし、爆破物に近接するため、戦闘せざるべからざればなり。破壊班は、自ら作業をなすものにして、戦闘すべからず。遠く敵線の後方に派遣するには、小混成部隊を編成すべし。


たとえば、重機関銃一、二小隊、砲兵一小隊、工兵爆破班を有する騎兵連隊のごとし。

重要なる爆破に対しては、多数の斥候を出すべし。

破壊器材は、騎兵師団にありて、騎兵連隊の工兵車上および軽砲兵縦列に、また、直後に使用を予期するときは、副馬上に携行し、工兵は、小行李、または軽工兵縦列に、砲兵は中隊の土工器具車上に携行す。

小爆破は手投榴弾を以て実行するを得。

電線

電柱の伐倒による破壊、絶縁体の破壊、電線の切断。ただし、屈曲点および隅角《ぐうかく》【角を描いて、折れ曲がった部分】を、もっとも可とす。銀、あるいは銅線による、隠密の導線妨害。

地下線にありては、電纜《でんらん》【ケーブル】を掘開し、一部分を掘り出し、その生ぜる穴を細心に充填しおくべし。

通信所における器材を破壊し、または持ち去ることは有効なり。

六　追送および後送に関する図例

（イ）内地より軍隊までの追送路および追送手段

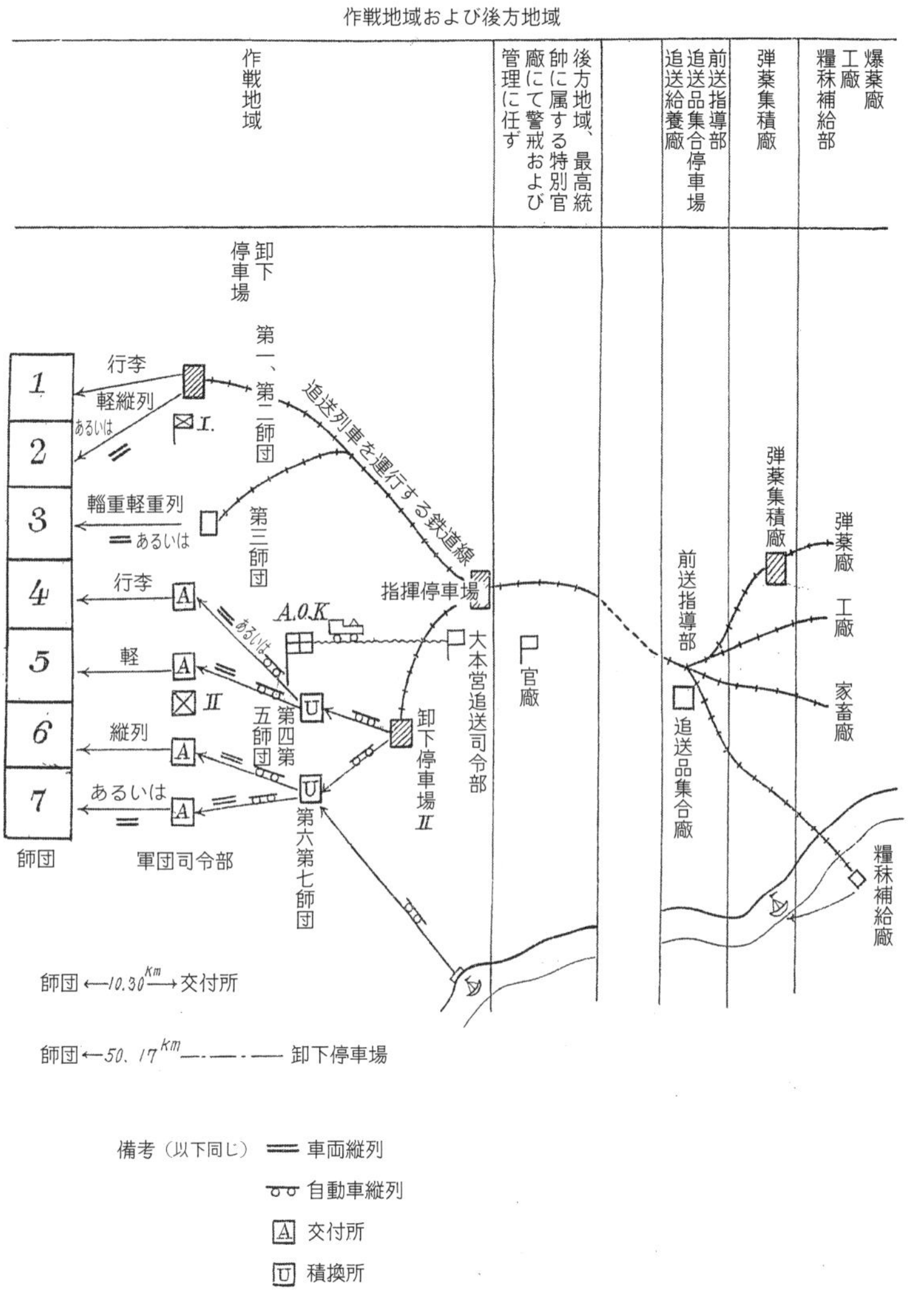

（ロ）弾薬および接戦材料の補充

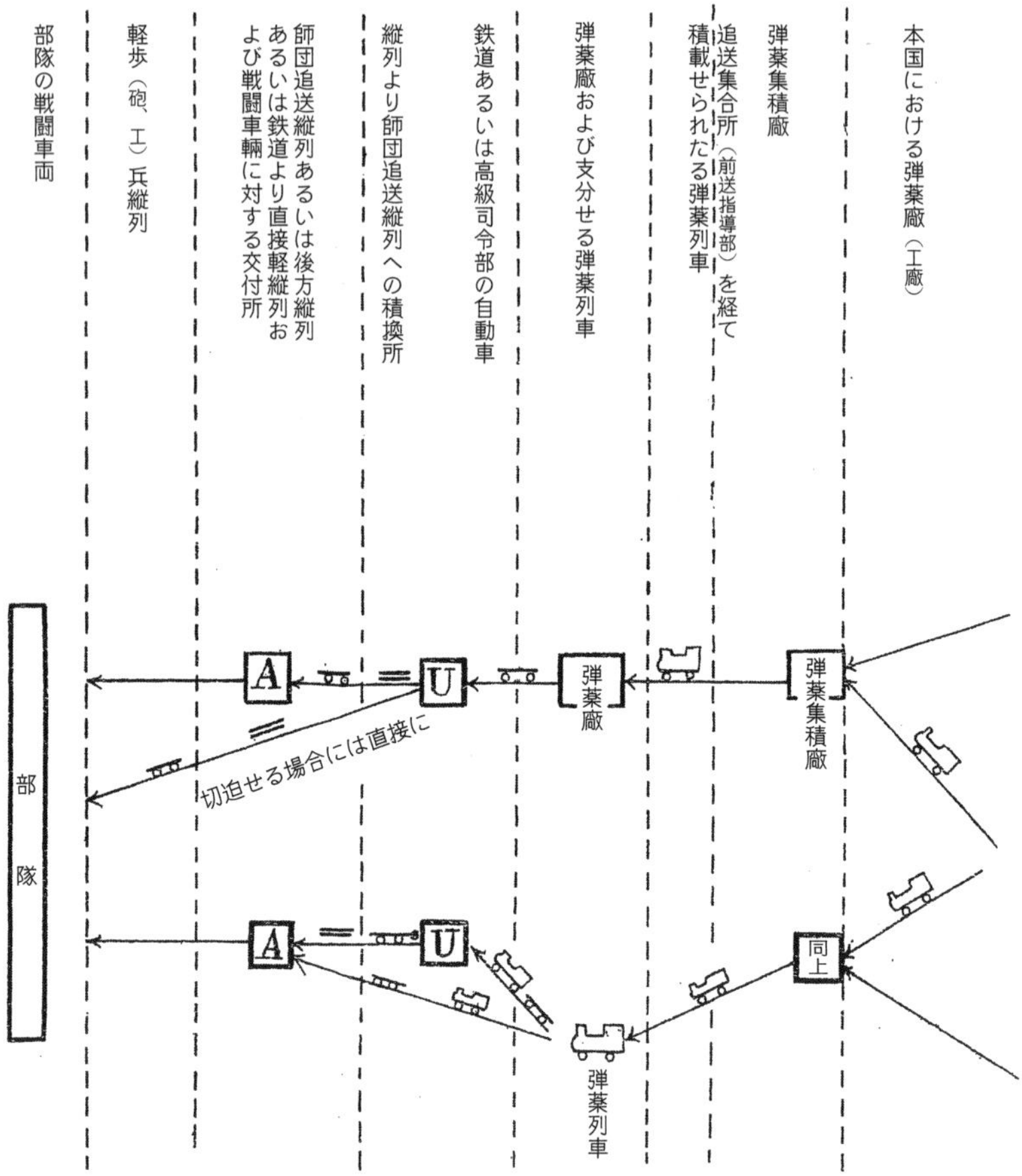
本国における弾薬廠（工廠）
弾薬集積廠
追送集合所（前送指導部）を経て積載せられたる弾薬列車
弾薬廠および支分せる弾薬列車
鉄道あるいは高級司令部の自動車
縦列より師団追送縦列への積換所
師団追送縦列あるいは後方縦列あるいは鉄道より直接軽縦列および戦闘車輛に対する交付所
軽歩（砲、工）兵縦列
部隊の戦闘車両
弾薬集積廠
同上
弾薬廠
弾薬列車
U
A
切迫せる場合には直接に
部隊

（ハ）給養

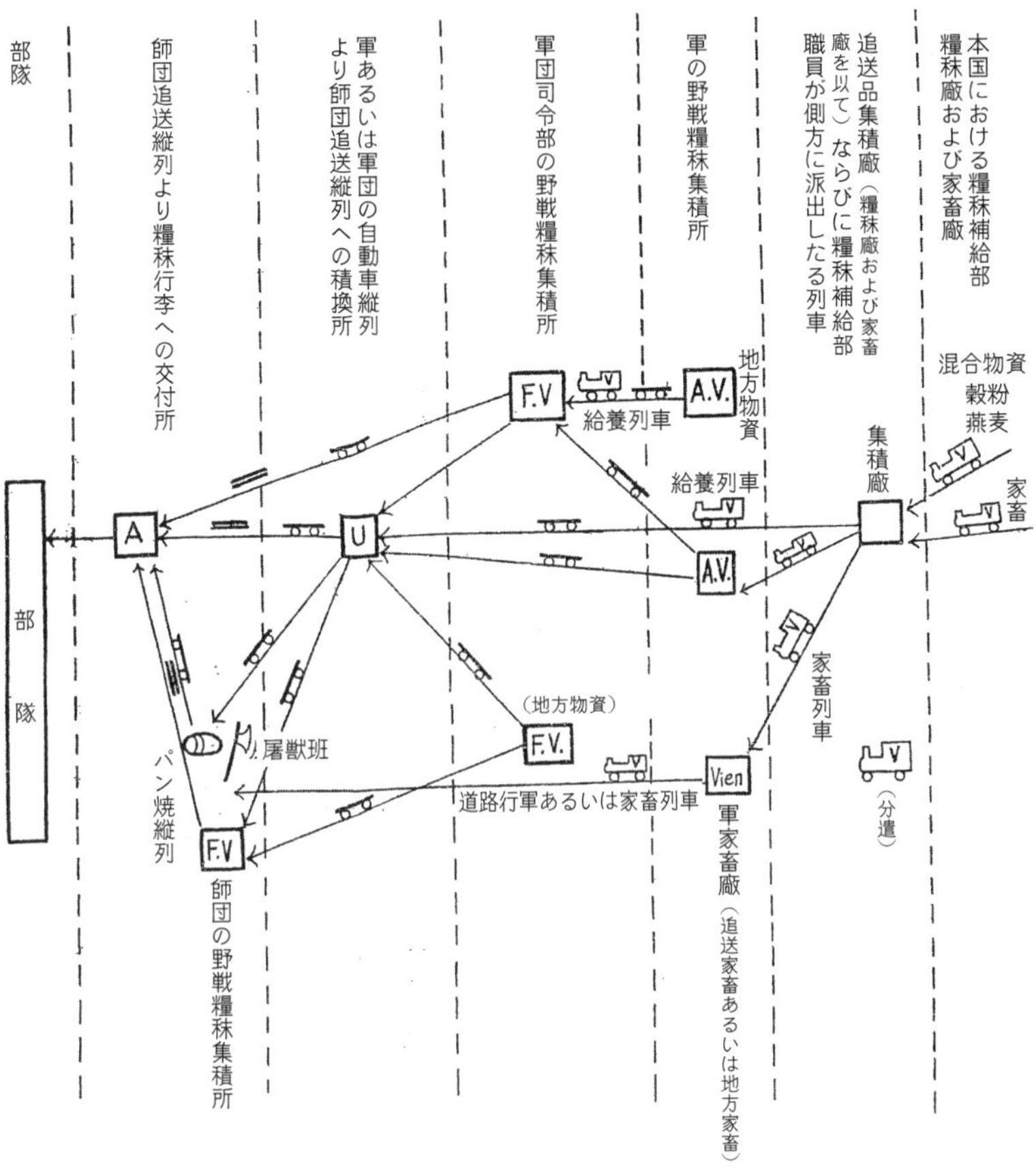

本国における糧秣補給部
糧秣廠および家畜廠
追送品集積廠（糧秣廠および家畜廠を以て）ならびに糧秣補給部職員が側方に派出したる列車
軍の野戦糧秣集積所
軍団司令部の野戦糧秣集積所
軍あるいは軍団の自動車縦列より師団追送縦列への積換所
師団追送縦列より糧秣行李への交付所
部隊
混合物資
穀粉
燕麦
家畜
集積廠
地方物資
A.V.
給養列車
F.V
給養列車
A.V.
U
A
部隊
家畜列車
（分遣）
Vien
軍家畜廠（追送家畜あるいは地方家畜）
道路行軍あるいは家畜列車
（地方物資）
F.V.
屠獣班
パン焼縦列
F.V
師団の野戦糧秣集積所

（三）衛生勤務

一、傷病者の後送

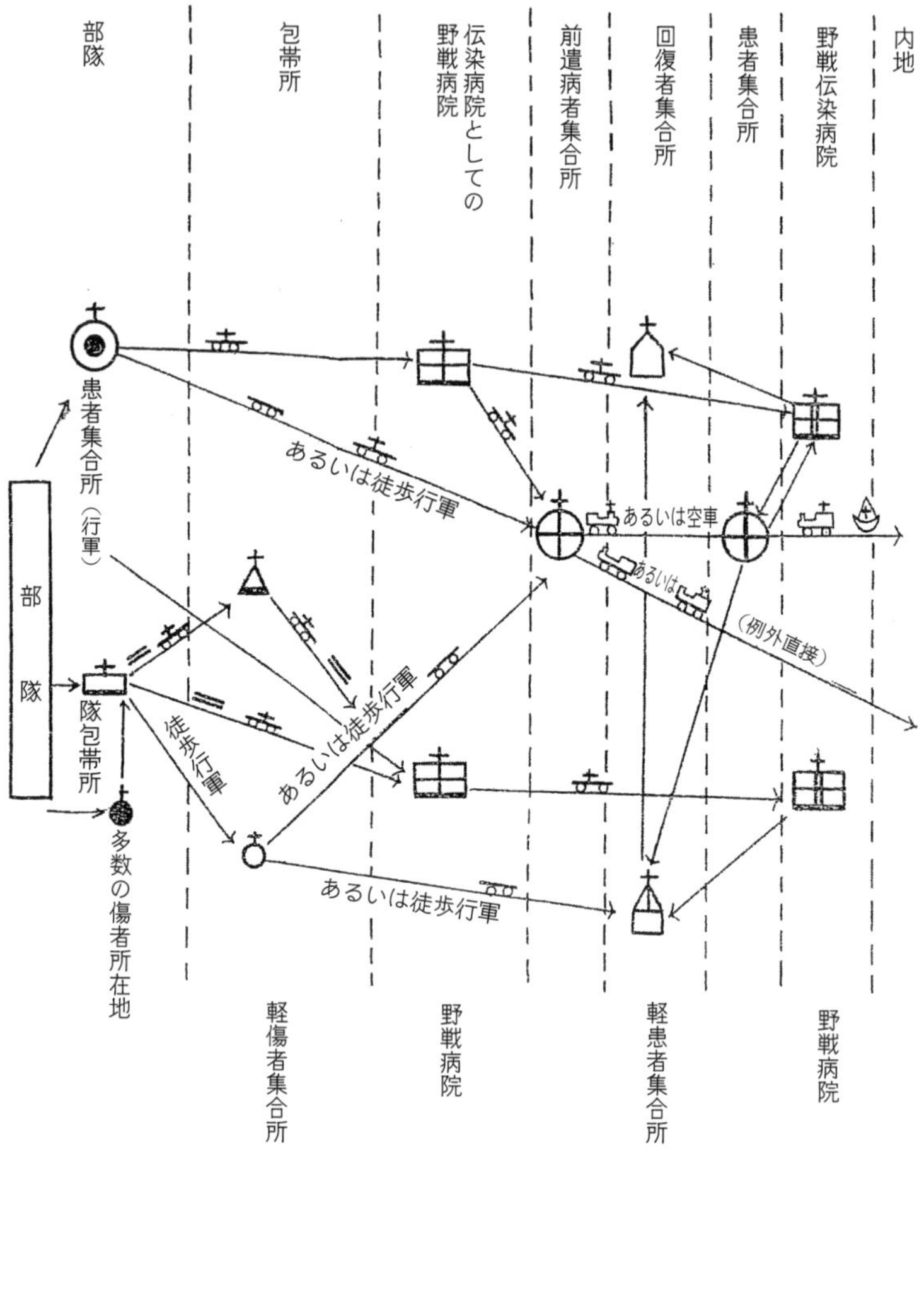

（ホ）衛生勤務

二、衛生材料の補充（衛生車輌については兵器および器材の補充を見よ）

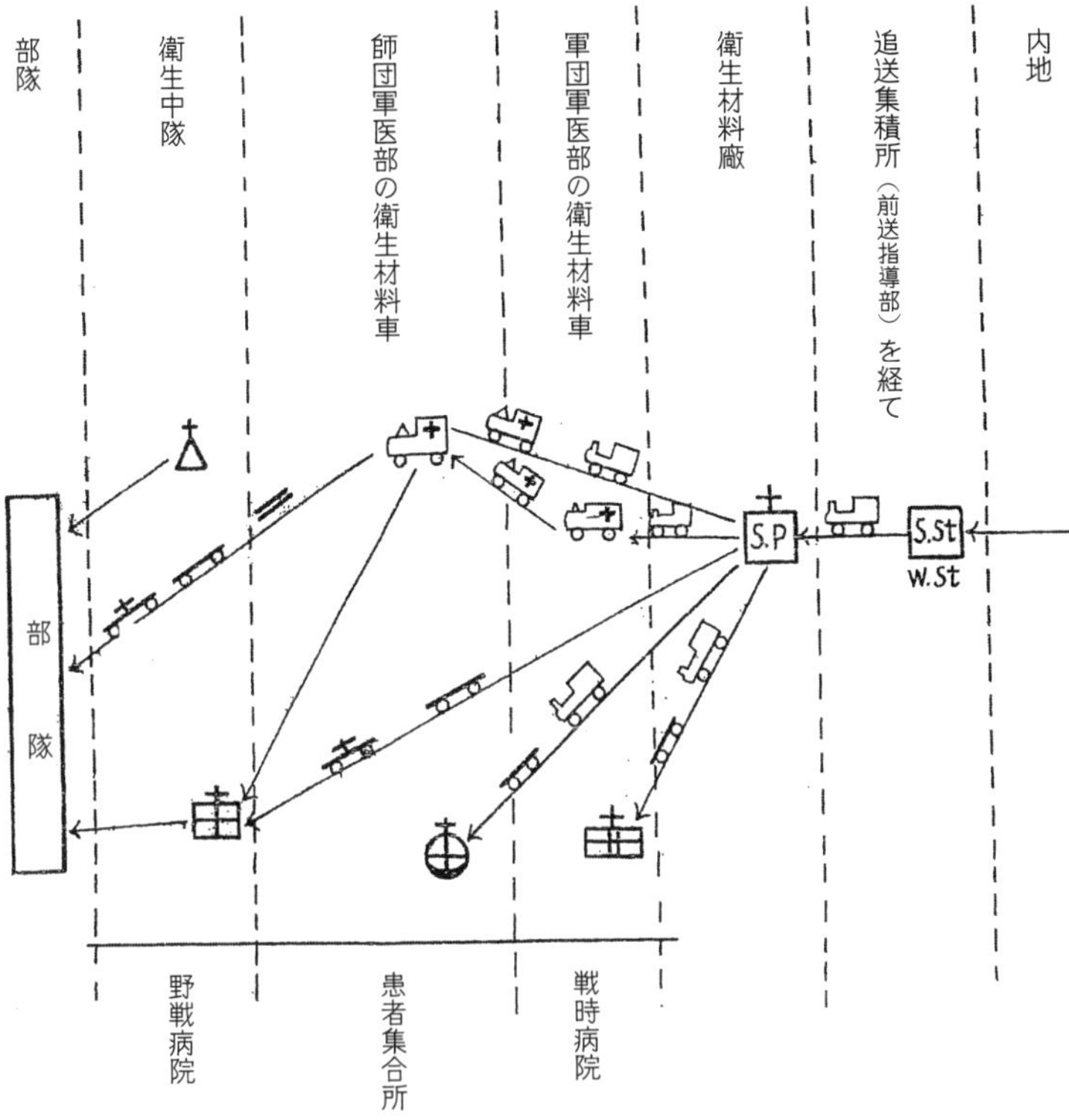

（へ）獣医勤務

一、馬匹後送

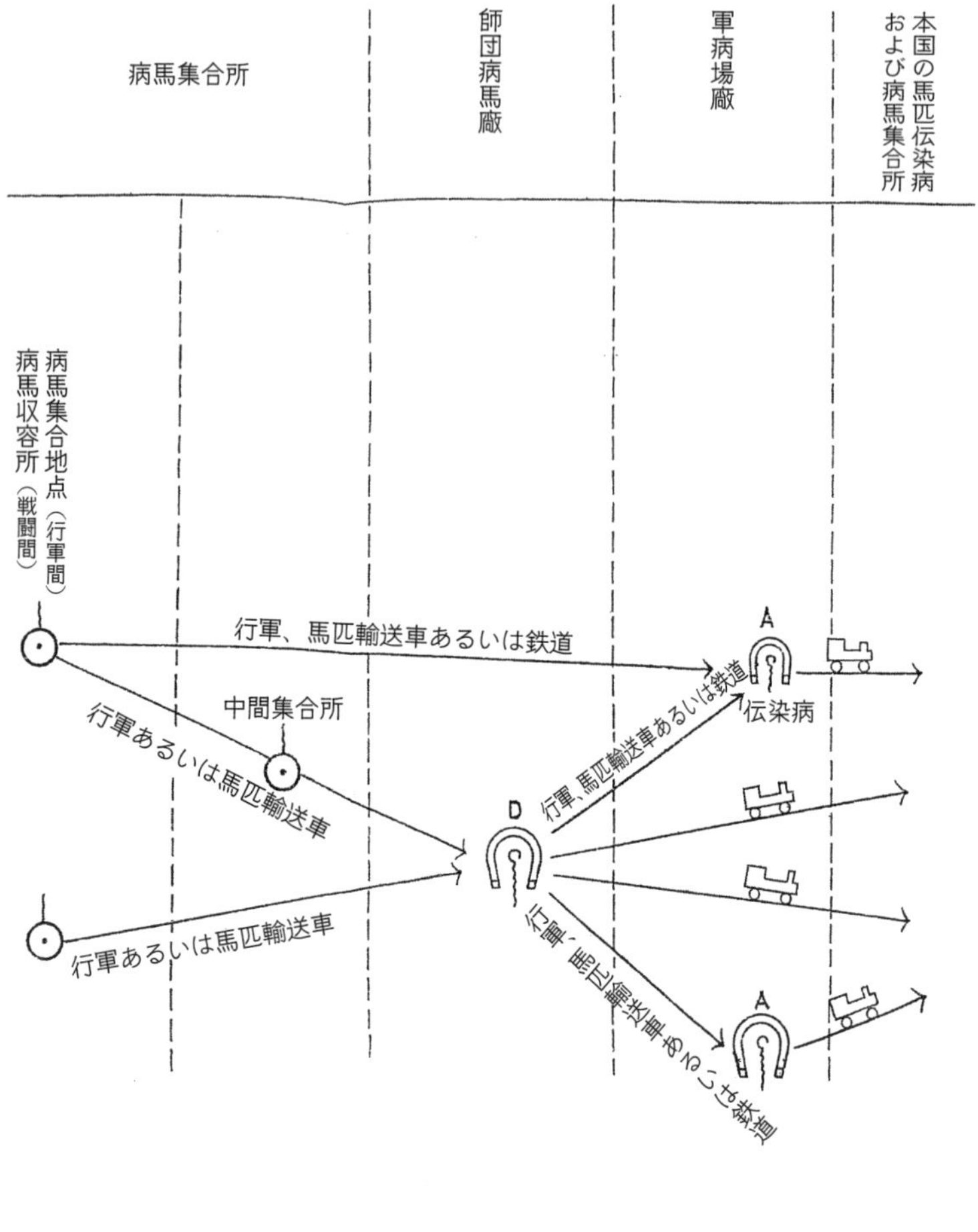

本国の馬匹伝染病および病馬集合所
軍病場廠
師団病馬廠
病馬集合所
病馬集合地点（行軍間）
病馬収容所（戦闘間）
行軍、馬匹輸送車あるいは鉄道
中間集合所
行軍あるいは馬匹輸送車
行軍あるいは馬匹輸送車
D
A
行軍、馬匹輸送車あるいは鉄道
伝染病
行軍、馬匹輸送車あるいは鉄道
A

（ト）獣医勤務

二、獣医材料補充（装蹄材料および装蹄器具は兵器および器具の補充を見よ）

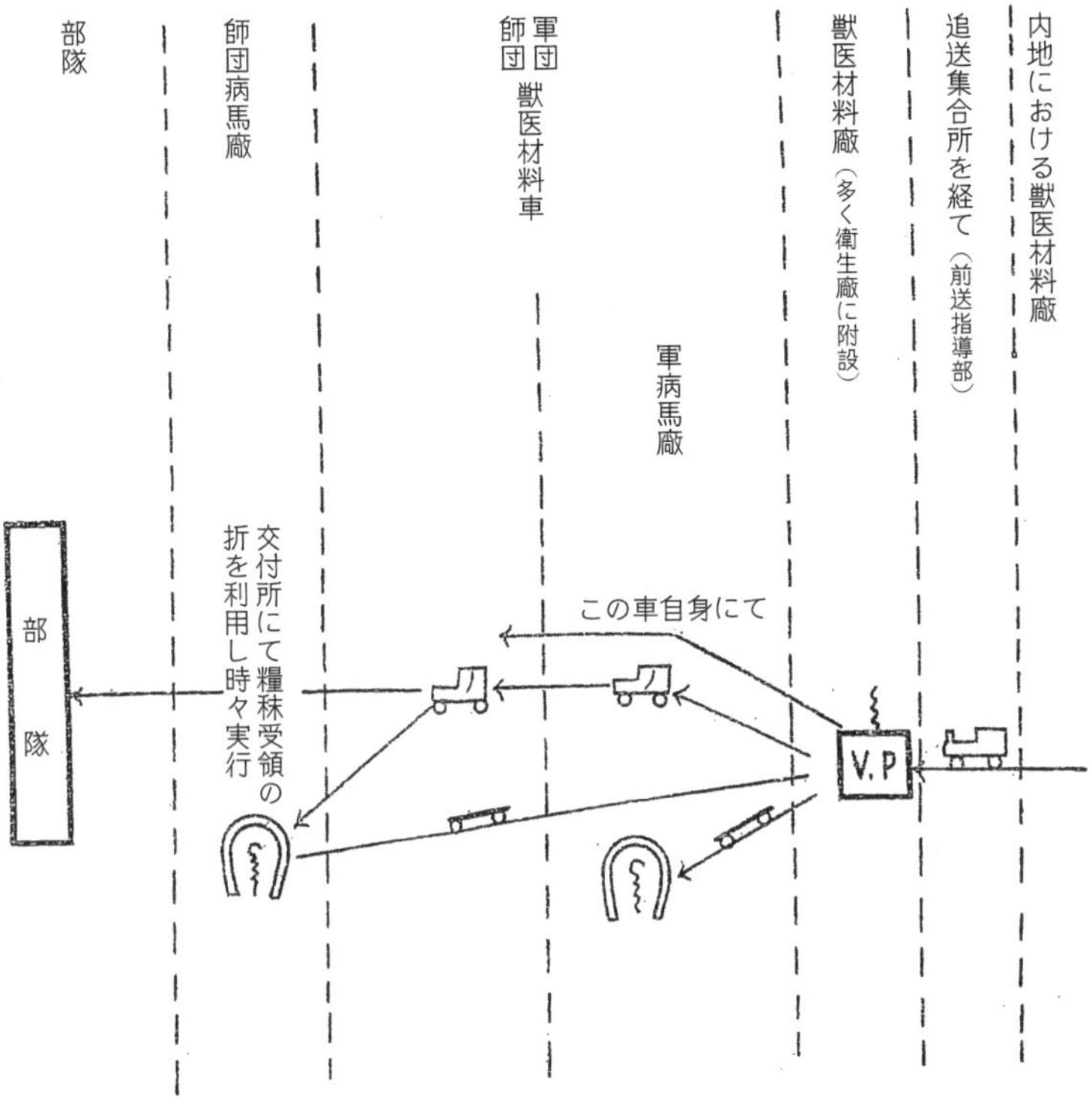

(チ) 馬匹補充

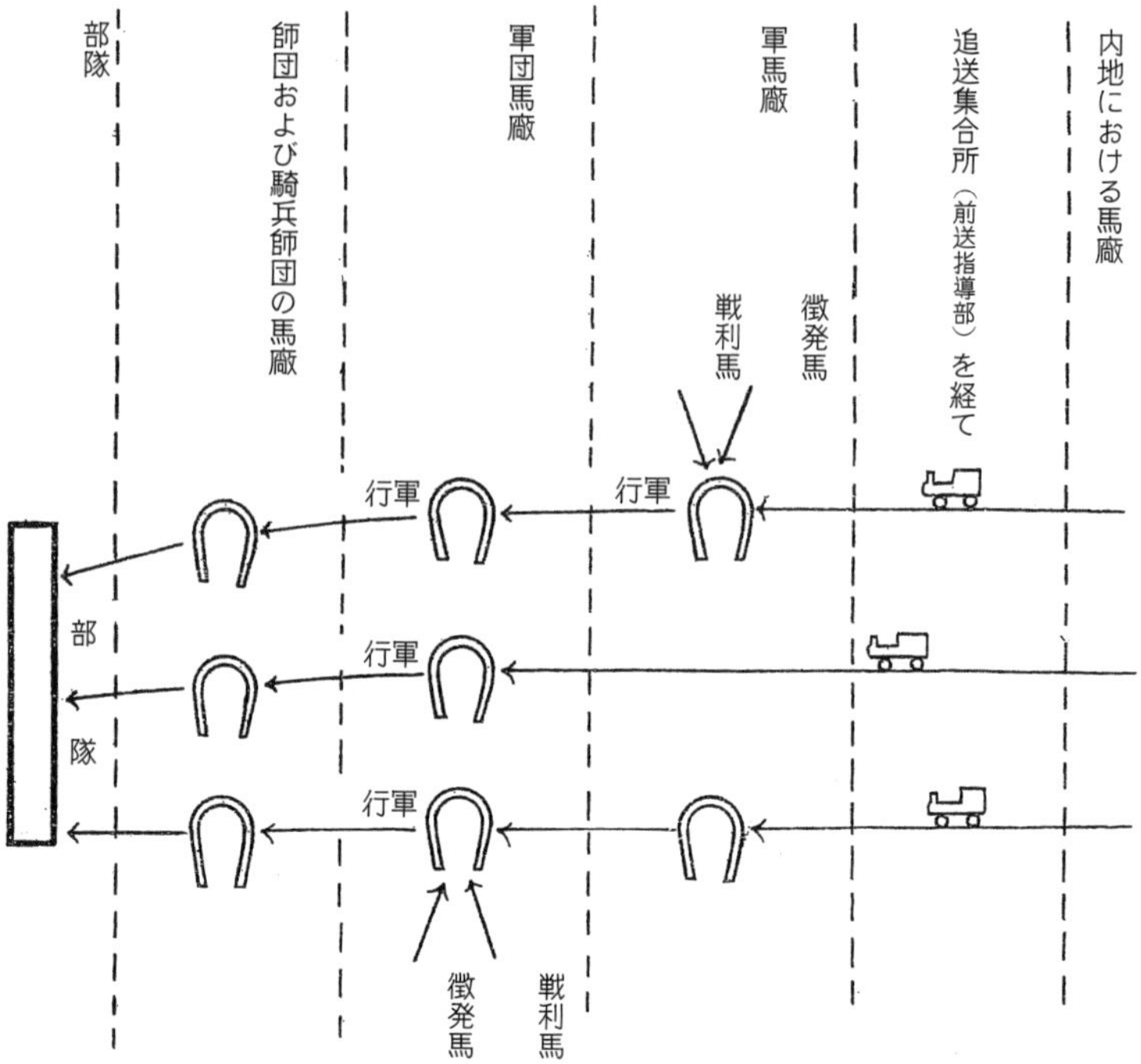

内地における馬廠
追送集合所（前送指導部）を経て
軍馬廠
徴発馬
戦利馬
軍団馬廠
師団および騎兵師団の馬廠
部隊
行軍
行軍
行軍
行軍
部
隊
徴発馬
戦利馬

（リ）運転材料（発動機、燃料）の補充

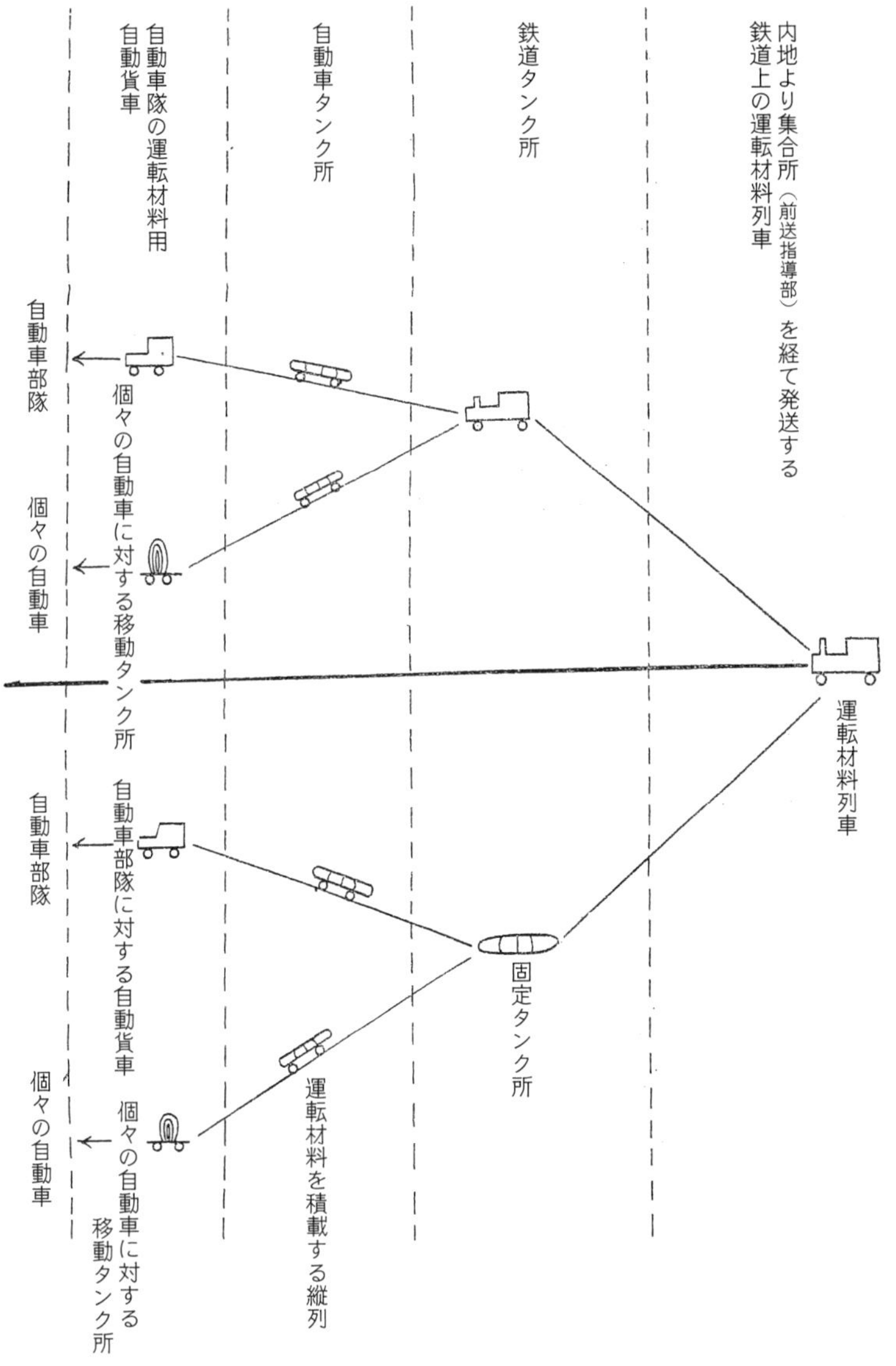

（ヌ）兵器および器具の補充および修理

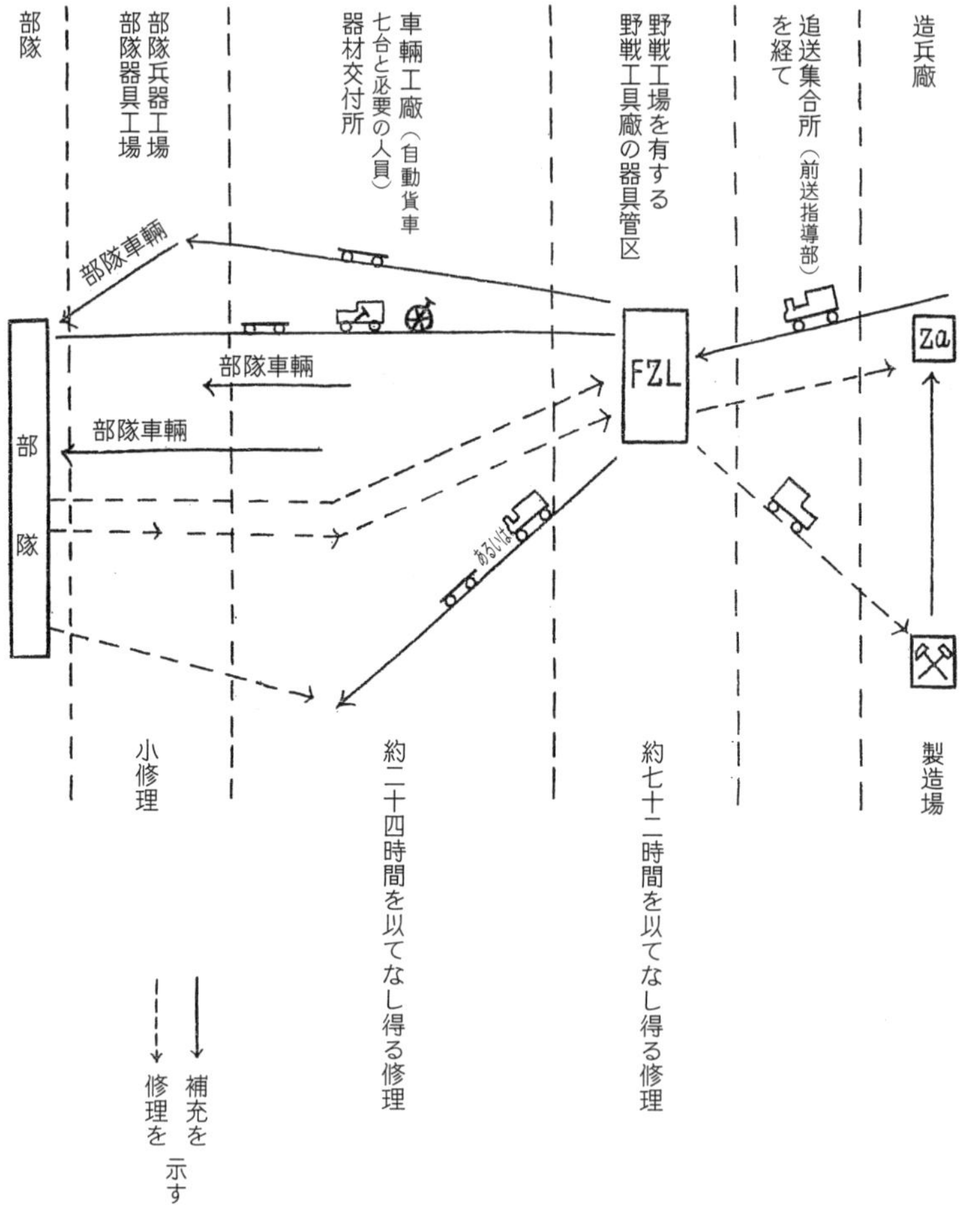

（ル）不用器材の後送（発射せられし弾薬の部分、戦利品、蒐集せる器具材料）

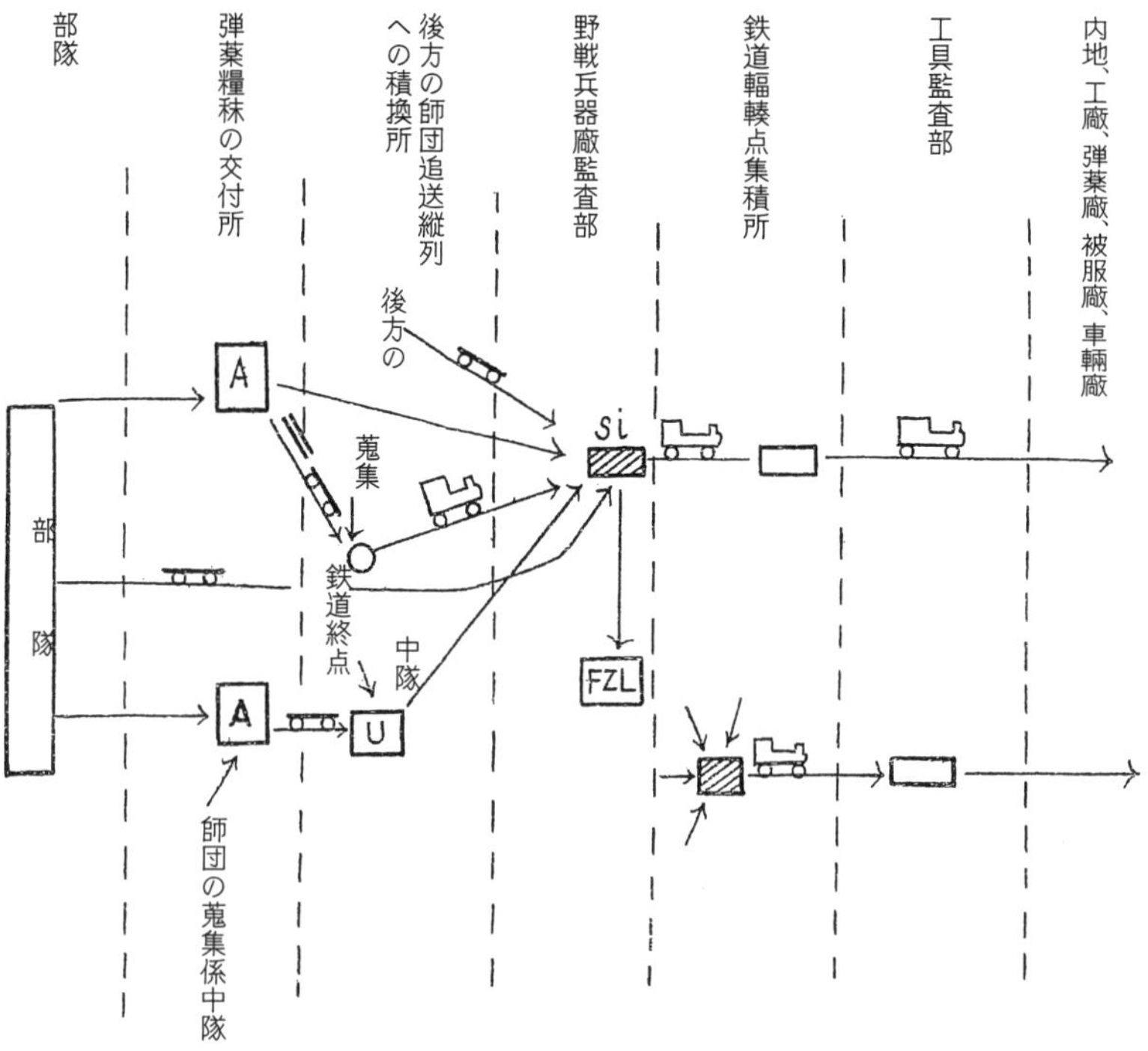

七　秩序維持勤務、戦場警察、報知法

（甲）野戦憲兵

一　野戦憲兵は、警察任務の実行のため、上級および中級司令部に属す。普通、各司令部に憲兵将校指揮下の野戦憲兵隊を編成す。

上記憲兵隊とともに、なお比較的強大なる憲兵隊（数中隊）を必要とす。これ、戦線の後方における秩序維持のため、ならびに、告知所【申告所】および集合所の勤務に対し、必要に応じ、最高統帥部より任ぜらるるものとす。

二　野戦憲兵の職域は、主として戦闘部隊の背後および所属部隊より離脱せる兵員の所在地に行施せられ、なお国防に関係ある全員ならびに国民を取り締まるものとす。それに反し、密集部隊、衛兵、歩哨、自国司令部、官衙に対しては、その職権を及ぼし得ず。憲兵は、上記関係事項は、単に至近軍隊指揮官に通報すべきものとす。

三　野戦憲兵の任務、左のごとし。

イ　秩序維持。ロ　監視。ハ　交通勤務。

四　警保勤務および警備の配置のため、野戦憲兵を例外として一時的に使用するを得。護衛および諜報勤務のためには、ただ自己の職責遂行上使用せらる。

個々の憲兵は、上、中級部隊指揮官に、護衛のため配属せらるることを得。これ、その命令を受けて、不秩序を速やかに除去し、逮捕を実施するためなり。

五　秩序維持勤務に関する事項、左のごとし。
集合所および前進指導所における軍紀秩序維持、不正徴発、掠奪、騒乱の防止、住民集会の解散、証明書なき兵卒ならびに疑わしき住民の逮捕、敵国民の武器押収、戦場に遺棄せられたる死傷者の掠奪予防。

六　監視勤務の主なるもの、左のごとし。
離散者の集合および、その部隊、あるいは至近の告知所および離隊者集合所までの誘導。

鉄道警察および停車場司令官の特別の要求に対する援助、廠営、諸廠、公開場内の酒店の監視、電信、電話局、道路、橋梁の監視。

戦闘間には、野戦憲兵をして、某線を示して配置せしめ、戦線より兵卒が特別の証明なく後方に通過し、または地方人が特別の証明なく戦線の方に該線を通過せしめざることを得。

監視勤務として、なお伝染病予防のため、衛生警察命令の実施を監視し、戦利品および減量の蒐集ならびに節約上の顧慮より下されたる命令の実施を監視す。

告知所、離隊者集合所および戦利品蒐集所の位置を、野戦憲兵に通報しおくを要す。

七　交通勤務は、主として道路の交通を自由ならしむるにあり。とくに戦闘間には、この目的のため全力を尽くさざるべからず。

八　その勤務により、野戦憲兵はしばしば、敵に関する情報の出所を自己の部隊指揮官に呈出し、「ビラ」、風説等の伝播を阻止し、部隊後方における同盟罷業を妨害す。野戦憲兵の最大任務は、部隊をして、その後方に安静と秩序を得せしめ、その国軍の声価を維持せしむることに配慮するにあり。

九　国軍に属するすべての者は、野戦憲兵の要求に応じ、これを援助するの義務あり。緊急の場合にありては、必要なる部隊の配属を必要とす。

他部隊と共同し、野戦警察勤務を服行する場合においては、先任将校指揮を執る。野戦憲兵下士は、停年を顧慮することなく、同階級の部隊下士を指揮する権あり。

十　野戦憲兵の勤務標識は、白色金属の襟章にして、これを上衣、あるいは「マント」上に附す。襟章ある野戦憲兵は勤務服行中を意味す。該憲兵は、刑罰令による軍事警察として適用せられ、法規により、兵器の使用、逮捕の権を有す。脱走は逃亡として適用す。

襟章を附せざる野戦憲兵は、勤務外にして、ただ階級上の権限を有す。

十一　将校および将校と同階級にある陸軍官吏にして、軍事警察命令に違背するときは、これに注意を与うべし。

この注意にして効なきときは、最先任野戦憲兵は、命令違反者の姓名、階級、部隊号を爾後の告知のために確かむ。憲兵上官、所属司令部の司令官および該司令官より、とくに定められたる部附将校のほか、将官および参謀将校のみ、勤務中の野戦憲兵を譴責するの権を有するものとす。

野戦憲兵の逮捕は、通常、その野戦憲兵の隷属する将校のほか、将官のみ、これを命ずることを得。

(乙) 告知法

一　良好に執務せられたる告知法は、作戦上多大の価値あるものとす。補充兵、帰省兵および離隊者を迅速にとりまとめ、教示し、かつ誘導することは、部隊戦闘力の保持に欠くべからざるものなり。

この目的のために十分力を致さざるときは、軍の指揮ならびに能力を損なうものなり。

二　告知機関の任務、左のごとし。

（イ）離隊者ならびに落伍者に必要の件を知らしめ、所属部隊へ誘導す。

要すれば、これがため、設けられたる離隊者集合所において、一時的の宿泊および給養をなす。

(ロ)許可なく、おのれの部隊より離れたる落伍者を索出、監視し、確実なる随行者を附し、これを送還すること。

(ハ)一定の道路および某地区を探索し、以て、落伍者、あるいは離隊者の多数が、所々に現出、徘徊することをなからしむ。

三 告知法の施設は、つぎの原則に率由《そつゆう》【前例から外れないようにすること】せざるべからず。

最高統帥の野戦告知所本部、その勤務を指導す。その任務左のごとし。

(イ)国軍の現在部隊表、その各部隊の所属および、使用せられある地点、その前送指導部および、なし得れば、その鉄道終点等の表。

(ロ)全告知所、野戦諸司令部、留守司令部、線区司令部、関係官省に必要なる告知材料(戦闘序列、軍隊区分、系統一覧および野戦郵便一覧、あるいは、その抜粋)を給し、かつ常にこれら諸件を通報す。

野戦軍の告知施設の配置区分は司令部の任とす。

該司令部は、これがため、一名の将校を定め、要すれば、その後方地域内の一箇所、あるいは数箇所の交通交叉点に本部と連係せる告知哨をまた、参謀副長により、離隊者集合所に設置す。

その他なお最高統帥および上級指揮官は、必要により、後方地域の大都市その他の地点に特別なる告知所を設く。これ、同時に離隊者集合所にして、宿泊のための室、離隊者の給養および給料支払ならびに落伍者の拘留の準備をなす。この告知所は常に鉄道に沿い(鉄道交叉点)、停車場司令官(なかんずく、誘導所の存する停車場司令官)に属せざるべからず。新兵廠舎、倉庫、野戦病院の近傍に、これを設置するを避くるべし。

告知所は、最近の上級司令部および告知所本部と、特別なる電話線により、連絡しあるを要す。告知所の数は、告知材料を継続して得られ、これに通暁するの必要だけに制限すべし。告知所は、戦闘序列および鉄道網に従い、設置せらる。

秩序維持のため、落伍者を蒐収し、これを追送するため、野戦憲兵を配属せらる（(甲）の五、六を見よ）。野戦郵便局および線区司令部と絶えず連絡すべし。

四　告知材料は、間諜に対し、とくに警戒するを要す。絶対に必要なる個所のみに送付すべし。その他については、過度の秘密厳守のため、告知機関を妨害せざるを要す。

五　部隊の移動および編組の改変に関しては、司令部より野戦告知所本部へ、規定の日報により速やかに通報するを要す。作戦行動に際しては、他の地点に新告知所を設けられたるときにおいて、はじめて旧告知所を撤するを可とす。作戦方向の変更前、なかんずく戦線の後退に際しては、適当の方法により、告知法の中絶せざるごとくすべし。

八　陸戦の法規および慣例

一　千九百七年十月十八日、第二回「ハーグ」会議において決せる陸戦法規および慣例（陸戦の法規および慣例の法令と題す）は、戦闘の苦痛を、軍事関係の許す限り、減少せんとの目的を有す。

本協定は、本件に関し成立せる唯一の万国協定にして、ドイツは、これを守るべき義務あるものとす。

その、もっとも重要なる協定事項左のごとし。

二　交戦者は、害敵手段の選択上、無制限の権利を有せず（第二十二条）。

三　禁止事項左のごとし。

毒、あるいは毒を施せる兵器の使用（第二十三条a）。

敵軍に属する者、または敵国民を、背信の行為を以て殺傷すること（第二十三条b）。背信の行為とは、正当なる対手につき、予期し得ざるの狡猾卑劣なる行為をいう。降伏の表示として、手を高く挙げ、あるいは白布を振る敵を射撃するごとき、これなり。

降伏せる敵、あるいは戦闘力なき敵の殺傷（第二十三条c）。

絶対に助命を容れずとの宣告（第二十三条d）。

不必要なる苦痛を与うべき兵器、投射物、物料の使用（第二十三条c）。

たとえば、尖端が剥離する半被甲弾、または被甲弾、軍使旗、国旗、軍用の標章、敵の制服ならびに「ヂュネーブ」条約の特別の記章を擅《ほしいまま》に使用すること（白地赤十字）（第二十三条f）。

いかなる方法にかかわらず、無防御の町村、居宅、建物を攻撃、あるいは射撃すること（第二十五条）。

以上のものが占領防御せらるるにおいては、強襲の場合を除き、攻撃軍の司令官は射撃開始前、あらゆる手段を尽くし、その旨を地方官憲に通告すべし（第二十六条）。

四　攻囲および射撃の際には、宗教、芸術、学術および慈善のために建設せる建設物、歴史的記念塔、病傷者収容場および病院は、軍事上の目的に使用せらるる場合のほか、なし得る限り、これを保護すべし（第二十七条の一）。軍事上に使用する実例は、教会を無線電信所とし、病院を砲兵中隊の掩護物として使用するがごとし。

この種の建築物、あるいは集合所を、明瞭なる特別表示を以て、かつ、これを攻囲者に報告するは、被攻囲者の義務なり（第二十七条の二）。

五　戦争は、敵の国家およびその武力に対して行うものにして、住民に対して行うべきものにあらず。

六　殺人、撲殺、強盗、掠奪、窃盗、放火、物品毀損、強姦および、その他の犯罪は、敵地においては、内地と同様、あるいは、それ以上厳重に罪せらる。掠奪は、とくに厳禁なり。敵財産の破壊、あるいは奪取は、戦闘の要求上やむを得ざる場合のほか、これを許さず（第二十三条g）。たとえば、内部より射撃する家の破壊のごとき。しかれども、かくのごとき方法は、当該指揮官より命ぜらるるを要す。

七　戦利品となし得べきもの、左のごとし。
戦争の用に供し得べき敵の国有財産、たとえば、現金、兵器、馬、糧秣（第五十三条より抜粋）、捕虜および敵戦死者に属する兵器、軍用器具、馬、軍用文書（第四条の三抜粋）。

その他の物件は、敵が同様の行為を採る報復として、責任官庁より、戦利品とすべきことを宣言せし場合に限る。

八　七の規定に従い、なされたる戦利品は国家の所有たり。
ゆえに、戦利品は常に還送し、特別に許可せられたる場合のほか、これを保有するを得ず。

九　対手国に属する者を、その国に反せしむるごとく、作戦行為を強制するを許さず（第二十三条の二）。
占領地の住民を強制して、その国軍に関する情報、あるいは、その防御法に関する情報を告白せしめ（第四十四条）、あるいは、わが軍に忠誠を誓わしむることを禁ず（第四十五条）。

家族の名誉、権利、市民の生命、個人の財産、宗教上の信仰、礼拝の作法は尊重せざるべからず。

個人の財産は没収すべからず（第四十六条）。

十　強制賦課は、文書命令にもとづき、かつ独立の指揮権を有する将官の責任下に行うを要す（第五十一条の一）。

十一　現品徴発および課役は、市区町村、あるいは住民に対し、占領軍の需要のみを要求するを得。これらは、国の資力に応じ、かつ、住民をして祖国に対する作戦動作に加入する義務を負わしめざる性質のものたるを要す（第五十二条の一）。

かくのごとき現品徴発および課役は、占領地の司令官の全権を以てのみ要求し得。現品徴発は、なるべく現金を以て支払い、しからざる場合には、これに代うるに領収証を以てすべし（第五十二条の二および三）。

十二　各種の軍需品、たとえば、兵器、運搬材料、通信材料等は、捕虜にあらざる私人に属するものといえど、没収することを得。

これらは、国家的財産、捕虜、戦死者と異なり、平和締結の際、相当補償の下に返還せらるべし（第五十三条二の抜粋）。

十三　公共財産、宗教、慈善、教育、芸術、学術に供せらるる箇所の財産は、国家に属する場合においても、個人財産として処置すべし（第五十六条）。

十四　現行犯間諜は、あらかじめ審判を行うことなくして、処刑するを得ず（第三十条）。

官庁に関する、必要なる法律上の審判は通常、単簡なる手続にて実施せらる。

十五　間諜と目さるるは、隠密に、あるいは虚偽の口実の下に、作戦地域にて情報を蒐集し、あるいは交戦の一方に通報せんがため、情報を集めんとしたる者なり（第二十九条の一）。

敵軍の作戦地域内へ、情報を得んがため入りたる制服の軍人は、間諜と認められず（第二十九条の二）。むしろ、これを斥候とみなし、もし、これを捕らえたるときは、捕虜として取り扱わざるべからず。

間諜とは左記の者を指す。

秘密の行動をなし、敵部隊の運動を観察する住民、平服、あるいは敵軍の制服を着し、偵察せんとする軍人、これらの者は、もし捕らえらるるも、捕虜として取り扱わるる権利なし。

十六　軍使、これに随従する喇叭手、あるいは鼓手、旗手および通訳は、ともに不可侵たり（第三十二条）。

軍使とは、交戦者の一方の命を帯び、他の一方と商議をなさんとするものにして、白旗を掲ぐるものをいう（第三十二条）。軍使は、その特権を利用して背信の行為をなし、あるいは、他の者を教唆して、これをなさしめたる証拠明白なるときは、不可侵権を失う（第三十四条）。

かくのごとき乱用を防ぐため、特別の手段を講ずべし（すなわち、目を縛すること、一定の道路上を誘導する等）。

十七　捕虜は穏やかに取り扱わざるべからず（第四条の二）。捕虜個人に属する物は、ことごとく皆その所有物とす（第四条の三）（兵器、武装、馬、軍用文書につきては七を見よ）。

十八　捕虜は、町、要塞、陣営、あるいは他の個所において、一定範囲外に出づることなき義務の下に宿泊せしめらる。これに反し、捕虜を幽閉することは、保安手段として、この方法を必要とする情況の続く間適法たり（第五条）。

十九　捕虜は、その抑留国の権内にある国軍の現行法律、規則、命令に従うものとす。

不従順の各行為は、相当厳罰を科することを得（第八条）。

交戦国間に特別の協定なき場合においては、捕虜は、給養、宿泊、衣服に関し、抑留国軍と対等に取り扱うを要す（第七条の二）。遺言は、自国軍人のものと等しく同一条件の下に取り扱う。捕虜の死亡書ならびに捕虜の埋葬に対しても同様なり（第十九条）。

その宗教を行う自由は与えられあり（第十八条の抜粋）。

捕虜の将校は、その捕らえられある国における同一階級の将校と同額の俸給を受く。

その政府は、これを賠償するの義務あり（第十七条）。
二十　捕虜は、逃走に関し、紀律を破り、命令に違反したるものとして、懲罰に処せらる。逃走を遂げ、さらに捕虜となりたるときは、以前の逃亡行為に対し制裁を受くることとなし（第十八条の二および三の抜粋）。
二十一　捕虜は、将校を除き、その階級および能力に従い、労働者として使用するを得。
労働は過度ならず、かつ作戦動作に関係なきものたるを要す（第六条の一）。

捕虜に対する賃銭は、その境遇の改善に充用し、その剰余は、放免のとき捕虜に交付す。
二十二　捕虜はすべて、その真実の氏名および階級を告ぐる義務あり。
もし、これに反するときは、その階級相当の待遇を許可せざることを得（第九条）。
二十三　捕虜に対し、宣誓解放を強制するを得ず（第十一条）。
ドイツ軍人は宣誓解放を促し、あるいは宣誓解放を承諾するを得ず。
二十四　交戦国は、俘虜情報部の捕虜に関する照会に対し、また、慈善団体のその任務行使に対し、十分の援助を与えせしむべし（第十四－第十六条の抜粋）。

二十五　平和締結後、捕虜を最短の期間内に、その本国に放免すべし（第二十条）。

【大正十五年（一九二六年）、財団法人偕行社より刊行】

陸軍大学校 訳
ドイツ国防省出版(一九三六年版)

軍隊指揮 第一篇

序

頃日《けいじつ》【最近】「独国連合兵種の指揮および戦闘」の後身たる「Truppenführung」の第一巻、解秘【機密解除】となりしを以て、ならびに、これを翻訳せしめたり。
訳文はなお推敲の余地を認むるも、その内容は参考となすべきもの大なりと認め、上梓《じょうし》せしめたり。

二五九六【皇紀】、八、二〇

陸軍大学校幹事　岡部直三郎

附記

一　訳解、校正ともに万全を期せしめたるも、多忙の間、誤りなきを保せず、また、彼我戦法、編制および装備の相違よりして、われに適当なる訳語なきため、新語を充てたるもの少なからず。また、とくに必要なる語には、原語を附記して、理解を容易ならしめたり。

二　訳解は、勉めて原文に忠実なるを期したるを以て、その結果、純粋の日本文として適当ならざる部分あり。

三　難解なる漢語、あるいは、耳に聞いて諒解し難き漢語は、勉めてこれを避け、平易にして理解容易なる用語を用いんことを期したり。たとえば、嚮導といわずして案内人とし、生籬に代うるに生垣とし、防諜に代うるに間諜防止とせるがごとし。

四　従来慣用の軍用語は、おおむね、そのまま使用せり。ただし、新語を用うる方、いっそう原文の意をあきらかならしめ得と認めたるものは、これを使用せり。たとえば、漕渡に代うるに舟《ふな》渡《わたし》とせるがごとし。なんとなれば、ドイツ軍の舟渡は、いわゆる漕舟を行うことなく、ほとんど一切動力によるを以てなり。

五　原文の motorisiert の意は、ときとして自動車化と訳せる部分あるも、大部は、これを機械化と訳したり。

六　本書においては、あらたに防支《ぼうし》（Abwehr）なる章を設け、その中に、従来一般に用いられある防御（Verteidigung）を含ましめあるは、改訂の一特色と認めらる。

七　原語の Waffe は、訳文において「兵種」と訳せる部分と「兵器」と訳せる部分とあり。いずれにしても、この原語は、歩兵に協同する砲兵および歩兵重火器の意に用いたるもの多し。

八　原文内容には「附録参照」云々の語あるも、原書第一巻には附録なきを以て、これを欠く。

九　本書に迫撃砲とあるは、本邦の歩兵砲の義に近きも、在来よりの訳語（Minenwerfer）を、そのまま使用せり。総じて独軍が、これらの用語において、その記述はもとより、とくに、その称呼において、明瞭かつ特色を有し、以て読解および聞知を容易ならしめ、誤解を防ぐことに留意しあるは注目を要す。

十　本稿中に、砲兵の開進なる語あるも、これは大体、本邦のいわゆる展開（Entwicklung）と見てさしつかえなきも、原文にはすべてAufmarschなる字句を用いあるを以て、従来慣用の訳語たる開進と記したり。

十一　原書巻末には、一般の洋書に多くその例を見る通り、「用語索引」ありて、研究と索引とに便しあるも、都合により、これを割愛せり。

ただし、この方式は、典範用語の統一上、または、その内容の検索上、きわめて有効なりと認めらる。

十二　本文中、○○○○印を附せる語は、原書に準じて附したるものなり。

十三　内容理解の一助にもと信じ、ドイツ軍歩兵師団編制のきわめて大要を巻末に記しおけり。

以上。

本教令には、運動戦における諸兵連合兵種の指揮、陣中勤務および戦闘に関する原則を記す。

本教令は、軍備に制限なき国軍の兵力、兵器および装備を想定するものとす。

ドイツ陸軍軍隊の教育および運用にあたり、本教令の規定を適用するにあたりては、平和関係、各種法令および国際条約による制限に顧慮するを要す。

本教令の改正補足には、予の認可を要す。

一九三三、一〇、一七
陸軍長官男爵「フォン・ハンマーシュタイン・エクォールト」

序

第一　用兵は一の術にして、科学を基礎とする、自由にして、かつ創造的なる行為なり。
　人格は用兵上至高の要件とす。

第二　戦争の方式は絶えず発達して、止むことなし。あらたなる交戦手段の出現は、戦争方式を絶えず変化せしむゆえに、随時その出現を予見し、その影響を正当に評価し、かつ、迅速に利用せざるべからず。

第三　戦争における情況は千変万化なり、その変化はしばしばにして、かつ急激なり。従って、これを予測し得ること稀なり。未知の諸元がしばしば決定的影響を与うることあり。
　わが意思に対抗するものは、不羈《ふき》独立なる敵の意志なり。従って、齟齬、過失の生ずることは、常に起こる現象なりとす。

第四　用兵の教義は、そのことごとくを教令に掲ぐるを得ず。ゆえに、教令に示す原則は、情況に応じ、これを活用せざるべからず。

首尾一貫して遂行せらるる単純なる方式は成功の要訣なり。

第五　戦争は、各自の精神ならびに肉体の抵抗力に、もっとも烈しき試練を与うるものなり。ゆえに、戦争においては、性格の特性を以て、智能の特性よりも重しとす。

従って、平時認められざりし者にして、戦場において頭角をぬきんずる者多し。

第六　統帥および軍隊指揮に任ずる指揮官に必須の要件は、判断力に富み、明敏にして、将来に対する洞察力強く、その決心不羈独立にして堅確、かつ実行に際して靭強不屈、たとい、戦局不利に転ずることありとも、何ら動ずることなく、その重責に対して熾烈なる責任観念を有すること、これなり。

第七　将校は、すべての方面において、指揮官たり、かつ教官たるものなり。ゆえに、人類に対する認識深く、正義心に富み、かつ、智識、経験、操守、自制および大勇において、卓越せざるべからず。

第八　将校ならびに指揮官の職に充当せられたる兵の示す模範と個人的態度とは、軍隊に重要なる感化を与うるものなり。

敵前において、沈着、決断および勇猛を示すときは、軍隊を感奮振起せしむ。しかれども、克《よ》く部下の心情に通じ、また、その感情と思想とを理解し、かつ、これに不断の配慮を加え、部下の尊信を受けざるべからず。

相互の信頼は、困苦危難に臨み、軍紀を維持するの要道なり。

第九　すべて指揮官たる者は、いかなる情況においても、責任を恐るることなく全力を傾倒すべし。責任観念の旺盛なることは、指揮官として、もっとも貴重なる特性なり。しかれども、全般に対する顧慮を払わずして、ほしいままなる決心をなし、もしは、命令を忠実に遵奉せずして、かえって命令を云々《うんぬん》せんとするかごときことあるべからず。

独断は専恣《せんし》となるべからず。これに反し、正当なる限界内において行わるる独断専行は、偉大なる成果を収むるの基礎なり。

第十　将兵の価値は、技術のいかんにかかわらず、実に決定的意義を有するものとす。その意義は、戦闘が疎開せらるるに従い増大せり。

戦場が空虚となりたる結果、成否は一に懸かりて、各個人にあるを確信し、熟慮、決断、勇猛以て、自ら各種の情況を活用し得る独立独行の戦士を要望するに至れり。

肉体的労務に対する情熱、自己を省みざる献身的精神、意志力、自信および大胆は、兵をして、至難なる情況を克服し得せしむるものなり。

第十一　将兵の価値は、軍隊の戦闘価値を決定するものなり。而して、兵器ならびに装具の精良と手入、保存とを以て、必要なる補足を加えざるべからず。

戦闘能力の優越は、兵力の劣勢を補うことを得るものとす。

戦闘能力の大なるに従い、用兵はますます猛烈、かつ軽快に行うことを得。

卓越せる指揮と軍隊の優越せる戦闘能力とは、戦勝の基礎なり。

第十二　指揮官は軍隊と起居をともにし、危難苦楽を分かたるべからず。かくのごとくにしてはじめて、自己の観察にもとづき、軍隊の戦闘能力および要求に関し、判断を下し得るものとす。

兵は、自己のみならず、その戦友に対してもまた責任を有す。能力他に優る者は、経験なき者、薄弱なる者を教示指導せざるべからず。

第十三　長期の訓育教育により結合せらるることなく、単に外観を維持するにすぎざる軍隊は、ややも

将兵の間および兵相互の間に等しく重要なる真の友誼は、以上のごとき基礎の上に生ずるものとす。

すれば重大なる時機に臨み、および予期せざる事件の交感を受けたる際には、用をなさざるものなり。ゆえに、戦争の当初より、軍隊の内面的堅確および軍紀ならびに、その教育の促進維持に勉むることは、決定的意義を有するものとす。

各指揮官は、軍紀の懈怠、不法越権、掠奪、恐慌および、その他の有害なる影響に対しては、ただちに凡百の、要すれば、峻厳なる手段を以て、対処するの義務を有す。

軍紀は、軍の命脈にして、これを厳に維持するは、万般の事象に対し、良果を図る所以《ゆえん》なり。

第十四　軍隊は、決戦時機における絶大なる要求に応ずるため、新鋭の力を保有しあらざるべからず。軍隊を徒労せしむる者は、自ら戦勝を放棄するものとす。

戦闘において、兵力の消耗は、獲得する成果と比例するを要す。遂行不可能なる要求は、指揮に対する信頼と軍隊の精神とを害す。

第十五　下一兵より上部将に至るまで、時と所とを問わず、進んで、その心身の全力を傾注せざるべからず。かくのごとくにして、はじめて軍隊の全能力は、協同一致の行動となりて、真価を発揮すべし。かつ、かくのごとくにして、はじめて危険に臨むといえど、勇気と決断とを把持《はじ》し、かつ惰弱《だじゃく》なる戦友を鼓舞して、果敢なる行為をなさしむる勇士を生ずるものとす。

これを要するに、断乎たる行動は、あくまで戦争における第一の要求なり。上は最高の指揮官より、下一兵に至るまで、遅疑するとなさざるとは、実行にあたり、その方法の選択を誤るよりも、はるかに重大なる苦難を自ら招くことを、常に銘記しあらざるべからず。

第一章　戦闘序列、軍隊区分

第十六　戦闘序列は、戦場における軍隊の命令および補給の関係を律するものとす。
戦闘序列は、最高統帥によりて令せられ、また、同統帥によってのみ変更せらる。

第十七　野戦軍は、軍、軍騎兵部隊、航空部隊および総軍直属部隊より成る。

第十八　軍は、若干の歩兵師団（註　すべて歩兵に関する規定は、他の兵種にして歩兵として使用せられ、他に規定なきものに、これを適用せらるるものとす）および軍直属部隊より成る。而して、歩兵師団は通常、軍直属部隊とともに、軍団司令部の下に軍団に編合せらる。
数個の軍を以て、軍集団（Heeresgruppe）に編合することを得。

第十九　軍騎兵部隊は一般に騎兵師団なり。
数個の軍騎兵部隊は、騎兵集団司令部の下に、騎兵集団に編合することを得。
騎兵集団には、集団直属部隊を附す。
軍騎兵部隊は一般に、軍集団および軍に限り、これを配属す。

第二十　航空部隊とは、飛行部隊〔偵察中隊（Staffel）、駆逐および爆撃連隊（Geschwader）〕および防空部隊なり。

航空部隊は、これを軍集団、軍、軍団（騎兵集団）に配属し、ときとして独立歩兵および騎兵師団に配属することを得。

第二十一　総軍直属部隊は左のごとし。

特設司令部、自転車隊、自動自転車狙撃隊、機関銃隊、迫撃砲隊、対戦車部隊、自動車編成捜索隊、観測大隊および気球小隊を含む砲兵隊、戦車隊、化学戦部隊、工兵および通信部隊等の諸部隊、後方勤務部隊。

総軍直属部隊は、これを高等司令部（Kommandobehörde）（註　高等司令部とは、軍隊に命令する師団司令部以上の司令部なり）に隷属せしむるを得。

第二十二　歩兵および騎兵師団は、編制上、独立して作戦し得る最小兵団にして、独力戦闘任務を遂行し、かつ給養に必要なる機関を具《そな》う。

第二十三　軍および軍団直属部隊は、ほぼ総軍直属部隊に同じ。

軍団の後方勤務部隊は、軍団直属部隊の補給に必要なるもののみなること、しばしばなり。

第二十四　軍隊区分は、特定の作戦のため、および戦術上の目的〔前衛、後衛、側衛、行軍縦隊、戦闘団（Gefechtsgruppe）〕等のため、採るべき軍隊の一時的編組にして、戦闘序列による建制は、勉めて、これを維持すべきものとす。

第二十五　指揮は、これを上級および下級指揮に区分す。

上級指揮は歩兵および騎兵師団以上、下級指揮は、それ以下のすべての軍隊の指揮をいう。

第二十六　軍隊指揮官とは、永続的たると一時的たるとを問わず、独立して諸兵連合の部隊（混成部隊）を指揮する指揮官をいう。

第二章　指揮

第二十七　大なる成果は、敢然として冒険を断行することを以て前提とす。ただし、断行に先だち、熟慮を要す。

第二十八　決戦のためには、兵力に剰余を感ずること、絶対になし。ゆえに、至るところに安全を求め、あるいは、兵力を副任務のために拘束せしむることは、原則に反するものとす。

劣勢なるものといえど、行動の快速、機動性の大、行軍力の強大、夜間および地形の利用、敵の意表に出ずること、および敵を偽騙することにより、決勝点において優勢を占むることを得。

第二十九　空間および時間を正当に利用し、また有利なる情況を迅速に認識し、かつ、決然これを利用せざるべからず。

敵の機先を制するときは、わが行動の自由を増大す。

第三十　道路網の関係および軍隊を神速に移動せしめ得る可能性の有無ならびに地形の関係は、軍隊に対し、その迅速なる行動を授け、あるいは、これを阻害す。季節、天候および軍隊の状態また、これに影響を与う。

第三十一　作戦行動および戦術行動の継続期間の長短は、必ずしも、これを予見するを得ず。

有利なる戦闘といえど、その経過緩慢なること、しばしばなり。また、当日の戦闘の結果を、翌日に至り、はじめて確認すること多し。

第三十二　敵の意表に出づるは、勝ちを得るの要道なり。しかれども、意表に出でんがため行う行動が、敵をして、対応策を講ずるの余裕を与えざるときにおいてのみ、奏功するを常とす。

敵もまた、わが意表に出づべきを以て、これに対し処置するところなかるべからず。

第三十三　敵の指揮原則および戦法を知るは、わが決心に影響を与え、また戦闘指導を助くといえど、これがため、先入主の弊に陥ることあるべからず。

第三十四　自国内における用兵は容易にして、敵国内においては困難なる事情あるを以て、この点につき考慮すること必要なり。

第三十五　真剣なる戦闘行わるるに至れば、軍隊は至大なる要求を課せられ、かつ、その戦力は迅速に消耗するものとす。ゆえに、適時、指揮官、兵、馬匹、各種兵器、器材の補充を行い、部隊をして戦闘力を保持せしめざるべからず。

第三十六　指揮の基礎を成すものは任務ならびに情況なり。

任務は、達成すべき目的を示すものにして、任務を受けたる者のけっして閑却すべからざるものなり。任務を与うるにあたり、多数の問題を課するときは、ややもすれば、受令者をして主目的より脱せしむ。

情況の不明なるは常態にして、敵に関し、精確なる観察を下し得るは稀なり。従って、これをあきらかにするの必要なるは言を俟《ま》たず。しかれども、切迫せる情況において、情報を待つは、稀に意志堅確なる指揮の証左たることあるも、重大なる過失たること多し。

第三十七　決心は任務および情況より生ず。

任務にして、すでに行動の基礎たるに足らざるか、あるいは、情況に適せざるに至れるものと認むるときは、決心は、これらの関係を顧慮して行わざるべからず。

任務を変更し、または、これを遂行せざる者は、その旨を報告し、かつ、その結果に対し、全責任を負うべきものとす。この際、常に全局に着眼して行動するを要す。

決心は、明確なる目的を、全力を尽くして遂行するものなるを要す。

指揮官は、確乎たる意志を以て、決心を保持せざるべからず。敵に優る鞏固なる意志は、勝利をもたらすこと、しばしばなり。

ひとたび定めたる決心は、重大なる理由あるにあらざれば、みだりに、これを変更すべからず。しかれども、戦局に変化ある場合には、決心を固執することは、かえって過誤に陥ることあり。

あらたなる決心を要する情況と時機とを適時に認識するは、指揮官の伎倆《ぎりょう》に属す。

指揮官は、自己の企図を害せざる限り、部下指揮官に行動の自由を与うるを要す。しかれども、自己の責任に属する決心を、これに委ぬべからず。

第三十八　戦闘――大兵団の交戦にありては会戦――とは、敵と衝突して生ずる、兵器を以てする威力的争闘なり。

第三十九　攻撃は、敵を圧倒せんがため、これに向かい進撃するものにして、敵に対し、主動の地位を占むるものなり。指揮官および軍隊の優越は、攻撃において、もっとも良くその真価を発揮す。兵力の優勢は、必ずしも戦勝の絶対条件にあらず。

特別の場合には攻撃の目的を制限することあり。

攻撃失敗の虞ある場合といえど、けっして攻撃実施の勢力を、あらかじめ控置するがごときことあるべからず。

第四十　追撃は、戦勝の結果を完《まっ》からしめんとするものにして、これによりて、戦闘間不可能なりし敵の殲滅に努力すべきものとす。

間断なく遂行せらるる追撃によりて、敵を再び立つ能わざるに至らしむるは、あらたなる決戦における、あらたなる犠牲を節する所以なり。

第四十一　防支（Abwehr）は、敵を防支するものなり。

防支にありては、敵のため、不利なる地形を選定し得る利益を有す。

防支は、劣勢にして他に手段なきとき、または、他の理由より、これを有利と認めたるときに行うものとす。

防支においては、防御、または持久抵抗を行う。

防御（Verteidigung）においては、敵の攻撃を失敗に帰せしむべきものなり。これがため、一定の地域において、攻撃を迎え、該地域を最後まで保持すべし。

指揮官は、防御を時間的に制限することを得。

決定的戦勝は、防御より転じて、攻撃を行うことによってのみ獲得し得。

持久抵抗（Hinhaltender Widerstand）にありては、真面目の戦闘に陥ることなく、敵に勉めて大なる損害を与えつつ、これを拒止すべきものにして、これがため、適時敵の攻撃を避け、かつ地域を放棄するを必要とす。

第四十二　戦闘中止は、これによりて戦闘を終止せんとするか、もしは、従来の方面における戦闘を一時停止し、他の近接せる方面において、いっそう有利なる情況の下に戦闘を継続せんとするものなり。

後者の場合には、戦闘しつつ戦闘を離脱すること、しばしばなり。

第四十三　退却は、軍隊をして、爾後の戦闘より離脱せしむるものなり。

これがため、軍隊の離脱を安全ならしむるごとく、戦闘を中止せざるべからず。

第四十四　戦局の変易【変化】は、彼此戦闘法の転換を要すること、しばしばなり。

攻撃より防支への転移は、獲得せる地域を確保して行うか、もしは、敵より離隔して行うものとす。この際、あらたに軍隊を区分し、不要の部隊は、これを抽出するを要す。

防支より攻撃への転移にありては、機を失せず、強大なる兵力を決勝点に集中すること、きわめて緊要なり。

第四十五　持久戦（Hinhaltende Gefechtsführung）は、決戦を避くるものにして、敵をして奔命に疲れしめ、かつ、これを偽騙して、時間の余裕を得るものとす。

陽動（Scheingefecht）によりて、敵を偽騙するを要す。

第四十六　戦闘における正面幅は、戦闘の目的、依託の有無および地形に関す。また、一翼を依託せる場合、または依託を欠く場合には、敵の正面幅および行動によりてもまた影響を受くるものとす。

正面幅は、攻撃および防支により差異あり。良好なる地形、なかんずく工事を以て堅固にせる場合にありては、比較的広正面を取り得べく、戦闘団を以てする戦闘にありてもまた、正面幅は比較的大なることを得。

広正面は、火器の威力を速やかに十分発揮することを得るも、わが兵力を過早に固定するの虞あり。

また過広正面にありては、突破せらるる危険を生じ、過小正面にして、とくに縦深を欠く場合にありては、包囲、もしは迂回せらるる危険あり。

攻撃にありては、正面幅において敵に優るは、大なる成功を収むるための前提なり。

大なる縦深は、情況不明なる場合、指揮官に行動の自由を保有せしむるものにして、機動性、もしは運動性に富む敵に対しては、初期において、常にこれを勉めざるべからず。戦闘の実行にあたりては、通常、決戦を求むる地点には、いっそう大なる縦長区分を必要とす。

指揮官は、敵と衝突前および戦闘中、部下軍隊を戦闘目的に応ずる正面幅および縦深に区分するを要す。

第四十七 指揮官は、火力の集中および増大ならびに予備隊の使用により、戦闘の進捗に至大なる影響を与うるものなり。

移動性を有する予備弾薬は、指揮官をして、決戦時期に際し、決戦方面において火力を最高度に発揚せしめ、すでに予備隊を使用し尽くしたるのちにおいても、戦闘の進捗に影響を与え得しむるものとす。

予備隊の兵力、配置および、その使用に関しては、周到なる考慮を必要とす。運動性は、予備隊使用の能力を増大す。

予備隊のため、戦闘に使用する軍隊を過弱となすは、往々成功を断念するに等しく、各個に撃破せらるる危険をともなうものとす。ときとして、予備隊を取らざるを可とする場合あり。

混成部隊は、独立して使用し得るを以て、予備隊として、とくに適当なり。混成部隊の分割および予備隊の分割使用は、これを避くるを要す。

予備隊の配置は、企図する使用法および地形に関す。而して、確実かつ適時に、これを使用し得ざるべからず。多くは、翼側、のちに梯次に配置するものとす。予備隊の兵力に従い、翼との距離および間隔に大小を生ず。

予備隊を、遠く後方に控置すれば、戦力維持に便なるのみならず、各種の方面に対する、これが使用を容易ならしめ、また、これを近く招致すれば、その使用を迅速ならしむるものとす。指揮官、予備隊の使用に関し、情況をあきらかにし、かつ、その使用切迫するに従い、ますます近く、これを招致すべし。

戦略予備は、その使用の企図なきあいだは、これを遠く後方に控置せざるべからず。

指揮官、予備隊を使用せば、その有する最後の衝力を失うこととなるを以て、過早に使用すべからずといえど、予備隊を戦闘に投入することにより、決戦を招来せしめ得るとき、もしは、戦線の情況これを要するときは、これが使用に躊躇すべからず。

予備隊を使用し尽くしたるときは、速やかに、あらたに予備隊を編成すること、きわめて肝要なり。

通報、報告、詳報、情況図

第四十八　敵に関し、得たる通報（Nachricht）および報告（Meldung）は、状況判断、決心ならびにその遂行に、もっとも重要なる準拠となるものとす。

敵情に関する端緒は通常、敵情に関し一般的に通暁しあることより導かるるか、または、特別なる情報網方面より得らるるものなり。しかれども、いっそう確実なる敵情は、空中および地上捜索による。敵の発見および不断の監視と、一方、特別なる手段を用いて得る情報とにより、これを知るものとす。

通報、報告は、正確なるもののほか、不完全なるもの、誤れるもののあるを覚悟せざるべからず。指揮官は、諸方面において認めたる事項を総合して、正確なる判断を下し得るものなり。一見、些末《さまつ》の事項といえど、他の情報と相俟ちて、価値を生ずることあり。

各種の通報および最良の報告も、所望の地点に機に遅れて到着するときは、その価値なきものとす。

第四十九　各指揮官は、その行動範囲内において、昼夜にわたり、絶えず敵情を捜索し、地形を偵察するの義務を有す。

ひとたび得たる敵との接触は、これを失うべからず。

上官をして、なるべく速やかに、かつ、広く情況に通暁せしむること、ならびに、すべて重要なる報告を、さらに上司に伝送するは、各官の義務なり。

第五十　高等司令部、要すれば、それ以下の指揮官においても、捜索の結果およびその他の報告を処理するため、一将校を任命すべし。

通報および報告は、ありのままに、これを調査するを要す。わが希望する事項を、強いて摘出せんとするがごときは適当ならず。

第五十一　報告する者は、明瞭かつ確実に記述せざるべからず。報告者自ら視《み》たることと、他人の目視、または、語れることと推測に係ることとを区別するを要す。情報の出所は、これを示し、推測には理由を附すべし。

第五十二　数量、時間ならびに場所を精確に示すこと、きわめて肝要なり。

某所に、いまだ敵の到着しあらざるを知るは、しばしば大なる価値あるものなり。すでに得たる情報を確証し、あるいは、一定の時間において、情況に変化なかりしことを確かむること、また価値あり。

地形に関する重要なる報告は、別命なくとも、敵情報告に附加するを要す。

第五十三　報告の重要なるは、その数の多寡にあらずして、その内容および確実性の如何に存す。

報告は、事実をありのままに記述せるものならざるべからず。誇張せる報告は有害にして、情況により、不幸を来たすものとす。潤色せる報告は信頼を覆し、かつ、指揮を不確実ならしむるものとす。

敵との最初の接触は、別命なければ、常にこれを報告するを要す。その他、敵に関して、一事件を観察するに従い、ただちに報告すべきや、あるいは、これを一括して、その全貌を報告すべきやを、常に考慮すること必要なり。

無益なる報告は、報告機関の力を弱め、通信機関の負担を大にし、かつ、指揮官の動作を困難ならしむ。

敵に関する重要なる報告は、さらに調査を要することあり。

第五十四　戦闘は、敵を判断するため、もっとも確実なる準拠を与う。

戦闘報告（Gefechtsmeldung）は、戦闘指揮のため、欠くべからざるものとす。

戦闘間、絶えず、敵情、自己の情況、地形ならびに弾薬の現数につき、報告するを要す。自己の印象を報告し、ならびに有利なる機会および地形の利用に関し、意見具申をなすは、決心を容易ならしむるものとす。戦闘休止間は、これを利用して、報告を増加するを要す。経験上、薄暮における迅速なる戦闘報告は、上官のため、価値とくに大なり。

戦闘終了後も、いかなる部隊と対抗せしか、敵がいかに動作し、いかなる状態にあるか、および、わが部隊の情況および弾薬の現数等に関し、報告するを要す。

第五十五　緊急の場合にありては、直属上官に報告するのほか、軍隊指揮官に報告するを要す。敵のため、第一に脅威せらるる軍隊に対しては、報告の必要もさることながら、これに顧慮せず、直接その旨を該隊に通報すべきものとす。

また、同時に各指揮官に報告するときは、他にはすでに報告せしことを、いずれの報告にも記入するを要す。

第五十六　比隣部隊は、敵に関し、知り得たる重要なる事項および自己の情況の変化を、相互に通報するを要す。

第五十七　詳報（Bericht）は、しばしば簡単なる報告の補足をなすものとす。

戦闘直後行える簡単なる報告は、戦闘詳報を不要ならしむるものにあらず。戦闘詳報は、戦闘後、勉めて速やかに進達するを要す。記載事項は、時を逐《お》うて整理すべきものなり。ゆえに、戦闘間、しばしば時刻を記入しおくこと必要なり。

詳報に記述せらるる行動間に到着し、かつ、その行動に影響を与えたる命令および報告は、その写しを詳報に採録し、あるいは、附録として添付するものとす。

第五十八　各高等司令部においては、情報図（Lagekarte）を作製し、かつ、経過を逐うて、絶えず、これを補修するを要す。情報図は、所要に応じ、敵情、友軍の情況および必要なる比隣部隊の情況に関し、示すものとす。

該図は、指揮官をして事件の経過を知らしめ、かつ、決心を容易ならしむ。

下級指揮官も右に準じ、処置することを得。

状況判断、決心

第五十九　すべて決心に先だち、情況判断をなすものとす。情況判断にあたりては、迅速なる思索、簡明かつ透徹せる思考を必要とし、かつ要点を失せざるを要す。

第六十　自己の任務は、実に基準たるものなり。ゆえに、任務を基礎とし、任務は何を命じありや、また、いかにせば、これを遂行し得るやを調査するを要す。

地形に関する知識の有無および、その判断の正否は、情況の考察および、これより生ずる処置に影響を与うること、はなはだ大なり。

第六十一　自己の情況を観察するにあたりては、部下各隊の位置、企図遂行のため、ただちに、もしは将来使用し得べき兵力、胸算し得べきその他の兵力および比隣部隊の援助、あるいは比隣部隊に対する援助の要否を確知し得べし。

部隊の既往における能力、現状ならびに弾薬の景況につき、顧慮するを要す。

第六十二　敵情判断は常に同一の着眼に従い、なすべきものとす。すでに得たる情報を基礎とし、敵はいかなる程度にわが企図の遂行を阻止し得るや、および、身を敵の地位に置きて、敵としてはいかに行動すべきやを考察するを要す。考察にあたりては、先入主となるべからずといえど、敵として採り得べき公算大なる行動を考え得る特別なる原因なき限り、わが行動にとりて、もっとも不利なる敵の行動を基礎とするを可とす。

個々につきて考慮を要することは、敵の到達せる地点、または線、敵の兵力および部署に関する要件ならびに運動を継続すべき方向なり。

大局においては、道路および鉄道網ならびに敵の航空隊、防空部隊および通信部隊の活動を考慮せざるべからず。

また、敵の指揮官および軍隊の特性もまた、敵の行動を推定する上に準拠たり得るものとす。とくに、既往の戦闘により、すでに経験を有する場合において然りとす。

第六十三 決心は、諸般の情況を透徹して考察せる結果ならざるべからず。

彼我の決心は、必ずしも対者の実際の状況と一致するものにあらず。従って、かかる情況においては、ひとたび定めたる決心は、万やむを得ざる理由あるにあらざれば、これを変更せずして、爾後得たる情況を迅速かつ巧妙に利用する者に、奏功の希望大なるものとす。

命令下達

第六十四 命令は決心を実行に移すものなり。

第六十五 命令関係の明瞭なるは、各級指揮官の協同を円滑ならしむるため、とくに重要なる条件にして、各級指揮官相互に協定を行わしむることは避けざるべからず。

第六十六 上級指揮官は、軍隊を運用するため、記載命令(Der schriftliche Befehl)を用うるを本則とす。記載命令は、受令者に、印刷、謄写、「タイプライター」、筆記、あるいは技術的通信手段により伝達し、往々、電話を以て伝達し、これを筆記せしむ。いずれの場合においても、適切かつ確実なる方法を選定するを要す。

簡単なる部署、もしくは任務に関することは、上級指揮官は、これに関する命令を口達するを得べしといえど、その文句はこれを筆記しおくを要す。

第六十七　下級指揮官は通常口頭を以て命令すべきものとす。
口達ならびに技術的手段による遠距離口達が不可能なるか、不十分なるか、あるいは窃聴の危険ある遠距離は、筆記して命令す。

第六十八　情況切迫するに従い、いよいよ簡潔に命令せざるべからず。
口頭命令は、情況これを許す限り、地図によることなく、現地に即して与うるを要す。とくに下級指揮官において、これを必要とす。

第六十九　技術的通信機関による命令伝達の際は、なんびとが命令を与えたるかにつき、注意するを必要とす。文句の復唱もまた緊要なりとす。
重要なる命令にありては、種々の手段を以て、これを作製し、また種々の方法により伝達するを可とすること、しばしばなり。

第七十　命令の徹底に要する時間は、ややもすれば過小に判定せられやすきものとす。
発令者は常に、その命令の徹底および実行を確かむること必要なり。

第七十一　技術的通信機関に誘致せられて、過度に多くの命令を下すは、はなはだ危険にして、部下指揮官の独断専行を害するものとす。とくに戦闘間において然り。

第七十二　無線により伝達する命令は、即時火器の効力を目的とするものを除き、特別の規定（第十七章）に従い、これを暗号となすを要す。有線により伝達する命令にありても、敵より窃聴せらるる危険あるときは右に同じ。
特別の場合には、記載命令もまた、その一部、もしは全部を暗号となすを要す。

第七十三　およそ命令には、部下がおのれの任務を独立して遂行し得るために必要なる事項は、ことごとく包含せしむるを要す。しかれども、必要ある事項のみに止むべきものとす。
従って、命令は簡単にして明瞭、適切にして完全なるを要す。また、受令者の識量《しきりょう》に適合するを要し、かつ、常に受令者の特性に適合しあらざるべからず。発令者は、身を受令者の位置に置き、受令者がその命令をいかに了解すべきかを考査することをゆるがせにすべからず。

第七十四　命令の用語は、簡単にして平易なるものなるを要す。明瞭にして誤解の余地なきは、形式の整えるよりも重要なり。しかれども、簡単ならしめんとして、明瞭を害すべからず。
価値なき字句の羅列は、処置を不徹底ならしむるを以て、これを避くるを要す。誇張せる言辞は感覚を鈍らしむ。

第七十五　命令は、情況を予想し得る範囲内のみを規制すべきものなり。しかれども、情況上しばしば、未知の事項にわたり命令するを要することあり。

第七十六　命令は、その実行に至るまでに、情況の変化測り難きときは、ことに細部にわたらざるを要す。
数日にわたる事項を、あらかじめ命令せざるべからざる、大なる作戦関係においては、とくに、これに注意するを要す。かかる場合には、全般の企図を第一とし、達成すべき目的をとくに強く示すこと必要なり。而して、近く行わるる作戦行動実施のためには、着眼事項のみを示し、実行の方法は、これを一任すべきものとす。この際、命令は拡大せられて、訓令(Weisung)となる。

第七十七　作戦行動秘匿のため、いかなる範囲および、いかなる者に企図を知らしめ得るやに関し、細心なる考慮を必要とす。
上級の作戦関係においては、ときとして、特別なる書類、または派遣将校を通じて、これを知るものとす。

戦闘のためには、共同の目的に向かう協同を確実ならしむるため、比較的上級の作戦関係においても、企図および詳細なる任務分課を広く知らしむるを辞すべからず。

戦闘に投入せんとするに際しては、なんびとも、指揮官が何を企図しあるかを了解しあらざるべからず。

情況これを許す限り、指揮官は、部下指揮官にしばしば自己の企図を直接口頭にて伝え、明白ならしめおくを、もっとも優れりとす。しかれども部下指揮官に依存すべからず。実に決心および命令は、指揮官のみのなすべきものとす。

第七十八　協同の目的のため、諸隊の行動を規定する記載命令は、これに番号を附して整理するを可とす。内容上同種のものは、これを一番号となすこと、きわめて緊要なり。

第七十九　作戦命令は、軍隊の作戦行動を規定し、かつ、行李および後方勤務諸隊に対する命令中、軍隊に必要なる事項を示すものとす。

作戦命令には、軍、軍団、師団、連隊等、各団隊の称号を冠し、あるいは、軍隊区分によるをいっそう適当とするときは、前衛命令、前哨命令等、軍隊区分に従い、名称を冠す。

第八十　作戦命令にありては、おおむね左記の順序に記入するを可とす。

敵軍および比隣部隊の情況。ただし、受令者のために必要なるものに限る。

指揮官の企図。ただし、直後の目的のため、知らしむるを必要とするものに限る。

軍隊区分によりて成立せる各部隊の任務。

軽縦列、糧食行李、荷物行李、先進輜重および、その他の後方勤務諸隊に対する命令。ただし、軍隊のため必要なるものに限る。

指揮官の位置（戦闘司令所）および連絡法。

これを作戦命令にいかに取捨するかは、そのつどの情況によるものとす。

敵軍の情況に関しては、指揮官の敵情に関する見解を知らしむるを要す。

推測、または希望は、その通りを表すべきものとす。処置の理由を述ぶるは、ただ特別の場合とし、また、各種の場合に応ずる詳細なる規定をなすべからず。指示は、教育に用うるものにして、命令にこれをなすべからず。

第八十一　合同命令（Gesamtbefehl）に先だち、まず事前命令（Vorbefehl）を下すを適当とすること、しばしばなり。事前命令には、部下指揮官をして、もっとも緊急を要する準備をなさしめ、あるいは、軍隊を速やかに休息に移らしめ、もしは、いっそう長く休息せしむるに必要なる事項を含ましむ。

事前命令は、軍隊がただちに、口頭、電話、無線電話により、これを承知し得る場合、とくに価値あり。

第八十二　情況切迫するにあたりては、しばしば各別命令（Einzelbefehl）を下すを要す。また、各別命令を下す方、いっそう簡単なること、しばしばなり。

各別命令は、合同命令の抜粋にして、受命者が、その任務の遂行のため、知るを要する事項全部を具備せざるべからず。

各別命令によりては、すべての部隊をして、全般の情況に通暁せしむるを得ず。ゆえに、比較的大なる作戦関係にありては、通常、後刻完全命令を下すを要す。しからざる場合には、各隊に速やかに、全般の行動中、もっとも緊要なる事項を知らしむるを可とす。

第八十三　軍隊区分は、多くの場合、命令本文と区分し、軍隊を兵種ごとに左記の順序に記載するものとす。

　歩兵、騎兵、乗馬および機械化捜索大隊、砲兵、自動車戦闘部隊、化学戦部隊、工兵、通信隊、自動車輸送隊および普通輸送隊、衛生部隊および獣医部隊、飛行部隊および防空部隊。

行軍序列を、命令の前に掲ぐる場合には、部隊はこれを行軍序列に従い記載するものにして、この際、軍隊区分による各部隊（本隊、前衛、後衛等）に（行軍序列と同じ）と記す。退却行においてもまた、軍隊はこれを行進方向における行軍序列を以て記載すべきものとす。

第八十四　命令には、その下達法、配布区分および伝達法を記載しおくものとす。

命令下達を終わりたる時刻、もしは送付すべき命令を発送せる時刻を記録しおくべし。

上級指揮官、もしは、そのもっとも重要なる幕僚を、命令受領のため招致するは、当該兵団の情況、これを許すときにおいてのみ行うことを得。

第八十五　直上司令部の合同命令に、所要の事項を附加して、これを下達することは、稀に行うべきものなり。各級指揮官はよろしく自ら、いっそう簡潔適切に必要の事項を命令すべし。

比較的大なる作戦関係においては、師団命令は通常、軍隊の下達する命令の基礎をなすものとす。

第八十六　退却命令は、とりあえず直下の指揮官にのみ、これを内報するを適当とすることあり。

第八十七　戦闘命令は、あらゆる形式に拘泥《こうでい》すべからず。軍隊区分をなすことは、情況によりては適当なるも、軍隊指揮官は戦闘加入にともない、勉めて戦闘序列によりて、おのれに直属しある各指揮官に命令するを可とす。

戦闘命令を記載して下達すべきや、口頭に下達すべきや、および各別命令の形式とすべきや、もしは合同命令の形式とすべきやに関しては情況による。

いずれにしても、命令下達の方法により、諸隊の協同を保証するを要す。

第八十八　特別の指令（Besondere Anordnung）は、全般に知るを要せざる細部の事項に関し、作戦命令を補足するものとす。特別指令は、必要の範囲において、各兵種の行動を規定し、かつ、要すれば、弾薬補充、自動車の補給、人馬衛生勤務、給養、兵器、器具および装具の補充ならびに、ときとして、給養行李および荷物行李の行動を規定す。

しかれども、命令下達の簡単迅速を顧慮し、右の事項を作戦命令中に記載するを適当とすることあり。高等司令部より、後方勤務部隊に与うるその他の必要なる命令もまた、同様、これを特別指令として下達す。

すべて特別指令は、当該部隊にのみ、これを与うるものとす。該部隊にして作戦命令を受領せざるときは、そのうち、該部隊の知るべき事項を特別指令により伝達するを要す。

第八十九　日々命令（軍団、師団日々命令等）は、内務、請願、人事および表彰等を規定す。

司令部命令（Stabsbefehl）は、司令部における内務を規定す。

命令および報告の伝達、高等司令部および軍隊間の連絡

第九十　命令および報告は、距離の遠近および情況に応じ、技術的通信機関、伝令、逓伝哨ならびに伝書鳩、伝令犬により伝達せらる。

技術的通信機関は、これによりて秘密保持を害することなく、いっそう迅速なる伝達を保証せられ、かつ、兵力を愛惜する場合に利用するを要す。しかれども、これが利用にあたりては、さらに他の手段を以て伝達することを怠るべからず。

広範囲の命令および報告は、これを電話により、将校より将校に伝達するときは、比較的迅速に伝達することを得。

第九十一　高等司令部、ときとして下級指揮官もまた、労力を節約し、かつ、命令報告路を短縮するため、情報のもっとも輻輳する方面に報告受付所（Meldekopf）を推進することを得。報告受付所は、発見容易にして、勉めて敵眼、敵火に対し安全にして、その隷属する司令部と確実に連絡しあるを要す。その位置は、これを軍隊に知らしむるものとす。

比較的大なる作戦関係においては、情報収集所（Meldesammelstelle）を設くることを得。その位置適当なるときは、これまた労力および時間を節約するものとす。情報収集所は、所要の通信機関を備うるとともに、敵の小部隊に対し、十分対抗し得ざるべからず。

情報収集所は、とくに選抜せる一将校に隷属し、該将校は到着する報告を調査し、その重要の度に応じ、送達の先後《せんご》ならびに方法を決定す。

情況により、多数報告の結果を総合するを以て、足れりとすることあり。

捜索勤務における情報収集所につきては、第百六十一および第百六十八を参照すべし。

第九十二　飛行機と部隊間の情報伝達は、発火信号、記号、通信筒投下、同吊取《ちょうしゅ》ならびに、その装備あるときは無線通信により行う（第百三十八、第百三十九および第十五章参照）。

第九十三　上級指揮官は、その司令部中に、命令伝達のための人員を有す。別に、高等司令部および混成部隊の司令部に、永続的に、もしは一時的に、命令受領者を配属しおくことを得。

前記命令受領者の給養、宿営は、その勤務しつつある司令部において担任す。

第九十四　命令受領者の数は、戦線の兵員を減ぜざることを顧慮し、これを適度に制限するを要す。司令部に派遣せられたる者は、その勤務終了せば、ただちに所属部隊に帰還すべきものとす。

第九十五　良好にして十分安全なる道路あるときは、自動車、自動自転車および自転車を利用す。不良なる道路、不斉地、なかんずく戦場においては、通常、乗馬および徒歩伝令を有利とす。大なる作戦関係においては、遠距離に対し、飛行機を使用することあり。

第九十六　戦闘のための前進間においてのみ、命令勤務軽減のため、一時下級指揮官の補佐官を、上級司令部に招致することを得。

戦闘にあたりては、かかる使用を禁ず。

第九十七　命令、もしは報告を口頭にて伝達する際、伝令は、その全文を発令者、または報告者に対し、復唱するを要す。記載報告を伝達する伝令に対しては、情況これを許せば、内容の要点を知らしめおくものとす。将校に対しては通常、右のほか、情況を知らしむべし。

第九十八　重要なる命令および報告は、なし得る限り将校を以て、これを送達す。

命令、報告にして、とくに重要なるか、もしは、途中危険なる際は、数通を作り、かつ、相異なる道路によるを可とす。

右の顧慮ある場合、もしは、道路遠き場合には、護衛兵を附する将校、伝令隊（Meldetrupps）、もしは装甲自動車を派遣することあり。

第九十九　発信者は、受領者がその通信を受領し得べき位置を熟考し、伝令に受領者および経路を指示せざるべからず。要すれば、採るべき経路の要図を与うるものとす。とくに危険なる区間は、その旨を注意するを要す。情況により、遅くも目的地に到着すべき時刻を命ずることあり。

伝令は、任務達成後、何処に止まるべきやを承知しあるを要す。

第百　伝騎は、上官に遇《あ》うも、歩度を変ずることなし。

高級の将校に対しては、何処に報告を伝達中なるかを告ぐべし。行軍縦隊の側を通過する際は、その司令官ならびに前衛（後衛）司令官に、また、警戒線を通過する際は、最寄りにある指揮官にこれを告ぐべし。

危険、直接身に迫るときは、最寄りの指揮官および部隊に、報告の内容を簡単に告ぐるものとす。伝騎は、報告、または、命令を宛てたる上官の位置を腹蔵なく尋ぬるごとく教育しおくを要す。自転車伝令の動作は、伝騎に準ず。自動自転車伝令報告のため、走行中なるときは、これに通報、報告の内容の開示を要求し得ざること、しばしばなり。

高級将校および捜索隊の指揮官は、伝令の携帯する報告を披見するの権を有するも、報告を遅延せしむべからず。この際、その報告を披見せる旨を記入するものとす。

各指揮官は、伝令に道路を指示し、部隊はこれに道路を譲るの義務あり。各部隊は、報告および命令の送達を援助し、要すれば、送達手段を提供すべし。

第百一　乗馬伝令に対しては、通常、報告に附せる×印により、速度を示すものとす。

×　一キロを七ないし八分間に。

××　一キロを五ないし六分間に。

第百二　自動車伝令および自動自転車伝令にありては、要すれば、速度を毎時のキロ数にて示すものとす。

第百三　技術的通信手段にして、確実なる伝達を保証し得ざる区間にありては、命令および報告の送達を迅速ならしむるため、逓伝哨の設置を必要とすることあり。

逓伝哨は、徒歩伝令、乗馬伝令、自動車伝令および自動自転車伝令より成る。

逓伝哨は通常、部隊の兵力を減殺す。逓歩哨、逓騎哨は、自転車および自動自転車伝令を有せざるか、もしは、使用し得ざる場合にのみ、これを設くるものとす。

第百四　逓伝哨相互の距離は、逓伝線の全長および目的ならびに道路および地形の景況に従うものとし、哨所の人員は、設置時間の長短、通信の繁閑および哨所の安否により、差異あるものとす。

第百五　伝書鳩および伝令犬は、他の手段、用をなさざる場合に、最前線の部隊との連絡に使用せらる。

第百六　各指揮官は、その直下の司令官との連絡保持に関し、責任を有すといえど、直下の指揮官もまた、その隷属する上官と連絡を図り、かつ、これを保持するため、すべての手段を講ずるを要す。

隣接部隊相互間の連絡は、別命なき限り、右方に向かって、これを取り、かつ維持すべきものとす。しかれども、これがため、左隣接部隊よりの連絡来たらざるとき、これとの連絡にも配慮するの義務より免るるものにあらず。

第百七　比較的大なる作戦関係においては、高等司令部は、隷下指揮官および隣接高等司令部に一時的に、もしは永続的に連絡将校を派遣することを得。連絡将校は、派遣せられたる司令部に対し、高等司令部の企図および情況を知らしむるものとす。その行動には、明識《めいしき》と独立的判断を要するほか、十分なる武人的挙措を必要とす。

連絡将校は、妨害とならざるごとく、その派遣せられたる司令部指揮官の企図および命令を聴取し、自己の報告の発送前、自己の情況判断と該指揮官の判断とが一致しありや否やを確かめ、もし、自己の判断と異なるときはその旨を注意し、しかるのち、自己の所見を報告するものとす。直接報告を必要とするに至るか、任務終わらば、原司令部に帰るものとす。

たとい、連絡将校の派遣を受けたりとも、該指揮官は、その隷属する指揮官に絶えず報告を提出して、情況に精通せしむるの義務より免るるものにあらず。

第百八　諸兵種間の連絡は、第五章にこれを記す。

上級指揮官の位置および、その司令部

第百九　上級指揮官の軍隊に及ぼす人格的感化は、最大の意義を有するものなり。ゆえに、上級指揮官は、戦闘中の部隊に近接しあらざるべからず。

第百十　軍団長の位置選定のため、第一の要件は、師団および後方と迅速かつ持続して連絡を保持するの可能なるにあり。而して、技術的連絡法にのみ頼ることあるべからず。

過度に後方に位置することは、通信機関の完成せる場合といえど、命令および報告路を延長せしめ、連絡を危うくするものにして、情報および命令の遅延、もしは不着を生ぜしむ。また、地形の特性および戦闘の情況を、親しく知得することを困難ならしむるものなり。

軍団司令部の位置は、一面において、司令部内多数の各部の業務上、固定性あるを要す。位置の変更は、快速なる輸送機関によりて、遠距離にも迅速に行い得。

新位置に移るに先だち、これとの技術的連絡を確保せざるべからず。

騎兵集団長は、部下師団と直接連絡を有すること、とくに緊要なり。ゆえに、某師団と同行せざるときは、通常、部下師団に密接して続行するを要す。

第百十一　師団長は部下軍隊と同行す。

第百十二　師団長は、前進に際しては、少数の幕僚をともない、その位置を遠く前方に選定す。数縦隊となりて行軍するにあたり、歩兵師団長は、縦隊と縦隊とのあいだにありて行動する場合を除き、多くは、あらかじめ通信幹線を設置するか、もしは既設通信線を利用し得る行軍路を前進する縦隊に位置す。

騎兵師団長は、情況上、もっとも重要なる縦隊、もしは縦隊と縦隊とのあいだに位置す。

師団長は躍進的に前進す。これがため、常に、馬、もしは自動車を用意するものとす。司令部の残余は、前方に招致せらるるまでは、縦隊中にありて続行す（第二百八十八参照）。報告は、何時《なんどき》たりとも、迅速に師団長に到達し得ざるべからず。

第百十三　敵と衝突を予測するに至れば、師団長は爾後の企図上、もっとも重要なる前衛に位置す。敵と衝突の際は、自ら視察するを最良とす。ゆえに、師団長は、機を失せず戦場に到着し、決戦方面に位置するものとす。その位置は、発見および到達容易ならざるべからず。

第百十四　師団長の戦闘司令所は、攻撃にありては、勉めて前方にあるを要すといえど、側方および後方との通信連絡を、敵の有効射撃より免れしむるごとく選定するを要す。

戦闘司令所、もしは、その近接地点より戦場を展望し得、かつ、近傍に戦闘間の着陸場を設定し得るは希望するところなり。

防御において、師団の戦闘司令所は、正面幅の比較的大なる関係上、前線より相当後方に位置せしむるものとす。

師団長は、戦闘司令所の位置および、これが移動の時機に関する通信隊長の意見具申に、勉めて考慮を払うを要す。師団戦闘司令所の位置をしばしば変更するは、これを避くべし。位置の移動は、新戦闘司令所に対する連絡施設の完成したるとき、はじめて実施するを要す。位置変更の企図は、これを適時通信隊長に通報すべきものとす。移動せるときは、旧戦闘司令所に到着する命令および報告を追送する考慮を必要とす。

第百十五　追撃にあたり、上級指揮官は、いっそう遠く前方に赴かざるべからず。上級指揮官、前線に出づることは、軍隊を鼓舞して、極度にその能力を発揮せしむるものなり。

第百十六　戦闘を中止し、後退して、あらたに戦闘を企図するときは、師団長は、軍隊に爾後の行動に関する命令の徹底せるを確認したるのち、あらたに抵抗すべき地点に赴くものとす。

しかれども、困難なる情況においては、軍隊のもとに止まることあり。部隊の指揮官は、とくに命令なき限り、常にその部隊のもとにあるを要す。

第百十七　上級指揮官の戦闘司令所および、これに至る道路は、昼夜ともに明瞭ならしむべし。司令部旗を用うるときは発見容易なるも、敵眼に遮蔽せしむるを要す。空中および地上よりの不意の攻撃に対し、掩護するため、すべての方向に対し、準備しあらざるべからず。安全の顧慮上、戦闘司令所を、戦闘中の部隊の掩護下に置くのやむなきことあり。

第百十八　上級指揮官の司令部の組織至当なると、各幕僚に対する任務の分課適切なるとは、とくに緊要なる価値を有す。上級の司令部は、これを規定の人員を以て充足せざるべからず。

戦闘司令所においては、厳格に業務を整理して、冷静確実なる指揮を保障し得、かつ、細部の事項によりて、指揮下を煩わさざるごとく、あらかじめ用意するを要す。

第百十九　上級指揮官、一時戦闘司令所を離るるときは、幕僚長、これを代理す。

第三章　捜索

第百二十　捜索は、なし得る限り、迅速、完全、かつ確実に敵情をあきらかにすべきものとす。

捜索の結果は、指揮官の処置および火器の効力利用のため、もっとも重要なる準拠を与うるものなり。

第百二十一　捜索は、空中および地上よりの戦略的および戦術的捜索として実施するものにして、さらに、第百八十四ないし第百八十九に掲ぐる特殊の手段による情報入手により、補足せらるるものとす。

第百二十二　戦略的捜索は、戦略的決心の基礎を与うるものなり。

戦術的捜索は、軍隊の指揮、運用のための基礎を与うるものなり。

さらに、遅くも戦闘接触とともに戦闘捜索（Gefechtsaufklärung）を開始す。戦闘捜索は、戦闘実施のため、必要なる基礎を与うるものにして、各兵種とも、これに参与するものとす。

第百二十三　捜索勤務のためには、目的達成に必要なる以上の兵力を用うべからず。

捜索部隊は、とくに敵の優勢なる捜索部隊を胸算する場合には、これを、もっとも重要なる方向に適時集結すべきものにして、重要ならざる方向には、必要の最小限のものを使用するを要す。

捜索は情況に応じ、控置せる捜索部隊を以て、いつにても、これを濃密にし、拡大し、もしは、要すれば、あらたなる方向に対しても実施し得るごとく、勉むべきものとす。

第百二十四　捜索地域内における優勢は、わが捜索を容易ならしめ、敵の捜索を困難ならしむ。

空中における優勢の獲得については、第十五章を参照すべし。

地上における優勢の獲得は、敵の捜索に対し、攻勢的行動を取るを以て要訣とす。ゆえに捜索部隊は、斥候の小に至るまで、任務および情況の許す限り、攻勢的に行動するを要す。

捜索部隊、爾後の捜索のため、敵の捜索、もしくは警戒幕を突破するのやむなきに至るや、迅速に兵力を集結して、不意に突破せざるべからず。敵、もし優勢なるときは、これに反し、多くは巧妙に敵を回避迂回して、かえって、わが捜索を確保し得るものとす。

軍騎兵は、優勢なる敵に対しても視察を強行し得、また、独立せる機械化捜索隊は、かかる任務のためには、機を失せず、爾余の機械化部隊により増援せらるるを要す。

ときとして、要点を敵に先んじて不意に占領するは、捜索地域内において優勢を得るため、有利なる前提条件となるものとす。これがためには、主として快速なる機械化部隊を充つるを可とす。

第百二十五　良好なる地上捜索は同時に某程度の警戒となり、一方、警戒部隊の活動はまた、捜索に資し得るものなり。

すなわち、地上の捜索および警戒は、両者相補うものにして、必ずしも、これを厳密に区分するを得ず。捜索部隊は、敵に応じて自由に野外を行動するに反し、警戒部隊は、被警戒部隊のため、局地に拘束せらる。

捜索部隊に対し、例外的に同時に捜索および警戒の任務を与えざるべからざるときは、いずれの任務を主とすべきやを命ずるを要す。而して、兵力十分なる際には、捜索部隊は両任務のため、特別の兵力を定む。

第百二十六　地形、その通過の良否、道路、鉄道および橋梁の景況、阻絶の可能性、観測地点、視察に対する掩護ならびに通信施設の偵察は、捜索の任務に附随すること、しばしばなり。

すべて捜索勤務に従事する部隊は、任務の許す限り、別命なくとも、捜索とともに地形偵察を行う義務あり。

空中写真偵察（第百三十）は地形偵察を補助拡張す。

捜索機関、捜索における協同

第百二十七　空中捜索は、偵察飛行中隊の偵察者、これを実施す。

地上捜索は、戦闘捜索の開始まで、一般に機械化および乗馬捜索隊の斥候の任ずるところとす。

第百二十八　空中捜索の利は、飛行機の快速なることと、敵の警戒部隊、阻絶および陣地の上空を飛行し得るを以て、深く敵線内部の情況を視察し得ることならびに飛行機は、地形に左右せらるることなき点に存す。

偵察者は、情況有利なる場合には、迅速に広範囲にわたりて敵情を視察し、かつ、その結果を至短時間に報告することを得。

しかれども、空中捜索は瞬間的景況を提供するにすぎずして、同一地域を連続的に監視することは、多くは不可能なり。天候、地物、および敵の対応手段また、これを制限す。

第百二十九　もっとも簡単なる空中捜索の方法は、目視による捜索なり。その結果の良否は、飛行機の高度、敵の遮蔽および視度の如何に関す。而して、高度は、任務と敵の対空防御とにより決定せらる。

もっとも頻繁なる空中捜索の方式は昼間飛行にして、時刻に拘束せらるることなし。

敵が、対空防御および夜間の運動により、昼間における空中捜索より免るるに従い、ますます夜間における空中捜索を必要とす。


夜間の空中捜索は、特殊の手段を以て地上を照明し、低空より目視により捜索するものにして、昼間における空中捜索に代用し得るものにあらず。その方法は、道路、鉄道および水路のごとき、明瞭なる目標にもとづき行うがゆえに、その任務は局限せらるるものとす。

払暁、もしは薄暮における捜索飛行により、夜間運動の終末、もしは初動を確かめ得ることあり。


第百三十　写真捜索は、目視による捜索を補足し、かつ確証す。

飛行機が高度をますます大ならしめて飛行せざるべからざるに従い、いよいよ写真捜索を必要とするに至る。

写真捜索は、敵情捜索、わが射撃効力の判定および遮蔽の監督に用うるものにして、戦闘間の瞬間目標の確定のためには、その価値小なり。

写真偵察は地形偵察および測量に用う。

空中写真は、連続写真、もしは単一写真として撮影す。良好なる空中写真の作成には、十分なる天光を、また仕上には時間を要す。戦闘空中捜索にありては、少数の写真より得たる結果を、約一ないし二時間ののち、報告することを得。戦術的空中捜索における広範なる写真を仕上ぐるには、約二ないし五時間を要し、また通常、いっそう多数の写真を撮影する戦略的空中捜索の仕上には、十時間、または、それ以上を必要とす。

仕上は、飛行場の写真所において行う。また、写真車を、戦闘着陸場、もしは、指揮官の戦闘司令所の近傍に推進することあり。

第百三十一　地上捜索は通常、これによりて深く敵線内部の情況を洞察すること不可能なり。空中捜索はしばしば、地上捜索に対し、その捜索すべき方向を示す。これに反し、某地に敵の有無を十分に確認するは、地上捜索のみ、これを能くす。また、これのみ、俘虜、戦死者および、その他の捜索によりて、敵の軍隊区分に関する基礎を入手し、敵との接触を維持し、かつ、その行動を、兵力ならびに編組、ときとして、その戦闘価値の細部を認定し、さらに適時撒毒《さんどく》の有無を確認し得るものとす。なお、地上捜索は、空中捜索が天候のため不可能なるか、もしは、はなはだ困難なるときにおいても、結果を提供し得るものなり。

第百三十二　機械化捜索隊は、迅速かつ遠距離にわたりて、捜索の実を挙ぐることを得。しかれども、細部にわたりては、必ずしも確認し得ざるものなり。

その捜索活動は通常、昼間に行わるるものとす。前進は、これを夜間に行うことあり。その速度の真価を発揮するには、道路を利用する際にもっとも著し。

この部隊は、行進緩やかなる徒歩捜索部隊とは、別個に独立して使用するを要す。

機械化捜索隊の能力は、車輛の運行性能、燃料の補充、道路の景況、地形、天候、時刻および、とくに該部隊固有の通信機関、あるいは、地方在来の通信機関の利用の可能性如何に関す。

第百三十三　乗馬捜索隊は、野外における運動性大なる利を有し、かつ、広く諸方向に向かって、分散して捜索し得るものとす。また、機械化捜索隊に比し、天候、地形および補給に左右せらるること小なり。その行軍速度および行軍行程には限度あり。乗馬捜索隊は、遮蔽せる展望点より敵を監視し、緻密なる捜索網を構成し得るものにして、細部の確認を要すること大なるに従い、ますます、その価値を増大す。

第百三十四　地上捜索勤務に任ずる部隊の指揮官は、斥候長に至るまで、高度の資格を具備せざるべからず。指揮官の人格は、捜索の成果を左右するものとす。

策略、敏捷、任務の理解、各種地形における決然たる走破、夜間といえど地形をよく知るの才能、冷静迅速にして独立的なる行動は、捜索部隊の指揮官に具備すべき性能なり。

すべて各指揮官は、その任務に反せざる限り、ひとたび得たる敵との接触は、昼夜を問わず、これを失わざるの義務を有す。また、接触を失えるときは、ただちに、これを回復すべきものとす。

第百三十五　各捜索機関は、互いに長短相補うものにして、一の捜索機関の欠点は、他の適当なる捜索機関を使用して、これを補うを要す。

第百三十六　捜索部署は、情況および企図、捜索機関の種類および数ならびに胸算すべき敵の対応手段、地形、道路網、季節、時刻および天候の如何に関す。従って、捜索の部署は千差万別にして、すべての場合に該当する方法を挙げ得ざるものとす。

すべて捜索機関は、これを統一して部署するを要す。かくして、はじめてよく協同し、かつ、勉めて完全なる敵情を提供し得るものなり。すでに得たる捜索の結果は、捜索を部署するため、これを利用せざるべからず。かくして、はじめて個々の捜索部隊の必要なる愛惜をなし得るものとす。

捜索勤務に使用する兵力の大小は、捜索結果の良否を決するものにあらず。これに反し、各捜索機関が、上官のため、重大関係ある事項如何を承知し、かつ、上官の企図、情況ならびに前方にある捜索機関および隣接捜索機関の任務に精通しあることの如何は、捜索の成果を左右するものなり。

第百三十七　捜索勤務に従事する指揮官に与うる任務は、厳に制限すべし。また、知らんと欲する事項を、誤解なきごとく、明確かつ緊急の順序に包含せざるべからず。

第百三十八　空中および地上捜索間の連絡は、両捜索を部署せる上級指揮官、これを規定す。これがため、特別の記号を定むることあり。

多くの場合、上級指揮官を介して連絡するものとす。

飛行機および捜索部隊間の直接連絡は、連絡実施の時刻、場所および方法を、あらかじめ決定すること困難なるを以て、例外的に行わるるものなり。而して、直接連絡に必要なる協定は、多くは、あらたなる捜索を部署する以前においてのみ、なし得るものとす。

上級指揮官および偵察飛行中隊間の連絡は、上級指揮官のもとに飛行指揮官あらざるときは、飛行連絡将校を通じて行う。

飛行場との距離大なるため、戦闘着陸場を設定せざるべからざるときは、該連絡将校の活動に俟つこと大なり。

戦闘着陸場設定のためには、連絡将校は、所要の人員、器材を具備せざるべからず。

捜索隊の取るべき予想道路、主力の前進路および予定戦闘着陸場は、これを偵察飛行中隊長に示すものとす。これにより、中隊長は、友軍の所在を偵察者に知らしむることを得。偵察者および軍隊は、彼此互いに注意するを必要とす。

時宜により、上級指揮官は、その用に充つるため、偵察機を保持しおくことあり。

第百三十九　偵察機および捜索隊は、発火信号、記号、通信筒投下、同吊取により連絡す。また、適当の無線器材および人員等存するときは、無線通信により連絡し得。

敵の最前線部隊を空中より確認するは困難なるを以て、偵察飛行者は、捜索隊に対し、通常これを示すこと能わざるものとす。

第百四十 機械化および乗馬捜索隊間の連絡法は、共通の指揮官これを規定す。その他、機会あるごとに自ら連絡を取るべきものにして、これがため、主として無線電信の同時受信を行うべし。

すべて捜索勤務に従事する部隊、遭遇せば、相互に知るべき価値ある事項を交換するを要す。

上官が記載報告を披見する件については、第百を参照すべし。

第百四十一 捜索結果を上級指揮官まで迅速確実に伝達するためには、詳細なる規定を必要とす。

偵察飛行者の報告は、通常、飛行場、または戦闘着陸場に着陸後行う。該報告は、電話、自動車、または、例外として無線電信により伝達せらる。

特別の場合には、偵察者自ら親しく報告す。

報告中の重要事項は、要旨報告（Vormeldung）として、まず報告し、その他捜索の結果は、明瞭、簡潔、しかも遺漏なく、これを総合し、記載して報告するを要す。

直接には、飛行機より、無線通信、または通信筒投下により報告す。

捜索隊は、既設郵便線を利用し得ざる限り、通常、無線通信により、しからざれば、伝令自動車により報告す。乗馬捜索隊は、やむを得ざる場合、伝騎を使用す。乗馬斥候は通常、伝騎を以て報告す。これらに、自動自転車兵、もしは自転車兵を配属するを可とす。

既設の郵便線あらば、これを利用すべし。とくに重要なる乗馬斥候には、無線機、情況により、回光機をも携行せしむ。

戦闘報告はしばしば、これを速やかに火器の効力に置換し得るとき、はじめて価値を有することあり。

第百四十二　窃聴の危険を減ずるため、高等司令部は、捜索地域内における広範なる無線通信を規整するを要す。無線通信の停止を命ぜられたるときは、他の手段を以て、連絡を維持せざるべからず。

捜索実施

第百四十三　戦略的捜索においては、敵の集中、とくに鉄道による集中、前進、もしは後退、敵兵団の輸送、野戦および永久築城の構築および敵航空部隊の開進の監視等を行うものとす。敵の大機械化兵団、なかんずく依託なき翼側における、これが有無を早期に確認するは緊要なり。

第百四十四　空中における戦略的捜索の担任者は、空軍の特別偵察飛行中隊（Besondere Aufkläirungsstaffel）なり。

戦略的空中捜索においては、多くは大高度（五千ないし八千メートル）を飛行して、写真偵察を行うものとす。

戦略的空中捜索の深さは、行動半径の限界に及ぶことあり。

地上において、近く敵と衝突を予期せざるときは、特別偵察飛行中隊のほか、高等司令部所属偵察飛行中隊をも、戦略的空中捜索に充つるを適当とす。後者の行動半径、上昇能力および速力は比較的小なり。

第百四十五　地上においては、戦略的捜索のためには、独立機械化捜索隊および軍騎兵を使用す。軍騎兵は、これを、主として依託なき翼側および軍騎兵の爾後の戦闘使用に適当する方向に使用するものとす。

第百四十六　戦略的捜索の部署は、戦術的捜索の原則に準じて、これを定む。

戦略的捜索にありては、多くは、重要なる鉄道および線路の監視に制限するを要するを以て、通常、これに捜索地域を示すことなし。

独立機械化捜索隊および軍騎兵には、戦略的捜索のため、通常、方向および目標のみを与う。その捜索地域に対しては、要すれば、側方の境界を定む。

第百四十七　戦術的捜索は、敵の集合、もしは前進状況、部署、正面および縦長における兵力配置、補給、補強工事、航空情況、なかんずく新飛行場および防空に関し、いっそう確実に確かむるものとす。

機を失せず、敵の自動車部隊の情況を報告すること肝要なり。

戦術的捜索の深さは、情況および捜索機関の能力に応ずるものとす。

戦術的捜索の部署、とくに、その主方向を決定するためには、戦略的捜索の結果を利用すべきものとす。ただし、これがため、時機を遷延すべからず。

戦略的捜索を欠く場合には、戦術的捜索の目標は、これをいっそう遠くに及ぼすを要す。

敵に近接するに従い、戦術的捜索は、ますます細部にわたるべきものとす。

第百四十八　空中における戦術的捜索は、高等司令部所属の偵察飛行中隊により、これを行う。

地上における戦術的捜索の担任者は、機械化捜索隊（独立機械化捜索隊および軍騎兵所属機械化捜索隊）および乗馬捜索隊（軍騎兵所属騎兵捜索隊および歩兵師団所属捜索隊）とす。

第百四十九　軍司令官および軍団（騎兵集団）長は、直属捜索部隊を部署し、かつ、隷下兵団の捜索部隊との協同を律す。

騎兵師団長は、その機械化捜索隊および乗馬捜索隊を、前後に重畳して部署するか、または乗馬捜索隊を正面に、機械化捜索隊を一翼より敵の側面に向かいて部署す。

軍騎兵の機械化捜索隊は、これをなし得る限り長く利用し、以て、軍騎兵をして、戦闘間、隷下騎兵部隊を集結しあらしむるを要す。

第百五十　戦術的空中捜索にありては、多くは二千ないし五千メートルの高度を飛行す。

偵察飛行中隊には通常、捜索地域を配当す。この際、示されたる場所および線は、全部隊に対し適用するか、または、これを一部ずつ重複して、与うるものとす。

捜索地域の境界は、地上部隊に対する境界とは独立して、別個に定むるものとす。翼側にある偵察飛行中隊に対しては、同時に側方に対する捜索を担任せしむ。

第百五十一　偵察飛行中隊長に与うる命令には、任務のほか、上級指揮官および捜索隊との連絡および情報伝達に関する指令および報告提出に関する事項、主力および捜索隊の前進路ならびに時刻に関する指示ならびに戦闘着陸場を示すものとす。

飛行中隊長は、搭乗者に任務を配当し、所要の説明をなし、搭乗者を選定し、使用機および飛行時刻を定む。

航路は通常、搭乗者自らこれを選定す。

第百五十二　偵察飛行者は通常、単機を以て、もっとも有利なる捜索結果を予期せらるる時期に、これを使用す。空中戦闘は、これを避くるを要す。

偵察飛行者および駆逐飛行者のため、共同飛行時間を決定することを得。

第百五十三　偵察飛行者に、長時間、または、激しき飛行を行わしむるは、通常一日一回のみとす。

しかれども、短時間の飛行により、他の搭乗者に休息をなさしむるときは、一機を数回飛行せしむることを得。

偵察飛行者少数なるときは、その任務の多岐、かつ困難なるに鑑み、もっとも重要なる方面にのみ、これを使用し、重要の度少なき方面には、他の捜索機関を使用するを要す。

第百五十四 戦術的地上捜索のため、捜索隊に対し、通常、捜索地域（Aufklärungsstreifen）を配当し、捜索隊は、該地域において捜索の責に任ず。捜索隊をして、いっそう独断の余地を大ならしめ、もしは、方向変換を容易ならしむるため、単に一定の捜索目標に向かって、これを部署することあり。この場合にありては、隣接捜索隊に対し、境界線を与う。

捜索地域の幅は、情況、捜索隊の種類および兵力、道路網ならびに地形により、差あり。広大なる地域を捜索するを要するときは、隣接捜索地域とのあいだに間隙を生ずるも、これを忍ばざるべからず。

道路は、これを境界線、または捜索地帯の側方境界用として利用すべからず。主要なる道路は、捜索地域の中央に在らしむるを要す。

第百五十五 捜索隊は、敵の捜索を排除し、もしは、捜索を強行するため必要なる（第百二十四）以外には、戦闘を避くるを要す。

捜索隊を例外として、警戒の任務にも充つるのやむなきときは、要すれば、機を失せず、これを増強すべし。各級指揮官は、捜索行動が、かくのごとき任務のため阻害せられざることに関して、責任を有す。

第百五十六 捜索隊に与うる命令には、任務のほか、通常、出発時刻、隣接捜索部隊に関する事項、捜索地帯、もしは捜索方向、捜索目標、斥候の日々到達すべき線、報告伝達に関する処置、到達後、報告を提出すべき中間目標、情況により報告時刻、万一偵察飛行者と連絡すべき場合これに関する規定、主力の出発時刻および前進路および目標を含ましむ。また、敵および住民の動静に関し、指示を要することあり。

斥候に対しては、右に準じて命令す。

第百五十七　機械化捜索隊は、敵と接触を予期するに至れば、通常、躍進的に前進す。躍進距離は、地形、地物のほか、道路網の景況に影響せらる。

敵に近接するに従い、躍進距離を短縮するを要す。躍進にあたり、特別に警戒をなすべきや、および、いかに警戒すべきやは、一に情況による。

機械化捜索隊に属する諸隊は、勉めて永く道路を利用すべし。

敵国内にありては、帰路に別路を選定せざるべからざること、しばしばなり。運動のため、重要なる道路上の地点および場所は、要すれば、これに警戒を附せざるべからず。

機械化捜索隊は、夜間休息のため、斥候を敵方に残置して、敵と離脱することを得。

大なる道路に接せる村落は通常、これを宿営に利用せざるを可とす。

第百五十八　機械化捜索隊の捜索地域の幅は、一般に五十キロを超過すべからず。また、その深さは、確実なる燃料補充の可能性を顧慮するを要す。走行行程の計算に際しては、予期せざる場合に応ずる燃料の予備を予定しおくべきものとす。

装甲自動車の全運行範囲は、燃料の補充を行わざるとき、約二百ないし二百五十キロとす。

第百五十九　斥候は、捜索実施のため、任務、敵および住民の行動、行程、予想する報告後送の方法により、装甲自動車、機関銃搭載自動車、要すれば、自動自転車搭乗射手より編成せらるるものとす。

もっとも重要なる道路および目標に対しては、いっそう有力なる斥候を部署す。
斥候の部署は、通常、機械化捜索隊長これを命ず。

第百六十　斥候に対しては、前進路および捜索目標を命ずるものとす。
その部隊の近距離警戒のため、斥候を利用するは稀なり。
斥候は、視察点より視察点に躍進す。捜索隊の前方いくばくの距離に進出すべきやは、情況、地形および通信機関の通信距離によるといえど、通常、自動車の一時間行程を超えず。

第百六十一　機械化捜索隊は、斥候に対して、捜索の予備、情報収集所および支援となるものとす。捜索隊と斥候との距離大なるときは、情況により、推進せる部隊を以て、後方との連絡を確保せざるべからず。ひとたび得たる敵との接触は、要すれば、あらたに捜索車輌を加え、これを維持するを要す。自動自転車搭乗射手は、捜索網を濃密ならしむるため、これを使用することを得。

第百六十二　敵と近接し、機械化捜索隊を有効に使用する能わざるに至れば、これを抽出す。指揮官は、捜索活動を中絶せず、かつ、敵との接触を保持するごとく、機を失せず、乗馬の捜索隊をして捜索を担任せしむ。乗馬捜索隊に対し、その活動を支援するため、機械化捜索隊の一部をして協力せしむることあり。離脱せる機械化捜索隊は、これを敵の側背の捜索および兵団間の間隙の掩蔽に充て、もしは、予備として戦線の後方に置くものとす。

第百六十三　乗馬の捜索隊（Berittene Aufklärungsabteilung）は、速やかにこれを部署し、以て過度に急行することなくして、主力より前方に距離を取り、かつ、捜索のため、時間を得さしめざるべからず。
乗馬の捜索隊は、その斥候に対し、捜索の予備、情報収集所および支援となるものとす。該隊は、躍進的に前進し、一般に本道を避けて、単にこれを監視す。とくに、対機甲兵器を欠くときにおいて然り。

地形通視の度を減じ、かつ、近く敵を予想するに従い、ますます躍進距離を小ならしめざるべからず。

第百六十四　軍騎兵の乗馬捜索隊（Reiteraufkläriungsabteilung）は、任務、情況および地形により、これを編組す。その兵力は、一小隊ないし二小隊のあいだにあり。

特別の場合には、一連隊を捜索に使用することあり。

その無線電信所には、通常、所要の自転車手、重機関銃、自動自転車手および対戦車砲を附するものとす。ときとして、砲兵を配属することあり。しかれども、通常、機動性小なる部隊のために、乗馬捜索隊の機動性を低下せしめざるを、いっそう適当とす。この理由より、一時行李車輛を残置し、要すれば、やむを得ざる場合、放棄し得る徴発車輛を以て代用するを有利とすることあり。

第百六十五　捜索のため、一騎兵師団に配当せらるる正面幅は、間隙なく監視すべき場合にありては、一般に五十キロを超ゆべからず。

使用すべき乗馬捜索隊の数は、師団の捜索正面幅によるものとす。

正面幅五十キロ以上なるときは、少なくとも、もっとも重要なる方面において、間隙なき捜索をなすことに勉めざるべからず。

第百六十六　乗馬捜索隊に対しては、道路網に応じて、捜索地域を配当す。

捜索地域の正面幅は、騎兵一中隊に対し、一般に十キロを超ゆべからず。重要の度少なき方面に派遣せらるる中隊に対しては、単に捜索方向および目標のみを示すものとす。自国内にありては、小隊および独立将校斥候に対してもまた同じ。

重要の度少なき方面にありては、間隙なき捜索を通常断念せざるべからず。

第百六十七　師団長は、乗馬捜索隊を確実に掌握するを要す。

その師団主力より前方に進出する距離は、師団長の企図および情況によるものにして、約三十ないし四十キロを超ゆること稀なり。

小隊および独立将校斥候にありては、配属せられたる無線電信機の通信距離を顧慮すべし。

乗馬捜索隊は通常、毎日その任務を受領す。数日にわたる任務を与え得るときといえど、一定の時期までに変更命令を受領せざれば、任務の日に、はじめてその任務に就くを可とす。

夜間、乗馬捜索隊は、大なる道路より離れて休息し、要すれば、該道路を監視阻絶す。

第百六十八　数個の乗馬捜索隊のため、報告収集所を推進することあり。騎兵師団、その前進方向を変更するときは、これを欠くべからず。

第百六十九　歩兵師団捜索隊（Aufkläiungsabteilung einer Infanteriedivision）の部署は、企図、情況、捜索地域の正面幅および深さに従うものとす。

師団長は、要すれば、軍団命令にもとづき、任務および捜索の着眼を与う。

師団長は、師団捜索隊の進出距離を規正し、かつ、これに所要の任務を課す。その進出距離は、乗馬捜索隊におけるよりも小ならしむることを得。

師団が一縦隊となりて前進するにあたりては、例外として、師団捜索隊を前衛司令官に配属することあり。その際、前衛司令官は、捜索隊の進出距離を命じ、かつ、師団長の意図にもとづき、任務を与う。

師団捜索隊を各縦隊に分割配置するは避くるを要す。

前方に他の捜索隊存在するときといえど、師団長は、師団のため、所要の捜索をなす責務より免るるものにあらず。師団捜索隊の前方に捜索部隊なきときは、師団長は、捜索目標をいっそう遠きに及ぼすことを得。しかれども、師団との連繫を維持し、報告および命令の伝達を確保せざるべからず。

広正面を以て前進するときは、各縦隊の指揮官をして、機を失せず、情況に通暁せしめ得るごとく準備を講ずるを要す。

師団、きわめて敵の近傍に進出せば、師団捜索隊はこれを控置し、その斥候のみを先遣するを可とすることあり。


第百七十　師団捜索隊長は、捜索の実施に関し命令を下し、斥候を派遣す。

師団長、斥候を派遣せば、その任務を師団捜索隊長に通報するを要す。

師団捜索隊長、指示を受け得ざるか、もしは、不意に情況の変化に会わば、師団長の意図を体し、独断を以て、あらたに捜索を規正し、もしは、前捜索を続行せざるべからず。


第百七十一　乗馬の捜索隊長は、部下斥候を確実に掌握せざるべからず。

近距離の目標（十ないし十五キロ）、小範囲に限定せる任務および、地区より地区への慎重なる前進は、斥候活動成功の要件なり。

常に斥候をして敵に接触せしめ、また、適時新斥候を配置することにより、敵との接触を断たざることに配慮するを要す。

ときとして、兵力愛惜のため、当初、各斥候を貨物自動車に搭載し、捜索隊と同行せしむるを適当とすることあり。

第百七十二　斥候の兵力は、任務、敵情および住民の行動によるものとす。また、所望の報告数をも参《さん》酌《しゃく》せざるべからず。斥候の兵力増加するにともない、敵に認知せられざる活動を困難ならしむることに、常に考慮するを要す。また、副斥候長（Der zweite Führer）を附すること緊要なり。
斥候は、これを捜索隊の警戒のため、利用することを得。斥候は、勉めて長く道路を利用し、視察点より視察点に躍進するものとす。

第百七十三　乗馬捜索隊の掩護下に、各兵種は、爾後における行動のため、あらかじめ、行うべき偵察を実施す、捜索隊長は、これらの派遣部隊に関し、なし得る限り、知悉しあるを要す。

要すれば、これら派遣部隊は、一時、これを捜索隊に配属することあり。

第百七十四　戦闘捜索は通常、戦闘のための分進とともに開始せらるるものとす。

敵に近接する際は、しばしば、捜索の必要よりも、警戒の必要をいっそう強く感ずることあり。ゆえに各指揮官は、警戒に際し、捜索を等閑に附せざることに留意するを要す。

第百七十五　遅くも戦闘捜索の開始とともに、なお正面にある乗馬の捜索隊に対し、正面を解放して、敵の側面を捜索すべきや、もしは従来の捜索を続行し、かつ要点を確保し、主力の占領を用意ならしむべきや、もしは主力に向かいて後退すべきやを命令するを要す。捜索隊、命令を受領せざるときは、依然正面に止まり、従来の捜索を継続し、後続する主力を掩蔽し、敵より圧迫せらるれば、はじめて主力に向かいて後退す。

乗馬捜索隊は通常、その所属部隊に帰還するものとす。両側を委託せる師団の師団捜索隊は、任務遂行後、これを戦線の後方に後退せしむ。

乗馬の捜索隊、依託なき一翼に使用せらるるときは、なし得れば、前方に向かいて、梯次に配置すべきものとす。しかるときは、該捜索隊は、敵の側背に対する捜索の支援となり、かつ、わが翼の掩護にも有利なり。

第百七十六　偵察機の戦闘空中捜索は、敵、なかんずく、その砲兵の兵力分配、予備隊の位置および、その運動ならびに敵戦線後方における戦車その他の事項に関し、緊要なる徴候を得るものとす。また、戦闘の推移を監視す。

戦闘空中捜索は、通常二千メートル以下の高度を以て飛行す。しかれども、細部を確認し、かつ、友軍ならびに敵歩兵の前進を監視するを要するときは、最低空における捜索を必要とす。

軍隊は、これらの偵察機に対し、その要求あらば、手用発火信号、布板、合図その他、類似の方法によりて、自己の所在を知らしむべし。

戦闘空中捜索は、砲兵のための目標捜索をも含むものとす。目標捜索は、すでに前進中より、これを開始せざるべからず。かくのごとくして、はじめて敵砲兵の適時の確認と制圧とを胸算し得べし。

戦闘空中捜索の実施は、空中における戦闘情況に左右せらるること、はなはだ大なり。情況により、防空部隊の射撃によるのほか、駆逐機を使用し、これを強行せざるべからず。

第百七十七　繋留気球の行う監視は、戦闘空中捜索を補うものとす。

繋留気球の使用は、敵機の活動および敵砲兵の射程により制限せらる。天候静穏かつ明朗なる際は、繋留気球より行う。大梯尺の写真撮影により、戦場をあまねく捜索することを得。

繋留気球は、とくに敵の第一線および敵砲兵の兵力および配置を監視し、かつ、わが前線の観察に用いらる。而して、そのもっとも重要なる使用法は砲兵勤務にあり。

第百七十八　軍隊指揮官は、隷下部隊のため、地上戦闘捜索の境界および、往々、その目標を示すことあり。

各部隊は、別命なくとも、その行軍、分進および戦闘のため、与えられたる境界内において、また依託なき部隊は、依託なき翼においてもまた、戦闘捜索に任ずるの義務あるものとす。

戦闘捜索機関にして、撃破不可能なるか、もしは、迂回し得ざる敵の抵抗に会せば、これが抵抗排除のため、増援を受くるか、もしは、爾後の情況の闡明《せんめい》を主力に委ねざるべからず。

戦闘捜索を実行するにあたりては、戦闘捜索遂行上、もっとも重要なる箇所に目標を制限して、攻撃を行う。これがため、通常、これに充当せられたる兵力を集結して、統一部署するを必要とす。

詳細なる敵情は、ときとして、指揮官の用意する少数人馬より成る、乗馬、または徒歩の戦闘斥候(Gefechtsspähtrupp)によりてもまた、迅速に確かめ得ることあり。

夜間、戦闘捜索を行うときは、適時斥候を部署し、以て、天光のあるあいだに地形に通暁し得しむべし。

第百七十九　戦闘捜索は時間を要す。ゆえに、情況に応じ前方に進出するため、十分なる余裕を与うるを要す。また、爾後の処置のためにも、所要時間を顧慮するを要す。

第百八十　各兵種の戦闘捜索は、各兵種自体の用途に資するものなり。

戦術的偵察の間、あらかじめ、これが準備をなすこと、しばしばなり。

各兵種相互間および隣接部隊との確認事項の迅速なる交換ならびに、直上部隊に対し、重要なる確認事項を迅速に伝達し、これをして輻輳し来たる観察を全関係部隊に伝達せしむれば、諸兵種をして、捜索および偵察の結果を迅速に利用し得しむるものとす。

各兵種の戦闘捜索は、空中戦闘捜索十分ならざるか、不可能なるか、または、その他の地上捜索手段を用い尽くしたるとき、とくに重大なる意義を有す。

第百八十一　戦闘捜索は、しばしば同時に近距離警戒および地形偵察(たとえば、近接の可能性、敵眼、敵火に遮蔽せる地域、観測地点および放列陣地等のごとし)に資せざるべからず。しかれども、なし得れば、特別の兵力をして、これに当たらしむべきものとす。

戦闘捜索によりて、わが最前線をも確かめ得るものなり。

第百八十二　各級指揮官、もしは、その指定する者が戦場を視察することは、戦闘捜索の主要なる一部なり。

第百八十三　観測隊（Beobachtungsabteilung）による戦場の監視は価値大なり。

その観測者は、しばしば早期に軍隊指揮官に重要なる報告をなし得るものとす。また、爾後の戦闘の経過中においても、観測隊は、広地域に配置せる火光標定中隊測定所（Messestelle der Lichtmessbatterie）の活動により、戦場監視に任ずることを得。

特殊の手段による情報入手

第百八十四　飛行情報勤務（Flugmeldedienst）は、敵の空中活動を監視し、かつ、これにより、飛行情況の判断のため、重要なる基礎を得るものとす。該勤務は、地上における対敵行動の開始前といえど、敵の企図の認識のため、重要なる報告を呈することを得。

第百八十五　通信隊の通信捜索は、窃聴所、回光通信探知班および電線接続により、空中および地上における敵通信を監視して、行うものとす。この捜索には、統一指導、ことに熟練者を有することと、秘密厳守とを必要とす。

第百八十六　自国内においては、往々、迂路となることあるも、敵方にある各電話局を通じて、重要なる情報を入手し、捜索機関の使用を節約することを得。

協定せる視号および音響信号を、ときとして自国内において、通信のため、利用することあり。

敵国内においては、捜索機関を公衆電話線に接続せば、有利なることあり。

第百八十七　外国新聞は、これを監視するを要す。高等司令部は、これがため、細部の規定を設くるものとす。

第百八十八　俘虜の審問および押収書類（戦死者、俘虜、伝書鳩、伝令犬、村落、陣地、押収車輛、飛行機、気球より発見せる命令、地図、給料支払簿および備忘帳、手紙、新聞紙、写真、映画等にして、要すれば、これを破毀《はき》せざるごとく保存すべきものとす）の利用につき、統一せる規定を設くるを必要とす。

高等司令部には、俘虜の尋問に長ずる将校を置くを要す。

俘虜は、目下の戦況につきてのみ、簡単に審問せるのち、また、押収書類は簡単に一覧せるのち、もっとも速やかなる方法を以て、高等司令部に送致すべきものとす。

巧妙かつ迅速なる俘虜の個人審問は、その価値、はなはだ大なり。個人審問は、俘虜の所属部隊、隣接部隊、上層の諸団隊号、指揮官の氏名、最後の宿営地、行軍および輸送、所属部隊の状態、志気、任務ならびに特殊兵器の有無につき、確かむるを要す。

強制手段を用うるは、国際法の許さざるところとす。書類は、内容、軍事に関するものを除き、検閲後、俘虜に返却すべし。

戦死者につきては、氏名ならびに部隊号、部隊の徽章を確かむるものとす。

第百八十九　住民の言は、重要なる陳述を含みあることあり。停車場、郵便局および、これに類する営造物を捜索するときは、軍事に関する現字紙、暗号書、呼出符号等を発見し得るものとす。官衙の往復文書は、重要なる解示を与うることあり。とくに追撃にあたりては、かくのごとき方法により、重要なる情報を獲得することを得。

第百九十　敵また、わが捜索に準じ、特殊の手段により、情報を獲得するに勉むべきを以て、これに対し、国内および戦線において、至厳なる監視をなすこと緊要なり。各種の手段を以て、軍隊を毒せんとする敵の宣伝ならびに敵地における住民の交通を監視するを要す。

高等司令部においては、斉整たる間諜防止勤務を設くるものとす。

これがため、同司令部には、秘密野戦警察（Die geheime Feldpolizei）を有す。その他、軍隊は自ら防止の責に任ずるものにして、とくに宿営間にありては、容疑人物の監視、住民の談話および電話に対する注意、事務室にある教令および書類の保全等により、防止するものとす。

すべて認知せる事項は、ただちに、これを秘密野戦警察に通報し、間諜の疑いある人物は、これを捕らえて、同警察に送致すべし。

第百九十一　高等司令部および軍隊内ならびに外部に対する秘密の厳守は、緊要欠くべからざるものとす。この見地にもとづき、通信機関により、高等司令部および軍隊より出ずる通信は、これを監視するの要あり。

第百九十二　手紙の往復および日記その他、これに類するものに、個人の戦争追憶を記載することに対して、深く注意するを緊要とす。

手紙の往復は、情況により、これを検閲するを要す。手紙には、情況、軍隊区分その他、敵のため、価値ある事項に関し、判断の準拠となる事項を記載すべからず。手紙の往復の監視に関しては、野戦郵便規定を以て定む。

第百九十三　宿営の標記は、これをなさざるを、もっとも可とす。しからざる場合には、出発前、これを除くべし。自動車、車輛、鉄道車輛の標記もまた、秘密を漏らすものとす。一時的に覆いをなすを適当とすることあり。

もはや使用せざる書類は、これを焼却すべし。宿営地移転にあたりては、重要ならざる書類といえど、全部携行することに注意するを要す。これらの処置に対しても、監督を必要とす。

第百九十四　捜索および警戒勤務ならびに戦闘においては、前線に、敵のため価値ある命令、書類および教令を携行すべからず。

捜索勤務において、記載命令、もしは、所要の記入をなせる地図を携行するのやむを得ざる場合にして、これを携行せしときは、危険に際し、これを破毀するの責任あるものとす。

第四章　警戒

第百九十五　警戒は、不意の敵襲ならびに、空中および地上よりの敵の視察を予防す。警戒部署にして、主として敵の視察に対して免れんとするときの警戒は、遮蔽（Verschleierung）となるものとす。

警戒は、休息の状態、運動間および限定範囲内においては、戦闘間においてもまた、これを必要とす。敵と接近の度を増すに従い、警戒は、地上の敵を主とし、ついには、戦闘に対する顧慮より警戒の方法および程度を定むるに至るものとす。

警戒の処置は、いかなる時期といえども、本来の任務の遂行を危ぶましむるがごときことあるべからず。

第百九十六　警戒の主要条件は不眠不休捜索を行うにあり。

地上における捜索および警戒の関係につきては、第百二十五を参照すべし。

第百九十七　空中の敵に対する警戒は、防空部隊および駆逐機の活動、指揮官の区署する全部隊の分散および遮蔽の処置、行軍および運動のため、夜暗の利用ならびに各部隊の防空処置により、これを行う。

第百九十八　地上の敵に対する警戒は一般に、いっそう戦備を整えたる、さらに小なる部隊を、被警戒部隊の前方に推進し、かつ、被警戒部隊自ら、情況により、十分なる戦備をなすことによりて達せらるるものとす。警戒部隊の兵力、編組および区分は、情況および企図、総兵力、敵との距離ならびに地形、視度の如何により定まる。

警戒のため、使用せらるる部隊の戦術的建制は、なし得る限り、これを維持するを要す。

比較的大なる部隊は、休息に際し、局地ごとの警戒を以て十分ならざるときは、前哨、もしは戦闘前哨により、また前進行においては前衛により、退却行においては後衛により、また側方は、要すれば側衛により警戒す。

各隊は、右のほか、近距離警戒を必要とす。近距離警戒は、数個の部隊のため、共通の部署をなすことあり。

第百九十九　警戒勤務は、部隊の能力に対し、絶大なる要求を課するものなり。ゆえに、目的達成に必要なる以外の兵力を充当すべからず。

休息間の警戒

第二百　休息中の軍隊は、地上の敵に対し、その危険の度に応じ、前哨、もしは戦闘前哨を配置す。

前哨は、小なる妨害を排除し、必要なる場合には、その後方にある休息中の軍隊に対し、戦闘準備、もしは出撃準備を整うる時間を与う。

前哨は、敵に対し、わが軍の情況の視察を防止す。

戦闘前哨は、休息中の軍隊のため、一部、もしくは全部の戦闘準備を要する場合に配置せらるるものとす。戦闘前哨は、戦闘準備部隊の即時戦闘加入を安全ならしむ。その他は、前哨と同一の任務を有す。

前哨および戦闘前哨は、休息中の軍隊の警戒のため、必要なる限り、捜索の責に任ず。その他の捜索は、他の部隊の任務にして、軍隊指揮官これを規整するものとす。

第二百一　情況は千変万化なるを以て、以上の任務をいかにして解決すべきかに関し、すべての場合に適する規定を定め得るものにあらずして、一般的の着眼および原則を示し得るにすぎざるものとす。

前哨および戦闘前哨は、箇々《ここ》の場合における特別の情況に応じ、命令せらるるを要す。

敵情不明なるに従い、警戒にあたり、ますます周密に、敵の採り得べき行動を顧慮せざるべからず。

第二百二　地障は警戒を容易ならしめ、かつ、少数の兵力を以て十分ならしむるものなり。なし得れば、行李および後方勤務部隊を、地障の後方において休息に移らしむべし。

依託なきか、もしは掩護せられざる翼は、これを警戒せざるべからず。情況により、翼を後退せしむるか、梯次配置とするか、もしは特別なる警戒部隊を配置し、側面を警戒す。特別なる警戒部隊は、背面の掩護のためにも必要とすることあり。

阻絶および工事は、警戒を向上せしむるに適す。

装甲戦闘車輌に対する防御のため、特別なる注意を要す。

第二百三　軍隊の運動は、戦闘を除き、昼間、とくに夜間において、主として道路に拘束せらるるものなり。

ゆえに、敵方および依託なき翼より来たれる道路はこれを占領し、阻絶すること、とくに肝要なり。

昼間、通視良好なる際は、良好なる射界を有する瞰制地点の占領にて足ることあり。敵をして、わが軍の情況を視察せしむる地点もまた、勉めて、これを占領せざるべからず。
展望を許さざる地形、通視不良なる天候および夜暗は、いっそう強大なる警戒、濃密なる占領、縦長配置の減少および警戒部隊の接近を要すること、しばしばなり。

第二百四　全警戒部隊はすでに、その配置に際し、空中および地上の敵眼より免れざるべからず。
前地の監視のため、後方にある展望点をも利用することあり。

第二百五　警戒部隊相互間、隣接部隊および休息中の軍隊との、迅速かつ確実なる連絡を取るの顧慮を要す。

第二百六　密集せる各警戒部隊は、銃前哨により警戒す。その数は、要度により差異あるものとす。

第二百七　各種の衛兵、歩哨、銃前哨、斥候は、警戒勤務中、敬礼を行うことなし。上官に対し報告する際は、監視を中絶することなく行う。

第二百八　すべて警戒部隊の交代は、敵の注目を惹かざるごとく行うを要す。すべて知るを要する事項は、これを新指揮官に通報すべし。新指揮官は、地形に関してもまた知るを要す。
交代間、警戒を確保しあらざるべからず。

第二百九　警戒部隊に属する部隊は、敵の攻撃に対して、常に十分なる戦備を整えあるを要す。また、休息中の軍隊を警戒すべき責務のためには、いかなる犠牲をも辞すべからず。

第二百十　休息中の軍隊の防空は、第六百六十二および第六百九十六に示すところによる。警戒勤務に服せる部隊を、右の防空に充つることを得るも、その他においては、自己の防空処置に俟つものにして、遮蔽を以て、もっとも重要なる処置とす。

第二百十一　前哨配置上、第一の基礎を成すものは、一定の区域内において、部下軍隊を休息に移らしむる指揮官の決心なり。予想する配置時間の長短および爾後の企図また、これが決定の要素なり。

前哨の兵力および編組は、危険の大小、警戒せらるる部隊の兵力、編組および種類、地形その他、特別の情況に応じて定む。敵と前哨とのあいだに、別に友軍あるときは、これに応じて前哨の兵力を小ならしめ得べし。

第二百十二　敵に遠き場合には、もっとも簡単なる警戒処置を以て足れりとす。この警戒は、多くは宿営地の直接警戒にして、所要に応じ、小部隊をさらにその前方に派遣す。ほか、衛兵による宿営地警戒に関しては、第六百七十七を参照すべし。

この警戒法にして足らざるときは、軍隊指揮官、もしは宿営部隊の指揮官は、最前方宿営地部隊に、その後方に休息する部隊の掩護を委《まか》し、かつ、警戒の責に任ずる指揮官を任命す。

数個の警戒区（Sicherungsabschnitt）を設くるときは、各区に指揮官を定むるものとす。

警戒の責に任ずる指揮官は、同時に舎営（露営）司令官たることを得。該指揮官は、敵襲に際しての動作、舎（露）営部隊の設備の度および、その配置すべき警戒を定む。

全隊の安全は、軍隊を宿営地域内の宿営地（Unterkunft）に適当に分置することにより、向上せらるるものとす。

軍騎兵および機械化兵団は、主として遠方に及ぼせる捜索および比較的大なる宿営地域の縦長により警戒せらる。

第二百十三　いっそう確実なる警戒は、その任務に適応して編成せられたる前哨を配置することにより達せらる。
前哨の配置は、通常、休息中の部隊の各宿営区の直接警戒を不要ならしむるものにあらず。

第二百十四 歩兵は、前哨勤務にもっとも適す。所要に応じ、歩兵に他の兵種を増加するものとす。

騎兵は、その配属を節約し、また、一般に各歩兵連隊の乗馬小隊より、これを取るべきものとす。堅硬なる道路および夜間に至りては、自転車兵は良好なる勤務に任じ得るものなり。

砲兵は、稀有《けう》の場合にのみ附せらるるものにして、夜間の使用に対し、準備するを要す。

装甲戦闘車輛に対する防御のため、師団対戦車中隊をして支援せしむることあり。

工兵は、これを障害および阻絶のため配置することあり。

前哨内通信網の構成は、一般に部隊通信班の任務とす。

第二百十五 行軍より休息に移るにあたりては、通常、前衛(後衛)は依然本隊を掩護すべき任務を有し、全部、もしは一部を以て前哨に任ず。

前哨配置にあたりては、これが警戒の処置をなすを要す。

師団捜索隊正面にあるときは、これをして、例外的に前哨配置の警戒に任ぜしむることあり。

前哨は、師団捜索隊の配備を知悉しあるを要す。

夜間、師団捜索隊は、これを前哨の後方に後退せしむることを得。しかれども、その斥候は敵方に止むべし。

第二百十六 休息に移るときは、軍隊指揮官は通常、警戒せらるる部隊の休息位置を命ず。

軍隊、数縦隊を以て前進する場合、軍隊指揮官が、縦隊指揮官にこの命令権を委しあらざる限り、軍隊指揮官自ら、前哨に任ずる部隊、前哨区、その司令官および側方の境界、最前方警戒線、前哨の実施すべき捜索の目標、敵の攻撃に際しての前哨の行動および隣接前哨との連絡に関し、命令を下すものとす。

防御を行うべきや、持久抵抗を行うべきやの、防支に関する手段方法は、前哨が警戒せらるる部隊によりて増強せらるるか、もしは、これに向かって後退すべきかにより、定まるものとす。

隣接行軍縦隊の前哨を一連の配備とすべきや否やは、情況、警戒正面の幅および地形（山地のごとし）に関す。

重要なる道路、鉄道および地点は、これを前哨区内に置かざるべからず。

間隙ある場合には、これが監視の分担に関し、命令するを要す。


第二百十七　前哨区は通常、一大隊を以て、これを成形し、要すれば他の兵種を増加す。

前哨司令官はまず、警戒のため、もっとも緊急なる命令を下す。すなわち、瞰制地点の占領、重要なる道路の阻絶、捜索、地形偵察ならびに主力の防御準備、これなり。

前哨司令官は自ら偵察せるのち、前記の第一次命令を補足す。すなわち、防御陣地、もしは抵抗線の位置、敵の攻撃に対する防御の実施および、これが増援、地形の補強、通信連絡、戦備および対空、対ガス防御の程度等に関し、命令するものとす。また、とくに幕舎を構築し得べきや、および火を用い得るやに関し、命令し、かつ服装を定む。前哨勤務においては、別命なけば背嚢を下ろすものとす。

前哨司令官はさらに、予備隊の位置、その宿営法の種類、その戦備の度、万一の場合の警戒処置および自己の戦闘司令所を定む。

前哨内においては、前哨司令官の戦闘司令所に対し、迅速かつ確実なる連絡を構成し、なお、その戦闘司令所は直上指揮官と連絡せられざるべからず。この連絡のため、通信幹線を利用すること、しばしばにして、とくに、通信幹線、すでに爾後の前進方向に向かいて、最前方の警戒部隊にまで推進せられあるときにおいて然りとす。

第二百十八　前哨区に配置せられたる歩兵中隊は、警戒の主担任者なり。特別の場合には、中隊に代え、独立歩兵小隊を充つることを得。

中隊は、所要に応じ、これを増強す。まず第一に、歩兵重火器、乗馬兵、もしは自転車兵を増加するものとす。

中隊は、命令に従い、その指示せられたる地区において、陣地、もしは抵抗線に設備を施すものとす。中隊長は、前哨司令官の命令にもとづき、陣地、もしは抵抗線を占領すべき中隊の部分および休息すべき部分を定む。昼間、視度良好なる際は、小哨、もしは歩哨を配置するを以て足れりとすること、しばしばなり。中隊長は、敵情捜索、警戒および隣接区との連絡のため、斥候および情況により、駐止斥候を派遣す。

駐止斥候は、歩哨線の前方、適当の地点に推進せられ、交代まで、その地に止まるものとす。

第二百十九　歩兵中隊は、小哨および歩哨を適当の地点に推進す。その数、兵力および重火器配属の要否は、任務、最前方警戒線の情況、前地における地点の重要度および敵の遠近により異なるものとす。中隊をして戦闘力を維持せしむるため、兵力の使用を節約するを緊要とす。敵の攻撃に際しての小哨および歩哨の動作に関しては、通常、中隊長これを命ず。

第二百二十　小哨の兵力は一分隊ないし一小隊とす。

小哨は、歩哨、斥候および駐止斥候によりて警戒す。

第二百二十一　歩哨は通常三人より成り、うち一名を長に定む。重要なる地点には、軽機関銃班を配置するを要す。歩哨は一般に、これを配置せる部隊の前方五百メートル以上に出さざるものとす。

歩哨は、良好なる展望を有し得るとともに、敵眼に遮蔽しあるを要す。高所を占領するは、視察ならびに音響を聴くに有利なり。昼間と夜間とは、通常、その配備を異にするものとす。歩哨には、望遠鏡および信号器具を所持せしむべし。

歩哨中、二名は協同して監視し、相互に容易に意志を疎通し得ざるべからず。

歩哨は通常、壕を掘開して、その内に入るものとす。坐し、または伏臥し得るや、背嚢を下ろし得るや、もしは喫煙し得るやは、命令せらるるものとす。

歩哨は敵を監視すべきものとす。敵に関し、疑わしき事項を発見せば、ただちにこれを報告す。猶予せば危険なるか、もしは、敵の攻撃を認めたるときは、射撃を以て警報す。通行する斥候には、その観察せる事項を通報す。

歩哨は、その識《し》れる者には、歩哨線の出入を許す。しからざる者はすべて、その査証を検査するか、もしは、最寄りの上官のもとに同行せしむ。阻絶ならびに、わが軍および敵の自動車に対する歩哨の動作を規定するを要す。

暗号を定めおくを適当とすること、しばしばなり。

なんびとといえど、歩哨の誰何《すいか》、もしは記号に対し、停止するを要す。歩哨の命令に従わざる者は、これを射殺すべし。

夜暗、歩哨に近づく者あるときは、歩哨は銃を構え、「止まれ――誰か」と呼ぶべし。呼ぶこと三回に至るも停止せざるときは、これを射撃すべし。

僅少の従者をともない、その軍使たることを表示し来たる敵将校および降伏者は、これを敵として遇することなく、武器を投ぜしめ、軍使には目隠しをほどこし、また、何ら言語を交うることなく、これを最寄りの上官のもとに送る。

すべて歩哨は、以上の一般守則のほか、特別守則を授けらる。これに具備すべき事項、左のごとし。

敵情および地点の名称。

前方に派遣せられたる部隊および隣接部隊の位置および任務。

小哨および中隊の位置ならびに、これに通ずる最捷路。

とくに監視すべき地区（展望し得る道路、隘路、橋梁にして敵の近接に際し通過せざるべからざるもの）。

敵の攻撃に際し、取るべき動作。

隣歩哨との連絡法および報告の伝達。

その他必要の指示および歩哨の番号。

歩哨には、なるべく前地の地名を明示せる要図を与う。

第二百二十二　小哨内の交代は、小哨長これを規定し、その他は中隊長これを規定す。歩哨交代掛は、歩哨が一般守則を知るや、下番歩哨が特別守則を申し送りたりや、また、上番歩哨がこれを理解したりやを確認するを要す。

第二百二十三　前哨各部隊長は、小哨長に至るまで、速やかに直上指揮官に要図を以て、その配備を、また捜索ならびに警戒のための処置および隣接部隊との連絡に関し、報告すべし。

第二百二十四　軍騎兵は、馬匹の愛護を顧慮し、有力なる前哨の配備を避くることに勉むるを要す。軍騎兵は、地障の掩護下にありては、比較的僅少の警戒勤務を以て、最大の休息をなし得るものとす。かくのごとき利益あるを以て、情況到達点に停止するを要せざるときは、若干後退するも、この利益を求むべし。而して、該地障を越えて、再び進出するにあたりては、警戒部隊を以て、これが安全を保障するを要す。

軍騎兵は、夜間にありては、しばしば自転車隊および配属自転車搭載歩兵を前哨に充つるものとす。

騎兵の前哨に対しては、歩兵の前哨の規定を適用す。ただし、騎兵は、戦備を整え、出発するに、歩兵より長時間を要することに顧慮するを要す。

騎兵部隊の前哨は、乗馬を携行し、もしは、携行せずして配置せらるるものとす。

前哨勤務に充てられたる騎兵中隊以上の部隊は、通常、馬匹を手もとに置くものとす。それ以下の前哨部隊は、別命なければ馬匹を携行せず。

馬匹を携行して配置せらるるときは、小哨は少なくも一分隊より成り、歩哨は一般に二騎より成るものとす。小哨および歩哨は脱鞍せず。地形、奇襲を許すときは、歩哨は乗馬しあるを可とす。

第二百二十五　機械化部隊は、情況、到達点に停止するを要せざれば、その速力を利用し、休息のため、敵より十分離隔するか、もしは、他の部隊の掩護下に入り得るものとす。

単独の機械化部隊、前哨を配置せざるべからざるときは、自動自転車部隊および配属自動車搭載歩兵あるときは、この歩兵のほか、往々、戦闘車輛をも使用することあり。隘路および阻絶の後方にある場合のごとき、これなり。すべて休息中の部隊の車輛は、夜間のため、日没となるに先だち、出発準備を整えおくを要す。

車廠は、迅速なる出発を許さざるべからず。過度に狭き車輛の配列は、運動の可能性を減ずるものなり。

戦闘前哨

第二百二十六　戦闘前哨の兵力、編組、区分および行動は、第百九十八に掲ぐる一般的着眼のほか、休息中の軍隊が行う情況上、緊要なる戦備の度および範囲、不意の敵の攻撃に対して企図するその行動およびその他の使用にもとづき決定す。

戦闘前哨にありては、軍隊愛惜の顧慮を放擲すべし。強大なる地障、有効なる阻絶および障碍あるときは、これによりて、戦闘前哨の兵力を小ならしめ得るものとす。

第二百二十七　軍隊指揮官は、戦闘前哨に対し、各種の任務を与う。なお、これと同時に配置、往々、その最前線、戦闘前哨内および隣接部隊との連絡ならびに、敵の攻撃に際しての動作を命令するものとす。戦闘前哨は、敵の攻撃に対しては、防御を行うか、もしは持久抵抗をなしつつ、所命の方向に後退す。

情況により、戦闘前哨の後方に陣地を設備し、休息中の軍隊の一部を以て、これを占領し、かつ増援せしめ、要すれば、戦闘前哨を該陣地に収容せしむるを緊要とすることあり。

第二百二十八　戦闘前哨は通常、もっとも敵に近く、戦備を整えて休息しある歩兵部隊より、これを配置し、依然これを隷属せしめおくものとす。

戦闘前哨、休息中の軍隊より遠隔せる際は、隣接部隊の戦闘前哨を一命令の下に統一することあり。

戦闘前哨支援のために、砲兵の使用を予期することあり。また、特別なる場合には、砲兵を配属することを得。師団対戦車中隊を以て、これを増援するを可とすることあり。

戦闘前哨との通信連絡および戦闘前哨間の通信連絡は軍隊の任務とす。

その他、とくにいまだ敵と接触せざるあいだは戦闘前哨の命令下達、区分、配置および動作に関して、しばしば、前哨のため定むる規定を適用し得ること多し。

第二百二十九　戦闘前哨は、近距離警戒の担任者にして、かつ、その獲得せる敵との接触を維持するの責任を有す。また、命令にもとづき、戦闘捜索を遂行す。

戦闘前哨の前方に、友軍なお存在するときは、その隷属関係を律し、かつ戦闘前哨との担任範囲の限界を定むるを要す。

第二百三十　夜暗、戦闘前哨の配置をなすときは、まず容易に到達し得る地点に応急の配置をなし、決定配置は払暁におよんで、はじめてこれをなすを適当とす。

第二百三十一　戦闘、一時中断するや、敵方にある軍隊は、戦闘前哨を以て、その戦闘陣地（Gefechtsstellung）を警戒するに勉むべし。

この際、戦闘前哨は通常、歩哨、斥候および駐止斥候より成り、勉めて濃密にこれを敵方に推進し、もしは、敵方に駐止せしむるものとす。

第二百三十二　防御および持久抵抗における戦闘前哨に対する特別の規定に関しては、第四百五十七および第四百八十八を参照すべし。

運動間の警戒

行軍間の警戒

第二百三十三　昼間の比較的大なる行軍において、敵飛行機の捜索および攻撃を胸算せらるる場合には、なし得る限り防空部隊により、なお要すれば、駆逐飛行機を使用して、これを警戒せざるべからず。

とくに、行軍縦隊の編成、行軍の始終、地障および隘路の通過、渡河ならびに休憩を掩護するを要す。道路網の関係これを許せば、防空部隊のため、特別の行軍路を配当すべきものとす。高射砲中隊はしばしば、一射撃陣地より二条の行軍路を掩護す。高射機関砲中隊（Maschinen=Flugabwehrbatterie）および高射機関銃中隊（Flugabwehr=Maschinengewehrkompanie）は、低空攻撃により脅威せらるる地点を掩護せしむるため、先遣せらるることあり。防空部隊、特別の行軍路を配当せられざるときは、縦隊の行軍路上における運動に関し、規定するを必要とす。行進交叉および隘路通過に際し、防空部隊は通常優先権を有す。

防空部隊は、軍隊の捜索および警報勤務を授け、高射砲中隊は、その射撃および破裂点により、警報を与う。

第二百三十四　航空情況緊張し、しかも戦闘接触を予期せざるときは、なし得る限り多数の道路に軍隊を分配す。また、時間切迫せざるときは、行軍を比較的長時間にわたらしめ、軍隊を小なる群に分かち、時間距離を設けて実施することあり。

第二百三十五　軍隊連繫ある行軍縦隊を以て、昼間行軍を行うときは、行軍長径の増大によりて蒙る不利を忍び得るにおいては、これ（対空行軍長径）を用いて、空襲の効果を減殺することを得べし。

対空行軍長径（Fliegermarschtiefe）は、各部隊をして、行軍縦隊の長径を普通の二倍となさしむるものとす。行軍長径を、これより縮小するときは、これを命令するを要す。

各単位部隊は、その指揮官の命令に従い、対空行軍長径に区分せられ、かつ、その先頭、後部を明瞭ならしむ。繋駕行李および後方勤務の繋駕部隊は、夜暗に至り、はじめて追及せしめられざる場合は、これに準じて動作するものとす。

対空行軍長径の採用および中止は、軍隊指揮官これを命ず。同時に、警戒距離を維持すべきや、縮小すべきや、または放棄すべきやを命令するものとす。

対空行軍長径は、行軍発起に際し、取るものにして、行軍長径小なる際は、行軍間にありても実施し得べし。戦術上の理由、これを要すれば、対空行軍長径を放棄するものとす。停止、もしは休憩は、これを利用して、軍隊の伸縮を容易ならしむべし。

第二百三十六　行軍縦隊の一時的横方向への拡大（対空行軍正面）は、昼間行軍中、空襲に対して軍隊を掩護する他の一手段なり。

対空行軍正面（Fliegermarschbreite）を取るには、行軍路に近接し、これに併行する道路あるか、もしは路外を前進し得るを前提とす。

「対空行軍正面」の命令により、軍隊は、行進路の両側、または一側に分かれ、乗馬部隊はこれがために生ずる長遠なる路程を、もっとも速やかに走破することを得。また、車行部隊は、主として道路により行進し、従来の行軍路を利用し、その他の部隊は、これを避くべきものとす。要すれば、対空行軍正面の側方拡張の境界を命令するものとす。

行軍序列はこれを維持す。また、後続部隊の撞着を惹起する虞あらば、後続部隊に適時これを通報するを要す。

対空行軍正面の編成および中止は、縦隊司令官これを命ずるか、もしは、行軍縦隊の部隊の指揮官にその権限を与う。また、猶予せば危険なる際には、各部隊の指揮官は、対空行軍正面を命ずる権を有す。

大なる縦長の対空行軍正面の編成は、往々不可能にして、通常、行軍の渋滞を来たすものとす。対空行軍正面を以てする行軍は、さらに前進運動を緩徐、かつ不規則ならしめ、行軍の労力を大ならしめ、なお指揮を困難ならしむ。ゆえに、対空行軍正面は、特別なる場合にのみ命ずべきものにして、なるべく速やかにこれを中止するを要す。

第二百三十七　対空行軍長径を以て前進するときは、同時に対空行軍正面を編成し得ること稀なり。

機械化部隊に対しては、対空行軍長径および対空行軍正面に関する規定を適用せず。

第二百三十八　大なる混成部隊、大なる空襲の危険ある際、一道路により前進するを要するときは、縦方向に数個の行軍縦隊に分解し、一ないし三キロの距離を取りて続行することあり。

上級指揮官は、その前進運動を規定す。上級指揮官は、全行軍長径の増大が許し得る範囲に止まる場合は、一、もしは数個の行軍縦隊をして、対空行軍長径を以て発進せしむることを得。

全行軍長径、昼間行軍の行程を超ゆるときは、他の情況、これを許せば、各行軍縦隊をして、各別の時間に前進せしむるを可とす。

行軍縦隊が対空行軍正面を編成するには、上級指揮官の許可を要す。

第二百三十九　夜間防空部隊による警戒は、照空燈を有する高射兵器による、隘路、橋梁および渡場の掩護に限定せらる。

対空行軍長径および対空行軍正面は、通常これを取ることなし。

第二百四十　隘路および橋梁の通過ならびに舟渡の際の防空は、なし得る限り事前に確実ならしめおくを要す。

隘路通過の際の空襲に対する処置は、隘路の種類に関するものにして、短隘路にありては、橋梁通過、もしは舟渡の際の処置に準ず。

橋梁および渡場に対する空襲は通常、これに接する地区に対して、実施せらるるものとす。ゆえに、橋梁通過に際しては、軍隊、すでに対空行軍長径を以て行軍しあらざる限り、通過のため、小なる群に編成し、出発にあたり、某時間を置かざるべからず。また、後方部隊の追及と行軍の渋滞とを防止するため、適時所要の区署を要す。

舟渡は、渡場を離隔して警戒し得ば、もっとも可なり。

河岸に近く軍隊の密集することは、避くるを要す。防空部隊は、なし得る限り、これを両岸に使用するを要す。

対空監視および警報勤務のため、通信網の構成を必要とし、これが補助のため、師団通信隊を招致することあり。

橋梁、もしは渡場に対する空襲を予期せらるるや、橋梁通過、もしは舟渡を一時中止することあり。単機の出現に際しては、通常、橋梁通過および舟渡を中絶することなし。

第二百四十一　昼間、敵の偵察機現わるるも、一般に前進を続行す。

低空飛行を行う敵の飛行隊、もしは、その低空攻撃の開始を発見せば、対空監視員（Luftspäher）は、これを警報（warnen）すべし。「飛行機警報」の信号は、中隊長等の命により、発するものとす（註　飛行機警報＝単音五回を反復す）。

「飛行機警報」（Fliegeralarm）の信号により、徒歩の軍隊は、道路の側方にある壕、または、附近の凹地に伏臥遮蔽す。車輛および車行部隊は路上に停止し、御者は乗車し、制転機を施しあるものとす。ただし、早期に危険を発見し、かつ地形有利なる場合に限り、道路の近傍に遮蔽物を求め得べし。乗馬者および騎兵は道路を開放す。

騎兵は勉めて、車輛とともに遮蔽物を利用しつつ、前進を継続す。

低空攻撃の防支のため、配属せられたる高射兵器は、ただちに陣地を占領し、即時射撃を開始す。各小銃手は、射撃に加わることなしといえど、対ガス準備を整うるを緊要とす。

行軍縦隊に対する高空よりの攻撃は、一般に隘路通過に際してのみ、期待せらるるものなり。かくのごとき情況において、高空を飛行して接近する敵の飛行隊を発見せば、対空監視兵はこれを警報すべし。「飛行機警報」の信号は、中隊長等の命により発す。軍隊は、なし得る限り、低空攻撃の際に準じて動作するものとす。防支は通常、高射砲中隊のみにより行う。

夜間は、敵機の攻撃に先だち、通常、落下傘附照明弾を投下して照明するものにして、軍隊に対し警報となるものとす。「飛行機警報」の信号は、中隊長等の命により行う。徒歩部隊は道路の近傍に伏臥し、その他の部隊は停止すべし。すべて運動は軍隊の存在を暴露す。防支は防空部隊のみにより行う。

攻撃を受けたる行軍縦隊の部分は、空襲後、その指揮官の命により前進を続行す。

軍隊指揮官は、行軍命令中に「飛行機警報」の信号を発し得るや否やを定む。

自動車搭載部隊は第二十二章に準じ動作す。

第二百四十二　夜行軍より、引き続き昼間行軍に移るときは、払暁前、休憩をなし、昼間のため、空中および地上の敵に対し、必要なる警戒を処置して、発進するを要することあり。

第二百四十三　歩兵師団は地上の敵に対し、まず師団捜索隊の捜索により警戒す。捜索のための部署および運用に関しては第百六十九を、また捜索の実施に関しては第百七十を参照すべし。

師団長は、自己の使用に充つるため、師団捜索隊の斥候を自ら控置しおくことを得るも、これがため、不必要に捜索隊の兵力を薄弱ならしむべからず。

正面、もしは依託なき側面に師団捜索隊なきときは、他の方法により捜索を確実ならしむるを要す。

第二百四十四　師団捜索隊と前衛間の地区は、前衛において、その正面および側面を捜索、警戒および掩蔽せざるべからず。

所要の乗馬者は、これを歩兵連隊の乗馬小隊より取るものとす。乗馬尖兵および本隊が直接実施する捜索および警戒任務のため、必要なる乗馬者また同じ。

行軍縦隊の指揮官および軍隊指揮官は、要すれば同一人なることあり。

進路附近の要点を占領し、地障を開放、もしは阻絶し、または阻絶を除去するため、とくに自転車兵、随伴機関銃小隊、対戦車砲、騎兵、砲兵、工兵および消毒隊を先遣することあり。而して、任務の重要度および所要兵力の多少に応じ、前衛司令官、縦隊司令官、もしは軍隊指揮官、これが全権を命ずるものとす。

師団捜索隊をこの主の任務に充つるは、特別の場合のみにして、依然、その捜索活動を確実に続行せしめざるべからず。

第二百四十五　前衛は行軍の障碍を除去し、敵の小なる抵抗を打破し、かつ行進方向よりの敵の奇襲に対し、行軍部隊を掩護して、全隊の前進を保障するを要す。

前衛は、敵と衝突するにあたりては、本隊にありて行進する部隊をして、戦闘準備を整えしむるため、地域と時間の余裕とを与えざるべからず。而して、この際、指揮官の決心の自由を束縛するがごとき戦闘は、勉めて避くるを要す。

情況により、前衛は、予想せざる敵の抵抗を迅速に打破し、かつ、獲得せる拠点を頑強に固守するを要することあり。

敵と衝突を予期するに至れば、縦隊指揮官はその前衛のもとに位置す。師団長の位置に関しては、第百十三を参照すべし。

第二百四十六　前衛と本隊との距離は、本隊が、前衛の戦闘により、ただちにその影響を受くることなからしむるためには十分大なるを要すといえど、本隊の諸隊をして、機を失せず戦闘に参与せしめ得る程度ならざるべからず。その他、企図、兵力、明暗の度および地形により差異あり。以上にもとづき、距離は一般に二ないし四キロのあいだにあるものとす。夜暗、通視不良なる天候、展望および前衛の兵力小なる際には、距離はいっそう短縮せらるるものとす。

第二百四十七　前衛の兵力および編組は、情況、企図、地形、視度および行軍縦隊の兵力の大小により差異あり。

兵力は必要の最小限に止むべきものにして、歩兵にありては、行軍縦隊全歩兵の三分の一ないし六分の一以下とす。師団対戦車中隊の一部、軽砲兵および工兵を、これに配属することを得。装甲車輌、軽砲兵縦列、もしは、その一部および消毒部隊を配属することあり。また、行軍のため、重砲兵中隊（とくに平射）および師団通信隊の繋駕、または自動車編制の電話、無線電信および回光通信班を、数小隊に編成して附することあり。また使用を予期するときは、架橋縦列、もしは、その一部を、行軍のため、配属すること緊要なり。自動車に関しては、第二百八十九を参照すべし。

前衛は、夜間は主として重火器を有する歩兵および工兵より成る乗馬部隊は、これを本隊に配属せざるときは、前衛の後方数百メートルを間して行進せしむ。

先遣隊の掩護下に夜行軍を実施するときは、通常、微弱なる歩兵部隊を警戒に任ぜしむるを以て足れりとす。濃霧に際しては、おおむね夜間に準じ処置す。

第二百四十八 前衛の区分は、前衛司令官、情況、任務、地形、視度および前衛の兵力に応じ、これを命令す。前衛は、前衛本隊、前兵および配属の快速部隊に区分す。

前衛歩兵の大部および、その他の部隊は前衛本隊にありて行進し、歩兵および工兵の一部は前兵にありて行進す。師団通信隊の一部は、自動車編成にあらざる限り、その使用目的に応じ、これを編入す(第二百八十九)。

前衛本隊と前兵との距離は約千五百ないし二千メートルとす。

強大なる前兵は通常、約千ないし千五百メートル前方に尖兵中隊を推進す。

尖兵中隊の前方約五百メートルに将校一および、一、もしは数個の分隊より成る歩兵尖兵行進し、その前方に、一般に一分隊より成る乗馬尖兵ありて、展望点より展望点に躍進的に前進す。

対戦車砲および無線通信機関銃、なかんずく回光通信班を、前衛の最前方部隊に配属するを緊要とす。

運動に関し、小なる部隊は、大なる部隊の進退に従うものとす。

連絡に関しては第三百二を参照すべし。

第二百四十九 側面に対する行軍警戒は、主として斥候により行うものとす。依託なき翼にある行軍縦隊は、さらに隣接行軍縦隊の側面警戒を担任す、

以上の手段にて十分ならざれば、側衛を設くることあり。側衛は通常、行軍および軍隊区分の命令に

より、決定せらるるものとす。特別の場合においては、行軍間、前衛、または本隊より支分することあり。この場合、歩兵にありては、これを先行せしむるを肝要とす。けだし側衛は、通常、主力縦隊に比し、長遠なる道路を前進せしめらるればなり。

側衛の兵力、編組は、危険の度および地形によりて定むるも、捜索および迅速なる連絡をなし得るを要す。側衛は、行軍間、前衛に準ずる区分により、正面および外側を警戒す。往々、後方をも警戒せざるべからず。

側衛は、被警戒縦隊と併進するか、もしは適当なる陣地を占領して、これを通過せしめたるのち、再び、これに追及す。

前進行変じて側敵行となる場合には、前衛を側衛とし、本隊より、あらたに前衛を設くるを有利とすることあり。

側面より突然、大なる脅威を受けたる際は、行軍縦隊を旋回して、敵に向かい分進することあり。この際、各旋回部隊は警戒を行うものとす。

第二百五十　装甲戦闘車輛に対する防御は、捜索ならびに早期の警報（Warnung）により、これを容易ならしむべし。機械化部隊は、とくに迅速に報告し得るものとす。戦闘車輛の現出に関する警報は、最初に脅威を受くる軍隊、もしは縦隊指揮官に対し、信号、伝令、または無線電信により行うべし。行軍開始前、これに関し、規定しおくを要す。

対戦車砲は、行軍縦隊、とくに外翼にある縦隊に分属し、その他は、もっぱら縦隊の先頭および後尾にありて行進せしむ（第二百八十八）。依託なき側面および後方に通ずる道路は、工兵、または軍隊自ら地雷、もしは他の手段により、これを阻絶することあり。防衛の任務を有する装甲戦闘車輛は、行軍路の前方、または後方を前進し、もしは、側方の道路を併進す。

敵の装甲戦闘車輛の攻撃を発見せば、ただちに全対装甲兵器は射撃準備を整え、徒歩部隊は、その指揮者の命令にもとづき遮蔽し、乗馬および車行部隊は分散して、路外に出づるに勉むべし。もし不可能なるときは、停止、下馬（車）して、車輛その他を以て敵方の道路を阻絶し、かつ、阻絶を防守すべし。しからざる者は、すべて馬匹およびその他の車輛のもとに止まるべし。

射撃開始の命令は通常、下級指揮官、独断これを下さざるべからず。

第二百五十一　行軍路に対する敵砲兵の射撃によりて生ずる行軍の縦隊は、一時路外に出て、もしは展開して、これに対応することを得べし。敵の砲兵協力飛行機（Artillerieflieger）を制圧するため、機を失せず高射砲中隊を使用するを要す。わが空中観測にして可能なる場合は、迅速に長射程平射砲中隊をして、陣地を占領せしむるを要す。

展望不良なる地形において、微弱なる敵の部隊に対しては、通常、もっとも迅速に一時前衛歩兵の一部を広正面に分進し、その重火器を以て、これを退却せしむべし。要すれば、前衛砲兵を行軍路の近傍において使用す。戦車は、この種の抵抗を迅速に撃破し得るものとす。

開豁地、もしは広大なる地障の通過に際し、砲兵は、要すれば行軍を監視（überwachen）するを要す。監視に充てられたる砲兵の射撃準備は、すべての手段を講じ、時間を短縮せざるべからず。かくのごとく勉むるも、掩護せらるる部隊の前進緩徐なる際においてのみ、適時射撃準備を整え得るにすぎざること、しばしばなり。

縦隊指揮官は、監視に充つる砲兵中隊を、本隊にある隷下砲兵より取るものとす。

数条の道路により行軍するに際し、軍隊指揮官が、重平射砲中隊のほかに、その直轄砲兵を監視の任務に使用するは、行軍縦隊に配属せる砲兵に、この任務を免除しおくを要するときに限るものとす。

各官は、監視のため、使用せらるる砲兵をして、機を失せず、ただちに戦闘せしめ得るごとく勉むるを要す。

第二百五十二　後衛は、敵の擾乱および攻撃に対し、本隊を掩護す。後衛は、退却する本隊の援助を胸算するを得ざるものとす。

後衛は、歩兵、自転車兵、有力なる砲兵（長射程平射砲中隊を含む）、対戦車兵器、無線通信機関を有する通信隊、要すれば、電線撤収班ならびに阻絶材料を有する工兵より成る。

情況により、戦車をも配属し、また化学戦部隊および発煙部隊を配属するを適当とすることあり。

数個の後衛は、これを一指揮官に隷属せしむることあり。この際、通信その他の連絡機関を十分携行せしむること緊要なり。また、師団捜索隊は、某一後衛に配属せられざるときは、全後衛を統一する司令官に配属するものとす。

後衛は、地区より地区に向かい、退却す。また、本隊の行進遅滞を胸算せざるべからず。後衛と本隊との距離は、その任務によるのほか、また、この顧慮により決定す。

後衛は、行軍に際し、その編組を前衛に準じて、後衛本隊、後衛後兵および配属せられたる快速部隊に区分す。強大なる後衛後兵は、後衛尖兵中隊を出すことあり。後衛尖兵中隊、または後兵には、歩兵後衛尖兵続行し、歩兵後衛尖兵には乗馬後衛尖兵続行す。

退却行においては、本隊のため、とくに迅速に地歩を獲得すること肝要なり。これがため、使用し得べき一切の道路を利用するを要す。

第二百五十三　前進行において、背後に、敵の攻撃、または妨害を胸算するとき、また後衛を設くることあり。これがためには、僅少なる歩兵部隊、とくに重機関銃および対戦車砲を以て足ること、しばしばなりといえど、砲兵をも必要とすることあり。

第二百五十四　休憩にあたりては、地形の利用および軍隊の分散によりて、なし得る限り、空中の敵の偵察および攻撃より免るるを要す。

防空部隊による掩護は、上級指揮官これを命ず。また、各部隊は自ら、空中の脅威に対し警戒すべし。対空監視哨は、敵機近接せば、これを警報すべし。軍隊は、村落の関係に応じ、空中、上空に対し遮蔽し、かつ動くべからず。飛行機警報の撤去は、各休憩団（Rastgruppe）ごとに独立して、これを命ずるものとす。

敵の飛行隊、低空もしは高空を飛行して近接するを発見せば、対空監視哨は「飛行機警報」の信号を発すべし。特別の任務の分課なき者は、勉めて迅速に、敵の攻撃に対し、もっとも手近に遮蔽を求め、任務を分課せられたる対空兵器は射撃を開始すべし。

飛行機警報の状態は、休憩団指揮官の命により、これを撤去するものとす。要すれば、休憩団の指揮官は、休憩のはじめにあたり、空中の危険および飛行機警報に際しての補足的規定を与うるを要す。

軍隊は、地上の敵に対し「休息間の警戒」の部に述べたる着眼に準じて警戒す。

休憩中といえど、捜索を中断すべからず。

戦闘前の分進による警戒

第二百五十五　近く敵と衝突を予期する行軍部隊は、分進（Entfaltung）により戦闘準備を向上し、かつ接敵（Annäherung an den Feind）を警戒す。

分進を、正面において掩護するため、前衛を利用することあり。分進とともに前衛撤去せらるるときは、前衛の各部隊は一般の情況にもとづき、爾後の任務を授けらるるものとす。

なお、分進命令とともに、通常、その他の軍隊区分また放棄せらる。

第二百五十六　わが軍の企図、敵との距離および敵の戦闘準備のほか、地形および視度は、分進の時機、地域および方法に影響す。

分進は前進運動を遅緩せしむ。

開豁地、敵に有利なる観測の関係、遠距離射撃および強大なる空中の脅威は、早期の分進のやむなきに至らしむることあり。

情況により損害を顧慮することなく、従来の通り行軍を継続するを要することあり。この際、敵に視察せられ、もしは敵火を蒙れる進路の区間は、これを迂回するを要す。

第二百五十七　数縦隊を以てする前進行は、分進を迅速ならしめ、かつ軍隊指揮官に適時戦闘のため必要なる地形を確保し、また、情況により敵の側面を包囲するの機会を与うるものとす。

しかれども、戦闘のためには、通常、兵力をいっそう狭く集結せざるべからず。軍隊指揮官は、各縦隊が集結するに先だち、機を失せず、これに関し命令するを要す。この際なお、要すれば、その戦闘企図実施のため、必要なる縦長を成形せしむること、しばしばなり。

第二百五十八　軍隊指揮官、軍隊に対し、分進命令とともに戦闘任務を示し得ざるときは、爾後の前進、戦闘捜索の方向および目標、隣接部隊との境界線、砲兵その他の兵種の分進掩護を定め、かつ、その他の部隊の停止について規定す。

正面前にある師団捜索隊は、第百七十五に定むるところに従い、その行動に関し、命令を受く。

第二百五十九　師団通信隊は通常、前線歩兵連隊、もしは各縦隊との有線連絡を構成し、爾後の分進に際し、これを維持し、かつ砲兵電話網構成に着手すべき命令を受領す。電話線は勉めて長く戦闘のため利用し得るごとく、架設するを可とす。

師団通信幹線（Divisionsstammleitung）は、後方との連絡を保持し、かつ前方に向かいては、歩兵連隊との連絡に任ず。また、通信幹線の構成方向を離れたる師団長の特別の観察地点は、これを支線（Stichleitung）によりて接続するものとす。

師団通信隊にして、後方通信網の需要およびただしきため、師団長および歩兵連隊間の直接連絡を構成し得ざるときは、歩兵連隊は自ら通信幹線の一定電話所（Sprechstelle）より延線するを要す。

不用となれる師団通信隊の兵員は、これを戦闘用通信網構成に使用するものとす。

横方向の線路を構成せば、これによりて、師団長の位置変更の際、後方への長き回線を節約し得べし。

回光および火光通信は、地形適当なるときは、有線連絡の補充および代用として、その価値大なり。

通信部隊を適時分進せしむるは、戦闘通信網構成の基礎なり。

第二百六十　夜暗に分進を行わざるべからざるときは、推進せる警戒部隊の掩護下に、勉めて敵に近く、これを行うべし。しからざる場合には、軍隊を警戒しつつ、地区より地区に前進するを要す。分進のため、主として道路を利用するは、希望するところとす。情況により、あらかじめ進路を偵察し、かつ標識を置かざるべからず。要すれば、砲兵をして、分進を掩護せしむべし、この際、砲兵は、夜暗に先だちて、放列陣地に進入しあるか、もしは夜間支援射撃の準備を講じあるを要す。

各指揮官の位置は、発見容易にして、かつ、連絡維持の手段を増加せざるべからず。

掩蔽（Verschleierung）

第二百六十一　軍の集結および運動の掩蔽は、敵の空中捜索に対しては、通常、各方向に向かいて行わざるべからず。地上の敵に対する掩蔽は、前方および側方に対し必要とし、攻撃的、もしは守勢的手段によりて、これを達成し得べし。掩蔽は、その掩蔽たることを敵に遅く発見せらるるに従い、ますます、その目的を達するものとす。

第二百六十二　空中における掩蔽は、飛行隊の任ずるところにして、強大なる駆逐飛行隊の使用および敵飛行場の爆撃によりて、一定の時間および地域に対し、これを強行し得べし。駆逐飛行隊弱小なるときは、もっとも重要なる地点における敵の空中捜索を困難ならしむるに止めざるべからず（第十五章）。

防空部隊を使用するときは、その射撃によりて、敵の注意を、かえって掩蔽すべき地域に導くの不利あるを忍ばざるべからず。

空中の敵に対する地上の掩蔽には、軍隊は、すべての機会に周到なる遮蔽（Tarnung）をなし、隊形を分解し、かつ、比較的大なる運動は、これを夜間に移すを必要とす。

第二百六十三　攻勢的掩蔽は、主として軍騎兵の任務にして、敵をして、掩蔽せらるべき兵団より遠隔せしむるに勉むるを要す。また、至るところ、敵の捜索を攻撃して、これを撃退せざるべからず。

第二百六十四　守勢的掩蔽は、敵の捜索を少数の道路に制限する地形存在せば、いっそう有効なり。この際、該道路を阻絶し、敵を防御するため、該阻絶部を利用す。その後方の有利なる地点に、比較的強大なる部隊を置きて、敵の突破企図に対し準備せしむるを可とす。該部隊および軍隊指揮官と前線との迅速確実なる連絡に配慮するを要す。捜索部隊は、これを遠く敵に向かいて推進す。

守勢的掩蔽のためにも、軍騎兵を以て最適とす。歩兵による掩蔽は、地形、軍騎兵の活動を制限するか、または許さざるとき、必要となるべし。この際、歩兵は、情況に応じ、他の兵種を以て支援せらるるものとす。

撒毒は、とくに、その縦深を大ならしめ得るとき、守勢的掩蔽を有効に支援するものとす。ガス量十分ならざる際は、巧みに選定せる、個々の遠隔せる地点に撒毒せば、有効なることあり。

偽工事また、守勢的掩蔽を促進することあり。

第二百六十五　敵の報告および通信は、手段を尽くして、これを妨害するを要す。

第二百六十六　通信部隊は、とくに無線通信機関の使用の方法によりて、掩蔽に貢献するものとす。該隊は、敵の無線通信の妨害、わが無線通信の中止、わが通信の秘密保持および監視その他の技術的処置および偽通信（Täuschungsverkehr）により、これを実施す。

第二百六十七　掩蔽の処置は、独立せる任務として、掩蔽のほか、多数の他の任務の実施を間接に援助するものなり。

第五章　行軍

第二百六十八　軍隊、戦闘行動の大部は行軍なり。行軍の実施の確実にして、かつ、行軍後における軍隊の余《よ》裕綽々《ゆうしゃくしゃく》たるは、諸般の企図に好果を得る要素なり。

第二百六十九　各部隊の行軍の訓練同一ならず、かつ、労苦厳格の習慣を失いあるときは、軍隊の行軍力は減殺せらるるを以て、戦争の当初より、いやしくも練習の機会を得ば、これをして行軍に習熟せしむることを図るべし。とくに、徒歩部隊において然りとす。また、徒歩部隊は、あらたなる靴を用うることによりて困難を生ずることあり。

第二百七十　あらかじめ行軍能力の増加を考慮し、停止および休憩に熟考を払い、行軍軍紀を厳格にし、足を保護し、被服、装具、馬装、蹄鉄に注意し、かつ、人馬の衛生および給養を良好ならしむるは、行軍能力を維持増進するに、もっとも有効なる方法なり。

靴傷患者、鞍傷馬および跛行馬の多寡は、行軍に対し払える注意の度を卜《ぼく》する標準なり。

行軍間、徒歩兵、馬匹、乗馬兵、馭兵および車輌につき、絶えず注意し、愛護を要する人馬のため、適時行軍を軽減する処置を講じ、また、休憩および宿営において適切なる救護をなすは、中隊長等指揮官の責任なり。

乗馬部隊にありては、行軍間、愛護のため、速歩、常歩および牽馬行進を、彼此適当に変換することに顧慮するを要す。

かくのごとき顧慮によりて、はじめて行軍のため発生する減耗《げんもう》を減少せしめ得るものとす。

機械化部隊に対する着眼につきては、第二十二章を参照すべし。

第二百七十一　徒歩部隊の背嚢および馬匹の積載品を車送するときは、著しく労苦を緩和し、その行軍力を増大す。しかれども、これがためには、車輛の増加を要するを以て、例外の場合および比較的小なる部隊に限らるるものとす。

これに反し、各部隊の車輛は、その搭載力の許す限り、愛惜を要する人馬の装具の一部を運搬し、以て、その負担の軽減に利用するものとす。

この種の場合には、弾薬および携帯口糧は、これを、その以前に背嚢より取り出しおくを要す。

第二百七十二　戦闘行われつつある間は、休日を胸算するを得ず。ゆえに、いやしくも機会を得ば、これを利用して、人馬の休養、車輛の点検、修理ならびに兵器、装具および被服の修理を行うべし。

第二百七十三　行軍する軍隊の大患は炎暑なり。とくに徒歩部隊において、はなはだしく僅少の時間に多数の兵を減ずることあるを以て、適切なる予防法を講ずべし。

ゆえに、炎暑の際にありては、なし得れば夜行軍を行う。

炎暑の季節においては、昼間に行軍せざるべからざるときは、炎暑もっとも激しき時間に休憩せしむるを有利とす。

炎暑に際し、もっとも有効なる予防手段は、行軍中、整然たる飲水を行うこととす。飲水は、小休憩、または行軍中、これを行い、かつ、適時適切に準備しおくを要す。また、行軍前、冷しコーヒー、もしは冷茶を水筒に充たしむるは適当なり。

馬は、飼料の不足よりも、水の不足に苦しむこと大なり。多数の馬に対する十分なる水与は、通常、休息中においてのみ、なし得るものとす。

第二百七十四　寒冷の際は、とくに、耳、頬、手および顋《あご》を適時保護すべし。

徒歩部隊は手を動かし得るため、ときどき銃を負革にて懸けしめ。また、通常、外套《がいとう》を着用することなく行軍するを可とす。

大休憩に際しては、外套を着用すべし。乗馬部隊および車行部隊は、しばしば下馬（車）して、牽馬行軍するものとす。しばしば、温食、湯茶を給するは適当なり。

行軍速度および行軍能力は、積雪および結氷のため、著しく減少す。戦闘部隊をときどき交代せしむべし。積雪大なる際は、車輌に滑走具を装し、あるいは、車輌に代うるに橇《そり》を以てするを要することなり。

人馬の冬季装備に関し、機を失せず配慮するを要す。

第二百七十五　行軍路の利用に関し、疑惑（工事、橋梁の負担力、阻絶、大なる積雪等）存するときは、情況、これが実施を許す限り、行軍路を偵察するを要す。機械化部隊の行軍において、とくに然りとす。また、地図に記載しある道路網は、必ずしも信頼するを得ず。この際、空中写真偵察を以て補助す。

道路の破損を予期するときは、その修理のため、工兵に、情況により架橋器材を附して先遣し、もしは、これを前衛に配属すべし。軍隊の休憩時機は、これを予想する修理作業の時機に選定するを適当とす。

第二百七十六　夜暗における行軍は、昼間の行軍に比し、いっそう確実なる地図により、また、使用し得べき状態にある行軍路によるものなり。偵察不可能なりしか、もしは、他に疑惑の存するときは、なし得る限り、その地に通暁せる案内人を求むべし。道路不良にして、真の暗夜は、とくに然りとす。

夜行軍中、なかんずく、機械化部隊の夜行軍にありては、しばしば簡単なる道路標識を施し、かつ、行軍する軍隊の連絡維持のため、細心の処置をなすを要す。

夜行軍は、炎暑の季節を除き、昼間の行軍に比し、軍隊の努力を要求すること大なり。

敵の捜索、もしは監視を予期するときは、燈火を暴露すべからず。

その必要なき場合には、中隊等の後尾に提燈を配置して、行軍縦隊の維持および、その連絡を容易ならしめ得べし。自動車にして、無燈火行軍を行うときは、その速度を減ずるを要す。

敵の近傍においては、厳に静粛を守るを緊要とす。

軍隊の行軍のための集合および休憩に移るための分進を、夜暗に行いて、はじめて敵の空中捜索に対する夜行軍の遮蔽を胸算し得るものとす。

夜間短縮するに従い、使用し得る行軍時間減少し、行軍行程を短縮す。

第二百七十七　情況切迫するや、速度を増加し、あるいは、行程の増大を必要とすることあり。

この際、軍隊に対し、至大なる労力を要求せらるる理由を知らしむるを可とす。

過度の要求は、軍隊の戦闘力を減殺するのみならず、その精神的操守を衰えしむるものとす。

第二百七十八　行軍に関するすべての部署は、主として、地上の敵との接触を予期するや否やに関す。

敵と接触を予期せざるときは、軍隊の愛惜に十分なる顧慮を払うべし。この際、小なる部隊に区分し、もしは、兵種ごとに行軍せしむれば、著しく行軍を容易ならしめ、また、これによりて、同時に空中よりの危害を減少す。

これに反し、敵と接触を予期するときは、戦闘準備に対する顧慮を主とすべし。これがため、混成部隊を編成し、適切なる行軍序列および警戒法を選択するを要す。

第二百七十九　数条の良好なる道路による混成部隊の行軍は、軍隊を愛惜し、その行軍を迅速ならしめ、かつ、行進方向における戦闘準備を良好ならしむるものとす。しかれども、一方において、各縦隊の指揮官が、軍隊指揮官の関与を待たずして、その企図に一致せざるごとき状態に陥る虞あり。ために、軍隊指揮官は、部下軍隊を側方に移動し、かつ迅速に一地に集結すること困難なるものとす。

ゆえに、軍隊指揮官は、任務の附与を適当ならしむるほか、行軍縦隊を梯次に配置し、もしは、地区より地区に前進せしめ、以て、かくのごとき決心の自由を阻害する危険を予防すべし。これがため、軍隊指揮官は、行軍縦隊の出発の時刻、場所、もしは、その戦闘が某線を通過すべき時刻を命ずるものとす。

行軍中の梯隊関係の変更は、行軍縦隊を停止せしむるか、もしは休憩の際を利用して、これを行うを要す。

地区より地区への前進にあたりては、無用の停止を避くるため、勉めて行軍縦隊が各中間目標に到達するに先だち、これに、停止すべきや、続いて前進すべきやを命ずべし。地区より地区への前進の規整のために、休憩を利用することあり。

行軍縦隊の指揮官は別命なくとも、軍隊指揮官をして、絶えず行進目標到達の情況に関し、知らしむるを要す。

第二百八十　軍隊指揮官と行軍縦隊の指揮官との連絡および、行軍縦隊の指揮官相互間の連絡は、すべての方法を尽くして、これを確保せざるべからず。

とくに、困難なる地形、展望不良なる天候および夜間にありては、細心なる処置を講ずるを要す。

比隣行軍縦隊間の無線電信および回光通信による技術的通信のためには、あらかじめ規定するを要す。

昼間においては、飛行機は、指揮官をして、各縦隊に生じたる事件および、その到達せる行進目標を、迅速に知らしめ得るものとす。

第二百八十一　比隣行軍縦隊間には、行軍の警戒および捜索のため、境界を与うべし。

第二百八十二　一条の道路による行軍にありては、軍隊指揮官は、部下軍隊をもっとも確実に掌握し、従って、いっそう大なる決心の自由を保有するものとす。

一条の道路によりて行軍する混成部隊の兵力大となるに従い、ますます軍隊をして、定められたる距離を行進せしむるの必要増加するものとす。

なお、行軍長径の増大にともない、空襲の危険と開進時間とを増大す。

第二百八十三　夜行軍は、行軍する部隊をして、敵の地上監視および、情況有利なるときは空中監視より免れしむるものとす。夜間、敵の空襲は困難なり。ゆえに、夜行軍は、敵を奇襲するため重要なる手段にして、とくに空中勢力劣勢なるものに有効なり。
夜行軍を行い、天明に際し、ただちに敵に近接するときは、通常、軍隊をして疲労を回復せしめ、かつ、整然と敵に迫り得しむるため、小休憩を行うを有利とす。

第二百八十四　行軍縦隊編成の方法は、総兵力、宿営地、企図する区分および行軍序列ならびに、その他の戦術上の顧慮によりて、定まるものとす。

各部隊はすべて、これを行進方面に集合せしむべし。迂路および行進交叉を避くるを要す。また、集合のため、過早に出発せしむべからず。

出発前、一地に大部隊を集合するは、敵の飛行隊の活動に対する顧慮上、これを避くるを要す。

同一地点より、多数の部隊を出発せしむるを要するときは、各部隊をして、不必要に待たしめず、かつ、部隊を群集せしめざるごとく、逐次に到着せしむべし。

多くの場合、各部隊を、その宿営状態および行軍縦隊中のその位置に応じて、行軍路に沿うて集合せしめ、以て、行軍縦隊に入らしむる方法を採用すべきものとす。

宿営団（Unterkunftsgruppe）を編成せられたるときは、その指揮官は、前記の着眼に従い、その部隊をして、行軍縦隊中に適切に編入せしむるごとく部署する責任を有す。

行李および後方勤務部隊は、軍隊の行動を妨害すべからず。

前哨の掩護下に行軍縦隊を編成するときは、前衛をして、適時行軍縦隊の序列に入らしむべし。

第二百八十五　出発時刻は、情況、行軍行程、天候、その他に関係す。不十分なる休息は、軍隊の能力を阻害するものとす。夜行軍に際しては、全行動を夜中に完了すること、とくに肝要なり。

昼間の行軍にありては、軍隊は通常、日没後新宿営地に到着するよりも、払暁前旧宿営地を出発するを有利とすることに着意するを要す。乗馬部隊および自動車部隊は、通常、宿営地出発前約二時間に準備をはじむるを要し、また、行軍後においても、休憩に就くこと、徒歩部隊の主力に比して遅るるものとす。また、出発前、過度に休息に馬匹に飼料を与うることは、その能力を減殺す。また、車輌の手入不十分なるときは、その運転の確実性を低下す。

第二百八十六　行軍序列は、行軍縦隊における軍隊の序列を規定するものにして、戦闘に際し、予想する軍隊の使用を以て、これが決定の準拠とす。正当なる行軍序列は、戦勝の第一歩なり。

第二百八十七　警戒部隊（前衛等）の行軍序列は、通常、その指揮官自らこれを定む。しかれども、命令下達を簡単ならしめんがため、行軍縦隊の指揮官、これを命ずることあり。

行軍縦隊の指揮官は、本隊の行軍序列を定め、かつ一名の本隊指揮官を任命す。本隊指揮官は、本隊たる各部隊が適時序列に入れりや、および行軍間の連繋確実なりや否やを監視す。また、前衛および側衛を設けたるとき、これとのあいだに不断の連絡を保持することに注意し、かつ側面掩護に関し、所要の区処をなすものとす。本隊指揮官、本隊を離るるときは、その代理者を定むべし。軍隊区分、もしは行軍序列の撤回とともに、本隊指揮官たる権限は消滅するものとす。

第二百八十八　数条の道路による歩兵師団の前進行においては、各行軍縦隊の本隊の先頭に、通常、歩兵の一部隊を行進せしむ。本隊指揮官は該部隊に位置す。師団司令部の位置する行軍縦隊にありては、師団司令部所属および師団砲兵指揮官所属の、戦闘に必要にして自動車編成にあらざる部隊、これに続行す。その後方には、師団通信隊中、前衛に配属せられたる繋駕部隊を行進せしむ。繋駕軽砲兵、同重砲兵および前衛に配属せられざる工兵は、その使用順序に従い、前方に行進せしめ、これにもとづき、爾余の歩兵の位置を規定するものとす。師団司令部のある行軍縦隊においては、さらにその後方に、まず衛生中隊の繋駕小隊続行し、その他繋駕軽縦列、その部隊の序列に従いて続行す。師団架橋縦列中の繋駕部隊は、前衛にありて行進せざるか、もしは、後方に跟随せしめられざるときは、本隊の後尾にありて行進せしむ。各隊の対戦車砲および防空に充てられたる機関銃部隊は、通常、行軍縦隊の各所に分散す。

一条の道路による師団の前進行の要領は右に準ず。

退却行に際し、本隊の行軍序列は、しばしば前進行の際と反対に定むるものとす。

軍騎兵の乗馬行進縦隊の本隊に対しては、右と同一の着眼を適用す。

第二百八十九　師団自動車部隊は、捜索警戒勤務に使用せられざるか、もしは、前衛に属せられざるときは、一、もしは数個の自動車梯団に編合し、かつ行軍縦隊の後方に躍進的に続行せしむ。情況および道路網の景況、これを許せば、自動車行軍縦隊として、その全部、もしは一部を、別路により行軍せしむ。而して、敵との接触を予期するときは、戦闘力を有する自動車部隊のみを、別路行軍せしむるものとす。

自動車梯団の行動は、これを、その続行する行軍縦隊の指揮官に委任することあり。自動車行軍縦隊は師団長に直属す。

梯団の指揮官は、行軍に関し、本隊の指揮官と同一の任務を有し、自動車行軍縦隊の指揮官は情況に応じ、他の師団行軍縦隊の指揮官と同一の任務を有す。梯団および行軍縦隊の行軍縦列に関しては、第二百八十六ないし第二百八十八に掲ぐる規定を、また行軍の実施に関しては、第二十二章に掲ぐる規定を適用す。

前衛に属する部隊は常に、司令部の自動車は往々、また砲兵の自動車部隊のごとき爾他の自動車部隊は、例外かつ一時的に、前衛と本隊との距離内に介入して行進せしむ。

第二百九十　戦闘行李（Gefechtstross）は、歩兵大隊、騎兵連隊、砲兵大隊等ごとに合して、所属隊に随行し、高等司令部および他の司令部の戦闘行李は、某隊と行動をともにせしむるか、もしは、独立して行軍序列中に入らしむ。敵にもっとも近き警戒隊の戦闘行李は、前衛（後衛）本隊にありて行進せしむ。

支分せられたる中隊等は、その戦闘行李を携行す。機械化捜索隊および乗馬の捜索隊は通常、独立して、その戦闘行李を有し、かつ、勉めて、これを近く保持するものにして、情況これを要すれば、一時、その戦闘行李と離隔するを要するも、この際、軍隊指揮官は他の某隊に行李の配属を命ずるものとす。

第二百九十一　歩兵師団の前進行においては、師団通信隊をして、通常通信幹線を構成せしむ（第十七章）。通信幹線は、行軍の開始前、情況これを許す限り、前方に延線しおくべきものとす。作業頭は、勉めて、前兵と斉頭にありて、行軍部隊と歩調を合わせて架設を進むるを要す。要点には、通信所、もしは電話所を設置し、行軍命令において、その位置を軍隊に知らしむべきものとす。

数縦隊となりて行軍する際は一般に、師団通信幹線は師団司令部の同行する行軍縦隊の行軍路に沿い、構成せらる。

退却行に際し、通信幹線不用となるや、ただちにこれを撤収、もしは破壊す。

師団通信隊は、通信幹線を構成するほか、前進および退却間、絶えず後方および側方に向かい、無線通信準備を確保するを要す。前方にある部隊との無線通信準備は、機に臨みて、これを規整す。

軍騎兵行軍の際の通信連絡に関しては、第七百二十四を参照すべし。

第二百九十二　行軍行程および行軍時間の算定は、行軍命令作為上の重要なる基礎なり。この際、各隊が、その宿営地より来たり、また、新宿営地に至るために行進すべき距離を顧慮すべし。

行軍速度および行軍力に関しては、附録を参照すべし。

路外の行軍に際し、徒歩部隊を有する大部隊の行軍速度は、一時間約二ないし三キロに減少す。

良好なる道路においては、徒歩部隊および乗馬部隊は、夜間といえど、ほとんど昼間と同様の行軍速度を発揮し得るも、不良なる道路および真の暗夜においては、速度著しく減少す。

自転車隊および自動車部隊の夜間の速度は遅緩するものとす。

第二百九十三　行軍命令下達に先だち、なし得れば、出発時刻、出発地点、行軍路および予想行軍行程に関し、事前命令を下す。該命令には、同時に、行軍路に至る軍隊の集合および行軍縦隊編入に関する部署を含ましむるものとす。

第二百九十四　軍団および軍の直属部隊、もしは、独立の大部隊、各師団の行軍路上を続行するときは、とくに行李および師団後方勤務部隊の行動によりて生ずる軋轢《あつれき》を避くるため、統一せる命令関係を定むるを要す。

第二百九十五　混成の大兵団、地上の敵の影響を受くることなく、数日の行軍を予想するときは、該期間に対し行軍一覧表を作成す。該一覧表には、行軍路のほか、日々の行軍目標、宿営および司令部の宿営地を含ましむ。

第二百九十六　出発後「休め」の命令下るや、特別の場合を除き、談話し、唱歌し、および喫煙することを得。

直属上官、行軍を査閲するときは、姿勢を正して、各自これに注目し、また徒歩部隊は命令により、銃の保持法を斉一にするものとす。その他の敬礼は、これを行うことなし。

第二百九十七　各人は、ほしいままに服装を緩ならしむべからず。しかれども、襟を開き、鉄兜を脱するがごとき必要なる事項は、適時これを命令すべし。

第二百九十八　すべて軍隊は、その「行軍序列」にありて行軍す。

第二百九十九　道路は、その一側を、また道路の両側を行軍する際は、その中央を、命令伝達、伝令の往復のため、解放するを要す。

行軍縦隊の側方を、自動車にて急速に通過するを禁ず。

一般に道路の右側を行進し、しからざれば、徒歩部隊に有利なる一側を行進するか、もしは対空遮蔽に便なる一側あるときは、昼間は該方側を行進するものとす。道路の両側、対空遮蔽を提供するときは、昼間は、要すれば、徒歩部隊および騎兵隊は両側に分かれて行進し、車輛、車行部隊および、情況により自転車隊は、有利なる一側を行進す。

不完全なる道路および炎暑の際は、両側に分かれて行進し、中央を解放するを適当とすることあり。

夏季、砂塵多き道路はこれを避くべし。

軍隊の一側を、他の軍隊超越するにあたりては、要すれば、一側、もしは両側に厳に収縮せしめ、余地を作るべし。停止しある際は、なし得れば道路を解放すべし。

第三百　行軍縦隊のすべての部隊は、命ぜられたるか、もしは、許されたる限度よりも、長径を拡大せざることに注意するを要す。遽止《きょし》【急停止】および後続部隊の急進は、行軍速度を斉一ならしむることにより、予防せざるべからず。

第三百一　縦隊長の各部隊に生ずる行軍長径の変化は、たとい小なるも、他に波及するを以て、これを防止するため、中隊等の間に隊間距離を置くものとす。隊間距離は、徒歩部隊にありては十歩、乗馬部隊および司令部にありては十五歩なり。対空行軍長径の際は、隊間距離は消滅す。

乗馬将校および予備馬等は、行軍長径中に算入し、これを隊間距離中には算入せざるものとす。

隊間距離は渋滞を調節すべきものなるを以て、一時喪失することを得。

自動車部隊の隊間距離に関しては、第二十二章を参照すべし。

第三百二　縦隊中の各部隊間においては、伝騎、自転車兵および自動車によりて、また、距離小なるときは、連絡兵により連絡を維持すべし。困難なる情況においては、将校を以て、連絡の任に当たらしむるものとす。

夜間、通視不良なる天候および展望不良なる道路の景況においては、連絡機関の数を増加するものとす。

大なる部隊の指揮官は、常に連絡の責に任ず。しかれども、小なる部隊は、連絡の維持困難なるを予見するや、連絡の処置を取りて、これを幇助《ほうじょ》せざるべからず。

その他、各隊は、後続隊が正当なる道路を行進することにつき、責任を有す。縦隊中より一部を抽出する際には、抽出を命じたる上官は、ただちにその旨を、その後方に続行する部隊の指揮官に通報するを要す。

後続する部隊、伝令、落伍兵等のため、一定の地点に連絡機関を残置し、また道標および、これに類するものを設置するを可とす。

前衛と本隊とのあいだには、無線および回光通信連絡を命ずることあり。

第三百三　行軍開始後しばらくにして、服装、武装を整え、馬装を改装し、かつ用便をなさしむるため、小休憩を行うほか、長径の大小、軍隊の行軍能力、天候および地形に応じ、一ないし数回の休憩（Rasten）を行い、食事、飼与、水与等に利用するを必要とす。一回の休憩にありては、通常、行程のなかば以上を行軍せるのち、また数回の休憩にありては、おおむね二時間ごとにこれを行うものとす。

夜行軍にありては、往々、毎時間ごとに一定の少時間休憩する方法を取ることあり。

休憩および、その時間は、勉めて、すでに行軍命令において、これを知らしむべきものとす。

馬匹に飼与および水与を行い、かつ、同時に鞍を卸し、馬装を脱する休憩にありては、二時間以下なるべからず。

数条の道路による行軍にあたりては、休憩に関する規定を行軍縦隊の指揮官に委任することを得。

急行を要するときといえど、長途の行軍においては、適当なる休憩を挿入し、以て、軍隊をして戦闘力を保持して、敵に当たらしむるを要す。適時、かつ十分なる休憩を等閑に附するは、重大なる結果を指揮官に負わしむるものとす。

しかれども、一部の軍隊といえど、戦場、もしは決勝点に、機を失せず到達せしむるを緊要とするときに限り、指揮官は軍隊愛惜の一切の顧慮を放擲せざるべからず。

第三百四　昼間は、各部隊に分散し、かつ遮蔽して、行軍路の近傍において休憩するか、もしは、とくに大休憩の際は、休憩団に集結して、休憩するものとす。後者は、井川《せいせん》をいっそうよく利用せしめ、かつ、遅れて出発せる後方部隊をして、前進続行を可能ならしめ、もしは戦闘準備を良好ならしむるため適当なり。

夜間は行軍路に沿うて休憩す。

休憩地は、あらかじめ、これを偵察すべし。これが選定に際しては、行軍技術上および戦術上の顧慮、なかんずく、上空の敵に対する配慮のほか、季節、天候および時刻に従い、水、陰影、風雨、雪および寒気に対する掩護、軍隊の利便および愛惜ならびに各兵種の特別の要求を顧慮すべし。

第三百五　兵は、休憩間、高級の上官現わるるも、話しかけられるか、もしは、呼ばれざる限り、休憩せるままとす。

第三百六　軍隊指揮官は、軍橋通過に際し、通過順序、要すれば、取るべき距離を命ず。その重量、橋梁の負担力を超過する車輛は、これを分離し、他の適当なる橋梁に導くか、もしは渡船を以て渡過せしむべし。

第三百七　橋梁司令官は、橋梁の保安、橋梁上および進入、進出路における安静ならびに秩序を維持するの責に任ず。同司令官および橋梁勤務に服する工兵将校の与うる指令（Anordnung）はすべて、これを遵守すべし。

第三百八　軍隊および車輛は、橋梁の近傍に集合すべからず。橋梁の両端は、これを開放しあるを要す。また、橋梁通過にあたりては停止すべからず。従って、軍隊は通常、準備位置（Bereitstellung）より、橋梁の開放せらるるに従い、招致せらるるものとす。

第三百九　各隊は、少なくも橋梁の手前百メートルにおいて、通過に必要なる隊形を取り、その縦隊の後尾が橋梁の出口より百メートル離るるに至るまで、これを維持する。

第三百十　徒歩部隊は、行軍縦隊のまま、歩調を取ることなく通過し、騎兵は下馬し、騎手は外側にありて、二伍縦隊を以て通過す。通過終われる騎兵は、常歩を短縮し、以てなお橋梁通過中の馬を安静ならしむべし。車行部隊および単独の車輛は、すべて中央を前進し、馭兵は乗馭し、その他の兵は、馬の両側にありて行進し、制転を準備す。単独の乗馬者は下馬、牽馬す。騎砲兵中隊の砲手は、下馬して、二伍にて砲に続行す。

自動車は、橋梁の種類および重量に応じ、各車間に距離を取り、中央を徐々に通過す。

軍橋の負担力は、機を失せず、これを軍隊に告げ、また、橋梁への道標および入口の掲示板に記して、あきらかならしむべし。

第三百十一　軍橋上における停止は、橋梁司令官、もしは橋梁勤務将校、これを命ず。緊急の際には、橋梁勤務に服する各工兵将校は、右の権限を有するものとす。

空襲に際し、橋梁は、これを平静かつ整然と解放すべし。各級指揮官は、行軍速度の増大および軍隊の混乱を阻止するものとす。

第三百十二　橋梁渡過中は、橋梁勤務に服する工兵のみ、橋梁を逆行することを得。ただし、橋梁勤務将校は例外を許すことを得。

同時に行き違い通過可能なる軍橋は、とくにこれを標識す。

第三百十三　軍隊は、舟渡（Übersetzen）のため、所要の準備を整え、かつ、舟渡材料の収容力に応じ、勉めて戦術上の建制を保持して区分せらるるものとす。準備位置より舟渡場までは、標識せる道路により、工兵将校これを誘導す。

乗船、上陸の際および舟内における動作に関しては、事前に命令しおくべし。また、舟渡勤務者の指示に従うを要す。

水馬《すいば》【馬を泳がせて、渡河すること】を行うときは、舟渡を迅速ならしむ。

第六章　攻撃

第三百十四　攻撃は、運動、射撃、衝撃（Stoss）および、これが指向の方向により、効果を発揮するものとす。

攻撃は、敵の正面、すなわち、通常、強度もっとも大なる方面、側面、もしは背面に向かいて、一方向より、これを行う。また、数方向より攻撃することあり。

敵正面の突破に際しては、突破点において、あらたなる攻撃方向を生ず。

第三百十五　正面攻撃は、その遂行もっとも困難なるも、もっとも、しばしば行わるるものなり。正面攻撃のため、部署せられざる軍隊といえど、通常、正面より攻撃を行わざるべからざるものとす。

価値同等にして防御しある敵に対する正面攻撃は、優勢獲得のために、長時かつ頑強なる争闘を生ず。これが遂行のためには、著しく優勢なる兵力と資材とを必要とす。而して、通常、敵を突破し得たるときにおいてのみ、決戦的成果を収め得るものなり。

第三百十六　包囲攻撃は、正面攻撃に比し、その効果大なり。

同時に敵の両翼を包囲するためには、著しく優勢ならざるべからず。敵の一翼、もしは両翼を深く背後まで包囲するときは、敵を殲滅し得べし。

包囲は、これに充つる兵力を、すでに遠方より敵の翼、または側面に向かって部署するとき、もっとも容易に実行せらるるものとす。敵の近傍において包囲を開始せんとするは、比較的困難なり。包囲のために、戦場においてする兵力移動は、とくに地形有利なるか、もしは、夜間においてのみ可能なり。包囲は、決戦方向において、敵の主力と遭遇することを求めざるべからず。

包囲の成果如何は、敵が、その脅威せられたる方向に対し、適時兵力を移動し得るや否や、および、その範囲の如何に関するものとす。

包囲翼をますます拡張せんとする努力は、ややもすれば、正面過大および兵力分散の弊に陥るものなり。ゆえに、情況不明なる場合には、最初、包囲翼の縦長区分を大ならしむるを可とす。

包囲を行うものはまた、包囲せらるる危険あり。指揮官は、ここに顧慮するところなかるべからず。しかれども、指揮官は、包囲翼の優勢を招来し得るためには、正面を微弱ならしむることに躊躇すべからず。

第三百十七　包囲は、その条件として、敵を正面に拘束するを要す。

敵の全正面を攻撃するは、もっとも確実に敵を拘束し得べし。しかれども、かくのごとき攻撃のためには、強大なる兵力を必要とし、包囲翼の兵力に不足を生ずることあり。ゆえに、制限目標に対する攻撃、もしは陽攻を以て満足せざるべからざること、しばしばなり。

比較的強大なる敵に対しては、ときとして、待機的に動作することあり。

敵、もし、その正面より攻撃し来たらば、防御をなすか、もしは持久抵抗を行うべし。この際、依然、包囲を断行するときは、いっそう大なる効果をもたらし、また包囲を中止し、転じて反撃（Gegenangriff）を行うときは、確実なる効果をもたらし得べし。

第三百十八　側面攻撃は、従来の前進方向、もしは迂回により生ず。敵を奇襲し、かつ、敵に対応の処置を講ずるいとまなからしむるときは、とくに効果大なり。側面攻撃を行うには、敵に優る機動性を有し、かつ、他の方面において敵を偽騙するを必要とす。

前進方向、もしは迂回にして、例外的に背面攻撃を可能ならしむるときにおいて、敵の意表に出て、かつ、わが兵力十分強大なるときは、大なる成果を収め得べし。

第三百十九　突破攻撃（Durchbruchangriff）は、敵の正面における連繫を分断し、突破点における敵の翼端を包囲せんとするものなり。

突破奏功上、必須の要件は、敵の不意に出づること、突破地帯の内部もまた、攻撃歩兵のため有利なること、および突破後攻撃を続行するに足る強大な兵力を充つること、これなり。突破地点の側方の敵を牽制、抑留するため、突破を企図する正面幅以上に大なる正面幅に向かい、攻撃を指向するを要す。爾余の敵の正面もまた、これを拘束するを要す。

突入の幅大なるに従い、ますます深く突破の作用を及ぼし得るものとす。この際、予備隊を近く位置せしめ得るものとす。ゆえに、過早の方向変換を避くべし。

突破奏功せば、敵が対応の処置を講ずるに先だち、戦果を拡張するを要す。攻者、ますます深く進出するに従い、いよいよ有効に包囲に転じ、かつ、後方に待避して、突破せられたる正面を閉鎖せんとする敵の企図を挫折せしめ得るものとす。ゆえに、過早の方向転換を避くべし。

突破奏功せば、戦略的にまず、軍騎兵および機械化部隊を以て、その戦果を拡張す。この際、駆逐機および爆撃機を以て、急行し来たる敵の新部隊を攻撃し、該部隊を支援すべし。

第三百二十　制限目標に対する攻撃は、その目標の範囲内に限定せられたる成果を獲得すべきものとす。通常、情況、かくのごとき成果を希望するところにおいて、これを行うものとす。

有利なる方面において、これを行うときは、大なる効果を発揮し得べし。また、敵を、単に阻止、もしは拘束するために行うことあり。

制限目標に対する攻撃は、その実施上、他の攻撃と異なることなし。攻撃目標は、これを近く選定し、かつ僅少なる兵力を以て、これが獲得に努力すといえどもまた全力の傾注を要することあり。

攻撃目標近きか、攻撃容易なる際には、攻者はしばしば縦長区分を放棄することあり。

攻撃は適時、これを中止するを要す。軍隊は、その権限を与えられあるときに限り、攻撃目標を超過することを得。該権限を与うるや否やを決定するには、周到なる考慮を要す。

第三百二十一　ときとして、敵をして、まず攻撃を行わしめ、敵が、その兵力の自由を失うに及んで、はじめて攻撃に転ずるを可とすることあり。

しかれども、攻勢移転のため、適切なる時機を捕捉するは困難にして、適時攻撃の決心をなし得ざるか、もしは、まったく決心し得ざる危険存するものとす。

第三百二十二　敵がのちに至りて攻撃に転ぜんがため、まず、単にわが攻撃に応戦するのみなるか、もしは、わが攻撃を避けんとするを予期するときは、兵力の部署および使用に際し、これを顧慮するを要す。

第三百二十三　すべて攻撃は統一指揮を必要とするものにして、各個の攻撃となるべからず。

主力および弾薬の大部は、これを決戦方面に使用すべし。決戦方面は、包囲にありては包囲翼に、その他にありては、企図、情況および地形に応じ、通常、諸兵種の威力を最大に発揮し、かつ、これを利用し得る方面とす。攻撃の重点は、実に該地点にあるものとす。

重点は、攻撃の部署にあたりては、狭き戦闘地域（Gefechtsstreifen）、諸兵種および隣接戦闘地域よりの火力集中のための処置ならびに、とくに指示する歩兵重火器および砲兵による火力の増加により、また、攻撃の実施においては、火力の向上、戦車および予備隊の使用により、その特長を表わすものとす。

攻撃重点の選定は、砲兵、ときとして戦車により、おおいに影響を受くるものなり。

当初より決戦を求むる地点を予定し得ざるときは、適宜、攻撃の重点を成形し、のちに至りて、要すれば、これを転移するを要す。あるいは、のちに至りて、はじめて重点を形成することあり。攻撃間、予期、もしは企図せざる方面において奏功せば、決然これを利用すべし。

重点を転移するか、もしは、のちに至りて、これを成形するときは、十分なる予備隊あるを要し、また、全火器の強大なる威力を、あらたなる方向に集中し得ざるべからず。

重点成形は、各指揮官の処置に表わるるを要す。各隊に対し、その重点指向の方向を命ずるを適当とすることあり。

第三百二十四　すべて攻撃は、多少にかかわらず、重大なる危機を経て、決戦の頂点に達するものとす。指揮官は、この頂点を看破すること、ならびに決心の自由を失うことなく、百方手段を尽くして、ただちに奏功の端緒を拡張し、もしは失敗を未然に予防すること肝要なり。

第三百二十五　従来の軍隊区分を以てしては、自力にて攻撃を進捗し得ざるときは、兵力分配の変更、もしは新鋭の兵力および火力運用のあらたなる規整によりてのみ、さらに攻撃を進捗し得るものとす。かかる方策を行うこと能わざるときは、攻撃を続行して軍隊の戦闘力を賭するよりも、攻撃を中止するを、通常、いっそう正当（richtiger）なりとす。

第三百二十六　攻撃における歩兵の正面幅は、予想する兵力の消耗に適応せざるべからず。正面幅は、任務、兵力、地形、各兵種の火力支援および予想する敵の抵抗度に関係す。両翼を依託せる大隊の正面幅は、通常、四百ないし一千メートルのあいだにあり（註　敵線にて測れるもの）。

歩兵三連隊および十分なる砲兵より成る歩兵師団の正面幅は、諸兵種のため、有利なる地形における遭遇戦において、おおむね四千ないし五千メートルと計算せらる（註　同前）。これを以て、混成部隊の正面幅の基準とみなすことを得べし。ときとして、兵力を団（Gruppe）に分かちて使用し、かつ、間隙を挿入することにより、いっそう大なる正面幅を生ずることあり。正面過広なるときは、戦闘指揮のみならず、決戦方面における後方部隊より受くる支援を困難ならしむるものとす。

両翼を依託し、かつ、決戦方面にありて攻撃する歩兵師団の正面幅は、堅固なる陣地を占領する敵に対する正面攻撃において、新鋭の部隊と交代することなく攻撃を実施し、かつ戦果を拡張すべきときは、三千メートル以上に達し得ざるものとす。

攻撃の正面幅を、以上、制限の程度に達せしめ、以て、攻撃のための所要兵力を得るため、往々、一方面において、正面幅の制限を断念するを要することあり。

第三百二十七　攻撃目標は、攻撃の方向を定むるものにして、戦闘任務において、これを示すものとす。

戦闘地域を配当し、以て、両翼を依託せる歩兵が、攻撃のための展開ならびに攻撃実行にあたり、相互に妨害するを予防するを要す。戦闘地域はまた、戦闘捜索の境界を劃《かく》するものとす。

戦闘地域の広狭を適宜按配することは、重点成形の簡単なる手段なり。

戦闘地域は、その全正面にわたり、部隊を配置するの要なし。

なお、戦闘地域の配当は、これによりて、併列にして戦闘する部隊の行動を調和せしむべきものなりといえど、相互の接触を維持するためにのみ腐心せしむることあるべからず。

戦闘地域は、他の兵種、なかんずく、歩兵を直接支援する砲兵に対し、所要の準拠を与う。しかれども、砲兵が隣接戦闘地域内において、観測および放列陣地のため、有利なる地点を利用するを妨ぐべきものにあらず。歩兵の重火器に対してもまた然りとす。

戦闘地域は、大なる作戦関係においては地図により、小なる作戦関係においては、現地について、これを命ず。而して、攻撃の計画的経過に際し、これを遵守し得るごとく、敵方に延長するを要す。また、情況の変化に際しては、これが変更を命ずるを要す。

重要なる地点は、これを数個の部隊攻撃せざるときは、戦闘地域の内部に在らしむべし。

依託せる翼は、通常、これに限界を与うることなし。ゆえに、隣接せるも依託せざる兵団のためには、しばしば境界線（Trennungslinie）にて足るものとす。情況により、攻撃目標の指示のみを以て足ることあり。

攻撃実施

第三百二十八　攻撃命令は、企図する攻撃の実施を、明瞭に認識せしめざるべからず。

任務の分課は、各隊の行動に対する必要なる統制と、一方、その独断とのあいだに至当なる関係あらしむるごとく顧慮し、かつ、過度に広範なる命令により、攻撃の迅速と気勢とを阻害するを避けざるべからず。

諸兵種協同の基礎

第三百二十九　攻撃における諸兵種協同の目的は、歩兵をして、戦闘に最終の決を与うるため、十分なる火力および突撃力を以て、敵に近迫せしめ、敵戦線深く突入し、敵の抵抗力を決定的に破砕し得しむるにあり。右の目的は、敵の砲兵を奪取するか、もしは、潰走のやむなきに至らしめたるとき、はじめて達成せられたるものとす。

攻撃に際し、協同する諸兵種は相互にその性能を理解し、かつ、その能力の限界を顧慮するを要す。また、相互の絶えざる緊密なる連絡を必要とす。

第三百三十　攻撃歩兵と、これを支援する砲兵との協同は、攻撃経過の特色なり。歩砲両兵種の活動は、攻撃の全期にわたり、時間的にも空間的にも、これを分離するを得ず。

砲兵の攻撃歩兵支援は、火砲の下方散飛界（Untere Streugrenze）に至るまでとす。ゆえに、歩兵は、該散飛界の手前は、一般に自己の有する火器のみを以て攻撃戦闘を遂行せざるべからず。

第三百三十一　共同の指揮官は、砲兵の支援を、絶えず歩兵の攻撃に調和せしむる責任を有す。その砲兵に関する顧問は、砲兵の最古参指揮官にして、歩兵師団にありては通常砲兵指揮官とす。

砲兵指揮官の位置は、一般に師団長の側近にあらしむるものとす。

歩兵師団にして、砲兵指揮官を有せざるときは、砲兵の最古参の指揮官は、部下軍隊の指揮上必要なる場合には、その戦闘司令所を、師団長の戦闘司令所より離隔せしむることを得。

混成歩兵連隊のごとき、小なる兵団の砲兵最古参指揮官は、歩兵を支援するため、もっとも有利なる地点に、その戦闘司令所を定めざるべからざること、しばしばなり。該指揮官は、その任務達成のため、自ら攻撃地区を視察し、かつ、部下砲兵および、その支援する歩兵と確実に連絡するを必要とす。

軍騎兵にありては、情況の変転迅速なるを以て、通常、砲兵最古参指揮官は、直属騎兵指揮官のもとに位置するを要す。

以上の各指揮官は、親しく諒解（durch persönliches Einvernehmen）を遂げ、過誤なきを期せざるべからず。共同の指揮官は、なし得れば、砲兵最古参指揮官の意見にそわざるべからず。両者の戦闘司令所、直接同一地点にあらざるときは、砲兵最古参指揮官は連絡将校により、また、共同の指揮官は技術的通信機関により、連絡を維持するを要す。

第三百三十二　統一射撃指揮は砲兵火の効力を向上し、かつ、決勝点および決戦時機における砲兵火の迅速なる集中を可能ならしむるものとす。

しかれども、歩兵は、横広縦深に散在し、かつ、見え難き目標を呈せる敵歩兵に対する攻撃に際し、終始歩兵に直接協同して、即時、その要求に応じ得る砲兵を必要とするものなり。

ゆえに、歩兵連隊には、情況によりて、兵力に差異ある砲兵部隊（大隊、もしは中隊）を配当せられ、直接協同（Zusammenarbeit）に任ぜせしむるを原則とす。該砲兵隊は、歩兵隊独立の任務を有するか、戦場の通視著しく困難なるか、正面はなはだ広大なるか、あるいは、他の理由より砲兵の統一射撃指揮不可能なるときは、これを配属（unterstellen）することあり。

両兵種の同一部隊を常に協同せしむるは、協同の価値を向上するものとす。

砲兵指揮官（註　以下、砲兵指揮官とは、混成部隊砲兵の最古参指揮官をいう）は、歩兵直接協同の砲兵は自己の方寸にもとづき、また、配属せられある砲兵は、これを軍隊指揮官の命により、他に使用することを得。しかれども、あらかじめ、当該歩兵指揮官に、これを通報するを要す。歩兵に配属せられある砲兵もまた、砲兵指揮官と連絡を維持しあるを要す。軍隊指揮官は、砲兵を他の任務に迅速に招致し得るごとく準備せんがため、その陣地進入に関し、指示を与うることあり。

第三百三十三　歩兵指揮官は、直接協同の砲兵に対し支援を請求し、該砲兵の指揮官は、この請求に応ずべきものとす。該砲兵の指揮官、同時に砲兵指揮官より他の任務を受けたるときは、まず、いずれの任務を解決すべきかに関し、砲兵指揮官の裁決を受くべし。切迫せる場合においては、自己の責任を以て行動するを要す。

配属砲兵は、その配属せられある歩兵隊の指揮官の命令に従い、支援すべし。配属砲兵を、さらに歩兵隊内の下級部隊に分属するは、建制砲兵部隊の火力を放擲するものなり。ゆえに、分属は例外の場合に制限し、かつ、分属せるときは、その旨を、歩兵隊指揮官より軍隊指揮官に報告すべし。

第三百三十四　歩兵および砲兵は、相互に絶えず緊密なる連絡を保持し、以て、両者の協同を確保するの義務を有す。連絡は、ただに指揮官相互のあいだに止らず、最前線の歩兵、なかんずく、歩兵重火器、もしは、その観測者と砲兵観測所とのあいだに、これを保持すべし。砲兵観測所のみより、歩兵の攻撃地区を視察し得ること、しばしばなり。

歩兵重火器および砲兵の観測所を密集せしむべからず。その局地にある最古参の指揮官は、要すれば、これに関し規整するを要す。

もっとも大なる視界を有する観測所は、通常、これを砲兵に与うべきものとす。

歩砲の協同動作および目標の正確なる選定は、歩、砲兵間において相互に、その観測と目標指示とを迅速かつ明確に伝達することにより、求め得らるるものなり。

第三百三十五　歩砲両兵種の戦闘司令所隣接するときは、もっとも迅速に意見を交換することを得。しかれども、砲兵中隊長および大隊長の位置は、観測、射撃、もしは射撃指揮上、一定の地点に拘束せらるるものなり。これに反し、歩兵の指揮官は往々、その戦闘司令所を砲兵大隊長および中隊長の戦闘司令所の近傍に設け得ることあり。

両兵種の戦闘司令所を同所に置かざるときは、技術的手段、または特別の機関により、直接連絡せざるべからず。

第三百三十六　砲兵大隊の砲兵連絡班（Artillerieverbindungskommando）は通常、支援をもっとも緊要とするところ、および砲兵に対する迅速なる支援要求のため、直接戦闘の印象を利用し得るところに、これを使用す。攻撃重点の存する歩兵大隊にこれを配属すること、しばしばなり。ときとして、砲兵連絡班をして、歩兵連隊長のもとに位置する砲兵大隊長を代理せしむることあり。

建制外にありて戦闘する砲兵中隊もまた、砲兵連絡班に準ずる連絡者を派遣するを要することあり。

歩兵は、砲兵連絡班の活動を支援するの義務を有す。連絡班の活動は、さらに砲兵観測所、もしは、推進砲兵観測者と最前線歩兵部隊との直接連絡により、補足せらるるものとす。

両兵種の有する無線電信器材、歩兵の発火信号および最低空における空中捜索は、連絡を補足する他の手段なり。

第三百三十七　歩兵は、砲兵の部署、なかんずく、歩兵の支援に任ずる部隊、その戦闘司令所および観測所の位置について承知すべきのみならず、自己の戦闘地域内における爾後の観測所および支援砲兵力、その観測および弾道を以て火制し得る地域に関し、承知するを要す。

右の知識は、歩兵重火器の使用および射撃のため、一の基礎をなすものとす。

歩兵は、その最前線の情況を砲兵に通報し、かつ、戦闘捜索により確認せる敵情の変化に関し、絶えず砲兵をして知らしむる義務を有す。

砲兵は、最寄りの戦闘司令所および、その支援する歩兵の戦闘司令所ならびに、歩兵がその火器を以て支配する地域を承知し、かつ、歩兵最前線の情況および、その爾後の企図を、自ら勉めて常に知らざるべからず。

ゆえに砲兵は、友軍および敵の最前線を絶えず監視するの義務を有す。

第三百三十八　砲兵は、地上観測射撃により、もっとも有効なる支援を行う。砲兵は、その観測所および陣地が攻撃歩兵の後方にあるとき、もっとも迅速かつ確実に援助し得るものとす。歩兵が包囲攻撃を行うとき、また然り。

砲兵にして、地上観測射撃をなし得るときは、攻撃歩兵はしばしば、その共有する火器のみを以て、直接支援任務を担当せざるべからず。けだし、砲兵の図上標定射撃（Planschiessen）は、歩兵戦闘の細部に対しては十分ならざるを以てなり。

第三百三十九　協同する戦車と歩兵とは一般に、同一の攻撃目標を有すべきものにして、勉めて敵の砲兵を目標とすべし。

戦車は通常、決戦を求めんとする方向に、これを使用するものとす。

戦車の攻撃は、歩兵と同一の方向、もしくは、他の方向より、これを行う。これが決定の要素は地形なり。歩兵に密接せしむるときは、戦車の利益たるその速度を奪い、かつ、情況により、敵の防支の犠牲とならしむ。ゆえに戦車は、その前進によりて、歩兵の攻撃を阻止する敵の火器、なかんずく、敵砲兵火を遮断（ausschalten）し、もしくは、歩兵とともに敵に突入するごとく、これを部署すべし。歩兵とともに突入せしむる際は、戦車攻撃の行わるる地域の歩兵指揮官に配属するを緊要とす。

ときとして、戦車の攻撃は、歩兵攻撃の最後の時機にいっそう困難を加うる砲兵の支援を補足し、もしは、砲兵が爾後の攻撃支援のため、前進を要するにあたり、その陣地変換によりて生ずる火力の間隙を充足するものとす。

第三百四十　軍隊指揮官は、戦車の戦闘と、他の兵種の協力とを協調せしむるものとす。他の兵種の戦闘は、戦車の攻撃地域内にありては、戦車に顧慮するを要す。

歩兵は攻撃戦車の効力を利用し、迅速に前進するを要す。

歩兵重火器の一部は、敵の対戦車兵器を制圧すべし。敵の抵抗復活し、歩兵の迅速なる続行を停頓(niederhalten)せしむるときは、凡百の手段を尽くし、なし得る限り迅速に、これを破砕するを要す。これがため、しばしば、後方戦車梯隊を参与せしむ。

砲兵は戦車の攻撃を監視す。これがため、敵の対戦車兵器を火制し、敵の観測所を制圧し、もしは、これに対し煙幕を構成し、戦車攻撃の行わるる附近にある樹林および村落を制圧し、もしは、その火力を遮断し、また、敵の予備隊の加入を阻止す。

機械化砲兵および機械化対戦車砲をして、戦車攻撃に随伴せしむることあり。

自動車工兵を戦車隊に配属することあり。該工兵は、障碍および阻絶を除去し、橋梁を補強し、かつ、壕および湿地通過を容易ならしむるものとす。

駆逐機は、敵の対戦車兵器、砲兵および予備隊を攻撃して、戦車を支援す。低空を飛行する飛行機は、軍隊指揮官と戦車隊間の連絡を保持し、かつ、敵の戦車攻撃を警戒し得るものとす。

天候有利なる際は、煙幕により、戦車攻撃を支援し得ることあり。

戦車と、その攻撃に参与する兵種、なかんずく、砲兵とのあいだには、協定せる記号、もしは通信機関により、連絡を保持せざるべからず。攻撃前、攻撃に際し協同する指揮官が会合して、協定する機会を求むべし。

第三百四十一　駆逐および爆撃機は戦闘に加入し、直接攻撃を支援するか、もしは遠隔せる目標を攻撃し、間接に攻撃を支援す。その他、その運用に関しては、第十五章に掲ぐる着眼に従うものとす。

第三百四十二　防空部隊は、攻撃部隊の分進および攻撃準備配置（Bereitstellung）ならびに砲兵の開進を警戒し、かつ、空中戦闘捜索を支援せしむるため、これを使用す。

若干の高射砲中隊を、遠く前方に配置して、前線の彼方において敵機を捕捉し得しむべし。

突入地点に対する空中捜索および空中攻撃の掩護を適時確保せざるべからず。

第三百四十三　工兵は、阻絶の排除、障碍の超越および築城せる拠点に対する攻撃に際し、攻撃歩兵を支援す。その他、軍隊の背後における追送および後送のため、地形の補修に任じ、以て、戦闘のため緊要なる勤務を遂行し得るものとす。

第三百四十四　毒ガスは、砲兵および予備隊の戦闘に資するほか、側面における阻絶の設置、もしは補強のため、有利なり。

攻撃歩兵は、毒ガス使用の時機および地点ならびに、その効力持続時間を早期に知悉し、以て、その前進をこれに適応せしむるを要す。

第三百四十五　煙幕は、天候および風の関係有利なる際は、わが攻撃部隊を遮蔽し、かつ、敵の観測所および防支兵器を盲目ならしめ得るものとす。掩護物なき地形の前進のためには価値大なり。攻撃部隊は、煙幕の限りある持続時間を十分に利用するを要す。

砲兵に対しては、企図する煙幕の予想拡散の度について知らしめ、以て、これに従い、その処置を講じ得しめざるべからず。

第三百四十六　師団通信隊は、勉めて師団長および砲兵指揮官に直属する各指揮官と有線連絡を構成し、かつ、これを維持す。

すべて下級指揮官は、前進ならびにその戦闘司令所の設置に際し、確実なる通信連絡に意を用うべし。

通信機関の使用は、攻撃の重点に一致せざるべからず。

歩兵および砲兵の通信網は、戦闘通信網の構成に際し、分離して設置せられあるを要す。而して、砲兵の連絡に優先権を有せしむべし。

通信機関の予備は、戦闘部隊との確実なる連絡、とくに歩、砲兵間の連絡を攻撃進捗にあたり確保せしむるため、これを準備しおくものとす。

横方向の連絡は、諸兵種の協同および観測結果の迅速なる交換を容易ならしむ。

第三百四十七　攻撃間、例外として、部下指揮官とのあいだに直接の有線連絡を維持し得ざるときは、師団通信隊は、多数の有線より成る通信幹線のみを推進す。

通信幹線の端末には、報告受付所を設置し、これを基点として連絡を保持するものとす。

第三百四十八　師団戦闘司令所は早期に確定せられざるべからず。けだし、その位置は、師団戦闘通信網の構成上、影響するところ重大なればなり。師団戦闘通信網は、観測隊、飛行隊および防空部隊の通信網を以て、これを補足す。師団通信隊は、これらの通信網と師団戦闘通信網とのあいだに連絡を構成す。

攻撃準備配置

第三百四十九　捜索により、敵が防支に決せるがごとき情報をあきらかにせば、軍隊は通常、戦闘のための分進後、攻撃のため、準備配置に就くを原則とす。

第三百五十　攻撃準備配置のための命令は、歩兵の準備配置、準備配置の警戒および、すでに戦闘中の部隊あるときは、その行動、砲兵の開進ならびに爾後の捜索および偵察を規定す。すでに攻撃準備配置の命令において、勉めて多くの攻撃実施上の準拠を示し、以て諸隊をして、あらかじめ所要の準備を講じ得るごとく勉むべし。

各兵種の任務、弾薬補充のための命令、軽縦列および先進輜重の行動ならびに人馬の衛生に関する事項のごとき、これなり。通常、繋駕給養行李の所在に関してもまた、これを命ずるものとす。かくのごとくするときは、爾後の攻撃命令を簡単ならしめ得べし。

第三百五十一　歩兵の準備配置のための地形は、敵眼、敵火に遮断し、かつ、歩兵をして、その支援兵種の掩護下に、もっとも有効なる攻撃方向に容易に進出し得しむるを以て有利とす。準備配置より、遮蔽なき地形を前進することは、なし得る限り、これを避け、もし、これを前進するときは、歩兵重火器および砲兵をして監視せしむべし。観測所ならびに攻撃のため、歩兵の展開に欠くべからざる地形は、情況により、あらかじめ、これを占領するを要す。

開豁地においては、歩兵は通常、すでに敵より遠距離において、準備配置に就くを要す。歩兵の各部隊は斉頭面に位置するを要せず。いっそう敵に近接して準備配置に就き得る部隊は、それより後方にある部隊の前進を容易ならしめるものとす。

包囲のため、準備配置に就けらるる歩兵は、敵の正面に向かう歩兵と離隔し、以て、両者の内方翼、相互に交錯せざるごとくするを要す。

歩兵は、遅くも準備配置に就くとともに、戦闘捜索を部署す。なお、準備配置および、これよりの爾後の展開を直接警戒するを要す。

第三百五十二　砲兵の開進は、歩兵が漸次準備配置に就くに従い、行わるるものとす。歩兵は、砲兵により掩護（Sichern）せらるるを要す。

砲兵指揮官は、砲兵の開進に先だち、軍隊指揮官より砲兵の支援に関し、聴取すべし。これ、砲兵は攻撃の実施に重大なる影響を与うるものにして、かつ、特別の偵察を必要とするを以てなり。

観測所および放列陣地の偵察にあたりては、予想決戦攻撃地点に対する火力集中の能否を顧慮するを要す。ゆえに、軍隊指揮官および直協、もしは配属砲兵を有する歩兵指揮官は、攻撃をいかに遂行せんとするかの企図を、早期に砲兵に告げざるべからず。

砲兵は、攻撃の経過中、勉めて同一陣地よりその任務を解決し得るごとく、陣地に就かしむべし。これがため、各砲兵中隊は、砲戦の任務を有する中隊といえど、遠く推進せられたる放列陣地を占領せしむるを要す。

地形、樹木、各種距離に応ずる弾道の形状および、その方向射界の度は、右の要求を制限することあり。

直協、もしは配属せられたる砲兵は、歩兵に近接しあるを要す。該砲兵は、歩兵に近接せると、観測所および放列陣地間の連絡距離の小なるとによりて、その支援の迅速確実および効果を増大す。

陣地変換を避け得ざるときは、効力を中絶せしむることなく、梯次に実施するを要す。

狭小なる地域に砲兵中隊を群集せしむるを避くべし。

強大なる砲兵を有する師団にありては、時宜により、砲兵諸部隊を特別の群（Gruppe）にまとむるを適当とすることあり。とくに陣地攻撃においては、この顧慮を要す。

第三百五十三　砲兵は、その前方にある歩兵により、掩護せらるるものなり。側面において、特別の掩護を必要とすることあり。奇襲に対しては、砲兵、自己の注意を以て掩護せざるべからず。ゆえに、各砲兵隊は、近距離警戒および近距離監視により、とくに敵の戦車に対し、自衛を準備しあるを要す。

第三百五十四　歩兵、準備配置に就くあいだ、砲兵は歩兵攻撃のため、一切の準備を整うるものとす。砲兵は、比較的近き攻撃地区にある有利なる目標を火制し、敵の砲火を誘致し、かつ、判明せる敵の砲兵および高射砲兵を制圧す。

これがため、砲兵指揮官に対し、砲兵協力飛行機を早期に附与し、さらに観測隊および気球小隊を使用すべし。

敵砲兵制圧の実施に関しては、第三百五十八を参照すべし。相当大なる部隊の運動および、その他の重要なる目標は、これをすでに遠距離において火制すべし。

以上の任務に充てらるる砲兵中隊数は、これを制限し、以て、わが企図および放列陣地を敵の潜伏砲兵に対し、過早に暴露せざるごとくするを適当とすることあり。

攻撃経過

第三百五十五　すでに準備配置の際、命令を下達しあらざるときは、攻撃命令はとくに、攻撃目標、歩兵の区分、情況により、その戦闘地域、もしは境界線、砲兵の区分および火力支援、攻撃開始の時機、予備隊および、その位置を定む。

第三百五十六　敵の砲兵に対する、わが砲兵の兵力関係および敵砲兵の制圧の能否は、歩兵攻撃地域の選定および攻撃開始時期に影響を与う。情況により、他の兵器、器材の招致を要す。

強大なる砲兵の支援を以て攻撃する歩兵は、開豁地の通過を恐るるを要せず。特別なる理由、とくに砲兵の支援僅少なる際は、歩兵は勉めて長く、敵砲兵および重火器の観測に対し、遮蔽せる隠蔽地を前進するを可とすることあり。

敵の地上観測による砲兵火に対し、前進を遮蔽するを要するときは、夜暗および煙幕を利用することあり。

第三百五十七　歩兵の攻撃は、砲兵および歩兵重火器の掩護下における歩兵軽火器の前進を以てはじまる。

前進に際し、地形および敵火の関係、これを要すれば、分隊は不規なる距離、間隔および十分なる縦深に分進、および展開す。遮蔽物および敵火を受くること少なき地域あらば、これを十分利用すべし。

敵火の関係上、やむを得ざれば、分隊、数人、または各個の躍進、あるいは匍匐前進により、前進を継続す。散兵、呼吸継《いきつ》ぎのための休止には、勉めて敵の射撃効力より免るる地形に潜伏して行うべし。

軽機関銃の射撃は、有効距離に対し、開始すべし。散兵は、その援護射撃の下に前進を継続し、爾後敵に接近するに従い、これを要すれば、自ら火戦に参加す。

歩兵重火器は、軽火器の前進にともない、これに連繫して、梯次に前進す。その最前線部隊との協同は、敵の抵抗の焦点判明するに従い、ますます緊密とならざるべからず。しかるときは、歩兵重火器を前線歩兵部隊の指揮官に配属するの必要を生ずることあり。

通視不良なる地形においては、すでに戦闘の開始にあたり、これを必要とすることあり。他の重火器は、いっそう後方の射撃陣地より攻撃を支援す。該重火器もまた、梯次の前進により、近接せしめらるるものとす。歩兵重火器の使用にあたりては、その効力の集中を可能ならしめ、かつ、とくに迫撃砲により、砲兵の捕捉し難き目標に対し、砲兵火を補足することに勉むるを要す。

爾後の接近は、射撃と運動とを周到に規整して、これを行う。

暴露して前進する部隊は、射撃の支援を欠くことを得ず。該部隊の前進間、比隣部隊はとくに、その軽機関銃を以て、重火器と協同し、敵の制圧に勉む。

決定的突入を行うに至るまで、一時的かつ局地的に火力の優勢を持し、かつ、これを利用して前進すること、とくに緊要なり。

また、前進せざる部隊は、壕を掘開して、掩護を求むるものとす。

いかなる機会といえど、これを利用して、前進を図るべし。

漸次、敵の弱点判明せば、これに対し、猛烈に攻撃を加え、かつ、控置せる兵力を加入す。

下級指揮官の独断専行および、その緊密なる協同は、攻撃各期において、とくに決定的価値を有す。

第三百五十八　砲兵は主として、敵の歩、砲兵を制圧して、歩兵の攻撃を支援す。攻者の砲兵は通常、その兵力に差ありといえど、攻撃の全期を通じ、右の両目標を制圧せざるべからず。他の目標の制圧は、短時間に制限せらるるものとす。
敵の砲兵は、これを砲兵指揮官、もしは、その他の砲兵指揮官の指揮の下に統一して、制圧す。砲兵制圧は主として、捜索の能否と、使用し得べき弾薬の多寡とに関す。砲兵協力飛行機、観測隊および気球小隊は、攻撃地区の偵察により、砲兵制圧の基礎を提供す。砲兵制圧の指揮官は、高射砲兵の指揮官および飛行隊長と連絡し、以て、その援助により、砲兵協力飛行機の活動を確実ならしむるを要す。敵砲兵の制圧は、多数の砲兵中隊を以てする同時的火力奇襲により、達成せらるるものにして、相当長時間制圧せんとせば、ガス弾射撃を行うべし。敵砲兵の撲滅は、莫大なる弾薬の消費と確実なる観測とを以てして、はじめて可能なりとす。而して、大口径火砲を以て、もっとも適当とす。

敵歩兵の制圧に際しては、歩兵の威力を、砲兵により補足するを緊要とす。軽機関銃ならびに、部分的には迫撃砲の射撃も、突入直前まで敵の最前線部隊に指向せらるるも、砲兵および、ときとして重機関銃の効力界は、しばしば、敵の後方および攻撃歩兵の側面に及ぶものとす。

歩兵に直接協同する砲兵の支援十分ならざるときは、砲兵指揮官は、爾余の砲兵を以て援助せしめ、とくに重点において攻撃する歩兵を支援するを要す。

第三百五十九　すでに歩兵の前進に先だち、敵砲兵の大部を制圧するに勉むべし。

しかれども、歩兵の前進を待ちて、はじめて、わが攻撃に対抗する敵の兵力および防御兵器の分配が漸次に判明すること、稀ならず。とくに敵砲兵陣地の多数はしばしば、攻撃開始まで、これを認め得ざるか、一小部分を認め得るにすぎざるものとす。従って、敵砲兵の有力なる制圧は、攻撃の経過中、各種偵察機関の確認を基礎とし、はじめて可能なるものなり。

ゆえに、歩兵攻撃の開始にあたりては、あらたに現出する敵の部隊、とくに従来沈黙しありし敵の砲兵を制圧するため、勉めて多数の砲兵を、その射撃動作を害せざるごとく、潜伏せしめおくを要す。これに反し、歩兵の攻撃開始前、敵の占領せりや否や、確実ならざる地点に対し、射撃するは、弾薬の浪費にすぎざるものとす。

第三百六十　情況ならびに砲兵力の不足および砲兵観測の不充分なる関係より、攻撃開始前および、その経過中における砲兵制圧に期待を懐《いだ》き難きときは、当初より砲兵の大部を敵の歩兵に対し使用すべし。

第三百六十一　敵の抵抗の景況、あきらかとなるに従い、敵の戦線中の少数かつ奏功の望みある地点に、優勢なる砲火を集中すること、ますます重要となるものとす。かくのごとき情況において、軍隊指揮官は、個々の歩兵部隊に対する砲兵支援を一時中止、要すれば、併列して攻撃しある歩兵の攻撃をも順次に支援することに躊躇すべからず。

歩兵が、砲兵の効果をただちに利用することは、決定的重要事項なり。

歩兵の爾後の近迫のため、あらたに砲兵との協力を必要とするに至るや、爾後の前進における休止(Pause)は、これを避け得ざるものとす。攻撃歩兵、敵に近迫するに従い、これに命令を伝達し、ならびに、砲兵の企図する火力集中に関し、知らしむるため、ますます多くの時間を要す。

第三百六十二　歩兵は漸次、各方面において、突入距離に近迫す。突入（Einbruch）の決心、前線より生ずるや、前線は、発火その他の信号、または凡百の手段を以て通報し、支援部隊にその旨を了解せしむべし。

支援部隊は、要すれば、突入地点に対し火力を増大し、かつ、歩兵の前進にともない射程を延伸す。また、とくに、この時機に至りて、はじめて現出する目標に対し、待機し、ただちにこれを制圧し、かつ、突入地点の後方に存する目標の制圧を継続し、他に射撃を転移する必要を生ずるまで、これを継続するものとす。

歩兵、ますます深く敵中に侵入するに従い、いよいよ敵の側防火の除去を重要とす。すべての支援部隊の観測者は、歩兵の最前線に密接して続行するを要す。

支援部隊にして、歩兵の突入部隊より、事前に必要の連絡を得ざるときは、自ら戦場におけるすべての過程を厳に観察し、歩兵の企図を察知するに勉め、これに呼応するを要す。支援部隊は、情況により、敵の前線部隊より射撃を転移し、わが歩兵に突撃の動機を与うることあり。

歩兵にして、いっそう広大なる正面において、突入距離に近迫し、かつ、統一して突入を部署し得るときは、突入前における支援兵種の必要なる火力の増大、突入時機および射撃転移の時刻および場所に関し、命令により規整するを要す。

第三百六十三 かくて、ついに小規模、もしは大規模の突入を生じ、敵戦線の一部を奪取し、ここより縦深に向かい、戦果を拡張す。歩兵は、後方部隊の増援を受け、一意、敵の巣および拠点に対する攻撃を続行す。この時機に至るや、攻撃は通常、各個の戦闘となるものとす。歩兵重火器および他の後方部隊は、前線部隊の側背を掩護し、かつ、これに近く続行す。さらに後方部隊の招致および弾薬の送致により、絶えず攻撃を培養すべし。しからざれば、攻撃兵力は、敵陣地の縦深内において、まもなく消耗せらるるものとす。奏功の端緒を迅速猛烈に利用するは、成果拡張の保証なり。

突入後、砲兵にして、部分戦闘に加入しつつある歩兵に対し、時間の経過とともに、従来の陣地より十分なる支援をなし得ざるを認むるや、ただちに砲兵各中隊は、命令により、もしは独断を以て、これに続行するものとす。砲兵は、突入歩兵に勉めて近く陣地に進入し、歩兵と連繫を取り、依然抵抗しつつある敵の部隊を制圧し、逆襲を拒止し、かつ、その射撃を以て、爾後の戦果の利用を確実ならしむべし。

対戦車兵器は、突入歩兵に密接して続行す。また、防空部隊の一部を適時推進すべし。

第三百六十四 広正面における敵の動揺を認むれば、勝利の近づける徴候なり。

攻撃歩兵の爾後の任務は、敵砲兵を奪取するまで、従来の攻撃方向に突進を続行するにあり。この際、敵を決定的に突破するに至るまでは、過早に側方に向かい方向を変換することを避くるを要す。突破部隊は、その側面を掩護せられあることに確信を有せざるべからず。招致せられたる予備隊は、攻撃の頓挫を防止し、敵の反撃を撃退し、かつ、前進を鼓舞す。予備隊は、これを成果を収めたる地点に使用し、全力を以て、この成果を拡張するを要す。敵戦線席巻のための方向変換もまた、とくに、これがため部署せられたる後続予備隊の任務とす。停滞しある部隊および、不用となり、もしは離散せる兵を以て、あらたなる予備隊を編成すべし。

突破ならびに、これに連繋せる包囲により、殲滅し得ざりしものに対し、追撃を行うを要す。

第三百六十五　敵にして、再び停止し、もしは後方地区に占拠するに成功せば、再び、これを攻撃せざるべからず。

これがため、攻撃の時間的、空間的統一を確実ならしめ、かつ火力支援につき、あらたに規整するを要す。

第三百六十六　日没前に決戦を行い得ざりしときは、攻撃部隊は通常、夜間のため、防御の施設をなす。夜間の兵力移動により、他の方面において、翌朝における攻撃を、いっそう有利に続行し得るや否やにつき、熟考するを要す。しかれども、敵もまた、夜間においてその行動の自由を回復し、攻者は翌朝、変化せる情況に遭遇することを胸算せざるべからず。とくに包囲攻撃を昼間に遂行し得ざりしときに、この虞あるものとす。強行偵察（Erkundungsvorstoss）を以て、情況を明瞭ならしむるを要す。夜間の攻撃企図は、併せて敵を抑留し得るものとす。

第三百六十七　重大なる敵情の変化を予期せざるときは、翌日における攻撃続行の命令を早期に下達し、以て、諸兵種、なかんずく歩兵および戦車をして、適時準備を整え得しむるを要す。上級指揮官は、時宜により、昼間の戦闘、局を結ばざるに先だち、命令を下達するを辞すべからず。

夜間は、これを利用して、歩兵をいっそう近く敵に近接せしめ、天明までに攻撃続行のため有利なる出発位置（Ausgangsstellung）に就かしむることあり。ときとして、夜間攻撃により、攻撃続行のため重要なる敵地区の一部を占領するを可とすることあり。たとい、損傷はなはだしき軍隊といえど、これを交代するは例外ならざるべからず。

夜間においては、敵の占拠せる地区の内部および後方における交通、とくに増援隊および弾薬の招致に対し、弾薬の景況これを許す限り、不規則なる妨害射撃を行い、また、遠く敵の後方地区に至るまで爆弾投下を実施し、これを困難ならしむべし。

第三百六十八　払暁までに、突入のため有利なる出発位置に就き得たるときは、統一せる突撃のため、時刻を定めて前進せしむることあり。しかれども、砲兵は、攻撃歩兵の出発位置および敵情を適時あきらかにし、かつ、無観測射撃のため、十分なる準拠を有するときにおいてのみ、早朝における攻撃を支援し得るものとす。

観測射撃は、視度の関係上、早朝においては、しばしば不可能なり。ゆえに、歩兵の前進開始時刻を遅く選定するを必要とすることあり。

敵戦線の他の部分に対する射撃により、攻撃の時機および企図する突入地点を、敵に対し偽騙すべし。

第三百六十九　情況大なる変化を生ずるや否や、確実ならざるときは、攻撃を翌日続行し得るごとく、一切の準備を整うべし。攻撃時刻の決定を保留することあり。

第三百七十　重大なる敵情の変化を胸算せば、爾後の攻撃は通常、あらたなる偵察にもとづき、これを行うを要す。

第三百七十一　攻撃順調に進捗するも、爾後、これが続行のため、十分の兵力を有せざるときは、獲得せる地区を保持すべし。防御への転移は、その一時的の休止なるか、決定的の処置なるかに応じ、命令するを要す。

歩兵ならびに、その重火器の迅速なる新区分および設備ならびに砲兵の行動に関して、即時に新方策を講ずるを重要なりとす。この処置には、ただに敵歩兵の攻撃に対する防止のみならず、この種情況においで、通常、わが歩兵に苦痛を与うる敵砲兵の猛射をも顧慮するを要す。

遭遇戦

第三百七十二　遭遇戦は、行軍する彼我両軍が衝突に際し、長き準備なくして戦闘を開始するとき、生ず。

遭遇戦にありては、決心および行動は、通常、情況の不確実の裡《うち》に行わるるものとす。

第三百七十三　情況の不確実と不明とは、不意の衝突を惹起せしむるものにして、遭遇戦の生ずる動機は、多くはこれに由《よ》るものとす。

敵の前進を承知しある際においてもまた、一方軍、もしは両軍が即時攻撃するか、もしは急速なる準備配置ののち攻撃するときは、遭遇戦となるものとす。かくのごとき決心は、敵に比し、大なる戦闘準備の利用、要地占領、もしは、他の戦術的企図の実現を目的とすることあり。また、単に、敵に比し優勢なりとの感覚によりて発することあり。

現に進行中なる戦闘のあいだにおいてもまた、個々の部隊としては、遭遇戦の特徴を帯びたる情況を生ずることあり。

第三百七十四　遭遇戦は、当初の情況異なるに従い、その容相を異にす。最前方部隊の戦闘の経過は、爾後の戦闘の発展および継続のため、重要なる価値を有すること、しばしばなり。

彼我両軍が、行軍より、ただちに攻撃を行う際には、随所に勝敗の数を予測し得ざる戦闘を惹起す。この際、下級指揮官の独断と軍隊の精練とは、勝敗を左右するものとす。

両軍、あらかじめ分進して戦闘に加入するか、一方軍が最初の衝突ののち、まず待機的行動を取るか、もしは、両軍とも当初その兵力を準備配置に就け、戦闘準備を向上せんとするかに従い、遭遇戦はその発展の景況を異にす。

一方軍が前進を停止し、適時防御に転ずるときは、他方軍は情況により、攻撃実施のため、陣地攻撃の方法を適用するを要することあり。


第三百七十五　遭遇戦においては、成果は、敵の機先を制し、かつ、敵をして、われに追随せしむる者に帰す。

有利なる状況を迅速に認識し、不明なる情況にありても神速に行動し、かつ、即時命令を与うるは必須の要件なり。

もっとも確実なる最初の基礎は、戦闘準備における先制なり。しかるときは、敵をして、優越せるわれと対戦するのやむなきに至らしめ、かつ、われが欲する方向における爾後の攻撃の遂行を容易ならしむるものとす。


第三百七十六　衝突の際における敵の企図は、例外的にのみ、これを認め得べし。彼我両軍のあいだに、両軍ともに価値ある重要なる地区あるときは、敵の前衛の迅速なる前進を胸算せざるべからず。

敵にして、戦闘準備において先制を占めざるか、もしは、敵側に特別なる地形上の利益なきを認知せば、敵は慎重に行動することを予期するを要す。

通常、緒戦を交えて、はじめて、なにがし程度に敵情判明すといえど、これを待ちて処置せんとするがごときは、ただ例外に属するものとす。

第三百七十七　軍隊指揮官、適時敵の前進状況を知らば、戦闘のための分進の方法および時機を定め、以て、戦闘の開始および経過を規正することを勉むべし。

第三百七十八　軍隊指揮官にして、適時情況を洞察し得れば、数縦隊を以てする行軍においては、該縦隊の指揮官としては、広範なる独断的決心を必要とすることあり。

行軍縦隊の指揮官は、任務の前提に変化なき限り、従来の任務に邁進《まいしん》するを要す。

隣接行軍縦隊にして戦闘を開始せば、該戦闘に参与し、ために、おのれの任務および行進目標より脱《だつ》逸《いつ》するときは、さらに大なる成果を断念することとならざるや否やを攻究すべし。

下級指揮官の独断処理しありし戦闘指導を、迅速に手裡に掌握するは、軍隊指揮官の任務なり。

第三百七十九　前衛の任務は、行軍縦隊の指揮官に決心の自由を与え、後続部隊に戦闘準備のため、時間の余裕を与え、かつ、砲兵の大部および歩兵重火器に対し、観測のため良好なる条件を確保するにありて、攻撃、または防御により、これを解決するものとす。

決然たる要点獲得は、しばしば成果をもたらすものなり。

某限度の後退は、優勢なる敵に対し、あるいは地形不利なる際、要すれば、考慮することを得。また、これによりて、わが展開時間を短縮することあり。

第三百八十　前衛の戦闘準備は、迅速にこれを完了するを要す。機を失せざる歩兵重火器および前衛砲兵の使用は、敵の最初の抵抗打破を容易ならしめ、敵の運動を頓挫せしめ、かつ、敵の砲兵火を誘致するものなり。前衛に戦車を配属せられあるとき、これを以て、準備整わざる敵を奇襲するは、はなはだ効果あるものとす。

前衛、即時の攻撃を適当とするときは、歩兵は停止することなく捷路を経て、これを決戦方面に前進せしめ、その重火器中、迅速に準備せるものの掩護の下に、行軍より、ただちに、もしは、きわめて一時的に準備配置に就きたるのち、展開せしむべし。

前衛司令官、防御に決するや、前衛砲兵をして陣地を占領せしめ、以て敵をして、その力を誤認せしめ、かつ迂路を取り、もしは、慎重なる行動に出づるの余儀なきに至らしむるを適当とすることあり。

歩兵もまた、しばしば、その兵力を以て、決戦を遂行するに適当なる正面よりも、いっそう広き正面を取ることあり。かくのごとくするも、まもなく主力によりて増強せらるるを以て、危惧の要なきものなり。

前衛、その任務を達成するや、その前衛たるの関係は消滅すべきものとす。

第三百八十一　爾余の砲兵が機を失せず前進し、展開を行うは、成形中の戦闘正面に対し、支撐を与うるものなり。

砲兵は統一使用に勉むるを要す。しかれども、各行軍縦隊の指揮官はしばしば、その配属砲兵を独断使用せざるべからざることあり。ゆえに軍隊指揮官は、かくのごとき場合を考慮し、行軍縦隊に砲兵を分配し、その配属の関係を律することあり。軍隊指揮官は、その使用を保留せる砲兵の兵力大にして、かつ、各行軍縦隊との連絡、確実迅速なるに従い、ますます速やかに、自己の企図に合するごとく、砲兵の開進を律し得るものとす。

砲兵ならびに、その観測機関の使用において先制を占むることは、敵に対し、もっともよく砲兵的優勢を確保せしむるものなり。ゆえに、緒戦により情況の判明するに先だち、全砲兵の使用を命令するを緊要とすることあり。

遭遇戦における砲兵の開進は、情況、開進に先だつ戦闘分進（Gefechtsentfaltung）、最初の戦闘接触（Gefechtsberührung）の方法、各行軍縦隊に対する砲兵の分配および地形により、はなはだ、その要領を異にするものにして、漸進的に統一運用に至ること、しばしばなり。軍隊指揮官の、砲兵指揮官に与うる最初の命令は、しばしば、一般の企図および概括的の砲兵の戦闘任務のみに止ることあり。軍隊指揮官は、爾後の経過とともに、情況の判明にともない、生ずる戦闘任務を附与して、以て砲兵の掌握に勉む。

第三百八十二　緒戦の結果および、勉めて自らの地形判断にもとづき、軍隊指揮官は、爾後、いかに戦闘を指導すべきかを決す。

軍隊指揮官、迅速なる行動の利益を保有せんがため、攻撃のため、主力の攻撃準備配置に就くを適当ならずと認むるときは、行軍縦隊より、ただちに攻撃を部署し、かつ、前進し来たる部隊に対し、個々に、もしくは全般に、攻撃命令を下達す。

攻撃命令においては、いまだ本隊の行軍序列の放棄を処置しあらざるときは、これを放棄し、歩兵に対し、戦闘任務、区分、攻撃目標および戦闘地域、もしくは境界線を示し、かつ、攻撃にあたり、歩兵に協同する兵種の支援に関し、確定す。

また、砲兵のためには、戦闘任務および区分ならびに決定的使用のための命令を含ましむ。砲兵は、依然、各歩兵部隊に配属せられあるものを除き、その他は再び砲兵指揮官の隷下に服す。

縦隊より、戦闘に加入せしめられたる部隊は、即時戦闘捜索を開始し、正面および依託なき側面の情況をあきらかにし、かつ、奇襲に対し掩護するを要す。

全指揮官は、攻撃を迅速に部署せる結果、諸兵種の協同の不徹底を来たさざるごとく留意するの任務を有す。

第三百八十三　わが企図および敵の行動にして、各部隊を行軍縦隊よりただちに戦闘に加入するを必要とせざるときは、軍隊指揮官は、いまだ使用せざる部隊を、攻撃のため、準備配置に就かしむるべし。この際といえど、迅速なる行動により、敵の機先を制すること肝要なり。従って、いっそう情況の判明するまで、軍隊を控制《こうせい》し、もしは、さらに情況を確かめんとするは、通常適当ならず。

準備配置を完了せざるに先だち、爾余の兵力を使用すべき必要生ずるや、敢えて、これを躊躇すべからず。

第三百八十四　歩兵の攻撃に先だち、準備配置に就きたるか否かにより、攻撃の実施に差異を生ずることなし。攻撃の実施は、第三百五十五ないし第三百七十一に掲ぐるところに拠るべし。

第三百八十五　戦闘加入および地形にして、攻撃の即時実行の成果を疑わしむるか、もしは、当日主力を使用し得ざるときは、行動を拘制するを緊要なりとす。隣接兵団に対する顧慮もまた、主力を使用して、開始せる戦闘を続行すべきか否かの決心に影響を与うるものなり。

陣地攻撃

第三百八十六　攻者の処置は、その企図、敵の行動、彼我の兵力、敵陣地の状態および強度ならびに攻撃地帯の地形の如何に関係す。

第三百八十七　敵陣地を迂回、もしは包囲し得ざるときは、正面において、これを攻撃し、かつ突破に勉めざるべからず。

正面攻撃の実施は、いかにせば、攻者がその兵力資材をして、時間的、空間的に効果を発揮せしめ得るかにより、定まるものとす。

兵力および資材にして、突破を行うに足らざれば、攻撃目標はいっそう、これを局限するを要す。

第三百八十八　攻撃開始までの所要時間は、攻者がすでに敵陣地の前地を占領しありや、もしは、これを今より略取せざるべからざるや、ならびに、準備、なかんずく攻撃兵力および資材を準備配置に就くる時間の長短によるものとす。

攻撃、いよいよ困難と思わるるに従い、ますます徹底的に準備を整えざるべからず。しかれども、攻者が、準備のため要する時間は、防者にもまた利益となるものとす。

攻撃兵力および所要資材の多寡は、敵の防御の強度に関す。

所要に充たざる兵力および資材を以て企てられたる攻撃は、大なる反動（Rückschlag）を招くことあり。

第三百八十九　攻撃を部署するため、敵陣地構成の基幹たる地形上の要点を、早期に認知すること肝要なり。これ、攻撃重点決定の要件なり。

第三百九十　通常計画的捜索を以て、はじめて攻撃準備および、その部署のための最後の基礎を得るものとす。捜索とともに、接敵および攻撃のための地形偵察を実施すべし。敵陣地の前地における撤毒の有無および、その幅ならびに奥行につき、適時確認するを要す。

あらかじめ十分地図を研究するを要す。

偵察機は、機を失せず敵陣地の上空に現わるるときは、なお作業中にある敵を発見し得べし。偵察機は、写真および視察捜索により、敵陣地前方および、その内部の防支の処置を観察するものとす。また、遠距離射撃の基礎をもたらし、その開始を促進し得るものなり。駆逐機は、空中捜索を完全ならしめ、かつ、敵の偵察機および繋留気球を攻撃する。

地上における戦闘捜索は、空中捜索を補足す。戦闘捜索にして目的を達せざれば、情況により、これを強行するを要す。砲兵観測機関の使用を準備すべし。

捜索および偵察は、軍隊指揮官これを指導す。

第三百九十一　敵陣地に近迫（Herangehen）するにあたりては、何処より主戦闘地帯なるかを認知するを要す。敵は通常、陣地の前地において、持久的に戦闘を遂行するものなり。攻者は、主戦闘地帯の前方において、敵の前進陣地および戦闘前哨の存在を予期せざるべからず。

攻者は、活発に前進運動を継続するに勉むるを要す。敵砲兵の遠距離射撃は、攻者を阻止し得ざるものとす。敵砲兵を迅速に沈黙せしむるを要す。前進はおおむね、必要最小限の歩兵および砲兵ならびに、要すれば、戦車より成る多数の小攻撃群（Angriffsgruppe）を以て行うを原則とす。

該攻撃群は、敵の前進部隊を迅速に突破、もしは撃退するを要す。前進陣地は、前進を停滞せしめざるため、勉めて、これを側方において通過すべし。

主戦闘地帯の情況不明なるか、敵が早くより靭軟なる抵抗をなすか、もしは、敵陣地の有効射界内に過早に進入するを避けんとせば、地区より地区に向かい、接敵（Annäherung）を行うを要す。接敵の目標は、砲兵の開進ならびに敵の主戦闘地帯に対する砲兵観測のための地区なり。

第三百九十二　連繋せる歩兵の防御および、ますます縦深に延長しある放列陣地よりの強大なる砲兵の射撃活動に際会せば、通常、敵の主戦闘地帯に到達せるの証左なり。

この際、歩兵は壕を掘開して、その中に入り、かつ、砲兵の開進および観測所の掩護に任ず。歩兵は、敵の突進を撃退し得る態勢にあらざるべからず。

歩兵の大部および、いまだ必要とせざる他の兵種は、これを敵砲兵の有効射界外に控置することあり。

第三百九十三　爾後の捜索および偵察は、敵陣地および攻撃指導の細部に関し、これを行う。これがため、通常、敵の戦闘前哨を撃退せざるべからず。

攻撃地区を絶えず監視し、わが砲兵および歩兵重火器に対する目標配賦の基礎を獲得すべし。

砲兵協力の飛行機、気球小隊および観測隊を、砲兵の目標偵察のため、使用すべし。

これらはしばしば、はじめて砲兵開進のための最後の根拠を与うるものとす。しかれども、これがため、砲兵の開進を遅滞せしむべからず。

写真偵察は、写真により、予想する主戦闘地帯（Hauptkampffeld）を撮影す。指揮官および部隊は、所要の焼増を受領するものとす。

戦車使用の能否に関し偵察すべし。

工兵は、とくに敵の阻絶および障碍の種類および強度を確かむべし。

窃聴勤務により、敵の通信を監視すべし。また、敵の行う、この種手段に対し、わが通信の警戒を必要とす。

放列陣地を変換して行う砲兵火および強行偵察により、敵を致して、その守兵を現示せしむべし。強行偵察は、敵の局地的退避、もしは偽占領を予期するとき、とくに重要なり。

すべての捜索および偵察の処置のため要する時間は、これを過小に計算すべからず。

確実かつ精密なる報告にもとづきてのみ、諸兵種の良好なる協同を達成し得るものにして、後刻変更することは時間を要し、困難にして、かつ損失をともなうものとす。

第三百九十四　軍隊指揮官は、捜索および偵察の結果にもとづき、攻撃実施に関し、細部の決定をなす。
攻撃資材の威力を十分発揮し得る地点に対し、有力なる戦闘力を集中すべし。突入地点は、突入部隊をして、はなはだしく防者の集中火に暴露せしめざるため、これを過狭に選定すべからず。
一突入地点における成果は、これを他の突入地点に及ぼし、その中間に存する敵陣地の陥落を促すを要す。敵陣地の強固なる地点は、これを攻撃せざるか、もしは、包囲するを適当とすることあり。攻撃せざる部分は、これを制圧するか、もしは、他の手段を以て除去すべし。防者が有力なる砲兵火を集中し得る高地は、通常、その両側をいっそう迅速に通過して、これを占領すべし。後刻、わが観測のため重要なる地点および戦車使用に有利なる地点は、突入地点の選定を左右することあり。また、敵陣地後方の地形をも顧慮するを要す。

第三百九十五　攻撃目標は、攻撃部隊の大小により、近く、もしは遠く、これを選定す。
一挙に攻撃を実施し得ざるときは、限定目標に対し、勉めて距離を短縮したる攻撃を逐次に行うを要す。しかれども、これがため、成果の迅速なる利用に欠くることあるべからず。

第三百九十六　砲兵の開進は、射撃準備を整えある防者の砲兵に対し、とくに注意して、これを行うを要す。砲兵は、その任務、観測のための要求および地形に応じ、周到なる注意を以て、分置せらるべきものとす。
攻撃における射撃のための砲兵の準備および、その弾薬補給は時間を要するものなり。

第三百九十七　歩兵攻撃のための出発位置は、なし得る限り、これを敵に近く推進するを要す。また、展開せる歩兵に掩護を与え、かつ、歩兵の攻撃を直接支援するため、歩兵重火器および砲兵の観測を可能ならしめざるべからず。
往々、歩兵攻撃の直前、最後の出発位置を占領するを要することあり。

第三百九十八　遅くも軍隊指揮官の攻撃の決心とともに、砲兵のため、攻撃歩兵の区分のため、なお戦闘通信網の構成および、その特別通信網との連絡ならびに、その他の攻撃準備のため、必要なる命令を下すべし。

第三百九十九　軍隊指揮官は、砲兵指揮官の意見具申に従い、その任務に応じ、砲兵の区分を命ず。この際、情況により、建制部隊の分割、とくに重砲兵の分割を甘受せざるべからざることあり。

攻撃困難なりと思わるるに従い、ますます決勝点に対し、迅速に優勢なる砲兵火を集中し得ることを重視するを要す。

軍団内の師団、狭小なる戦闘地域において、並列して戦闘するや、軍団司令部は師団に対し、師団砲兵および師団に配当せられたる砲兵の区分のため、指示を与え、かつ、師団戦闘地域外における戦闘任務を配当するを適当とすることあり。軍団司令部による軍団砲兵の直接使用は、一般に、特別遠距離任務の大重砲兵に限るものとす。

第四百　軍隊指揮官の攻撃計画は、砲兵および歩兵の射撃計画の基礎を与うるものとす。軍隊指揮官は、砲兵の射撃計画の作成を、砲兵指揮官に委任することを得。砲兵の射撃計画は、攻撃の難易に応じ、概括的に、もしは、いっそう詳細に作成せらるるものにして、堅固なる陣地に対する攻撃にありては、歩兵攻撃の時間および目標決定の基準となることあり。

砲兵および歩兵の射撃計画は、調和しあらざるべからず。これがため、わが攻撃に対抗するすべての既知目標に威力を及ぼし、かつ、従来不明にして、歩兵攻撃の開始、もしは、その経過中にはじめて出現するすべての目標、なかんずく、比隣地区より側防する目標を、ただちに制圧すること緊要なり。ゆえに、歩、砲兵の射撃計画は、攻撃地帯（Angriffsfeld）の縦深をも顧慮せざるべからず。これらの任務達成のためには、個々の戦闘地域において、協同する歩兵および砲兵の下級指揮官の詳細なる協定を必要とす。

細部について、相互の補足と援助とを確定し、かつ重要なる目標に対しては、一方の火力萎靡するもなお、他の火力を以て、引き続き、これを射撃するごとく配慮するは、これら指揮官の任務なり。

砲兵および迫撃砲の射撃計画、同一目標に対し協同しあるときは、迫撃砲を砲兵に配属するを適当とする場合あり。


第四百一　歩兵の攻撃前進開始より、敵主戦闘地帯突入に至るまで、常に敵の砲兵に対し、火力の優勢に勉むるを要す。

敵にして、強大にして、かつ良好に試射を行える砲兵を有するときは、歩兵の前進のため、わが火力の優勢は通常、緊要欠くべからざるものとす。敵の高射砲兵もまた、これを早期に撲滅するを要す。

防者の砲兵は、制圧を免れんと勉むべきも、良好なる観測機関および戦闘空中捜索により、往々、これを阻止し得るものなり。

歩兵の攻撃により、防者をして、確定的放列陣地にその砲兵を現出せしむるの余儀なきに至らしむれば、これが制圧、可能なるものとす。

既知および相当確実に推定せる敵砲兵は、歩兵の攻撃前進に先だち、大なる妨害をなし得ざるごとく、これを制圧するを要す。

爾後は、防者の劣勢なる砲兵を、僅少なる一部を以て、引き続き、これを圧倒し、あらたに出現する敵砲兵を制圧し、かつ、歩兵直接支援のため、十分なる砲兵を使用し得べし。

しかれども、防者にして、わが歩兵攻撃の開始にあたり、あらたに有力なる砲兵を現出せしむるときは、情況により、まず、これに向かいて、火力の優勢を獲得せざるべからず。これがために、歩兵攻撃が一時中止せらるることは、これを忍ばざるべからず。

敵砲兵の制圧困難なるに従い、決戦時機における敵砲兵観測の目潰し、ますます重要なるものとす。歩兵攻撃開始の直前、もしは開始にあたり、不意に敵砲兵を制圧するは、きわめて稀に可能なり。しかれども、歩兵攻撃の時機を延期し得ざる場合にして、視度および観測の関係不良なれば、他に手段を選び得ざるものなり。

第四百二　攻撃のため、出発位置における攻撃歩兵の準備は、該位置が敵火に対し、歩兵に与うる掩護の度および歩兵攻撃開始の時機に関す。出発位置不利にして、かつ攻撃時機いまだ決定しあらざるときは、遅く出発位置に就くものとす。遮蔽せる近接路を偵察すべし。

第四百三　敵砲兵制圧の効果、出発位置における歩兵の準備の能否および間断なく継続せらるる戦闘捜索の結果は、攻撃時機決定の準拠にして、該時機は勉めて遅く、これを命ずるものとす。

第四百四　歩兵は所命の時刻に出発位置より前進すべし。

歩兵攻撃の実施および、これが進展の速度は、出発位置を敵の主戦闘地帯にいくばくまで近接せしめ得たるか、該地帯までの攻撃地区の施設如何、防者がこれをいかなる程度に火制しあるか、および、いくばくの兵力を以てなお、これを占領しあるかに関するものとす。

出発位置、敵に遠く、かつ強大なる射撃を予期するときは、最初の前進のため、夜暗を利用することあり。煙幕もまた、掩護なき地区における前進を容易ならしむることを得。

敵火のため、わが歩兵停止の余儀なきに至るや、壕を掘開す。爾後、逐次ここかしこに躍進し、その重火器および砲兵の時間的および地域的集中射撃を利用して前進し、再び壕を掘開するものとす。

堅固に設備せられたる主戦闘地帯に対する歩兵の近接は、困難なる情況の下においては、数日にわたることあり。かくのごとき情況においては、歩兵は当初、縦長深く、かつ分散せる区分を以て前進し、以て、まず敵の射撃を誘致し、かつ、敵をして、その歩兵重火器および砲兵を使用するのやむなきに至らしむべし。

第四百五　この企図を達成し、かつ、わが砲兵の優勢現わるるや、爾後の近接に際しては、歩兵の火戦、熾烈に行わるるに至るものとす。

要すれば、前方攻撃部隊に増援すべし。歩兵重火器は、砲兵の効力十分ならざるところに対して、これを使用し、効力を発揮せしめざるべからず。

抵抗比較的薄弱なる際は、主戦闘地帯に対する近迫作業に直接連繋して突入し得るも、靭軟に防御せる主戦闘地帯に対しては、突入前、諸兵種の集中火により、大なる縦深にわたり、突撃の準備を整え、かつ、敵を萎靡せしむるを要す。

敵主戦闘地帯の強度により、突入の景況を異にす。抵抗薄弱なるときは、突入はしばしば下級指揮官の独断より発し、かつ、無準備地区における攻撃の際の突入の形式を示すものなり。靭軟なる防御に対する際は、突入を統一するを必要とす。しかるときは、歩兵は突入前夜、その最前線を濃密ならしめ、かつ火力支援を完全に利用し得んがため、なし得る限り、敵に近迫するに勉むべし。

突入は通常、時刻により規整する。統一突撃（Einheitlicher Sturm）にして、その時機は最後まで、これを秘匿するものとす。

天明に際し、攻撃歩兵が敵の観測射撃に暴露するを避くべきときは、払暁突入をなすべし。歩兵は、砲兵および歩兵重火器の火力に続行し、直路攻撃目標まで突進すべし。

主戦闘地帯、堅固に設備せられあるときは、障碍物破壊のため、工兵を使用することとあり。突破歩兵に随伴せしむるため、一部の砲兵を速やかに解放し、歩兵に配属するものとす。砲兵各中隊は、前進の可能を認知せば、自己の決心を以て前進すべし。

第四百六　突入後は、第三百六十三および第三百六十四に掲ぐる着眼に従い、射撃と突撃との協調および諸兵種の協同の下に、幾多の各個戦闘を交え、主戦闘地帯の縦深にある敵を圧倒し、完全なる突破をなすか、もしは、第一の攻撃目標に到達すべし。而して、さしあたり該目標を超越し得ざるときは、獲得せる地区に防御の設備をなし、攻撃を続行し得るまで、これを保持すべし。この際、ただちに、あらたに捜索および偵察を部署するを要す。

第四百七　敵は、わが攻撃中、後方の陣地に防御を移し、いっそう有利なる状況において戦闘を続行せんとすることあり。また、爾後の攻撃を免れんと欲することあり。そのいずれの場合においても、敵は通常、夜間に攻者より離脱するに勉むべし。

敵が従来の陣地における戦闘の継続を欲せざるとき、これを最初に認むるは、通常、前方において戦闘しある部隊なり。該隊は、敵側の一切の事件を至厳に監視すること肝要なり。

追撃の動機もまた、しばしば前方攻撃部隊より発するものとす。猛烈に肉迫して、敵と接触を保持するに勉めざるべからず。この際、敵の撒毒に注意すべし。

敵、もし、近く後方の陣地に退避せば、攻者はまず新陣地および、これに至る近接の関係に関し、捜索および偵察を強行するを要す。敵の夜間退却にあたり、強大なる部隊は、払暁に至り、はじめて追撃を行い得るものなり。該隊は、予期する敵の大なる抵抗に直面し、とくに敵の砲兵に対しては、地区より地区に躍進を要し、砲兵の大部が遠く前方に推進せる新放列陣地に進入し、再び射撃準備を整えたるとき、はじめて前進し得べし。

敵が遠く後方に退却するを予想し、かつ、ただちに追撃に移り得ざるときは、軍隊指揮官は、砲兵の行動を命令し、歩兵の追尾（Folgen）を律し、かつ、予備隊の所在を決定す。主力を以て、従来の前線を通過するには、払暁を待つを要すること、しばしばなり。また、なし得れば、超越前進せしむべし。

退却する敵の逆襲を胸算せざるべからず。

第四百八　敵、もし、以前の戦闘により震撼せられあるか、もしは、いまだ防支準備を整えあらざるか、あるいは、敵の意表に出て、かつ、わが優勢を利用し得るために他の手段あるときは、短縮せる攻撃法を用うるを緊要とすることあり。捜索および偵察の細部および、その他の攻撃準備をいかなる程度に断念すべきか、および、攻撃目標の遠近をいかに定むべきかは、敵陣地の状態および強度に関す。

強大なる砲兵の敏速なる展開、敵陣地に近き歩兵の迅速なる分進と準備配置とは、有利なる状況を速やかに利用し得しむるものとす。機を失せず使用準備を整えたる戦車隊は、攻撃を容易ならしめ、また情況により、これによりて、はじめて攻撃を可能ならしむるものとす。

天候および地形の関係良好なる際は、煙幕を使用することあり。

第四百九　持久抵抗を行う敵に対しては、強大なる兵力を以て、一局部を攻撃せば、もっとも迅速に奏功するものなり。迅速かつ縦深深く突入するときは、敵は、もっとも早く全正面を撤退すべし。敵、もし、適時の退避に成功せば、猛烈に肉迫し、攻撃目標を遠く選定し、以て、再び敵を逸せず、かつ、その正面成形を妨害すること緊要なり。

敵、もし、さらに後方に停止せば、新攻撃は、情況により敵を奇襲し、かつ、これにより、再び敵を突破し得るため、敵正面の他の方面に向かい、これを部署することあり。これがため、速やかに、あらたなる攻撃群を編成せざるべからず。砲兵の大部を、きわめて近く保持すべし。また、戦車の使用を適当とすることあり。工兵は、これを前方に置き、通信隊は、そのもっとも必要なるもののみを使用すべし。

第七章　追撃

第四百十　軍隊の疲労は、けっして追撃を抛棄する理由たるを得ず。

指揮官は、一見不可能なることを要求するの権能を有す。

指揮官は剛毅にして、かつ小節に拘泥すべからず。

各人は最後の努力を尽くすを要す。

第四百十一　追撃の処置は機を失せず、これを講ずべきものとす。ようやく熟しつつある成果を過度に評価するは、重大なる反動を蒙る危険を蔵す。過早に、追撃のため、兵力を部署するときは、最後の瞬間に戦勝を危殆ならしむることあり。

第四百十二　勝者は、広正面を以て追撃し、常に敵を包翼し、超越し、地障に敵の退路を遮断し、もしは、敵を後方連絡線以外に圧迫するに努力すべし。

敵の背後を阻絶し、追撃部隊の追撃を容易ならしむべし。

第四百十三　指揮官、飛行機および、その他の部隊の報告、あるいは、部下軍隊の進出、敵の抵抗の衰退ならびに、ときとして隣接部隊の通報により、敵が戦場を保持し得ざるを認知せば、下級指揮官の戦勝意志を極度に激励し、使用し得べきすべての兵力を決定的追撃方向に運動せしめ、かつ、なし得る限り、速やかにあらたに編成せる追撃隊を追及せしむ。速力大なるか、もしは、運動性大なる兵種を、まず第一に前進せしむべし。とくに、軍騎兵および有力なる機械化部隊のため、絶好の任務、ここに開始せらるるものとす。自動車工兵、対戦車兵器および防空部隊を、これに配属すべし。翼を超越して追撃に就くを得ざるか、もしは、翼に至る道路過遠なるときは、突破地点を通過し、追撃部隊を前進せしむ。かくのごとき地点においては、適時、命令関係の統一を図るを要す。

第四百十四　駆逐機および爆撃機は、他の任務を猶予し、退却する敵主力に向かい、これを部署すべし。これらは、敵の潰乱を増大し、かつ、退却路上、地障、および停車場における交通を擾乱するものとす。

偵察機は、敵の退却路を監視し、かつ、急行し来たる敵の増援隊の有無を捜索す。

第四百十五　敵に近く位置する下級指揮官は、敵兵退却せば、命令を待つことなく、ただちに追撃に移り、剛毅かつ独断、ことを処するを要す。退却する敵のすべての弱点に乗ずべし。隣接部隊との接触および協同は、敵中においてのみ、これを求むるものとす。

到達せる目標に関する報告は、追撃の急迫せる際といえど、これを忘るるべからず。

第四百十六　諸兵種の弾薬補充は、猛烈なる火力追撃実施のため、必須の要件なり。

第四百十七　砲兵は、遠距離に達する火力と機動力とを有するを以て、とくに追撃に適す。而して、なし得れば、常にその火力を最高度に発揚するものとす。

砲兵の一部は、観測射撃および図上射撃を以て、退却する敵を制圧し得る限り、依然、その陣地に止まるものとす。とくに、遠距離の目標を火制すべし。また、追撃歩兵の突進を阻害すべからず。長射程平射砲兵は、退却路および停車場に対し、猛烈なる妨害射撃を加う。
砲兵の大部は、追撃歩兵と協同し、敵に肉迫し、敵の固着を妨害し、反撃を制圧し、かつ、漸次後方に止まれる砲兵の任務を担任す。

第四百十八　歩兵は、射撃と猛烈なる肉迫とにより、敵の戦敗を完全なる潰乱に陥らしむるものとす。要すれば、手榴弾および白兵を以て、敵に肉迫すべし。歩兵重火器は、最前線部隊の直後、もしは、その中に陣地を占領するを辞すべからず。比較的大なる敵の抵抗は、その側方を通過し、これが排除は、後方部隊に委ぬるものとす。後方部隊は、もっとも迅速に追撃の地歩を獲得する方面に、これを前進せしむべし。該隊は、過早の方向転換を避くるを要す。

第四百十九　敵の撤毒地帯は、これを迂回し、かつ、後続部隊のため、標識すべし。該地帯は、自動車搭載部隊を以て、これを突進することを得。容易に消毒し得る場所（道路、植物なき地区）に、速やかに通路を設くべきものとす。

第四百二十　工兵は、敵に超越して、敵の退却路の阻絶をなすため、部署せられたるものを除き、その他は、追撃部隊の背後における道路の修理に任ず。

第四百二十一　通信隊は全力を尽くして、軍隊指揮官および追撃部隊間の連絡を維持す。通信伝達はしばしば、無線通信機関によらざるべからず。
師団通信隊は、通信幹線を主追撃方向において、最前線歩兵の直後に推進す。敵、再び戦闘のため停止せば、報告受付所を設置し、軍隊との連絡を図るべし。
追撃間は、窃聴勤務に従事する通信機関に対し、とくに窃聴の機会増大せらるるものなり。

第四百二十二　すべての指揮官は、追撃部隊と同行するか、もしは、その直後に続行するものとす。

第四百二十三　追撃者は、敵の収容陣地および後衛のため、決定的追撃方向より脱逸せしめられ、もしは、有力なる兵力を拘束せらるるがごときこと、あるべからず。常に敵の主力に対し、近迫に努力するを要す。予備隊もまた、これに応じて続行せしめ、要すれば、その中より、あらたなる突撃群を編成し、あらたに追撃を断行せしむべし。

敵、もし、これより、ただちに撃退し得ざる地区を占拠せば、再び計画的に攻撃を行い、かつ、いっそう強大なる砲兵を以て、これを支援せざるべからず。

第四百二十四　部隊の整頓、弾薬、兵器および糧秣の補充は、前進運動中にこれを行うものにして、これがため、追撃の順調なる進捗を阻害するがごときこと、あるべからず。軍隊指揮官は、追撃部隊をして、追送、後送に関し、憂いなからしむるを要す。

第四百二十五　夜間追撃にあたり、歩兵は、正面より道路に沿い、急追し、砲兵は、もっとも遠き距離まで猛烈に擾乱射撃を行うものとす。個々の砲兵各中隊は追尾して、図上の地点に陣地進入に勉む。該砲兵は擾乱射撃を増大し、また、時宜により、歩兵の近接戦闘にも参与することあり。

最前線部隊は、到達せる目標に関し報告し、追撃部隊が友軍の砲兵火を蒙るを防止せざるべからず。

夜間空中攻撃は、敵の退却地区における砲兵の効力を増大し得るものとす。

超越追撃部隊は勉めて、これを、すでに夜間に先遣すべし。

第四百二十六　追撃は、軍隊指揮官の命令によりてのみ、これを中止すべきものとす。

たとい、地障に遭遇するも、追撃を停止せしむべからず。

第八章　防支

第四百二十七　防支は、主として火力により効果を求むるものとす。ゆえに、防者は、なし得る限り、射撃効果を強大ならしむるを要す。この際、攻者に比し、とくに戦場に関して知ること、いっそう詳細なること、地形の利用の度、いっそう良好なるを得ること、工事によりて地形を補強し、併せて掩護の施設を行うこと、ならびに陣地に潜伏しある火器の効力、運動しつつある攻者に比し、優越なることは防者の利とするところなり。

第四百二十八　防支の受動性は、勉めて速やかに攻者と接触を獲得し、百方捜索の手段を尽くして、敵の前進方向および兵力区分を確認し、かつ、不意の脅威を受くる虞ある諸方向に、機を失せず警戒の処置をなすこと、必要なり。不意の攻撃を防支するため、工事の施設中、何時といえど、地区を占領し得ざるべからず。従いて、軍隊は、工事の施設中、すでに部署せられあるを要す。

第四百二十九　防支のための地形は、主として、情況によりて定めらる。

砲兵および歩兵の重火器のための良好なる観測は、勉めて強大なる射撃効力を発揮するため、通常、もっとも緊要なる条件なり。しかれども、歩兵をして、敵の観測より免れしむる地形を求むるを主とすることあり。また、戦車攻撃に対し、河川、沼地および急斜面のごとき天然の障碍による掩護の必要を主眼とすることあり。

正面鞏固なる地形といえど、側面の掩護困難なるため、無価値となることあり。火制し得る開豁地は、昼間および通視良好なる際、往々、十分なる側面掩護を与うることあり。撒毒を以て、側面掩護を向上することを得。

すべての部分において、均等に有利なる地形の存することは稀なり。その範囲大なるときにおいて、とくに然り。

のちに至り、防支より攻撃に転ぜんと欲せば、地形の選定にあたり、これを顧慮せざるべからず。情況、これを許せば、敵方よりも地形を偵察するを要す。

第四百三十　地形自然の強度を巧みに利用し、かつ、守兵の遮蔽良好ならば、地形の形状を変ずることなく、これによりて、敵の捜索および偵察を困難ならしめ得べし。時宜により、容易に防者の企図および区分を察知せしむる鞏固なる地区よりも、顕著ならざる地形を以て、防支のため、いっそう有利とすることあり。

地形自然の強度十分ならざるところは、工事により、鞏固ならしむるを要す。而して、通常、まず阻絶および障碍により、これを達成す。十分なる時間と兵力を有するときは、天然に有利ならざる地形といえど、漸次、これに大なる防支力を附与し得べし。

第四百三十一　陣地の設備、守備ならびに、その兵力および防支の方法および、その靭軟の程度に関し、敵を偽騙し得ば、敵の意表に出づるに便なり。

第四百三十二　弾薬の情況、これを許し、かつ近距離射撃開始によりて、敵を奇襲するを要せざれば、すでに最大遠距離に対し、射撃効力を求むるを要す。爾後、敵をして、その前進にともない、ますます熾烈なる防支火力を蒙らしむべし。

軍隊指揮官は、火戦に関し、その責に任ず。火戦の統一指導は、通信連絡の完成を前提とす。

第四百三十三　敵の兵力区分、その選定せる主攻撃点および、これに関連する防支の予想焦点に関し、判断の基礎を得るは、通常、敵の攻撃を待ちて、はじめて判明するものにして、ときとして、敵の接敵間判明することあり。ゆえに、当初の兵力配置にあたり、これに顧慮すべし。

依託なき翼の掩護のためには、通常予備隊を必要とす。その他においては、強大なる予備隊の控置により、防支正面の火力を薄弱ならしむべからず。

第四百三十四　いまだ敵と戦闘接触を有せざるときは、一般に防支陣地の選定および軍隊の部署に際し、自由を有す。また、敵の接触を早期より遅滞せしめ、これにより爾後の自由を獲得すべし。

敵、いずれより来るか、なお不明なるときは、防支の準備配置にあるを可とすることあり。これがためには、企図する迅速な防支の施設を準備し、かつ警戒を行うを要す。

第四百三十五　最初の戦闘接触の直前、もしは、その直後に、防支に転ずるときは、防支地域選定のため、時間を要する偵察を行うを得ず。

地形不利なるときは、いっそう有利なる地形に後退するか、または、防支を行うときは、要すれば、敏速な行動によりて、有利なる地形を敵より奪取するを要することあり。

防支への移転は、広正面の行軍、もしは分進より、もっとも迅速に実施せらるるものとす。

第四百三十六　攻撃の経過中、防支に転ずるときは、防支の設備をなすものとす。これがためには、前線を疎散ならしめ、かつ、全兵力を縦長に区分するを以て、第一の要件とす。しかれども、情況により、いっそう良好なる防支の可能性を求むるため、攻撃によりて、到達せる線の所々をあらかじめ推進し、もしは後退するを必要とすることあり。

持久抵抗への移転は、防支より生ずるものとす。

第四百三十七　すべての情況において、任務には、いずれの防支法を要求するや、すなわち、防御なりや、持久抵抗なりやを、疑問なきごとく明示するを要す。

防御

第四百三十八　軍隊、その中にありて防御を行う地域は、その「陣地」なり。

各陣地のもっとも重要なる部分を「主戦闘地帯」とし、最後まで、これを保持すべし。

主戦闘地帯の前方にある「前進陣地」および「戦闘前哨」もまた、陣地に属す。その動作に関しては、第四百五十六および第四百五十七に掲ぐ。

第四百三十九　およそ陣地は、敵をして、これを攻撃せざるを得ざらしめ、もしは攻撃を断念せしむるを得ば、その目的を達成するものとす。

陣地は、使用し得る軍隊の兵力に適応せざるべからず。

側面陣地は、敵をして、その従来の方向と異なる方向に攻撃を行うのやむなきに至らしむべきものとす。

敵に、かかる攻撃を強制せんとせば、敵が転進により側面陣地を回避すること能わず、かつ、側面陣地の側面を敵より攻撃し得られざるを要す。

第四百四十　防者、敵をして、正面より陣地を攻撃するの余儀なからしむるを得ば、もっとも有利なり。防者は、陣地の迂回に対抗するため、脅威を受くる翼を後退せしめ、もしは、梯次に配備し得ざるべからず。陣地を迂回せんとする敵の企図に対しては、攻撃的方法を以て対応するに勉むべし。

第四百四十一　防者、攻者に対し、陣地前に出撃するときは、これによりて、陣地の安全およびその設備を危殆ならしめ、また兵力を分散せしむることあるべからず。

第四百四十二　主戦闘地帯の防御のためには、全兵力の縦長分を大ならしむるを必要とす。大なる縦長区分は、敵火を分散せしめ、わが火力を後方より濃密ならしめ、優勢なる敵火に対し局部的退避を許し、かつ、攻者が主戦闘地帯に侵入することあるも、防御を継続し得しむるものとす。しかれども、一面、歩兵重火器の大部および、なるべく多数の軽火器をして、主戦闘地帯前に効力を発揮せしむるを要する要求に制限せらるるものとす。

優勢なる敵火に対し、配当地区外に局部的に退避するの権限は、直属上官より大隊長に、また時宜により、大隊長より隷下指揮官に与えらるるものとす。ただし、退避せるため、防御の連繫を危殆ならしめ、かつ、敵をして主戦闘地帯に地歩を占めしむるがごときことなき場合ならざるべからず。

第四百四十三　防御における正面幅および縦長区分は、相互にもっとも緊密なる関係あり。

平坦開豁地は、丘阜地、または隠蔽地に比し、いっそう大なる正面幅を取り得るものとす。鞏固なる天然の障碍は、往々、警戒のみを以て足ることあり。戦闘兵力僅少なるか、損傷はなはだしき軍隊は、いっそう小なる正面幅を取ることを要し、また、夜暗および視度不良なる天候にありては、前線をいっそう濃密に占領すべきものとす。兵力を集団して使用することにより、いっそう大なる正面幅を取り得べしといえど、防御時間長き際は通常、地区を連繫して占領することを断念し得ざるものとす。

正面幅に関しては、一定の数字を示すを得ず。防御のため不利ならざる地形において、正面幅は、攻撃に比し、おおむね二倍に選定するを得べく、これを以て準拠とみなすべし。

第四百四十四　時間、作業人員および器材の多寡により、陣地は、これを急造的に、もしは堅固に構築す。

良好に設備せられたる主戦闘地帯は、通常、障碍物、散兵孔（Schützenloch）、単一火器の巣（Nest）のごとき、互いに相交錯、隣接せる防御工事を包含するものとす。これらの工事は、不規、かつ大なる縦長に配置し、かつ、その重要の順に構築するものとす。とくに重要なる地点には、各種兵器の拠点を設くることあり。

防御工事は、地上および空中よりの認知困難ならざるべからず。比隣工事は、相互に支援し得るを要すといえど、側防のため、正面の防御を不十分ならしむることあるべからず。とくに、夜暗、もしは通視不良なる天候に際しては、十分なる正面防御の可能なること、はなはだ肝要なり。

すべての防御施設相互のあいだに、掩護確実なる連絡を逐次構成するを要す。

阻絶、偽工事、前地位における測定点、陣地内の顕著なる物体の除去、掩護物体、監視所および近接路は、陣地の設備を完全ならしむるものとす。

第四百四十五　軍隊指揮官は通常、地図により、一般の線（主戦闘線）によりて、主戦闘地帯を定む。この線は、最前方防御工事の位置の準拠たるものなり。軍隊指揮官は、該線を以て、併せて防御に関する連繫を確定す。

下級指揮官は現地に赴き、主戦闘線を確定するを要す。けだし、現地においてのみ、最前線防御工事の位置、主戦闘地帯におけるその他の施設および、その守備を決定し得べきを以てなり。

主戦闘地帯の最前方防御工事は、砲兵および歩兵重火器の観測所の前方に十分に推進し、かつ、勉めて長く敵眼、敵火に遮蔽し、その位置は敵の意表に出づべきものとす。ゆえに、敵の観測の能否に従い、細心以て好適の地形を求め、かつ、これを地形に適応せしむるを要す。

丘阜地帯においては、該最前方工事を丘阜地の前方斜面に設け、過早に敵に発見せられ、かつ、敵の射撃に対し、長く保持し得ざる危険あるときは、これを後方斜面に設くることあり。

第四百四十六　諸兵種の火力による主戦闘地帯の防御は、敵をして、遅くも主戦闘線の前方において挫折せしむるごとく準備せざるべからず。ゆえに、防御の経過を各兵種に知らしむるを要す。

第四百四十七　砲兵および歩兵重火器の観測所は、主戦闘線の前方において行わるる戦闘のため、敵の攻撃地帯を遠く展望し得るを要す。これに反し、主戦闘地帯の直接防御のためには、ときとして、制限せられたる通視を以て満足せざるべからざることあり。

最前方防御工事、後方斜面にありて、後方、もしくは側方よりの観測により、その前方斜面を火制し得ざる場合には、戦闘前哨の掩護の下に、砲兵および歩兵重火器の前進観測者を使用して、勉めて長く掩蔽せる高地および、その前方斜面に対し、火力を発揚し得しめざるべからず。

その他砲兵および歩兵重火器の位置に関しては、第三百三十四を適用す。退避観測所（Ausweichbeobachtungsstelle）を準備しおくを要す。

第四百四十八　陣地は、捜索、警戒および戦闘のため、これを地区に区分す。

地区の境界は、勉めて防御工事を切断せざるごとく、これを設定すべし。地区の境界を警戒するため、特別の処置を必要とすることあり。要すれば、とくにこの任務のため、警戒部隊を定む。なかんずく、夜間および通視不良なる天候において然りとす。

第四百四十九　地区占領歩兵の予備隊は、歩兵の戦闘を培養し、主戦闘地帯に侵入せる敵を撃退し、局部的後退を可能ならしむるに使用せらるるものとす。

軍隊指揮官の予備隊の使用は情況に関す。而して、もっとも重要なる使用の場合に対し、あらかじめ準備するを要す。

第四百五十　長き防御のあいだにおいては、部隊を交代するを必要とすることあり。通行、夜暗に交代を行う。交代は、あらかじめ、これを準備し、かつ警戒を行い、命令授受の時機を規定するを要す。歩、砲兵ともに同時に交代するは、戦闘動作を妨害するに至ることあり。

交代を行えば、軍隊と地形、敵および局部的戦闘状況との親炙《しんしゃ》は、一時失わるるものなり。

第四百五十一　後方陣地を設くるを緊要とすることあり。しかれども、一般には、比較的大なる作戦関係においてのみ設備せらるるべし。

後方陣地は、敵にあらたに砲兵の開進を強要するごとく、後方に位置すべきものとす。後方陣地の設備は、情況、時間および兵力に関係す。これが設備のために、戦闘に必要なる軍隊を薄弱ならしむべからず。

従来の主戦闘地帯を維持するに、はなはだしく大なる犠牲を要し、かつ、その他の情況、これを禁ぜざるときは、後方陣地へ防御の転置を命ずることを得。

実施

第四百五十二　工事を施さざる急造陣地の防御も、百方手段を尽くして設備せる陣地の防御も、ともに同一の原則に従い、実施するものとす。

細部における防者の行動は、その企図、兵力、資材、陣地の天然および人口の強度ならびに準備時間によりて異なる。

第四百五十三 防御に関する処置は、本来、一定の地点に固着し、しかも、この場所よりする効力の発揚に、おのずから制限を受くる諸兵種の協同を確定せざるべからず。

各兵種のために、地域的および時間的に緊密なる協同と、これら兵種の完全なる利用とに関し、細部にわたり命令するは下級指揮官の任務なりといえど、時宜により、これを命ずるを要することあり。

第四百五十四 防者は、敵の攻撃企図を速やかにあきらかにすることに勉むるを要す。防者は、敵の捜索および偵察、無線通信を監視し、以て、近接する敵兵力の正面および部署を確認するに勉むべし。敵戦線後方の情況、交通、飛行場、戦闘着陸場を偵察せざるべからず。

さらに、攻者の開進地区、とくに砲兵の放列陣地および、その観測所に関する偵察と、敵の戦車使用の能否および、その歩兵攻撃に対する地形の偵察とにより、わが処置のため、重要なる準拠を得ざるべからず。

敵の視察に対し、駆逐機、防空部隊、無線通信停止および、その他の処置により、わが準備を掩蔽すべし。

捜索、偵察、遮断および、これらすべての成果を活用することは、これを一手に統括するを要す。

第四百五十五 陣地前方に使用せらるる部隊は、通常、軍隊指揮官の直轄の下に、持久的に戦闘を行うものとす。

該部隊、大なる速力、もしは運動性を有せば、有利なり。主として、砲兵および歩兵重火器を強大ならしむべし。比隣部隊の協同に関しては、上級司令部これを規定す。

陣地前における持久戦等の実施は、阻絶および天然の障碍を十分利用し、かつ、敵が陣地に近接するにあたり、陣地内の砲兵をして、逐次これを射撃し得ば、容易となるものとす。軍隊指揮官は、陣地前に使用せる部隊の収容および主戦闘地帯の防御地区への戦闘動作の転移に関し、規定す。

第四百五十六　前進陣地は、戦闘前哨前方の要点の過早に攻者の手に帰するを妨げ、わが砲兵前進観測所の利用を可能ならしめ、敵に対し陣地の位置を偽騙し、かつ、これをして過早の開進をなさしむべきものとす。一般に前進陣地は、主戦闘地帯にある砲兵一部の効力範囲内にあるごとく選定すべきものなり。

軍隊指揮官は、前進陣地の要否、位置、隷属関係に関し、命令す。前進陣地防御地区の境界内にありて、該地区に隷属するときは、軍隊指揮官は、その任務、兵力および守兵の行動に関し、指示を与うることを得。

前進陣地には、とくに、重機関銃、対戦車兵器および軽砲兵を装備すべし。前進陣地守備部隊は、各個撃破に陥ることなく、適時撤退すべきものとす。その収容を確実ならしむべし。また、撤退にあたりては、なし得る限り、戦闘前哨の活動を妨害すべからず。

第四百五十七　戦闘前哨は、主戦闘地帯の守兵に、戦闘準備を整うる時間の余裕を与え、その配置により、主戦闘地帯より、攻撃地帯の視察を補足し、かつ、攻者に対し、主戦闘地帯の位置を偽騙す。いかなる程度に、前哨陣地の戦闘に参与し、かつ、これを継続すべきかに関し、命ぜらるべきものとす。

戦闘前哨の兵力、主戦闘地帯との距離および行動は、任務および地形により、その位置は、主戦闘地帯砲兵の効力範囲外に推進せらるることなし。

戦闘前哨は、その正面前に前進陣地保持せらるるあいだは、微弱なることを得。昼間、通視し得る地形においてもまた然り。戦闘前哨は通常、これを主戦闘地帯占領歩兵部隊より出し、かつ、これに隷属す。

軍隊指揮官は通常、戦闘前哨の概略の兵力、その最前線抵抗線および保持すべき時間を命ず。比較的広大なる正面においては、各地区ごとに異なる行動をなすを適当とすることあり。比隣地区の戦闘前哨の行動を調和せしむるを要す。

戦闘前哨は主戦闘地帯の射撃を妨害せず。かつ、自ら危殆とならざるごとく撤退するを要す。協定せる記号により、戦闘前哨および主戦闘地帯間の協同を容易ならしむることを得。

戦闘前哨の掩護下に行う、目標を制限する小攻撃企図は、敵の攻撃準備を妨害し、かつ重要なる情報をもたらし得るものとす。

第四百五十八　主戦闘地帯の防御は、諸兵種の計画的に準備せる射撃動作を基礎とす。該射撃動作は、第四百に掲ぐる着眼にもとづき作成せらるる射撃計画を以て、これを表す。射撃の設備に対しても、その統一、歩、砲兵の協同、強大なる火力集中、警戒せられたる地点に対する射撃の迅速なる集中は、軍隊指揮官および各地区において協同する指揮官の任務とす。

主戦闘地帯前の全地域は、遠距離に至るまで、勉めて間隙を生ぜざるごとく、これを火制せざるべからず。この際、各火器は、その特性に応じ、地形、地物の形状と、その掩蔽の如何とを顧慮し、相互に相補うを要す。

敵主戦闘地帯に近接するに従い、ますます火力を濃密ならしめざるべからず。

主戦闘地帯に局部的に突入せる敵に対してもまた、各兵種の射撃および協同、確実なるを要す。

第四百五十九　砲兵は、すでに接敵前進中の敵に対し、前進陣地にあるその放列位置、要すれば、主戦闘地帯の前方にある放列位置より戦闘を行う。

妨害射撃は、遠く前方に派遣せられたる観測者により、無線通信機能を以て指導せらるるものとす。砲兵協力飛行機および観測隊の一部を使用すべし。情況により、郵便用電線、または、協定せる発火信号を利用することあり。敵をして、過早にわが兵力を察知し得ざらしめんがため、この種戦闘を行う砲兵数を制限するを適当とすることあり。

主戦闘地帯の防御、漸次開始せらるるや、砲兵の縦長区分の増加を必要とす。該縦長区分は、ついには歩兵と協力して実施する主戦闘地帯の直接防御のため、全砲兵の縦長梯次配置に移らざるべからざるに至るものにして、適時これを準備するを要す。

砲兵の大部は、該配置においては、前進観測、もしは、主なる観測にして用をなさざるに至るも、なお攻者に火力を指向し、かつ、主戦闘地帯に侵入せる敵に対しても、依然、有効に射撃し得るごとく勉むべし。また、砲兵の一部はその陣地を察知せられありと考えらるるときは、しばしば主戦闘地帯に対する敵の歩兵攻撃を予期する前夜において、さらに陣地を変換せざるべからざることあり。

かくのごとく、砲兵は、その効力を完全に発揚せしむるため、おおいに機動的に使用せざるべからず。砲兵の多種多様なる使用のためには、観測所、放列位置、射撃諸元、陣地変換、陣地進入および進出の運動および、その道路の遮蔽に関し、周到なる準備を要す。

第四百六十　師団砲兵の大部は、主戦闘地帯の前方遠近に対し、集中火を注ぎ得ざるべからず。砲兵指揮官は、該集中火を勉めて長く指導するを要す。砲兵の区分および射撃任務の附与は、右の着眼に従い、なさざるべきものとす。

軍団長は、軍団砲兵の使用にともない、師団に対し、その砲兵の区分に関し指示を与え、かつ、師団の地域以外における戦闘任務を配当することを得。軍団司令部は、一般に特別遠戦任務解決のため、軍団砲兵中の大重砲兵のみを直接に保有するものとす。

師団長は、すでに防御の開始より、もしは、その経過中、歩兵に直接協同すべき砲兵部隊、もしは、歩兵に配属する部隊を決定す。師団長は、砲兵指揮官の直接隷下に十分有力なる砲兵を残し、最後まで火戦に決定的の影響を与え得ざるべからず。

主戦闘地帯の防御にあたり、歩兵を直接支援すべき砲兵隊は、歩兵の指揮官と連繫を取り、両兵種の指揮官は連絡を維持するを要す。その他、歩、砲兵の協同に関しては、第三百二十九以降に掲ぐる着眼に従うものとす。

第四百六十一　情況、なかんずく弾薬の景況、これを許せば、砲兵はその射程を完全に利用し、射撃を開始す。

砲兵は、敵の近接、敵砲兵の陣地進入、その観測所の設置を困難ならしめ、かつ、その連絡および弾薬補充を妨害す。ついで、敵砲兵および高射砲兵の制圧を開始す。その要領は、第三百五十八に掲ぐる着眼による。制圧のための基礎を得るため、敵砲兵の射撃を速やかに誘発するを要す。これに成功せざれば、敵砲兵を逐次に制圧し得るにすぎざるべし。敵の砲兵力、著しく優勢なるか、もしは、敵を奇襲せんとするときは、往々、敵砲兵の制圧を一時差し控えることあり。

妨害射撃（Störungsfeuer）【敵の動作を妨害することを目的とした、強度・目標ともに不規則な射撃】および急襲射撃（Feuerüberfall）【敵を不意打ちにする、統制された集中射撃】により、歩兵重火器と協同して、攻撃歩兵の出発位置に向かう前進、敵の戦闘司令所、連絡および補給を制圧すべし。また、攻撃工事に対し、破壊射撃を実施すべし。

敵歩兵、その出発位置において攻撃準備を整うるや、わが砲兵の大部を挙げて、これを制圧すべし。敵歩兵の重火器を制圧すること、とくに緊要なり。また、戦車の前進および、その準備配置に注意するを要す。この際、必要の最小限の砲兵を以て、攻撃砲兵の制圧を続行すべし。決戦時機においては、敵の観測所に目潰しを行い、もしは、観測射撃を以て、これを撲滅するを要す。


第四百六十二　歩兵は、勉めて速やかに、かつ猛烈に射撃を開始す。その射撃動作は、重軽火器の射撃計画を基礎とす。友軍砲兵薄弱なる際も、重機関銃および、情況により、迫撃砲は、すでに遠距離に対し、敵の近接を制圧するを要す。この任務のため、歩兵重火器の一部は、これを主戦闘地帯の最前線、もしは、さらにその前方に使用するものとす。攻者、主戦闘地帯に近接せば、その縦深にわたる歩兵の防御開始せらる。これがため、要すれば、使用せざる重火器をも招致すべし。重機関銃は、掩護陣地を得ること困難なるを以て、遮蔽陣地、予備陣地の占領および、正面に対し掩護せられたる側防的使用により、これを秘匿するを要す。攻者、主戦闘地帯に近接するに従い、歩兵軽火器は、ますます多くの戦闘に参与するものとす。

敵火のため、歩兵の火力防御に問題を生じたるとき、ただちにこれを閉鎖するは、前方にある指揮官の任務なり。

陣地占領歩兵隊の控置部隊は、その使用を顧慮し、所要の偵察をなしおくを要す。該部隊は、そのほかにおいては、壕を掘開し、かつ、局地的防御を準備するものとす。また、強大なる敵火に対しては、これを蒙ること少なき地域に一時退避するを許すことあり。

第四百六十三　主戦闘地帯の一部を失うときは、火力を以て、侵入する敵を撃滅するに第一の努力を払わざるべからず。しからざる場合、歩兵および、その支援部隊、突入地点の附近にある一部は、敵がその獲得せる地区に地歩を占め、工事をなすに先だち、ただちに逆襲（Gegenstoss）して、敵を撃退するを要す。該逆襲部隊は、突入せる敵の背後に対する遮断射撃により、有効に支援せらるることありといえど、砲兵の協力に依存すべきものにあらず。

以上の処置、失敗するか、もしは、大規模の突入なるときは、軍隊指揮官は反撃（Gegenangriff）により失地を回復すべきや、あるいは、主戦闘線を転移すべきやを決す。反撃は、勉めて、突入せる敵の側面に向かい、これを指向すべし。反撃は、とくに強大なる兵力を以て、これを行うときにありては、通常、詳密なる準備を必要とす。準備配置、時機、目標、戦闘地域、砲兵の支援、戦車および飛行隊の使用は、これを統一して規整するを要す。この際、躁急は失敗に陥るものなり。

反撃に充つべき予備隊は、迅速にこれを使用し得るごとく、準備配置にあるか、もしは、防御経過中移動せしむるを要す。

第四百六十四　諸兵種は、夜間、通視不良なる天候および通視し得ざる地形における不意の攻撃に対する防御を、常に準備しあらざるべからず。

応急射撃（Notfeuer）は通常、主戦闘地帯直前に布置せらるるものにして、あらかじめ、これを準備し、記号その他の請求、もしは命令により、これを開始するものにして、地域的および時間的に、これを限定するを要す。応急射撃の担任者は歩兵重火器にして、歩兵自ら処理し得ざるところは軽砲兵とす。これに参与する兵種の応急射撃の開始、持続時間、弾薬使用、他の砲兵による応急射撃の増加、もしは拡大に関し準備し、また応急射撃開始の権限に関する規定を設くるを要す。

砲兵中隊は、奏功の見込みを以て覆い得る幅にのみ、応急射撃をなし得るものとす。

斥候の活動の増加、窃聴哨および前記の照明により、適時、敵の近接を偵知せざるべからず。支援部隊は、主戦闘地帯に侵入せる敵に対し逆襲し、要すれば、白兵をふるい、これを撃退すべし。

各人は、不意の敵襲に際しての自己の行動に関し、承知あるを要す。

第四百六十五　命令および情報の確実なる伝達のためには、縦長に区分せる、密なる通信網を条件とす。各種通信機関の重複利用により、勉めて完全に構成するを要す。

横方向の連絡は、大なる価値を有するものなり。また、無線電信連絡は勉めて戦闘中にはじめて、これを利用すべきものとす。

師団通信隊は、軍隊指揮官に直属する地区と有線連絡を行うほか、まず、砲兵指揮官とその隷下部隊との連絡を構成し、かつ、砲兵協力の飛行機、観測隊および気球小隊との協同を可能ならしむるを要す。時間、これを許せば、漸次、歩兵、砲兵、気球、防空部隊、飛行隊等のための特別通信網を設けざるべからず。

通信機関の大部は、これを主戦闘地帯に使用すべし。また、前進陣地および戦闘前哨を連絡するを要す。この際、無線通信機関は、とくに適当なり。

副通信を準備し、かつ偵察するを要す。主戦闘地帯と後方との連絡を維持し、絶えず、これを補修するを要す。

有線網は、時間および人員に応じ、これを埋設するものとす。

通信捜索をなすこと緊要なり。わが通信は、これを制限、かつ掩蔽せざるべからず。

軍隊指揮官は、発火信号の意味および変更に関し規定す。

第四百六十六　工兵は、前地においては、阻絶の設置に使用せらるるものとす。主戦闘地帯においては、障碍物、連絡、偽工事その他の構築に使用す。歩兵にして困難なる任務を解決するを要するときは、工兵を歩兵隊に配属するを適当とすることあり。

軍隊指揮官は一般に、主戦闘地帯における防御の開始とともに、工兵を予備隊とし、以て、工兵の技術的援助を必要とする方面に使用し得しむるものとす。

第四百六十七　戦車は、これを攻撃的に使用すべし。戦車は、軍隊指揮官の手裡にある、決勝をもたらす予備隊にして、反撃および戦車の制圧のため、とくに適当なり。

戦車の準備配置は、通常、敵砲兵の有効射界外の遠く後方において行うものとす。戦場の直接観察は希望するところなり。その使用の能否に関し、偵察するを要す。

戦車は、一般軍隊指揮官の命令により、使用せらるるものにして、軍隊指揮官は、その攻撃の時機、攻撃目標および他兵種との協力を規定す。

対戦車防御に関しては第十四章を参照すべし。

第四百六十八　煙幕は、予備隊の移動および砲兵の陣地変換を、敵に対し秘匿し得るものとす。しかれども、かくのごとき運動は、空中観測に対しては、森林、村落等、天然の遮蔽物より他の遮蔽物に移り、かつ、通過区間を間隙なく、また十分なる時間、遮蔽するに足る発煙剤を有するときにおいてのみ、遮蔽し得るものとす。

活発なる敵の空中捜索に際し、射撃せざるべからざる砲兵といえど、同時に偽煙幕を構成せば、煙幕により掩護せられ得るものなり。

化学兵器は、第十八章に掲ぐる着眼に従い、これを使用す。

第四百六十九　飛行隊は防御を支援することを得。

駆逐機は、敵の空中捜索を妨害す。その兵力十分なる際は、近接中の地上の敵を攻撃し得るものとす。爆撃機は、とくに敵の飛行場および下車点を攻撃せしむ。

駆逐および爆撃機の主なる活動は、主戦闘地帯に対する攻撃開始の直前にあり、この際、敵機を撲滅するため、勉めて強大なる駆逐飛行隊を使用すべし。これがため、攻撃せられざる地区には、飛行隊の活動を欠くのやむを得ざるものとす。この時期においては、敵の準備配置、予備隊、射撃中の砲兵および繋留気球に対してもまた、飛行隊を使用することあり。

第四百七十　防空部隊は、敵の近接間、とくに敵の空中捜索を妨害すべきものとす。これがため、一部を遠く前進せしめ、要すれば、主戦闘地帯の前地に推進す。

しかれども、敵砲兵の開進開始とともに、砲兵の掩護および弾薬補充の警戒のため、防空部隊を集結すべし。

攻撃直前および攻撃間、砲兵の掩護のほか、予備隊の掩護、緊要となるものとす。敵がいずれに攻撃の重点を指向しありやを認むれば、これに対し、防空部隊の効力を集中するを要す。低空攻撃を予期する方面に、高射機関砲中隊、もしは高射機関銃中隊を推進すべし。

第四百七十一　後方陣地へ防御を移転するときは、戦闘中止、後退および防御の再興に関し、事前に規定するを要す。後退する部隊内および隣接部隊との連繋を維持すること、とくに緊要なり。

軍隊指揮官は、機を失せず決心し、かつ、敵をして、わが企図を阻止し得ざらしむるごとく処置するを要す。すべての処置は、狼狽することなく実施し得ざるべからず。後退にあたりては、警戒の処置をなし、かつ、隣接地区と協調せしむべきものとす。視度不良なる天候、煙幕、もしは、有利なる地形を利用し得ざるときは、後退時機に夜間を選定すべし。

従来の陣地は、依然これを占領しあるごとく、勉めて長く敵を偽騙せざるべからず。これがため、諸兵種の射撃動作を、従来のそれに近似せしむるを、もっとも有利とす。百方手段を尽くし、敵の近迫を阻害するを要す。砲兵、後方陣地において、速やかに射撃準備を整えあるときは、もっとも確実に成功すべし。

後方陣地、遠方にあるときは、中間放列陣地において砲兵を使用するを有利とすることあり。従来の陣地内および陣地後方に設くる撤毒により、敵を阻止し得べし。その他、なお第九章に掲ぐる着眼に準じ、処置すべし。

第四百七十二　敵の攻撃頓挫するにあたり、防者の兵力十分なるときは、攻勢に転ずるものとす。陣地を出でて攻撃するにあたりては、情況により、敵の歩兵は依然縦長に区分せられ、かつ敵砲兵優勢なることを胸算せざるべからず。

敵の砲兵を制圧し、かつ敵を突破するの可能性なきとき、陣地を出でて攻勢に転ずるは、困難なる正面戦闘となり、その結果は不確実なるべし。包囲的に攻撃し得ば、奏功の見込み大なり。

情況により、あらたなる作戦の開始を考究せざるべからず。

第四百七十三　防者、持久抵抗に転移せんとせば、通常、敵が完全に展開しあることを胸算せざるべからず。ゆえに、最初の抵抗線は、これを遠く離隔せしむるを要す。

第四百七十四　戦闘の勝敗決せずして終了するか、もしは作戦休止となるや、攻防両者は真面目なる戦闘をなすことなく相対峙し、かつ、陣地戦の戦況に近似するに至ることあり。しかるときは、従来の陣地を保持すべきや、あるいは、いっそう後方に新陣地を設定すべきやを決定するものとす。従来の陣地は、これを前進陣地として、もしは戦闘前哨のため、利用することあり。従来の主戦闘地帯を保持するときは、さらに工事を施し、弱点を鞏固ならしめ、もしは、これを放棄するものとす。また、なし得る限り遠く、戦闘前哨を推進すべし。

軍隊愛惜のため、戦闘部隊、待機部隊および予備隊の間に交代を行わしむ。障碍物の補強、人員器材用ならびに弾薬用掩蔽部の構築に着手し、かつガス防護設備を拡張すべし。また、後方陣地の工事により、爾後の防御に有力なる支援を与うることを得べし。これらの処置と併行して、陣地内および陣地後方における軍隊の保護、給水、傷病兵の救護の処置を講ずるものとす。

持久抵抗

第四百七十五　持久抵抗は、敵優勢なるため、やむなくこれを行うか、もしは自発的に行うものとす。

後者の場合には、敵が優勢なる兵力を以て追随し来たるときにおいてのみ、その任務を遂行し得。持久抵抗は、戦闘の開始のため、もしは戦闘間における応急手段として、しばしば有利に利用せらるることあり。持久戦における持久抵抗の意義に関しては、第十章を参照すべし。

第四百七十六　持久抵抗は、一抵抗線において、これを行う。情況により、他の抵抗線において、さらにこれを継続す。これがためには、抵抗を継続しつつ、もしは戦闘することなく、新抵抗線に退避するものとす。

抵抗線の防御は、敵をして、早くより、かつ強大なる武器を以て、多大の時間と損害とを払う攻撃準備をなすのやむを得ざらしむべきものなり。

抵抗線間の地区（中間地区）の防御は、敵の追及を遅滞せしめ、以て、つぎの抵抗線の設備に要する時間の余裕を得べきものなり。

第四百七十七　抵抗線は、遠くまで敵の近接地区を観測し得、かつ、砲兵の威力を発揮し得るか、抵抗線前に堅固なる地障存するか、もしは、敵が展開のため通過するを要する隘路存するときは有利なり。

抵抗線を森林内に置くときは、観測および砲兵の威力の関係は、抵抗者、攻者ともに不利なり。しかれども、攻者はその運動を阻害せられ、かつ、その優勢の進化を十分発揮し得ざるに比し、抵抗者はいっそうよく地形を利用し得るものとす。

抵抗線内および、その後に存する隠蔽地は、抵抗者をして、戦闘の中止および撤退を容易ならしむ。

各種の阻絶は、抵抗線および中間地区の防御を支援す。

工事により地形を堅固にするは例外に属す。偽工事を利用するに勉むべし。

第四百七十八　抵抗線の位置は、軍隊指揮官これを命ず。

抵抗線相互の距離は、地形、視度、わが企図ならびに敵の行動により、差あり。

通視し得る地形においては、敵砲兵をして、陣地変換のやむなきに至らしめる程度に、これを大ならしめざるべからず。森林内においては、往々僅少なることあり。

第四百七十九　抵抗線は通常、同時に砲兵および歩兵重火器の観測所の位置を示すものとす。放列陣地は、近く抵抗線の後方にあるものとす。

抵抗線前の地形開豁しあるときは、抵抗線における部隊の使用は、一般に観測所および放列陣地の警戒に止むるものとす。抵抗線、堅固なる地障、もしは隘路の後方にあるときは、この利益を利用し、かつ、いっそう長く抵抗をなすため、比較的強大なる兵力を以て、これを占領すべし。

通視不良なる地形にありては、通常、比較的強大なる兵力を以て抵抗線を占領するを要す。森林内においては、抵抗線の守備歩兵は通常、抵抗の主体なり。

第四百八十　抵抗線および中間地区の防御の継続時間および防御の強度は、情況により異なるものとす。

軍隊指揮官は、部下兵力の部署と弾薬の配当とを律するを要す。

第四百八十一　抵抗線の防御は、つぎの抵抗線に向かい、整然たる撤退をなし、かつ、該抵抗線の防御を再開し得るごとく、適時、これを中止せざるべからず。抵抗線の後方の地形開豁し、敵の観察容易なるときは、通常、早期の撤退を必要とす。

第四百八十二　軍隊指揮官は、なし得れば、つぎの抵抗線への撤退の時機を命ず。

通視不良なる地形および正面大なる際は、撤退時機の決定を下級指揮官に委ぬるか、もしは、敵の強大なる部隊が通過せば、撤退をはじむべき一般の線を示すに止むることあり。

第四百八十三　持久抵抗をなす軍隊は、一の抵抗線より他の抵抗線へ撤退するにあたり、一般に収容を必要とす。

軍隊収容せられざるときは、通常、抵抗線における戦闘を早期に中止し、戦闘することなく後退し、かつ、つぎの抵抗線を遠く後方に選定せざるべからず。微弱なる兵力を以て、敵に近き部隊の離脱を容易ならしめ、かつ、敵の即時の肉迫を阻止するは、欠くべからざることとす。

第四百八十四　ますます長く持久抵抗を行うに従い、いよいよ抵抗部隊の収容を必要とするに至るものとす。

前方戦闘部隊は収容兵力を有せざることに顧慮するを要す。従いて、正面幅は、収容のため、いくばくの兵力を必要とするやに関す。

正面幅に関し、一般に適用し得る数字は、これを示すを得ず。

持久抵抗に有利なる地形において、正面幅は、防御の際に比し、一時的に約二倍なるを得べく、これを以て準拠とみなすべし。

第四百八十五　抵抗地帯は、これを地区に区分す。

地区の境界は、抵抗線および中間地区に適用するものにして、捜索、警戒、抵抗および撤退の基準なり。

地区には通常、混成部隊を使用し、かつ、これに比隣地区との行動の統一を確実ならしむるため、戦闘任務を附与す。混成部隊の兵力、編組は、任務、地区の正面幅および地形によるものとす。

地区の兵力は、抵抗団（Widerstandsgruppe）を編成す。抵抗団は、側防火により、相互に支援す。通視し得ざる地形、視度不良なる天候、もしは夜暗にありては、抵抗団は相互に直接連繋するを必要とす。

軍隊指揮官は、砲兵の一部を直轄し、以て各団を支援し、かつ抵抗団より遠距離妨害任務を除き得るを要す。

実施

第四百八十六　捜索、偵察および遮蔽に関しては、第四百五十四に掲ぐる着眼を適用す。

第四百八十七　敵との距離、わが軍の兵力、速力、もしは機動力および地形、これを許せば、すでに抵抗線の遠き前地において、敵の前進運動を妨害すべきものとす。

第四百八十八　抵抗線の前方において、戦闘前哨は、歩兵重火器および数門の火砲を以て、また隠蔽地においては軽機関銃および小銃兵もまた、敵の近接を困難ならしめ、かつ、防御の方法および抵抗線の位置を敵に対し偽騙す。

抵抗線の前方に使用せられたるすべての部隊は、漸次抵抗線に後退し、その守兵に増援するか、もしは、後刻これを収容するため、抵抗線の後方に使用せらるるものとす。

撤退の際の軍騎兵の行動に関しては、第七百十七を参照すべし。

第四百八十九　抵抗線の防御は、砲兵の行う、敵の近接に対する適時の妨害射撃および抵抗線の前方に使用せられたる部隊に対する支援射撃により、開始せらる。これがため、第四百五十九に掲ぐる着眼に従い、前進観測者および砲兵協力機を利用す。

軍隊指揮官は、砲兵指揮官に遠距離妨害任務を委任することを得。

漸次、敵の攻撃準備の制圧を主とするに至るものとす。通常射撃は、当初より敵歩兵に指向せられざるべからず。わが歩兵重火器との協同および歩砲両兵種の任務の分課に関し、命令、もしは相互の協定を以て、これを確実ならしむるを要す。

弾薬および、その他の情況、これを許せば、広地域に陣地を占領せる砲兵の活発なる射撃および陣地変換による機動的使用を以て、敵の偽騙に勉めざるべからず。

第四百九十　砲兵は主として、その重火器を以て、抵抗線の防御に参与す。歩兵重火器は、一般に掩蔽せる陣地より射撃するものとす。暴露陣地に就くときは、その推進の度は、後刻の後退を可能ならしむる程度なるを要す。抵抗線の近き前方、もしは、そのうちに存する地物の掩蔽、これを許せば、機関銃および小銃兵をも使用すべし。

第四百九十一　抵抗線における戦闘中止は、真面目の戦闘を行うことなく、薄暮まで抵抗線を保持し得ば、もっとも容易なり。この際、離脱せる部隊は、残置部隊の掩護の下に、通常、ただちに、つぎの抵抗線に後退するものとす。

情況上、真剣なる戦闘に陥ることあるも、抵抗線を保持すべき必要あるときは、防御に移転せざるべからず。しかるときは、防御陣地決定のため、周到なる考慮を要す。

第四百九十二　昼間、抵抗線を放棄するときは、これに先だち、歩兵重火器および砲兵を大なる縦深に区分せざるべからず。砲兵と、敵方に近く位置する歩兵とのあいだの連絡を失うべからず。

敵に対し、中間地区より抵抗をなすべきときは、主として収容に任ずる部隊、これを行う。中間地区の縦深大なる際は、つぎの抵抗線の前方において、収容部隊をさらに収容するを必要とすることあり。この収容のため、中間地区に一時的に部隊の配置を必要とすることあり。

第四百九十三　つぎの抵抗線を速やかに決定し、かつ、これを知らしむるときは、撤退に際し、全部隊の統一行動を促進するものとす。

個々の場合においては一の線を示し、以て、危急の場合、一日に撤退し得る限度を示すを適当とすることあり。

第四百九十四　抵抗線の防御時間の長短は、主として、敵が単に持久抵抗なることを察知せしや否や、および、いつ察知せしやに関するものとす。敵、もし、突破を準備するときは、抵抗者は適時脅威せられたる方面を撤退するを必要とす。

しかれども、広大なる抵抗線の一方面における撤退は、正面前の自己の情況、これを要せざる限り、必ずしも、比隣部隊、もしは全正面の撤退を必要ならしむるものにあらず。依然、その位置を保持せる正面は、側防火により、不注意に追及する敵を苦境に陥るることを得べし。この側防火の効力は、情況により、正面を推進することにより、これを増大し得ることあり。

かくのごとき情況において、依然、拒守しある部隊は、自ら側面を十分掩護するの責任を有す。

第四百九十五　機を失せず、つぎの抵抗線の占領に関し、命令すべきものとす。諸兵種は、適時、該抵抗線を偵察し、その占領を準備せざるべからず。

第四百九十六　撤退部隊、新抵抗線に近接せば、一部の砲兵および歩兵重火器は、すでに該抵抗線において、射撃準備を整えあるを要す。歩兵中隊は、抵抗線の防御準備完全となるまでに、該線における警戒守兵として使用せらるるものとす。

第四百九十七　軍隊の指揮および戦闘動作のため、各級指揮官間に確実なる通信の伝達を必要とす。
軍隊指揮官と各地区、ならびに地区相互間は、なし得れば、有線により、これを連絡すべし。砲兵指揮官は、その直属砲兵と連絡せられざるべからず。
しかれども、各隊の通信伝達は、しばしば無線通信機関に制限せざるべからず。かくのごとき情況においては、自動車、馬および協定せる記号の利用を増加するを要す。
指揮官は、直上指揮官との連絡、これを許す限り、軍隊の整然たる指揮および隣接部隊との連絡に必要なる前方に位置すべきものとす。指揮官はしばしば、特別なる運動性によりてのみ、この要求に応じ得べし。
軍隊指揮官は、永久通信施設の撤去、もしは遮断に関し、指示を与う。すべての指揮官は、抵抗線内の通信連絡の適時の撤去、もしは破壊に留意するを要す。

第四百九十八　工兵は、速やかに抵抗線前、もしは線内における、もっとも重要なる阻絶の位置に使用せらる。

第四百九十九　対戦車防御は、敵の前進路に沿い、もしは、開豁地において行わるる敵装甲戦闘車輛の突進を阻止せざるべからず。その他に関しては、第十四章に掲ぐる着眼を適用すべし。

第五百　防空部隊は、敵の空中捜索を困難ならしむるものとす。これを空中攻撃の防御のため、使用するは第二なり。

高射砲兵は例外的に、敵を偽騙するためにもまた、これを利用することあり。

第五百一　装甲戦闘車輛は往々、短距離の突進により、部隊の離脱を容易ならしめ得べし。しかれども、持久抵抗に際し、戦車を有するは稀なり。

第五百二　煙幕は、撤退に際し、掩蔽物の不足に代用することを得るも、情況により、敵を利することあり。

ガス、なかんずく撤毒は、敵の追及を困難ならしめ得るものとす。

第九章　戦闘中止、退却

戦闘中止

第五百三　戦闘目的を達成するか、情況、他の方面に軍隊の使用を要求するか、もしは、いっそう有利とするか、戦闘の継続に成果を収むるの見込みなきか、または、これが中止によりてのみ、戦敗を避け得るときは、戦闘を中止することを得。

戦闘中止は、自発的か、強制的か、自己の決心によるか、もしは、上官の命令により行わる。軍隊に対し、戦闘の自発的中止の理由を示すを適当とすることあり。

第五百四　企図および情況、とくに敵の行動および、わが軍の状態ならびに地形は、中止の時機および実施を左右するものとす。

第五百五　戦闘を中止する軍隊は、ほとんど常に収容を必要とす。とくに真剣なる戦闘となりたるときにおいて然り。

敵の圧迫、もっとも激しき方面は、しばしば、これをもっとも長く拒止するを要し、かつ、これが収容をもっとも重要とす。

第五百六　戦闘中止は、これを秘匿し得るに従い、ますます容易にして、戦闘進捗の度大なるに従い、いよいよ困難なり。

第五百七　戦闘中止は、部分的成功を収めたるのちにおいて、もっとも有利に実施せらるるものとす。

第五百八　決戦に至らざりし戦闘を中止せざるべからざるにあたり、これを昼間に行わんとせば、しばしば、多大なる損害を払うにあらざれば、なし得ざるものとす。ゆえに、ほとんど常に日没を待たざるべからず、従って、困難なる情況にありてもまた、薄暮に至るまで防守すること緊要なり。これをなし得ざるときは、夜暗に至るまで持久抵抗をなすを要す。

煙幕は往々、夜暗に代用し得ることあり。

第五百九　わが行動の自由を失いあるとき、戦闘を中止するは、もっとも困難なり。かくのごとき情況において、軍隊を手裡に掌握し、躬《み》を以て範《はん》を垂れ【自ら模範となり】、冷静確実なる命令下達をなし、百方手段を尽くして軍隊の精神的鞏固を維持するは、全指揮官の責務なり。

軍隊指揮官、いまだ集結せる部隊を有するときは、一般に、これを見込みなき戦闘の火中に投ずるよりも、該部隊および行動の自由を有する砲兵を以て、さらに後方において、あらたなる防備を準備せしむるをいっそう可とす。

駆逐および爆撃機、戦車ならびに発煙部隊は、かくのごとき情況においてもなお、離脱を可能ならしむることを得。

第五百十　いずれの戦闘法にありても、戦闘中止を要することあり。

攻撃にありては、敵を撃退せるか、攻撃すでに膠着せるにあらざる限り、戦闘中止に先だち、防御に転ずるものとす。追撃にありては、追撃の中止を以て十分とすべし。

後方陣地に防御を移すための戦闘中止および持久抵抗の際の戦闘中止に関しては、第四百七十一および第四百九十一を参照すべし。

撃破し得られざる敵との戦闘中止につきてはなお、第五百十三以降に掲ぐるところを適用す。

退却

第五百十一　戦勝の可能性、まったく尽き、かつ、戦闘の継続が戦敗に陥るか、もしは戦闘目的にそわざる大損害を招く虞あるときにおいてのみ、退却を決心することを得。

ゆえに、極度の困難のみ退却を正当ならしむるものとす。

指揮官が過早に戦闘を放擲したるがため、戦闘を失いたること稀ならず。

局部的失敗のみを以て、退却の決心を採ることあるべからず。

情況の推移疑わしき状態にありては、あくまで忍耐するを要す。

下級指揮官は、他の方面における不利なる状況に関する通報により、自己の任務に反し、退却に就くの権限を有せず。情況非なるところにありてもまた、上司の命令を待たざるべからず。

退却の企図は、ただちに直上司令部に報告すべし。

第五百十二　退却にあたりては、速やかに敵と離隔すること緊要なり。いずれの部隊といえど、やむを得ざる理由あるにあらざれば、敵に正面を向くべからず。けだし、これによりて、敵との離脱を困難ならしむるを以てなり。敵より離脱せる軍隊は、行軍行程の増大を必要とす。多数の行軍縦隊を設くることは、退却を容易ならしむるものとす。峻厳なる措置により、行軍軍紀を維持せざるべからず。とくに、行李および後方勤務部隊に対して然り。

第五百十三　戦闘中止および整斉たる退却実施は、熟慮せる準備、将来を洞察せる命令および確乎たる指導を必要とす。

第五百十四　軍隊指揮官は収容部隊および収容の位置を命ず。

収容のため、砲兵、機関銃および機動部隊に掩護せられ、かつ、その数十分にして、歩兵をして間断なく退却せしめ得ば、もっとも有利なり。

収容陣地は、退却路を掩護し、かつ、正面より肉迫する敵をして、これを攻撃するのやむなきに至らしむべきものとす。退却方向の側方に位置する収容陣地は、とくに小なる作戦関係においては有利なることあり。

超越追撃の危険に対し、対応の措置を講ずべし。これがため、主として快速機動部隊を用うるものとす。該部隊には、勉めて対戦車兵器を装備せしむべし。

新陣地における正面成形を企図するときは、該陣地は、これを勉めて遠方に選定すべし。いずれの場合においても、敵をして、全然あらたなる攻撃準備をなすの余儀なからしむるごとく、後方に選定するを要す。軍隊指揮官は地図により、新陣地、その守備隊および地区の区分を決定し、かつ、新陣地の即時の偵察および、これに通ずる道路の偵察を命ず、諸兵種は先遣班を派遣するものとす。新陣地における観測隊の使用を速やかに準備するを要す。

第五百十五　行李および補給縦列は、要すれば掩護を附し、新配置位置に向かい行進せしめ、後方施設を移転すべし。

退却中発生する傷者の救護のため、衛生隊の一部を控置するを要す。

第五百十六　無用なる戦闘部隊は、これを撤退せしむべし。

側方の境界を示し、以て退却地域を区分するは、後方への撤退を容易ならしむるものとす。各部隊に対し、特別の道路を配当することあり。

飛行場の移転は、とくに速やかにこれを命ずるを要す。

第五百十七　道路の交通を規整すべし。これがため、退却地域の個々の村落、隘路および橋梁には、適当なる兵力および材料を附せる将校を配置することあり。これらは一般に対し明瞭ならしむべし。

第五百十八　敵の窃聴勤務を困難ならしむるため、無線通信の維持、もしは制限に関し、規定を発すべし。火光通信連絡は価値を有す。

不要なる通信連絡は、これを撤収す。退却の指導および実施のため、必要なる連絡は、撤収の余裕なきときは、後刻これを破壊すべし。

新陣地における通信網構成のため、通信隊を先遣すべし。

第五百十九　阻絶は、敵の超越に対してもまた、退却を安全ならしめ得るものとす。阻絶の位置および種類は、これを軍隊に知らしめおくべし。退却部隊は、撤毒のため、危害を受けざるを要す。

道路の補修、架橋、橋梁の破壊、もしは撤収および阻絶設置のため、工兵を先遣するを要す。

第五百二十　退却地域においては、脅威せらるる地点、なかんずく渡河点および隘路の掩護のため、機を失せず、有力なる防空の設備をなさざるべからず。

第五百二十一　部隊に対する弾薬、燃料および糧秣の補給を確実ならしむるを要す。退却地域内の一定の地点に、弾薬および糧秣を集積するを適当とすることあり。

第五百二十二 軍隊指揮官は、敵と離脱の順序および時機、その警戒ならびに警戒に充つる部隊の兵力および行動に関し、命令す。

第五百二十三 歩兵は、広正面を以て、従来の戦闘隊形のまま、すべての道路および行進し得る地区を利用し、戦線と直角に退却す。

砲兵は、一部を以て、勉めて長く従来の射撃動作と変化なきごとく装い、歩兵の離脱を安全ならしむべきものとす。

この一部の砲兵は、極度の苦境に至るまで堅忍し、火砲の損害をも敢えて意とすべからず。

重砲兵の大部は最初に、軽砲兵は最後に、これを撤退せしむるものとす。砲兵の一部は、これを新陣地、もしは収容陣地に先遣すべし。

軍隊指揮官および砲兵指揮官は、退却命令徹底し、かつ、もはや自ら戦場に現存するの必要なきを確認するや、あらたに抵抗すべき地区に向かい急行す。しからざる場合には、同地に、その代理者を派遣すべし。

これら指揮官は、同地において、その偵察を完全ならしめ、爾後の区処を行うものとす。下級指揮官は、団結および秩序を維持するため、部隊とともに行動す。

第五百二十四 残置部隊は、主力の離脱を安全ならしめ、かつ、従来の占領状態に変化なきがごとく偽騙するものとす。該部隊は、敵方に近く位置する部隊中より、また情況により、集結部隊、もしは、その一部をこれに充て、かつ多数の弾薬および曳光弾を携行せしむべし。

広大なる正面にありては、共通の指揮は、しばしば不可能なるべし。

残置部隊の敵との離脱の時機および離脱前、敵の攻撃を受けたる際の行動に関し、命令するを要す。
残置部隊は、主力の離脱終了せば、主力に追及せしむるか、もしは、敵が再び前進するまで、敵方に残置せらるるものとす。

敵の速やかなる近迫を予期せざるべからずに従い、残置部隊の火砲および歩兵重火器を、ますます強大ならしむるを要す。

これらの火砲および歩兵重火器は、勉めて多数の従来の陣地を利用するものとす。阻絶を設置するため、工兵を配属することあり。煙幕および毒ガスは、残置部隊の任務を容易ならしめ得るものとす。
残置部隊のため、従来の戦闘通信網を一部残置し得ば、有利なり。しかるときは、これが破壊は、しばしば断念せざるべからざるものとす。従来の戦闘陣地における通信に変化なきがごとく、偽騙に勉むべし。

残置部隊は通常、収容陣地内に収容せらるるものとす。

第五百二十五　収容陣地は、その任務を達成し、かつ、主力が所要の距離を取りたるとき、これを放棄す。

第五百二十六　退却部隊は、敵との距離増大するにともない、行軍縦隊を取り、かつ後衛を編成し得るに至るものとす。

後衛の任務、兵力、編組および区分に関しては、第二百五十二を参照すべし。情況、これを許せば、後衛は勉めて新鋭の部隊を以て、これを編組すべし。収容陣地の守備隊は、これを以て、後衛の編組に充つることあり。後衛はしばしば、持久戦等により、本隊のため、必要なる時間の余裕を獲得す。敵のため、緊要なる道路を徹底的に阻絶すること肝要なり。敵、もし、猛烈に逼迫せば、たとい多大の損傷を蒙るの危険あるも、なお一時的に防御を行わざるべからず。もし、それ、主力をして、所要の距離を取らしむるため、他に手段なきときは、制限目標に対する攻撃といえど、敢えて、これが敢行を辞すべからず。

自転車隊、乗馬および機械化部隊は、追撃者の側背に向かい使用せられざる限り、最後まで敵を拒止するものとす。該部隊は、運動性と速力とを有するを以て、再び主力に合し得るものなり。

駆逐および爆撃機の使用は、敵の追撃を緩慢ならしむべし。高射砲隊は、本隊の掩護の許す限り、空中捜索を困難ならしめ、かつ敵を偽騙するため、使用することを得。

第五百二十七　後衛は、地区より地区に向かい退却す（第二百五十二）。後衛の必要なる休憩に関してもまた、なし得る限り後衛が地形の掩護を受くるごとく、これを命令すべきものとす。

第五百二十八　後衛と軍隊指揮官間および、各行軍縦隊の指揮官間の確実なる連絡に関し、特別の規定をなすこと必要なり。各縦隊の指揮官は、後衛司令官と連絡を保持し、かつ、往々これに対し、続行の時機を設定することあり。

第五百二十九　敵の行動により、もはや展開、もしは分進隊形を以てする後退を必要とせざるに至るや、後衛もまた行軍縦隊を編成す。ここに、退却は退却行軍となる。

第五百三十　退却行軍中は、敵との距離をますます増大し、かつ、あらたなる行動の自由を獲得するに努力するを要す。これがため、行軍行程の増大、夜行軍、もしは早期の出発ならびに敵の迂回企図に対する警戒を必要とす。

鉄道は、適時準備を講じあるときにおいてのみ、これを利用し得べし。敵の鉄道利用は、なし得れば、これが遮断ならびに卸下停車場に対する空中攻撃により、これを困難ならしむるを要す。

第十章　持久戦

第五百三十一　持久戦の目的は、企図、情況、なかんずく敵の兵力および行動ならびに地形に応じ、防御、制限目標に対する攻撃、陽動戦および局地的の戦闘回避により、達成せらるるものとす。

敵に対しては、待機するか、もしは、進んでこれを求む。敵に損害を与うる機会あらば、これを十分利用し、もしは、かかる機会を作為すべし。

わが兵力を愛惜し、しかも、敵になし得る限り多大の損害を被しむること肝要なり。

持久の時間長きに従い、その実行のため、ますます広大なる地域を必要とす。

第五百三十二　持久抵抗は、持久戦における、もっとも主要なる戦闘法なり。

第五百三十三　防御は、制限時間内の持久戦にのみ、これを行うものとす。

第五百三十四　制限目標の攻撃は、情況により、敵の翼、側面および背面ならびに敵正面の弱点に向かい行うものとす。

有利なる機会に速やかに乗じ得んがため、通常、下級指揮官に対し、なにがし程度攻勢的行動を取るの自由を与えざるべからず。

第五百三十五　陽動は、防勢的にこれを行い、また攻撃的にも行うことあり。陽動は、兵力の後援を欠くものにして、情況および地形上、敵をして真剣なる戦闘を予期せしめ、その捜索および偵察を困難ならしむる場合においてのみ有効なるべし。

主として砲兵および歩兵重火器の活動により、敵の偽騙に成功せざるべからず。偽工事は、偽防御を支持し得るものとす。

第五百三十六　変化ある行動、機動力、速力、敵の意表に出づること、遮蔽および、その他、敵の偽騙は、持久戦の効力を増大し、一時、敵に対し主動の位置に立たしめ、かつ、敵をいっそう長く阻止し得るものとす。

しかれども、通視し得る地形においては、敵の空中捜索に対し特別なる処置をなすときといえど、わが戦闘目的に関し、長時間敵を偽騙せんとするは、はなはだしく困難なるものとす。

第五百三十七　持久戦を行うため、しばしば広大なる正面幅を必要とするも、戦闘の焦点に兵力および弾薬をまとめ、他の戦闘正面は微弱なる兵力を以て満足せざるべからず。従いて、該正面はしばしば、とくに困難なる任務を負うものとす。

第五百三十八　持久戦の目的、細部における実施の方法、とくに隣接戦闘団の任務を知らしむるを必要とす。これ、しばしば、迅速かつ独断決心をなすを要する下級指揮官の統一ある行動を確保する所以なり。

第十一章　特種戦

夜暗および濃霧における戦闘

第五百三十九　夜暗におよぶ戦闘、もしは、夜間の不意の衝突は、通常、まもなく固定的火戦（Stehendes Feuergefecht）となるか、あるいは戦闘行動の停止となるものとす。ゆえに、夜暗の戦闘は一般に、あらかじめ周到なる処置を講ぜる際においてのみ、実施し得るものなり。

第五百四十　指揮は、夜暗のため困難となり、全指揮官の部下に対する直接の影響は減殺せらる。方向の維持、捜索、警戒、連絡、運動、なかんずく戦闘は、実施はなはだ困難にして、昼間に比し、いっそう撞着と突発事項とを生ず。とくに攻撃に際し、困難を生ず。軍隊の精神鞏固なることは、夜間戦闘奏功の要件なり。

第五百四十一　果断なる指揮官は、すでに得たる成功を完全ならしむるか、あるいは、これを十分利用するために、また、重要なる出発位置を獲得するか、もしは敵を抑留するを要するときは、敢えて、攻撃のため、夜間を利用するを辞せざるものとす。

敵の戦闘価値を評価するは、攻撃の決心をなすため、重要なり。

例外として、装備優れる敵に対する夜間攻撃もまた、昼間達成し得ざる成果を獲得し得るものとす。

また、夜間の陽攻を必要とすることあり。

第五百四十二　夜間攻撃の範囲は、一般にこれを制限し、攻撃目標を限定せざるべからず。ただし、追撃間、志気沮喪せる敵に対しては、しからざることを得。

第五百四十三　計画の簡単、準備の周密、敵の意表に出づること、および簡単なる隊形の採用は、奏功の要件なり。この要件は、強行偵察、奇襲および急襲のごとき小規模の企図にも適用せらるるものとす。

夜間攻撃は、多くは前線にありて、敵と密に接触しある部隊によりて実施せられ、しばしば該部隊より動機を発す。夜間攻撃の実施に関し、前方の指揮官に委任するを適当とすることあり。

あらたなる部隊、夜間攻撃を実施すべきときは、攻撃地帯、方向および目標に関し、綿密に承知するを要す。諸偵察は緊要欠くべからざるものとす。ゆえに、あらたなる部隊による夜間攻撃は、とくに速やかに、これを命令せざるべからず。

第五百四十四　攻撃の正確なる時機は、勉めて長く、これを秘密ならしむべきものとす。

敵の休息を妨げ、もしは、獲得せる陣地に設備を施す時間の余裕を得んとするか、あるいは、払暁前再び該陣地より撤退し得んがため、夜暗に入るとともに攻撃するを適当とすることあり。黎明に近く行う攻撃は、攻撃続行の企図を長く秘匿し、かつ、夜間攻撃に引き続き、ただちに戦闘を継続し得しむるものとす。

第五百四十五　夜間攻撃に先だち、例外として、これに任ずる部隊の近迫（Anmarsch）を行うときは、敵方に近く位置する部隊の掩護下にこれを行い、かつ短距離ならざるべからず。近迫路および情況により、攻撃のための出発位置は、あらかじめ、これを確定し、磁針方向を決定し、かつ案内人を準備するものとす。薄暮の運動にあたりても、敵の監視に対する掩蔽を閑却すべからず。

小部隊にありては、行軍縦隊にて近迫するを、もっとも可とす。数個の攻撃部隊を編成するときは、大間隔を置きて、攻撃部隊相互の妨害を予防し、かつ、これらに対し、勉めて相互に無関係なる攻撃任務を与うるものとす。

近迫行動の際は、秩序を回復するため、短時間の停止を挿入することあり。

第五百四十六　攻撃のため、出発位置より前進を起こさざるときは、なし得る限り遅く分進展開す。最後の前進のためには、通常、濃密なる散兵線を選択するものとす。支援部隊および予備隊は、狭小かつ縦長の隊形を以て、勉めて近く続行す。馬匹および車輛、もしは、その輓馬は、これを残置すべし。側面の掩護を緊要とす。

歩兵重火器は最前線に随行し、側面掩護に使用せられ、また、支援部隊および予備隊とともに続行す。歩兵重火器後方放列陣地より攻撃を支援すべきときは、その射撃により、攻撃歩兵に妨害を与えざるごとく、あらかじめ配慮せざるべからず。

前線に数門の火砲を携行するを適当とすることあり。

第五百四十七　敵と衝突するに至るまで、一切の運動は、音を発せざるごとく、静粛に行わざるべからず。また、火光を用うべからず。

通常、友軍識別の準備を必要とす。

一般に、銃に装塡せざるを可とす。とくに後方の部隊において然り。銃剣を装着すべし。

第五百四十八　射撃準備なくして攻撃するときは、攻者は奇襲によりて成功を求め、白兵をふるい、喊《かん》声《せい》を発し、敵に向かい突進す。歩兵重火器および砲兵は準備を整え、射撃により、攻撃地区を外方に対し遮断するか、もしは、数個の攻撃部隊ある際は、該部隊間に存する地区を制圧するものとす。これがため、あらかじめ目標地域（Zielfeld）を確定しおかざるべからず。砲兵は、以上のほか、判明せる敵の砲兵および迫撃砲を射撃す。

射撃準備を以て攻撃するときは、該準備は通常、短時間かつ強大なる急襲射撃に制限し、これに続いて、時間的、地理的に規整せる射程延伸を行うことあり。その他は、射撃準備なき攻撃の際に準ずるものとす。

いずれの場合にありても、なお日光のあるあいだに射撃諸元を準備しおかざるべからず。

敵に衝突せば、各種の照明手段を以て、攻撃地区を照明するを適当とすることあり。発進前、これに関し、規定するものとす。

第五百四十九　攻撃後の行動に関し、あらかじめ命令すべし。

第五百五十　夜暗における防支は、敵に比し、いっそう地形に通暁しあるの利益を利用し得るものとす。持久抵抗は、夜暗においては通常、道路を基準に戦闘し、かつ、これに沿いて撤退し得る、比較的微弱なる部隊のみのなし得るところとす。

夜間攻撃を予期する防者は、最前線部隊を増加し、かつ、敵がわが配備を認知せるを察せば、これを変更す。有力なる戦闘前哨、旺盛なる斥候の活動および不規則的に行う前地の照明により、敵の奇襲を防止するに勉むるものとす。迅速に応急射撃を開始し得ざるべからず。射撃持続の制限に関し、とくに周密なる準備を整え、無益なる弾薬の消耗を予防するを要す。

第五百五十一　濃霧は、諸種の点において、夜暗と類似の影響を戦闘動作に及ぼすものとす。ゆえに、夜暗における戦闘の着眼もまた、多くは濃霧の際の動作に適用せらるるものなり。

戦場の人工照明は不可能なり。ゆえに、視度は情況により、いっそう短小なるものとす。霧は急速に消滅するものなることを、常に胸算しおくを要す。従って、一度霧を利用する決心をなさば、迅速に実施すること肝要にして、かつ、実施間、霧の消滅する場合を顧慮せざるべからず。

突然、霧、または視度不良なる天候を生ずれば、これを利用して、奇襲的前進を行うことを得。

住民地の戦闘

第五百五十二　住民地の争奪は、戦闘中しばしば起こるものにして、人口稠密なる地方における戦闘の特色なり。

戦闘における村落の価値は、その位置、構造および大小により異なり、広大なる工業および鉱山建造物のごとき一連の集団建築は、村落と同一の価値を有す。

都市および大都市もまた戦場となることあり。

第五百五十三　村落は、地上の視察に対し遮蔽を与え、空中偵察を困難ならしめ、かつ構造堅固なる際には、歩兵、軽迫撃砲、軽砲、中口径砲の射撃、さらに、小型爆弾および装甲戦闘車輌に対する、なにがし程度の掩護を与うるものとす。しかれども、敵の射撃および空中攻撃を招き、火災の危険を蔵し、かつ毒ガスの効力を長からしむ。
村落は、とくにその位置適当なれば、戦闘における天然の拠点を形成し、戦闘の焦点となり得るも、これを利用する軍隊に対し、利益よりも損害を与うるものとす。

敵の射撃区域内においては、分散隊形のみを以て、これを通過し得るものとす。家屋狭縮し、遠方を通視し得る広さ小なる村落は、小部隊のみ、これを戦闘目的に利用し得べく、予備隊を位置せしむるには不適当なり。

最前方の戦闘地域にあらざる村落においては、敵の射撃、毒ガスおよび火災に対する予防手段を講ずべきものとす。

第五百五十四　村落内の戦闘はしばしば、決戦に対し、何らの影響を与うることなくして、迅速に兵力を消耗す。戦闘は至近の距離に行わる。而して、その成否は通常、下級指揮官の独断専行による。

第五百五十五　攻撃にありては、しばしば、主力をして、村落の側方を前進せしむ。敵の守備隊は、火力、もしは毒ガスを以て、これを制圧するか、煙幕により目潰しすべし。而して、村落は、比較的僅少なる兵力を以て、側方、もしは後方より、これを占領せしむるものとす。

第五百五十六　村落に対する正面攻撃は、村落の幅および深さ大にして、かつ、敵が設備を施すために有する時間長きに従い、ますます困難なり。要すれば、写真撮影による等、周到なる捜索を必要とす。

捜索の結果、村落に靭強にして縦長に区分せる防御を推測し得るときは、詳細に立案せる攻撃計画を要す。事前にこれを猛射するは、欠くべからざることとす。側防火を除去するため、まず、その突出部を奪取すべし。その他、攻撃は、村落の守兵に対し指向せらるる砲兵および歩兵重火器、なかんずく迫撃砲の射撃の掩護下に、村落の縁端まで達せしめ、歩兵これに近接するや、砲兵は射程を延伸すべし。歩兵重火器十分ならざるときは、機を失せず、一門ずつの火砲、もしは砲兵小隊を歩兵に配属すべし。該火砲、もしは小隊は、勉めて近く歩兵に続行す。而して、延伸せられたる砲兵火を以て、通常、歩兵の直接前方ならびに一定距離の前方を火制し得ざるに至るとき、いっそう重要なるものとす。

砲兵の射程延伸とともに、歩兵は村落に突入す。歩兵は白兵をふるい、手榴弾を投じて、進路を開拓し、最前線部隊は勉めて深く突進し、内部における部分戦闘に牽制せらるることなく、なし得る限り、前端に達するまで突進を継続すべし。この際、道路のほか、庭園および中庭を通過し、前進せざるべからず。

縦長大なる村落を靭強に防御しある敵に対しては、攻者は通常、漸次に進出し得るにすぎざるものとす。当初より、部分的に攻撃を進展せしむるを必要とすることあり。頑強に防御せる家屋および農家は、砲兵および迫撃砲を以て、あらかじめ、これを射撃し、突撃を可能ならしめざるべからず。この際、爆薬および火炎放射器を有する工兵は、重要なる支援を与え得るものとす。また、軍隊は蝟集するを避け、かつ、反撃に対し、予備隊を準備するを要す。

村落を占領せば、これに防御の設備を施し、掃討を行い、かつ、徹底的に探索を行うべし。この任務は、攻撃軍隊の後方部隊の任ずるところとす。埋伏せられたる爆破装置に注意すべし。


第五百五十七　防御にありては、しばしば村落を陣地内に包含せしむるを要す。とくに敵の装甲戦闘車輛の攻撃に対し、その守兵を掩護し、防御を有利ならしむるときにおいて然りとす。

主戦闘地帯の前端は、村落の縁端と一致せしめざるを可とし、むしろ、その前方に推進するか、もしは、村落を通じて設くるものとす。工事は、村落の防御能力を向上す。突出せる家屋、庭園および生垣は、村落の縁端および障碍物の側防ならびに道路の掃射に利用すべし。

広大なる村落にありては、その全縦深に防御の設備をなすべし。個々の農家および堅固なる建築物は、拠点に利用せらる。敵、もし、村落に侵入せば、各地障および各農家を防御すべし。予備隊は侵入せる敵を撃退するを要す。

　村落の側方における敵の迂回前進および包囲を阻止するため、村落より敵を側射する部隊のほか、村落の側方を前進する敵を撃退すべき他の部隊を、村落外に準備しおくべし。

　敵が突破し得ず、もしは、突破せんと欲せずして迂回せば、村落の守兵はしばしば、依然長くその位置を保持し、敵に大なる損害を与うるを得べし。

第五百五十八　持久抵抗にありては、村落は通常、敵に対し、防御の方法および兵力を不明ならしむるため、有利に利用せらるるものとす。

森林戦

第五百五十九　森林は、戦場の軍隊を吸引するを常とす。とくに劣勢なる軍隊に対して然り。優勢なる軍隊は通常、森林外において、その優勢なる戦闘資材により、いっそう有効に支援せらるるものなり。
　森林内の戦闘および森林の争奪は、戦闘の経過に重大なる影響を与うることあり。
第五百六十　森林は、地上の視察に対し遮蔽を与え、季節、疎密および樹木の種類により、空中よりの偵察に対してもまた、これを与うるものなり。森林は、観測射撃より免れ、通常、装甲戦闘車輌に対し掩護し、他の兵種に対し容易に阻絶し得、かつ、広さ大なる森林は火器の効力を減殺す。
　大なる森林においては、連絡、なかんずく隣接部隊との連絡の維持困難なり。方向の維持は、道路および小径により、容易ならしむることを得るも、敵の射撃範囲内において、これらを利用するは、通常、多大の損害を招くべし。道路および小径を離れたるところにおいては、しばしば磁針のみを以て、方向を維持し得るものとす。

森林の戦闘においては、軍隊は指揮官の手裡を脱しやすし。指揮官は、前線にありては、わずかに至近の周囲にある部隊に対し、影響を及ぼすにすぎず。

通視は制限せられ、戦闘は至近の距離に行われ、かつ、大なる喧噪のため、戦闘員に興奮を惹起せる結果、彼我の混淆を助長するものとす。

かくて、森林の戦闘は、軍隊の損耗、別して大なるを常とす。森林戦闘後の部隊の秩序回復は困難にして、多大の時間を要す。大なる森林内にて、真剣なる戦闘の渦中に投じたる軍隊は、長時間これを使用し得ざること稀ならず。

森林の大小および疎密の度にともない、運動および戦闘に及ぼす阻害的影響を増減するものとす。

小森林は、とくに射撃、ガス投射、撒毒および上空ならびに地上よりの視察に暴露するを以て、勉めてこれを避くるを要す。


第五百六十一　森林内の戦闘は、通常、歩兵により、近距離において決せらる。軽機関銃、小銃、手榴弾および白兵を、主として使用す。重機関銃はしばしば、近距離を射撃し得るのみなるも、とくに効力大なるを以て、軽、中迫撃砲とともに、往々、砲兵の代用となさざるべからず。

工兵は、阻絶および障碍を設置するか、歩兵のため、これらに通路を開設し、繋駕部隊の続行のため、通路を開設す。

火炎放射器は、攻撃において、はなはだ有効なり。その密煙は長く林内に滞留して、敵をマヒせしむるものとす。

砲兵は、その兵力相当強大なる際は、通常、森林外にのみ、これを使用し、かつ、同所より、わずかに敵の後方地区、もしは林空を火制し得るにすぎざること、しばしばなり。

曲射砲兵中隊および擲射装薬を有する加農中隊の陣地は、森林内においてもなお、容易にこれを求め得るものとす。歩兵に対しては、前線において使用するため、一門ずつの火砲、もしは火砲小隊を配属せざるべからず。

長距離の電話線は、これを現存の道路および林道に沿い、架設せざるべからず。通常、伝令犬および無線電信により、いっそう迅速に連絡し得るものとす。

第五百六十二　攻者は、小なる森林に対しては、包囲的前進により、これを奪取するに勉むべし。砲兵は、森林より側射する火器を制圧し、もしは、林縁を煙幕を以て目潰しするを要す。

はなはだしく大ならざる森林は、これをガス投射、もしは撒毒し得べしといえど、これがため、さしあたり、われもこれを利用し得ざるものとす。

第五百六十三　森林に対する攻撃はまず、その突出部に対し、これを指向す。これがため、この突出部は、あらかじめ、とくに砲兵および迫撃砲を以て制圧するものとす。

砲兵および迫撃砲は勉めて長く、すなわち、通常は歩兵が林縁に到達するまで、その直接支援射撃を継続せざるべからず。縦深小なる森林にありては、森林の前端に至るまで、一挙に突進するものとす。

縦深大なる森林にありては、侵入後、秩序を回復し、要すれば、あらたに軍隊を部署するものとす。部署の方法は、森林組成の状態による。下樹、密ならざる疎林においては、往々、突入部署のまま、突進を継続することを得といえど、支援部隊を近く保持し、かつ、側面を掩護するを要す。下樹、繁茂せる大密林においては、広正面を以て戦闘捜索を推進し、しかも、爾後の攻撃の兵力を縦長に区分し、比較的狭小なる正面に使用するを緊要とすることあり。

森林内の前進のため、縦長の隊形は、散兵線に比し、いっそう適当なり。

全指揮官は、軍隊が道路および林道の近傍に蝟集し、強大なる敵の守兵と衝突するの危険を避くることに勉めざるべからず。

突入には、道路および林道を避けて、側方よりするを要す。前進間、常に突入を考慮しあらざるべからず。軍隊、先後《せんご》し、相互に相撃つを防止するため、地区より地区に前進するを必要とすることあり。

予備隊は十分後方に控置し、以て、過早に前線の戦闘に巻き込まるることなく、むしろ、攻撃の進捗速やかなる方面に、これを使用し得ざるべからず。

林縁より進出に先だち、秩序を回復し、かつ、砲兵および歩兵重火器による支援を確実ならしむべし。その観測所は一般に、これを林縁まで推進するを要す。

車輛は、密林内においては、道路および林道によりてのみ続行し得べし。該道路上の秩序を維持し、車輛の密集、道路の閉塞を予防せざるべからず。はなはだしく縦深大ならざる森林にありては、森林前方縁端に到達するまで、車輛を森林外に残置することあり。

第五百六十四　防御にありては通常、林縁に最前線防御工事を設くるを避け、遠く林縁の前方、もしは林内深く、これを設くるものとす。後者の場合には、林縁に戦闘前哨を推進し、これに一門ずつの火砲、もしは、樹上に軽機関銃を配置し、射撃せしむることあり。

森林内においては、まず第一に所要の射界を設け、かつ、主戦闘地帯工事間の連絡を構成せざるべからず。

森林内の道路交叉点に拠点を設くるを適当とすることあり。機関銃および迫撃砲による側射を十分に利用すべし。とくに、林空において然り。

各種の障碍物を以て、道路による敵の前進および森林内におけるその正面を拡大することを妨害し、また、敵を誤れる方向に誘導して、わが側防火に暴露せしむべし。

砲兵による直接支援は、森林内においては困難なり。その他、砲兵に関しては、第四百六十および第四百六十一に掲ぐる着眼を準用す。

各隊は、背後の諸道路を偵察し、これに確実なる設備を施すべし。

敵にして、森林側方よりも攻撃し得るときは、森林内より敵を側射し、かつ、森林外に準備配置せる部隊を以て、これを撃退し得ざるべからず。

第五百六十五　持久抵抗にありては、防支のために、森林の有する利益を通常、有利に利用し得るものとす。とくに、敵に対し守兵の兵力を偽騙し、かつ、守兵は開豁地に比し、いっそう近く敵を引き寄せ得、また容易に退避し得、かつ、近距離において再び抵抗し得るものとす。しかれども、一方においては、いっそう広大なる正面において持久抵抗を行うに従い、指揮、ますます困難となるべし。

第五百六十六　森林内における戦闘は、各下級指揮官および各兵の独断を要求す。数上の優勢も、至近距離の戦闘における各自の勇敢なる行動に対しては、遜色あるものとす。

近接戦闘（Nahkampf）となること、しばしばなり。

敵と不意の衝突を予期せざるべからざるときは、銃剣を装すべし。敵と衝突せば、これを猛射し、もしは、ただちに断乎として、手榴弾および白兵を以て、喊声を発しつつ攻撃するを要す。

河川の攻防

第五百六十七　攻撃方向を横断せる河川は、攻撃に対しては障碍を呈し、防支に対しては補助となるものとす。また、河川は、地上の敵に対する遮蔽を容易ならしむ。

河川地区（Flussabschnitt）の強度は、河川の幅、深さおよび流速にともない増減し、また、下流の形状、河岸の状態、浅瀬、島、支流の有無、河底の種類ならびに季節および気象（極寒、流氷、雨期、乾燥、荒天）に関するものとす。

些細なる水流といえど、河岸広き湿地なるか、あるいは氾濫、または人工により増水せしむるときは、堅固なる池沼となり得るものなり。

水流障碍にして、とくに河底泥濘、かつ河岸急傾斜なるときは、もっとも有効なる戦車障碍物なり。

第五百六十八　橋梁破壊せられあるか、戦闘下にのみ渡河の可能なるを胸算せば、速やかに、道路、舟渡の地点および架橋点の偵察ならびに、工兵、舟渡材料および架橋材料の整備をなさざるべからず。大部隊においては、工兵指揮官として、高等司令部に属する上級工兵将校に、これを委任するものとす。該将校は適時、情況および企図に通暁するを要す。

第五百六十九　渡河にあたりては、迅速に彼岸に移ること緊要なり。

これがため、既存の橋梁を速やかに占領し、要すれば、先遣工兵を以て、修理せしめざるべからず。秘匿装置せられたる装薬に注意するを要す。

制式、または応用材料を使用せる橋梁は、永久橋を補足し、もしは、これに代用す。橋梁を多数架設し得るに従い、渡河はますます迅速に行わるるものとす。重材料用および補給用の橋梁は、通常、堅固なる道路の路線にあらざるべからず。

応用材料による架橋は、しばしば、多大の時間と多数の兵力、とくに特別の作業部隊を必要とす。

迅速橋は、限定せられたる能力を有するものとす。

架橋は、昼間においてもまた勉むべきものなりといえど、防空部隊による強大なる掩護を要す。防空部隊を欠くときは、昼間にありては、しばしば、舟渡を行い得るのみなり。これがため、要する時間と兵力とは、架橋に比し、はなはだしく大なり。

橋梁および舟渡材料の能力に関しては、附録を参照すべし。

第五百七十　機を失せず、軍隊および防空部隊による防空を処置するを要す。駆逐機を招致することあり。

第五百七十一　煙幕は、軍橋の架設および大型渡舟を、地上の視察に対してのみ遮蔽し得るも、上空の視察に対しては遮蔽し得ざるものとす。第一回の舟渡にあたり、敵火の効力を減殺するためには、とくに価値大なり。しかれども、十分なる正面および縦深において、長時間、敵の地上捜索を排除すべきときは、風および天候の関係有利にして、かつ、強大なる発煙部隊ならびに多量の発煙剤を必要とす。

敵を偽騙せんがため、狭き区間に短時間の煙幕構成を行うことあり。

煙幕を使用するにあたりては、渡場および架橋点に通ずる道路を、周到に標識せざるべからず。

第五百七十二　浮遊水雷および火船《ひぶね》(Brander) に対する掩護のためには、河川の阻絶、一門ずつの火砲および機関銃を使用す。

第五百七十三　敵、いまだ河川に向かい近接前進中なるときは、なし得る限り、速やかに河川を越えて突進し、彼岸を占領し、かつ、なし得れば、河川の両岸において爾後の渡河を警戒すること緊要なり。

第五百七十四　諸準備の秘密保持ならびに、その遮蔽、渡河点の偽騙は、渡河奏功のため、重要なる前提条件なり。陽渡河によりてもまた敵を偽騙し得べし。

第五百七十五　奇襲的に渡河攻撃を行い得るときは、諸準備を省略するものとす（第四百八）。

当初より、強大な部隊を舟渡せしめざるべからず。

昼間の奇襲は、濃霧の際か、川幅小なる河川に対してのみ、可能なるべし。川幅大なる河川にありては、通常、黎明、または薄暮を利用せざるべからず。

敵、もし、持久抵抗のため、河川を利用するにすぎざるを予察せば、第四百九に従い、行動すべし。

第五百七十六　敵前渡河は、陣地攻撃の原則に準じて行うものとす。通常、敵の主戦闘地帯は、ただちに彼岸にはじまるものなり。敵は、わが岸において、しばしば小部隊を以て、わが河川に向かう近接を遅滞せしめんと企図すべし。

第五百七十七　攻撃は通常、多くの攻撃団を以て行わる。これ、有利なる地形を十分利用し得、かつ、その第一回の渡河をして、軽舟渡材料を以て広正面に行い得、また、敵に対し、わが企図する攻撃重点（主渡河）を偽騙し得、その兵力を分散し得んがためなり。

攻撃団の兵力および編組は、全局の渡河の範囲内におけるその任務に従い、異なるものとす。

隣接攻撃団間の間隔は、勉めて、他の攻撃団をして、一攻撃団の成果を利用し得しむる程度なるを要す。

第五百七十八　渡河攻撃すべき河川区間（Flussstrecke）の選定は、情況、河川両側の地形、河川の形状および流水の景況に関す。

第五百七十九　密集せる堅固なる道路網、上空および地上の視察に対し遮蔽せる近接良好なる準備配置および接敵の可能性、制高の利を有する後岸、わが方に彎入せる河川の屈曲点、河川の自由なる通視、良好なる通行性および爾後の攻撃のため、適当なる彼岸の地形は、攻撃実施上有利なる条件なり。

渡河の技術的実施は、川幅小なる箇所、普通の流速、真直なる河流、近接容易なる河岸、平坦堅硬なる斜面にして、かつ、附近に応用材料存するときは、いっそう容易なり。

第五百八十　地上捜索は通常、わが岸にある敵を駆逐して、はじめて河川に及《きゅう》し、さらに前岸にこれを推進し得るものとす。渡河の技術的細部に関する偵察のため、わが方の河岸を占領するは、通常、欠くべからざるものなり。前岸の地形を、いっそう深刻に知るため、地上捜索を遠く推進するを要することあり。

第五百八十一　渡河の能否に関する最初の準拠は、写真撮影により、もっとも速やかに得らるるものとす。写真は、地図および官衙その他において、すでに入手せる河川の景況に関する基礎を補足するものとす。

地上偵察は、軍隊指揮官これを部署するか、もしは、攻撃団に対し、その偵察の責に任ずべき偵察地域を配当す。攻撃団の指揮官は、各兵種の将校に、偵察に関する各個の任務を与うるか、もしは、これらを同行して偵察を行う。

任務に応じ、偵察機関に、軽舟渡材料、測量器材、道路標識材料および地図を携帯せしむべし。

通信隊の将校は、渡河の地域につき、永久電線の有無および野戦電線超越のため、適当なる地点を偵察するものとす。

偵察成果の調査は、これを一箇所にて行わざるべからず。

第五百八十二　攻撃のため、軍隊を大なる縦深に準備配置するを要するときは、さしあたり、わが偵察を掩護し、かつ、敵の捜索を妨害すべき小部隊を河岸に前進せしむるに止むべし。

とくに不明なる情況においては、情況により、攻撃の重点を転移せんがため、縦長大なる準備配置

（材料もまた）を必要とす。

河岸への進入は、夜暗および視度不良なる天候においても、明瞭に認識し得る道路標識および交通整理により、これを容易ならしむ。

第五百八十三　工兵指揮官の意見具申にもとづき、攻撃団の指揮官には、渡河攻撃の開始に際し、広正面を以て舟渡するに足る工兵隊を、材料とともに配属（unterstellen）すべきものとす。

制式および応用材料をひそかに準備するには、周到なる準備を必要とし、かつ、通常夜間にのみ可能なり。

当初より、強大なる工兵隊を使用するを要す。工兵予備および材料の予備は、これを河川より十分離隔せざるべからず。該予備は、主渡河点、もしは攻撃進捗せる方面における舟渡を増援し、または損害を補塡し、および、のちに至り架橋に任ず。

攻撃団の指揮官に工兵隊を配属するの必要なきに至るや、速やかに工兵指揮官の隷下に復せしむるものとす。

第五百八十四　工兵の指揮位置は、師団通信隊により通信幹線に接続し、かつ、攻撃団と連絡せらるるものとす。渡河のため、必要なる工兵技術の通信網は、工兵これを構成す。

第五百八十五　例外的に、第一回の舟渡のため、各攻撃団を時間的に先後せしむることあり。わが射撃の増大により、攻撃の開始を暴露するがごときことあるべからず。

河中に島あるときは、あらかじめ、これを占領するを肝要とすることあり。

第五百八十六　渡河攻撃の実施は、最初の渡河群によりて、軽渡河材料を河岸にある最後の遮蔽物まで運搬する作業を以て開始せらる。

第一回の渡河波は広正面を以て渡河し、前岸に固着するものとす。爾後の渡河波は、情況に従い、これに続行す。敵火を蒙ること少なき地域を利用すべく、また、河岸に蝟集するを防ぐを要す。

第一回舟渡の成否は、主として、下級指揮官の独断専行の如何によるものなり。爾後の舟渡に成功せる地点に、縦長に配置せる材料および兵力を追送すべし。

河岸における側方運動を避くるを要す。

川幅および流速小なる際は、この時機に至り、迅速橋をも使用し得べし。歩兵重火器、砲兵、通信機関、弾薬、情況により、戦車をも、門橋【重資材の渡河のため、数隻の舟を連結して、板を渡した橋】により続行せしむ。馬匹は、勉めて遊泳して渡河せしむ。門橋構築のため、必要なる舟を適時、適当なる地点に準備するを要す。門橋完成後にありては、情況により、軽渡河材料による舟渡を中止し得ることあり。

軍隊指揮官は、爾後の架橋の準備を命ず。この命令にもとづき、重橋梁を構築するものとす。

第五百八十七　空中に対する舟渡、架橋および通過の掩護のため、高射機関砲および高射機関銃を、速やかに敵岸に配置するを要す。架橋開始に先だち、高射砲兵の一部を該地に推進するに勉むるを要す。防空部隊の大部は、戦闘部隊の主力渡河し終わるまで、後岸に止るものとす。通常、重要なる橋梁は、通過後といえど、補給その他の交通のため。防空部隊を以て掩護すること必要なるべし。

第五百八十八　渡河せる歩兵部隊は、後岸に配置せる砲兵により、とくにその側面を掩護せらるるを要す。ゆえに、後岸より、最初の攻撃目標を観測し得ざるべからず。なお、砲兵観測者に通信機関を附し、最初の歩兵部隊とともに舟渡せしむべし。

渡河せる部隊の兵力十分となり、かつ、これに対する砲兵の支援確保せらるるや、該部隊はさらに直進するものとす。橋頭陣地は勉めて、これを河岸より遠く推進し、以て、敵をして、地上観測射撃により、渡河点を制圧し得ざるに至らしむるを要す。該陣地は、ただちに増援せられ、隣接橋頭陣地との連絡を確保するを要す。

第五百八十九　攻撃団は当初、両岸間の連絡を、無線通信機関によりてのみ維持し得べし。しかれども、師団通信隊は、なし得る限り、速やかに河上、もしは水中を経て、通信幹線を彼岸に推進するものとす。攻撃団は、渡河推進せられたる報告受付所に接続すべし。

第五百九十　橋頭に前進し、これを固守する部隊を掩護するため、砲兵は若干中隊を彼岸に投じ、後刻、砲兵指揮官は、砲兵主力のうち一部をわが岸に近づけ、他の一部を彼岸に前進せしむ。

最初、彼岸に投じたる砲兵各中隊は、これを歩兵に配属すべし。

すべての処置（弾薬、補給もまた）は、敵の反撃を撃退し、渡河部隊の撃退せらるることを予防するごとく、これを講ずるを要す。通信機関の確実なる活動は、かかる情況において、はなはだ緊要なり。

軍隊指揮官は、彼岸との通信連絡成るや、渡河するものとす。

第五百九十一　奇襲的舟渡に失敗するも、企図を更新するに先だち、通常、射撃の効果、もしは、他の攻撃団の奏功を待つを要す。

第五百九十二　軍隊指揮官は、情況これを許すに至るや、ただちに架橋を命ず。通常、夜暗に入るを待たざるべからず。この時機においては、一般に、工兵の大部および架橋材料を工兵指揮官に配属するものとす。架橋を遅滞せしめざる限り、舟渡および門橋渡を継続すべし。

火制せられたる橋梁を他に移動せしめ、後刻、同一地点、もしは、他の地点に転置するや否やは、敵火の強弱、情況および使用し得べき時間に関するものとす。橋梁の移転および交通の変更には、時間を要すること大なり。工兵の兵力および器材、十分なる限り、待避架橋点を偵察し、かつ設備するものとす。

空中攻撃は、舟渡および渡橋を一時中止するのやむなきに至らしむることあり。

第五百九十三　防支のため、河川が障碍としての価値は、位置、天然の強度および、わが兵力の多寡に関するものとす。

河川は、正面堅固なる利益の反面には、攻者の兵力移動を妨害せんとする場合、もしは、防者、敵の攻撃を撃退せるのち、自ら渡河前進せんとせば、かえって障碍となるの不利をともなうものなり。

正面堅固なる河川の障碍も、敵を強制して、わが占領せる河川地域を攻撃せしむるを得ざれば、その価値を失うものとす。かくのごとき情況においては、しばしば、さしあたり大部の兵力を準備配置に就くるを以て、いっそう正当なりとす。

第五百九十四　彼岸の前進部隊に対しては、後岸に撤退するにあたり、敵の威力の及ばざる側方の渡河点に後退すべく命ずるか、あるいは、十分に準備せる、勉めて応用の渡河材料により撤退せしめ、かつ、わが岸より、これを収容するものとす。

報告受付所は、なし得る限り長く、彼岸に残置す。その撤退後は、敵岸に斥候を残し、攻者の準備配置位置および渡河点を確認せしむるものとす。該斥候は、要すれば、水泳して帰還す。

第五百九十五　持久抵抗にあたり、河川の障碍を良好に利用せば、攻者をして、攻撃準備に多大の時間を費やすのやむなきに至らしむるのみならず、薄弱なる渡河企図を撃退し得べし。敵の予想攻撃点、われに通ずる諸道路、予想架橋点、河川の敵方に突出せる地点に対し、とくに顧慮するを要す。

抵抗の中止および撤退は、河川の後方においては、いっそう容易に行わるるものとす。

第五百九十六　防御にありては、主戦闘地帯の最前線防御工事を、しばしば後岸まで推進するものとす。

主戦闘地帯は、河川を間隙なく火制し、かつ、予想渡河点に対し、火力を集中し得ざるべからず。敵岸にして、わが主戦闘地帯の遮蔽なき地区、なかんずく、河川の突出部を瞰制するときは、昼間は、きわめて小部隊を以て、これを占領し、かつ、後方防御工事よりの射撃により掩護するを要す。

河川の照明を確保すべし。河幅はなはだ大なる河川にありては、前哨艇を使用するを適当とすることあり。

砲兵の掩護すべき地区、大なるに従い、最初なお判明せざる敵の渡河点に火力を集中し得んがため、ますます砲兵部隊の射向変換の可能性大ならざるべからず。正面射撃困難なるときは、一部の砲兵を前進放列陣地に配置し、河川を側射して、多大の成果を収め得ることあり。

工兵は、敵の予想進路、準備配置位置および渡河点を阻絶す。渡河点阻絶のためには、水雷を利用することあり。その他、火船、浮遊水雷等を用意するものとす。

防空部隊の任務は、とくに敵の空中捜索を妨害するにあり。至るところ、敵の偵察機を有効に制圧し得るごとく、敵に有利なる渡河地区に、これを使用す。要すれば、脅威せられたる地区に迅速に移動するため、準備を整えおくを要す。

通信網は、軍隊指揮官に対する前線の迅速なる報告および、砲兵ならびに予備隊に対する軍隊指揮官の命令の迅速なる伝達を確保せざるべからず。

河川の障碍の度小なるときは、情況により、主として敵の渡河を予期し、かつ、地形好適なる方面において、控置部隊を以て、とくに迅速、かつ、勉めて、あらかじめ予定せる反撃の方法を以て防御に代うるを、いっそう可とすることあり。かくのごとき情況においては、敵の砲兵および歩兵重火器は、主として、依然そのまま彼岸の陣地にあることに顧慮するを要す。

第五百九十七　敵を撃破する目的を以て、渡河中の敵を攻撃するために、河川を利用するには、適当なる時機、適当なる場所および決定的方向に攻撃を行うこと緊要なり。しかるとき、後岸の防御は、単に敵をして、射撃準備なくして渡河する能わざらしめ、かつ、真渡河と陽渡河とを区別し得る程度の強度に止め、併せて攻撃開始のための時間の余裕を得べきものとす。軍隊の大部は、これを後方に準備配置し、敵の主渡河判明するや、ただちに攻撃に移るべし。これがため、必要なる方向における攻撃を、あらかじめ準備しおくを要す。砲兵は、これらの方向に、その火力を集中し得ざるべからず。敵が有力なる兵力を以て、橋頭を占拠するに先だちて、敵を撃たざるべからず。適時、彼岸に存する敵砲兵の観測を排除するに留意すべし。渡河せる敵に対する戦車の使用ならびに渡河せる部隊および渡河中の部隊に対する駆逐機の低空攻撃は、大なる効果を収め得べし。高度の戦闘準備および、迅速なる通信伝達は、神速なる行動の要件なり。

第五百九十八　急迫する敵に対し、河川を通過して退却を行うにあたりては、行軍縦隊を、主として敵の砲兵の射界外にある橋梁に向かわしむるものとす。橋梁なきか、その数十分ならざるときは、機を失せず、架橋作業および多数の舟渡材料の準備を開始するを要す。時間に十分の余裕存せば、とくに応用材料を利用せざるべからず。使用し得べき防空部隊の全力は、両岸において、橋梁および門橋の構築ならびに渡河退却を掩護するものとす。

縦列および不用の車輛は、まず、これを後退せしむ。砲兵の一部、なかんずく長射程平射砲を、速やかに彼岸に陣地進入せしむべし。行軍序列、とくに縦列のため、細密なる部署、道路標示（夜間のためにも）および精確なる交通秩序の維持は、河川後方への退却を容易ならしむるものとす。

敵方に近く位置する部隊は、敵を阻止し、わが大部の渡河を有効に火制し得ざらしむべき任務を有す。

該部隊は、広正面において、準備せる門橋（主として、応用材料より成る）、小舟および軽渡河材料により、後退するものとす。他岸より、これが収容を確実ならしむるを要す。
制式材料を以て構築せる橋梁は、適時、これを撤収し、固定橋および補助橋ならびに、収容し得ざる舟渡材料および架橋材料は、これを徹底的に破壊するを要す。

山地の戦闘

第五百九十九　山地における連合兵種の指揮および戦闘の原則は、平地のそれに準ず。しかれども、山地の特性、とくに通行の制限せらるること、ならびに気象の交感は、該原則の実施に諸種の齟齬を生ずるものにして、山地の特性に従い、相違の度に大小あるものとす。

第六百　高山地においては、差異、もっとも大なり（註　高山地にのみ適用する規定は、特別の教令に掲ぐ）。一般に高山地にありては、山地部隊のみ、運動、戦闘および補給に必要なる条件をそなうるものとす。
中程度の山地においては、差異減少し、かつ低山地においては差異を認めざるに至るものとす。広さ大にして不毛なる高地と岩石地とを有する、降雪、結氷の中程度の山地においては、これが克服の困難は、部分的に、ほとんど高山地におけるものと同じ。広大なる森林を以て覆われたる山地は、山形緩なれば、とくに森林戦の特異事項、顕著となるものとす。個々の中等度の山地における、広大なる開墾せる平地は、普通の平地に比し、往々、単に気象による差異あるのみなることあり。困難なる中等度の山地においてもまた、冬季といえど、適当なる被服と装備とを有し、かつ、所要に応じ、短時日の準備時間を与えらるるときは、通常、いずれの部隊をも使用し得るものとす。

第六百一　比高は、時間および地域の算定上、特別の注意を要す（附録参照）。比高は、道路の乏しきことと関連し、軍隊の運動、通信機関の使用および補給を緩慢ならしむ。また、個々の兵器の使用を不能ならしむことあり。また、軍隊の労力を増大す。

分進および展開は阻碍せられ、運動の方向は、谷の形状および鞍部の位置によりて、左右せらるること、しばしばなり。鞍部は決定的の意義を有することあり。強大なる兵力の使用は制限を受け、予備隊の迅速なる使用および移動困難なり。比隣部隊、相互に直接支援し得ざること、しばしばなり。他面、これがため、山地の戦闘にありては、攻者は全般において、防者に比し、小なる兵力を以て足れりとする情況に至ることあり。なお、小部隊および極小の部隊といえど、独立、迅速、かつ果敢なる行動に出づる諸種の可能性を生ずるものとす。敵を偽騙し得る機会もまた、いっそう多し。

軍隊指揮官は、その位置選定を限定せらるるものとす。すべての指揮官は、遠く前方に、その位置を選定せざるべからず。

比高大なるときは、射撃は特別の要件を必要とし、かつ、往々その実施困難なり。死角は火力を免れ、隠蔽近接、準備配置および奇襲的突進を容易ならしむ。これに反し、高地は遠距離の通視を許し、射撃指揮を容易にし、かつ僅少なる兵力を以て、遠大なる地域を制することを得るものとす。

高峻の地は、天候しばしば急激に変化す。急速に生ずる霧および低雲は、観測、方向の維持および戦闘指揮を困難ならしむといえど、また往々奇襲を容易ならしむ。深き積雪の克服と寒冷に対する防護とのため、特別なる準備を必要とすることあり。

住民地と水との欠乏に顧慮するを要す。物資に欠乏せる際は、適時の補給をとくに肝要とす。困難なる地形および冬季においては、補給のため、特別の処置を必要とすべし。

地形偵察は欠くべからざるものにして、戦闘行動前において、とくに然り。ただし、これがため、貴重なる時間を失わざるを要す。しかれども、指揮官自らの偵察は困難なり。ゆえに、各捜索機関は、これを地形偵察のためにもまた利用せざるべからず。

住民は、天気予知のため、案内人として利用すべく、また、適時気象観測所に照会するを要す。

第六百二　指揮は、数多の阻碍的影響により、運動および戦闘に対するその作用を妨害せらる。一般に、広正面における戦闘を統一指揮するは不可能にして、独立せる各別の戦闘を生ず。その他、しばしば、わが兵力を広正面に部署することによりて、はじめて敵の兵力を分散せしめ、これによりて、某方面において優勢を占め得ることあり。ゆえに、軍隊指揮官は通常、機を失せず決心し、将来を予察して、最初の部署にあたり、その兵力を適切に区分し、もっとも重要なる方面において、優勢を確保せざるべからず。包囲および迂回もまた、すでに、最初の部署にあたり準備するを要す。包囲および迂回は、敵、もし、一定の退却路に制限せられあるときは、とくに有効なり。下級指揮官に対しては、過度に限定せられざる任務および適当なる兵力の配属、補給の処置によりて、独立して行動し得しめざるべからず。

迅速にこれを移動し得るときのみ、大なる予備隊を区分し得べし。わが側背の感受性は、すべての方面において、不断の注意を要求するものとす。

第六百三　左に掲ぐる原則は、諸般の関係困難なる山地において、歩兵戦闘を直接支援する火器の使用に関し、適用せらる。

偵察者は、あらかじめ遠方に差遣すべく、射撃任務は早期に附与すべし。

戦闘加入後の変更ならびに大なる陣地変換は、通常、多大の時間を要するものとす。ゆえに、すべて放列陣地は、勉めて該陣地より突入まで支援し得るごとく、これを選定すべし。

単位部隊の統一使用に勉むべしといえど、しばしば、小隊、もしは一門ずつに区分してのみ使用し得ることあり。大部の歩兵重火器は、しばしば、これを最前線の戦場に使用せざるべからず。これ、地域に乏しき結果、縦深における使用を許さざること、しばしばなるを以てなり。

ほとんど常に、超過射撃および側射の有利なる機会あるを以て、これを十分利用せざるべからず。平地にありては超過射撃を行い得ざる火器といえど、これを能くするものとす。山上に向かい、攻撃する軍隊は、しばしば、突入に至るまで超過射撃を実施し得。

直接照準を行う火器は、一般に放列陣地として、最高所を選定するを避くるを要す。勉めて斜面に遮蔽して選定せる放列陣地は、しばしば、最高所と同一の価値を有し、時間、兵力を節約し、かつ敵の観測を困難ならしむるものとす。

側射により、死角を消滅し得ざるときは、死角を火制し得るごとく、小銃兵および軽機関銃を推進せざるべからず。

弾薬の節約は、補給の困難に鑑み、絶対の要件なり。

第六百四　歩兵は、山地において、とくに不良なる天候において、捜索および偵察のため、もっとも確実なる兵種にして、かつ、主なる担任者なり。十分なる時間の余裕を以て派遣せられ、かつ通信機関を装備せる歩兵斥候は、優秀なる勤務を遂行し得るものとす。

小銃兵、とくに狙撃兵もまた重大なる価値を有す。これらは、地形の困難をもっとも容易に克服し得。而して、通過し難き高山地においては、彼らの頼り得るところは、ただ自己のみなり。

道なき、困難なる攻撃地区においては、軽機関銃に対し、平地における重機関銃の任務を与うることあり。

重機関銃は、散兵の戦闘を支援すべき、そのもっとも重要なる任務のほか、良好なる遮蔽位置より、長時間、敵のため駆逐せらるることなく射撃して、谷地内の道路、横断路および小径を阻絶し得るものとす。しばしば、後方高地よりの観測により、遮蔽陣地よりする重機関銃の使用を容易ならしめ得ることあり。

迫撃砲は、とくに死角の掃射に適す。また、砲兵の不足を補足せざるべからず。

第六百五　砲兵は、道路および車行し得る小径に拘束せられ、山砲兵は近接および通過ともに困難なる地区といえど、これを通過して、歩兵に続行し得るものとす。ゆえに、歩兵に随伴し、また、これに配属する火砲および砲兵小隊は、これをまず山砲兵より取るを要す。

曲射は、その射撃を妨害せらるること、もっとも少なく、平射はしばしば遠距離に対してのみ使用し得るものとす。ゆえに、山砲兵および曲射砲兵もまた、しばしば平射砲兵の前方に陣地進入せざるべからず。遠く前方に推進せる平射重砲は、ときとして価値大なることあり。

有力なる砲兵は、これを通常、谷および斜面の林空部に配置せざるべからず。これに反し、高地上においては、小隊ごと、もしは一門ごとに使用し得るのみなり。

目標地区を遺憾なく観測し得るため、周密に観測所を捜索し、かつ、これを分配し、また、十分に前進観測者を使用せざるべからず。音響および火光標定中隊の使用は著しく制限せられ、飛行機による射弾観測は困難なり。ゆえに、地上観測の価値増大するを以て、速やかに、これを設備するを要す。

毒ガスおよび煙幕は、谷および地隙においては、良好なる効果を発揚することを得。

第六百六　工兵は、阻絶の設置および、その排除、道路の修理、もしは新設ならびに架橋（応用材料による架橋もまた）に使用せらるるものとす。

工兵は、これを機を失せず使用するを要す。

第六百七　無線電信機は、困難なる山地においても、通常、もっとも迅速かつ確実なる連絡を可能ならしむ。視号通信機関は良好なる勤務を遂行し得といえど、通常、通視の度に関す。視号連絡の採用にもまた、往々偵察のため、多大の時間を要するものとす。

有線連絡は通常、多くの時間と材料とを要す。

伝令犬は、ほとんどすべての場合に使用することを得るも、鳩は猛鳥の害に遭う危険あるため、その使用を制限せらる。

第六百八　飛行隊の使用は、良好なる戦闘着陸場、情況により飛行場を欠くこと、山背を超越するため、しばしば大高度を取らざるべからざる必要および天候（低雲、霧）により、困難なり。狭き谷および深き谷にある敵に対する低空攻撃は、地域の狭小のため、妨害せらるることあり。しかれども、一面、多大の成果を収むるの可能性をも有す。

第六百九　防空部隊の使用は、しばしば良好なる道路を欠くこと、橋梁負担力の不十分および監視し得る空域の制限により、困難なり。ゆえに、遮蔽物なき地形においては高射機関銃および高射機関砲を、また、高空よりの攻撃により危険を受くる方面には高射砲兵を、なし得る限り速やかに陣地に就かしめること緊要なり。山地の出入口、重要なる谷の交会点および鞍部を掩護せざるべからず。

第六百十　乗馬隊、自転車隊および機械化部隊使用の可能性は制限せらるるも、追撃においては価値を有し得るものとす。

第六百十一　戦車は、広き谷および台上の土地において使用することを得。

対戦車防御は容易なり。

第六百十二　戦術的地上捜索困難なるに際しては、しばしば戦術的空中捜索は、少数の明瞭なる道路に拘束せられ、かつ緩徐に運動する敵に対し、大なる価値を有す。

各兵種の戦闘捜索は、視察のため有利なる高地の利用により、容易ならしめ得るものとす。

積雪地においては「スキー」斥候を使用するを要す。


第六百十三　行軍の命令に関し、左記の点に顧慮すべし。

軍隊は疲労困憊して敵に近接すべからず。

派遣距離および警戒距離は、比高大なる際は、尺度に代え、時間距離【二点間の距離を、移動にかかる時間で表したもの】を以て命ずるを可とす。また、いっそう大なる隊間距離を命ずるを適当とすることあり。

前衛および後衛は通常、いっそう強大ならしめ、また、その本隊との隊間距離をいっそう大ならしめざるべからず。

各兵種は、後方よりの超越、しばしば不可能なるに着意し、これが序列を決するを要す。工兵は遠く前方に位置せしめ、砲兵の大部は、敵と衝突するにあたり、後方より放列陣地に就き得ることを勉めざるべからず。使用し得べきすべての道路に行軍部隊を分配するときは、敵飛行隊の活動を困難かつ分散せしめ、敵の抵抗を迅速に打破するの見込みを増大し、また、いっそう良好に宿営地を利用し得るものとす。

谷地の行軍にありては、しばしば高地に側衛を設け、随行せしめざるべからず。出発にあたり、これに与うべき距離は、地形および情況に関するものとす。情況により、側衛を横方向の谷地に進め、別に側衛を設けて、これに代わらしむるを要することあり。この際、要すれば、軍隊の大部を停止せしめざるべからず。併行路なきときは、側面警戒は、行進路側方に存する瞰制地点の占領に止むるを要す。監視部隊は多大の時間を費やして、はじめて再び追及し得るものとす。

本隊は、たとい多大の時間を要するも、しばしば、地区より地区に向かい、躍進的に前進せざるべからざることあり。

休憩の挿入は、任務、行軍の長短および、その難易、軍隊の状態に関す。相当大なる行軍にありては、通常、大休憩のほか、しばしば小休憩を行わざるべからず。

第六百十四　敵、もし、主として道路に拘束せられあるときは、休息せる軍隊の警戒は、第一に諸道路を制せざるべからず。敵に視察の便を与うる展望点は、必ずしも常にこれを占領するを得ざるべし。いかなる範囲に中間地を警戒すべきやは、情況によるものとす。連繫ある警戒は、稀に達成することを得。

第六百十五　戦闘指導の卓越は、山地において、とくにその価値を発揮するものとす。

攻者はしばしば、単に局地的の兵数および戦闘資材の優越を必要とす。

一見堅固なる高地および岩石地の陣地ならびに個々の山頂といえど、これを包囲、迂回、もしは一狭小部分の突破に成功せば、これを陥落せしめ得るものなり。かくのごとき攻撃の成果は通常、平地に比し、いっそう迅速かつ決定的なり。

ゆえに、防者は当初よりすでに、あらかじめ与えられたる方策に従い、ただちに反撃をなし得る兵力を以て、弱点を守備せざるべからざること、しばしばなり。

かくのごとき攻撃を以て、困難なる登坂路のため、疲労困憊せる敵と衝突せば、その攻撃は時機に投合せるものにして、通常奏功すべし。

適当なる地形、適切なる時機に、上方より下方に向かい行う反撃は、防者に対し、心身の優越を附与するものとす。

第六百十六　遭遇戦は通常、最前線部隊に限定せらるるものにして、該部隊はしばしば迅速に処置せざるべからず。

情況不明かつ強度の断絶地にありては、軍隊は広正面において、通常、地区より地区に向かい前進するものとす。

攻撃のための準備配置は、通過困難なる強度の断絶地にありては、困難なる接敵を短縮せんがため、敵に近く、これを行わざるべからず。死角は、これを十分利用するを要す。長大なる登降坂にありては、火戦の開始までに敵を制圧すること緊要なり。困難なる山地においては、増強せられたる大隊を以て、攻撃のため、統一して部署し得る最大単位とす。決戦はしばしば、局部的に小部隊により獲得せらるるものにして、万事は懸かりて、この成果を決然利用するにあり。

攻撃は、これを谷にて行うべきや、もしは高地上にて行うべきやは、谷の幅、これに直接隣《とな》れる高地の状態、地物、通過の良否および天候、その他、軍隊の兵力、編組ならびに、その装備に関す。

強大なる部隊にありては、敵と衝突にあたり、通常、併せて谷地内および、これに連接せる高地において攻撃せざるべからず。とくに、この高地より谷を火制し得るときにおいて、然りとす。戦闘停滞するに従い、谷を囲繞する高地の価値は、ますます増大す。

攻撃目標は通常、谷地、もしは山地の出口を瞰制する鞍部、もしは高地のごとき地点とす。迂回、包囲、もしは突破に際しては、攻者は、多くは敵の正面を席巻するよりも、通常、一定の方向に限定せらるる敵の退路を遮断するを緊要とす。

第六百十七　地形、退却する敵をして、追撃射撃および正面の肉迫より免れしむるに従い、追撃はますます、これを敵の退却路に向かい、指向せざるべからず。

冬季高峻の地方において、超越追撃を著しく妨害せらるるときにおいてのみ、敵の退却路により、これに肉迫するを要す。しかるときは、退路に向かう超越前進は、「スキー」部隊をして、これに任ぜしむるを要す。

第六百十八　山地における防御にありては、通常、平地に比し、いっそう大なる兵力を要す。

主戦闘地帯の防御は、団ごとに行い、もっとも危険なる地点は、これを諸方向に向かい防御し得る拠点に編成するを要す。主戦闘地帯前方の限界を決定し、かつ隣接団間の連繫を構成するため、周到なる偵察を行うを要す。地形、僅少なる縦深を許すにすぎざる箇所においては、個々の巣および拠点を遠く推進し、同時に死角を消滅せしむるを可とす。昼間において、この推進不可能なるときは、死角に対し、迫撃砲、山砲および曲射砲を使用すべし。

地区の区分は、側防火、もしは後方よりの射撃を以て、地区間の間隙を閉塞し得ざるごとくせざるべからず。要すれば、地区の境界を警戒するため、特別なる部隊を割くべきものとす。

主戦闘地帯の防御困難となるに従い、撤毒、阻絶および障碍と連繫し、陣地前に配属する部隊、すなわち、前進陣地および戦闘前哨により、早期に敵を阻止すること、ますます重要なるものとす。周密に規整せる監視勤務により、敵の近接を監視せざるべからず。

主戦闘地帯に侵入する敵に対し、迅速に反撃すべき部隊は、これを主戦闘地帯の前縁に近く保持するを要す。

第六百十九　持久抵抗は、遠距離の通視を許す高地上の観測所を利用し得ること、道路に乏しき結果、敵は前進にあたり、一定の道路によらざるべからざること、地障および良好なる阻絶の可能性存することにより、容易となるものとす。

抵抗は、しばしば道路および谷に集中せられ、その中間の地域は、単に監視に止むるを要することあり。これによりて節約せる兵力は、中間地域において、もしは、ただちにつぎの抵抗線にありて、重要なる収容をなすものとす。

各道路を後退する部隊の統一指揮のため、確実なる連絡を必要とす。しからざる場合には、任務の分課により、統一ある行動を確保せざるべからず。例外の場合には、区分せる抵抗団を時計により規正して、撤退せしむることあり。

第六百二十 適時に戦闘を中止し得ざるとき、山地における退却は、とくに困難なり。併行路は、困難にして通過不能と思わるるものといえど、すべて、これを阻絶して、迂回攻撃を妨害し、かつ、退却路を開放すること肝要なり。

これに反し、適時開始せる退却は、地形によりて、しばしば有力なる支援を得るものなり。巧妙に指揮せらるる小部隊は、追撃する敵を、正面および側面において、有効に偽騙、かつ阻止し得るものとす。

隘路の戦闘

第六百二十一 隘路は、運動および戦闘の地域を制限するも、阻絶および障碍物の設置を有利ならしむるものとす。

隘路は、敵の空中捜索容易にして、とくに空中攻撃に暴露す。また、毒ガスおよび煙幕の効力を増大す。

隘路は、周囲の地形（山地、湖沼、湿地）困難にして、縦深大なるに従い、ますます、その価値大となるものなり。道路に乏しき大密林内の街道、橋梁および堤防は、隘路の価値を有す。
隘路は一般に防者を有利ならしめ、攻者を阻碍す。攻者は、その優勢なる兵力の真価を、漸次に、かつ不完全に発揚し得るにすぎざること、しばしばなり。

第六百二十二　敵のいまだ到達しあらざる隘路に向かう前進にありては、敵に先んじ、隘路を占領せるものに利あり。敵に先だちて隘路を占領するは、爾後の戦闘経過に多大の影響を及ぼすものとす。軍隊は隘路を越えて、はじめて再び行動の自由を有す。

第六百二十三　敵にして、われに先だち、わが方の隘路口に到達せば、しばしば、包囲攻撃、もしは迂回により、隘路侵入を強行するを可とす。
隘路内における衝突の際にありてもまた、攻者は迂回により、いっそう迅速に成功を収め得べし。
隘路進出を強行せざるべからざるときは、攻撃の時機、方向および、その範囲を、最後まで掩蔽すること緊要なり。これがため、必要なる兵力移動を行うには、山地にありては、実施可能なるときといえど、多大の時間を要するものとす。

第六百二十四　攻者、その兵力を数多の隘路に対し部署するときは、いっそう強大なる兵力を以て敵に当たり、かつ、某隘路の前進の成功を、これに隣接する隘路進出に利用することを得。
強大なる敵の面前において、数多の隘路より進出するにあたりては、各個に進出して、各個撃破を受くるを避くるため、それぞれ、各隘路口に達するまで待機するを緊要とすることあり。

第六百二十五　敵、われに先だち、隘路に達し、その隘路進出に乗じ、有利に攻撃し得る可能性あるときは、これを利用するを要す。

第六百二十六　追撃にありては、迅速に隘路の側方、なし得る限り、併行路を急進し、かつ、後方より、情況により、まず空中攻撃および長射程砲を以て、隘路を遮断するに努力するを要す。

第六百二十七　隘路の防御は、隘路の前方、内部、もしは後方において行わる。

後続部隊のため、隘路を開放しおくを要するときは、主戦闘地帯は、これを隘路の前方に選定す。わが兵力、これを許せば、強大なる敵の砲兵火に対し、隘路進出を掩護するごとく、前方に設置するを要す。要すれば、攻撃により、主戦闘地帯のため、必要なる地域を占領せざるべからず。而して、隘路は、これを直接警戒するを要す。隘路内の防御においては、比隣の地形、勉めて敵の包囲および迂回を許さざること肝要なり。山地においては、地形に応じ、谷の両側にある高地を防御すべし。とくに、防御時間長きを胸算すべきときに然りとす。

隘路後方にある主戦闘地帯は、敵をして、わが熾烈なる射撃を蒙りつつ、隘路を進出するの余儀なきに至らしめざるべからず。敵の攻撃を撃退し、かつ、情況、攻勢移転を許すときは、敵に先だち、もしは、敵と同時に隘路に侵入するに努力するを要す。

第六百二十八　持久抵抗は、短き隘路にありては隘路後方において、長き隘路にありては、まず該隘路内において、これをなすとき、もっともよく隘路を利用し得るものとす。

第六百二十九　隘路を通過する退却に際しては、近迫する敵に先だち、隘路進入を安全ならしむるを要す。厳密に退却運動を指導し、厳重に交通を規整せざるべからず。敵の対抗運動を排除すべし。要すれば、隘路後方において収容を行うごとく、処置すべきことあり。阻絶の設置および隘路通過中の迂回防止は、その価値、とくに重大なり。

国境守備

第六百三十　国境守備は、地上の敵に対し、国境を警戒するものにして、通常、その兵力は微弱なり。しかれども、よく地理に通暁せること、国内の人員、資材を、広く利用し得ること、国境守備任務の実施に熟達せること、実施のため有利なる地形を選定し得ること、これが補強を行い得ること、阻絶、破壊、障碍および偽工事の利用、迅速かつ隠密の兵力移動、良好安全なる通信連絡、なかんずく平時電話網の利用および、その補足ならびに各種の偽騙の処置により、なにがし程度まで、その兵力の劣勢を補うことを得るものとす。

第六百三十一　一般の局地的国境守備任務、左のごとし。

　国境の監視および阻絶。

　国境地方における、確実なる敵情の入手。

　国境を超越する敵の防止。

第六百三十二　国境守備部隊を有する国境守備地方の設備および、これを国境守備地区、同小地区に区分するには、その局地の国境守備任務および地形によるものとす。

　国境守備地区の正面幅は大なるを以て、通常、敵の突進の公算、もっとも大なる方面に兵力を集団的に集結するを必要とす。

第六百三十三　国境の直接警戒は、斥候および駐止斥候により、これを行う。

国境守備の主力は、国境守備陣地に位置せしむ。その国境よりの距離および地形に応じ、該陣地の前方に、国境直接警戒の支援として、また、自己の警戒のため、一部隊をして、前進国境守備陣地を占領せしむることあり。国境守備陣地前方には、戦闘前哨を配置するものとす。

指揮官は、国境守備陣地一般の位置を定む。通常、兵力微弱なるを顧慮し、その正面を短縮し、かつ、その際、この企図を補助する地形を十分利用するに勉むべし。従って、国境守備陣地は通常、国境線に併行せしむることとなし。また、国境の彼方よりの有効射撃を免れんがため、国境より離隔するを緊要とすることあり。国境守備陣地および前進国境守備陣地の細部の位置ならびに、その設備および編成に関しては、国境守備地区司令官、これが責に任ず。また、比隣国境守備地区との連繋に関しては、共同の上官、これが責に任ずるものとす。隣接地区司令官相互の連絡また、しばしば、該上官を通じ、行わざるべからざることあり。

予備隊を設くるに勉むべしといえど、これがため、局地的にも全般的にも、国境守備陣地の十分なる占領に遺漏あるべからず。

大なる国境守備部隊の予備隊は、応急準備列車、自動車縦列、その他の各種自動車および自転車に乗じ、迅速に遠距離に移動し得る地点に、これを準備しおくべきものとす。

小なる国境守備部隊の予備隊は、奇襲に対する掩護のため、警戒部隊として、後方の要点に位置せしむることあり。

国境守備の期間長き際は、国境守備地区内において、守備部隊の規則正しき交代を、また、時宜により国境守備配置の変更を規定すべきものとす。

第六百三十四　国境の監視および阻絶によりて、国境ならびに国境地域内の禁止せられある交通を妨止し、国境地方が敵のため、火災を蒙り、または掠奪せらるることを防ぎ、同地方より人民の撤退を容易ならしめ、また、敵の地上捜索および情報収集を妨げ、要すれば、敵の攻勢作戦を困難ならしむ。

道路の阻絶、鉄道、電話および通信線の遮断は、なし得れば、局地的任務の範囲において、これを実施すべきものとす。

税関、郵便、警察、主猟官【林野庁の官吏】および、その他の地方官衙と協力して、敵の諜報勤務の防衛、地上および地下の平時電話網、無線通信および鳩通信の監視、わが通信の規整および遮蔽、交通設備および重要なる構造物を、敵の奇襲的破壊、ときとして、その密偵による破壊に対して警戒す。

第六百三十五　国境守備の捜索は、国境線外の地方に対して、周到に規定せる間断なき監視を行うにあり、監視所を設備するを適当とすることあり。

国境守備にして、国境を通過し得る場合には、斥候を推進せしめ、あるいは、地理に明るき者の案内の下に行う。大小の奇襲により、敵に関する情報を得るに勉めざるべからず。しかしながら、大なる企図を遂行するには、通常、兵力不足なるものとす。

情況を得る手段は、いかなる手段といえど、これを利用し、ひとたび得たる敵との接触は、これを維持するを要す。

第六百三十六　微弱なる敵、越境し来たらば、国境外に撃退すべし。

強大なる敵に対しては、これが防止は、国境線よりはじまるものとす。持久抵抗をなすときは、国境守備陣地は、第一の抵抗線となるものとす。該陣地を放棄せば、情況により、戦闘しつつ、もしは、戦闘することなく、通常、大なる地障に依託する、つぎの抵抗線に撤退するものとす。

第六百三十七　国境守備、敵の優勢なる兵力の攻撃を受け、撤退するか、もしは、突破せられたるときは、有利なる状況において戦闘しあるか、または、攻撃を受けざる比隣国境守備地区は、その位置を保持するを要す。その正面の状況、これを許せば、射撃、陽攻、敵の後方連絡線に対する企図および側面よりする夜襲により、その側方を前進する敵を阻害するを要す。敵の側面に対する、有力なる予備隊の使用もまた、その阻止たると限定目標の攻撃たるとを問わず、これを退避正面に使用するに比し、奏功の見込み大なるものとす。

国境守備、一方面において撃破せらるるや、その部隊を集合せしめ、再び他の方面に、あらたにこれを使用すべし。

第六百三十八　国境守備の戦闘指導は、あらかじめ、某程度に確定しおくを緊要とすることあり。国境守備陣地後方の地形を、各種の場合に応ずるため、偵察し、かつ、戦闘のため、これが利用に関し、準備を整えおくを要す。

第六百三十九　広大なる正面に兵力を団ごとに使用する際および、通常、縦深大なるときもまた、国境守備部隊の指揮官は独断専行すべきものとす。ゆえに、これら指揮官の選定を周到ならしめ、広く情況および任務を承知せしめ、これが実施に関しては、自由を与うべきものとす。迅速なる命令および通報の伝達を確実ならしめ、これに応ずるごとく、戦闘司令所を選定すべし。その他、指揮官は十分機動の自由を与えらるるを要す。

第六百四十　国境守備は、弾薬の供給不十分なること、兵器、器具および装備の補充の不十分なることを胸算せざるべからず。また、所在の物資を節約するは、指揮官および軍隊の義務なり。

第六百四十一　国境守備は、国境地方に使用せらるる対空監視および警報勤務と連絡を保持せざるべからず。

小戦 (Kleiner Krieg)

第六百四十二　小戦は、小なる補助戦闘行動によりて、わが作戦を支援し、敵の作戦を困難ならしむる手段なり。小戦は一般に、他の戦闘行動と関連し、はじめて価値を有するものとす。

敵意を有する尚武の住民は、小戦を不可能ならしむることあり。小戦の可能性あるとき、その実施の可否は、兵力および資材、これが使用に値するや否やに関す。

第六百四十三　小戦は、敵の正面、側面、とくに背面において、行うものとす。

第六百四十四　小戦の個々の任務は、敵を不安ならしめ、損害を与え、偽騙し、敵の兵力を減殺し、その捜索、命令および通報の伝達を困難ならしめ、戦線後方における敵の活動、なかんずく、その補給を妨害するにあり。

第六百四十五　小別働隊にして、その兵力、装備および運動性を、企図する目的に適応せしむれば、小戦の実施にもっとも適す。指揮官が、この種行動に堪能なると、兵が経験を有すると、これに信頼し得ることとは、兵数の大よりも重要なり。

兵数の大は、しかのみならず、運動性と奇襲とを阻害するものとす。

すべての者に対し、全員秘密を厳守するは、奏功のため、必須の要件なり。

第六百四十六　別働隊の攻撃企図には、奇襲を行うものとす。偽騙および詐術を極度に利用すべし。また、敵を包囲するに勉むるを要す。

地形を選定するにあたりては、敵の通視および運動の自由を困難ならしめ、われのため、不意の出現と迅速なる逃避とを容易ならしむるを要す。

周到なる準備と偵察、良好なる地図および地理に明るき案内人は、実施を容易ならしむるものとす。企図奏功後の集合地点を、その実施に先だち、知らしめおくを要す。部隊は、任務遂行後、ただちに集合地点に帰還せざるべからず。

とくに、夜間に企図の遂行に勉め、行軍といえど、なし得る限り、夜間に行うべきものとす。部隊は昼間、村落および道路を離れて潜伏するを要す。

敵の背面に活動する別働隊は、とくに大胆なる指揮官および兵を必要とす。これらは、長期間のため、一切の必要物を装備せざるべからず。

同時に多数の別働隊を使用するときは、その企図をして、地域的にも時間的にも連繫せしめざるべからず。ゆえに、別働隊は、これを一定の地方にまとむるを要す。

行動の不羈なること、偽企図および虚説の流布は、敵の不意に乗ずるを容易ならしむ。絶えず敵を脅威し、その対応措置を水泡に帰せしめ、以て、これを困惑せしむべし。すべての行動は、われに好意を有する住民に対してもまた、これを秘匿すること必要なり。

第六百四十七　阻絶を使用すべし。阻絶は、迂回困難なる箇所において、道路による敵の交通を、もっとも有効に阻碍するものとす。

敵戦線後方における術工物等の破壊により、敵の補給を困難ならしむべし。

破壊の程度および範囲は、一般に、上級指揮官これを定む。別働隊弱小なるに従い、これに委任せる破壊は、もっとも重要なる工事に局限せざるべからず。ゆえに、破壊任務を受けたる指揮官は、工事の価値および技術的特異事項に通暁しあるを要す。

第六百四十八　上級指揮官は、派遣せる別働隊の行動を統制し、かつ、これに命令を与え得ざるべからず。ゆえに、いかなる形式により、別働隊と連絡を維持するやに関し、あらかじめ配慮しおくべし。

第六百四十九　小戦に対する防支は、軍隊の行動区域内においては、軍隊の任務なり。背後の地方においては、特別なる部隊の使用を必要とすることあり。該部隊は、有利なる地点に集結して、警急準備を整え、かつ、迅速なる移動の準備をなすものとす。装甲自動車および装甲列車をも使用することあり。敵の別働隊の出現を即時通報するの必要上、通信網の構成および通信の傍受に関し、特別の処置を要するものとす。

敵の別働隊、背後の地方に現わるるや、これを不意に包囲撃滅するに勉むべし、背後の地方を地区ごとに区分し、計画的に掃討を必要とすることあり。しかれども、これがためには、通常、多大の兵力を要するものとす。

第十二章　宿営(Unterkunft)

第六百五十　休息に移る軍隊は、村落に舎営し、あるいは、露天に露営す。また、その一部のみ村落に宿営する際は、村落露営とす。

第六百五十一　舎営は、風雨寒気に掩蔽し、人馬を休養し、かつ、兵器、装具、被服および器具を補修するの機会を与うるものとす。狭縮、かつ不十分なる舎営といえど、露天の休息に比し、軍隊にいっそう大なる愛護を与うるものなり。とくに馬匹のためには、いかなる厩といえど、雨露をしのぎ得ば、他に優るものとす。

第六百五十二　村落露営は、村落に宿営せる軍隊を、舎営と同じく愛護し、露営の不便を減じ、かつ行軍および出発準備を向上するものとす。

舎営せざる部隊は、舎営地に連繋して露営す。

家屋に入れる部隊のためには舎営の規定を、その他の部隊のためには露営の規定を適用す。

第六百五十三　敵の近傍なるか、大部隊を一地に集結するか、その他の戦術上の顧慮より一定の地方に軍隊を位置せしむるを要するか、もしは、村落欠乏せるため、舎営、もしは村落露営をなし得ざるときは、露営せざるべからず。空中攻撃および遠距離射撃による脅威、毒ガスの危険、もしは秘密保持の理由もまた、村落を避くる動機たることあり。

第六百五十四　露営は、軍隊集結しありて、行軍および戦闘準備迅速なり。

露営は、村落に拘束せらるることなく、かつ、通常、迅速に就宿し、戦術上の要求に応ずるごとく設定し得るものとす。

露営は、敵の地上視察に遮蔽し、かつ、空中よりの視察および攻撃ならびに遠距離射撃およびガス攻撃に対し、勉めて掩護せられあるを要す。

第六百五十五　露営を団ごとに部署するは、適当なる露営地の選定を容易ならしめ、かつ、とくに大なる兵団においては、行軍および戦闘準備を向上するものとす。

露営は、一般に軍隊区分に従い、戦術上の情況に適応するごとく部署するものとす。その正面は、これを敵方に向けしむるといえど、掩護および撤退を顧慮し、これと相違することあり。細部の配慮を決すべき要素は、地形、水および木材の容易かつ十分なる供給ならびに、各兵種本然の特別の要求とす。また、良好なる進入進出路あること緊要なり。とくに自動車部隊のため、然りとす。ゆえに、要すれば、進入進出路を構築せざるべからざるも、これがため、敵の飛行機に対し、露営を暴露するがごときことあるべからず。

第六百五十六　露営地は、地面乾燥堅硬にして、勉めて風および天候に対し遮蔽せらるべきものとす。疎林は通常、この条件を充足す。草地は、完全に乾燥しあるがごとく見ゆるものといえど、通常不適当なり。河川、沼地および死水の近傍は、霧を生ずるため、もしは、他の健康に有害なる影響あるにより、希望せざるところとす。

寒冷に際しては、軍隊をして、温暖を得しめざるべからず（幕舎の埋設、熱したる石による採暖、中間に藁および木の葉をはめたる二重幕布の利用、焚火等）。風に対し遮蔽するため、森林内および森林後方、懸崖《けんがい》ならびに凹道を利用すべし。

第六百五十七　地上の敵と接触の虞なきときは、とくに軍隊の便宜および宿営の良好に顧慮するを要す。宿営地の広狭は、村落の数および大小、行軍路に対するその位置、行軍部隊の長径、当日および、つぎの行軍行程ならびに爾後の行軍発起までの期間によるものとす。宿営地をして、おおむね行軍長径に一致せしむるときは、軍隊は一般に、もっとも簡単かつ便利なり。

村落の配当は、翌日、もしは爾後の行軍のため、企図する軍隊区分に従い、定むるものとす。行軍路に沿う村落に、密に宿営するを可とす。兵種を混成することによりて、すべての家屋および厩を利用し得るごとくせざるべからず。

村落欠乏せるときは、行軍路の近傍に露営するを要す。

荷物、行李は、これを部隊に招致す。

第六百五十八　地上の敵と接触を予期するときは、戦術上の顧慮を主とす。宿営地を縮小すべし。最前線宿営地、依託なき側面、情況により、背面には強大なる歩兵部隊を宿営せしむ。該部隊は、対戦車兵器を以て、増援せらるることあり。単独にて、敵の奇襲を防衛し得ざる部隊は、これに歩兵を加え、宿営地の安全なる部分に宿営せしむるを要す。

村落内においては、個々の部隊、もしは全隊の大規模なる準備に関し、命令を下達することを得。警急舎営の処置および服装ならびに装具に関する規定のごとき、これなり。

およそ警急宿営においては、燈火を点し、衛兵を備えざるべからず。要すれば、必要なる交通を顧慮し、村落の出口を阻絶し、かつ、宿営の防御を準備すべし。

露営においては、遠距離射撃および投下爆弾に対する掩護の処置、たとえば、遮蔽せる掩壕のごときものを必要とすることあり。

行李は、敵にもっとも遠隔し、要すれば、地障の後方に宿営せしむべし。

荷物、行李の招致は、情況によるものにして、軍隊指揮官これを規整す。

第六百五十九　敵主力の攻撃を受くる虞ある距離に近接しあるときは、休息中の軍隊は戦闘の顧慮に応じ、露営す。

戦闘中の軍隊は、いまだ戦闘局を結ばざれば、その獲得せる地域にありて休息するものとす。

第六百六十　軍騎兵および自動車部隊の宿営に適用する特別の着眼に関しては、第二百十二、第二百二十四および第二百二十五を参照すべし。

第六百六十一　高等司令部および下級指揮官の宿舎の選定にあたりては、事務執行を円滑に遂行し、かつ、報告および命令をして、最短時間に勤務系統を経過し得しむることに顧慮するを要す。この際、通信連絡および道路の状態に注意すべし。

露営に際し、高等司令部および連隊長に至るまでの下級指揮官は、事務執行上、勉めて村落、もしは家屋内に宿営すべきものとす。

第六百六十二　防空部隊によりて宿営地を掩護するため、その部隊の愛惜を閑却することあるべからず。この掩護は、広大なる宿営地にありては、一般に濃密なる宿営部分および交付所（Ausgabestelle）に制限せらるるものとす。

部隊所属の高射兵器は、該部隊これを使用するか、宿営団の指揮官、または舎（露）営司令官の区処により、使用せらるるものとす。部隊所属高射兵器と防空部隊との協同に関しては、共同の指揮官これを規整す。前者は、後者の監視警報勤務に参与し、もしは、独立して該勤務を執行す。

射撃は随時にこれを行うものとす。

対空防御は、軍隊宿営の際の予防措置により、これを補足す。すなわち、狭小なる村落および顕著なる小森林を避くること、露営地に適する地物、もしは地下の利用、顕著なる地点より露営地を離隔せしめ、また偽工事の構築のごとき、これなり。

車輛はこれを隠蔽し、もしは不規則に配置し、偽装すべし。村落内においては、空襲に対し、利用し得る地下室その他を標識すべし。舎営にありては、夜間消燈せざるべからざることあり。

第六百六十三　通信隊愛惜のため、宿営地内の通信連絡は、とくに既設郵便通信網を利用すべきものとす。もし不可能なるとき、敵に遠隔しあらば、一般に師団通信幹線の電話所に、宿営団の通信線を接続する程度に制限するものとす。切迫せる情況においては、特別の有線網により、宿営団、もしは重要宿営地を、軍隊指揮官と連絡するを必要とす。

第六百六十四　軍隊の宿営地は、これを速やかに軍隊に知らしむるを要す。行軍にありては、なし得れば、行軍命令において、もしは行軍中、これを知らしむるものとす。ようやく、のちに至りて宿営地を知らしむるときは、宿営の準備成るまで、軍隊をして、行軍路に沿い休憩し、給養せしむるものとす。休息に移るにあたり、軍隊をして、無用の停止および逆行をなさしめざるを要す。

第六百六十五　情況、これを許す限り、宿営はあらかじめ、これを準備すべきものとす。

第六百六十六　なし得れば、舎営は地方官憲と協定して行い、かつ、設営者を以て宿営を示達すべし。

間諜防止の措置をなすこと肝要なり。舎営券の発行は、整斉たる宿営を保証するものにして、時間に余裕あるときは、常にこれをなすを要す。

ようやく行軍間、配宿区分を命じ得るときといえど、設営者を先遣せば、軍隊、予告なくして到着するに比し、いっそう迅速に休息に移り得るものとす。

地方官憲に連絡し、もしは住民に質して、流行病の有無、種類を調査し、流行病のある家屋および厩は、これを標示し、かつ使用せざるものとす。厩を利用するため、各兵種を混合するを適当とすることあり。

第六百六十七　各部隊に村落の某部分を配当し、その下級部隊には道路および数家屋を配当する方法は手続を省略するものとす。

司令部（本部）は近接して宿営すべし。

なし得れば、配宿に任ずる将校を先遣す。該将校は、当該高級先任の将校、もしは、舎営司令官に任ぜられたる将校を最良とし、これに各司令部（本部）および部隊の将校を同行せしむるものとす。

第六百六十八　舎営の各地区は、明瞭なる境界を有せざるべからず。配宿に際しては、要すれば、防御に関し、また、防御のため、部隊が適当に宿営することに関し、顧慮すべきものとす。

第六百六十九　各人は、舎営においては直上の上官、また、各上官は直下の部下の宿舎を承知せざるべからず。

第六百七十　露営司令官は、露営地選定のため、先行す。各部隊の将校をこれに同行せしむ。

到着する各部隊は、ただちに露営の設備に着手すべし。爾後の移動は、はなはだしく休息を妨害することとなるを以て、万やむを得ざる理由あるにあらざれば、移動すべからず。

第六百七十一　宿営団（Unterkunftsgruppe）は、数個の宿営、情況により、各種の宿営を包含するものにして、これにより、宿営および宿営間の命令下達を促進するときは、宿営団を編成するものとす。宿営団は通常、従来の軍隊区分、もしは企図する軍隊区分、あるいは行軍序列にもとづき、編成せらる。宿営団の指揮官に対しては、独立して宿営するため、宿営地域の一部を配当し、該指揮官は、その講ぜる規定に関し、軍隊指揮官に報告すべし。

第六百七十二　各舎営地の高級先任の将校は、上級の指揮官が、とくに他に舎営司令官を任命せざれば、別命なくも、舎営司令官とす。しかれども、連隊長以上の将校は、他の将校（佐官）を以て、舎営司令官に任命するの権を有す。

舎営司令官は、それ以前に、これをなしあらざりしときは、各部隊に地区を配当す。外部に対する警戒処置、戦備および内務に関し、責任を有す。とくに外衛兵および内衛兵の数および任務を規整す。戦備および警急に関する軍隊の命令を補足し、交通、住民の監視、間諜の防止、街路巡察、武器の押収、物資の警戒および監視、消防、井泉の検査および配当ならびに傷病人畜の収容を含む、すべての人馬衛生の処置および所要の消毒に関し、規定す。また、遅れて到着する軍隊の宿営に関し、顧慮するものとす。

村落露営司令官は、露営部隊の適当なる村落の利用に関し、区処するを要す。とくに給水を規整し、かつ、裸火により宿営地を危険ならしめざるごとく、あらかじめ考慮するを要す。該司令官の区処は、宿営法を異にして宿営せる部隊相互の配慮により、補足せられざるべからず。

第六百七十三　戦闘により占領せる場合のごとく、準備を行うことなく、大なる村落に多数の部隊を宿営せしむるときは、外部に対する警戒および内部の秩序を維持するため、ただちに舎営司令官に強大かつ、勉めて新鋭の兵力を配属するを必要とす。敵敗残兵の捜索、武器の押収および貯蔵品の確保のため、衛兵勤務を増加し、多数の市街巡察を使用するは、第一になすべき処置とす。

第六百七十四 各露営地においては、別命なくも、高級先任の将校は露営司令官とす。露営司令官は、舎営司令官と同様に、空中および地上の敵に対する警戒ならびに所要の阻絶を規整す。各部隊に場所を指定し、かつ、特別なる設備（井泉、水飼場等）の利用に関し、規整す。なし得る限り、速やかに軍隊を休息に移らしめ、また、これに風雨の障蔽を与えんがため、すべての使用し得べき補助材料（藁および木材等）を、迅速かつ正整に使用せしむることに関し、とくに責任を負うものとす。また、焚火を許可し、もしは、これを禁止す。

第六百七十五 各舎営地（露営地）において、舎（露）営司令官は、一名の舎（露）営日直将校（大部隊においては佐官）を定む。この将校は、舎（露）営司令官に隷し、警戒および内務に関する一切の処置を処理するものとす。

舎営日直将校は、すべての衛兵の長にして、衛兵の配置、昼夜における指導および監督は、その責務なり。露営にありて、内衛兵の配置、指導、監督は、部隊日直将校の任とす。衛兵に対する露営日直将校の地位は、舎営日直将校に同じ。

所要に従い、巡察将校を命ず。

第六百七十六 舎（露）営司令官は、舎（露）営日直軍医および獣医を任命す。該軍（獣）医は、舎（露）営司令官より、宿営地のすべての人馬衛生に関する事項を聴取し、かつ、常にその所在を明瞭にしおかざるべからず。

各部隊（大隊、騎兵連隊、砲兵大隊等）は一名の部隊日直将校を、小なる独立隊は一名の部隊日直下士官を定む。部隊日直将校および下士官は、到着後、ただちに舎（露）営日直将校に届け出て、必要の命令を受領すべし。これらは、その宿営地区内の安寧秩序を維持し、舎（露）営司令官および部隊の規定したる一切の処置の実施を監督す。

一舎営地、もしは露営地に一部隊のみ宿営するときは、部隊日直勤務は、舎（露）営日直勤務を兼ぬるものとす。

第六百七十七　多くの場合、直接警戒のため、外衛兵を必要とす。外衛兵は、これを舎営地縁端、もしは露営地外に、これを推進することあり。第二百十二に掲ぐる着眼に準じ、警戒するものとす。その任務、兵力および編組は、外衛兵が敵に対する最前線警戒部隊なりや否やに関す。外衛兵は、時宜により、対空監視勤務（第六百六十二）を担任す。要すれば、舎営地においては、住民の外部との交通を監視し、また、外部に対し、露営地を遮断す。隣接宿営地との連絡を保持せざるべからず。

第六百七十八　内衛兵は、各宿営地において、内務のため、これを設くるものとす。これに警報勤務をも担任せしむることあり。

舎営において、各部隊は、内衛兵のため、その所要哨所数に応じ、兵力を差し出すものとす。警察勤務的の顧慮を要するか、はなはだしく狭縮なる舎営なるか、監視すべき箇所多数存するか、住民の態度不明なる等の場合には、強大なる、要すれば数個の内衛兵を必要とす。

露営においては、各部隊は、自己の区処により、内衛兵を配置す。内衛兵の兵力は、所要哨所数により決定するも、勉めて、これを制限するを要す。

内衛兵の動作は、衛戍勤務の規定に準ずるも、露営においては、衛兵、歩哨ともに敬礼を行うことなし。

小部隊および露営においては、外衛兵をして、内衛兵の勤務を兼ねしむることを得。その外部に対する警戒勤務における動作は同一なり。

第六百七十九　各衛兵には、楽手一名を配属するを要す。

第六百八十　舎営司令官、同日直将校の宿舎ならびに舎営司令官用電話所は、発見容易ならざるべからず。昼夜ともに、これを標示し、これに通ずる道路を標識するを要す。出口に位置する衛兵および歩哨は、伝令等に迅速にこれを示し得るため、これらの宿舎を承知しあらざるべからず。

舎営司令官用電話所には、宿営地内各司令部（本部）および部隊の位置を記入せる回線図を掲ぐべきものとす。これがため、それらは、その到着を電話所に通報するものとす。

給油所、病院等のごとき特別の施設の発見を容易ならしむるため、標識および道標を設くべし。飛行機格納庫もまた同じ。

その他、宿舎の標示は、各部隊慣用の方法により、これを行う。

第六百八十一　露営司令官は、発見容易なる位置に露営し、全衛兵にこれを知らしむ。

第六百八十二　司令部（本部）の事務室は、昼夜とも、これを標示す（司令旗、標札、燈火）。命令受領者、その乗馬および、その他の送達機関の一時的宿営のため、司令部（本部）の近傍に設備するものとす。

第六百八十三　司令部（本部）および部隊の存在を、とくに秘密ならしむべきときは、宿営等の標示を制限、もしは禁止するを必要とすることあり。

第六百八十四　住民の態度疑わしきときは、特別なる掩護処置を必要とす。たとえば、厳罰を以て威嚇し、人質を取り、家屋を開かしめおく等、これなり。

穏やかなる住民を粗暴に取り扱うは誤りなり。

住民に対し謙譲なるは、いかなる情況においても緊要とす。
間諜防止の措置に関しては、第百九十および第百九十三を参照すべし。

第六百八十五　舎営において、車輛をその繫駕馬匹の近くに排列し得ざるときは、勉めて敵に反する方側において迅速に出発し得るごとく、これを排列すべきものとす。自動車のためには、進入進出路良好にして、給水および修理の機会あること必要なり。給油車輛は、火災の危険を顧慮し、建築物より少なくも五十メートル離して、これを排列するを要す。その近傍における喫煙を禁ず。

道路上に排列する車輛は、夜間燈火を以て標示するものとす。

第六百八十六　宿営間、必要なる人馬衛生の処置、確実に実施せられありや否やを監督すべし。飲料に適する井戸を標示し、疑わしき水汲場には、該水を飲用すべからざるや、もしは、十分煮沸後飲用し得るやを承知せしむるごとき掲示を設くべきものとす。舎営においても、便所の設備を要することあり。

露営地にありては、糧食および屠獣の残物を深く埋め、動物のため、発掘せられざるごとくすべし。便所についてもまた、これに準ず。

暑熱の季節においては、いっそう医学的防護の処置を必要とすることあり。

第六百八十七　長期にわたる駐留宿営にありては、人馬衛生の処置を完全ならしむべし。また、その他の施設を拡張し、衛戍地におけるものに近似せしむることを得。軍隊の利便に関する設備もまた、これを設くべきものとす。

第六百八十八　宿営地における秩序、清潔および交通軍紀、規則の厳守は、軍紀の要求するところなり。

舎営にありては、衛戍地におけると同様、敬礼を行うものとす。早く飲食店を閉じ、酒を禁じ、速やかに就寝せしむるを必要とすることあり。

許可なくして兵器を用うること、敵の財産および現地貯蔵品をほしいままに破損、もしは破壊すること、ならびに個人の専断的行動に対しては、厳重なる処置を以て、これに臨むべし。

第六百八十九　各舎営部隊のため、警急集合場を定むべし。警急集合場は、各隊速やかに集合し、かつ相互に妨害することなく、その予定せる占領地点に到着し得るごとく選定すべきものとす。これにより、交通を阻絶すべからず。繋駕および自動車部隊の警急集合場は、車廠なることあり。

露営にありては、各部隊の露営地は通常、同時に警急集合場なり。

第六百九十　警急集合のためには「警報」（Alarm）号音を吹奏す。この号音は、高級先任の将校、もしは舎（露）営司令官、これを命ずるものとす。

猶予せば危険なる際は、各衛兵は警報の責を有す。各将校および小隊長は、自己の責任を以て警報せしむるの権限を有す。

第六百九十一　個々の部隊、舎営および露営部隊を迅速に使用し得んがため、号音を用うることなく、随時軍隊の速やかなる集合を実行し得ざるべからず。ゆえに、これが準備を整えおくを要するものとす〔静粛警報（Stiller Alarm）〕。

第六百九十二　警報に際し、各部隊は完全なる武装を整え、その警急集合場に集合するか、もしは、指示せられたる地点を占領す。全車輛は出発準備を整うるものとす。警報の際の行動に関する細部の命令は、簡単なる事項に関しては、部隊指揮官、その他にありては、舎（露）営司令官、これを与う。

とくに、乗馬および自動車部隊、行李および車輛の行動に関し、なかんずく、夜間の警報の際の行動を規定するを要す。

独立して宿営せる騎兵隊にありては、一時的抵抗をなしつつ、出発すべきや、あるいは、宿営地において全力を尽くして防御すべきやを熟考すべきものとす。

警急集合せる各隊は、静粛にして、軽騒なるべからず。

衛兵の行動は舎（露）営司令官、露営内衛兵の行動は各部隊、これを命ず。

第六百九十三　部隊の戦備の度を向上しおくときは、警急集合実施の時間を短縮し得。しかれども、この準備は軍隊の休息を害するものなり。情況、とくに切迫し、かつ、同時に住民の態度不穏なるにありては、軍隊は集結して宿営することあり。この際、将校はその小隊に位置し、兵は着衣せるまま休息し、兵器、装具を携帯す。夜間、馬匹には、要すれば、勒を銜ましめ、鞍を装し、もしは輓具を附し、厩外ないし村落外にあらしむるものとす。

第六百九十四　各人は、敵の奇襲に際し、いかに行動すべきかを承知し、かつ、この場合に備え、至短時間に出動し得るごとく、兵器、装具を準備しおかざるべからず。

敵、もし、奇襲的に舎営地内に侵入せば、各人は、その現在位置する場所において防戦すべし。

第六百九十五　「ガス警報」の号音は、舎（露）営司令官これを命ず。突然、ガスの危険迫る際は、各将校および小隊長は、ガスの危険に対し、警報するの権限を有す。

各人は、防毒面を装するか、もしは、勉めて迅速にガス防護室を求むるものとす。その他の細部の事項は、舎（露）営司令官これを命ず。

第六百九十六　昼間、敵の飛行隊近接するにあたりては、斥候勤務および対空勤務（Warndienst）機関は警報す。この警報（Warnung）あるや、宿営部隊は、上空よりの視察に対し遮蔽し、その他一切の行動を中止するを要す。

「飛行機警報」（Fliegeralarm）の号音は、空襲の危険迫るや、斥候勤務機関および対空勤務機関、これを発す。しかるときは、なし得る限り迅速に、その攻撃に対し、掩蔽を求むるものとす。

夜間は、通常、飛行機に対して警報を発せず。舎（露）営司令官は、この点に関し決定し、警報を発せざるときは、適時、他の規定を示すを要す（第二百五十四）。

第六百九十七　「警報」および「飛行機警報」の号音は、宿営地内の各楽手および喇叭手、ただちにこれを伝奏すべきものとす。

「ガス警報」の号音は、吹奏するを要せざる音響手段のみを以て、発するものとす。

ガス警報、斥候勤務機関および対空勤務機関の警報および飛行機警報により行える処置は、舎（露）営司令官の命ずる「停止」の号音により撤廃せらる。

第六百九十八　舎（露）営司令官は、戦備、敵の奇襲に際しての行動、空襲の危険ある際の警報（Warnung）、警報（Alarm）、ガスおよび飛行機警報に関する所要の規定を、舎（露）営命令において知らしむ。

第十三章　軍騎兵

第六百九十九　軍騎兵は、騎兵隊、繋駕および自動車部隊より編成せらるるを以て、徒歩部隊を以て編成せられたる部隊に比し、快速なり。騎兵隊は、野外において、大なる運動性を有す。

速度大なるを以て、同一時間内に、いっそう大なる行軍行程を走破し得るものとす（註　各兵種の行軍速度および行軍行程については附録参照）。騎兵隊の運動性は、とくに戦場において価値を有す。

軍騎兵は、遠隔せる方面に、速やかにこれを使用し得るものなり。

軍騎兵は、迅速に運動より戦闘に移り、また、短時間に戦闘実施のため兵力を広正面に展開し、もしは、決勝点に集結し得。また、戦闘中止後、速やかに、かつ遠く、敵と離隔し得るものとす。

速力、運動性および強大なる火力は、軍騎兵をして、多種多様の任務に適当せしめ、かつ、往々、優勢なるも行動緩慢なる敵に対し、優勢を得しむるものとす。

しかれども、馬匹能力の関係と、補充の養成の困難あるを以て、その運用には限界あるものとす。激烈なる行動ののちにおいては、その行軍能力を回復するの機会を有せざるべからず。

騎兵隊は、行軍、運動および集合の際の空中攻撃に対しては、大なる苦痛を感ずるを以て、有力なる防空部隊、なかんずく、高射機関砲および高射機関銃の配属を必要とす。

第七百　軍騎兵は、完全なる活動をなさんがためには、広大なる地域を要す。作戦の範囲内において、遠く離隔して行動するにあたり、軍騎兵部隊は主力との連絡を失うべからず。

軍騎兵は主として、作戦なき翼側、もしは、兵団間の大間隙内に使用せられ、彼我両者の主力の距離大なるときは、正面前にもまた使用せらる。地域、その活動のため、過小なるときは、撤退せしむべし。もし、これをなし得ざれば、これを戦線正面に編入するため、速やかに準備を行わざるべからず。

軍騎兵の特性に相応せる使用の条件を欠くときは、後日の使用に有利なる方面に、予備隊として準備すべし。

第七百一　決戦的価値を有する企図を遂行するためには、有力なる集団直属部隊を有する騎兵集団の編成を必要とす。軍騎兵の各部隊に対しては、その任務に応じ、一時的に他の部隊の増加を要す。

第七百二　遠距離に派遣せる軍騎兵を、後方より指揮し得ることは稀なり。ゆえに、任務において遠大な目標を示し、かつ、その実施につき、自由を与うるを要す。軍騎兵指揮官は、情況の推移および上級指揮官の爾後の企図に、絶えず通暁しあらざるべからず。

軍騎兵の使用方向の変更、もしは、その撤退は、労力および時間の損失をともなうものとす。けだし、縦隊の捜索を撤し、あらたなる捜索のため、先遣せしむるを要すればなり。

第七百三　軍騎兵は往々、軍後方勤務部隊と遠隔し、かつ、自己の後方連絡に顧慮することなく行動せざるべからず。後方連絡掩護のため、兵力を支分することは、その戦闘兵力を薄弱ならしむるものとす。ゆえに、軍騎兵、遠く先遣せらるるときは、弾薬、兵器、器具および燃料を十分携行し、かつ、あらかじめ蹄鉄を改装し、以て、克《よ》く独立の行動をなし得るごとくし、なお現地の物資により給養せざるべからず。

第七百四　任務の多岐多端にして、これを独立迅速に解決するの要あると、情況の変化、頻繁《ひんぱん》急速なるを以て、上級騎兵指揮官の資質は、とくに元気に充ち、冷静なる冒険心を有し、身体敏捷にして、戦略的の理解力深く、その決心迅速にして、きわめて簡単なる命令詞を用うるを要す。該指揮官は適時、遠く前方に進出して、親しく情況および地形を視察するを要す。

第七百五　騎兵集団長は空中捜索を命ず。また、師団に対し、地上捜索の目標を配当し、かつ、師団間の境界線を命ず。時宜により、行進路をも命ずることあり。集団長は、師団に任務を附与し、要すれば、その運動を規整す。防空部隊の使用を定め、かつ、爾余の集団直属部隊を区処す。師団の戦闘にあたりては、簡単なる命令により、これを協調せしむ。

師団長は、地上捜索のため、命令を与う。その他、歩兵師団長に適用する着眼に準じ、指揮するものとす。

任務

第七百六　捜索における軍騎兵の任務に関しては第三章を、掩蔽に関する任務については第四章を参照すべし。

第七百七　会戦における使用は、軍騎兵のもっとも重要なる任務なり。敵の側背に対する攻撃を以て、もっとも有効なりとす。

かくのごとき攻撃は、敵の主力が、その正面において連繫を取るに先だち、もしは、すでに会戦進行中なるとき、これを行うことを得べし。前者の場合においては、わが主力の攻撃を準備せしめ得るものとす。

遠きに過ぐる迂回行動は、会戦の焦点より脱逸し、情況によりては、戦闘加入に遅るることとなるべし。わが兵力の分散とならざるときは、同時に敵の後方連絡線に対し、企図を行うを有利とすべし。

陣地を占領せる敵に対する攻撃は、一般に軍騎兵の任務にあらず。しかれども、敵が、この攻撃のため、その兵力抽出の企図を妨害せらるるときは、敢えて、これを辞すべからず。

軍騎兵にして、側方掩護のため、使用せらるるときは、その任務を攻勢的に解決すべき機会を逸することあるべからず。

第七百八　軍騎兵による追撃は、会戦の結果を戦略的に拡張するものとす。軍騎兵、まったく任務に服しあらざるか、あるいは、会戦場裡より抽出し得らるるときは、適時適所に、統一指揮下に追撃を準備せしむるを要す。この際、機械化部隊をこれに増加し、かつ、弾薬および、要すれば、ガス阻絶の通過用資材を十分携行せしむべし。軍騎兵と他の追撃部隊および飛行隊、なかんずく偵察機との連絡に関し、規定を設くるを要す。

もっとも有効なる追撃方向は、翼より追撃を部署する際に生ずるものとす。敵を超越して行う追撃により、敵の退路を遮断するに努力せざるべからず。

突破奏功せば、速力と運動性とを遺憾なく利用し、追撃に努むるを要す。上級騎兵指揮官は自ら、突破地点における情況を確認せざるべからず。軍騎兵中、道路を行進せざるべからざる部隊に対しては、追撃のため、利用し得べき道路を配当し、また、軍騎兵の後方連絡を安全ならしむるを要す。軍騎兵に対しては、追撃方向を命令し、追撃開始の時機は、これに一任することを得。

潰乱に陥らんとしつつある敵に向かいては、これに突進するを要す。敵、もし、あらたに抵抗を成形せんとせば、迅速に攻撃して、これを破砕すべし。

敵、もし、その抵抗力に大なる損害を蒙ることなく退却せば、頻繁に側面より火力を浴びせ、かつ、適当なる時機を捉え、これを攻撃せざるべからず。また、敵の背後における要点を、機を失せず阻絶すべし。

第七百九　持久的戦闘指導の任務は、軍騎兵の特性に、とくに適応せるものとす。ゆえに、軍騎兵はしばしば、集中および運動を警戒、掩蔽し、広大なる地障を阻絶し、優勢なる敵を拒止し、これを戦場に近づかしめず、多方面における敵を拘束偽騙し、戦闘中止を容易ならしめ、かつ退却を掩護し、とくに敵の超越追撃を防止するに任ずるものとす。

第七百十　軍騎兵は、敵の予期せざる地点に現出して、敵を牽制し、機先を制して、作戦上重要なる地方を占領し、もしは、敵の後方連絡線に向かい、前進し得るものとす。かくのごとき企図は、軍騎兵の決戦参加よりもむしろ、これを重要とするか、もしは、これにより、決戦に懸念を与えざるときにおいてのみ、是認せらるるものなり。

運動および戦闘の特異事項

第七百十一　軍騎兵の速力と運動性は、いやしくも機会あらば、これを利用して、敵を奇襲すべきものとす。奇襲は、迅速、もしは遠距離の行進により、これを有利に準備し得べし。

第七百十二　各兵種の速力および行程は相異なるを以て、行軍の実施および、その下令にあたり、軍隊区分および道路の選定に顧慮せざるべからず。

騎兵部隊は、短距離にありては、その行軍速度を著しく増大するを得るも、遠距離の行軍を実施するときは、通常緩やかなる速度を以て行軍し、行軍能力を維持せざるべからず。

遠距離の迅速なる行軍は、例外的に、また切迫せる情況においてのみ、これを要求し得るものとす。しかるときは、この際生ずる損耗は、達成すべき目的に正当に比例するや否やを吟味すべし。

第七百十三　騎兵師団は通常、数個の騎兵行軍縦隊（配属兵種を有する騎兵連隊、もしは旅団）となりて行軍す。機械化部隊は、機械化梯団として続行するか、もしは、機械化行軍縦隊として別路を行軍す。

騎兵行軍縦隊相互の間隔は、師団が不意に敵と衝突するにあたり、迅速に統一して使用し得らるる程度ならざるべからず。騎兵行軍縦隊相互および機械化行軍縦隊との梯隊配置は、情況によるものとす。

自転車部隊は一般に、これを騎兵行軍縦隊に配属す。自転車部隊、先遣せられざるか、もしは、特別の道路を指定せらるるものとす。

第七百十四　騎兵行軍縦隊の前衛の前進距離は、情況、地形および視度により、異なるものとす。該距離は、行軍速度大なる関係上、通常、歩兵部隊のほぼ同等の兵力の前衛に比し、いっそう大なるものとす。

前衛を小なる部隊に、過度に梯次区分するは適当ならず。騎兵一、もしは二中隊にありては、一尖兵を以て足れりとすること、しばしばなり。

敵と接触を予期せば、前衛は、地区より地区へ躍進すべし。地形、通視困難となり、かつ、近く敵を予想するに従い、一般に、ますます躍進距離を縮め、いよいよ周密に地形を探索せざるべからず。情況により、前衛を分進せしむるを適当とすることあり。
　前衛は一般に斥候を以て警戒す。斥候は、被警戒部隊の前方、もしは側方十キロまで、これを先遣することを得。騎兵行軍縦隊の本隊は、尖兵の推進、斥候の側方派遣および後衛尖兵の配置により、その直接警戒を行うものとす。
　騎兵行軍縦隊指揮官は、本隊の続行に関し、規整す。該指揮官は、前衛の直後にその位置を選定するものとす。

第七百十五　前衛、戦闘にあたりては、凡百の手段を尽くして、迅速に情況をあきらかにし、以て、全隊の指揮官をして、主力の爾後の使用に関し、ただちに決心し得しめざるべからず。

第七百十六　攻撃は、情況これを許すときは、迅速に実施し、これに応ずるごとく兵力を使用すべし。騎兵行軍縦隊指揮官に与うる攻撃任務は、攻撃の開始および、その実施を促進すべし。なし得れば、攻撃のための準備配置を断念すべし。騎兵隊の重火器を近く保持し、かつ、速やかに射撃を開始し得しむるため、まず、これに命令を与うるを要す。騎兵隊は、該重火器の掩護と戦闘捜索および近距離警戒による掩護の下に、敵火の効力許す限り、乗馬して敵に近接す。乗馬部隊、乗馬の前進不能となるや、再び乗馬し得るまで、徒歩前進すべし。乗馬前進と射撃との緊密なる協同は、前進を促進するものとす。
　広大なる正面において攻撃を行うときは、有利と思わるる方面において、主力を以て奇襲的に攻撃し得ることあり。情況、これを許すときは、敵の側面、もしは背面を攻撃すべし。もし、即時全兵力を使用することにより、迅速に成果を収め得るときは、縦長区分を断念することを得。しからざるときは、攻撃は、縦長に兵力を区分して、これを行わざるべからず。翼の縦深梯次配置は常に、あらたに敵の側面を補足し得しむるものとす。

機動力を有する敵に対する戦闘においては、捜索および警戒を継続すること、とくに緊要なり。縦長区分を以てする攻撃において、騎兵連隊の正面幅は、ほぼ歩兵大隊の正面幅（第三百二十六）に相当す。

攻撃進捗せざるときは、無益なる戦闘を停止し、勉めて速やかに再び行動の自由を得るに勉むべし。戦闘中止は、手馬を近く保持し得たるときは、迅速に行われ得るものとす。手馬の配置、警戒および続行に関し、そのつど、周到に規定するを要す。

第七百十七　防御は、軍騎兵の特性をして、その真価を発揮せしむるものにあらず。軍騎兵は、とくに持久抵抗に適す。

防御に際しては、通常、手馬を敵砲兵の有効射界外に残置せざるべからず。時宜により、予備隊となし、部隊の速力および運動性を移動に利用することあり。

持久抵抗に際しては、すでに遠距離において、小部隊を敵に対抗せしめざるべからず。該部隊は、敵を拒支し、抵抗線前の射界を解放せんがため、勉めて側方に退避し、かつ、これによりて、敵に対する抵抗線よりの効力を、いっそう良好ならしめ得るものとす。軍騎兵は、機動力少なき部隊に比し、いっそう大なる正面において、時間に制限ある持久抵抗をなすことを得。軍騎兵は、いっそう迅速に抵抗団（Widerstandsgruppe）を編成し、諸方向より、火力を以て敵を襲撃し得るものとす。しかれども、騎兵隊大部の乗馬および退却を、敵に観察せられざるごとく、速やかに抵抗線における戦闘を中止せざるべからざるものとす。

元来、正面持久抵抗は、依託なき翼において、敵の側面に対する火力急襲および限定目標の攻撃により援助せらるべく、これがためには、第一に騎兵部隊を適当とす。しかるときは、持久抵抗は持久戦に転ずるものとす。

第七百十八　乗馬戦は一般に、小部隊の敵騎兵との衝突の際および、微弱なる敵を奇襲する際にのみ、生ずるものにして、とくに捜索勤務において然り。志気沮喪せる敵に対する襲撃は、大なる精神的効力を有す。

第七百十九　騎砲兵は、時と所とを問わず騎兵部隊に、自動車砲兵は自動車部隊に続行し得ざるべからず。これがため、これらに対し、良好なる道路を配当すべし。行軍中、一部の騎砲兵を遠く前方に編合し、適時、その任務を遂行し得しむるものとす。騎兵部隊、乗馬にて運動中なる限り、しばしば騎砲兵による、その前進の監視を断念せざるべからざることあり。しからざれば、騎砲兵は連繫を失うを以てなり。敵の近傍において、騎兵部隊の運動を制限する地区を通過せざるべからざるときは、監視を必要とす。これがため、自動車砲兵を使用するを可とす。これ、該砲兵は迅速に追及せしめ得らるるを以てなり。

砲兵は、戦闘のための分進の際および戦闘間、これを近く保持せざるべからず。観測所および放列陣地間の距離は、なし得る限り僅少なるを要す。砲兵、離隔せるときは、適時、最寄りの部隊に掩護を求めざるべからず。

第七百二十　自動車搭載の歩兵は、軍騎兵の火力を増大す。該歩兵は、捜索および行軍の警戒に関し、他兵種に依存するものとす。乗馬斥候を自動車に搭載し、これに同行せしむることあり。空中攻撃に対しては鋭敏なり。躍進的に続行し、かつ、通常、情況判明せるのち、使用せらるるものとす。該歩兵の、敵の近傍における側方移動は、これを避け、遠く後方にある準備配置位置より、前方に招致するごとくすべし。

部隊、搭載せられあるあいだは、道路により行動するものとす。その下車は、有効射界外にして、かつ掩護の下に、これを行うを要す。

戦闘のため、下車部隊を使用するにあたり、その一部馬匹を欠きあるときは、多くの時間を要す。該部隊は、騎兵部隊の解放、収容、もしは決戦方面に使用せらるるものとす。

第七百二十一　自転車部隊は道路に拘束せらるるものとす。その前進の速度は、道路の状態、地形、季節、天候ならびに時刻に関す。

自転車隊は迅速にして、しかも躁音を発せず、行進す。ゆえに、敵の意表に出て、かつ、奇襲するに適す。夜間においてもまた使用することを得。

独立せる捜索任務および、比較的大なる戦闘任務は、ただ例外的に、これを自転車隊に委任することを得るものとす。これに反し、道路近傍の要点の占領に適す。これがため、通常、他の兵種を以て増援するを要す。

自転車隊は速度を有するを以て、戦闘においては、重要なる予備隊たり。

貨物自動車を以て、自転車を追走し得ば、自転車隊をして、戦闘において、その独立性を増大せしむるものとす。

第七百二十二　自動自転車狙撃部隊は、その特性に応じ、おおむね自転車隊に準じ、使用せらる。一定限度の距離においては、道路に無関係に行動し得。その速度および運行範囲は著しく大なり。夜間の企図のためには適当せず。短時間に遠距離に移動せしめ得。従って、これにより、重要なる予備隊を編成するものとす。通常、機械化部隊内にありて使用せらる。独立任務のためには、その任務の種類に応じ、通常、他の自動車兵種を以て増援するを要す。

第七百二十三　騎兵師団乗馬工兵中隊は、水路の通過、破壊、阻絶の設置および排除のため、使用せらるるものとす。個々の分隊、もしは小隊を、騎兵旅団、または連隊に配属するを必要とすることあり。
広き水路の通過に際しては、機を失せず、これを達成し得べき乗馬工兵中隊を集結せざるべからず。

第七百二十四　軍騎兵および直属指揮官間の連絡は、無線電信および飛行機によりてのみ可能となること、しばしばなり。
既設の電話線を利用すべし。騎兵師団および騎兵集団は、通信幹線を架設せざるものとす。

附記　ドイツ軍歩兵師団編制の大要

歩兵師団	
歩兵連隊	三個
機械化捜索隊（または乗馬捜索隊）	一
砲兵指揮官	
砲兵連隊	一
重砲兵大隊	一
観測隊（自動車編制）	一
対戦車砲大隊（自動車編制、本部および中隊三、中隊は歩兵連隊のものに準ず）	一
工兵大隊	一
通信隊（電話中隊一、無線中隊二、半部は繋駕、半部は自動車）	一
衛生隊	一

師団輜重

◎歩兵連隊
本部（通信班一）
歩兵大隊　三
迫撃砲中隊〔中（十七センチ二門）一小隊、軽（七・五センチ六門）三小隊にて繋駕〕　一
対戦車砲中隊（三・七センチ九門三小隊、自動車化）　一

○歩兵大隊
本部（通信班一）
歩兵中隊（小隊三より成り、軽機九、擲弾筒十八を有す。小隊は三分隊とす）　一
機関銃中隊〔二小隊（二馬曳）および随伴機関銃小隊一（四馬曳）より成り、重機十二〕　一

◎砲兵連隊（輓馬編制）
本部（通信班一）
軽砲大隊　三
連隊段列

○軽砲大隊
本部（通信班一、測地班一）
中隊（十・五センチ加農四）　三
大隊段列

◎重砲兵大隊（輓馬編制）
本部（通信班および測地班各一）
十五榴中隊（四門）　二
十加中隊（四門）　一
大隊段列

◎工兵大隊
本部（本部小隊および通信小隊各一）
徒歩工兵中隊　一
自動車工兵中隊　二
（各三章隊編制、軽機九を有す）
器材縦列　一
架橋縦列　一

【昭和十一年（一九三六年）、陸軍大学校将校集会所、干城堂より刊行】

陸軍大学校 訳

ドイツ国防省出版（一九四〇年版）

二六〇〇年【皇紀】十二月訳

軍隊指揮 第二篇

日本将校のほか閲覧を禁ず

序

さきに当校において、ドイツ軍の「軍隊指揮」（第一篇）を翻訳し、出版するところありしが、今また、その第二篇を入手せしを以て、本校における教育および研究の参考たらしむる目的を以て、これを翻訳せしめ、併せて関係方面に配布することとせり。

訳文はなお推敲の余地を認むるも、その内容は、第一篇と相俟って、戦術研究上、また、今次欧州戦史研究上、参考となすべきものと認む。

ただし、本書は秘扱のものなるを以て、その取扱に注意を望む。

二六〇一【皇紀】、三、二十

陸軍大学校幹事　四手井綱正

附記

一　本書の原書は、今日なおドイツ軍の秘密書類なるも、同軍の好意により、とくに入手せるものなるを以て、これが取扱は秘扱を要す。従って、公開の印刷物等に、本書の内容を発表することを謝絶す。

二　本書の内容中、騎兵師団、機甲兵団の部等において、現在変更せられたる部分ありと認む。

三　訳解、校正ともに、多忙の間、誤りなきを保せず、また、彼我戦法、編制および装備の相違よりして、われに適当なる訳語なきため、新語を充てたるものあり。また、原語の意味をあきらかに表すため。わが軍用語を用いず、強いて原語を直訳的に記したるものあり。また、必要なる語には、原語を附記して、理解を容易ならしめたり。なお、巻末附図は、内容の理解を助くるものと認む。

四　難解なる漢語、あるいは、耳に聞いて諒解し難き漢語は、勉めてこれを避け、平易なる用語を用いんことを期したり。

五　本文中、軽縦列なる語あるも、これは Leichte Kolonne なる原語の翻訳にして、実質は、わが段列、あるいは弾薬班、または器材中（小）隊に相当するものなり。

六　本書に、軍隊指揮官とあるは、第一篇に同じく、師団長、または、独立して作戦する部隊長の謂《いい》なり。

従って、本書は主として、これら指揮官および、その幕僚を対象として記されたるものなり。

七　その他、「軍隊指揮」第一篇の附記は、そのまま本編にも適用す。

二六〇一【皇紀】、三、二〇

陸軍大学校研究部

軍隊指揮

第二篇（第十四章－第二十三章）

予は、教令「軍隊指揮」第十四章ないし第二十三章および附録を認可す。本教令の改正補足には、予の認可を要す。

一九三四、一〇、一八

陸軍長官男爵　フォン・フリッチュ（von Fritsch）

第十四章　装甲自動車および戦車

第七百二十五　装甲戦闘車輛（Gepanzertes Kampffahrzeug）には、装甲自動車と戦車の二種あり。両者はともに、装甲せる自走車輛に、火器、乗員および弾薬を収容す。装甲車輛上よりする射撃は、行進間にありても、四周に対し可能なるも、観測困難にして、かつ、命中精度は車輛の動揺のために影響せらる。戦闘間における勤務は、乗員をして、はなはだしく疲労せしむ。しかれども、撒毒地帯の通過は、乗員に大なる危害を与えず、防毒面を装する場合において、ことに然りとす。

装甲自動車および戦車の細部に関しては、附録を参照すべし。

装甲自動車

第七百二十六　装甲自動車は、道路上における大なる速度と、大なる走行距離とを有するも、路外の行動能力小なり。従って、その使用は、主として道路網の如何に関するものとす。その装甲は通常、小銃弾、砲弾および迫撃砲弾の破片に対し、掩護す。

第七百二十七　装甲自動車は、主として捜索勤務に使用するほか、軍隊の運動および後方連絡線の警戒に任じ、あるいはまた独立し、もしくは、他の快速兵種と連繫して、遠く敵の側面、背面および後方連絡線に対する挺進的企図に使用するを得。また、ときとして、重要なる命令および報告の伝達に用いらる（第九十八）。

装甲自動車相互間の連絡および他の部隊への命令、報告の伝達は、通常、信号、もしくは伝令用車(Meldefahrzeuge)により、また、遠距離に対しては、多くは、無線の電信電話による。その他の事項については、第十七章を参照すべし。

戦車

第七百二十八　**戦車**はおおむね、装甲自動車に比し、強力なる武装および装甲を有し、かつ、路外の運動を能くするも、路上の行進速度および走行距離は装甲自動車に及ばず。その用途は、戦闘、とくに攻撃にあり。

第七百二十九　戦車は、その武装により、機関銃戦車と砲戦車とに分かつ。後者は、前者に比し、形体、重量、装甲ともに大なり。

戦車部隊は、特殊の目的、たとえば、無線通信、渡河および補給等のため、装甲せる各種の車輛を有す。

第七百三十　**機関銃戦車**は、攻撃に際し、とくに掩護なき暴露目標に対して、有利に使用せらる。なお、捜索、偵察、警戒および連絡勤務にも服す。

砲戦車は、敵の対戦車火器および戦車を制圧して、わが機関銃戦車のために、敵陣地内の通過および、これが突破の進路を開くものとす。

第七百三十一　戦車の**使用**は、地形および展望の難易に左右せらる。開豁地、波状地は、戦車の使用に適するも、広く深き水流、湖沼、湿地、密林、急峻にして深き壕、険峻なる地形および部落は、戦車の使用を制限し、もしくは不可能ならしむ。また、夜暗および霧は。その運動を著しく緩慢ならしむ。

第七百三十二　戦車成功の要訣は急襲にあり。ゆえに、その使用に至るまでのあらゆる措置を敵に秘匿するを要す。戦車の轍痕を、敵に秘するためには、堅硬なる道路を選ぶを可とし、路外における短距離の行動は、鋤《すき》を用いて消滅する等の手段を講じ、以て、敵の空中偵察を免るるを要す。行進の騒音は、動力の低下、軟弱なる土地の利用および適当なる風向の利用等によって、減少するか、要すれば、他の騒音を以て、打ち消すことを得。

第七百三十三　戦車部隊内の**連絡**は、無線電信、無線電話、乗車伝令、徒歩伝令および信号による。司令部は、戦闘間、生文の無線を使用することを得。その他については、第十七章を参照すべし。

第七百三十四　戦車の使用方法および戦闘加入は、わが企図および情況、なかんずく、予想する敵の防御の強度および地形によって、これを定む。

第七百三十五　ゆえに、戦車の行う捜索および偵察は、まず第一に、敵の対戦車防御と、戦車の通過し、戦闘すべき地形の状態とを確認するにあり。他兵種、ことに、歩兵、砲兵、工兵および飛行機の確認せる重要なる事項は、適時、戦車部隊の指揮官に通告するを要するも、往々、その偵察等を地図および空中写真の研究および自己の視察にのみ限定するを要することあり、緊急の場合において、ことに然りとす。

第七百三十六　戦車は、その本質に鑑み、決戦時期に際し、決勝点において**戦闘に加入**せしむるを至当とし、かつ、全兵力を集中するを要す。しかれども、ときとして一部の戦車を、戦闘開始の初期、なかんずく、遭遇戦の初期、あるいは、敵陣地の前地に用うることあり。とくに、敵が持久抵抗を行う場合、あるいは、敵の行動が、わが攻撃時間を短小ならしむる場合および、わが防御において逆襲の場合に、一部の戦車を用う。

第七百三十七　戦車は通常、攻撃のため、**準備配置**に就かしむ。その位置は、なし得る限り、地上および空中よりの視察を避け、攻撃方向に対し、有利にして、かつ、敵砲火の許す限り、努めて前方に選定するを要す。

準備位置への進入は、安全にして、かつ掩蔽せられ、以て急襲を可能ならしめざるべからず。進入のため、しばしば、各部隊は別路を取り、もしくは、地区より地区へ躍進し、あるいは、夜暗および霧を利用することあり。

第七百三十八　軍隊指揮官より戦車部隊指揮官に与うる**攻撃命令**には、任務のほかに、方向、目標および攻撃開始を示し、要すれば、左右の境界、他兵種との協同、煙幕の使用、通信および攻撃後の処置等に関し、指示す。

第七百三十九　戦車の攻撃は、縦長配備を以て行うものとす。各部隊は、地形を利用して前進し、かつ、地形に適合せる隊形を以て、なし得る限り速やかに攻撃目標に近迫す。援隊（Unterstützungen）は近く続行し、以て、状況の進展に応じ、あるいは、第一線部隊を増強し、あるいは予測せざる抵抗を迅速に打破し、あるいは戦果を拡張す。指揮官の予備は、通常、掩蔽地より掩蔽地へと躍進して続行せしむ。

攻撃正面は、状況、地形および兵力により、これを定む。戦車大隊は、おおむね八百ないし千五百メートルの正面を担当し得。

第七百四十　攻撃戦車の目標は、第一に敵の歩兵、とくに、その重火器、砲兵およびその観測所、戦闘司令所、予備隊戦車、後方部隊および後方施設とす。

攻撃目標は、各戦車部隊ごとに、これを与う。歩兵と協同する戦車には、歩兵と同一の攻撃目標を示すを例とす（第三百三十九）。戦車が、二個以上の任務を果たすべき場合においては、その各任務ごとに一部隊を配当するか、あるいは、全任務を逐次に遂行せしむるものとす。ただし、戦闘中の戦車部隊には、通常、新任務を課し難きことを顧慮するを要す。

第七百四十一　戦車は、攻撃遂行後は集結して、人員、器材、弾薬および燃料を補充し、以て、速やかに新任務に応じ得るの準備を整えざるべからず。その集結位置（Sammelplatz）は通常、限定せる目標に対し攻撃する場合に限り、あらかじめ決定するを得べし。

第七百四十二　**追撃**に際しては、放胆なる任務と遠大なる目標とを与えて、戦車を使用するを要す。敗退せる敵は、これを超越するに努むべし。しかれども、退避する敵に対する正面よりの突破および砲兵、予備隊、戦闘司令所および後方連絡線に対する攻撃もまた、多大の効果を収むることを得。

第七百四十三　**防支**における戦車の使用においては、第四百六十七および第五百一を参照すべし。

第七百四十四　**退却**に際しては、戦車の攻撃は、敵との離脱を容易ならしむ。とくに、困難なる状況においては、これによって、はじめて離脱を可能ならしむるものとす。急進し来たる敵、もしくは、超越せんとする敵に対して、反復して行う。戦車の反撃は、敵を拒止せしめ、慎重なる行動を採るのやむを得ざらしめ、かつ、わが部隊の戦闘中止を容易ならしむるを得るものとす。追撃し来たる敵の装甲自動車および戦車は、戦車を以て攻撃することを必要とす。

第七百四十五　陣地に配置する火砲、もしくは、機関銃のごとく、**戦車を固定して使用**することは例外の場合に限る。

第七百四十六　一ないし数個の戦車連隊は、他の機械化部隊および所要の後方機関とともに、一の**装甲部隊**を編組することあり。装甲部隊に編入せられたる各部隊は、路外においても集結して行動し、かつ戦闘し得るを要す。

第七百四十七　装甲部隊は、その装甲部隊【戦車部隊のことか？】により掩護せられたる、強大なる火力を有し、運動間および停止間、その火力を発揮す。装甲部隊は、迅速なる速度と、大なる行動距離とにより、遠隔の地より不意に会戦場に現出するを得。装甲部隊を有効に運用せんがためには、地形が運動および戦闘に適すること緊要なり。

第七百四十八　会戦においては、装甲部隊は、敵の側面、もしくは背面に対し、もしくは突破に使用すべきものとす。

第七百四十九　機械化せる歩兵部隊（なるべく、路外の行動可能なる自動車に搭乗せる歩兵部隊および自動自転車隊）は、他の機械化部隊（対戦車部隊、砲兵、工兵、通信隊、対空部隊）および所要の後方機関とともに、**軽快部隊**（Leichter Verband）に編組せらる。この種部隊は、装甲部隊に配属して、その成果を確保し、もしくは、これを利用す。もし軽快部隊を独立して使用する場合には、通常、装甲せる戦闘車輛（装甲自動車および戦車）を以て増強するを可とす。

軽快部隊は、車輛の速度迅速、走行距離大、かつ、なにがし程度の路外行動能力を有するのみならず、部隊は肉体上の疲労なく、しかも軽快なる装備を以て戦闘に参加し得る長所を有するを以て、各種任務の遂行に適し、神速かつ不意に遠隔の地点の戦闘に加入するを得べく、また、戦闘実行のため、その兵力を短時間内に広正面に展開、もしくは集結するを得。

第七百五十　装甲部隊および軽快部隊は、しばしば、自己の後方連絡線を顧慮することなく行動するを要することあるべし。かかる場合には、とくに弾薬および燃料の準備を十分にし、その他は戦場の補助資材の利用に努むるを要す。必要の場合には、弾薬、燃料、その他の必需品を確実に補給し得るごとく、あらかじめ処置するところなかるべからず。

装甲戦闘車輛に対する防御

第七百五十一　敵の装甲せる戦闘車輛の現出は、常にこれを予期せざるべからず。司令部、部隊および後方機関は、その防御を準備し、かつ、その能力、用途および特性に通暁しあるを要す。

すべての捜索および偵察機関は、敵の装甲戦闘車輛を認めたるときは、最短距離を経て、司令部および脅威を受くる部隊に伝達する義務を有す。

第七百五十二　装甲自動車および戦車に対する**防支**は、とくに地形に左右せらる。地形の偵察および図上研究により、戦車の出現を予想する場所、あるいは出現可能なる場所、または不可能なる場所を判断し得べし。戦車の防御に適する地形は、これを利用するを要す。

第七百五十三　状況許す限り、阻絶（Sperrungen）を設くるに努むべし。装甲自動車に対しては、道路の阻絶によって、おおむね安全を期し得るものとす。戦車に対する阻絶は通常、その設備に、多くの時間、作業力および資材を要す。その他なお第二十章および附録を参照すべし。

第七百五十四　装甲戦闘車輌の制圧には、敵の装甲を破壊し得る火器を有する、わが装甲戦闘車輌を第一とし、さらに対戦車火器および砲兵を充当す。

第七百五十五　装甲戦闘車輌に対する**行軍および宿営間の防御**は、第四章および第十二章に示す方則に従って行うものとす。

第七百五十六　戦場においては、敵は、多数の戦車を急襲的に使用するを常とす。ゆえに、脅威を受くる地点には、なし得る限り、有力なる対戦車防御を迅速に準備すること肝要なり。

第七百五十七　敵の戦車は、その近迫中、あるいは準備位置において、もしくは同所よりの前進中において、砲兵を以て、努めて多数の中隊の火力を集中して撲滅すべし。敵戦車の利用する虞ある地域に対しては、あらかじめ火力を準備するを要す。

歩兵の対戦車火器は、その効力圏内において、敵戦車が歩兵に突入するに先だち、撃破するを要す。対戦車火器は遮蔽せる陣地を占領し、相互に援助し得るごとく、配置すべきものとす。而して、敵の突入に先だち、地形、もしくは阻絶により掩護し得るは、希望するところなり。また、脅威を受くる地域の後方に、まず対戦車火器を配置するを可とすることあり。

砲兵の一部および歩兵の重火器は、なかんずく、敵の戦車攻撃を支援する火器およびその観測所と、戦車に随行し来たる歩兵とを制圧するを要す。

歩兵の軽火器は、戦車に続行し来たる歩兵を制圧すべき任務の達成に支障なき限り、戦車よりの火力を避くるに努めざるべからず。

第七百五十八　侵入せる戦車は、主として、戦線の内部に配置し、もしくは控置せる、軍隊指揮官の対戦車火器および予備隊の対戦車火器を以て制圧す。この種防御は、**師団の対戦車部隊**（Divisions-Kampfwagenabwehrverband）指揮官が、師団長の指示にもとづき、あらかじめ準備すべきものとす。

もし師団の対戦車部隊を最初控置せる場合においては、師団長は該指揮官と確実に連絡しあるを要す。危急の場合には、対戦車部隊指揮官は、しばしば独断行動するを要す。対戦車部隊の全力は、敵戦車の主攻撃を予期する地域に使用するに努むべし。これがため、該部隊を、脅威を受くる地区の指揮官に配属するを可とすることあり。

単独砲車および砲兵小隊は、直接照準によって、侵入し来たる敵戦車の防御に参加す。迅速に阻絶（地雷、鋼線等）を設くるのほか、特別の場合には、高射砲による対戦車射撃もまた、戦車の進出を阻止する手段たるべし。

第十五章　航空部隊

第七百五十九　戦場の決勝点上空において優勢を占むるは、地上において大なる戦捷を獲得するに必須の要件なり。これがためには、適時、主決戦場に航空兵力の主力を集結し、次等正面に対しては、状況により、まったく航空兵力を配置せざること肝要なり。

常に、航空兵力と戦闘中の地上部隊、とくに防空部隊とのあいだに密接なる連絡を保持するは、戦捷のため、緊要なる条件なり。この協同動作は、共通の指揮官によって確保せらるるを要す。

第七百六十　飛行隊を使用する地位にある者にして、飛行機の機種に関する知識、その能力の限界および乗員の技能を適切に判断し得る場合において、はじめて飛行機をして、地上作戦に最大の貢献をなさしむることを得。

飛行機に関する要項については、附録を参照すべし。

第七百六十一　数個の航空部隊を使用する司令部には、一名の**飛行隊指揮官**（Fliegerführer）を置き、その領域内にある航空部隊、もしくは所属の航空部隊に関する一切の事項について、諮詢《しじゅん》に応ぜしむ。

第七百六十二　航空兵の運用および、その行動は、気象の影響を受くること大なり。ゆえに、気象観測機関の気象に関する意見は欠くべからざるものなり。

霧、豪雨、霰《あられ》、雪および、低き密雲は、飛行機の行動をはなはだしく阻害す。ことに山岳地方においては然り。

風は飛行速度に影響す。遠距離飛行に際しては、風速に十分の顧慮を払うを要す。日光は、空中において、はなはだしく視力を妨げ、太陽に正面する方向への展望を制限す。地上の霞、煙、大なる空気湿度等は、自己位置の判定、目標の認識および写真捜索および写真偵察を困難ならしむ。

空中戦闘捜索（Gefechtsluftaufklärung）および低空攻撃のごとき短距離の飛行は、通常、いかなる天候においても実行し得るも、飛行距離の増大に従い、気象の影響を受くること、ますます大となる。

偵察機（Aufklärungsflieger）

第七百六十三　**偵察機**は通常、九機を以て**偵察中隊**を編成す。

戦略捜索に任ずる特別の偵察中隊は、性能優秀なる飛行機を使用す。

偵察中隊は通常、軍団司令部以上の司令部に隷属す。歩兵師団、騎兵師団、装甲および軽快部隊には、一時、偵察中隊を配属することあり。

第七百六十四　偵察機は、空中偵察（第三章）のほか、所属部隊と連絡を求め、あるいは、これとの連絡の維持に任ず。また、これら部隊の遮蔽の監視に任ずることあり。なお、発煙剤を携行するときは、小範囲の煙幕を構成し得べく、若干の爆弾を装備して、偵察行動中、ときに爆弾を投下することも可能なり。

偵察中隊中、砲兵のため、目標偵察、空中観測の射撃および、敵の一般状況の監視に任ずる偵察機を、**砲兵任務機**（Artilleriefliege r）と称す。

駆逐機（Jagdflieger）

第七百六十五　**駆逐機**は、**駆逐大隊**（Jagdgeschwader）および**駆逐連隊**（Jagdregiment）に編成す。連隊は二ないし三大隊より成り、大隊は九機編成の三中隊に分かつ。三機を以て一編隊（Kette）となす。

駆逐部隊は通常、軍司令部以上の司令部に隷属す。

第七百六十六　**駆逐隊の指揮官**は、所属司令部との連絡を維持す。その任務の遂行に関しては、行動の自由を与えらるるものとす。

第七百六十七　**駆逐機**および乗員の能力は、駆逐機に課すべき要求の基礎なり。敵に対する一回の飛行の最大継続期間は、往復時間を含め、約二時間を適当とす。

昼間の駆逐飛行においては、あいだに十分の休憩を与うるときは、日々三回の飛行を行うを得。夜間飛行においては一夜一回を通常とす。低空攻撃のためには、昼間最大限二回と見なすべきものとす。

第七百六十八　駆逐機の使用は、その飛行場より行うを通常とす。戦闘着陸場（Gefechtslandeplatz）に駆逐機を待機せしむるは、状況（とくに、飛行機のはなはだしく遠きとき）、迅速なる戦闘加入を必要とする場合に限るものにして、例外とす。

第七百六十九　駆逐機の**昼間の駆逐飛行**には、大隊、中隊、あるいは編隊を以て行い、**夜間飛行**は多く単機とす。

空中戦闘は近距離において開始す。

夜間の駆逐飛行の範囲は、附近の地上部隊に通告するを要す。

第七百七十　戦闘中の地上部隊を援助せんがためには、まず第一に**空中にある敵駆逐機に対する攻撃**を先決とす。この攻撃は、わが空中偵察を強行し、また敵の空中偵察を阻止し、かつ、わが部隊およびその緊要なる後方施設を、敵の空中攻撃に対して保全せんがために必要なり。

駆逐機は、その特性上、某空域の阻絶に使用せるに適せず。駆逐隊に与うる任務はむしろ、その行動すべき時間および区域を限定するを要す。一駆逐大隊には、駆逐飛行のために、正面および縦深各二十キロの区域を指定するを得。これより広き戦闘区域を配当する場合には、その重点を指向すべき方向を示すを適当とす。

駆逐機は、たとい劣勢の敵に対しても、その飛行を完全に阻止するを得ず。しかれども、限定せる時間および空域において、制空権を獲得するを得べし。

第七百七十一　駆逐隊の数豊富なる場合においては、**地上の敵に対する攻撃**もまた、駆逐機の一任務たるべし。本攻撃を、地上の戦闘行動と連繋して敢行せんか、その効果はきわめて有効なり。

駆逐機の**攻撃目標**は多く、わが砲兵の観測射撃の射程外に存し、かつ、主として、集結せる部隊、長大なる行軍縦隊、渡河中の部隊、もしくは隘路内の部隊とす。

かくのごとき駆逐機の行う攻撃は、敵がすでに防御を準備しあるにおいては、甚大なる損害を覚悟せざるべからず。ゆえに、駆逐機を以て対地攻撃を行わんがためには、成果克く、わが損害をつぐなうか否かを考察するを要す。

第七百七十二　駆逐機の対地攻撃は、昼間にのみ行い、かつ、通常、大隊以下の兵力を以て行うことなし。同時かつ不意に襲撃する駆逐機の数、大なるに従い、その効果、ますます大となり、かつ、敵の防御を困難ならしむ。

駆逐部隊の攻撃のため、通常、深く降下して、破片弾（Splitterbombe）を投下し、かつ機関銃射撃を行う。攻撃前の飛行においては、なるべく空中戦を避くるに努め、もし、やむを得ず空中戦を行いたる駆逐部隊は、対地攻撃を中止するを例とす。

第七百七十三　駆逐機の爾余の重要なる攻撃目標は、砲兵任務機および繋留気球なり。

繋留気球は、通常予定せる時間および地域において、攻撃するを得ず。その時機および目標は、むしろ、主として天候および空中の状態と、敵の警戒の度とによって決す。早朝および薄暮は、攻撃にもっとも有利なり。わが攻撃企図により、敵がしばしば気球を降下するにおいては、すでに気球の観測を著しく制限し得べし。

第七百七十四　敵を空中において撃滅する目的を以て、敵飛行機を防御するは、駆逐部隊および防空部隊の共通任務なり。敵撃滅のため、両者が密に協同し得ば、必ずや至大の成果を収むべし。広範囲に、この行動を行い得るは昼間に限る。駆逐部隊および防空部隊の兵力不十分なる場合には、両者に個々の目標を指定するのやむを得ざることあり。

駆逐部隊と防空部隊との協同を全《まっと》うせんがためには、駆逐部隊は、わが防空部隊の配備および効力範囲を知り、また、防空部隊は、駆逐機の使用せらるべき場所、時期および兵力を熟知せざるべからず。両者の共同の指揮官は、協同のため、必要なる処置を行うものとす。この指揮官と駆逐部隊および防空部隊とのあいだに、完全なる通信連絡を有することは、欠くべからざるものとす。

機を逸せず、所要の駆逐部隊を敵方に派遣し得る見込みある場合には、ただちに駆逐機を以て攻撃せしむるを最良の防御手段とす。この目的のため、防空報告勤務（Flugmeldedienst）は常に、敵の飛行機の数、飛行方向、高度および機種を、機を逸せず報告し、かつ、地上よりの無線電話、または信号により、駆逐隊を敵機に指向せしめ得る準備を整えあるを必要とす。高射砲中隊の行う方向指示射撃（Richtungs-schuss）は、敵に対する駆逐機の注意を喚起するを得。

わが軍の上空においては、高射砲兵を以て敵飛行隊の編隊を分散せしむるときは、わが駆逐部隊の攻撃に有利なり。空中戦闘行わるる場合、わが高射砲兵の任務は、敵の増援部隊の戦闘加入を妨害するにあり、夜暗における敵機の発見は困難なり。ゆえに、夜間における、わが上空の敵機駆逐のため、防空部隊の特別の任務は、照空燈により敵機を捉え、これを照射して、わが駆逐機に指示するにあり。

爆撃機

第七百七十五　**爆撃機**は**爆撃大隊**に編成す。大隊は、九機編成の三中隊に分かつ。

爆撃機は、多くは最高司令部において使用するも、一時、軍集団および軍に配属せらるることあり。

第七百七十六　**爆撃隊指揮官**は、所属司令部との連絡を維持す。その任務の遂行に関しては、行動の自由を与えらるるものとす。部隊、あるいは単機が、所命の攻撃目標に達し得ざる場合のため、爆撃隊の指揮官に予備目標（Ersatzziel）を指示するを可とすることあり。

第七百七十七　昼間、爆撃機の攻撃は、大隊編成を以てするを例とし、**夜間**においては、数分間の間隔を取り、単機、または小部隊を以て攻撃す。

往航および帰航ともに長大ならざる場合は、爆撃隊を、日中はもちろん、夜の長き場合、二回使用することを得。

第七百七十八　爆撃機の**地上部隊援助のため行う攻撃**の範囲および方向は、地上の戦闘状態によって決定す。この際、実質的成果とともに、精神的効果をも収むることを努むべし。精神的効果は、物質的効果に優る場合あり。攻撃は主として、わが砲兵の射程外の目標に対して、指向せらるるものとす。

第七百七十九　爆撃機の**攻撃方法**は、高空攻撃、低空攻撃および急降下攻撃の三種とす。

高空攻撃は、昼間においては、大高度より爆撃を行い、夜間においては、その高度を減ず。高空攻撃は、たとえば、住民地、または露営地に集合せる部隊、乗車および下車、弾薬集積所その他の後方施設、大なる行軍縦隊、鉄道および自動車輸送等、広き目標に対し実施す。

低空攻撃は、多くはまず、低高度を以て近接し、最少の高度より爆撃を行い、以て敵を奇襲し、命中精度を増加し、敵の防空を困難ならしむ。本攻撃は、主として、駆逐機の攻撃目標と同様の目標に対して実施す（第七百七十一）。

急降下攻撃においては、飛行機は、高空より最大速力を以て目標に対し急降下し、一千メートル以下の高度より爆弾を投下す。この種攻撃は、橋梁、堰、その他、これに類する構築物のごとき小目標に対し、行うものとす。

通信および地上設備

第七百八十　航空兵と他兵種との協同のためには、相互のあいだ、および共通の司令部とのあいだに、確実かつ十分なる連絡を必要とす。

第七百八十一　航空兵は通常、高級司令部の**有線**を利用す。自己の有する電話器材は、単に既設有線通信網を利用する短距離の連絡と、各大隊間および各中隊間の連絡を行い得るものとす。

第七百八十二　航空部隊と他兵種との**無線連絡**は、共通の司令部これを処理し、各航空隊間相互の交信は、航空隊の特別規定により、その任務を規正せらる。

第七百八十三　昼間、連繋して飛行する駆逐隊および爆撃隊のためには、各機間に無線電話の設備を有す。

第七百八十四　飛行機に無線を有する場合には、**飛行機より地上部隊へ、もしくは、地上部隊より飛行機への通信**は、無線に依るを、もっとも迅速とす。飛行機に対する対向通信所は、通常、飛行場、または戦闘着陸場の無線通信所とす。ただし、砲兵任務機（第七百六十四）の場合および特別の命令を受けたる場合に限り、他の地上通信所と交信す。司令部および部隊の通信所は、要すれば、右通信を傍受す。

機上よりの無線電話は、とくに敵の通信捜索に暴露し、かつ、機上に対する通話の禁止および解除（Schlüsseln und Entschlüsseln）困難なるを以て、特別に規定せる略語および、約束せる無線信号を利用す。通常、飛行機は、砲兵任務機が報告する場合（第七百六十四）のほか、他の方法を以てしては時機を逸するがごとき報告に限り、無線電話を用うるものとす。

飛行機に装備する無線器材、通信距離および交信方式については、附録を参照すべし。

第七百八十五　**通信筒の投下**および**吊取**により、報告および命令、地図および写真を伝達し、あるいは交換することを得。吊取は、とくに重要なる通信を、他の方法を以て伝達し難き場合に限り、行うものとす。

通信筒投下地点の設備は、通常、該指揮官により、事前に、もしくは搭乗者の要求にもとづき、最寄り部隊長これを行う。

飛行機は、約五十メートルの高度に下降し、風向に正対して飛行しつつ、通信筒を投下す。

通信筒投下地点は、布片を十字形に広げて標示す。その位置は、穀物畑、水辺、その他、森林、高き独立樹、家屋、電線等、すべて飛行機に危害を与え、または、通信筒の発見に困難を生ずる虞ある場所の附近を避くるを要す。また、戦闘司令所および多数軍隊の集合せる地点を避くべきものとす。

吊取所の設備は、所要器材を有する部隊指揮官、これを命令す。

吊取所の位置は、矢形に広げたる布（その先端を風向に正対せしむ）を以て標示す。吊上は、約五メートルの高度より、鉤《かぎ》を以て行う。吊上所の前後に障碍物なく、かつ、飛行方向において着陸可能なるは、安全確保のため、必要なり。

第七百八十六　飛行機よりの要求にもとづき、地上部隊は、**携帯火光信号**（Handleuchtzeichen）および**小型布板**（Kleine Tuchzeichen）を以て、最前線を標示す。

大型布板は、司令部の位置、通信筒投下位置および通信筒吊取所の位置を標示し、かつ、申し合わせたる信号、または規定にもとづく信号を、飛行機に伝達す。布板は、飛行機の要求にもとづき、地上に開く。

飛行機は**信号拳銃弾**（Signalpatron）を以て、認識の表示、または一定の報告を地上部隊に伝え、地上部隊は**信号弾**（Signalbombe）を以て、飛行機に信号す。信号拳銃弾および信号弾の示す意味は、あらかじめ命令し、かつ、時々変更するを要す。

補助的手段、たとえば、金属板に日光を反射せしむ法、地上に向かって光弾、または信号拳銃弾を発射する法、あるいは、布片、旗、または紙片を振る等の方法は、多くは単に一定の場所に対し、わが飛行機をして、注意を喚起せしむるの用をなすにすぎず。

第七百八十七　飛行隊の指揮官は、飛行機がその報告を伝達する方法を指定す。すなわち、あるいは通信筒を投下し、あるいは無線電話により、あるいは飛行場、もしくは戦闘着陸場に着陸後に報告する等、これなり。

第七百八十八　**飛行場**の位置および性能は、航空部隊の活動能力を左右す。これが選定は、地形および戦術的状況に関す。

地面の形状、地上の掩護物および土質の硬軟等の及ぼす影響は、飛行機の大小、その離着陸の速度ならびに搭載量によって増減す。

高圧電線、電話線、高塔および煙突は、離着陸の際、特別の注意を必要とし、一般に飛行を妨害す。不良なる天候および夜において、ことに然り。良好なる進入路、宿泊所その他、水、照明および動力の供給、電話および鉄道連絡の便等もまた、飛行場設置を著しく容易にす。偽装の便もまた顧慮すべきこととす。

第七百八十九　作戦継続中においても、適時、飛行場の偵察および設置に着意するを要す。前進および退却の際において、ことに然り。もし、右の着意を欠くときは、航空隊の能力をはなはだしく減殺す。

第七百九十　飛行場設置には、**飛行場設定隊**（Flughafenbautrupps）、もしは、その他の部隊を用う。

第七百九十一　飛行場は、飛行部隊を配置し、かつ宿営せしむ。飛行場の幅員の標準は附録に示す。

第七百九十二　**戦闘着陸場**（Gefechtslandeplatz）は通常、五百メートル平方の広さを与え、これを司令部の近傍に設け、命令伝達を容易にし、かつ飛行距離の短縮に資す。

戦闘着陸場は、偵察機のためには欠くべからず。駆逐機および爆撃機のために、これを設くるは例外とす。

第七百九十三　退避飛行場（Ausweichflugplatz）は、敵の爆撃を予想し、退避する場合および、わが飛行場の滑走路損傷せる場合に、使用せらるるものとす。隣接部隊の飛行場もまた、退避飛行場に利用するを得。

第七百九十四　偽飛行場は、わが飛行機の活動により、敵を欺き得たる場合には、敵をして真飛行場と誤認せしむるを得。

第七百九十五　制限地域内に多くの飛行場を集むるは、これを避くるを要す。

各飛行場は、敵の空中よりの攻撃および地上の企図に対して、警戒するを要す。**警戒**は、まず第一に、部隊自らこれに任ず。空中攻撃に対しては、なし得れば、部隊の属する司令部の命令範囲内の高射砲および高射機関銃を以て補足せらる。

軍騎兵（Heereskavallerie）、装甲部隊および軽部隊が偵察中隊を使用する場合には、往々、その安全を確実ならしむるため、遠く後方、もしくは側方の飛行場に残置して、主力部隊の掩護下に置くことを要することあり。この場合、飛行場との無線連絡は、とくに重要なり。而して、飛行機の使用は、主として戦闘着陸場より行う。

第七百九十六　飛行場の移転は戦術的状況による。上級指揮官と、その配属、もしくは隷属飛行隊長との直接協議困難となるに至らば、通常、移転の時機到来せるものと認めらる。また、敵の空中攻撃のために、その実行を強制せらるる場合あり。

飛行場の移転に関しては、あらかじめ偵察を行うを要す。先発班を以て、第一次の設備をなさしめ、ついで、部隊は自動車を以て（遠大の距離には鉄道を以て）、また飛行機は空路により、移転を行う。移転実行に先だち、新飛行場との通信連絡を確保するを要す。

飛行隊の自動車縦列の一日行程は、おおむね百五十ないし二百キロとす。

飛行場の撤去は、適時予告せる場合においては、おおむね三ないし五時間を要し、また応急的再建は四ないし七時間を要す。あらかじめ準備なき移転のためには、さらに多くの時間を必要とす。

移動期間中は、なるべく飛行勤務を軽減するを要す。

第七百九十七　夜間照明により、飛行中の飛行機に目標への方向を示し、かつ、帰還飛行を容易ならしむるを要す。これがため、しばしば、防空部隊の資材を以て、これを補足し、少数の顕著なる火光、すなわち、高射機関砲、信号用打上（Rakete）【信号用ロケット弾】、回光器（Blinkfeuer）、旋回照明燈（Drehrichtscheinwerfer）を以て、一定の方向を標示す。

飛行場の標識および着陸のための照明は、当該航空部隊の任とす。

第十六章　防空部隊

第七百九十八　指揮官および軍隊は常に、敵航空機の最大飛行範囲内においては、空中よりの敵の偵察および攻撃に対し、顧慮するを要す。空中より受くる危害は、昼間および有利なる天候において大にして、かつ、戦場の決勝方面において、もっとも大なり。

敵の偵察機は、ただに偵察を行うのみならず、その発見したる目標を、ただちに攻撃する任務を有することあり。また、稀に偵察機が、とくに有利なる目標に対し、一、二の爆弾を投下することあり。

敵の駆逐機および爆撃機の攻撃は、多くは不意、かつ、きわめて迅速に行わるるものとす。ときとして、この種攻撃は、その駆逐隊および爆撃隊より、目標捜索のため、先遣せられたる一、二の偵察機により、察知し得ることあり。

第七百九十九　速やかに敵飛行機を発見し、かつ、わが飛行機と識別することは、機を逸せず防空を確保するため、とくに必要なり。

発見せる飛行機の識別および、その企図を知るに根拠となるものは、その構造および発動機の音、機数、高度および行動なり。ただし、大なる高度および距離においては、その認識困難なり。

わが飛行機は信号を以て、地上部隊に標示することを得。

第八百　防空は、各本部および司令部が、自己所属の防空部隊を使用して、これを行う。

第八百一　防空部隊は単独に、もしくは駆逐隊と協力して、敵の空中偵察および空中観測による敵砲兵の試射を困難ならしめ、また地上目標に対する空中攻撃を防支し、かつ、わが航空隊を支援す。この際、対空監視哨（Flugmeldedienst）は適時、敵の飛行機を発見して、報告する任務に服す。

空中状況を適切に判断し、かつ、敵航空兵力の使用法および戦闘要領に関する原則を知るは、わが防空隊を適時に使用するため、必須の条件なり。

防空隊の不断の忍耐と、その器材の能力の保全とは、とくに重要なり。ゆえに、部隊の休養および愛惜と器材の周密なる監督とに注意を怠らざるを要す。

第八百二　防空の目的は敵機の全滅なり。少なくとも、敵をして、やむを得ず、その行動を中止せしむるか、もしくは、その企図を十分に達成し得ざるごとく妨害するを要す。

第八百三　防空用火器は往々、わが部隊の頭上に射撃を行うのやむを得ざる場合あり。たまたま、そのために生ずる損害のごときは、これを忍ばざるべからず。

第八百四　防空隊は、**高射砲**（Flak）、**高射機関砲**（M. Flak）、**高射機関銃**（Fla. M. G.）、**照空燈**（Fla. Schw.）および空中障碍を使用す。

右のほか、なお**対空監視中隊**（Flugmeldekompanie）を属せらるることあり。

第八百五　高射砲は、防空の主要なる担当者にして、牽引自動車および鉄道を以て移動す。「モーター」式高射砲【自走高射砲】は、道路網の発達せる場所においては、きわめて有利にして、鉄道車用高射砲

（Eisenbahn-Flugabwehrkanone）は、遠距離へ迅速に移動し得るも「レール」に拘束せらる。

高射砲隊は、偽装困難なるため、損害を受けやすし。ゆえに、敵砲兵の射程内においては、しばしば陣地を変換するを可とす。

昼間、密集して同方向に同一高度を保ち、飛行する多数の飛行機は、高射砲の好目標なり。また、中等の高度および低空を飛行する単独の飛行機もまた、効果大なる目標なり。敵駆逐機、なかんずく、その数少なきか、高層にあるものは好目標にあらざるも、状況上、その制圧を必要とすることあり。一千メートル以下にある敵機は、高射砲を以て射撃し得ず。ゆえに、これに対しては、高射機関砲および高射機関銃を用うるを要す。

第八百六　高射機関砲（銃）は、牽引自動車を以て牽引するか、もしくは自動車輛に搭載して移動し、とくに近距離および低空の空中目標の制圧に適す。

ゆえに、高射機関砲（銃）は、低空攻撃に対し、前進中、あるいは、集合しある部隊および後方設備（飛行場、弾薬集積所等）の掩護に使用せらる。また、戦場においては、おおいに高射砲の効果を補足し得、これを前線に使用するは、特別の場合に限るものとす。また、照空燈と併用して、夜間の防空に使用せらる。

第八百七　照空燈は、牽引自動車を以て牽引し、または自動車輛に搭載して、移動す。その任務は、敵の空中目標を照らし、これを射光内に捕捉し、以て、防空火器により射撃するか、駆逐機をして制圧し得しむるにあり。その他、敵眼を眩惑し、その操縦および爆弾投下を困難ならしむ。地上の霞《かすみ》、低き雲等は、照空燈の効力を制限す。

第八百八　空中障碍（阻塞気球、あるいは凧《たこ》）は、空中阻絶の用に供するものにして、その使用は、風の強度に左右せらる。空中阻絶は、とくに夜間および通視不良の天候において、防空火器の使用を節約し、もしくは、その効力を補足す。阻塞気球、または凧により、広大なる空域を阻絶することは困難なり。しかれども、敵は、空中阻絶の存在を知れば、やむを得ず、大なる高度を取るか、あるいは、攻撃を中止するに至るものとす。

第八百九　歩兵師団および騎兵師団、その他装甲部隊および軽部隊には、その任務上、所要に応じ、しかも事情許す場合、一時、防空部隊を配属することあり。

第八百十　すべてのものを、ことごとく掩護することは不可能なり。かかる努力は、いたずらに兵力の分散を来たすものとす。

　ゆえに、任務にもとづき、防空の重点を置くべき地点を決定するを要す。通常、いかにせば、わが地上における企図の遂行は、空中よりする敵の作用に対し、もっとも克く確保せらるるかを基礎とすべし。しかれども、わが航空部隊の空中行動の支援および敵航空兵力の制圧を第一とすることあり。ゆえに、第一に掩護すべき地域は、必ずしも地上戦闘の焦点と一致するを要せず。また、兵力の控置を有利とすることあり。これ、遠く後方の防空のため、最終的の使用に充《あ》てんがためなり。

第八百十一　防空火器の活動は、敵機の注意を、わが掩護すべき地域に向けしむ。これを避けんがためには、すでに配置せる防空隊の**射撃および照射を禁止**せざるべからず。ときとして、ことさらに活発に射撃および照射を行い、敵を欺瞞するを可とすることあるも、これがためには、多大の弾薬を消費するを以て、特別の場合に限り行うを可とす。

第八百十二　防空火器の**地上戦闘参加**は、自己本来の任務にあらざるを以て、特別の場合のほかは、これを避くるを要す。なお、これを行うは、近距離の防御、なかんずく戦車の防御に限る。

第八百十三　軍の**防空指揮官**、または防空隊の高級先任の指揮官は、防空に関するすべての問題について、軍司令官を補佐し、司令部に属する防空隊の使用、器材および弾薬の補充事項を掌《つかさど》り、また、その司令部所管内の対空監視勤務を指導し、かつ、自己の所属機関を以てなし得ざる場合には、通信隊長をして、隣接部隊および後方とのあいだに対空連絡（Flugmeldeverbindung）を、また航空部隊とのあいだに通信連絡を確保せしむ。

軍団に有力なる防空隊を配属せられたるときは、軍団にも防空指揮官を置くことあり。

第八百十四　防空指揮官は、敵飛行隊に対するわが飛行隊の戦闘を支援するの顧慮を必要とす。

制空のための戦闘には、防空指揮官と飛行指揮官とが、密接なる連絡を保ち、かつ、航空および防空部隊のため、対空監視勤務の迅速確実なるを必要とす。情報の迅速なる調査および不断の交換によって、控置せる航空兵力および防空隊の使用、および状況の変化にもとづく既定の部署の変更を、迅速に実行し得るを要す。

第八百十五　**高射砲大隊長**は通常、軍団長の指示にもとづき、軍団の全防空部隊の使用を指導す。

彼は、各防空隊に任務を配当し、その掩護すべき地域を指定し、軍団の範囲内の全防空行動を監督し、かつ、すべての防空兵器および防空隊との隣接兵団のこれら部隊ならびに、軍団の地域内に配置せられたる航空部隊との協同を確保す。

高射砲大隊長は、軍団の通信指揮官とともに、大隊内の通信連絡の建設に対し、責任を有す。また、指揮下の対空監視勤務を指導し、かつ、重要なる報告を隣接部隊および後方へ、迅速に伝達するに着意するを要す。

なお、軍団の全防空部隊のため、弾薬の補給を処理す。

また、状況および軍団長の意図を、早く、かつ絶えず、承知しあらざるべからず。

高射砲大隊長は常に、軍団長と密接なる連絡（なるべく直接の連絡）を維持するを要す。行軍間および宿営中は、しばしば軍団長のもとにあるべし。戦闘間は、その戦闘司令所を、軍団の戦闘司令所の近傍に置く。ただし、防空の指揮を確保するを主眼とするを要す。大隊長は、空中の状況および防空の実況を確かむる目的を以て、一時、その戦闘司令所を去り、中隊の位置に赴くことを得。

第八百十六　高射砲大隊は努めて、これを統一的に使用するを要す。

各高射砲中隊の効力圏が互いに交叉するときは、十分の効果を収むるを得。同時に相隔たる数地点の掩護を必要とするときは、多くは、各中隊および照空燈を、もっとも重要なる地点附近にまとめ、その他の地点は高射機関銃を以て忍ぶを例とす。

第八百十七　他の砲兵の射撃陣地付近に、高射砲兵の陣地を選定するは適当ならず。これ、砲兵戦の際、砲兵が敵火を被り、しかも高射砲兵は掩蔽不十分なるため、隣接の地上砲兵へ敵火を誘致するを以てなり。ゆえに、高射砲中隊の射撃陣地は、砲兵指揮官と協定して決定するを要す。

地形および敵情の許す限り、一、二の高射砲中隊を、遠くわが前線の前方において、敵機を射撃し得るごとく、前方に推進するを必要とすること、しばしばなり。

敵の飛行機および観測気球の活動を有効に妨害し得る場合には、有力なる対空兵力を、一時、戦場の最前方に推進することを辞すべからず。

第八百十八　高射砲兵の陣地変換は、その威力を中断するも、他面、しばしば陣地を変換せば、敵の偵察を困難ならしむ。すでに、敵に発見せられ、かつ、その射撃を受けたる陣地の中隊をして、損害を避け、かつ、わが戦闘能力の減退を避くるため、陣地変換を要することあり。

照空中隊は、昼間にありては、薄暮に所要の地点に到達し得る範囲内において、後方に控置す。

第八百十九　防空隊の**対空監視勤務**は、防空全般のため、重要なる先決条件にして、かつ、各本部、司令部に、敵の企図に関する緊要なる参考資料を供す（第百八十四）。

空中における状況は、迅速に経過するを以て、対空監視勤務の迅速かつ確実はきわめて必要なり。

第八百二十　対空監視勤務は、防空兵器および駆逐機を以てする敵機の適時の制圧を容易ならしめ、指揮官および航空部隊に空中状況を知らしめ、空中攻撃を受くる虞ある部隊および後方勤務部隊および後方施設に対し、攻者の到達前に掩蔽および偽装の処置を遂行し得るごとく警報す。なお、わが戦線後方における敵の着陸および通信筒投下を確かむるを要す。

第八百二十一　野戦軍の対空監視勤務は、各防空部隊の対空監視哨のほか、対空監視中隊（Flugmelde-kompanie）の対空哨（Flugwache）により行わる。

対空監視中隊は、防空隊を配置せられざるか、もしくは、配置不十分なる地域に全中隊合一し、または小隊ごとに配置し、また防空部隊の連絡の補足に、あるいは戦線後方における対空監視網の補足および配置に、あるいは作戦地域より後方への連繫に使用せらる。

第八百二十二　**対空監視中隊長**は、防空指揮官の指示にもとづき、対空監視中枢（Flugmeldezentrale）を設置す。中隊長は、指定空域の監視（なかんずく、側面と正面内の間隙）および、確実なる通信連絡に関し、その責に任ずるとともに、所属司令部の対空監視中枢の長を兼ぬ。

第八百二十三　対空監視勤務のためには、良好なる**通信連絡**を必要とす。これがため、対空監視中隊の属する司令部の指揮範囲の通信網を利用し、かつ、中隊自身の有する機関を以て、それを補足す。

まず第一に有線連絡を使用し、かつ、無線を封止せられざる場合においては、所要に応じ、無線連絡をも利用す。ことに、防空諸隊、対空監視中隊の対空哨および主要なる監視中枢間の無線連絡を利用するものとす。

飛行中のわが飛行機の報告もまた、対空監視勤務に利用するを得。

第八百二十四　対空監視中枢は、多数の通信線輻輳するを以て、敵の攻撃に対して、きわめて敏感なり。ゆえに、敵の有効射程外に選定し、著名なる地点、住民地および主要道路を避くるを要す。

第十七章　通信

第八百二十五　通信部隊（Nachrichtentruppe）および**部隊通信小隊**（Truppennachrichtenzüge）は、指揮官と部隊間および部隊内の通信連絡を設け、かつ、それを確保す。

なお、通信部隊は、後方勤務部隊との連絡に任じ、かつ、情報獲得（第三章）、秘匿（Verschleierung）（第四章）および欺騙（Täuschungsmassnahme）の処置に協力す。

第八百二十六　通信部隊による**通信連絡**は、主として有線および無線により、なお、その他の技術的通信手段により、特別の場合には伝書鳩および伝令犬による。

第八百二十七　通信手段は、各手段が、敵情、地形、天候その他の事情により、時間的、あるいは地域的に不通となることあるを以て、各手段相互に補足を必要とす。

常に、もっとも迅速かつ安全なる通信連絡法を選定すること必要なり。

重要なる通信連絡のためには、各種の通信手段を設け、なし得る限り、その確実を期するを要す。

国内においては、既設の通信施設は、通信網の基礎となるものとす。

第八百二十八　有線連絡は、通信連絡の根幹を成形し、電信および電話を以てす。架空線は外部よりの影響を受けやすし。導線の建設および撤収は、地形通過の難易により、影響を受く。永久的導線の建設には、多くの時間を要す。

電話は主として、情報、命令および報告の口頭の伝達に用いられ、また、当事者間の直接通話可能なり。

高速電信（Schnelltelegraph）および印字電信（Fernschreiber）は、長文の文章を迅速確実に伝達し、文字に印刷するを得。その両者は通常、最高の司令部においてのみ使用す。

第八百二十九　無線連絡は、迅速に交信し得、かつ、遠大の距離に通信するを得。これには、電信、もしくは電話を用う。この通信法は、天候および地形の制限を受くること少なく、また敵火の威力にさらさるること少なきも、強力なる電気的妨害に対し敏感なり。無線通信は、ことごとく傍受するを得べく、また交会法【複数の既知点から未知点へ方向線を引き、その交点として未知点の位置を確認する測量の方法】により、その発信所を確知するを得。無線連絡は、有線電話の有効なる補助手段にして、しばしば有線通信の唯一の補助手段たることあり。而して、地上においては、主として司令部の指揮のため、情報伝達に用いらる。なお、地上部隊と飛行機とのあいだ、および飛行機相互間の通信のためには、きわめて緊要なり。

無線通信所相互の妨害を予防するため、一定区域内における無線通信を統制せざるべからず。

無線電話は簡単なるを要す。長時間の通話は、無線通信の負担を大にし、敵の無線情報を容易にす。

第八百三十　回光通信（Blinkverbindung）は、通過不可能なる土地を挟んで通信し得るも、不利の天候（雨、雪、霧、霞）に妨げられ、ときには、まったくその用をなさざる欠点あり。また、地物のため、適当なる通信所の発見に苦しむことあり。

戦闘間、回光通信は、有線および無線通信の補助として、緊要欠くべからざるものとす。近距離においては、有線および無線通信の補助となり、ときには、かえって、これらに優ることあり。

第八百三十一　燈火信号用具（Leucht-und Signalmittel）は、所定の信号、または、その時々の約束信号を伝う。その使用は、通視の能否に左右せらる。この通信具は、携帯および使用軽便なるも、敵の信号と紛れやすく、また、敵が欺騙の目的を以て、わが信号を用うる虞あり。この通信法は、戦闘中の部隊間、ことに歩兵と砲兵との間、および部隊と気球との間において、他の方法と併用して有利なり。飛行機と地上部隊間の使用法に関しては、第七百八十八を参照すべし。

音の信号（Schallmittel）は、警報（空襲警報、またはガス警報）に用う。

第八百三十二　鳩および**犬**は、報告、命令および略図を伝達す。

鳩の使用には、あらかじめ大なる準備を要す。逆風、雨、霧、雪、ことに雷雨は、鳩の能力を減じ、場合により、全然使用し得ざることあり。鳩は夜は飛ぶことなし。

犬は、その取扱適切なるときは、短距離において信頼するを得。最前線において使用に適す。

第八百三十三　前線の戦闘地域における有線電話および無線電話は、敵に聴取せられ、また、回光通信は、時により盗視せらるるを以て、特別の規定を設けて秘密の維持を確保し、かつ、技術的処置により て、敵の通信捜索を困難ならしむるを要す。もし、**通信の秘密**保持のための規定を犯すときは、わが部隊に、きわめて大なる不利を来たすことあるべし。

導線は**窃聴の危険**ある範囲内（最前線より三キロ以内）においては、情況により、複線を用うるを要す。

無線電話は中止し、回光通信は、敵が盗視するに危険ある場合に限り中止す。ただ、気球の場合に限り、部隊長は、無線電話および敵の盗視し得る回光通信を、普通の用語を以て使用するを得。飛行機は、第七百八十四により、また装甲戦闘車輛は第七百三十三により、処置す。

無線電話の内容を、暗号表によって示し得る場合には、最前線の捜索機関は、自己の位置をすでに敵に知られありと思惟し、かつ、その報告が自軍に何らの不利を招く虞なきとき、右の暗号を以て報告することを得。また、これと同様の方法により、射撃の命令および射撃指揮に関する報告（ただちに実行するものに限る）および砲兵の捜索および偵察勤務に関する情報（敵が戦術的判断の資料となし得ざるもの）を、無線により伝達するを得。ただし、人名、部隊号および地名等は、特別の規定に従って、仮称を用うるを要す。

無線電話は、最前方の捜索機関の報告、射撃命令、射撃指揮のための情報（ただちに実行するもの）、砲兵の捜索および偵察勤務に関する情報（敵が戦術的判断の資料となし得ざるもの）の発信にのみ使用するものとす。その他の場合においては、危急の際に限り、部隊長の命令を待って、無線電話を使用するを得。ただし、敵がただちに利用し得るごとき資料を提供せざるごとく、報告の言辞に注意するを要す。

第八百三十四　敵の窃聴、もしくは盗視の危険ある通信法を、時間的、もしくは地域的に制限、もしくは禁止する必要なきか否かについては、常に調査すること肝要なり。

第八百三十五　作戦行動を秘匿する必要ある場合には、責任を負う地位にある者より、**無線通信封止**の開始、範囲および解除を命令するを要す。特別の命令なき限り、戦闘に加入する部隊は、右の封止を解除せらる。また、捜索機関には、敵と触接せざる場合にも、すでに敵に知られたる無線通信所に向かって報告をなすことを許可するを得。危急の際、他の手段を以てしては、適時の伝達を確保し難き場合には、将校は自己の責任において、無線通信をなさしむることを得。

第八百三十六　**通信手段により、敵を欺騙**するためには、周到なる戦術的および技術的準備と、統一的指導とを必要とす。欺騙通信は、虚偽の輸送、虚偽の行軍および虚偽の戦闘等のごとき、他の虚偽の手段と調和を保つを要す。その方法は通常、規模の大なる場合においてのみ有効なり。

第八百三十七　軍司令部以上の司令部は、敵の無線通信の**妨害**に対し、処置することあり。

第八百三十八　**無線放送**は、軍の発表、住民に対する指示、宣言、警告および敵の宣伝工作の防止に利用せらる。戦闘指導上の目的を以てする使用は、最高統帥部において管理す。

第八百三十九　軍司令部は、師団司令部以上の**無線通信**を統制し、師団内においては、師団長、所要の命令を下す。

高級司令部は、無線通信を監督（überwachen）せしむるものとす。

第八百四十　各司令部の**通信指揮官**は、高級指揮官の顧問となり、また、該司令部に属する通信部隊の指揮官を兼ぬるを得。通信指揮官は、さらに上級の指揮官の指示に従い、通信隊の使用を掌り、通信隊の協同を監督し、かつ、人員および通信器材の補充および増強を処理す。

部隊通信係将校は、部隊長の指示に従い、部隊の通信勤務を指導し、かつ師団通信隊の一部と連絡を維持す。

第八百四十一　通信指揮官および部隊通信係将校は、所属指揮官より、絶えず状況および企図を告知せらるべきものとす。しかれども、自らも進んで、絶えず状況および指揮官の企図を知り、通信部隊の使用に関して、意見を具申する義務あるものとす。

上下のあいだ、および隣接部隊間の連絡施設の責務については、第百六を参照すべし。

第八百四十二　**通信隊の使用**は、状況により、これを定む。

作戦の主方向および戦闘の焦点に対しては、とくに確実にして永続的連絡を設くることに留意するを要す。また、暴露して危険なる翼に対する連絡も、しばしば、とくに緊要なり。すべて通信指揮官は、状況上必要なる場合には、とくに緊要なる任務の遂行のため、一時全力を使用することを躊躇すべからず。

既設通信設備の利用は、時間および兵力を節約す。ただし、この種の設備は、あらかじめ詳細なる偵察を必要とし、その利用は通信部隊のため、保留するを例とす。

第八百四十三　状況の変化は、連絡の変更を必要とすることあり。これがため、通信部隊の一部を、予備として控置するか、もしくは、あらたにそれを掌握するを要す。

通信部隊、一部の交代のため、もしくは移動のため、通信に支障を来たすことあるべからず。

第八百四十四　すべて指揮官は、その宿舎および戦闘司令所の選定にあたり、通信連絡を顧慮するを要す。上級指揮官が、麾下指揮官の位置を指定するときは、通信網の建設は容易となる。

第八百四十五　運動間においても、各司令部のあいだには、終始、有線および無線連絡を維持するを要す。

行軍間および戦闘間の上級指揮官の位置については、第百九以下を参照すべし。

第八百四十六　**軍司令部の通信隊**は、既設の電信、電話および無線の連絡施設に連結し、なお、これを利用して、隣接軍司令部、前方軍団司令部および後方の上級司令部および内地への連絡を施設す。

有線連絡線は、野戦永久線（Felddauerlinie）、もしくは野戦遠距離「ケーブル」線（Feldfernkabel）を建設す。

第八百四十七　**軍団通信大隊**は、軍通信隊と協力し、また、自国内においては逓信官憲と協力して、通信網を建設し、師団は、この通信網により、軍団司令部と連絡するか、もしくは軍団司令部の指示にもとづき、師団より連絡を求む。機を逸せず、かかる通信網を設置し難き場合には、軍団通信大隊は、一線の（師団の数多きときは二線の）電話線を、軍団の主要前進路に沿い、前方に向かって建設す。軍団司令部は、前方に電話通信所の設置を命じ、各師団は、長時間前進せざる場合においては、この通信所に連結す。

第八百四十八　師団通信大隊は、師団司令部と所属各部隊間を連絡す。とくに戦闘中において然り。その他、戦闘間、砲兵指揮官とその直下の指揮官とを連絡す。

前進間にありては、師団の前進路に沿い、軍団司令部の電線に、**師団の通信幹線**（Divisionsstammleitung）を連結す。もし、歩兵師団の地域において、軍団通信大隊が、一条の電線、または電話線を、師団の最前方まで建設し、かつ、その最前方部隊とともに延線する場合においては、その師団は、特別の通信幹線を設くることとなし。しかれども、必要に際しては、師団通信大隊を、前記の線の建設援助、または補足のため、使用すべきものとす。この場合にありてもまた、師団の通信指揮官は、師団の地域内における有線連絡の設置に関し、その責に任ず。

戦場における使用に供せんがため、適時に師団通信大隊の主力を自由ならしむるを要す。敵との触接を予期する際には、上級司令部において、後方の導線を担任し、後方連絡のための師団の負担を防ぐものとす。

第八百四十九　部隊通信小隊は、部隊の長と所属指揮官とのあいだの通信連絡を設く。

第八百五十　師団の通信幹線による連絡のほか、さらに無線通信の準備を必要とす。歩兵師団の通信幹線に故障を生じたる場合には、無線および回光通信による連絡は、補助手段として用いらる。

後方通信網の能力増加のため、また、後方電線の過度に延長するを避くるため、戦闘に先だち、通常、軍団通信大隊および軍通信隊により、各師団の通信幹線を完成し、かつ、各師団間の横方向の連絡を建設す。

第八百五十一 なお、通信部隊の使用については、以上のほか、第四章ないし第十二章内に記しあり。ただし、その、もっとも重要なる事項は、第九十ないし第百十九と第二百五十九、第二百九十一および第三百四十六ないし三百四十八に示す。

軍騎兵（Heereskavallerie）の通信および、これと上級司令部との連絡については第十三章を、独立機械化捜索隊とその上級司令部との連絡については、第三章を参照すべし。

第十八章　化学兵器

第八百五十二　毒物（Kampfstoffe）は、刺激、嘔吐および窒息の効力により、防護せざる部隊および防護不十分なる部隊の戦闘力を、一時、あるいは完全に奪い、かつ、ガス防護手段により、完全に防護せる部隊の戦闘行動を妨害す。動物の能力もまた、毒物に応じ、影響を受く。毒物は、室内に侵入して、敵をして遮蔽を捨てしめ、他の兵器の効力に対する掩蔽を奪うことを得。毒物を以て毒化せる地域は、防毒面を装着せるすべての機械化部隊を以て通過し得るも、その他は、特別の部隊および手段によらざれば、一般に通過するを得ず。

毒物は、その持続効力と拡散性とにより、しばしば他の戦闘手段に優り、かつ、大なる精神的効力を発揮するを得。経験に乏しく、かつ防護不十分なる部隊に対して、ことに然り。

第八百五十三　毒物の**効力**は、その有毒性および侵害性の程度によって定まり、空気のガス含有量、または毒物が地面を覆う程度と、人員および動物に作用する持続時間との増大するに従って、増進す。

気状の毒物（Luftkampfstoff）の有効期間は短く、撒布毒物（Gelände-Kampfstoff）の有効期間は、一日、あるいは一週間に及ぶ。

第八百五十四　毒物の使用の能否は、主として天候の状態に左右せられ、従って、一日中の時期によって左右せらる。

風は、その強弱および方向によりて影響し、風向の影響は、目標がわが部隊に近接するに従って、増大す。毒物の多くは、風速大なるにともない、効力を減じ、ついには、ほとんど無効となる。日光は気状毒物を上昇せしめ、温熱は撒布毒物の発散を促進す。寒冷は有効期間を延長し、極寒は多くの薬剤の効力をまったく失わしむ。ただし、一部の薬剤は、極寒に会うも妨げられず、霧および細雨は気状毒物の効力を助け、かつ、その存在を不明にす。強雨は、気状毒物を中和し、撒布毒物を無効ならしむ。大雪は空気を浄化するも、撒布毒物を無効ならしめずして、毒物は積雪の下に保存せられ、工事、もしくは露営の際、再び効力を発揮す。

夜間、早朝および薄暮は、ガスの使用に有利なり。

各部隊の行う不断の気象観測は、気象勤務部隊（Wetterdienst）により補足するを要す。その予報は、機を失せず、各部隊に通報すること必要なり。

第八百五十五　**地形および地物**は毒物の効力に影響す。すべて掩蔽および偽装の用をなす物はみな、毒物の効力を増進す。凹地、谷および地隙等は、とくに長く毒物を滞留せしむ。すべて風を受けざる場所は、毒物の効力を助長す。沼沢および、はなはだしき湿地は、地上散布剤を早く無効にす。

第八百五十六　大なる効力を求むるには、同時に多量の毒物を使用するを要す。ただし、少量の反復使用によっても、多大の効果を収むることを得。ことに精神的抵抗力を減損するの効果大なり。

第八百五十七　不意に使用するか、その使用の方法を敵に誤認せしめ、以て防護の暇を与えざるか、あるいは防護の方法を誤らすときは、毒物の効力をいっそう増大す。かかる奇襲および欺瞞は、あるいは毒物使用の時刻、場所および方法により、あるいは毒物の種類および撒布範囲により、あるいはその使用時と使用時との間隔を長く、かつ不規則にすることにより、あるいはまた煙幕の使用によって、これを達成するを得。

奇襲的効力を収め得る見込ある毒物威力を、速やかに種々に利用するは、指揮官の責任とす。

第八百五十八　毒物の使用法は、ガス弾射撃、放射、ガス弾投擲、撒布飛行機および近接戦闘兵器による投下および放射とす。

第八百五十九　砲兵および迫撃砲による**ガス弾射撃**は、もっとも多く用いらるるガス戦闘法なり。わが部隊に近き目標の克服には、順風を必要とす。その他の点においては、ガス弾射撃は、他の使用方法に比して、風の影響を受くること少なし。この方法は、多量のガス弾を必要とすれども、特別の準備を要せざるを以て、敵を奇襲すること、もっとも容易なり。

この射撃は、ガス奇襲、妨害射撃、毒化射撃、または、榴弾との混用射撃による。

ガス奇襲（Gasüberfall）を行う際には、防護の準備なき部隊を奇襲するために、短時間内にガスの濃密なる雲を目標附近に作るを要す。**妨害射撃**（Lähmungsschiessen）により、目標地域の空気中に多量の毒ガスを発生して、それを維持せしめ、以て、ガス防護を行える部隊も、少なくともガス弾射撃中、その戦闘行動を困難ならしむるを要す。毒化射撃（Vergiftungsschiessen）は、毒物を地上に散布し、以て、これを通過する敵に損害を与え、また、これを迂回、もしくは消毒するために、多くの時間を消費せしむるを目的とす。

風の方向、強度、地形および使用毒物の種類によって、目標とわが最前線部隊とのあいだに存すべき安全距離に差異を生ず。

第八百六十　空中ガスの**放射**（Abblasen）は通常、地上に据え着くるか、もしくは、特別の車輌に載せたるガス罎より行う。この兵器の取扱は、化学部隊（Chemische Truppe）によって行う。**ガス放射**は、空気の毒ガス包含量を、おおいに高むるものとす。ガス放射には、後方よりの微風とガス雲の通過する地域の平坦とを必要とす。**ガス弾投擲**（Gaswerfen）は、密に併列せる筒より、同時に多数のガス弾を放射する方法によって、奇襲的に行う（**ガス弾擲射の奇襲**）。ガスの雲は、敵中において発生するを以て、風の方向の影響を受くること少なし。この方法は、もっとも激しくガスを発生することを得。巧みに準備するときは、至大の奇襲的効果を収むることを得。

ガス放射およびガス弾投擲は、運動戦に利用すること稀なり。

第八百六十一　毒物の撒布（Versprühen）により、**土地の毒化**を実現することを得。これを大規模に行うには、化学部隊を必要とす。一局部の毒化は、工兵により、また砲兵および迫撃砲の毒化射撃によって行うことを得。飛行機よりの**ガス弾投下**により、わが砲兵の射程外の土地をも毒化し得れども、この方法によっては、大なる地域の有効なる毒化を期待し難し。低空の飛行機よりの毒物**放射**（雨下）（Abgiessen）により、広範囲の毒化を実現し得れども、その位置を正確に決定し難し。

土地の毒化は、隘路、隠蔽地および、起伏大なる土地（たとえば、森林、あるいは水流によって分断せられたる低地、山地）に、ことに適当す。もし、これを、あるいは毒化地域として、あるいは毒化地点として、広く、かつ深く実施するときは、とくに有効なり。この方法は、障碍物および他の阻絶法の補足として、用うることを得。

第八百六十二　ガス手榴弾、ガス噴射器（Giftrauchkerze）等の**近接戦闘器材による毒物の使用**は、わが部隊に危険なるを以て、とくに風向に注意するを要す。

最前線において、ガス噴射器を以て放射するには、ガス放射と同一の条件を必要とす。

第八百六十三 迅速に経過する戦闘の際は、大量の薬剤を使用するを得ず。ゆえに、砲兵および迫撃砲のガス弾射撃を以て、単に一部目標の働きを鈍らすにすぎざるものとす。

攻撃において、多量の毒物を適時運搬し得たる場合には、毒物を、主として敵砲兵の制圧に使用す。なお、その他、突入点および攻撃を行わざる地点に対するガス化を行い、また、敵部隊の集合および予備隊等に対するガス奇襲が考慮せらる。なお、第三百四十四を参照すべし。

第八百六十四 **追撃**にありては、飛行機よりの毒物の使用は、とくに有効なり。毒物の雨下により、低空攻撃において人馬を捕捉することを得。

第八百六十五 **防止**（Abwehr）、ことに防御（Verteidigung）においては、毒物の準備は、しばしば容易となり、その使用に便宜を得。あるいは前地のガス阻絶により、あるいは砲兵および迫撃砲のガス弾射撃により、あるいはまた、ときとして、わが陣地に侵入し来たる敵を、ガス近接戦闘器材を以て克服することにより、防御を容易ならしむ。持久抵抗の際の毒物の使用法については、第五百二を参照すべし。

第八百六十六 **戦闘中止**および**退却**に際しては、砲兵が毒化射撃を以て設けたる阻絶により、あるいは化学部隊が設けたる、なおいっそう有効なる阻絶により、あるいはその他のガス阻絶により、敵の前進を阻止するを得。

第八百六十七 指揮官は、ガスに対する個人の防護を援助するの措置を講ずるを要す。これがため、敵の使用する毒物の性質および、その使用法を顧慮するを必要とす。

第八百六十八 毒物に関する敵の装備の種類と、その範囲および使用の方法を速やかに知ることは、指揮官のため、とくに緊要なり。

第八百六十九　毒物の示す弱点を、わが防護措置に活用するを要す。

第八百七十　たとい豊富なる毒物を有する敵といえども、不利の天候においては、これを十分に使用し得ず。ゆえに、この状態を利用し得ることあり。

第八百七十一　地形を利用するにあたりては、敵の毒物の効力を減殺するに、意を用うるを要す。ことに、長く一陣地に留まる場合には、わが陣地中、はなはだしくガスの危険にさらさるる部分および射撃陣地は、たとい遮蔽十分なるものも放棄するを要することあるべし。

後方および左右への兵力の分散および遮蔽せる配置、頻繁なる場所の返還および偽工事は、ガスの脅威を減殺す。すなわち、これによって、敵をして、目標の偵察と、有利の目標に対する毒物の効力の集中とを困難ならしむるを以てなり。

第八百七十二　ガス使用に不利の天候においても、**ガス警戒**を怠り、また、敵の監視を中絶すべからず。ガス警戒なき部隊は、不利なる天候においても、微少の毒物のため、多大の損害を受くることあり。

空中攻撃を予期する場合、もしくは、部隊が敵の中小口径砲の射程内に入りたるときは、ガス警戒を命ずるを得。

第八百七十三　敵が毒物を使用することを知りたるときは、ただちに**ガス警報**を発す（第六百九十五および第六百九十七）。誤れる警報は、部隊の安静を害し、時を重ぬるに従って、軍隊を鈍感ならしむ。また、機を逸したるガス警報は、重大なる結果を招くことあり。

第八百七十四　**ガス捜索兵**（Gasspürer）は、各部隊に、機を逸せず警報するを要す。敵の毒物の使用、とくに土地の毒化を予期するや、ただちにガス捜索兵を用うるものとす。捜索、または地形偵察に使用する兵力に、これを配属するを可とすることあるべし。

第八百七十五　敵の化学兵器使用に対する、もっとも有効なる防護は、敵の準備を適時探知するにあり。射撃を以て毒物の効力を粉砕すること、および敵の砲兵および迫撃砲を制圧するは、多くの場合に有効なる防支手段なり。

ガスを避くるには風下に赴くべからず。

第十九章　煙幕

第八百七十六　**煙幕**は、部隊、あるいは施設を、敵の視察より免れしめ、敵の戦闘行為を困難にし、射撃効力を減殺し、もしくは敵を欺くものとす。

第八百七十七　煙幕が過早に薄くなるか、消滅する場合には、とくに指揮官の決断力と軍隊の能力とを必要とす。

第八百七十八　敵の**地上視察**を遮るには、敵を煙幕を以て覆う（Vernebelung des Feindes）。もしくは自軍を煙幕を以て覆う（Selbstvernebelung）。後者のためには、風向が敵の視察の方向と直交するときには、煙幕壁（Nebelwand）、または煙幕地帯（Nebelzone）によって達せられ、その他の風向のときには、ただ煙幕地帯によってのみ達成せらる。

敵の**空中視察**に対しては、自軍を煙幕地帯を以て覆うことによってのみ、わずかに一部分を免るることを得。大なる設備、あるいは架橋を、この方法によって長期間秘匿することは、ほとんど不可能なり。

第八百七十九　**自軍を煙幕を以て覆う**は、敵の注意と射撃とを誘致するを以て、煙幕の範囲は、その遮蔽すべき部隊、または施設よりも、はるかに広からしむるを要す。

　敵を煙幕を以て覆うことは、自軍を煙幕を以て覆うよりも、敵の射撃効力を減殺すること多く、かつ、敵をして、煙の中において行動し、戦闘するの不利に陥らしめ、しかも自軍を煙幕を以て覆うよりも材料を要すること少なし。ゆえに、通常、この方法を用うるを可とす。

第八百八十　偽煙幕（Scheinvernebelung）は、あるいは敵を欺く、あるいは敵を他に誘致し、あるいは敵の射撃を他に誘致し、あるいは敵の注意力を疲労せしむ。この方法は、敵にその真相を覚《さと》らるるときは、効力を失う。

第八百八十一　煙幕の**範囲**、**密度**および、その**持続時間**は、天候および風により、煙を発生する位置と、煙幕を設くべき場所との距離により、また地形により、なお発煙器材（筒および散布器）、または弾薬〔発煙熕、手投煙弾、擲射発煙榴弾（Nebelgewehrgranat）、発煙砲弾、発煙爆弾、発煙地雷（Nebelminen）〕の数および種類によって異なる。

　大気の湿度高きときは、煙幕の濃度おおいに、かつ長時間維持するに適す。涼しき日、または曇天は、炎暑または寒冷のときよりも有利なり。烈しき日光は煙を上昇せしめ、強雨は煙を打ち落とす。絶えず、軽く同方向に吹く風は、多くの場合、煙幕を設くる好条件なり。

　煙幕の遮蔽効力の減退は、煙を発生する位置よりの距離および天候によって遅速あり。発煙位置より五百メートル以上隔たりたる煙幕壁および、千メートル以上隔たりたる煙幕地帯は、通視を遮り得ること稀なり。ただし、通視を妨ぐる効力は、多くの場合において、それよりもはるかに遠距離に及ぶ。

　山地および起伏激しく、かつ、樹木等の存する地形は、一連の煙幕を設くるに適せず。湿りたる平坦開豁地は、もっとも有利なり。

第八百八十二　煙幕放射に用うる器具は、わが部隊の掩護の下においてのみ使用するを得。煙弾射撃（砲兵、または迫撃砲兵を以て）の際および、飛行機による煙の使用（放射、または爆弾投下）の際は、発煙源は、敵中、または、その上空にあるものとす。

煙の放射、発射および飛行機による煙の使用は、風および地形より受くる影響を異にす。

自軍を煙幕を以て覆うため、煙を放射するには、風速毎秒二ないし八メートルの際には、いかなる風向および地形にも適するものとす。ただし、逆風の際は、前線においては用い難し。敵を煙幕を以て覆うには、必ず、風は敵方に向き、かつ近距離に対し有利の地形にのみ適す。

煙弾射撃および飛行機よりの煙の使用は、ほとんどすべての天候に適し、風速毎秒八メートル以内の場合および、すべての地形において、敵を煙幕を以て覆うに適す。逆風の際は、わが最前線の煙幕遮蔽をも行うことを得。

煙の放射、煙弾射撃および飛行機を以てする煙の使用に関する諸件は附録に示す。

第八百八十三　煙幕は、わが視界の一部を奪い、かつ視察を防ぐ。風向が、わが正面に直交、または斜交するときは、隣接部隊の妨害となることあり。この不利あるを以て、**煙幕使用の権能**を周到に統制するを必要とす。すべての指揮官は、天候および戦況を検討の上、煙幕が自己に属せざる他の兵種、または隣接部隊に影響を及ぼさざるを認めたる場合に限り、煙幕を使用するを得。

その他の場合には、まず共通の上官の承認を必要とす。なお、すべてこれらの企図は、その実行に先だち、隣接部隊に通報するを要す。

第八百八十四　煙幕使用の命令と、その実行開始とのあいだに、予期の効力を収め得ざるかごとき天候の変化を予期する場合にはむしろ、煙幕の利用、なかんずく放射は、これを断念するを可とす。指揮官は、予定の煙幕使用を実行し得ざる場合において、いかなる行動を取るべきかを、あらかじめ、あきらかならしむるを要す。

第八百八十五　部隊の有する発煙剤は、時間および地域を制限せる小規模の企図に用う。特別の場合には、軍隊指揮官は一時、各部隊の使用を統制し、もしくは数部隊の発煙剤を一箇所にまとむることあり。

装甲戦闘車輛は、自己の発煙資材を以て、適時自軍を覆うことを得。

第八百八十六　軍司令官および軍団長は、**煙幕隊**（Nebeltruppe）と、やや大規模の煙弾射撃に必要なる弾薬とを、所属の各部隊に分配し、これを、あるいは自由に使用せしめ、あるいは特定の任務達成のために使用せしむ。師団長は、自己に配属せられたる煙幕隊および発煙剤を処置し、その効力をして、隷下部隊の射撃および運動と調和せしむ。

煙幕隊および発煙剤の大部分は、戦闘目的、地形および天候により、煙幕が最大の効力を収め得べき地点に集結す。すべて煙幕構成の際には、必ず、その目的、開始時刻、継続時間および方法を命令し、隣接部隊と協調せしむるを必要とす。

第八百八十七　煙幕隊指揮官は、自己の属する指揮官の顧問役にして、常に指揮官の意図および戦況の推移をあきらかにし、時々、偵察によって煙幕使用の能否を確かめ、自己の部隊の使用について意見具申す。

第八百八十八　全般の指揮官は、煙幕の効力と戦闘行為とを調和せしむるために、煙幕を設くる部隊を、その遮断すべき部隊に隷属せしむるか、もしくは、両者が協同動作をなすごとく指示するを得。もし、煙幕の効力が、単に、その遮蔽すべき部隊にのみ及ぶときは、両者のあいだに一種の隷属関係を生ず。

砲兵、迫撃砲および煙幕隊を以て、一つの煙幕を作らんとする場合には、その砲兵指揮官に煙幕構成の指導を委任するを可とす。

煙幕と射撃と運動との**協調**は、時間によって統制するを、もっとも確実なりとす。

第八百八十九　一定の戦況に達するを待って、はじめて煙幕の構成を開始せしむべき場合には、軍隊指揮官は、その開始の命令を自ら保留するか、もしくは、遮蔽すべき部隊の指揮官に、これを委任することを得。

第八百九十　煙幕内の戦闘および運動は、天然の霧の中と同様に困難なり。煙幕の霧と異なるところは、不意に現わるること、通常、その発生の源に近き部分が濃密なること、および短時間に消散することなり。

道路外においては、磁石は、方向の決定にもっとも確実なる手段なり。ときとして、風向（風の流るる方向によって判明す）もまた、方位を知るための参考となる。

各部隊の連繋を維持するため、地区ごとに躍進するを可とすることあり。

第八百九十一　煙幕を以て覆われたる敵に対する攻撃は、攻者はたとい、その攻撃進捗中、自ら煙の中に進入して、攻撃方向の維持に困難を感ずるも、なお防者よりも有利なり。

第八百九十二　防者は、敵に煙幕を設けられたる場合にも、射撃効力を維持することに意を用うるを要す。

煙の中の**逆襲**（Gegenstoss）は、近接戦において勝敗を決す。ゆえに部隊は、危険に陥りたる地点付近に近接しあるを要す。

反撃（Gegenangriff）は、通常、煙の消えたるときに、はじめて実行すべきものとす。

第八百九十三　敵の附近に生ずる煙幕に向かって火力を集中することは、かえって敵の企図に陥る虞あるを以て、いかなる場合においても、これを行うは不可なり。各部隊は、自己の前面の煙幕に対してのみ、独断にて射撃を開始するを得。

第八百九十四 煙幕を以て秘匿しつつ行う敵の行動を、空中捜索によって確かむることは、常に努むべきものとす。

第八百九十五 煙幕には、毒物を混ずることあるを以て、敵が煙幕を設けたる場合には、ガス面を装し、煙の無害なることを確認するまでは、それを脱すべからず。

第二十章　阻絶

第八百九十六　道路および土地の阻絶は、敵の前進を阻止し、もしくは、敵を一定の方向に向かわしめるものとす。阻絶は、戦闘実行、なかんずく防支において、重要なる手段なり。また、休止および運動間の警戒度を増すものとす。なお、秘匿を容易にし、かつ、敵を欺くことを得。

交通線（鉄道、水路、自動車道および永久の通信線）**の阻絶**は、敵の交通および活動を妨害す。

第八百九十七　阻絶の範囲と、その実行の方法とについては、わが企図および状況によって決し、その実行の目途は、これに使用し得る時間、兵力および資材と地形および地物によって決す。

阻絶および障碍物の種類と、その設置に要する時間、兵力および資材については、附録を参照すべし。

毒物による阻絶については、第八百六十一、第八百六十五および第八百六十六を参照すべし。

第八百九十八　道路、土地および交通線の阻絶は、その縦深（土地の阻絶にあっては、その幅）の増すに従って、効果ますます増大す。阻絶の**効力**は、阻絶がわが射程内にある場合、敵の意表に出づる場合、その除去に特別の兵力および資材を使用するを要する場合、もしくは不利の条件の下に、その制圧のために努力を要する場合には、いっそう増大す。各種阻絶の使用を変更すること、偽阻絶を用うること、ひそかに爆薬を装置する等によって、この種阻絶の持続的効力を増進せらる。

地雷および毒物による阻絶は、わが射程内に在らざる場合においても、敵に損害を与うるものとす。往々、水流、湖沼、湿地、森林、山地等、天然の障碍を阻絶に利用し、かつ、その阻絶効力を増加することあり。

阻絶は、わが射撃効力の増進に利用することを得。

第八百九十九　道路および土地は、天然の障碍の増強、各種の人工障碍の設置、地雷原、氾濫、破壊および大河の利用等によって阻絶す。**交通線**が阻絶せる土地を通過する場合の阻絶法については、第九百一および第九百二の規定を準用す。

第九百　交通路の阻絶は、徹底的遮断によって、なるべく長時間断絶せしめ、あるいは、軽易の措置によって、短時間の中断を行う。

第九百一　交通線の徹底的遮断は、必ず、総司令部、軍司令官（軍集団司令官）、もしくは独立の軍団長（騎兵軍団長）、または師団長の指定（Bestimmung）に従って、実行するを要す。

鉄道、水路および自動車道の徹底的遮断は、通常、ただ技術的構築物および重要設備の広範なる破壊によってのみ行うものとす。

常設の通信連絡線の徹底的遮断には、架空、もしくは地下導線の長距離にわたる破壊、または中継所、電信局、変圧所および無線通信所の技術設備の破壊を必要とす。

第九百二　交通線の軽易なる遮断および、道路および土地の阻絶は、上級の指揮官より特別の指示なき限り、すべての軍隊指揮官、独断を以て実行するを得。これが処置を行う指揮官は、これを実行すると否とにかかわらず、責任を負い、かつ、各部隊にあらかじめ指示を与う。
交通線の軽易の遮断ならびに、道路および土地の阻絶は、自己の安全のために必要なる場所においては、いつにても実行するを可とす。その他の場合には、自己の作戦地域内においては、前進の際にはこれを避け、作戦休止中はこれを行い、退却の際は実行するを可とす。敵の作戦地域内においては、常に行うべきものとす。

第九百三　困難にして大規模の阻絶任務には、それに任ずる軍隊指揮官に工兵を、また要すれば、専門の人員を配属す。また、工兵独力を以て、もしくは工兵に他の部隊を附して、この種の阻絶の実行を命ずることあり。
その他の兵種も、自己の有する器材を以て、単簡なる種類の阻絶を設くる能力を有せざるべからず。

第九百四　阻絶の能否に関する偵察は、機を逸せず、着手するを要す。しばしば、地図によって、最初の参考資料を得べし。大規模の阻絶任務のためには、空中写真および官憲の資料が価値あることあり。

第九百五　すべて交通線の阻絶の時機、場所および種類は、その処置をなす軍隊指揮官より、上官に報告し、また関係指揮官には、その行動を妨害すべき場合には、あらかじめ通報するを要す。

第九百六　交通線を徹底的に遮断すべき任務は、通常、文書を以て示すを要す。もし、技術的通信機関によりて、この命令を伝えたる場合は、さらに文書を以て、ただちに明示するを要す。
大規模の技術的構築物を破壊する際には、それを区処する指揮官は、特別の場合、とくに退却の際には、破壊の時期をその手に保留することを得。
しかれども、破壊の命令が時機を逸するときは、大なる不利を来たすことあり。

第九百七　**大なる阻絶実行の区処**には、他の事項とともに、阻絶の目的、程度、範囲、その設備に用いたる労力および資材、作業の開始または終了、要すれば、作業の順序、警戒、空隙（間隔）を存すべきか、あるいは、その間隙をいずれに置くか、なんびとの命令によって、その空隙を閉塞するか、作業終了までの所要の通信連絡等について、決定す。要すれば、完成せる阻絶を、なんびとがいかにして警戒し、もしくは、他の戦闘目的に利用すべきかをも決定するを要す。

阻絶の除去

第九百八　阻絶の除去には、大規模の準備を必要とし、時機を逸せず、その準備に着手するを要す。ときには、阻絶の迂回によって、速やかに目標に到達し得ることあり（ことに、敵が、これを防支に利用せるを予想せらるる場合において然り）。

第九百九　空中および地上の偵察により、阻絶の位置、種類および範囲、迂回の能否および間隙の有無を確かむるを要す。多くの場合には、秘匿せる装備および地雷を捜索する必要あり。ときには、戦闘によって、はじめて阻絶の判明することあり。

偵察実行のために、工兵将校に所要の偵察機関を附して、先遣するを有利とすること、しばしばなり。捜索のために出す部隊に、この将校を配属するを可とすることあり。

第九百十　偵察の結果にもとづき、阻絶除去の兵力および資材を用うるものとす。

簡単なる阻絶は通常、歩兵、騎兵、砲兵および機械化部隊独力にて除去するを要す。必要に応じて、工兵を招致し、また、場合により、通信部隊その他の技術部隊を招致す。また、工兵をして、独力にて除去せしむることあり。

地雷原、高圧電流の阻絶および氾濫の除去、破壊されたる大施設物の復旧および新設には、工兵、建築隊（Bautruppe）、もしくは、特別の専門の人員を招致するを要す。

ときとして、射撃および飛行機の爆弾投下によって、破壊するか、もしくは、戦車を以て除去するを得。

第九百十一 大規模の阻絶の除去は、多大の人員および資材と、特別の警戒の措置とを必要とす。

第二十一章　装甲列車

第九百十二　**装甲列車**は、短時間内に長距離に達するを得。装甲列車は、破壊容易なる軌道に拘束せらるるを以て、その用途は限定せらる。装甲列車が不意に出現し、しかも、敵の軍隊の価値低き場合には、至大なる精神的効果を収むるを得。

装甲列車は、長時間の火力戦闘および、砲兵を有する敵との戦闘に適せず。

第九百十三　装甲列車は、機関車のほか、通常八ないし十個の車輌、すなわち、武装車、防護車（器材車）、居住車および給養車より成る。機関車は炭水車とともに、通常、中央に位置し、先頭および後尾には、防護車（器材車、または土砂車）各一を置く。

機関車および武装車の重要部は、装甲を以て、榴弾の破片および小銃弾を防護す。

武装車には、機関銃、迫撃砲および砲を備え、かつ戦闘員を収容す。

装甲列車には、命令の伝達および射撃指揮のため、ならびに外部との連絡のために、通信機関を備う。

居住車および給養車は、戦闘を予期するに至るや、なるべく後方に控置するを可とす。

第九百十四　装甲列車の**乗員**は、戦闘員、技術員（列車乗務員）および鉄道建設隊より成る戦闘員は、銃、砲手および列車外にて使用すべき歩兵（場合により、一中隊の兵力に達することあり）より成り、なお要すれば、爆薬を携行する工兵を備う。

第九百十五　**応急的に装甲せる装甲列車**は、装甲列車に似たる設備を有す。ただし、その戦闘価値は劣るものとす。

第九百十六　装甲列車は、あらかじめ準備しある場合には、おおむね半時間以内に発車の準備を完了す。しからざる場合には、約三時間を要す。

敵の空中捜索を困難にするため、列車を多くの軌道に分置するを可とす。

装甲列車の**速度**は、通常、毎時二十ないし三十キロとす。

第九百十七　装甲列車は、一時、軍司令部、または軍団司令部に配属することあり。

運行の予定は、輸送係将校（Transportoffizier）が、鉄道業務の当事者とともに決定す。

第九百十八　装甲列車を以て行う企図は、周到に準備し、かつ秘密を維持せざれば、奏功せず。列車長は、全般の状況を知らざるべからず。列車長が、その路線を知悉するか、もしくは、空中写真によって、それを知るときは有利なり。

夜暗および森林その他のために、展望困難なる土地においては、装甲列車を使用すべからず。

第九百十九　装甲列車は、鉄道輸送、乗下車、鉄道の破壊および復旧作業ならびに追送および還送の警戒に任じ、また退却に際しては、なお不安なる地方の掃討および快速力の予備として使用せらる。

第九百二十　装甲列車は、なるべく二組ずつ使用すべきものとす。ことに、敵中において然りとす。その場合には、同一軌道上を相前後して進むか、もしくはまた複線上を梯次に進むものとす。両者は、汽笛、火光信号および無線電話を以て連絡す。

装甲列車の掩護のために、機関車、軌道三輪車（Draisine）、あるいは軌道自動車に機関銃を備えたる斥候を用うることあり。この部隊には、小破損の復旧に必要なる器具を携行せしむ。

空中攻撃の防支のために、進行中、機関銃は射撃準備を整えあるを要す。

第九百二十一　敵中に進入を企図する場合は、あらゆる手段を尽くして、後方との通信連絡を維持するを要す。これがため、機関車をも使用することあり。

第九百二十二　術工物および停車場は、通過に先だち、調査を必要とす。

停車中、装甲列車は警戒をなすを要す。空列車、または機関車の突進に対する警戒のために、線路上に阻絶を設く。

第九百二十三　弾薬の節約に意を用うるを要す。補給は、ときとして、他の装甲列車を以て運搬せらるるを要す。

第九百二十四　装甲列車の長は、線路および、それに沿う通信線を切断すべきか否か、また、いかに切断すべきかを指示するを要す。

第九百二十五　微弱なる抵抗は、通常、列車内に備うる火器を以て、同時に前進する歩兵と協力して撃破す。列車の適時の追撃は、とくに有効なることあり。

装甲列車が、とくに砲兵の優勢なる敵に衝突せる場合には、煙幕を設けて退避す。

第九百二十六　装甲列車と装甲列車との戦闘の際は、まず第一に機関車を撃破すること緊要なり。使用し得る限りの火器の射撃の掩護の下に、歩兵は敵の列車に向かって前進し、その退路の遮断に努む。敵の他の装甲列車および部隊に対する警戒に、意を用うるを要す。装甲列車は好機を見て、攻撃のため、前進す。

装甲列車が敵の攻撃を避けんとする場合には、自ら煙幕を設け、車輌を敵方に突き送るか、もしくは、軌道を阻絶する目的を以て、障碍物を投下す。


第九百二十七　部隊が敵の装甲列車の攻撃を予期するときは、なし得れば、軌道を遮断するを要す（第八百九十六ないし第九百七）。

秘密の阻絶により、列車を脱線せしむ。また、敵に見える阻絶は、あらかじめ試射を完了せる場所に停止せしむるを目的とす。

展望し得ざるために、敵が必ず徐行すべき場所に対して、火力の奇襲を準備するを要す。

適時に射撃を開始するため、速やかに敵の装甲列車の接近を知り、かつ、迅速に報告するを必要とす。

十分の兵力を有するときは、動き得ざるに至れる列車を攻撃す。続行する装甲列車、もしくは軍隊に対する警戒を怠るべからず。

第二十二章　軍隊輸送

第九百二十八　軍隊および軍需品の輸送は、鉄道、自動車および船舶によって行う。輸送手段は、総司令部より命令なき限り、上級の司令部において決定す。輸送業務のために、輸送係将校を使用す。

鉄道は、大小の部隊を迅速に、かつ、通常確実に遠距離に輸送し得、また大兵団の補給をなすを得。

自動車は鉄道を補足、鉄道の負担を軽減す。自動車は、多くは短距離に使用し、その輸送力はすこぶる少なし。自動車の利用は道路の状態に左右せらる。

水路は、船の積載量大なれども、輸送が比較的遅く、かつ不確実なるため、主として多量の貨物の追送と傷病兵および捕虜の還送に当てらる。

海岸の交通および海を越ゆる輸送は、特別の規定に拠る。

鉄道

第九百二十九　**鉄道**は、全般の戦争実行のために重大なる意義を有す。鉄道は、全軍の動員、開進および攻撃力維持のために、きわめて重要なり。鉄道は作戦中、兵団の移動を可能にす。

総司令部は、軍事上の目的のために鉄道を利用す。鉄道監部（Eisenbahnverwaltung）は軍事上の要求を実行す。

司令部の**輸送係将校**は、軍事上の要求を関係の鉄道監部に伝え、それと協同して、この要求を充たすことを掌り、かつ、その実行について承知す。

主要停車場には、**停車場将校**（Bahnhofsoffizier）を置き、輸送係将校と鉄道吏員との仲介に任ぜしむ。なお、停車場将校は、停車場における安寧秩序を維持するに必要なる軍事上の区処をなす。この将校は、関係の輸送係将校の隷下にあるものとす。

占領せる鉄道および敵地に新設せる鉄道の軍事的利用は、総司令部が鉄道監部とともに管理す。

第九百三十　軍事上の目的に利用し得る各**広軌鉄道の輸送力**は、毎日各方向に送り得る軍用列車の数を以て表す。たとえば、毎日二十四列車とは、毎日往復ともに二十四列車ずつを送り得ることを意味す。

軍用列車の速度は、その編成に従い、それと同一編成の普通列車に相当す。旅客列車の平均速度は、毎時三十キロなり。

第九百三十一　停車場の積載および卸下の能力（**停車場能力**）は、毎日積込、または乗卸を行い得べき軍用列車の数を以て表す。ただし、補助の「プラットホーム」の建設のごとき特別の措置によって、それを増進するを得。通常二十四時間以内に十二列車の積載、または卸下を行い得るは、良好の停車場能力の部に属す。

第九百三十二　軍隊輸送のための**空列車の準備**、輸送に関する作業、積載および卸下の停車場の施設その他には、準備の時間を要す。鉄道監部の予告なく行わるる大規模の軍隊輸送（輸送運動）の準備には、第一列車の出発までに約三日を要す。準備の措置を行えば、この期間はおおいに短縮し、単に少数の列車の輸送を行う場合には、数時間に短縮するを得。

第九百三十三　発送を速やかならしむるため、基準列車（Einheitszug）、または準備列車（Bereitschaftszug）を編成するを得。

基準列車は、諸兵種の単位部隊の最大兵力に相応して編成し、**準備列車**は、発送すべき部隊の輸送兵力に相応して編成するものとす。

第九百三十四　輸送運動の期間は、総列車数、毎日の列車数、輸送距離および運行速度によって左右せらる。

第九百三十五　いつ軍隊が目的地において使用に供し得るかは、鉄道輸送において、その準備期間、輸送時間および乗車停車場への行軍および下車後、集合地までの行軍に要する時間によって算出し得べし。

この**準備完了まで**の期間を短縮するため、徒歩部隊を鉄道を以て送り、乗馬部隊および機械化部隊を行軍せしむるか、徒歩部隊を自動車を以て送り、爾余の部隊を鉄道を以て送るを有利とすることあり。その不利とするところは、団隊を分割し、かつ、それを再び合一するまでは、運動力を減殺する点にあり。

状況により、徒歩行軍により、かえって早く目標に到達し得ざるか否かを考究するを要す。ことに短距離において然りとす。

第九百三十六　輸送計画（Transportanordnung）によって、軍隊指揮官の意図を窺知《きち》し得るを以て、すべて責任者以外の者にその計画を知らしめざるごとく注意するを要す。

第九百三十七　上級の司令部は、輸送係将校と協定して、最初の乗車時刻を確定す。この司令部は、発送、または到着の順序（**鉄道輸送順序**）（Eisenbahntransportfolge）を要求し得べく、また、特別の場合には、輸送路および輸送の実行に関して、要求をなすことを得。輸送係将校は、この要求を充たすことに全力を注ぐべきものとす。

第九百三十八　輸送の通告は、通常、輸送を命ずる地位にある者より輸送係将校に伝う。

第九百三十九　輸送命令（通常は**輸送表**）には、輸送の編組および兵力、積載、発車、運行計画、給養および給水のための停車および到着を示すを例とす。

第九百四十　下車地および集合地附近における部隊の下車、宿営、給養等のために**先遣せらるる人員**は、普通列車、特別列車、自動車、または飛行機を利用して先行す。**後より輸送せらるるもの**は、自己の任務終了後に、右の方法に準じて続行す。

第九百四十一　輸送を命ずる者は、各輸送のために、それぞれ**輸送指揮官**を定む。輸送指揮官は、乗車、運行、下車、警戒、輸送部隊内部の秩序等について、軍事的区処を行う。また、その補助官として、輸送指揮官に**搭載係将校**（Verladeoffizier）を附することあり。この将校は、自己ならびに自己の部隊が、鉄道官憲の職務上の区処に服することに関し、責任を有す。

すべて鉄道業務に対して干渉することを禁ず。

第九百四十二　特別の規定なき限り、輸送中の給養は、部隊において確保すべきものとす。

第九百四十三　輸送運動は、敵の空中捜索を免るること稀なり。この輸送は、平日の交通より頻繁となるに従って、これを察知すること、ますます容易となる。しかれども、輸送を夜間にのみ行い得ることは稀なり。状況、これを許す場合には、軍隊を使用すべき場所の側方、または、広大なる地域に卸下せしめ、夜行軍を以て招致するを適当とすることあり。

第九百四十四　乗車および下車の際、敵の空中捜索および空中攻撃に対する**警戒**は、たとい防空部隊を配置する場合といえども、各部隊自ら行うべきものとす。

「プラットホーム」、積込路（Ladestrasse）および停車場附近に部隊を集合することは避くるを要す。これがための適当なる措置、左のごとし。

なるべく小部隊に分かち、別々に飛行機より見えざる道路を取って、前進、もしくは退去すること。

飛行機に対して遮蔽せる場所を、乗車点、または下車点附近に選定すること。

停車場内および、その附近に、敵眼に遮蔽する場所を偵察し、かつ標示すること。

乗車表を作り、それに従って、部隊を乗車すべき群に分かち、各群をただちに乗車し得るごとく誘導すること。

下車部隊を、ただちに停車場より退去せしむること。

右の措置は、関係の鉄道職員、または、要すれば、すでに配置せられある停車場将校と協定の下に行うべきものとす。

運行中は、防空のため、射撃準備を整えたる機関銃を無蓋貨車に積載す。而して、この車輛は、全列車中に分置するを可とす。

乗車および下車を、敵の地上企図に対して警戒するを要す。ときとして、輸送中にも、迅速に戦闘準備を整え得る措置をあらかじめ講ずるを必要とすることあり。状況急迫せる場合には、鉄道職員と協定の下に、一人の将校を機関車に同乗せしむることあり。

第九百四十五　鉄道の諸設備を、地上の企図に対して保護するには、現地の警戒兵および輸送中の警戒兵により行う。

重要の運行施設、または軍事施設を有する停車場、鉄道交叉点、動力の中枢および大なる鉄道橋等の防空は、とくに緊要なり。これがためには、防空隊、駆逐飛行隊、昼間の煙幕、夜間の各種燈火管制を以てす。

第九百四十六　敵の捜索機関を欺くための輸送運動は、鉄道網の関係と、その他の鉄道の任務とが、これを許す場合に限り、実行することを得。而して、その目的を、敵にまったく察知せられざるか、あるいは、過早に察知せられざる場合にのみ有効なり。もし、これを空車を以て実行するときは、敵の飛行機を欺き得るも、敵の諜報勤務はこれを欺くことを得。

自動車

第九百四十七　特別に編組せる自動車部隊は、軍隊を、その馬および車輛の全部、または、その一部および軍需品とともに輸送することを得。

第九百四十八　自動車輸送は、鉄道輸送に比し、融通性を有す。その速度は、良好の道路上においては比較的大なるも、乗車および下車は一定の制約を受け、多くの摩擦を生じやすし。その困難は、輸送すべき部隊の大なるに従って、ますます増大す。

第九百四十九　混成歩兵連隊以上の部隊の自動車輸送は、少なくとも六十キロ以上の距離にあらざれば不利なり。小部隊および物資（補給品）は、小距離の輸送にも用うることを得。

第九百五十　状況これを許す場合には、応急処置として、軍縦列（Armeekolonnen）および、師団補給縦列（Divisionsnachschubkolonnen）、もしくは地方自動車を以て、臨時に編成せる縦列を軍隊輸送に使用することを得。

第九百五十一　大なる自動車輸送は、良好の道路にあらざれば実行し難し。

その実行に先だち、道路の状態を確かむべきものとす（第二百七十五）。もし、これを省略したるときは、前進中に行うを要す。

工兵および器材を輸送路上に配置するか、もしくは輸送縦列中に挿入するを可とすることあり。

第九百五十二　自動車縦列の**前進速度**は、とくに、道路の傾斜、種類および状態、時刻、季節、天候、車輛の種類および状態によって左右せらる。

一定の速度の維持を要求すべからず。各自動車縦列は、最小の能力の車輛の速度を十分に利用するごとき速さを以て前進す。

ゆえに、前進中に、各自動車縦列間の距離および各車輛間の距離は変化し、前進速度の加わるに従って、距離はますます増大するものとす。その際、各縦列内の連繫を失うべからず。ただし、全体の行軍縦列をまとめることは断念せざるべからず。

一つの行軍縦列、または、その内部の自動車縦列は、同一の能力のものを以て編成するを可とす。

第九百五十三　通常、各自動車縦列の速力を十分に利用するため、速力のもっとも大なる自動車縦列を先頭に置く。もし、部隊がまとまって到着するを要するか、もしくは、一部の隊を長く休憩せしめんとするときは、速度の遅き自動車縦列を前方に出し、速き縦列を晩《おそ》く出発せしむるを可とす。

第九百五十四　行軍の能力は、前進速度と同一の条件によって左右せらる。

操縦者は通常、二十四時間以内に小休止を加えて、十時間以上の前進を行うべからず。操縦者を交代すれば、ほとんど二倍の能力を発揮せしむることを得。しかれども、交代を受けざる車長および操縦者と輸送部隊および、その車輌は、いっそう強き影響を受く。

第九百五十五　**休日**は、主として、兵員のために必要なり。車輌は、各輸送後および各休止ごとに点検するを要す。車輌の手入および燃料の充塡には、毎日、少なくとも二時間を当つべきものとす。

大なる手入のため、自動車隊は通常、毎週一日を必要とす。

第九百五十六　輸送の区処は、上級の司令部において行い、輸送の実行は、軍隊指揮官、または輸送せらるる部隊の指揮官、その責に任ず。自動車隊の長は、その技術に関する顧問となる。前記指揮官と、この隊長とは、自動車輸送の前および輸送中、密接なる協同動作を欠くべからず。

第九百五十七　自動車輸送を区処する指揮官は、輸送のためには、とくに、出発時刻、または到着時刻、道路、前進目標を示し、なお要すれば、毎日の目的地、休憩、行進交叉および超越の際の措置、燃料の補給、道路の補修、空縦列の駐留等を指示す。

細部の事項は、直接、自動車隊の長と輸送部隊の指揮官とのあいだにおいて、規定するを要す。

第九百五十八　**乗車および下車**には、広き道路および場所を可とするも、傾斜地内、または、それに近接しあらざるを要す。空中捜索および空襲の脅威に対し掩護せられ、軍隊の進入、または進出路短小にして、しかも、自動車縦列の到着および出発に好都合（環状道路）なることは、乗車および下車の主なる条件なり。これに要する長さを計算するための標準としては、停止中の一自動車縦列の長さは、三百ないし五百メートルとみなすべきものとす。

輸送部隊の全部を、同時に乗車、または下車せしめ、かつ、部隊を、その乗車前に（また、乗車せる自動車縦列を、その出発前に）集合せしむることは、多くの場合において適当ならず。むしろ、乗車および下車は、別々の場所において行い、時刻を異にして、縦隊を作らしむべし。

軍隊が、すでに密に集結しあるか、もしくは、下車後、密に集合するを要する場合には、それを、とくに適当なる**一箇所**において、乗車、または下車せしむるを適当とすることあり。その場合の乗車には、部隊および自動車縦列を、群ごとに逐次に某所に招致し、また、下車のためには、乗車せる自動車縦列を適時に某所に招致す。自動車縦列の各群、または各自動車縦列は、乗車、または下車の完了後、ただちに退去す。この方法によれば、防空の施設容易となり、乗車場、または下車場に積載用具および積載班を準備することを可能ならしむ。

第九百五十九　十分の積載用具を備うるときは、自動車縦列、または、その群の積載は約三十分を要し、卸下には十五分を要す。ただし、積載に習熟せざる軍隊にあっては、通常、これよりも多くの時間を要す。

第九百六十　第百九十八に従って編組せる、密集の行軍縦隊（輸送縦隊）を設くることを適当とする場合は稀なり。

下車後まもなく戦闘加入を予期する場合には、その使用し得る部隊を、最初に下車地点に到着するごとく、自動車縦列の行軍序列を決定するを要す。

別々の場所にて積載せる、若干の自動車縦列が、同一地点より同一の道路を前進するを要するときは、各縦列のその地点への到着を、時間を以て規正し、適当に輸送縦列内に入り込むごとく、監視するを要す。大部隊の輸送には、多くの場合において、数条の道路を必要とす。各行軍縦隊を各道路に配当する際には、なるべく輸送部隊の建制を維持するを要す。通常、一道路上に混成一連隊以上を配当せざるごとく努むべし。

第九百六十一　軍隊指揮官は通常下車地に先行す。行軍縦隊の指揮官は、その自動車隊の長とともに、命令および報告の容易に到着し得る場所に位置す。その他の部隊長は、自己の部隊の輸送と同行す。

第九百六十二　行軍縦隊の行軍実施には、特別の管理を必要とす。各自動車縦列をして、その日の目的地、または下車地まで、一挙に前進せしむるか、もしくは、全行軍縦列をして大距離の躍進を行わしむるを可とす。また、各自動車縦列をして、一定の地点への到着を報告せしめ、つぎの命令を待って、再び出発せしむるを適当とすることあり。

行軍縦隊内においては、各自動車縦列および各車輛の長は、道路と目標とを承知しあるを要す。

命令および報告は、行軍縦隊内にありては、自動自転車手をして伝達せしむるか、または、歩哨をして交付せしむ。

第九百六十三　通常、**交通管理**を必要とす。他の行軍縦隊との遭遇を予期する場合において、ことに然り。この場合には、両者に共通する上官は、所要の措置を講じ、いずれの行動が優先権を有するかを指定すべきものとす。

交通管理の機関は、困難の場所には道路標（路傍に矢を以て標示する等）を設け、また、夜暗には、とくに通視の困難なる地点に案内兵を配置すべし。

第九百六十四　往々、**夜行軍**（**夜間輸送**）を有利とすることあり。しかれども、大なる輸送、輸送距離長き場合および短き夜には、往々、昼間に輸送を開始するか、もしくは、終了するを要すべし。敵の空中捜索を欺くため、とくに大なる迂回を要せざる場合には、昼間、全部、または一部の輸送を、予定の方向と異なる方向に行うを有利とすることあり。

夜暗における大部隊の乗車および下車は困難にして、特別の措置を要し、昼間よりも多くの時間を費やす。燈火を用いざる前進は、敵の空中捜索を困難にす。月明の夜には、やや速度を減ずれば、これを実行するを得。暗夜には、徐行を以てのみ、ようやく実行し得。

夜行軍に関するその他の着眼は、昼間の行軍に同じ。

第九百六十五　もし、自動車輸送中に敵の影響を予期するときは、要すれば、他の部隊をして、下車の完了まで、地上の攻撃に対して警戒に任ぜしむ。

大部隊の乗車および下車の際、および、道路中とくに危険なる部分のためには、上級の司令部は、防空部隊を以て**防空**を配慮す。

輸送運動を分割するときは、敵の空中捜索をして、その認知を困難にし、空中攻撃の効力を減殺す。部隊の防空は、徒歩行軍の際に慣用する方法に準じて、施設すべきものとす。「飛行機警報」(第二百四十二)の信号に応じての、敵の低空攻撃に対する防支に任ずる部隊は、射撃を開始し、自動車縦列は依然前進を続行す。

第九百六十六　**長時間の休憩**は、なるべく前進開始に先だちて行わしむ(第九百五十七)。すべて休憩の際は、戦術上の要求と技術上の要求とを調和せしむるを要す。

全般の前進運動を妨害せざる、小なる休止は、指揮官において、必要に応じて実行することを得。休憩のためには、第二百五十四および第三百四に示せる趣旨を準用すべし。土地の状況、これを許せば、前進路を開放しおくべし。

第九百六十七　自動車行軍間の**宿営**は、多くは群ごとに前進路に沿うて行う。この際、自動車縦列と輸送部隊とは同所に宿営し、車輛は通常積載のままとす。

第九百六十八　燃料、車輛等の補給は、第二十三章に示せる着眼に従って行う。自動車部隊に配属せられたる燃料縦列（Betriebsstoffkolonne）は、一部は行軍縦隊内に挿入し、一部はこれを使用すべき予定地に先遣するか、その後尾に続行せしむ。

車輛等の修理は、自動車**修理班**（Kraftwagenwerkstatt）において行う。この修理班は先行して、進路の途中、または下車地点附近に開設するか、もしくは乗車地点附近に留まるものとす。また、その一部は、破損車輛を牽引するために、行軍縦隊中に挿入するか、もしくは、道路網および偵察せる工場の状況により、一定の場所に先遣するを要す。

第九百六十九　前進間には、**糧食**を野戦炊事（Feldküche）において調理し、休憩の際に支給す。

通常、部隊は輸送中に必要なる糧食を携行すべきものとす。これがため、機械化せる糧食行李（Verpflegungsstoff）のほかに、自動車隊の車輛中、使用し得るもの全部を利用すべきものとす。

部隊は、下車後なお、繋駕の糧食行李を使用し得ざる場合しばしばあることを顧慮するを要す。

大部隊および遠距離の自動車輸送には、特別の措置によって、糧食の補給を確保すべきものとす。

第九百七十　自動車輸送中には、輸送部隊の隊附軍医は、自動車隊の衛生勤務をも行うものとす。

第九百七十一　自動車により輸送せらるる部隊の馬匹および車輛にして、別に鉄道、または徒歩行軍を行う梯団は、部隊に先行するか、もしくは部隊に追及す。部隊は、その**馬匹梯団および車輛梯団**と合一するまでは、活動を制限せらるるを以て、その時期までは、この部隊に若干の貨物自動車を残すを要す。

その数は、自動車輸送を区処する司令部より指定す。

第九百七十二　自動車にて輸送せらるる部隊と、その馬匹梯団および車輛梯団間の命令および報告の伝達を、終始確保するを要す。

第二十三章　作戦地域内にある部隊の補給

第九百七十三　軍隊は、自己の戦闘力を維持するため、絶えず各種の需要品を補給し、かつ、その活動力を減殺するものを除くを要す。

第九百七十四　**機を失せず、かつ十分に補給すること**は、戦闘行為成功のもっとも必要なる条件なり。補給すべき兵団の兵力増大し、戦況急迫するに従って、補給の重要性と困難性とは、ますます増加するものとす。需要品の多種多様なること、往々、その要求急速に激増し、かつ、しばしば需要の急変する等のために、その補給には、先見的の措置と不断の厳重かつ統一的指導を必要とす。

軍騎兵の補給については第七百三を参照し、装甲部隊および軽部隊の補給については第七百五十を参照すべし。

第九百七十五　軍司令部および軍団司令部においては、その長官の委任の下に、参謀長これが指導に任ず。その下に、軍司令部にありては軍補給部長（Oberquartiermeister）、軍団にありては補給部長（Quartiermeister）、その任に服し、師団司令部にありては、特定の某参謀この勤務に服す。軍補給部長等は絶えず、速やかに状況および企図を承知し、以て、各部門の補給勤務に任ずる将校および軍官憲（註 ドイツ軍にありては、経理官は官吏なり）に、適時、指示を与え得ざるべからず。

右に述ぶるより以下の指揮官は、右に準ずる方法によって、補給勤務を行わしむ。糧食補給の勤務は、軍隊指揮官の区処に従い、通常**給養係将校**（Verpflegungsoffizier）に監督せしむ。計手（Zahlmeister）をその補助官に用うることあり。その他の補給の各部門、たとえば、弾薬補充の業務のために、特別の機関を、一時、または永続して設くるか否かは、そのときの状況による。

すべての指揮官は、軍の補給勤務のためには、真に必要なる範囲以上の人員を使用せざることにつき、責任を有す。

第九百七十六　国内においては、補給品は、弾薬本廠（Munitionsanstalt）、糧秣本廠（Ersatzverpflegungsmagazine）、兵器廠（Zeugamt）等に蒐集し、かつ、発送の準備を完了す。

同所より、補給品は、**弾薬列車**、**糧秣列車等**により、または区分輸送により（多くは普通列車中に編入して）、**中継機関**に送り、同所にて列車の分割をなすか、あるいは区分輸送の組換をなし、もしくは、補給のため、直接に卸下停車場に送り、同所において、軍、軍団、もしくは師団に補給品を補給す。

また、内地よりの補給品を、**自動車縦列**を以て、通常、各種の材料廠（Park）および倉庫（Lager）に送るか、もしくはまた、分配所（Ausgabestelle）に送ることあり。

水路による輸送は、作戦の規模大なる場合においてのみ、大量の貨物と傷病兵および容器等の還送の場合に考慮せらる。

第九百七十七　補給品の卸下停車場は、軍司令部の規定により、または軍団司令部、もしくは師団司令部の意見具申にもとづき、軍司令部所属の輸送係将校によって決定せらる。敵の飛行機より受くる危険を顧慮し、各師団に一箇所ずつの補給品卸下停車場を配当することに努るを要す。

卸下停車場は、鉄道の状況および戦況、これを許す限り、戦線に近く設くるを要す。卸下停車場に多量の物資を集積し、かつ車輛を集むるときは、運輸交通の停滞を来たし、かつ、敵の空中攻撃に対して危険なるを以て、避くるを要す。

第九百七十八　軍司令部は、その補給品の大部を材料廠および倉庫に置く。その一部は、補給列車内および軍縦列（Armeekolonne）に積載しおき、移動し得るごとくす。

卸下停車場と戦線との距離、過大なるときは、軍司令部は、材料廠（**支廠**）および倉庫（**支庫**）を、さらに前方に移すか、もしくは、補給品を**積換所**（Umschlagstelle）、または**交付所**に送る。軍の設置する積換所において、補給品を軍団補給縦列および師団補給縦列に積み換え、交付所において各部隊に分配す。

軍団および師団は、補給品をその補給縦列に積載して、いつにでも移動し得るごとくなしおくか、または、これをただちに各部隊に分配す。予備の部品を集積することは特別の場合に限る。

第九百七十九　軍司令部は、すべての補給に関して、後方勤務および警戒勤務および治安勤務の部隊を有す。

第九百八十　軍司令部は、**軍団司令部**をして、その隷下各師団の補給を援助せしむるため、後方勤務の諸部隊を一時軍団司令部に配属することあり。

軍団所属の正規の後方勤務の部隊については、第二十三を参照すべし。

騎兵軍団司令部は、所属師団の弾薬および糧食の予備を携行するに足る数の補給縦列を有す。なお、一、二の患者自動車小隊、および病馬自動車縦列と燃料輸送用の自動車縦列および自動車工作小隊（Kraftwagenwerkstattzug）各一個とを有す。

第九百八十一　歩兵師団および騎兵師団は、所属部隊の常続補給を行うに足る後方勤務部隊を有す。その輸送機関を以て足らざる場合には、まず軍司令部は、その縦列を以て補うを要す。

師団補給縦列は、通常、最初の準備弾薬の一部と一日分の糧食とを携行し、補給品の卸下停車場、または軍の後方施設（材料廠、倉庫、積換所等）と師団の交付所とのあいだを継ぐ。

第九百八十二　師団の補給縦列の内容品は、各部隊が迅速容易に受領し得るごとく、交付所に卸下す。車輛より車輛への積換によって、補給縦列より軽縦列および糧秣行李へ交付することは稀なり。これ、補給縦列の搭載法は、軽縦列および糧食行李の積載法と異なりたる方針に従って、行われあればなり。

第九百八十三　軽縦列（Leichte Kolonne）は、所属各部隊のために、予備の弾薬、器材その他の戦闘資材を携行し、砲兵にありては、応急の補充に任ず。なお、繋駕砲兵の場合には、その馬をも補充す。

第九百八十四　行軍間、軽縦列は通常、その所属部隊のある行軍縦隊に分属す。ただし、状況により、軍隊指揮官は特別の措置を命ずることあり。行軍縦隊への、これが編合および宿営は、行軍序列および宿営を処理する指揮官、これを定む。その行軍間における位置については、第二百八十八および第二百八十九を参照すべし。

行軍の関係の存続するあいだは、行軍縦隊の指揮官は、砲兵軽縦列のために、その砲兵隊長の意見にもとづき、軽縦列の招致を指定し、また要すれば、当分の前進目標を指定す。行軍関係の消滅したるときは、砲兵指揮官は、軍隊指揮官の承認を得て、砲兵軽縦列のために直前の区処をなし、その他の軽縦列のためには、軍隊指揮官において区処す。軍隊指揮官は、自己の軽縦列と速やかに連絡を取るを要す。

軍隊指揮官は、状況および地形に応じて、軽縦列の弾薬その他の戦闘資材の交付所を〔通常、戦闘行李、前車（Plotze）および段列（Staffel）の近傍〕決定し、なお軽縦列のその後の停止位置その他の事項をも決定す。

第九百八十五　**行李**（Tross）は、**戦闘行李**（Gefechtstross）、**糧秣行李**（Verpflegungstross）および**荷物行李**（Gepäcktross）に分かつ。

上官は、行李の増加を緊急やむを得ざる場合に限定すること、また、その場合にも、戦闘部隊の行軍長径をなるべく増大せざることに留意するを要す。

つぎの場合には、一時、行李を増加することを得。

高等司令部の指示により、糧秣車輛を増加せる場合。

各部隊指揮官自ら責に任じて、荷物等、行軍力なき物品を運搬するため、車輛を徴発せる場合。ただし、この際は、その旨を報告する義務あるものとす。

第九百八十六　**戦闘行李**は、常に必要なるもの、たとえば、毒物、予備品、小修理に必要なる工作器具、衛生材料および獣医材料ならびに野戦炊事のため尋常糧秣を、また携帯口糧を携行す。戦闘行李の編組および細部の積載は、編制表および装備表に示す。

戦闘行李は常にその部隊に属し、部隊指揮官の区処によって、一名の下士官これを指揮す。

第九百八十七　行軍縦隊内における戦闘行李の位置については、第二百九十を参照すべし。

戦場においては、戦闘行李を遮蔽して、なし得る限り、戦闘中の部隊に近く招致す。これを、若干の群として分置するか、もしくは、戦闘車輛（Gefechtsfahrzeug）、砲兵の前車、段列、その他の車輛とともに、一指揮官の下にまとむるを適当とすることあり。

第九百八十八　機械化せざる司令部および部隊の**糧秣行李**は、繋駕車輛および自動車より成る。糧秣行李の繋駕車輛は第一糧秣行李を作り、糧秣の輸送に当てたる自動車は第二糧秣行李を作る。

第一および第二糧秣行李は、各一日分の糧秣を携行するを得。

第一糧秣行李は通常、野戦炊事と第二糧秣行李（通常、糧秣交付所において糧秣を受領す）との中継を成す。

機械化部隊の糧秣行李は、二日分の糧秣を携行し得る自動車より成り、第一および第二糧秣行李に区分することとなし。

第九百八十九　兵種ごとに前進する場合（第二百七十八）、第一糧秣行李は通常、その隊の戦闘行李に続行す。その他の場合にありては、すべて第一糧秣行李は、一人の指揮官の下に戦闘部隊の行軍序列に従い、所要の距離を隔てて、これに続行す。退却にあたりては、第一糧秣行李は先行し、側敵行の場合は敵と反対側を進む。

騎兵のためには、尋常馬糧の一部を携行する。糧秣車輛若干を戦闘行李に加うるを可とすることあり。

機械化部隊の糧秣行李は、その部隊とともに前進す。糧秣受領のための往復の際には、第二糧秣行李の一つと合することを得。

第九百九十　第二糧秣行李は、交付所において糧秣受領後、その長の指揮によって、師団の指定せる地点に赴き、そこより、部隊の要求により、また宿営群の指揮官等の要求により、招致せらる。糧秣行李の長の承認を得ずして、車輛を過早に招致することを禁ず。

第二糧秣行李は、状況および道路の状態これを許す場合には、その所属部隊まで前進し、その他の場合には、部隊指揮官の指定する地点において、第一糧秣行李に糧秣を交付す。

第九百九十一　第一糧秣行李の車輛は通常、その部隊のもとに宿営す。第二糧秣行李の車輛も、部隊に直接糧秣を交付し、かつ、状況これを許す場合には、再び糧秣の受領に赴くまで、もしくは部隊の出発するまで、その部隊のもとに留まることを得。その他の場合には、師団より、第一糧秣行李および第二糧秣行李の宿営について指示す。

部隊のもとに止まる糧秣車輛の集合には、周到なる考慮と区処とを必要とす。糧秣車輛が軍隊の行動を妨害するがごときことあるべからず。前進の際は、糧秣車輛は、多くは軍隊の出発後に集合せしむ。

第九百九十二　荷物行李は、多くは機械化しありて、戦闘間に必要なき荷物および被服等の予備を携行す。兵種ごとに行軍する場合（第二百七十八）には、全体の指揮官は、各部隊に、その荷物行李の使用を委任するものとす。その他の場合には、一人の指揮官の下に、大なる距離を隔てて戦闘部隊に続行せしむ。ただし、この際の行軍序列は、戦闘部隊の行軍序列に従い、かつ、行軍縦隊ごとにまとまるものとす。その各軍の行進順序は、全体の指揮官これを定む。

軍隊は、その荷物行李を、なるべく、しばしば受領するを要す。荷物行李が自己の部隊のもとにありて、前進せざる場合には、これを一定の地点まで招致して、部隊の使用に供す。

荷物行李の場合は通常、部隊の出発後、前進方向において行う。

第九百九十三　前線にある乗馬隊、または機械化部隊の糧秣行李および荷物行李は、自己の部隊およびそれに続行する部隊の行動を妨害すべからず。而して、これらの行李は、警戒その他の必要上、全部、または一部を主力の地域内に留め、のちに至って、これを招致することを得。これがためには、全体の指揮官の区処を必要とす。

第九百九十四　各級指揮官は、一面においては弾薬を節約し、他面、適時にこれが補充に留意すべき責任を有す。戦闘間に弾薬を運搬して、火力を保持するためには、手段を尽くして余さざるを要す。けだし、火力を維持し得ると否とは、その戦闘の勝敗を決するものなればなり。

第九百九十五　師団の正規の弾薬の装備（**第一次弾薬装備**）は、一部は兵員、戦闘車輛、前車等に携行し、一部は軽縦列に置き、残余は、師団長の使用に供するため、師団補給縦列（Divisionsnachschubkolonne）に置く。

戦闘間の**弾薬補充**は、まず戦闘車輛より行う。戦闘車輛はその補充を、通常、軽縦列より受け、軽縦列は弾薬交付所において補充す。

第九百九十六　**弾薬交付所**は、補給縦列所有の弾薬を以て開設す。通常、一師団のために、数個の弾薬交付所を必要とす。弾薬交付所は、過度に遠く後方に設くべからざるも、また敵の砲火を避くるを必要とす。その位置は、堅固なる道路に沿い、遮蔽せられ、かつ、なるべく多くの車輛が同時に受領し得るごとく、選定すべきものとす。もし、戦場における各種砲兵の配置に応じて、弾種ごとに交付所を設くるときは有利なり。その他の場合にありては、軽縦列の戦場における迂回および行進交叉を避くるために、なるべく各種の弾薬を準備するを可とす。

破片弾（Splitter）、発煙弾およびガス弾は、互いに離隔して配置するを要す。なお、第一千四十九、第一千五十六および第一千五十七を参照すべし。

防空部隊の弾薬を師団の交付所に置くは、特別の場合に限る。防空部隊の弾薬補充は、軍より直接に行うを例とす。

第九百九十七　師団司令部は、弾薬交付の場所、時刻および範囲を命令す。

第九百九十八　各部隊の規則正しく、かつ正確に提出する報告は、弾薬所要数算出の基礎なり。弾薬補充業務は、高等司令部において行う。必要の場合には、下級の指揮官もこれを行う。この際は、とくに委任せる将校をして実行せしむ。

第九百九十九　薬莢、使用に堪えざる弾薬および容器等は、弾薬受領の際、返付するを要す。

戦死者および負傷者の弾薬を回収するを要す。ただし、負傷者には、自衛のため、若干の弾薬を残すべきものとす。

給養

第一千　指揮官は、自己の部隊の給養を十分ならしめるため、常に留意すべき義務を有す。高等司令部に属する経理官は、これに必要なるすべての措置を行うか、もしくは、意見を具申すべきものとす。給養の困難なる際には、少なくも部隊に必要なる「パン」を獲ることに努むべし。

第一千一　部隊の給養のためには、作戦地域内の代用資料を、なし得る限り利用するを要す。ゆえに給養は、舎主により、また購買、もしくは徴発によって、行うべきものとす。不足分は、携行の食料を使用するか、もしくは、作戦地域以外より搬送せるものを追送するを要す。

上級司令官は通常、糧食を獲る方法を命令す。

第一千二　大兵団の作戦の際は、**宿舎給養**の実行は、限定せる範囲内においてのみ予期するを得。

第一千三　購買は通常、経理部（Verwaltung）によって行う。各部隊が自己の舎営地域内において、給養掛将校をして購買を行わしめて可なるか、また、それをいかなる範囲において行うべきかは、上級の司令部において決定す。該司令部は、多くは標準価格および支払法を決定す。

第一千四　押収（差押）（Beschlagnahmen）は、自国においては、必ず法律に従って行うを要し、かつ、他の方法にて必要を満たし難き場合に限る。

同盟国内においては、とくに締結せる条約に拠るべきものとす。

第一千五　敵国内においては、徴発は、戦場において軍隊を養う、もっとも有利なる方法なり。徴発は、部隊が最寄りの土地にて、直前の需要を満たすために行うか、あるいは、経理部が広範囲にわたり、これを行う。

部隊の行う徴発は、将校の指導の下に行う。ただし、特別の場合（斥候等）には、必ずしも将校の指導なく行うこととあり。なるべく、地方吏員、または有力者の協力を得ることを努むべし。徴発は通常、軍隊指揮官の認可を要するも、急を要する場合には、大隊長、あるいは、これと同等以上の部隊長の区処によって行う。この場合には、徴発の場所および時日、徴発せる糧食の種類および数量、支払いの方法を、軍隊指揮官に筆記報告すべきものとす。徴発すべき糧食の種類および数量と、徴発を行うべき地域とは、いずれの場合にも、あらかじめ筆記報告するを要す。

経理部の行う徴発は、戦地を統一的に利用して、食料を収集するを目的とす。

第一千六　発見せる貯蔵食料は、軍隊をして、補給の煩を免れしむ。従って、正面前、または大兵団の翼にある軍騎兵および機械化部隊のために、とくに大なる価値を有す。自己の需要を越ゆる食料品は、各部隊より上級の指揮官に報告すべきものとす。各部隊は、経理部に引き渡すまでは、貯蔵食料を保管するを要す。

第一千七　貯蔵食料を廃棄するは、必ず上級の司令部の命令によるものとす。ただし、退却運動の際は、各指揮官は、敵の使用に供せらるべき食料を、ことごとく廃棄するを要す。

第一千八　戦地においては、兵員のためには日々**野戦糧食**（Feldportion）を、また、馬のためには**野戦馬糧**（Feldration）を供給す。その配合は給養規定に示す。

第一千九　野戦糧食は、野戦炊事（Feldküche）に（「パン」は雑囊内に）携行し、野戦馬糧の燕麦は馬および車輛に携行す。常続補給に当つべき糧食（通常、一日ないし二日分の糧食および馬糧）は糧食車に有す。干草は通常、現地において調弁すべきものとす。

師団捜索大隊および軍騎兵の乗馬は、常続的消費に当つるために、三分の一日分の馬糧を携行す。その補充は、ただちに行うを要す。

第一千十　軍隊は、**保存に堪える糧食**として、各人のために二日分の**携帯口糧**を携行す。そのうち、「簡易食」一日分（堅「パン」および肉缶詰）は、背嚢、もしくは背負嚢内に携帯し、「完全食」一日分（堅「パン」、肉缶詰、野菜缶詰、「コーヒー」および塩）を野戦炊事に携行す。また、各馬（師団捜索大隊および軍騎兵の乗馬を除く）のために、一日分の**携帯馬糧**を馬および車輛に携行す。

携帯口糧および携帯馬糧は、大隊長、あるいは、これと同等以上の部隊指揮官の明確なる命令ありたる場合に限り、使用するを得。ただし、急迫の場合には、独立の小部隊の長も、これを命ずることを得。消費せる分は、ただちに補充するを要す。

第一千十一　**犬および鳩の飼料**の獲得および携行は、特別の規定に従う。

第一千十二　軍隊が、糧食車より取りたる糧食を、購買、または徴発によって補充せざる場合には、これを**糧秣交付所**において受領す。交付所における受領は通常、連隊ごと、または大隊ごとに行う。早く腐敗しやすき食料、ことに生肉は、なるべく、その日のうちに野戦炊事に交付することに意を用うるを要す。

受領せる糧食を、各中隊等へ分配するには、通常、給養係将校をして行わしむ。

第一千十三　軍隊の使用する「パン」は、**「パン」焼中隊**（Bäckereikompanie）が、車にて移動し得る「パン」焼竈、または、作戦地の民間の「パン」焼竈にて焼く。「パン」焼中隊の能力を十分に利用するために、なるべく長く、一地において作業を継続せしむるを可とす。「パン」は、多くの場合において、「パン」焼中隊が糧秣交付所に運搬す。

第一千十四　**屠殺小隊**（Schlächtereizug）は、地方より得たる家畜と、家畜小隊において搬送せる家畜とを、なるべく作戦地の既存の屠殺場において屠殺し、通常、その生肉を糧秣交付所に送るものとす。特別の場合には、軍隊自ら屠殺す。

あらたに屠殺せる生肉は、その冷却に先だち、調理するを要する場合には、適当にこれを敲《たた》き、または細断して、食用に供し得るごとくす。

重傷を負いたる馬、もしくは、殺されたる馬は、これを食料に供す。この目的のためには、なし得る限り早く屠殺するを要す。

第一千十五　**酒保物品**（Marketenderware）（嗜好品、文房具等）は、必要に応じて前送し、糧秣交付所において、代金と引換に部隊に供給す。

被服および装具の補充

第一千十六 もっとも重要なる被服および装具（主として、上衣、「ズボン」、靴および肌衣）の少量を、緊急の必要を顧慮して、最前方の軍糧秣倉庫に準備す。これが部隊への分配は、師団の要求にもとづき、糧秣交付の機会に行う。普通の需要は、順序を経て報告し、内地の総軍被服部（Heeresbekleidungsämter）および戦時被服部（Kriegsbekleidungsämter）より、直接軍隊に送付す。

衛生勤務

第一千十七 **衛生勤務**は、衛生、医療、傷病兵の収容および後送ならびに衛生器材の補充等を含む。

第一千十八 軍医は、保険業務のすべての方面にわたり、その所属部隊長の助言者とす。師団司令部附軍医は、同時に師団の衛生部隊の指揮官にして、その使用に関して意見を具申すべきものとす。

第一千十九 **行軍および宿営間**は、師団の衛生中隊（Sanitätskompanie）および野戦病院は、容易に到着し得る**患者収容所**（Krankensammeipunkt）一ないし数カ所を設け、軍隊は同所へ傷病兵を送る。要すれば、一、二の患者輸送自動車を患者収容所に附す。

患者収容所の職員は、患者の手当を終え、これを後送するか、もしくは、他の衛生施設に引き渡せば、速やかに所属衛生部隊に連絡するを要す。

第一千二十 長期の舎営の際は、衛生勤務を、衛戍地におけるごとく管理す。すなわち、各部隊は**舎営休養室**（Ortskrankenstube）を、高等司令部は**舎営病院**（Ortslazarett）を設く。両者とも、なるべく民間の病院等を利用す。その人員および設備は、司令部、あるいは本部の区処にもとづき、軍隊、または衛生隊より取る。

再び行軍に移る際は、舎営病院を撤収するか、もしくは後続の衛生部隊に引き渡す。

露営の際の衛生勤務には、右の趣旨を準用す。

第一千二十一　戦闘間には、軍隊はその軍医を以て、通常、大隊ごとに**隊包帯所**（Truppenverbandplatz）を設け、負傷者を部隊の担架兵、または補助担架兵を以て、同所へ送る。多数の**負傷者溜り**が自然に隊包帯所となること少なからず。相近接する隊包帯所を合同するを有利とすることあり。隊包帯所は敵眼に遮蔽するを要し、なし得れば、敵火（少なくとも小銃火）に対しても掩護するを可とするも、なし得る限り戦線に近く、かつ容易に到達し得るを必要とす。また、水を得やすきことも、きわめて必要なり。

戦闘開始の時期切迫せる場合には、歩兵の担架兵は衛生材料車（Sanitätsgeräitwagen）のもとに集合し、隊包帯所に装具を卸し、医療嚢および担架を携えて前進す。補助担架兵は、部隊指揮官の命令によって、担架兵のごとく使用す。

第一千二十二　部隊は、負傷者看護の理由を以て、戦闘力を減殺することを厳に戒むるを要す。歩行に堪うる軽傷者は、戦線より単独にて後退せしめ、その携帯弾薬は、若干発以外をことごとく残置せしむ。ただし、武器は必ず携行せしむ。担架兵以外の兵が、将校の命令なくして、負傷者を運び去ることを許さず。もし、命令によって負傷者を後送したるときは、遅滞なく帰りて、報告して戦闘に加わるを要す。

第一千二十三　包帯所（Hauptverbandplatz）は、隊包帯所よりも大規模の手当を施すべき所にして、衛生中隊がその位置を偵察し、師団司令部の命令によって、これを開設す。状況これを要すれば、師団の地域内に、例外として、その衛生中隊を以て、二個の包帯所を設くることあり。包帯所の選定には、隊包帯所と同一の着眼を要す。包帯所の位置は、衛生勤務の標識（通常、白地に赤十字、なお特別の場合については、（附録第七B参照）を以て、標示するを要す。なお、そのかたわらに自国の国旗を添うることを得。

衛生中隊の患者輸送車および、要すれば患者自動車は、負傷者を包帯所に運搬のため、なるべく損害を生じたる現場に近く、もしくは、なるべく前方位置（駐車場）に前進せしめ、同所へ負傷者を搬送し来たらしむ。

第一千二十四　隊包帯所および包帯所の負担を軽減する目的を以て、その附近に、衛生中隊をして、歩行に堪える負傷者のために、別に**軽傷者収容所**（Leichtverwundetensammelplatz）を設けしむることあり。

第一千二十五　多数の負傷者を生じたるときは、**師団の野戦病院**を、なるべく敵砲火の有効射程外の住民地内に設く。通常、この病院には、長時間の輸送に堪えざる負傷者のみを収容す。

第一千二十六　戦闘の進捗にともない、衛生中隊および野戦病院はまず、その包帯所および野戦病院を撤収するか、もしくは、他の部隊の衛生部隊に引き渡したるのち、全部、または小隊ごとに前方に移る。

第一千二十七　**退却**にあたりて、輸送に堪えざる傷病兵は、民間の医師の手に依託せざる場合は、所要の衛生部員を附して、千九百二十九年七月二十七日の「ヂュネーヴ」の負傷者取扱協定の保護の下に残置す（附録参照）。

第一千二十八　包帯所より師団の野戦病院へ、もしくは、さらに後方に設けたる軍の病院、または軍の患者収容所へ**傷病兵**を**還送**するには、**患者自動車小隊**（Krankenkraftwagenzüge）によって行うものとす。空縦列もまた（大規模にあらざる限り）、伝染病患者以外の傷病兵の輸送に当つることを得。

第一千二十九　**患者収容所**は、軍の患者輸送大隊（Krankentransportabteilung）の手によって、鉄道、大道路、または水路に沿い、かつ、多数の傷病兵の集合を予期する場所に設け、患者は、病院列車、軽症患者列車および患者自動車小隊を以て、あるいはまた病院船、もしくは軽症患者船を以て、内地に後送せらるるまで、ここに止まるものとす。

第一千三十　要すれば、一、二の病院を、**ガス病院**、または**伝染病病院**としての施設をなすことあり。

第一千三十一　**戦闘後**には、各部隊はいずれも自己の附近を捜索し、以て、負傷者を収容し、かつ、とくに夜間においては、不逞の徒の掠奪に対して、負傷者および戦死者を保護するを要す。また、部隊は戦死者の埋葬に意を用うるを要す。要すれば、上級の指揮官は、これがために、所要の区処をなすべきものとす。

第一千三十二　部隊の**衛生材料**は、衛生中隊および野戦病院の備品より補充するか、もしくは、師団軍医の衛生予備品車より補充す。衛生隊の衛生材料は、師団、または軍の衛生予備品車より補充するか、もしくは、軍の衛生材料廠（Sanitätspark）（必要の場合には、支廠を前遣す）より補充す。

獣医勤務

第一千三十三　**獣医勤務**は、軍用動物の保健、伝染病の医療および撲滅、病動物の医療、保護および後送、装蹄、糧秣の検査、屠殺獣および肉の検査ならびに、その利用法、剝皮、獣医材料の補充および馬の補充を包含す。

獣医は、獣医勤務に関する事項につき、軍隊指揮官の助言者とす。師団獣医は、同時に師団の獣医部隊の指揮官にして、その使用に関して、意見を具申すべきものとす。

第一千三十四　負傷馬および病馬（「馬」とは、他の軍用動物を併せ、意味す。以下同じ）は、まず軍隊の獣医および、その補助人員によって、保護を加う。

勤務に堪え、かつ伝染の虞なき軽症馬のみを部隊に残し、その他の患馬は病馬廠(Pferdelazarett)に送り、回復の見込みなきものは、売却、または屠殺す。

第一千三十五　行軍および宿営間は、師団病馬廠は、一ないし数箇所の**病馬収容所**(Pferdekrankensammelpunkte)を設く。各部隊は同所へ、歩行に堪うる傷病馬を送る。歩行に堪えざる馬は、馬運搬車を以て、部隊より運搬せらる。

戦闘間、各部隊は通常、その戦闘行李附近に**馬匹包帯所**(Pferdeverbandplätze)を設く。その位置は敵眼に遮蔽し、なし得れば、敵火に対して掩蔽し、かつ道路の近傍にあるを可とす。農家の利用と、水に近きことは、きわめて必要なり。師団病馬廠は、さらに後方に、一ないし数箇所の**病馬収容所**(Pferdekrankensammelplatz)を設く。部隊の兵員を以て、馬匹包帯所より病馬収容所に後送し難き馬は、病馬収容所の兵員を以て送致す。

病馬収容所の傷病馬は、病馬廠の兵員を以て、さらに後方の主要軍用道路上、あるいは、その附近に設けたる**師団病馬廠**に後送せしむ。

第一千三十六　師団病馬廠を速やかに再び使用し得んがため、長時日の治療を要する馬は、軍の病馬自動車を以て、**軍病馬廠**(Armeepferdelazarett)に収容す。軍病馬廠は通常、鉄道沿線に設く。師団病馬廠と軍病馬廠との距離のはなはだしく遠き場合には、軍病馬廠より、一ないし数個の**軍病馬収容所**を前方に出す。

要すれば、軍病馬廠の一つを**伝染病馬廠**(Seuchenlazarett)となすことあり。

第一千三十七　永続して使用し難き馬および、とくに長期の治療を要する馬は、軍病馬廠より、鉄道を以て**内地病馬廠**(Heimatpferdelazarett)に送る。

第一千三十八　馬の補充は、師団馬廠（Divisionspferdepark）より行う。師団馬廠は、師団病馬廠の回復馬と軍馬廠の馬とを以て補充す。

師団馬廠は通常、師団病馬廠に近く設け、師団病馬廠と同時に招致せらる。

第一千三十九　徴発馬および捕獲馬は、ただちに獣医の検査を受け、病馬廠に送るを要す。伝染の危険あるを以て、必要やむを得ざる場合に限り、部隊指揮官の責任において、部隊に流用することを得。ただし、部隊においては、これを他の馬と隔離しおくを要す。

第一千四十　動物血液検査は、軍の移動**動物血液検査所**（Tierblutuntersuchstelle）において行う。

第一千四十一　隊附獣医は、**獣医用材料**を、軍の獣医材料廠より補充し、急を要するときは、師団獣医の獣医材料車より補充す。必要の場合には、軍の獣医材料廠より、支廠を各師団に出すことあり。

第一千四十二　装蹄用具および**装蹄材料**は、獣医材料廠より補充す。野戦鍛工所および鍛工用炭（徴発、または購買し得ざる場合に限り）もまた、同廠より補充せらる。

自動車補給

第一千四十三　自動車および、その燃料および「タイヤ」の莫大なる需要と、その調達の困難とは、極度に自動車使用の節約を要求す。

現地において、発見、もしくは捕獲せる資材は、全般の用に供するごとくし、かつ、それを報告するを要す。

第一千四十四　師団の**各自動車輌**および**機械化部隊**は、その燃料「タンク」内、貨物自動車内および燃料自動車縦列に、合計七百五十キロを走行するに足る燃料を携行す。

第一千四十五　司令部および軍隊の自動車は、燃料および「タイヤ」を**給油所**（燃料自動車縦列の車輛を以て、必要の場所に設けらる）より補充し、機械化部隊は、その編制内の**燃料および器具自動車**（Lastkraftwagen für Betriebsstoff und Gerät）より補充す。

給油所と燃料および器具自動車とは、その燃料等を、**燃料自動車縦列**（Kraftwagenkolonne für Betriebsstoff）より補充す。

燃料自動車縦列は、**鉄道給油所**（Eisenbahntankstelle）（鉄道終点附近の停車場に設く）にて燃料を補充し、なお同所にて「タイヤ」をも受領す。

国内よりの燃料の輸送は、**燃料列車**（Betriebsstoffzug）を以て行い、この列車の燃料を、軍自動車廠（Kraftfahrpark der Armee）において、鉄道給油所として所要量ごとに取りまとむ。

第一千四十六　自動車用器材は、軍自動車廠より補充す。

小修理のためには、部隊は予備品および工作具を用い、師団および軍は**自動車修理中隊**（Kraftwagenwerkstattzug）を用う。その作業能力を十分に利用するためには、一箇所に数日間留まらしめ、かつ、作戦地の工場を利用して、作業をなさしむるを可とす。大修理のためには、自動車その他の器材を、軍の自動車廠を経て、内地の工場に還送す。

兵器および器材の修理および補充

第一千四十七　**兵器および器材**の補充は困難なるを以て、周到なる手入を必要とす。また、兵器および器材の放棄しあるもの、破損せるもの、および捕獲せるものを収集し、修理を要するものは、ただちに後送すべきものとす。兵器および器材は、きわめて少数の予備を行李および軽縦列に携行するか、もしくは、各廠に有するに止まるを以て、軍隊はその補充を、ほとんどみな内地よりの補給に仰がざるべからず。

補充の要求には、兵力および装備の報告表を提出するものとす。

第一千四十八　小修理は、各部隊にありては、工長（Waffenmeister）等によって行う。師団各部隊の通信器材の小修理は、師団通信大隊の軽通信縦列において行う。大修理のためには、器材（自動車器材、医療器材、獣医器材を除く）を、部隊より師団の**器材収集所**（Gerätssammelstelle）に送り、ついで、該所より、兵器、繋駕の車輛および自転車は、**軍の野戦修理所**（Feldwerkstatt）へ送り、その他の器材はすべて**軍の器材収集所**を経て、修理のために、廠、または内地へ還送す。

軍隊は、器材収集所に交付せる器材に限り、補充を請求すべきものとす。

補給大隊、補給中隊、弾薬管理班および給養係職員

第一千四十九　軍の**補給大隊**（Nachschubbataillon）、もしくは師団の**補給中隊**（Nachschubkompanie）は、列車および縦列の積込および卸下の勤務ならびに、諸廠、倉庫、積換所および交付所の勤務のために労力を供給す。なお、補給中隊は、戦場の清掃、器材収集所および捕獲品収集所の設置その他の作業にも使用するを得。

弾薬管理班（Munitionsverwaltung）は、軍にては補給大隊の本部に、また、師団にありては補給指揮官

の本部に属し、弾薬集積所および弾薬交付所の設備をなし、かつ、同所の弾薬の管理に任ず。

給養係職員（Verpflegungsämter）は、経理官（Intendant）の指示に従い、給養倉庫および糧秣交付所を設備し、かつ管理す。また、糧食の購買をも行う。

集積所、積換所および交付所の授受の指導および秩序の維持もまた、弾薬管理班、もしくは給養係職員の任務にして、受領に来たれる縦列および行李の長ならびに給養係将校は、この任務の実行を補佐すべきものとす。

給養に任ずる各機関および、これに任ずる諸隊は、適時現場に赴き、以て、戦闘部隊をして、戦闘に先だち、作業のために兵力を減少するがごときことなからしむるを要す。

行李および後方勤務部隊の運動

第一千五十　糧秣行李、荷物行李および後方勤務部隊の指揮官には、その任務実行のために必要なる程度に、状況を知らしむるを要す。また、その下級指揮官にも、状況、前進路および目標を知らしめ、以て、後方に留まる一部をして、適時に行動し、連繫を取らしめ得るを要す。
すべての指揮官は、自己の属する指揮官との連絡を維持することに留意するを要す。これがためには、まず第一に有線通信所を利用すべきものとす。なお、命ぜられたる前進目標に所定の時間に到着すること、自己の施設を適時に軍隊の使用に供することに全力を尽くすを要す。戦闘部隊に適時に供《マ》補《マ》給するためには、死力を致すことも辞すべからず。至厳の行軍軍規と規律とを維持することによって、はじめて、かかる成果を収むることを得るものとす。

第一千五十一　行李および後方勤務部隊は、一時独立せしむるか、あるいは、使用せざる限りは、行軍および宿営のために梯団に区分す。一つの梯団の編組は、わが企図のほか、状況、積載品、縦列の前進法、その他縦列の警戒および宿営についての顧慮等によって決す。特別の指揮官を置かざる限り、梯団内の高級古参の指揮官は、同時にその梯団の指揮官とす。特別の命令により、各梯団が、一定の時刻に到達、もしくは通過すべき地点および宿営区域を示すを例とす。梯団の指揮官は、これにもとづき、その梯団の運動および休憩を律す。もし、行軍および宿営が、有線連絡の設けある道路に沿うて行わるるときは、各梯団相互間の連絡および補給の指揮官と軍隊指揮官との連絡は容易となる。

近く戦闘を予期するときは、弾薬を搭載する縦列の一部を以て、また、要すれば、野戦病院を以て（ともに繋駕たるを要す）**戦闘梯団**（Gefechtsstaffel）を編組す。而して、これを、状況、道路および掩蔽の許す限り、戦場に接近せしむべきものとす。軽縦列が戦闘梯団より弾薬を受領するには、迅速安全に実行し得るを要す。また、特別の場合には、単独の車輛を、戦闘部隊のところまで至らしむることあり。

第一千五十二　行進交叉および停滞を避くるために、糧秣行李、荷物行李および後方勤務部隊の運動相互間と戦闘部隊との運動とを調節するを要す。

退却運動の際は、行李および後方勤務部隊は、戦闘部隊を妨げざるごとく、後方に退くべし。

第一千五十三　糧秣行李、荷物行李および後方勤務部隊の行軍の区処は、それらのために、なるべく特別の掩護を要せざるごとく行うを要す。

単独にて行軍する行李および後方勤務部隊は、通常、前後に尖兵を設くれば足る。敵国の住民の反抗行為および、敵の快速部隊、もしくは運動性に富む部隊の脅威を予期するときは、厳重なる警戒および捜索の措置を必要とす。元来、多くの武器を有せざる後方勤務部隊は、真面目の戦闘を行い難きを以て、とくに危険なる状況においては、特別の掩護部隊を配属するを要す。

第一千五十四 縦列の往復頻繁なる道路においては、住民地内、ことに道路の狭き住民地内および隘路内における、周到なる**交通整理**は、すべての運動の円滑を期するために必須の条件とす。これがためには、**道路司令**（Strassenkommandanten）を設くることあり。道路司令には、治安維持の機関および道路修理のための作業隊および通信機関を配属す。

第一千五十五 交付所附近の交通は、進入および退去の縦列および行李が、別々の道路を取り、また、同時に積載、もしくは卸下を行い得る車輌数のみが交付所にあるごとく、統制すべきものとす。かくのごとき地点は、縦列および糧秣行李の機関を先遣して、偵察するを要す。受領等のために待つべき車輌は、交付所の附近にて、本道を避けて、遮蔽して配置し得るを要し、他の部隊等の交通を妨害すべからず。

第一千五十六 **交付所**は十字路に設くべからず。また、敵の射界内においては、敵が地図によって、容易に砲撃し得る地点に置くべからず。

第一千五十七 交付所、廠、集積所（倉庫）、補給品卸下停車場その他、後方勤務の重要なる施設は、状況および兵力の許す場合には（ことに、交通の頻繁なる期間は）、**防空隊**を以て掩護するを要す。これらは、あらゆる偽装手段を尽くして、敵の空中偵察を避け、また、対空監視および警報勤務の設置に意を用うるを要す。

治安維持勤務

第一千五十八　軍には、**監視隊**（Wachttruppen）および**要地司令部**（Ortskommandanten）を配属し、師団以上の司令部に**野戦憲兵**を配属す。これを、戦闘部隊の一部を以て増加するは、特別の場合に限る。

第一千五十九　**監視隊**は、廠および集積所等の監視に使用し、なお戦闘部隊より後送せる捕虜を受領し、それを交戦地域外に還送する任務に服す。

監視隊を、敵に対する警戒勤務に招致すべからず。

第一千六十　**要地司令部**は、戦闘部隊の範囲外において、交通路の交叉点等の住民地に設け、その地域における内部および外部の警戒、通過軍隊の宿営および住民地内の交通整理に意を用う。なお往々、案内所（Auskunftsstelle）、離隊兵収容所および捕虜収容所を設置す。これら種々の任務のために、監視隊および野戦憲兵を配属することとあり。

第一千六十一　**野戦憲兵**は、軍の背後の治安維持の警察勤務を実行するものとす。監視および警戒勤務に用うるは、特別の場合において、しかも短期間に限る。上級の指揮官は、憲兵若干を、その司令部内にあらしむることを得。

野戦憲兵の任務は、秩序の維持、交付所、集積所、廠、停車場および道路上の交通整理、離隊兵および落伍兵の収集および指導、不当の徴発および掠奪の取締、不逞の徒に対する住民の保護および伝染病撲滅のために布告せる規定に対し、住民を監視す。

第一千六十二　野戦憲兵が制服を着し、「野戦憲兵」の文字を現したる緑色の腕章を附けたるときは、服務中の者と認められ、軍事監視者としての権限を有す。勤務外においては、単に、その階級に応ずる権利を持つに止まる。

野戦憲兵は、軍事上の区処に違反する行為をなす将校および軍官憲に対しては、これに警告し、なお必要の場合は、爾後の確認として、その氏名および部隊の告知を乞うに止むべきものとす。

野戦憲兵は、軍隊に対して干渉するを得ず。軍隊は単に、その指揮官の名を示すのみ。

第一千六十三　すべての軍人および軍属は、要求に応じて、野戦憲兵を援助すべきものとす。

第一千六十四　勤務中の野戦憲兵、衝突の際、これを戒告し得るは、その上官および、その憲兵が配属せられたる上官のほかは、参謀官以上の将校に限る。

勤務中の憲兵の拘禁は、通常、その憲兵の直属上官によってのみ、区処せらるべきものとす。ただし、特別の場合に限り、すべての将官は、これを行う権限を有す。

（終）

第二篇　附録

第二篇　附録　目次

第一　戦時編制

歩兵師団（第二十二）は通常、歩兵連隊三、捜索大隊一、対戦車砲大隊一、軽砲兵連隊一および重砲兵大隊一ないし数個（以上の砲兵は、砲兵指揮官に属す）、工兵大隊一、通信大隊一および後方勤務部隊より成る。ときとして、総軍直属部隊（第二十一）および空軍より、偵察機一中隊を配属することあり。

騎兵師団（第二十二）は通常、騎兵旅団二、あるいは数個より成る。騎兵旅団は、騎兵連隊二ないし三、機械化捜索大隊一、対戦車砲大隊一、騎砲兵連隊一（二ないし三大隊）、軽工兵中隊一（架橋縦列とも）、通信大隊一および後方勤務部隊より成る。ときとして、総軍直属部隊（第二十一）（主として、自動車に載せたる歩兵、自転車部隊および自動自転車部隊）および空軍より、偵察機一中隊を配属せらるることあり。

戦闘序列は、野戦軍の諸兵連合の部隊のためには、図のごとき方法によって示すものとす。戦闘序列には、右肩に、歩兵大隊、騎兵連隊および砲兵中隊の総数を示す。砲兵中隊の種類の疑わしきときは、軽（l）、重（s）、高射中隊（Fl）の文字を以て区別す。

第二　戦時定員および行軍長径

(1) 停止間には、機械化部隊の行軍長径は、その車輛の長さ、数および距離によって測るべきものとす。而して、車輛の長さの標準（車輛相互間の距離をも加算して）左のごとし。

人および貨物用自動車	約十二メートル
自動自転車	約　四メートル
自動車の被牽引車（Anhänger）	約　五メートル

(2) 行軍間には、機械化部隊の行軍長径は、速力および地形によって変化す。車輛と車輛との距離は、おおむね一時間の速力のキロ数に等しきメートル数となる。

(3) つぎの表の第六ないし第八欄の〔　〕の中の数字は、自動自転車の数を示し、（　）の中の数字は被牽引車の数を示す。そのいずれの数字も、そのかたわらの括弧《かっこ》を附せざる数字の中に含まれあるものとす。

【「機化」は「機械化」の意】

	員数（概数）			車輌区分				行軍長径（概数）米《メートル》	
					機械化				
部隊等	人員	馬	自転車	繋駕	戦闘車両戦闘行李	糧食行李	荷物行李	繋駕戦闘車輌および繋駕戦闘行李を持つ部隊	繋駕糧食行李
1	2	3	4	5	6	7	8	9	10
師団司令部	百四十	二十	五	—	二十二〔二〕	二	二	五十	—
砲兵指揮官本部	四十	二十	二	一	十一〔三〕	—	三〔二〕	四十	—
小銃中隊	百七十	一十	四	五	—	—	一	百二十	二十
小銃中隊（機械化）	百九十	—	—	—	三十四〔九〕	一	一	—	—
自転車中隊	百六十	—	百三十五	—	九〔四〕	—	一	二百七十	—
機関銃中隊	百六十	七十	五	十六	—	—	一	二百七十	三十
機関銃中隊（機械化）	百七十	—	—	—	四十四〔十五〕	一	一	—	—

迫撃砲中隊	百九十	百三十	四	二十三	―	―	一	四百	三十
迫撃砲中隊（機械化）	百九十	―	―	―	七十〔二十三〕（十五）	一	一	―	―
対戦車砲中隊（機械化）	百四十	―	―	―	七十四〔十八〕（十八）	一	一	―	―
歩兵大隊（本部、通信小隊、小銃中隊三、機関銃中隊一）	七百五十	百三十	二十七	三十八	―	四〔二〕	七〔二〕	七百	九十
歩兵大隊本部および通信小隊（機械化）	七十	―	―	―	三十〔十三〕	三〔二〕	二〔二〕	―	―
自転車大隊 本部、通信小隊、自転車中隊三、機関銃中隊（機化）、迫撃砲小隊（機化）一、対戦車小隊（機化）一、工兵小隊（機化）一	八百九十	―	四百五	―	二百一〔百四〕（十三）	六〔二〕	八〔二〕	八百	―
歩兵連隊 本部、通信小隊、大隊三、迫撃砲中隊一、対戦車砲中隊（機化）一	二千六百六十	五百三十	九十九	百四十三	七十八〔二十一〕（十八）	十三〔三〕	二十五〔四〕	二千六百	三百
歩兵連隊本部および通信小隊（機化）	八十	―	―	―	二十九〔十二〕	一	四	―	―
軽歩兵縦列（機械化）	九十	―	―	―	二十九〔二〕	―	―	―	―

騎兵旅団司令部および通信小隊	百	八十	一	六	五〔四〕	一	一	百八十	—
歩兵師団の捜索大隊の本部および通信小隊	八十	六十	一	五	六〔三〕	四〔一〕	二	百二十	二十
騎兵連隊の中隊	二百	二百十	二	四	—	—	一	二百八十	三十
歩兵師団の捜索大隊騎兵中隊	百八十	百九十	二	四	—	—	一	二百五十	三十
騎兵機関銃中隊	二百十	二百十	二	十三	一〔一〕	—	二〔一〕	三百八十	三十
迫撃砲小隊	六十	六十	一	六	—	—	—	百四十	二十
騎兵連隊（本部、通信小隊、中隊四、機関銃中隊一、迫撃砲小隊一、対戦車砲小隊（機化）一、工兵小隊一）	一千三百	一千二百	十三	四十三	三十六〔十九〕〔三〕	七〔一〕	十四〔七〕	一千九百五十	百八十
軽騎兵縦列（機械化）	二十	—	—	—	七〔一〕	—	—	—	—
砲兵連隊本部および通信小隊	九十	六十	—	七	十一〔八〕	二〔一〕	二〔一〕	百三十	二十
野砲野戦軽榴弾砲および野戦重榴弾砲の中隊	百六十	百三十	—	十七	一〔一〕	—	一	三百	二十

十センチ加農中隊	百九十	百五十	―	二十一	一〔一〕	―	―	三百八十	二十
騎砲兵中隊	百八十	二百	―	十八	一〔一〕	―	一	四百	三十
軽砲兵大隊 本部、通信小隊、観測班、中隊三	五百八十	四百七十	―	六十	五〔五〕	三〔一〕	六〔二〕	一千	六十
騎砲兵大隊 本部、通信小隊、観測班（機化）中隊三	六百六十	七百	―	六十三	九〔八〕	三〔一〕	四	一千四百	百二十
野戦軽榴弾砲（機化） 野戦重榴弾砲の中隊	百五十	―	―	―	四十五〔十六〕（五）	一	一	―	―
十センチ加農中隊（機化）	百五十	―	―	―	三十九〔十二〕（五）	一	一	―	―
十五センチ加農中隊（機化）	百五十	―	―	―	三十八〔十二〕（四）	一	一	―	
軽砲兵縦列（18 t）（機化）	百	―	―	―	二十七〔六〕	一	一	―	―
本部中隊（機化）	七十	―	―	―	二十五〔十一〕（一）	一	一	―	―
観測大隊の本部（機化）	七十	―	―	―	二十七〔九〕（一）	一	一	―	―

音響測定中隊（機化）	二百	―	―	―	四十五〔十九〕（一）	一	一	―	―
火光測定中隊（機化）	百七十	―	―	―	四十一〔十二〕（二）	一	一	―	―
測量中隊（機化）	百三十	―	―	―	三九〔一二〕（一）	一	一	―	―
工兵大隊の本部および通信小隊（一部機化）	七十	十	二	一	十六〔六〕	二〔一〕	一	三十	―
工兵中隊（弾薬班および機関銃班とも）	百九十	二十	五	八	十一〔五〕（三）	一	一	百八十	十
工兵中隊（機化）	百九十	―	三	―	二十四〔七〕（三）	一	一	―	―
工兵中隊の弾薬班および機関銃班	百十	―	―	―	五〔二〕	―	―	―	―
工兵器具段列（機化）	三十	―	―	―	七〔二〕（一）	―	―	―	―
架橋縦列	三百	二百九十	十一	五十	十五〔六〕（二）	二	一	八百八十	―
架橋縦列（機化）	百六十	―	二	―	八十一〔十一〕（二十七）	一	一	―	―

軽工兵縦列（機化）	五十	―	―	―	十五〔二〕	一	―	―	―
軽工兵中隊（機化）	二百十	―	―	―	五十一〔十七〕（二）	一	一	―	―
師団通信大隊本部（一部機化）	三十	十	二	―	六〔二〕	―	―	―	―
電話中隊（一部機化）	二百十	六十	―	八	三十九〔十一〕	二〔一〕	―	百四十	―
無電中隊（一部機化）	百五十	二十	―	三	三十〔十五〕	二〔一〕	―	百五十	―
師団通信大隊の軽通信縦列（機化）	三十	―	―	―	十二〔二〕	―	―	―	―
騎兵隊の電話中隊（一部機化）	百五十	三十	―	二	二十七〔四〕	一	―	百五十	―
騎兵隊の無電中隊（機化）	百六十	―	―	―	三十七〔六〕	一	―	―	―
捜索大隊本部および通信小隊（機化）	百	―	―	―	三十七〔十〕	一	―	―	―
自動自転車小銃中隊	二二十	―	―	―	八十九〔七十〕	一	一	―	―

装甲自動車中隊	百二十	—	—	—	五十〔十七〕	一	一	—	—
捜索大隊の重中隊（機化）	百八十	—	—	—	六十五〔二十五〕（十）	一	一	—	—
同中隊の迫撃砲小隊（機化）	三十	—	—	—	十二〔五〕（三）	—	—	—	—
同中隊の対戦車砲小隊（機化）	三十	—	—	—	十二〔四〕（三）	—	—	—	—
同中隊の工兵小隊（機化）	七十	—	—	—	二十〔六〕（四）	—	—	—	—
捜索大隊の軽縦列（機化）	六十	—	—	—	三十〔五〕	—	—	—	—
高射砲大隊本部および通信小隊（機化）	百十	—	—	—	三十四〔十四〕	二〔一〕	五〔二〕	—	—
七・五センチ高射砲中隊（機化）	百六十	—	—	—	三十四〔九〕（二）	二〔一〕	四〔一〕	—	—
八・八センチ高射砲中隊（機化）	百八十	—	—	—	四十四〔十一〕（六）	二〔一〕	四〔一〕	—	—
三・七センチ高射砲中隊（機化）	百九十	—	—	—	六十一〔十七〕（七）	一	二	—	—

防空照明中隊（機化）	二百	―	―	―	七十四〔十三〕（十九）	一	二	―	―
飛行情報中隊（機化）	二百三十	―	―	―	五十二〔十〕	四	―	―	―
衛生中隊	二百九十	七十	一	二十五	三〔二〕	―	―	四百五十	―
歩兵師団の衛生中隊（一部機化）	二百八十	三十	一	十一	十八〔三〕	―	―	百九十	―
騎兵師団の衛生中隊（一部機化）	三百十	九十	一	二十	十八〔三〕	―	―	三百三十	―
野戦病院（機化）	八十	―	―	―	十九〔二〕	―	―	―	―
患者自動車小隊	五十	―	―	―	十八〔二〕	二	―	―	―
師団病馬廠	百四十	三十	四	五	五〔一〕	三	一	四百＊	―
歩兵師団の馬廠	六十	八十	三	七	一〔一〕	一	―	百八十	―
騎兵師団の馬廠	九十	百四十	三	七	一〔一〕	一	―	二百五十	―

備考　＊病馬百頭を収容せる場合を示す

小自動車縦列	三十	—	—	—	十四〔一〕	—	—	—	—
大自動車縦列	六十	—	—	—	二十五〔一〕	一	—	—	—
燃料小自動車縦列	三十	—	—	—	十三〔一〕	—	—	—	—
燃料大自動車縦列	六十	—	—	—	二十四〔一〕	一	—	—	—
自動車修理小隊	三十	—	—	—	八〔一〕	—	—	—	—
野戦修理所（機化）	百九十	—	—	—	五十四〔四〕（十二）	—	—	—	—
パン焼中隊（機化）	百六十	—	—	—	二十九〔三〕	—	—	—	—
屠殺小隊（機化）	五十	—	—	—	七	—	—	—	—
補給中隊（機化）	二百五十	—	—	—	十九〔四〕	一	一	—	—
給養係職員	三十	—	二	—	五	—	—	—	—

行軍速度および行軍能力

昼間、有利なる状況において、一キロを前進する**速度**。

徒歩部隊	十分ないし十二分
自転車兵	五分
乗馬隊	
常歩および速歩	八分
駆歩	六分
駄馬（平地）	十二分ないし十五分
自動自転車	一分半
独立の機械化部隊（大自動車縦列程度の兵力）	二分
諸兵種の大部隊（小休止を加え）	十五分

山地における前進時間の計算の標準としては、有利の天候および道路の状態においては、徒歩部隊および大部隊の前進速度は、昇傾斜の比高二百ないし三百メートルごとに、また、降傾斜の比高四百ないし五百メートルごとに六十分と計算するを要す。

一日の行程は、有利の状況において、

諸兵種の大なる部隊　二十五キロ
大なる自転車部隊　六十ないし八十キロ
大なる乗馬部隊　五十ないし六十キロ
大なる機械化部隊　百五十ないし二百キロ

装甲戦闘車の行軍速度および行軍能力については、つぎの表を参照すべし。

徒歩部隊の行軍能力は、背嚢類、馬の駄載物を、車輛にて送ることによって増進す（第二百七十一）。

徒歩兵の背嚢の重さは、七ないし七キログラム半とす。

軍隊の自動車輸送については、第二十二章および附録第四を参照すべし。

第三　各種諸元

その一　装甲戦闘車に関する諸元

索引番号	種別	重さ t	武装	装甲のおおむね保護し得る程度	一日の行軍能力 km	平均速度一時間 km	越え得る壕の幅 m	渡渉し得る水深 m
1	2	3	4	5	6	7	8	9
1	機関銃用自動自転車	二-三	機関銃一	尖鋭弾 装甲の一部はsmk弾	約二百五十	三十五	—	〇・四〇
2	装甲自動車	五-八	小口径砲一または大口径機関銃一、およびその他機関銃一、二	smk弾の砲撃および迫撃砲弾の破片	約二百	三十	〇・二-〇・八	〇・五〇
3	機関銃戦車	二-七	大口径機関銃一およびその他の機関銃一またはその他の機関銃一-二	smk弾の砲撃および迫撃砲弾の破片	百ないし百五十	道路外は約十五ないし二十五 道路上は二十五ないし三十	一・二-一・五	〇・六〇
4	砲戦車	七-十四	砲一および機関銃一-二	smk弾、砲弾および迫撃砲弾の破片。一部の装甲は一三-二〇ミリの徹甲弾	百ないし百五十	道路外は約十五ないし二十五 道路上は二十五ないし三十	一・五-二・〇	〇・八〇
4	砲戦車	十二-二十四	砲一-二および機関銃二-四	smk弾、砲弾および迫撃砲弾の破片。一部の装甲は一三-二〇ミリの徹甲弾	百ないし百五十	道路外は約十五ないし二十五 道路上は二十五ないし三十	二・〇	一・二〇

備考　備え付け無線機の有効距離は後の表を参照すべし。

その二　飛行機に関する諸元

1 索引番号	2 種別	3 武装 機銃*1（固定）	4 武装 機銃*1（移動）	5 武装 爆弾*2 量kg	6 速度*4 時速km	7 行動半径または飛行時間	8 上昇能力 平均高度m	9 上昇能力 所要時間分	10 無線機の装置、その有効距離連絡方式	11 写真機
1	偵察機（戦略捜索用）	一	一	—	三百十	八百km	五千	十四	送信機および受信機有効距離三百キロまで。地上の無線通信所と交信（電信）	有
2	偵察機（戦術捜索用）	一	一	二百二十	二百九十	七百km	五千	十六	送信機および受信機有効距離百五十キロまで。地上の無線通信所と交信（電信）	有
3	単座式駆逐機	二	—	六十まで	三百七十ないし四百十	二時間	六千	十二	受信機は昼間の大隊、中隊および小隊長機と夜間駆逐機に限る	無
4	複座式駆逐機	二	一（複）	百二十	三百三十	二時間半	四千	十二	有効距離五十キロまで。地上の送信所より飛行機へのみ連絡（電話）	捜索飛行の時のみ有

5	軽爆撃機	一	一	二百五十	二百四十ないし二百八十	一千km	五千	十八	送信機および受信機有効距離六百キロまで。地上の通信所と交信（電信）方向決定	昼間飛行の時のみ有
6	重爆撃機	―	三（内二は複）	一千ないし一千二百	二百四十ないし二百八十	一千二百ないし一千六百	五千	二十五		

備考

1 飛行場の大きさは偵察中隊のため500×500m、駆逐大隊もしくは軽爆撃大隊のため700×700m、重爆撃大隊のため1000×1000mとす。また戦闘着陸場のための地積は第七百九十二参照

2 ＊1 各機関銃の弾薬装備500発 ＊2 爆弾の種類には破片弾、破裂弾、焼夷弾およびgas弾の種別あり ＊3 750kmまでは1500kgの携行可能 ＊4 編隊の場合速度は10％減ず

その三　通信に関する諸元

A　電話機

索引番号	部隊	野戦重被覆線km	野戦軽被覆線km	裸線km	部隊の業務
1	2	3	4	5	6
1	電話連絡隊 徒歩または乗馬	—	四	—	軽被覆線にて導線の架設、妨害作業、小中継所の設置
2	電話連絡隊 機化	四	四	—	重および軽被覆線にて導線の架設その他前に同じ

所要時間（7）　単線一キロの架設時間

野戦被覆線	電話通信隊	高架（分）	地上（分）
軽	徒歩	二十	十五
軽	乗馬	五－十二	五－十
軽または重	機化	五－十二	五－十

3	軽電話隊（繋駕または乗馬）二頭または四頭あるいは六頭曳	七 七	四 四	｜ ｜	重被覆線にて導線の架設、十個の通話所までの中継・通信妨害作業	重被覆線にて一キロの単線の架設時間 軽電話隊 ／ 懸架（分） ／ 地上（分） 繋駕 ／ 二十－三十 ／ 約十五 乗馬 ／ 十－十二 ／ 五－十十
4	軽電話隊（機化）	十四	二	｜	同前	重被覆線にて一キロの単線架設は、支点（樹木等）の存する時は、歩兵の歩度（十－十二分）　地上布置は五－十分
5	重電話隊（機化）	十八	｜	｜	なお永久の導線架設	単線の架空には一キロの架設時間二十ないし三十分　複線には三十ないし六十分
6						
7	電信建設隊（機化）	四	｜	十	裸線にて永久導線の建設	裸線にて複線架設は支柱のある場合は一日の工程四ないし五キロ。支柱をも建てる場合は一ないし一キロ半
8	電話実施隊（機化）	四	｜	｜	六十の通話所の通話、参加部隊の通話所設置、妨害作業	中継のためには十五分以内にて準備完了す。応急の開設には五分、車輛外にて全中継を行うときは三十ないし四十分
備考	一日の行程は軽電話隊一（繋駕）が重被覆線を以て懸架を行うときは、八ないし十二キロ、同（乗馬）は十二ないし十五キロ、軽、または重電話隊（機化）は十二ないし十五キロ 通話時間は二十語（総計百文字）の通話に通常二分、同数文字の通話は八ないし十分					

B　無線通信機

索引番号	部隊	器械器具	有効距離km	有効距離km 電信	有効距離km 電話	「アンテナ」設置時間	備考
1	2	3	4	5	6	7	8
1	軽無線通信隊 （乗馬または機化）	百「ワット」送信機　一 背嚢受信機　二	十メートルの柱および傘式「アンテナ」4/4 屋根式 停止間 車行間	三百－四百 八十－百二十 六十－百	百－三百 十五－三十 十－二十	三－五分 不用 不用	
2	小無線通信隊 （繋駕　乗馬　機化）	五「ワット」送信機　一 背嚢受信機　一－二	低き「アンテナ」（高さ二・五メートル） 屋根式「アンテナ」 停止間 車行間(1) 地中「アンテナ」	四十－六十 三十－四十 二十－三十 二十－三十	十－十五 八－十 四－五 四－五	三－五分 不用 不用 二－三分	(1)車行中の送信は小無線通信隊（機化）のみに可能
3	背嚢無線通信隊 （徒歩　乗馬　機化）	二「ワット」(2)送受信機　一 または一「ワット」送受信機(2)	停止間 運動間(3) 停止間	二十－三十 八－十二 十－二十	六－八 三－四 四－六	一－三分 —— ——	(2)本機の能力は地形および時刻に左右せらる (3)受信のみ可能

4	備考
暗号隊（機化）	百字の無線は暗号の組立解読を通算して二十分なり航空部隊の無線機についてはその二参照
暗号機 六－八	
―	
―	
―	
―	
―	

C　回光器

索引番号		1	2
部隊	2	回光信号隊 徒歩 乗馬 機化	—
器械	3	中形信号機　一	小形信号機　一
有利なる天候の際の有効距離　昼間	4	四キロ－五キロ	一キロまで
有利なる天候の際の有効距離　夜間	5	六キロ－八キロ	二キロまで
設置および撤収の時間	6	三分	一分
備考		百文字の信号には（発信および終始をも加へて）二十ないし三十分を要す 浄書に十ないし十五分を要す	

D　動物を用うる通信手段

索引番号	部隊	動物数	能力	一キロの通過時間
1	2	3	4	5
1	軍犬班（誘導者二名）	犬三頭	二キロまで、ただし人工路は六キロまで	三ないし七分
2	鳩班	九十羽	飛ぶ時間の長短により三十キロまで、鳩舎据着所に到着後二時間にて各方向へ五キロ	一分
3	固定鳩舎	二十羽まで	練習せる飛翔方向において三百キロまで	一分

その四　煙幕に関する諸元

(1) **煙幕放出**　煙幕小隊一は有利なる天候にては約一平方キロ四十分間煙幕を設くるを得。

(2) **煙幕射撃**　有利なる天候にては、つぎの成績を示す。

索引番号	一中隊（四門）	煙の壁幅m	所要弾数 煙弾構成のため 集中射撃	所要弾数 煙幕維持のため 毎分の射弾	所要弾数 煙幕維持のため 毎十五分間の射弾	備考
1	2	3	4	5	6	7
1	野砲	百	十-二十	六-八	九十-百二十	(イ)側方よりの風のときは多くは上に示す弾数より少なくて足る (ロ)迫撃砲の煙弾射撃には同一口径の砲兵の砲と近似の数にて可なり
2	野戦軽榴弾砲	百五十	八-十六	四-六	六十-九十	
3	野戦重榴弾砲	二百	四-八	二-四	三十-六十	

を有す。

(3) 飛行機による煙幕の利用　発煙爆弾一個は、同一口径の砲兵の煙弾と、おおむね同一分量の発煙剤を有す。

飛行機は、低空より煙を放出して、煙の壁を作り得るも、これを予期の場所に送ることは困難なり。また、その煙の壁を維持するには、多くの飛行機を反復使用するを要す。

その五　阻絶および障碍物に関する諸元

工兵の爆薬および地雷

工兵大隊（一部機化）　地雷四千個と四トンの工兵爆薬
工兵小隊（機化）　百五十キログラムの工兵爆薬
歩兵連隊　八十キログラムの爆薬
自動車自転車小銃中隊　五十キログラムの爆薬
装甲自動車中隊　二百キログラムの爆薬

索引番号	阻絶または障害物の種類	所要兵力(1)	所要時間	所要の工兵爆薬、地雷および建築材料等	備考
1	2	3	4	5	6
1	技術構築物（橋梁、堰堤、隧道）等の爆破 a装塡するもの b接着によるもの	工兵一小隊	六 一－三	五十－二百瓩の工兵爆薬 四百－一千瓩の工兵爆薬	(1)所要材料の運搬および準備には別に兵力時間および輸送材料を必要とす これは上の表に含まず毎回これを顧慮するを要す
2	地雷原 幅三百メートル、深さ一十メートル 地雷または代用地雷あるいは両者混用	工兵一中隊	地雷使用一－四 代用地雷使用六－十	地雷八百または四千キログラムの工兵爆薬	
3	地雷の列(2) 地雷、爆薬または黄色薬（踏み板の上または下に装着）	工兵一分隊	一	各列二ないし六個の地雷爆発缶または黄色薬	(2)道路の幅を八メートルと仮定す

4	撒布地雷 地雷または代用地雷を他の阻絶と共に撒布す（殊に人馬に対し）	阻絶の程度により一様ならず			
5	樹木の重阻絶(3) 幅百メートル、深さ五十メートル 地雷装薬および威嚇装薬および鉄条網を併用	工兵一小隊 動力鋸を用う	六	十－二十キログラムの工兵爆薬、有刺鉄線二－五巻き、普通鉄線および結束用鉄線一－二巻き	(3)電流鉄条網の添加阻絶手段として用う
6	樹木の軽阻絶(2) 深さ二十－三十メートル 地雷および威嚇装薬を交ゆ	工兵一小隊	二－四(4)	十二－十五キログラムの工兵爆薬、九－十二の信管、四－六枚の板（各三－四メートルの長さ）、結束用鉄線および釘	(4)動力鋸を用うるときは所要時間短縮す
7	樹木の伐倒 幅百メートル、深さ五－八メートル、地雷および威嚇装薬を交ゆ	歩兵一小隊等	五－六	五－十キログラムの工兵爆薬、有刺鉄線五－十巻き、普通鉄線および結束用鉄線一－二巻き	
8	屋根形鉄条網 長さ二キロ	歩兵一小隊等	八	六十巻きの有刺鉄線、五十巻きの普通鉄線、四百メートルの結束用鉄線、六千個の鉄線鋲、七百本の長杭、一千四百本の短杭、全重量は杭を除き三トン杭を加えて十八トン	
9	鉄網柵 長さ三キロ	歩兵一小隊	八	百二十巻きの鉄鋼、一巻き宛の普通鉄線および結束用鉄線二千個の鉄線鋲、百五十本の柱（全重量三トン）	

10	引き伸ばし得る巻鉄線の阻絶 深さ五十－六十メートル	歩兵一分隊	½	引き伸ばし得る巻き鉄線六	
11	低鉄条網 幅百メートル 深さ十メートル	歩兵一分隊	四－五	十巻きの有刺鉄線、四百メートルの結束用鉄線、六百個の鉄線鋲、三百本の短杭（重量一トン）	
12	増水 イ　閘門設置(5)　五メートルの閘門と三メートルの増水まで ロ　堰堤の構築 　百立方メートルごと ハ　厚板固定に依る法	工兵一中隊 歩兵一小隊等 工兵一小隊	八 八 八	偵察の結果に依る 同前 同前	(5)野戦程度の手段にては流速の緩なる水流（一秒一・二〇メートル以下）のみ堰き止め得。またこの水流にて二十四時間後に、はじめて有効の増水に達す
13	氾濫	工兵の行う偵察の結果による			
14	柱の阻絶 幅百メートル 深さ四メートル	工兵一中隊または歩兵一中隊の兵力を以て補助する工兵若干	八 (6)	三百本の柱、各柱は直径二十－三十センチ、長さ二・〇－二・五メートル、手用槌および挽索槌	(6)動力槌および穿孔機を用うるときは所要時間を短縮す
15	壕 長さ百メートル 幅三－四メートル 深さ二メートル	一ないし二の歩兵中隊など	八 (7)		(7)堅固ならざる土地にて壕の上を覆ふには長時間を要す
16	敷石道の破壊(2)(8) 二キロの間の敷石を剥ぎかつ地雷を散置す	専門の技術を持つ少数の兵力	二－三	道路を掘開する機械若干	(8)「コンクリート」道路はあらかじめ爆破によって掘開するを要す

17	爆破孔の阻絶(2) 孔の深さは三メートル 中径六メートル	工兵一小隊	三－四	三十キログラムの工兵爆薬 穿孔機
18	バリケード（車輛その他による道路の阻絶）	歩兵一小隊	三	車輛、耕作器、材木など
19	材木を組みたる阻絶 三角形または四角形に組み重ねたるもの(2)	歩兵一小隊	三	三角形の阻絶には長さ八メートルの材木六本、長さ四・五メートルの材木八本、十五ないし二十本の木柱または鉄柱、約四十個の鎹、四角形の阻絶には長さ六ないし八メートルの材木五本、長さ一・二メートルの材木五本、十ないし十二本の木柱または鉄柱、約二十個の鎹 右両種ともに帯鉄および釘、または太さ三－五ミリの丈夫な鉄線、材木の中径は二十五ないし二十八センチ、木柱の中径は十五ないし二十センチ、木柱の長さは二メートル
20	鉄道の根本的遮断 a長距離にわたり軌条、転轍機、重要部爆破 b長距離にわたる軌条の除去 c転轍等重要なる運行施設を広く破壊	歩兵一小隊など 歩兵一小隊 および若干の工兵 工兵一小隊	½－二 一－二 一－三	各阻絶ごとに一トンの工兵爆薬 牽引用の機関車を以て軌道除去に用う 施設の大なるときは約三十トンの工兵爆薬
21	永久通信設備を根本的に破壊（第九百一参照）	工兵一小隊	一－三	破壊すべき設備の範囲および程度による
22	飛行場を使用し難くす たとえば飛行機格納庫滑走路の破壊ならびに地雷または鉄線阻絶を併設	工兵一ないし二小隊	二－六	飛行場の大きさおよび破壊の種類によって異なる

その六　制式材料を以てする渡河および架橋に関する諸元

索引番号	区分		1				2			
2	部隊等		架橋縦列の鉄舟類	(a)鉄舟	(b)四トンの門橋(1)	(c)七トンの門橋(1)	同軽材料	(a)大形浮嚢	(b)二トン浮嚢門橋(4)	(c)小型浮嚢
3	舟渡	舟渡器材の数	｜	二十	十(7)	六(7)	｜	二十四	四(7)	二十二
4	舟渡・積載数量	分隊	｜	二十	三十	十八	｜	十二	四	三
5	舟渡・積載数量	軽馬（騎者とも）	｜	百二十(2)	六十	三十六	｜	九十六(3)	十二	｜
6	舟渡・積載数量	砲または分離し得ざる車	｜	｜	十	六	｜	｜	四(6)	｜
7	舟渡・積載数量	迫撃砲（前車とも）機関銃車（前車に馬と人とも）	｜	｜	十	六	｜	｜	｜	｜
8	架橋	軽橋　幅○・五m	｜	｜	｜	｜	｜	五十(5)	｜	｜
9	架橋	四トン軍橋　幅二・八m	百	｜	｜	｜	｜	｜	｜	｜
10	架橋	七トン軍橋　幅二・八m	八十	｜	｜	｜	｜	｜	｜	｜
11	架橋	架設または撤収の時間	二・四	｜	｜	｜	｜	一	｜	｜
12	架橋	所要の工兵中隊数	二	｜	｜	｜	｜｜	一		｜
13			(1)門橋一個の構築時間は約三十分				(2)一鉄舟ごとに六馬宛泳ぐ			

	2	3	4	5	6
	歩兵大隊	騎兵連隊	歩兵師団の捜索大隊本部	工兵中隊または軽工兵中隊	架橋縦列
小型浮嚢	六	五	二	六	—
大型浮嚢	—	五	二	四	—
発動機艇	—	—	—	—	—
操舟機	—	—	—	—	一
曳舟具	—	—	—	—	八
	一	三	一	二	一
	—	二十(3)	八(3)	十六(3)	—
	—	—	—	—	—
	—	—	—	—	—
	—	—	—	—	—
	—	—	—	—	—
	—	—	—	—	—
	—	—	—	—	—
	—	—	—	—	—

(3)大形浮嚢一個ごとに四馬宛泳ぐ
(4)門橋一個の建設時間は一時間
(5)毎秒一、二メートルの流速の際
(6)馬なし
(7)桟橋を用いず浮桟橋を用う

第四　軍隊輸送

その一　鉄道

軍用列車の種類	長さ（機関車炭水車とも）	最大車輌数	最大積載量
完全列車	五百五十メートル	五十	四百五十トン
半列車	二百九十メートル	二十二	一定せす

普通の積載量

客　車　将校二十四名または兵四十名。
有蓋貨車　兵四十名あるいは重馬六頭、あるいは軽馬八頭および二馬に一人ずつの兵、または貨物十五トン。
無蓋列車　車輌一ないし四輌。

部隊所要の列車数

部隊	機械化せざる部分の所要列車数	機械化せる部分の所要列車数	合計	備考
歩兵師団	三十四	二十一	五十五	師団の兵力は附録の第二に示せるものにして配属部隊を含まず
騎兵師団	三十二	十七	四十九	
大部分を自動車にて輸送する歩兵師団残余の馬および車輛	九	――	九	

その二　自動車

縦列の種類	貨物自動車の数	最少限の積載量（トン）	備考
大自動車縦列	二十あるいは貨物自動車十および被牽引車十	六十	小自動車縦列の軍隊輸送は大自動車縦列を使用し得ざる場合に限る
小自動車縦列	十あるいは貨物自動車五および被牽引車五	三十	

貨物自動車（二トン半以上）一輛に積載し得る量、左のごとし。

二十五－五十人（座す）
三十五－六十人（立つ）（短距離に限る）
（以上二項）器材を携行するときはその分だけ人数を減ず。

四－六馬と四－六人

三挺の重機関銃および、その銃手

一門の軽砲
一輛の弾薬車（弾薬積載）
二門の軽迫撃砲
（以上三項）四－十人および弾薬を有する前車とも

一輛の野戦炊事車、その要因、前車および三日分の糧食とも

一輛の車輛および四－十人

貨物自動車の被牽引車の積載容量および重量は、おおむね、その属する貨物自動車のそれと同等なり。

乗合自動車は二十五－五十人（座す、器材なし）を収容し得。

馬および車輌の大部分をともなって自動車輸送を行う際の平均所要車輌数、左のごとし。

部隊	貨物自動車の数	備考
歩兵大隊	約七十	各部隊の兵力は付録第二に示す
歩兵連隊	約二百八十	
軽砲兵大隊	約百三十	
歩兵師団	約一千四百	

第五　諸系統図解

その一　弾薬補充

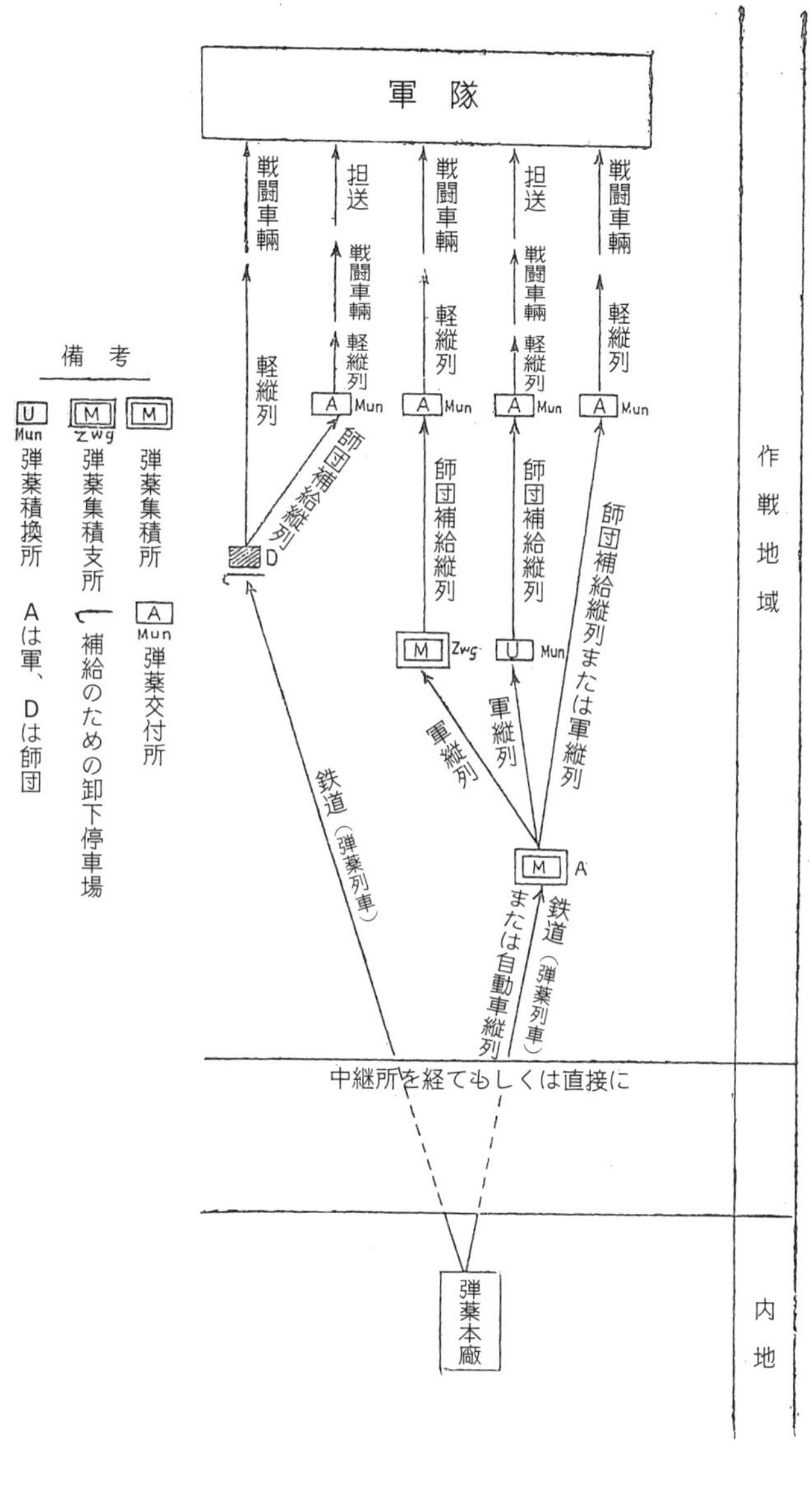

その二　給養勤務

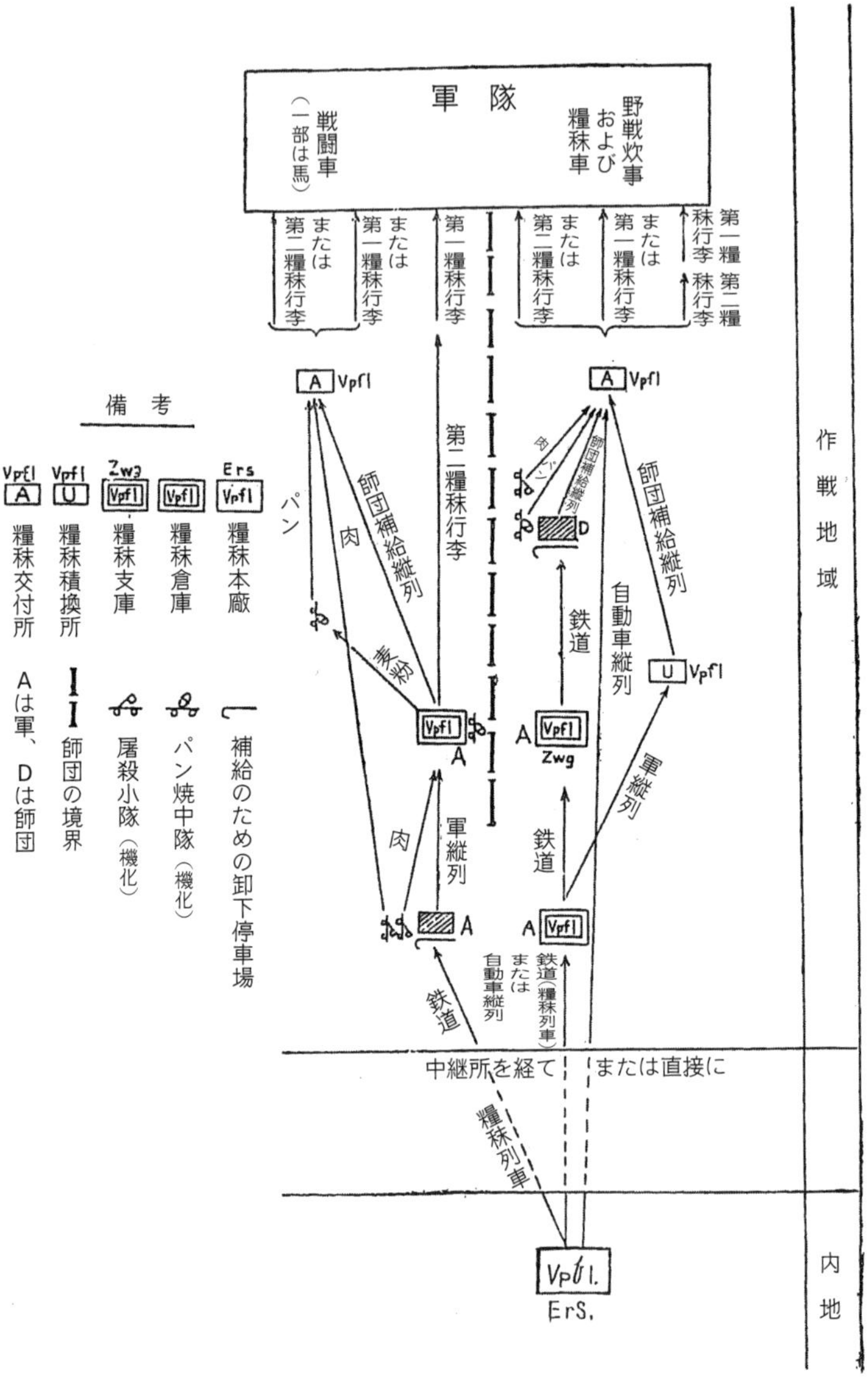

軍隊
野戦炊事および糧秣車
戦闘車（一部は馬）
第一糧秣行李
第二糧秣行李
または第一糧秣行李
または第二糧秣行李
A Vpfl
パン
肉
師団補給縦列
第二糧秣行李
麦粉
軍縦列
鉄道
自動車縦列
D
U Vpfl
Zwg
鉄道（糧秣列車）または自動車縦列
中継所を経て
または直接に
糧秣列車
Vpfl.
Ers.
作戦地域
内地
備考
糧秣交付所
糧秣積換所
糧秣支庫
糧秣倉庫
糧秣本廠
補給のための卸下停車場
パン焼中隊（機化）
屠殺小隊（機化）
師団の境界
Aは軍、Dは師団

その三　衛生勤務

a、患者の後送

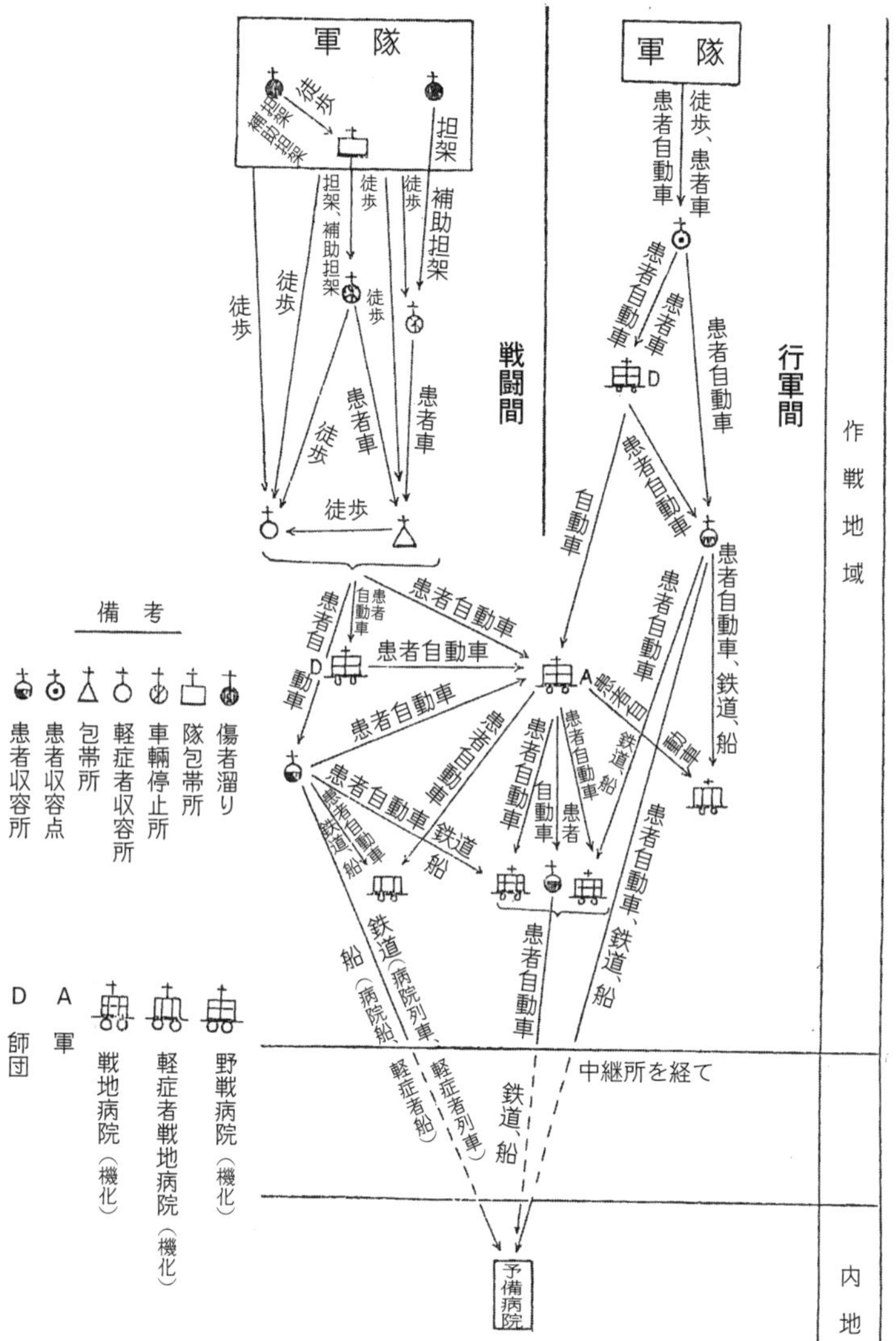

作戦地域
内地
行軍間
戦闘間
軍隊
徒歩、患者車
患者自動車
徒歩
担架
補助担架
担架、補助担架
患者車
患者自動車
自動車
患者自動車、鉄道、船
鉄道、船
鉄道（病院列車、
船（病院船、
中継所を経て
軽症者列車）
軽症者船）
予備病院
備考
傷者溜り
隊包帯所
車輌停止所
軽症者収容所
包帯所
患者収容点
患者収容所
野戦病院（機化）
軽症者戦地病院（機化）
戦地病院（機化）
A　軍
D　師団

b、衛生材料の補給

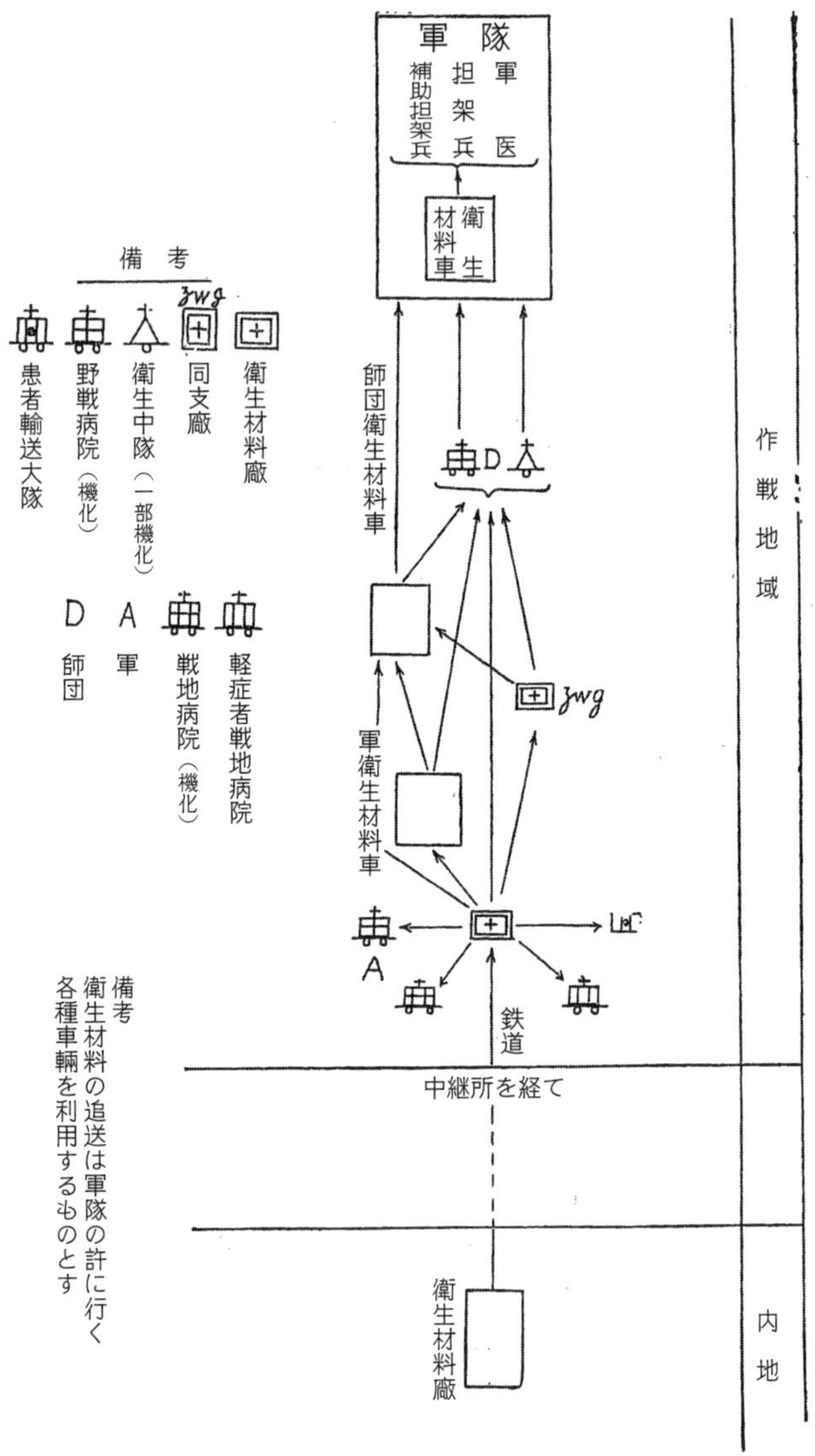

軍隊
軍医
担架兵
補助担架兵
衛生材料車
作戦地域
師団衛生材料車
D
zwg
軍衛生材料車
A
鉄道
中継所を経て
衛生材料廠
内地
備考
衛生材料廠
同支廠
衛生中隊（一部機化）
野戦病院（機化）
患者輸送大隊
軽症者戦地病院
戦地病院（機化）
A 軍
D 師団
備考
衛生材料の追送は軍隊の許に行く各種車輌を利用するものとす

その四　獣医勤務

a、馬の後送

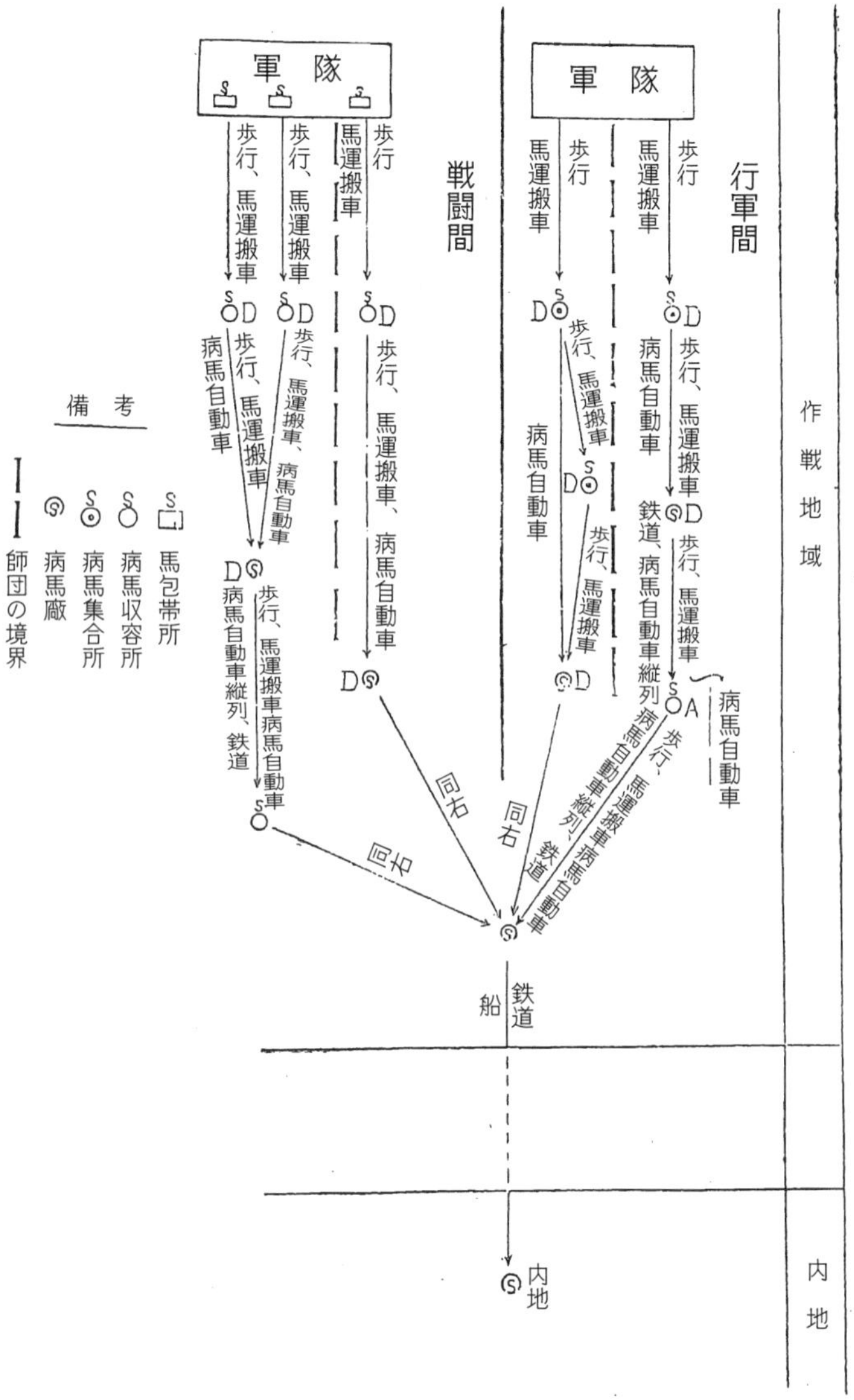
作戦地域
内地
行軍間
戦闘間
軍隊
軍隊
歩行
馬運搬車
歩行、馬運搬車
病馬自動車
鉄道、病馬自動車縦列
病馬自動車
歩行、馬運搬車、病馬自動車縦列、鉄道
同右
歩行、馬運搬車病馬自動車
病馬自動車縦列、鉄道
鉄道
船
内地
備考
馬包帯所
病馬収容所
病馬集合所
病馬廠
師団の境界

b、馬の補充

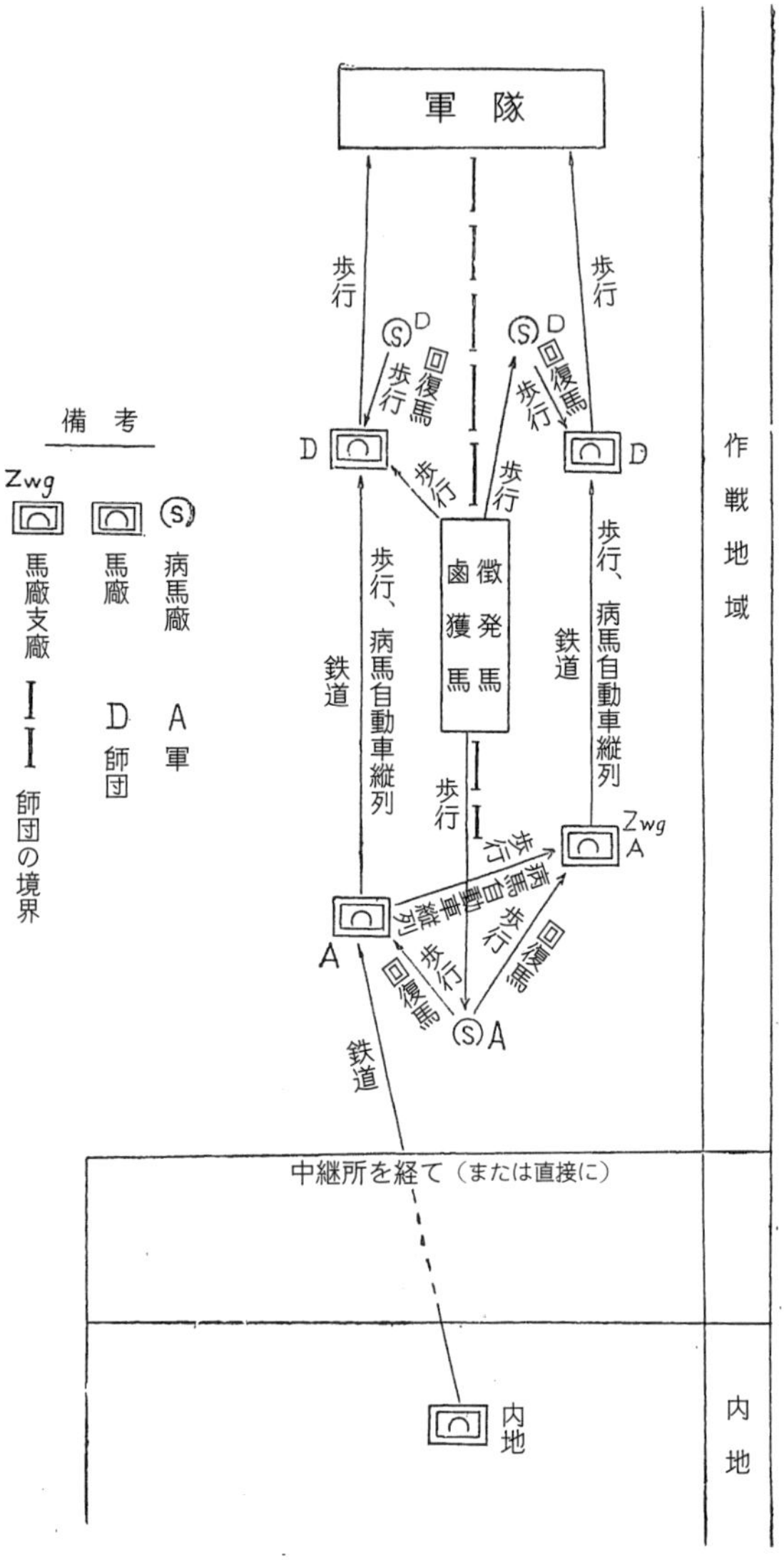

軍隊
歩行
回復馬
歩行
徴発馬
鹵獲馬
歩行、病馬自動車縦列
鉄道
病馬自動車縦列
回復馬
中継所を経て（または直接に）
内地
作戦地域
内地
Zwg
D
A
備考
馬廠支廠
馬廠
病馬廠
D 師団
A 軍
師団の境界

c、獣医材料の補給

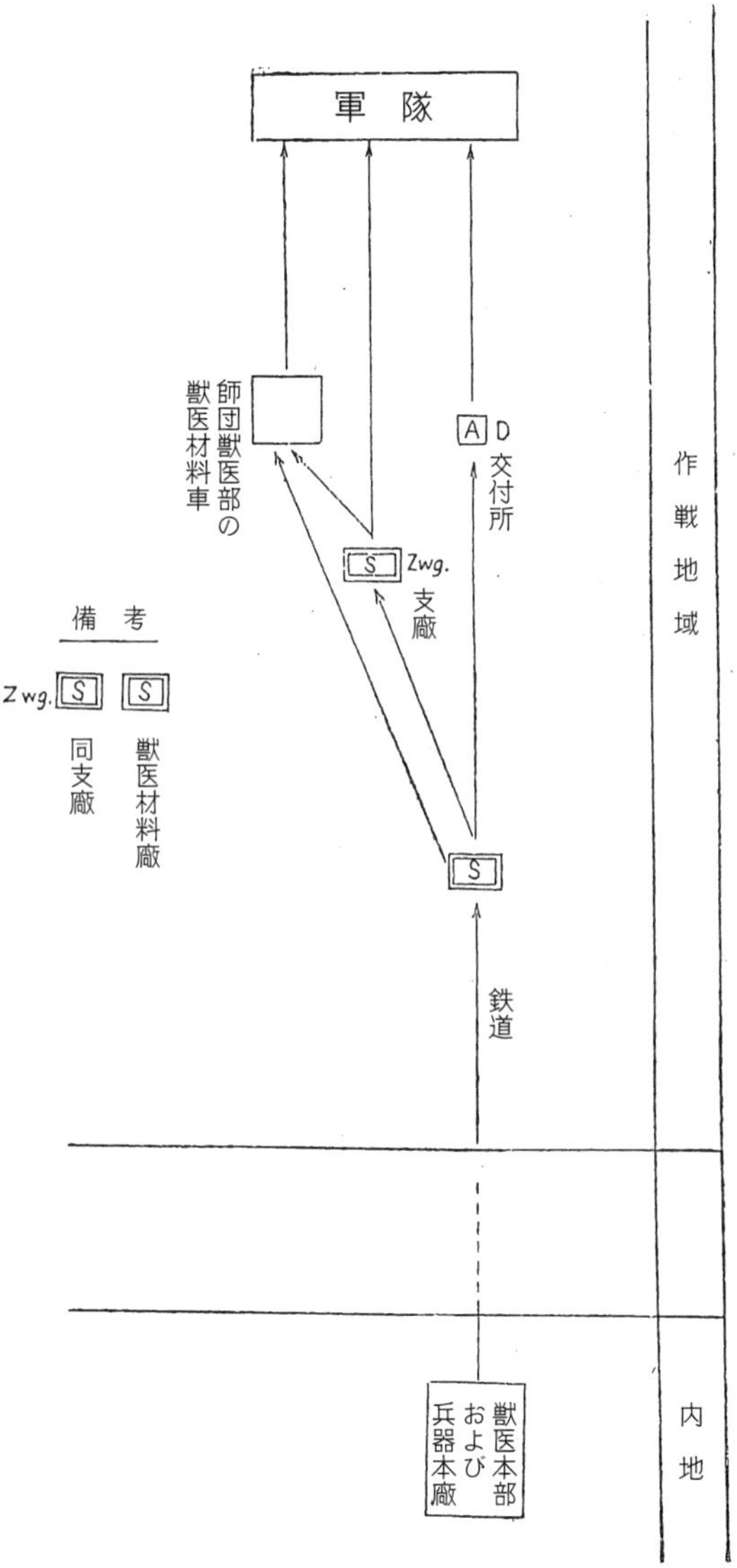

備考
獣医材料の補充には軍隊のもとに行く各種車輌を利用するものとす

その五　自動車の補給

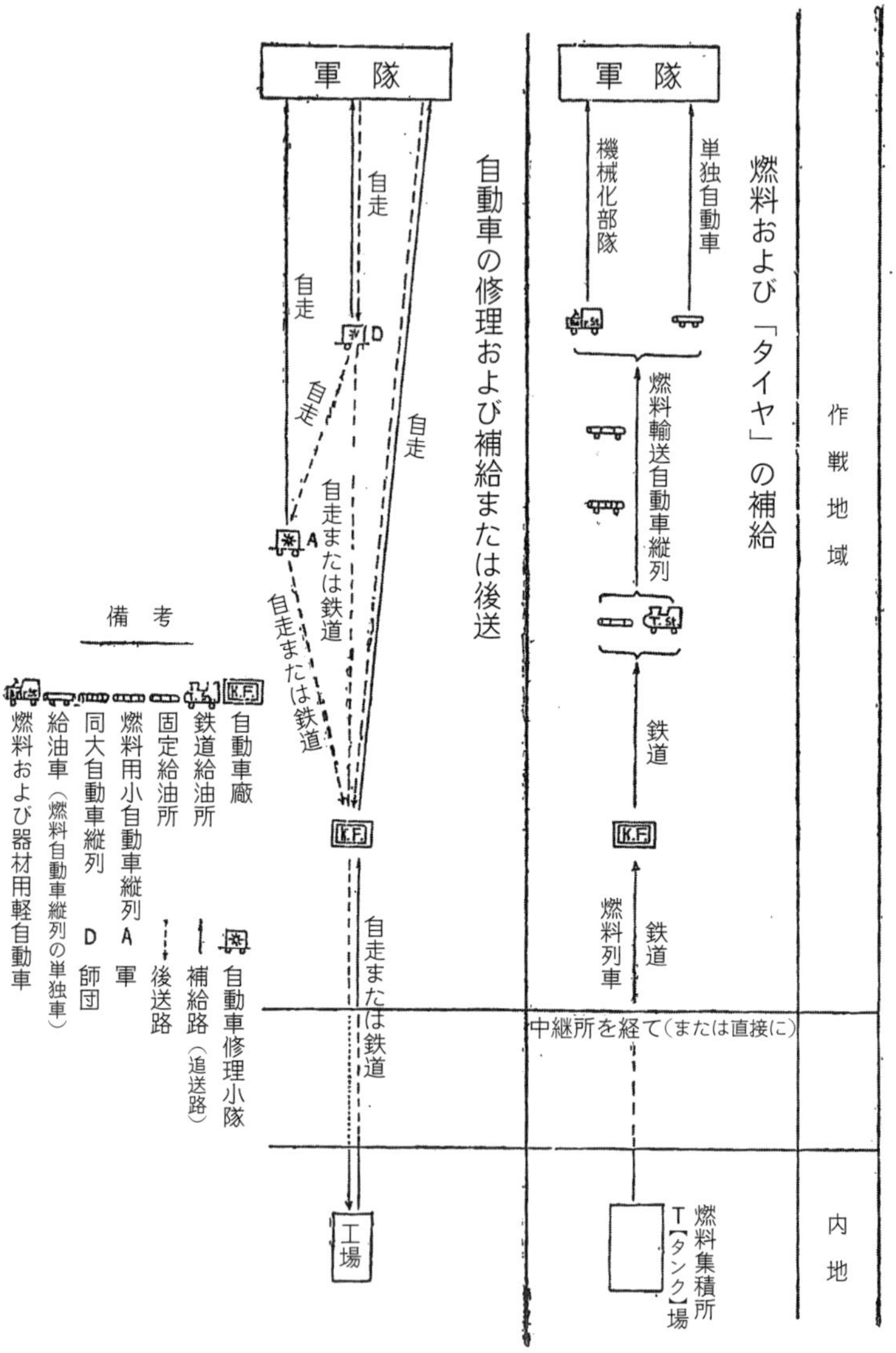

作戦地域
内地
燃料および「タイヤ」の補給
軍隊
単独自動車
機械化部隊
燃料輸送自動車縦列
鉄道
燃料列車
中継所を経て（または直接に）
T【タンク】場
燃料集積所
自動車の修理および補給または後送
軍隊
自走
自走
D
自走
自走
A
自走または鉄道
自走または鉄道
自走または鉄道
工場
備考
自動車廠
鉄道給油所
固定給油所
燃料用小自動車縦列
同大自動車縦列
給油車（燃料自動車縦列の単独車）
燃料および器材用軽自動車
自動車修理小隊
補給路（追送路）
後送路
A　軍
D　師団

第六　野戦郵便

一、野戦郵便は、公私の郵便物を、野戦軍と内地とのあいだ、および野戦軍間に送る。

二、野戦軍全般の郵便業務は、総軍司令部内の**野戦郵便長官**（Heerespostmeister）、また、軍の郵便業務は、軍司令部の**軍郵便部長**（Armeepostmeister）、その指導に任ず。軍団司令部以上の司令部には、通常、**野戦郵便部長**（Feldpostmeister）の下に、一個の野戦郵便局を配属す。

三、各部隊は、その部隊宛の野戦郵便物を、野戦郵便局より受け取り、かつ、発送すべき郵便物を取りまとめて、野戦郵便局に引き渡す。

四、**野戦郵便**として発送を許すべきもの、左のごとし。
手紙、葉書、印刷物、商業書類、商品見本、小包、郵便事務通信、計算書、支払請求書（電報を除く）。

なお、野戦軍より内地への郵便に限り、書留、速達、価格表記および郵税支払を許す。

野戦郵便における小包の発送区域は、野戦郵便長官これを示す。

私用に電信網の使用を許すことについては、その地域の高等司令部において決定す。電信輻輳の際には、私用電報を書簡として送る。

五、野戦軍より内地への郵便物および野戦軍間の郵便物には、**料金**を徴せず、その他の郵便物および、すべての私用電報には、料金を徴す。野戦軍より内地への私用電報の料金は、受信者より徴す。

六、野戦郵便物には、すべて「野戦郵便」（Feldpost）と表記し、かつ、発送者の氏名を記入するを要す。

七、野戦軍にある者は、野戦郵便発送者および受取人としては、いずれも、その氏名、階級ならびに所属部隊の野戦郵便番号を記すを要し（たとえば、野戦郵便番号第六三八七八号何兵某）、地名、または所属部隊号等を記入することを禁ず（たとえば、某地所在、または第何連隊第何中隊等）。

八、私信の内容については、第百九十二を参照すべし。

第七　陸戦法規および慣例

総説

第一　陸戦に適用せらるる、重要なる国際法規および慣例、左のごとし。

a、「陸戦法規および慣例」一九〇七年十月十八日の第四回「ハーグ」協定の附録（「「ハーグ」の陸戦法規」と称するもの）。

b、「一九二九年七月二十七日の戦地軍隊の傷病兵の待遇改善に関する「ジュネーヴ」協定」。

c、「一九二九年七月二十七日の捕虜取扱に関する協定」。この協定は、「ハーグ」陸戦法規の第四ないし第二十条の代わりとして、決定せるものなり。

「ハーグ」陸戦法規

適用範囲

第二　「ハーグ」陸戦法規の規定は、軍隊のみならず、つぎの条件を備うる民兵隊および義勇兵隊にも適用す。

a、部下に対して責任を負うところの長を有すること。

b、各人が、遠方より認め得るところの一定の標識を帯びること。

c、各人が兵器を公然携帯すること。

d、戦争の法規および慣例を尊重すること(「ハーグ」陸戦法規第一条)。

第三 敵に占領されざる地域の住民にして、敵の近接に際し、その侵入部隊を克服する目的を以て兵器を執る場合に、もし、その兵器を公然携帯し、かつ、戦争法規および慣例を尊重するときは、その住民を「交戦軍」とみなす(同第二条)。

一地方を実際に占領したるときは(第十二)、占領国はすべて秩序維持のための措置および、それに応じて、暴動防止のための措置を執る権利を有す(同第四十三条)。

第四 交戦者と認められたる軍の所属者が、敵に捕らえられたる場合には、それが戦闘員たると非戦闘員たるとを問わず、捕虜としての取扱を受くる権利を有す(同第三条)。

捕虜の取扱法については、第二十九ないし第三十六を参照すべし。

交戦手段

第五 交戦者は、敵を害する手段の選定について、無制限なる権利を有せず(同第二十三条)。軍事上の目的達成のために必要とする以上の苦痛を、敵に与えずとの原則を守るを要す。

ことに、つぎの事項を禁ず。

a、毒薬の使用(たとえば、食料品および水に毒薬を混入すること)および有毒兵器(たとえば、含毒兵器弾丸)および不必要の苦痛を与うる兵器、弾丸および薬剤の使用(たとえば、弾丸の中身を十分に覆わざる被套《ひとう》を用い、または切込を附したる被套を用うる等)。

b、窒息ガス、有毒ガスおよび、これに類する液体、その他の薬剤および黴菌の使用(一九二五年の

「ジュネーヴ」のガス戦協約)。

c、敵の軍隊および国民に属する者の虐殺および、それに類する傷害(たとえば、無条件降伏を欺瞞すること、白旗を掲げて敵を欺きたるのちに、敵を殺傷すること)および、抵抗力なき者(たとえば、抵抗不可能となりたる者)の殺傷、絶対に容捨【容赦】を与えざる宣言、すなわち、捕虜を作らぬことの宣言(同第二十三条b、c、d)。

d、軍使の用うる白旗、敵の国旗、軍隊の標旗、もしくは軍服、ジュネーヴ会議によって保護を受くる赤十字章の悪用(第二十八)(同第二十三条f)。ただし、軍事上の謀略と、敵および地形についての情報を獲るために、必要となる手段とを用うることを許容す(同第二十四条)。使用する軍事的欺計は、軍人的名誉を傷つけざる範囲内に止むるを要す。卑劣狡猾なる手段は慎むべきものとす。この法則を破りたる者は、捕虜となりたるとき、容捨を期待するを得ず。

e、軍事上、緊急の必要ある場合以外に、敵国の財産を破壊および奪取すること(同第二十三条g)。当該指揮官は、いつ、この種の必要の生ずるかを決定するを要す(第六)。占領地における軍隊等の事項については、第十二ないし第二十を参照すべし。

f、敵軍に属する者に、自国に対する交戦的企図への参加を強要すること(例えば、「ドイツ」人に「フランス」軍への参加を強要すること)(第十三)。

砲撃および攻囲

第六　防備なき都市、村落、住居、または建物に対しては、いかなる手段たるを問わず、攻撃および砲撃を加うるを得ず(同第二十五条)。

ただし、住民地、家屋等が、敵の軍隊、または住民によって、防御せられるときは、あらゆる手段を以て、攻撃および砲撃を行うことを得。住民地等は、もし、某所より小銃を射撃するか、手榴弾を投ずるときは、某所を防御せるものとみなす。

攻撃部隊の指揮官は、突撃攻撃を行う場合のほかは、砲撃を開始するに先だち、その住民地の官公吏に通告することにつき、なし得る限りの手段を尽くすを要す（同第二十六条）。

攻囲および砲撃の際には、宗教、美術、学術、慈善事業等の建築物、歴史的記念物、病院および傷病者収容所は、同時に軍事上の目的に使用（たとえば、寺の塔を観測所に利用し、病院を射撃陣地の掩蔽に利用する等）しあらざる場合には、なし得る限り、愛惜するを要す（同第二十七条）。攻囲を受けたる方は、これらの建築物、または収容所に、明確なる特別の標識を掲げ、かつ、それを攻囲軍にあらかじめ通告すべき義務を有す（第二十七条第二）。

都市その他の住民地は、たとい突撃によって攻略したる場合においても、みだりに破壊すべからず（同第二十八条）。

間諜

第七　間諜とは、敵軍側に伝える目的を以て、秘密に（すなわち、匿《かく》れて）、または偽りたる口実の下に（すなわち、意識せる欺瞞を以て）、作戦地内において情報を探り、または探らんと試みる者をいう。

従って、軍服を着用せる軍人が、情報を得る目的を以て、敵軍の作戦地域内に進入せる場合には、間諜とみなさず（同第二十九条）、捕らえられたる場合にも、捕虜としての待遇を受くる権利を有す。

第八　実行中に捕らえられたる間諜は、査問を用いずして処罰するを得（同第三十条）。

第九　間諜が自軍に戻り、後日、敵に捕らえられたる場合には、捕虜として取り扱うべきものにして、過去の間諜行為について、責を負わずを得ず（同第三十一条）。

軍使

第十　軍使とは、戦争を指揮する者より、他と交渉をなすべき全権を委任され、かつ、白旗を以て標示せる者をいう。軍使には、危害を加うるを得ず。また、軍使のともなう喇叭手、または鼓手、旗手および通訳もまた然り（同第三十二条）。軍使は、全権の委任状を有せざるときは、その特殊の地位を尊重さるることを期待し得ず。その予告は、無線電話を以てし、前線の通過は、協定せる場所において、あらかじめ停戦を命じたるのちに行うを適当とす。

軍使派遣の申入を受けたる方の指揮官は、いかなる場合にも必ず、それを迎うべき義務を有せず（同第三十三条）。しかれども、原則的に、軍使を拒否することは、国際法の精神に反するものとす。

軍使は、戦争に関係なき者のごとく行動するを要す。それに応ずる措置（たとえば、両眼を縛し、迂路を取る）によって、軍使を派遣して情報の獲得に利用することを防止すべきものとす（同第三十三条）。軍使が、不信の行為、もしくは扇動に利用することの明確なる証拠の存する場合には、特別の保護を受くる権利を失う（同第三十四条）。

開城および休戦

第十一　開城および休戦に関する事項は、第三十五条ないし第四十一条に規定しあり。

占領せる敵の領土における軍事上の権力

第十二　事実上、敵の権力の下にある地域は、占領されたるものとみなす。

占領は、この権力の成立し、この権力の行われるる地域にのみ及ぶものとす（同第四十二条）。公安および公生活の回復および維持のための措置を講ずるに当たっては（第三）、直接の障碍の存せざる限りは、その国の国法を尊重すべきものとす（同第四十三条）。

第十三　占領地の住民に、自国の軍および、その防御手段について告白すること（同第四十四条）、もしくは、敵国に忠誠を誓うことを強要するを禁ず（同第四十五条）。

〔註〕　第四十四条はドイツの承認せざるものなり。

第十四　家族の名誉、住民の生活、私有財産、宗教上の信仰、祭事を、尊重するを要す。私有財産を没収するを得ず（同第四十六条）。

第十五　軍隊の所要経費に充つるために、租税、関税、手数料その他の賦課に関すること、および金銭その他の方法を以てする集団的処罰（たとえば、個人の犯行に対して、町村全体の処罰）を禁止すること、ならびに強制賦課すること等は、第四十八ないし第五十一条に規定す。

徴発

第十六　庶民、もしくは住民よりの物資および労力の提供は、占領軍の需要に必要とする程度に止め、かつ、その国土の資源に比例するを要し、住民をして、自国に対する戦争の企図に参加すべき義務を課することを許さず（第五、第十三）。而して、この種の物資および労力の提供は、必ず占領地の指揮官の委任を以て行うを要す、物資の提供には、なし得る限り、現金を以て支払い、しからざる場合には受領証を交付し、それに対する支払は、なるべく早く行うを要す（同第五十二条）。

戦利品

第十七　賠償を要せずして、収得し得るもの、左のごとし。

a、戦争目的に適する敵国の動産（たとえば、現金、貨物、兵器、輸送用器材、商品および食料）（同第五十三条の一）。

b、捕虜および敵の戦死者の所有する兵器、馬、装備、軍事的内容を有する書類（第三十二）。

押収

第十八　後日の賠償に対して、すべての種類の軍需品を、講和のときまで押収するを得（たとえば、兵器、交通および通信器材等は、たとい私有物といえども押収するを得）（同第五十三条の二）。ただし、占領地と中立国とのあいだを結ぶ海底電線は、緊急の必要ある場合に限り、押収、もしくは破壊することを得（同第五十四条）。

第十九　敵国に属し、かつ、占領地に存在する公共の建築物、不動産、森林および農業につきては、占領国家は、単にその管理者および利用者とみなすべきものにして、それを保存し、利用の原則に従って管理するを要す（同第五十五条）。

第二十　公共の財産と宗教、慈善事業、学校、美術および学術等に従事する建築物の財産は、たとい国家に属するものといえども、私有財産として取り扱うべきものとす。この種の施設その他、歴史的記念物、または美術および学術の作品等を、押収、破壊、または損傷することを禁じ、それを尊重するを要す（第五のｅ）（同第五十六条）。

一九二九年七月二十七日の戦地軍隊の傷病兵の待遇改善に関する「ジュネーヴ」協定

傷病兵は、この協定に従って、公法上の保護を受く。

第二十一　軍隊所属の負傷者および病者は、すべて愛惜し、保護すべきものとす。その敵の手に落ちたる者は、捕虜となり、捕虜としての待遇を受く（第二十九以下）。傷病兵は、その国籍の如何を問わず、人道を以て取り扱い、かつ、看護するを要す。これがために、自軍の衛生部員の一部を、その衛生材料とともに残置することを得（同第一条および第二条）。

第二十二　戦場を自己の勢力下に握れる軍は、負傷者および戦死者を捜索し、かつ、掠奪および虐待に対して保護することに意を用うるを要す。状況上、さしつかえなき限りは、対抗両軍の戦線のあいだに残れる負傷者収容のために、局地的休戦、もしくは射撃の中止を協定すべきものとす（同第三条）。

第二十三　収容、もしくは、発見せる傷病兵および戦死者の氏名を、なし得る限り、早く確かめ、それを互いに通告するを要す。戦死者の私有物は、他日、本国へ還送するために、その認識票の一部とともに取りまとめて、保管すべきものとす。認識票の残部は屍のもとに留む。埋葬、もしくは火葬は鄭重《ていちょう》にし、なし得れば、医師の検診を行う（同第四条）。

第二十四　衛生機関および衛生施設は、愛惜し、保護を加うるを要す。これらの者が、敵に害を加うるために用いらるる場合は、その保護を中止す。ただし、衛生部員が、自己の防衛、または、自己の負傷者の保護のために武器を使用するとき、衛生機関、もしくは施設を、部隊、もしくは衛生兵を以て、警戒するとき、そこに負傷者、もしくは病者より取りたる弾薬の存在せるとき、または、その機関、もしくは施設中に獣医部の部員、もしくはその器材の存するとき等においても、それを理由として保護を中止することなし（第六条ないし第八条）。

第二十五　すべて、負傷者、病者の収容、輸送および看護に任ずる者ならびに衛生部の機関および施設の管理に任ずる者および衛生勤務に従事中、捕らえられたる補助担架兵および従軍僧は、いかなる場合にも愛惜し、保護するを要す。これらの者が、敵の手に落ちたる場合にも、捕虜として取り扱わず、軍事上さしつかえなき限り、送還すべきものとす。そのときまでは、負傷者の（ことに、その者の属する軍の負傷者の）看護に当たらしむるを要す。その帰還に際しては、自己の物品、器械、兵器および運搬具を携行するを得（同第九条、第十二条）。その宿泊および要求については、同第十三条に規定しあり。

第二十六　移動衛生機関は、敵の手に落ちたる場合にも、その器材、運搬器および附属員を保有す。ただし、関係の陸軍官憲は、それを負傷者の看護に使用するを得。それを返還する際には、なるべく衛生部員をも同時に返還するを要す。固定の衛生設備の建築物および装備は、戦争法規の下に置かるるものとす（同第十四条、第十五条）。

第二十七　交戦部隊の衛生勤務上、撤退に必要なる車輛の取扱および衛生部の輸送用飛行機の取扱については、同第十七条および同第十八条に規定しあり。

第二十八　軍の衛生勤務の標識および、衛生部の機関および施設の保護のための標識は、白地に赤色の十字を用う（註「トルコ」および「エヂプト」においては赤き半月を、「ペルシヤ」においては太陽と赤き獅子）。

保護を受くる者（第二十五）（補助担架兵を除く）は、印刷せる官印を押せる腕章を左腕に帯び、かつ、各自にその証明書を携うるを要す（同第二十一条）。認可を受けたる特志の補助協会員も（中立国の者も）、保護を受くる者（同第十一条）と同一の腕章を帯び、かつ、写真を添えたる証明書を携帯するを要す（同第十条）。

保護を受くる衛生部の機関、施設および、その器材には、軍事上さしつかえなき限り、敵の攻撃を避くるために、敵の陸海空軍が明瞭に認め得るごとき標識を附するを要す。固定の衛生施設には、必ず中立旗のかたわらに国旗を掲ぐるを要し、移動性の設備にもこれを掲ぐるを得。

一九二九年七月二十七日の捕虜取扱に関する協定

第二十九　一九二九年七月二十七日の捕虜取扱に関する協定は、第二条ないし第四条に掲げたる者および交戦軍に属する者にして、海上および空中の交戦行為中に、敵に捕らえられたる場合に適用す（捕虜取扱に関する協定第一条）。

第三十　捕虜は常に人道的に取り扱い、ことに、暴力、虐待および公衆の目にさらすことを防止するを要す。捕虜に対して、復讐的行為をなすを禁ず。捕虜の人格および名誉を尊重し、婦人に対しては、その性にもとづく顧慮を以て取り扱うを要す。捕虜は、その私的の権利を完全に保有す。捕虜を収容する国家は、その生活について、意を用うるを要す（同第二ないし第四条）。

第三十一　すべて捕虜は、自己の真実の氏名および階級を告白すべき義務を有す。しからざれば、その階級に応ずる待遇を受くるを得ず。捕虜に対して、自己の軍隊および国の状況の告白を強要するを得ず。また、これについての告白を拒みたる捕虜を、脅迫、虐待し、不快、もしくは不利を与うることを得ず（同第五条）。

第三十二　兵器、馬、軍事上の装具および、軍事的内容の書類以外の私有物および、日用品ならびに鉄兜および防毒面は、すべて捕虜に所有せしむ。その所持する金銭は、将校の命令にもとづき、かつ、その金額を確かめ、受領証を交付する場合のほかは、押収することを得ず。身分証明書、階級を表す徽章、勲章および貴重品のたぐいは押収すべからず（同第六条）。

第三十三　捕虜は、なるべく早く、はるか後方の安全なる地域における集合所に移すべく、また、その後送を行う以前にも、不必要の危険にさらすべからず。徒歩後送する際の一日の行程は、通常、二十キロを越ゆべからず（同第七条）。

第三十四　交戦国は互いに情報係を設け、それを通じて、捕虜の氏名をなるべく早く、互いに通告すべき義務を有す。

捕虜はすべて、なるべく早く、その家族との文通をなし得るごとくし、収容所到着後、少なくとも一週間を経れば、その家族へ一枚の葉書をしたたむる機会を与うるを要す（同第八条および第三十六条）。

第三十五　その第九条ないし第八十条には、捕虜の宿泊、食物、被服、保健、労働、その他処罰、解放、本国送還等に関する規定を掲ぐ。

第三十六　一九二九年七月二十七日の捕虜取扱に関する協定および、それに附帯する決議の全文を、なるべく捕虜の国語を以て、すべての捕虜の読み得る場所に掲示するを要す（同第八十四条）。

第八　通信文、戦闘報告、陣中日誌の原則

通信文原則

第一　通信文の形式は、なし得る限り、簡潔なるを要す。
第二　筆記を反読し、また読み合わせをなし、誤解と過失とを予防するを可とす。
第三　命令（報告）、もしくは、その摘録を、いかなる地位の者が受くるかを、常に考察するを要す。一箇所より同一の受領者に、多くの命令、もしくは報告を送る場合には、一連の番号を附すを適当とす。
第四　「右」、「左」、「前」、「後」、「此方《こなた》」、「彼方《かなた》」、「上」、「下」等の語は、注意して使用し、疑わしき場合には、方位を以て補足するを要す。
「右側」「左側」（「翼」「側面掩護」）等の敵方に向かいたる方向を基準とす。行軍縦隊および分遣せる部隊は、戦時編制によって簡単に現し難き場合には、その指揮官の氏名を以て唱うるを可とす。行軍縦隊の先頭および後尾は、その行軍方向に従って、唱うべきものとす。
第五　部隊の前後の距たりをAbstand（距離）と称し、左右の距たりをZwischenraum（間隔）と称す。
「梯次」（Gestaffelte）の部隊は、距離および間隔を有す。その場合の前方への距離は、梯次に位置すべき部隊の先頭より測り、後方への距離は後尾より測る。
第六　日、月および都市は、„20.9.33"または„20.Sept.33"と略記す。
夜を示す場合に疑わしきときは、両日のあいだに線を引きて示す（たとえば、20./21.6. または 20./21.Juni）。
時刻は、時と分とを以て示す。その記述法は、

筆記、または印刷には905Uhr（註 9時00分の意）、1800Uhr（註 18時00分の意）。

「タイプライター」のときは、9,05uhr, 18,00uhr。

通信の際には、四文字にて0905, 1800（uhr の字を附せず）。

夜半は、ある仕事がこのときにはじまるか、終わるときは、24、また0^{oo}時を以て示す（15.Mai24uhr、または16.5.0^{oo} uhr）。

「昨日」、「本日」および「明日」には、場合により、説明的附記を要す。

第七　地名は明確にラテン文字を以て、かつ正確に地図に拠って記すを要す。一地方に同一の地名ある場合には、説明を附して、誤解を防ぐを要す（A地東方三キロのB地）【以下、（ ）、または「 」内に実例が示されている】。地図上の発見困難なる地名にも、同一の措置を取るを可とす。二重の地名、または附記の存するものは（Ottsedta.Berge）、それを完全に示すを要す。顕著ならざる場所は、誤解を防ぐために、その位置および特別の目標を示すを要す（A村とB村とのあいだの森林の東端の家屋群）。

往々、唱呼（発音）を、地名のつぎに記入するを可とすることあり（urneux〔ürnö〕）。

第八　道路は通常、二つの地名によりて示す（Strasse Hohenthann Bärnau）。三叉路、十字路、または村落の出口等は、注意して示すを要す。村落の出口を方位によって示すことは、往々、適当ならざることあり。

第九　標高によって地点を示すには、必ず補足を必要とす（A地西方二キロ半の標高点328）。

第十　線（戦闘地帯、境界線）は、少なくとも二つの地点を以て示すを要す（A地寺院 - B村西方一キロの製粉所）。その際、「含む」「含まず」等と附記するを可とす。また、迂遠なる記述よりも、要図を以てするか、または、地図に記入するを可とする場合しばしばなり。

第十一　軍隊配備、または地区および地域は、自軍についてはは右翼よりはじめ、敵については、敵の左翼よりはじめて、順次左方へと記述すべきものとす。

第十二　命令を受くる者が、同一の図表、または目標分画図を有するときは、それに従って、地名および地点をもっとも簡単に示し得る場合往々あり。敵が、傍聴、または傍読する場合の通信には、これを用うるを例とす。

第十三　土地に関係ある命令の多くは、たとい、それを受くる者が地図を持たざる場合にも、地図に従って下すを要す。

ゆえに、地図に拠らざれば判明せざる表現法は、受領者が同一の地図を有すること確実なる場合に限るべきものとす。その際、疑いを生ずべき場合には、使用の地図を附記するを要す。

第十四　高等司令部および部隊の略称は、事務上の通信のために規定しあるものに限定すべきものとす。

第十五　文書は、不十分なる照明の下においても読み得る程度に、明瞭に記すを要す。雨雪等のために消ゆるものを以て記すべからず。

第十六　鉛筆を以て、したためたる文書中、のちの参考に資すべきものは、受領者において、つぎの機会に文字を保存し得る液（牛乳、薄き「ゴム」液等）を塗布するを要す。

第十七　軍隊の用うる報告紙（註　通信紙）および、その封筒は、つぎの標本に拠るべし。

Größe: Din A 5, 148×210 mm.

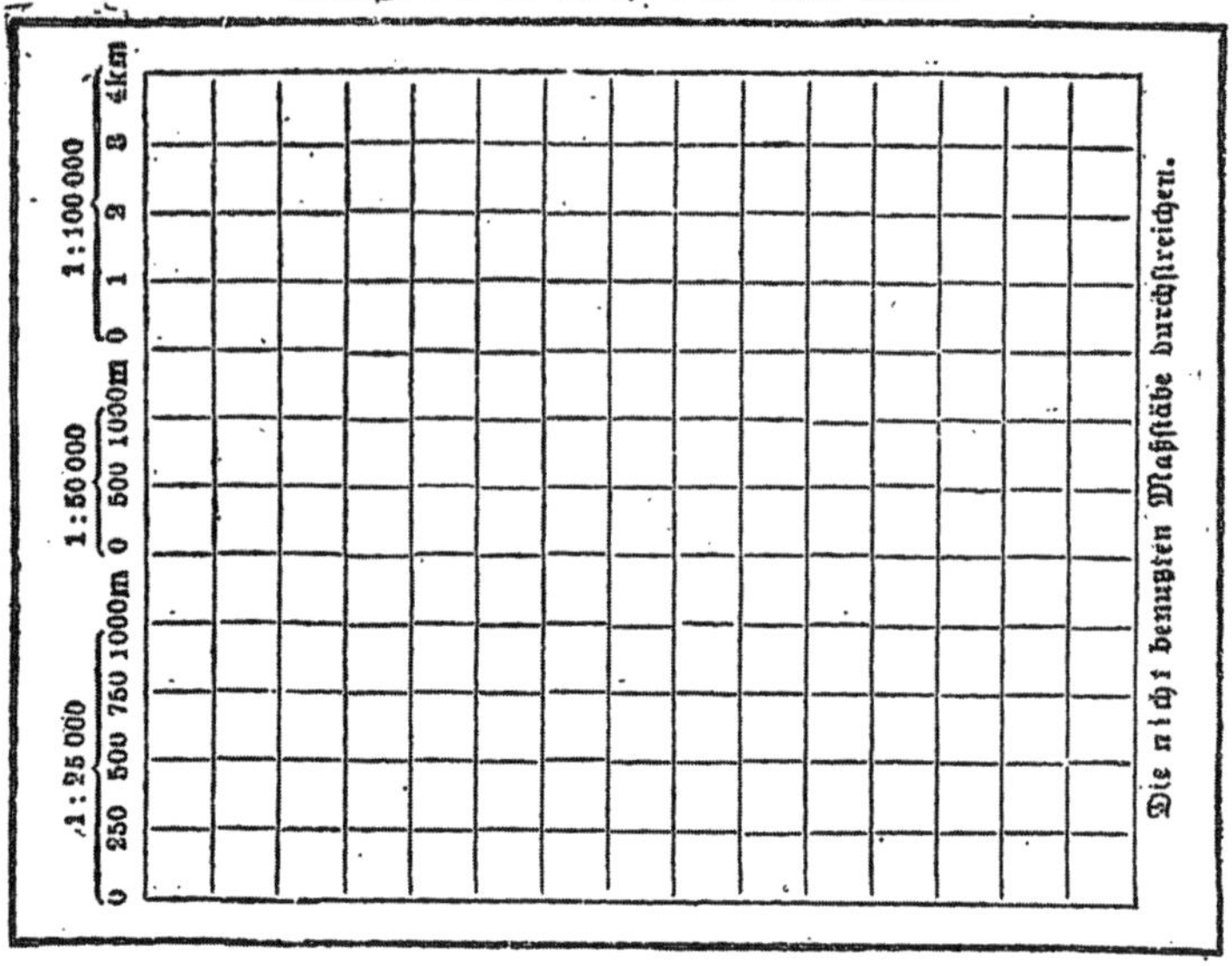

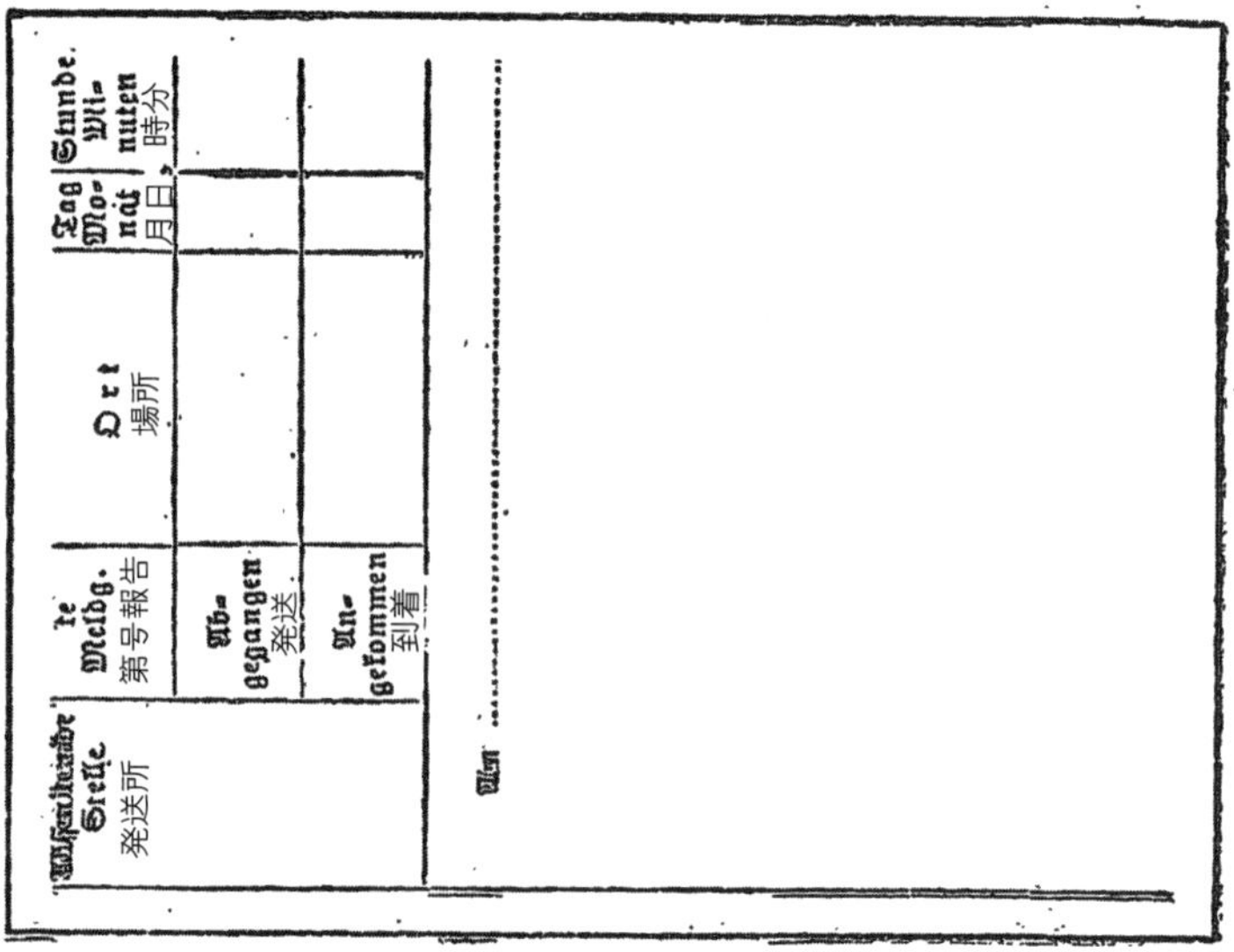

Truppenführung. II. Anhang.

封筒

Größe: Din C 6, 114×162 mm.

An: ....
宛名

Weg: ....
経路

Abgegangen: 発送	Angekommen: 到着
Ort: 所	Ort: 所
Zeit: 時	Zeit: 時
Geschwindigkeit: 速度	Empfänger: 受領者

Dieser Umschlag ist dem Überbringer .... zurückzugeben.
この封筒は持参者に返戻すること

「発送所」の欄には、氏名を記入せずして、高等司令部、部隊、または発送者の一時的の服務を記入す（2.K.D.（註 騎兵第二師団）、Feldwache Schulze9/1.R.8（註 歩兵第八連隊【第一大隊】第九中隊「シュルツェ」小哨））、A地を経てB地に向かう予備騎兵第八連隊第二中隊偵察隊B川監視哨）。

宛名は簡単に「I.R.10（註 歩兵第十連隊）」、または「前衛司令官」等と記入す。

発送者の氏名および階級を明確に記入し、報告紙および封筒には、発送所および時刻を記入すべきものとす。受領者は封筒に「サイン」をなす。

側方の狭き欄は、綴込、もしくは糊付に使用すべきなすものを以て、両側に書入すべからず。

封筒は、内容が秘密なるか、もしくは、個人的性質の場合にのみ封緘《ふうかん》す。個人的性質の場合には、封筒に「親展」と記入するを要す。報告紙には、さらに一枚の謄写をなし得るものを用う。

高等司令部および本部のためには、標準の用紙を用うるを要せず。謄写用紙を持つ「綴」を用うるを可とす。

戦闘報告

戦闘報告は、最初に戦闘序列および軍隊区分内において、その隊の占むる位置、各部隊の兵力および命令関係を記す。

戦闘経過の記述には、つぎの諸項を挙ぐるを要す。正確なる時刻、状況、任務、決心（簡単なる理由とも）、戦闘前、戦闘中および戦闘後の行動ならびに戦闘終了後の状況、戦闘の経過に重大なる影響を与えたる原因は、簡単に説明すべきものとす。

筆記および無線、有線によって伝えられたる、重要なる命令は、なるべく原文のままを記述すべし。

また、あまり重要ならざる命令および口述の命令は、その要旨を記述し、その発送、または到着の場所および時刻を記入して、本文に添付するを要す。

到着、もしくは発送せる報告も、命令と同様の取扱をなす。

しばしば、命令および報告の伝達法を附記するを必要とすることあり。

すべて戦闘報告に添えたる命令報告は、時々整理して、特別に綴り、正しく読み得るごとくすべし。

なお、つぎに行うべきわが企図、敵の目的に対する判断、重要なる経験、その他、確認せる敵の部隊および、その損害、わが人馬、兵器器具の損害、弾薬の消費、戦利品等を記し、要すれば、地形および天候をも記す。また、記入せる地図、または地図の切取、略図（Skizze）および詳図（Kroki）を添うるときは、理解を容易にす。

戦闘報告の終わりには、記述者の氏名、階級および部隊を記すべし。

小部隊においては、戦闘詳報を報告紙にしたたむれば足ること、しばしばあり。

陣中日誌

陣中日誌は、戦地、国境警備および内乱の際の部隊の行動についての記録となり、また、戦闘報告とともに、戦闘その他の経験の利用および歴史編纂の資料となる。

陣中日誌は、すべての高等司令部および大隊以上の部隊において、したたむ。中隊および小隊等が、陣中日誌をしたたむべき部隊より直接分遣せられたる場合には、陣中日誌をしたたむ。その疑わしき場合には、直上の上官において決定す。

陣中日誌は、なるべく適任の将校をして、記録せしむべし。陣中日誌は、毎日記録し、かつ正確なる時間を記すことに、とくに重きを置くを要す。記録の形式については、別に規定を設けず。

部隊の長は、記録の完全にして正確なることを、毎月証明するを要す。

すべて陣中日誌の巻首には、その記述の要項および記載法についての規定を掲ぐべきものとす。

第九　略図、詳図、写景図の調製

確実なること、明瞭なること、不完全なる照明下にても読み得ること、重要なる部分を、とくに鮮明にすることは、すべての軍用図に対する第一の要求とす。

略図（Skizze）

略図は説明の補助となり、煩わしき序述に代らることを得。

時間少なき場合には、村落および部隊の位置等を示すに、若干の線に止むるを要す。多くは、目測を以て描き、距離および尺度の必要なるものは（たとえば、某地点の水流の幅）、数字を以て示す。また、図上に直接註記すれば、特別の説明を必要とせず。もし、略図の基礎を地図より取り得ず、しかも時間に余裕あるときは、現地の主なる方向線二、三を（三叉路等を可とす）用紙上に決定し、これらの線のあいだに地物を記入す。距離は、測定、または目測によって定め、要すれば、歩行、騎行、車行等によって測定す。標高を記入し得れば、いっそう便なり。地形は、曲線、「ケバ」、もしくは明暗法によって現す。

詳図（Kroki）

詳図は、偵察の結果、または防御工事の設計として、地図を補足す。

諸図は、地図に近似せる表現法を以て記す。要すれば一般図を附す。

詳図の梯尺には、通常二万五千分の一を用い、重要なる細部を示すには一万二千五百分の一を用い、大なる地域を示すには五万分の一を用う。要すれば、なお小なる梯尺を用う。梯尺は必ず附記するを要す。

詳図は必ず北を上にす。

各時期の戦況は、軍隊符号の書き分け（明、暗、その他色別等）、または特別の記号によって示す。場合により、扉帖を附するか、第二の詳図を作るを可とすることあり。

詳図の調製には、その描くべき部分の根幹を、地図より（必要の場合には拡大して）取る。それにはまず、主なる道路を描き、ついで、水流および村落草地、森林等を描く。これらは、地図と同一の符号を以て現す。水流は矢を以て示し、鉄道および道路の末端には「何地より（何地へ）何キロ」と附記す。

基線は、地形を示すの用をなす。まず高き線と低き線を書き、ついで傾斜を示す「ケバ」を描くか（細線、中線および太線は、それぞれ、車行、歩行、または攀登の可能を示す）、もしくは曲線を描く。地形を明瞭に現すために、斜面を明暗を以て示すことを得。

最後に、彼我の部隊を、異なりたる色を以て、簡明に記入す。

必要の場合には、詳図の一部に「備考」を掲ぐ。要すれば、軍隊符号の説明および、用いたる略称を、一括して表示す。また、備考中には、そのほかの必要なる説明（なかんずく、詳図に現し得ざる土地の状態等について）を記入す。調製者は、図の右下に、氏名、階級および部隊を記入す。同一の梯尺の軍隊符号を記入せる地図の断片を以て、詳図に代うることを得。

写景図（Ansichtsskizze）

写景図は、描写する者の眼に映ずるままを現すものなり。従って、歩哨および観測者のために適当す。

写景図を調製するには、描くべき土地を分割し、その各部を紙上に記し、その輪郭内に、その景観の主要の地点および線を軟黒鉛筆にて書き、ついで軽く背景の線を書き、最後に強き線を以て前景を現す。不用の細部はすべて省略すべきものとす。描写の位置および方向を記入す。地名等は、図の上、または下に記入し、部隊を示し、説明を加う。

状況図（Lagekarte）

状況図は、一定の時刻における自己の軍隊の位置、敵の部隊の位置、両軍の一兵種、もしくは数兵種の位置、または、単に後方勤務部隊の位置を示すものとす。

時を異にする位置は、その軍隊符号の書き方によって区別し（あるいは色を異にし、あるいは符号の内部を塗りつぶすか、斜線を加え、あるいは細線と太線にて区別する等）、要すれば、説明をも加う。この備考には、要すれば、軍隊符号、略称、種々の書き方について解説す。

第十　空中写真

軍隊の使用に当つるために、つぎのごとく規定す。

垂直に撮影せる「部分写真」（Einzelbild）（第一図）。

「集成写真」（Bildskizze）。多くの部分写真を以て集成せるもの（第二図）。

「写真地図」（Bildplan）。分割を附せるものと附せざるものあり（第三図）。

「斜写真」（Schrägebild）（第四図）。

「立体写真」（Raum）。


垂直に撮影せる「部分写真」および「集成写真」は、現地をほぼ梯尺に従って現し、「写真地図」は正しく梯尺によって現す。「写真地図」は通常、二万五千分の一、もしくは五万分の一の梯尺を用う。

「斜写真」は、地形を斜めに現す。従って、斉一の梯尺に拠らず。

「立体写真」は、立体「レンズ」を通して観たる写真にして、地形を立体的に現す。

空中写真は、撮映の瞬間における土地の状態を現す。単に空中写真により、また、空中写真と地図との比較により、また、同一の土地を異なれる時期に撮影せる空中写真の比較により、つぎの事項を知ることを得。


a、地図を調製したる以後、または写真を撮影せる以後の土地の変化（たとえば、鉄道設備、道路、水流、農作物および建築物等の変化）。

b、耕作および天候等のために生じたる土地の状態（耕作物、氾濫、雪）。

c、地図に現れざる地形の細部の事項（たとえば、畑の区分、植物、なかんずく森林の高さおよび密度、間伐、道路および水流の幅）。


捜索における空中写真の使用（捜索写真）については、第百三十を参照すべし。

（写真および旗の図を省略す）


（終）

【昭和十六年（一九四一年）、陸軍大学校将校集会所、干城堂より刊行】

監修者解説　勝利の要諦・退勢の脊柱——ドイツ国防軍の指揮原則

大木《おおき》　毅《たけし》

第一次世界大戦におけるドイツ陸軍戦術の発展

「序」に記したごとく、ここに復刻する『軍隊指揮』は、ヴァイマール共和国時代から第二次世界大戦の終末にかけて、実際にドイツ国防軍が使用した作戦・戦術教範を、旧日本陸軍の高級幹部養成機関である陸軍大学校が翻訳したものである。本書では、現代人に読みやすいように、これに新字新かなへの修正等を加えて、すべて収録した。以下、その生成の過程や軍事史・用兵思想上の意義について、解説を加えていくこととしたい。

第一次世界大戦は、参戦諸国の陸軍に大きな衝撃を与えた。彼らが期待していた短期決戦による戦争の終結は現実のものとはならず、それどころか、主として西部戦線において、いかんともし難いと思われるような戦線の膠着が生起したのだ。長大な塹壕陣地が構築され、ひとたび戦闘となれば、莫大な物量を投じても、数キロほどしか前進できず、彼我ともに尋常でない犠牲を払わねばならないような事態となったのである。

しかしながら、こうした、第一次世界大戦の「手詰まり」イメージ（ある程度は間違いではないが）とは裏腹に、各国陸軍がかかる状況を打開するために、さまざまな創意工夫を凝らし、戦術が長足の進歩をとげたことは、多くの軍事史研究によって実証されている。事実、今日の戦術においても原則とされていることの起源をたどっていくと、第一次世界大戦に行きつくことが少なくないのだ。[1]

むろん、ドイツ軍も、敵部隊や陣地の撃破ではなく、敵陣深く進入し、通信や交通の要衝を押さえることによって、敵をマヒさせることを狙う「突進部隊《シュトーストルッペン》」(Stoßtruppen)[2]戦術や、第一線陣地の維持に固執することなく、第二線、第三線まで進出し、敵の態勢が伸びきったところで、逆襲により、これを撃退する「遊動防御」(bewegliche Verteidigung)[3]といった戦術を完成させていった。しかも、こうした用兵思想は、第一次世界大戦末期に、「陣地戦における防御」[4]、「陣地戦における攻撃」[5]の両教令に、言語化、もしくは概念化されていたのである。

「諸兵科協同による指揮および戦闘」

一九一九年十月、部隊局長[6]となったハンス・フォン・ゼークト[7]は、右のごとき世界大戦の経験から、有用な知識をくみつくすべく、五十七の委員会・補助委員会を結成し、戦術、ドクトリン、[8]装備等々の研究を命じた。それらの成果をもとに、勲爵士[9]カール・フォン・プラーガー少佐を長とするT4部(教育訓練部)が、ヴァイマール共和国時代の新しいドイツ陸軍、国防軍《ライヒスヴェーア》(Reichswehr)のための戦術・作戦教範を編纂していく。その際、T4部は、陸軍統帥部長官直属となっていたから、あらたな教範には、少数精鋭軍による機動戦重視というゼークトの思想がおのずから反映されたのであった。[10]

かくて、一九二一年九月一日に「軍務教範計画第四八七号　諸兵科協同による指揮および戦闘」[11]が、ついで、一九二三年には「陸軍軍務教範第四八七号　諸兵科協同による指揮および戦闘」[12]が、ゼークト陸軍統帥部長官の名のもとに公布された。本復刻書には、日本陸軍の陸軍大学校が訳した『独国連合兵種の指揮および戦闘』ならびに『独国連合兵種の指揮および戦闘（続篇）』を収録している。

この、ドイツ語タイトルの一部（Führung und Gefecht）の頭文字を取って、„Das F.u.G.“と通称されるようになった教範[13]は、戦術面に重点を置いていたが、同時に作戦遂行の原則についても規定していた。内容的にも、陣地戦ではなく機動戦を指向し、正面攻撃と連動した包囲攻撃を推奨するなど、塹壕陣地や火砲の威力増大による防御力向上ゆえに、もはや期待できなくなったものとされていた「殲滅戦」（Vernichtungsschlacht）を追求したのである。それは、たとえば、当時のフランス陸軍が採用していた、第一次世界大戦型の陣地戦を想定し、固定的な戦争遂行を規範とするドクトリンとは明瞭な対照をなしており[14]、後世からみるならば、時代を大きく先取りした教範だったのだ。

戦術的にも、そのタイトルが示すごとく、本教範は、歩兵、砲兵、騎兵、戦車や航空機といった諸兵科の協同に重点を置いていた。また、注目されるのは、ヴェルサイユ条約で戦車や航空機などの近代的兵器の保有が禁じられていたにもかかわらず、自由な発想で近代戦を討究していたことだ。実は、この教範は、ヴェルサイユ条約で十万人に制限された小さな陸軍ではなく、将来拡張され、戦車や航空機、毒ガス等を装備するようになったドイツ陸軍を動かすための原則を示していたのである。

加えて、用兵思想史上、無視できないのは、権限の下方委譲を行い、下級指揮官に行動の自由を許す委任戦術《アウフトラークスタクティーク》（Auftragstaktik）[15]を、伝承的な経験知や集団知ではなく、はっきりと条項に組み込んでいたことであった。この委任戦術こそ、第二次世界大戦のドイツ軍に、作戦・戦術次元での優越を与えたものとされ、米陸軍をはじめとする諸国の軍隊が今日なお研究し、実践しようとしている用兵思想なのだ[16]。

世界大戦に敗れたとはいえ、かくのごとく先進的な教範を出してきたドイツ陸軍に、当時の日本陸軍も注目し、一九二二年に「独国連合兵種の指揮および戦闘」本編、一九二五年に第二篇を翻訳刊行したわけである。これらは、右記のような背景、また日本陸軍のドイツ兵学理解といったことを念頭に置けば、より興味深く読むことができるだろう。

「軍隊指揮」

こうして、ゼークトの名において公布された教範は、その後もドイツ国防軍の基本教範として使用されつづけた。一説には、現場将兵がこれを咀嚼《そしゃく》しきれないうちに、新しい教範を出せば混乱が生じると危惧したゼークトが、一九三〇年代までは改訂しないように求めたためだといわれている。[17]

しかしながら、一九三〇年代初頭には、ヴェルサイユ条約の制限を脱し、国防の自由を獲得することを主張したヒトラーとナチスの権力奪取が間近に迫り、また、秘密再軍備による戦車や航空機の開発が進んでいた。かような情勢を背景として、教範改訂の機が熟する。新教範起草の任を主として担ったのは、当時大佐で、第四砲兵司令官を務めていたルートヴィヒ・ベックであった。ベックは、一九三一年初頭から、第三師団長だった男爵ヴェルナー・フォン・フリッチュやドレスデン歩兵学校の教官団幹事のカール＝ハインリヒ・フォン・シュテュルプナーゲル大佐と緊密に協力し、陸軍将校の作戦・戦術の基礎となる教範をつくりあげた。国防軍内で、批判的な精神の持ち主として、高い評価を受けており、のちに陸軍参謀総長にまで昇りつめたベックこそ、かかる重要な文書の作成を委ねるに価する人物と思われていたのだ。[18]

一九三三年十月十七日、ベックらが心血を注いだドクトリンは、当時の陸軍統帥部長官、男爵クルト・フォン・ハマーシュタイン＝エクヴォルト歩兵大将により、「陸軍軍務教範第三〇〇号　軍隊指揮」として公布された。翌一九三四年十月十八日には、その第二篇も、陸軍統帥部長官に就任したフリッチュの名で出されている。[19]

この両教範は、ドイツ国防軍が、そこに示されたドクトリンを基盤として、第二次世界大戦を戦ったという点で、きわめて重要である。いわゆる「電撃戦」も、その延長線上において計画立案され、遂行された。[20]ドイツ将校にとって、『軍隊指揮』は、攻勢時には勝利の要諦であり、退勢にあっては頑強な防御を支える脊柱となったのだ。

けれども、それ以上に重要なのは、『軍隊指揮』が、「委任戦術」を遂行する上で必要不可欠の作戦・戦術上の認識枠組みを、国防軍の将校たちに等しく提供したことであろう。イスラエルの軍事史家サイモン・ナヴェはいう。「本教範は、ドイツ将校団を訓練教育し、いかなるかたちのものであれ、将来の戦争に全軍を備えさせるため、認識の基盤となるような普遍的な処方を提供することを企図していた。さらに、一般理論の確立によって、知的な認識枠組みを置き、ドイツ将校が指揮階梯《かいてい》のどこにいようと、批判能力という専門手段を等しく持たせることを狙っていたのである。かかる認識面での作因を備えていれば、ことが戦術的な指揮、作戦遂行、戦略的な運用のいずれであるとにかかわらず、軍隊指揮官は、個別の戦闘案件をそれぞれに判断し、適切な解をみちびくものと期待されたのだ」。[21]

このような指摘は、『軍隊指揮』の本質を剔抉《てっけつ》しているといえる。『軍隊指揮』は、戦争とは、何が起こるかわからない混沌であるとするクラウゼヴィッツ以来の理解にもとづき、あらかじめ状況を想定して、解答を決めておくようなハウツー式の対応ではなく、さまざまな事態に対して、自ら判断できる知性こそが不測の事態に備えうる唯一のあり方だとみなした。だからこそ、『軍隊指揮』の第一条は、「用兵は一の術にして、科学を基礎とする、自由にして、かつ創造的なる行為なり」と、高らかに唱えたのである。

かくのごとく、『軍隊指揮』は、戦争と指揮について、時代に制約されることのない、大きな示唆を与えている。ゆえに、今日までも忘れ去られることなく、各国陸軍の研究対象になり、現在進行形での高い評価を得ているのだ。[22]『軍隊指揮』の英訳版の編者となった、米陸軍の退役少将で軍事史家のデイヴィッド・T・ザベツキならびにアメリカの防衛産業に勤務するブルース・コンデルによれば、それは「孫子の兵法の現代版」なのである。また、軍事史家で、オハイオ州立大学名誉教授のウィリアムソン・マーレィの言を借りれば、「これまでに書かれたなかでも、もっとも影響のあるドクトリン文書でありつづけるだろう」、「しかも、今までに書かれた作戦遂行とリーダーシップに関する、最高度に思索的な実験を表している」ということになる。[23]

さように重要な教範であり、加えて、非常に大部であるから、あるいは、個々の項目を説明し、その意図するところを示した解説が必要なのかもしれない。[24]が、まずは、こうして、復刻出版というかたちで、ドイツ国防軍と日本陸軍が残した知の遺産を継承できたことを喜びたい。軍事史や戦史はもとより、人間の組織を運用することに関心を抱く向きには必須であり、味読に価する書物であると確信するしだいだ。

❖註

❖1 たとえば、現代の砲兵は、「破壊」のほかに、敵の「無力化」と「制圧」という機能を果たすものとされているが、ドイツの軍人ゲオルク・ブルフミュラー少将は、すでに第一次世界大戦中にそうした砲兵戦術を実現させていた。その先進性については、David T. Zabecki, *Steelwind. Colonel Georg Bruchmüller and the Birth of Modern Artillery*, Westport, CT., 1995 (first published 1989) を参照されたい。

❖2 「突進部隊」をテーマとしたモノグラフィとして、Bruce E. Gudmundsson, *Stormtrooper Tactics. Innovation of the German Army, 1914–1918*, paperback edition, London/Westport, CT., 1995 がある。

❖3 「遊動防御」は、陸軍大学校による、本『軍隊指揮』の訳語。日本では、英語経由で「弾性防御」(elastic defence)の訳が当てられることが多い。また、第一次世界大戦におけるドイツ軍の防御戦術の進歩に関しては、Timothy T. Lupfer, *The Dynamics of Doctrine: Changes in German Tactical Doctrine During the First World War*, Leavenworth Papers Nr. 4, Ft. Leavenworth, Kan., 1981 をみよ。

❖4 Die Abwehr im Stellungskriege. Grundsätze für die Abwehrschlacht im Stellungskriege, in:Erich Ludendorff, *Urkunden der Obersten Heeresleitung über ihre Tätigkeit 1916/18*, Berlin, 1922, S. 604–640.

❖5 Der Angriff im Stellungskriege und einige Verfügungen, in denen Erfahrungen über den Angriff ihren Niederschlag finden in: Ludendorff, S. 641–685.

❖6 「部隊局」(Truppenamt)は、ヴェルサイユ条約が参謀本部の維持を禁止していたことに鑑み、その機能を欺騙するための名称。実質的には参謀本部の機能を果たした。

❖7 ハンス・フォン・ゼークトは、第一次世界大戦の東部戦線でゴルリーツェの突破作戦を立案するなど、機動戦の妙を示した。大戦後は、「指導者から成る軍」の構想を提唱し、新国防軍の創設に取り組んだ。

❖8 ドクトリンについては、さしあたり片岡徹也の定義によることにする。「ドクトリン(Doctrine)は軍事行動の指針となる、公に認められた根本的な原則である。つまりドクトリンは編制や装備、教育訓練や指揮のあり方、戦いの進め方について土台となる、軍中央部によって編纂(開発)、認可され、当該の軍隊に共有化された思想のことである」。片岡徹也編『軍事の事典』東京堂出版、二〇〇九年、一二一 - 一二二頁。

❖9 「勲爵士」(Ritter)は、ドイツ帝国の構成国であったバイエルン王国の一代貴族の称号。

❖10 一九二〇年、ゼークトは、陸軍総司令官に相当する職である陸軍統帥部長官(Chef der Heeresleitung)に就任していた。

❖11 D.V.Pl.487. Führung und Gefecht der verbundenen Waffen, Berlin, 1921.

❖12 H.Dv.487. Führung und Gefecht der verbundenen Waffen, Berlin, 1923.

❖13 両大戦間期の各国陸軍の教範を比較検討した田村尚也によれば、これらの教範が、ゼークトの名で発布されたことから、「ゼークト教範」と呼ばれたという（田村尚也『各国陸軍の教範を読む』イカロス出版、二〇一五年、一〇頁）。が、管見のかぎり、そのような呼称は、ドイツ軍の文書や欧米の文献にはみられず、„Das F.u.G.“が一般的である。一例を挙げると、ドイツ・アフリカ軍団長や第一装甲軍司令官を務めたヴァルター・ネーリング装甲兵大将は、その著作で、とくに説明もなく、„Das F.u.G.“の呼称を使っている。Walther Nehring, *Die Geschichte der deutschen Panzerwaffe. 1916 bis 1945*, Berlin, 1969, S. 65f.

❖14 田村前掲書のフランス軍「大単位部隊戦術的用法教令」に関する論述を参照。

❖15 「委任戦術」は、米陸軍が近年推進している「任務指揮」（Mission Command）の源流として注目されている。詳しくは、拙稿「モルトケと委任戦術の誕生」、大木毅『ドイツ軍事史　その虚像と実像』作品社、二〇一六年をみられたい。

❖16 ここまでの、一九二一年および一九二三年発布の教範についての記述は、James S. Corum, *The Roots of Blitzkrieg. Hans von Seeckt and German Military Reform*, Lawrence, Kansas, 1992, pp. 39–43; Bruce Condell/David T. Zabecki(ed.), *On the German Art of War. Truppenführung. German Army Manual for Unit Command in World War II*, paperback edition, Mechanicsburg, PA., 2009 (first published 2001), pp. 2–3; Matthias Strohn, *The German Army and the Defense of the Reich. Military Doctrine and the Conduct of the Defensive Battle 1918–1939*, Cambridge et.al, 2016, pp. 107–129.

❖17 Strohn, p. 185.

❖18 第二次世界大戦において、西方侵攻作戦の立案、セヴァストポリ要塞攻略など、多くの戦功を挙げたエーリヒ・フォン・マンシュタイン元帥の自伝は、寸鉄といいたくなるがごとき、上官、同僚、部下への辛辣な評価にみちみちている。が、その元帥といえども、ベックには最大限の称賛を贈っている。「かのモルトケ元帥のおかげで、ドイツ参謀本部は世界的な声望を得たのだったが、実際、ベックを除けば、敢えてモルトケと比較できるような軍人には、私もお目にかかったことがない」。エーリヒ・フォン・マンシュタイン『マンシュタイン元帥自伝――一軍人の生涯より』大木毅訳、作品社、二〇一八年、一九六 - 一九七頁。

❖19 *Ibid.*, pp. 185–187. ドイツ語原題は、Heeresdienstvorschrift 300 Truppenführung である。これらも、やはり陸軍大学校により、『軍隊指揮』、『軍隊指揮　第二篇』として、それぞれ、一九三六年ならびに一九四〇年に訳出された。本復刻書に収録しているのは、この二冊である。ちなみに、ドイツ軍当局が『軍隊指揮』を機密解除したのは一九三五年であり、その第二篇は第二次世界大戦が終わるまで機密とされていた。従って、陸軍大学校の邦訳が「一九三六年版」、「一九四〇年版」と称しているのは、日本で翻訳発行された年という意味である（日本陸軍当局が後者を入手した経緯については、本書所収の『軍隊指揮　第二篇』の「附記」を参照）。

❖20 ただし、「電撃戦」と称される戦い方のために、固有のドクトリンが作成されたわけではない。カール＝ハインツ・フリーザー『電撃戦という幻』上下巻、大木毅・安藤公一訳、中央公論新社、二〇〇三年、上巻第一章および第二章をみられたい。

❖21 Simon Naveh, *In Pursuit of Military Excellence. The Evolution of Opereational Theory*, paperback edition, London/New York, 2005 (first published 1997), p. 116.

❖22 二十一世紀に入ってから、『軍隊指揮』の英訳版が出版されたことは、その一つの証左であろう。Condell/Zabecki(ed.), *On the German Art of War*.

❖23 Condell/Zabecki(ed.), *On the German Art of War*, p. 2.

❖24 『軍隊指揮』の正篇については、田村『各国陸軍の教範を読む』で、一部、そうした作業がなされている。

監修・解説者略歴

大木毅（おおき・たけし）　一九六一年東京生まれ。立教大学大学院博士後期課程単位取得退学。ＤＡＡＤ（ドイツ学術交流会）奨学生としてボン大学に留学。千葉大学その他の非常勤講師、防衛省防衛研究所講師、国立昭和館運営専門委員等、二〇一六年より陸上自衛隊幹部学校（現・陸上自衛隊教育訓練研究本部）講師を経て、現在著述業。最近の著作に『勝敗の構造――第二次大戦を決した用兵思想の激突』（祥伝社、二〇二三年）。訳書にイェルク・ムート『コマンド・カルチャー――米独将校教育の比較文化史』（中央公論新社、二〇一五年）、マンゴウ・メルヴィン『ヒトラーの元帥　マンシュタイン』（上下巻、白水社、二〇一六年）、ハインツ・グデーリアン『戦車に注目せよ――グデーリアン著作集』（作品社、二〇一六年）、ヘルマン・ホート『パンツァー・オペラツィオーネン――第三装甲集団司令官「バルバロッサ」作戦回顧録』（作品社、二〇一七年）、エルヴィン・ロンメル『「砂漠の狐」回想録――アフリカ戦線1941~43』（作品社、二〇一七年）、エーリヒ・フォン・マンシュタイン『マンシュタイン元帥自伝――一軍人の生涯より』（作品社、二〇一八年）など。

Truppenführung

軍隊指揮——ドイツ国防軍戦闘教範

二〇一八年八月　三十日　初版第一刷発行
二〇二四年二月二十九日　初版第三刷発行

編纂者 ドイツ国防軍陸軍統帥部／陸軍総司令部
訳者 旧日本陸軍・陸軍大学校
監修・解説者 大木 毅
発行者 福田隆雄
発行所 株式会社作品社
〒一〇二-〇〇七二　東京都千代田区飯田橋二-七-四
電話 〇三-三二六二-九七五三
ファクス 〇三-三二六二-九七五七
振替口座 〇〇一六〇-三-二七一八三
ウェブサイト http://www.sakuhinsha.com

装幀 小川惟久
本文組版 大友哲郎
印刷・製本 シナノ印刷株式会社

ISBN978-4-86182-707-5　C0031　Printed in Japan